JISUANJI WANGLUO
YU TONGXIN JISHU TANSUO

计算机网络与通信技术探索

主　编　周瑞琼　朱　光　李　理
副主编　陈锦清　陈晓燕　李　菁　王林生　白亚男

中国水利水电出版社
www.waterpub.com.cn

内 容 提 要

本书内容包括导论、现代通信基础、网络体系结构与协议、局域网与广域网技术、无线网络技术、网络互连及其协议、网络传输服务、网络应用技术、Internet 接入技术、网络安全与管理技术、数据通信技术、多媒体通信网络技术、数据通信技术的应用等。旨在对当前计算机网络与通信领域的一些前沿理论与技术进行全方面的探讨和研究。

图书在版编目（CIP）数据

计算机网络与通信技术探索 / 周瑞琼，朱光，李理主编. -- 北京：中国水利水电出版社，2014.8（2022.10重印）
 ISBN 978-7-5170-2483-5

Ⅰ. ①计… Ⅱ. ①周… ②朱… ③李… Ⅲ. ①计算机网络－研究②通信技术－研究 Ⅳ. ①TP393②TN91

中国版本图书馆CIP数据核字(2014)第212371号

策划编辑：杨庆川　责任编辑：杨元泓　封面设计：马静静

书　　名	计算机网络与通信技术探索
作　　者	主　编　周瑞琼　朱　光　李　理 副主编　陈晓燕　李　菁　王林生　白亚男
出版发行	中国水利水电出版社 （北京市海淀区玉渊潭南路1号D座 100038） 网址：www.waterpub.com.cn E-mail:mchannel@263.net（万水） 　　　　sales@mwr.gov.cn 电话：(010)68545888（营销中心）、82562819（万水）
经　　售	北京科水图书销售有限公司 电话：(010)63202643、68545874 全国各地新华书店和相关出版物销售网点
排　　版	北京鑫海胜蓝数码科技有限公司
印　　刷	三河市人民印务有限公司
规　　格	184mm×260mm　16开本　27.25印张　697千字
版　　次	2015年5月第1版　2022年10月第2次印刷
印　　数	3001—4001册
定　　价	89.00元

凡购买我社图书，如有缺页、倒页、脱页的，本社发行部负责调换

版权所有·侵权必究

前　言

　　进入 21 世纪以来，Internet 技术和应用迅速发展，计算机网络已经渗透到社会生活的各个领域，正在影响着人们生活、工作和学习的方式。通过互联网，人们可以方便地进行网上购物、电子理财、电子政务、虚拟图书馆、数字地球、远程教育、远程医疗等各种活动，还可以通过网络进行聊天和搜索信息等。计算机网络的重要性已被越来越多的人所认识。我国国民经济的高速发展不仅对计算机网络和 Internet 技术在各行各业的广泛应用起到了推动作用，同时也提出了更高的要求。

　　计算机网络是计算机技术与通信技术相互渗透、密切结合而形成的一门交叉学科，是计算机应用中一个空前活跃的领域。随着人类对通信服务需求的多样化与严格化，现代通信网技术也在不断地发展和更新，以求为人类提供更完美的通信服务。现代通信网技术正处于飞速发展的阶段，各类新技术不断地涌现，参与通信工作的人员不仅要熟练掌握现代通信网的基础理论，更应该把握现代通信网技术的发展趋势，不断开拓创新。

　　本书共分 13 章，旨在对当前计算机网络与通信领域的一些前沿理论与技术进行全方面的探讨和研究，主要内容包括导论、现代通信基础、网络体系结构与协议、局域网与广域网技术、无线网络技术、网络互联及其协议、网络传输服务、网络应用技术、Internet 接入技术、网络安全与管理技术、数据通信技术、多媒体通信网络技术、数据通信技术的应用等。本书是编者多年从事计算机网络与通信技术教学和实践的经验总结，力求对基础技术做到系统深入的介绍，对新技术做到文献材料翔实可靠，对具体应用做到具体分析。希望本书对读者掌握计算机网络技术和通信技术有一定的帮助。

　　本书在编写过程中，参考了大量有价值的文献与资料，吸取了许多人的宝贵经验，在此向这些文献的作者表示敬意。由于现代计算机网络和通信网是一门高速发展的技术，涉及众多实际技术和设备，加之编者的学识和水平有限，书中难免有错误和疏漏之处，敬请广大专家学者给予批评指正。

编者
2014 年 7 月

目 录

前言 ··· 1

第1章 导论 ··· 1
1.1 计算机网络的形成与发展 ··· 1
1.2 计算机网络的定义与功能 ··· 4
1.3 计算机网络的分类与组成结构 ··· 6
1.4 通信系统技术基础及发展方向 ·· 14

第2章 现代通信基础 ·· 24
2.1 数据通信传输信道 ·· 24
2.2 数据通信传输技术 ·· 30
2.3 通信频段划分 ·· 33
2.4 信息及其度量 ·· 35
2.5 数据通信系统 ·· 39

第3章 网络体系结构与协议 ··· 46
3.1 网络体系结构概述 ·· 46
3.2 OSI 参考模型 ·· 53
3.3 TCP/IP 参考模型 ··· 60
3.4 OSI 与 TCP/IP 参考模型的比较 ··· 63

第4章 局域网与广域网技术 ··· 66
4.1 局域网概述 ··· 66
4.2 以太网 ··· 69
4.3 交换式局域网 ·· 77
4.4 虚拟局域网 ··· 81
4.5 广域网 ··· 86

第5章 无线网络技术 ··· 101
5.1 无线网络概述 ··· 101
5.2 无线局域网技术 ·· 116
5.3 无线城域网技术 ·· 125
5.4 无线个域网技术 ·· 132
5.5 蓝牙技术 ··· 138
5.6 无线传感器网络技术 ·· 143

第6章 网络互联及其协议 ·· 146
6.1 网络互联概述 ··· 146
6.2 网际互联协议 ··· 153

- 6.3 网络互联设备 ··· 157
- 6.4 因特网的路由选择协议 ·· 173

第 7 章 网络传输服务 ·· 184
- 7.1 传输层概述 ·· 184
- 7.2 传输控制协议 TCP ·· 187
- 7.3 用户数据报协议 UDP ·· 198
- 7.4 流量控制和拥塞控制 ··· 201

第 8 章 网络应用技术 ·· 207
- 8.1 应用层概述 ·· 207
- 8.2 Internet 的地址 ·· 212
- 8.3 电子邮件 ··· 223
- 8.4 万维网 ·· 226
- 8.5 文件传输协议 ··· 229
- 8.6 网格计算 ··· 233

第 9 章 Internet 接入技术 ·· 236
- 9.1 接入网概述 ·· 236
- 9.2 接入网接口及其协议 ··· 240
- 9.3 铜线接入技术 ··· 247
- 9.4 光纤接入技术 ··· 252
- 9.5 光纤同轴电缆混合接入技术 ·· 257
- 9.6 无线接入技术 ··· 261

第 10 章 网络安全与管理技术 ·· 267
- 10.1 网络安全概述 ··· 267
- 10.2 数据加密技术 ··· 272
- 10.3 病毒防范技术 ··· 284
- 10.4 防火墙技术 ·· 293
- 10.5 入侵检测技术 ··· 311
- 10.6 网络管理技术 ··· 317

第 11 章 数据通信技术 ·· 324
- 11.1 数据编码与压缩技术 ·· 324
- 11.2 多路复用技术 ··· 330
- 11.3 数据通信交换技术 ··· 335
- 11.4 数据通信同步技术 ··· 340
- 11.5 数据通信复接技术 ··· 347
- 11.6 差错控制技术 ··· 351
- 11.7 传输介质 ··· 359

第12章 多媒体通信网络技术 ····· 366
- 12.1 多媒体通信对传输网络的要求 ····· 366
- 12.2 网络类别 ····· 369
- 12.3 现有网络对多媒体通信的支持情况 ····· 370
- 12.4 多媒体通信协议与标准 ····· 384

第13章 数据通信技术的应用 ····· 393
- 13.1 物联网 ····· 393
- 13.2 多协议标记交换 ····· 400
- 13.3 三网融合 ····· 406
- 13.4 下一代网络 ····· 414

参考文献 ····· 429

第1章　导　论

1.1　计算机网络的形成与发展

计算机网络是计算机技术与通信技术高度发展、紧密结合的产物。它代表了当代计算机体系结构发展的一个重要方向。计算机网络技术包括了硬件、软件、网络体系结构和通信技术。网络技术的进步对当前信息产业的发展产生了重要的影响，其发展与应用的广泛程度是惊人的。

1.1.1　计算机网络的形成

计算机网络是通信技术和计算机技术相结合的产物，它是信息社会最重要的基础设施，并将构成人类社会的信息高速公路。

1. 通信技术的发展

通信技术的发展经历了一个漫长的过程，1835年莫尔斯发明了电报，1876年贝尔发明了电话，从此开辟了近代通信技术发展的历史。通信技术在人类生活和两次世界大战中都发挥了极其重要的作用。

2. 计算机网络的产生

1946年诞生了世界上第一台电子数字计算机，从而开辟了向信息社会迈进的新纪元。20世纪50年代，美国利用计算机技术建立了半自动化的地面防空系统(SAGE)，它将雷达信息和其他信号经远程通信线路送达计算机进行处理，第一次利用计算机网络实现了远程集中式控制，这是计算机网络的雏形。

1969年，美国国防部高级研究计划局(DARPA)建立了世界上第一个分组交换网ARPANet，即Internet的前身，这是一个只有4个节点的存储转发方式的分组交换广域网，ARPANet的远程分组交换技术，于1972年在首次国际计算机会议上公开展示。

1976年，美国Xerox公司开发了基于载波监听多路访问/冲突检测(CSMA/CD)原理的、用同轴电缆连接多台计算机的局域网，取名以太网。

计算机网络是半导体技术、计算机技术、数据通信技术和网络技术相互渗透、相互促进的产物。数据通信的任务是利用通信介质传输信息。通信网为计算机网络提供了便利而广泛的信息传输通道，而计算机和计算机网络技术的发展也促进了通信技术的发展。

1.1.2　计算机网络的发展阶段

计算机网络出现的时间并不长，但发展速度很快，经历了从简单到复杂的过程。计算机网络最早出现在20世纪50年代，发展到现在大体经历了4个大的阶段。

1. 大型机时代(1965～1975年)

大型机时代是集中运算的年代，使用主机和终端模式结构，所有的运算都是在主机上进行的,用户终端为字符方式。在这一结构里,最基本的联网设备是前端处理机和中央控制器(又称集中器)。所有终端连到集中器上,然后通过点到点电缆或电话专线连到前端处理机上。

2. 小型机联网(1975~1985 年)

DEC 公司最先推出了小型机及其联网技术。由于采用了允许第三方产品介入的联网结构,加速了网络技术的发展。很快,10Mb/s 的局域网速率在 DEC 推出的 VAX 系列主机、终端服务器等一系列产品上广泛采用。

3. 共享型的局域网(1985~1995 年)

随着 DEC 和 IBM 基于局域网(LAN)的终端服务器的推出,微型计算机的诞生和快速发展,各部门纷纷需要解决资源共享问题。为满足这一需求,一种基于 LAN 的网络操作系统研制成功,与此同时,基于 LAN 的网络数据库系统的应用也得到快速发展。

粗缆技术由于安装不方便,开始被双绞线高可靠的星形网络结构取代;大楼楼层开始放置集线器;用于连接总线网和令牌环的桥接器研制成功。但是这些设备在扩大了联网规模的同时也加大了广播信息量,对网络规模的继续扩大构成了威胁。随后,出现了以路由器为基础的联网技术,不但解决了提升带宽的问题,而且解决了广播风暴问题。

4. 交换时代(1995 年至今)

个人计算机(PC)的快速发展是开创网络计算时代最直接的动因。网络数据业务强调可视化,如 Web 技术的出现与应用、各种图像文档的信息发布、用于诊断的医疗放射图片的传输、CAD、视频培训系统的广泛应用等,这些多媒体业务的快速增长、全球信息高速公路的提出和实施都无疑对网络带宽提出更快、更高的需求。显然,几年前运行得良好的 Hub 和路由器技术已经不能满足这些要求,一个崭新的交换时代已经来临。

1.1.3 计算机网络未来的发展方向

根据对未来业务发展的需求,未来的网络应该具有以下的特征:

①网络应是高速、可控制、可维护管理、四通八达的,相当于一个高速公路,可以提供端到端信息,包括话音、视频和各种多媒体信息的传送。

②接入应是高速的、综合的,保证各种宽带的应用。

③网络应是开放的,就像高速公路一样可以有各种出口,通过这个出口获得各种服务,特别是丰富的内容服务。

④支持移动性、游牧性。

⑤网络是安全的、不被攻击的,有高的可靠性和可用性。

⑥网络应该是有质量保证的。

⑦网络应该是可控制的、可管理、可经营的。

⑧网络与现有的各种网络应该是互联互通的。

近年来,随着全球通信产业的发展,整个通信产业的技术发展方向主要体现在以下几个方面。

1. 三网合一

目前广泛使用的网络有通信网络、计算机网络和有线电视网络。随着技术的不断发展,新的业务不断出现,新旧业务不断融合,作为其载体的各类网络也不断融合,使目前广泛使用的三类网络正逐渐向单一统一的 IP 网络发展,即所谓的"三网合一"。

在 IP 网络中可将数据、语音、图像、视频均归结到 IP 数据包中,通过分组交换和路由技术,采用全球性寻址,使各种网络无缝连接,IP 协议将成为各种网络、各种业务的"共同语言",实现所谓的 Everything over IP。

实现"三网合一"并最终形成统一的 IP 网络后,传递数据、语音、视频只需要建造、维护一个网络,简化了管理,也会大大地节约开支,同时可提供集成服务,方便了用户。可以说"三网合一"是网络发展的一个最重要的趋势。

2. 光通信技术

光通信技术已有 30 年的历史。随着光器件、各种光复用技术和光网络协议的发展,光传输系统的容量已从 Mb/s 级发展到 Tb/s 级,提高了近 100 万倍。

光通信技术的发展主要有两个大的方向:一是主干传输向高速率、大容量的 OTN 光传送网发展,最终实现全光网络;二是接入向低成本、综合接入、宽带化光纤接入网发展,最终实现光纤到家庭和光纤到桌面。全光网络是指光信息流在网络中的传输及交换始终以光的形式实现,不再需要经过光/电、电/光变换,即信息从源节点到目的节点的传输过程中始终在光域内。

3. IPv6 协议

TCP/IP 协议族是互联网基石之一,而 IP 协议是 TCP/IP 协议族的核心协议,是 TCP/IP 协议族中网络层的协议。目前 IP 协议的版本为 IPv4。IPv4 的地址位数为 32 位,即理论上约有 42 亿个地址。随着互联网应用的日益广泛和网络技术的不断发展,IPv4 的问题逐渐显露出来,主要有地址资源枯竭、路由表急剧膨胀、对网络安全和多媒体应用的支持不够等。

IPv6 是下一版本的 IP 协议,也可以说是下一代 IP 协议。IPv6 采用 128 位地址长度,几乎可以不受限制地提供地址。理论上约有 3.4×10^{38} 个 IP 地址,而地球的表面积以厘米为单位也仅有 $5.1 \times 10^{18} cm^2$,即使按保守方法估算 IPv6 实际可分配的地址,每个平方厘米面积上也可分配到若干亿个 IP 地址。IPv6 除一劳永逸地解决了地址短缺问题外,同时也解决了 IPv4 中的其他缺陷,主要有端到端 IP 连接、服务质量(QoS)、安全性、多播、移动性、即插即用等。

4. 宽带接入技术

计算机网络必须要有宽带接入技术的支持,各种宽带服务与应用才有可能开展。因为只有接入网的带宽瓶颈问题被解决,骨干网和城域网的容量潜力才能真正发挥。尽管当前宽带接入技术有很多种,但只要是不和光纤或光结合的技术,就很难在下一代网络中应用。目前光纤到户(Fiber To The Home,FTTH)的成本已下降至可以为用户接受的程度。这里涉及两个新技术,一个是基于以太网的无源光网络(Ethernet Passive Optical Network,EPON)的光纤到户技术,一个是自由空间光系统(Free Space Optical,FSO)。

由 EPON 支持的光纤到户,正在异军突起,它能支持吉比特的数据传输速率,并且不久的将来成本会降到与数字用户线路(Digital Subscriber Line,DSL)和光纤同轴电缆混合网(Hybrid Fiber Cable,HFC)相同的水平。

FSO 技术是通过大气而不是光纤传送光信号,它是光纤通信与无线电通信的结合。FSO 技术能提供接近光纤通信的速率,例如可达到 1Gb/s,它既在无线接入带宽上有了明显的突破,又不需要在稀有资源无线电频率上有很大的投资,因为不要许可证。FSO 和光纤线路比较,系统不仅安装简便,时间少很多,而且成本也低很多。FSO 现已在企业和居民区得到应用,但是和固定无线接入一样,易受环境因素干扰。

5. 移动通信系统技术

3G 系统比现用的 2G 和 2.5G 系统传输容量更大,灵活性更高。它以多媒体业务为基础,已形成很多的标准,并将引入新的商业模式。3G 以上包括后 3G、4G,乃至 5G 系统,它们将更是以宽带多媒体业务为基础,使用更高更宽的频带,传输容量会更上一层楼。它们可在不同的网络间无缝连接,提供满意的服务;同时网络可以自行组织,终端可以重新配置和随身携带,是一个包括卫星通信在内的端到端 IP 系统,可与其他技术共享一个 IP 核心网。它们都是构成下一代移动互联网的基础设施。

1.2 计算机网络的定义与功能

进入 21 世纪,人们的生活、工作、学习和交往等各方面都已经离不开网络。21 世纪的重要特征就是数字化、网络化和信息化,是一个以网络为核心的信息时代。

1.2.1 计算机网络的定义

在计算机网络发展过程的不同阶段,人们对计算机网络提出了不同的定义。不同的定义反映着当时网络技术发展的水平,以及人们对网络的认识程度。这些定义可以分为 3 类:广义的观点、资源共享的观点与用户透明性的观点。从目前计算机网络的特点看,资源共享观点的定义能比较准确地描述计算机网络的基本特征。相比之下,广义的观点定义了计算机通信网络,而用户透明性的观点定义了分布式计算机系统。

资源共享观点将计算机网络定义为"以能够相互共享资源的方式互联起来的自治计算机系统的集合"。资源共享观点的定义符合目前计算机网络的基本特征,这主要表现在以下几个方面。

(1)计算机网络建立的主要目的是实现计算机资源的共享

计算机资源主要指计算机硬件、软件、数据与信息资源。网络用户不但可以使用本地计算机资源,而且可以通过网络访问联网的远程计算机资源,还可以调用网中几台不同的计算机共同完成一项任务。一般将实现计算机资源共享作为计算机网络的最基本特征。

(2)互联的计算机是分布在不同地理位置的多台独立的"自治计算机"

"自治计算机"就是每台计算机有自己的操作系统,互联的计算机之间可以没有明确的主从关系,每台计算机既可以联网工作,也可以脱机独立工作,联网计算机可以为本地用户服务,也可以为远程网络用户提供服务。

(3)联网计算机之间的通信必须遵循共同的网络协议

计算机网络是由多个互联的节点组成的,节点之间要做到有条不紊地交换数据,每个节点都必须遵守一些事先规定的约定和通信规则,这些约定和通信规则就是通信协议。这就和人们之间的对话一样,要么大家都说汉语,要么大家都说英语,如果一个说汉语,一个说英语,那么就需要找一个翻译。如果一个人只能说日语,另一个人又不懂日语,而又没有翻译,那么这两人就无法进行交流。

我们判断计算机是否互联成计算机网络,主要看它们是不是独立的"自治计算机"。如果两台计算机之间有明确的主/从关系,其中一台计算机能强制另一台计算机开启与关闭,或者控制另一台计算机,那么其中一台计算机就不是"自治"的计算机。根据资源共享观点的定义,由一台中心控制单元与多个从站组成的计算机系统不是一个计算机网络。因此,一台带有多个远程终端或远程打印机的计算机系统也不是一个计算机网络。

1.2.2 计算机网络的功能

计算机网络的出现极大地提高了人们获取信息的能力,以及人们学习和工作的效率。如今计算机网络的功能越来越强大,并且应用范围越来越广。计算机网络的功能大致可以归纳为以下几点。

1. 资源共享

资源共享是计算机网络的一个非常重要的功能,所有计算机网络建设的核心目的都是为了实现资源共享。资源共享是推动计算机网络产生和发展的源动力之一。无论是第一代面向终端的计算机网络,还是后来的第二代、第三代网络都将方便、高效地共享分布资源作为设计和追求的目标。

共享的资源包括硬件资源和软件资源。比如,在一个公司里只需要安装一台打印机,然后将这台打印机设置成网络打印机,那么在网络上的其他用户就都可以使用这台打印机了,这是一个典型的硬件设备通过网络实现资源共享的例子。另外,在某些大的公司里可能会有一些数据库服务器,公司的重要数据都会放在这些服务器上,那么公司里经过授权的员工都可以通过网络访问服务器上的数据,就像使用他们的本地数据一样,这是一个典型的软件资源共享的例子。可见,实现了资源共享一方面可以避免硬件设备的重复购置,提高设备的利用率,降低系统成本;另一方面又避免了软件研制上的重复劳动,数据的重复存储,方便集中管理,减少运行的成本。

2. 安全可靠

建立网络之后可以提高系统的可靠性。由于可以将重要资源分布到不同地方的计算机上,即使某台计算机出现故障也不会影响用户对同类资源的访问,减少了对某台计算机的依赖性。比如,在银行部门,可以采用双(多)机热备份技术,对于每一次交易记录都在多台主机上通过网络进行备份,随时保证多台主机数据一致。如果其中一台主机出现故障,另外的主机能够立即承担它的工作。可以看出,没有计算机网络,这样的系统是设计不出来的。在可靠性要求比较高的应用场合(如军事、银行、实时控制等领域)计算机网络提供的这种功能是十分重要的。

3. 协同处理

有些应用需要很强的计算能力,如模拟核武器爆炸、天气预报等。对于这些应用,需要使用一些大型计算机来完成。但是大型计算机的价格非常昂贵。在网络操作系统的合理调度和管理下,可以将依靠单台计算机无法解决的大型任务分解给网络中若干比大型计算机便宜很多的小型计算机(甚至可以是个人计算机)协同并行工作来完成。如有必要可以再配合一些高性能软件,从而实现与大型机相同的功能。

4. 家庭应用

对于普通用户来讲,网络给人们最大的感受就是它提供了丰富多彩的娱乐功能。慢慢地,家庭网络也开始浮出水面。

家庭网络的基本思想是:将来大多数家庭都会建立一个网络环境。家庭中的每一个设备都具有与其他设备进行通信的能力,通过 Internet 就可以访问这些设备。在现在看来,这是一个梦幻般的想法。但是如果真的将电视、冰箱、空调等都连接上网，人类的生活会发生怎样天翻地覆的改变呢？

从技术方面说，家庭网络和普通网络之间存在着不同之处，要考虑很多方面的问题。比如，网络与设备的安装必须简单，因为在计算机中觉得很正常的情况，可能在家庭网络中就是不能忍受的；再比如，有网络功能的家庭设备不能比没有网络功能的设备贵很多，等等。家庭网络正处于一个发展阶段，还有很多其他的困难和技术需要加以发现和解决。

5. 无线应用

随着网络技术的不断发展，无线网络开始大规模地普及开来。拥有笔记本电脑和 PDA (Personal Digital Assistants，个人数字助理)的个人，希望在他们移动的过程中也保持和网络的连接。而且，在某些应用场合下，用有线网络也不方便。所以，有些时候，人们可能更喜欢安装无线网络，就好像移动电话和固定电话的竞争一样。可见，这些设备的出现、发展更是进一步推动着无线网络的发展，甚至对有线网络造成了冲击。

1.3 计算机网络的分类与组成结构

1.3.1 计算机网络的分类

现在计算机网络被广泛地使用，已经出现了多种形式的计算机网络，根据网络的分类不同，同一种网络，会有各种各样的说法，例如是局域网、总线网，或者是 Ethernet(以太网)及 NetWare 网等。因此，研究网络的分类有助于更好地理解计算机网络。计算机网络的分类方法很多，其中主要的方法有 3 种：根据网络所使用的传输技术、根据网络的覆盖范围与规模、按网络拓扑结构，此外，还有一些其他的网络分类方法。

1. 根据网络传输技术进行分类

网络所采用的传输技术决定了网络的主要技术特点，因此根据网络所采用的传输技术对网络进行划分是一种很重要的方法。

在通信技术中，通信信道的类型有两类：广播通信信道与点到点通信信道。在广播通信信道中，多个节点共享 1 个通信信道、1 个节点广播信息，其他节点必须接收信息。而在点到点通信信道中，1 条通信信道只能连接 1 对节点，如果两个节点之间没有直接连接的线路，那么它们只能通过中间节点转接。显然，网络要通过通信信道完成数据传输任务，因此网络所采用的传输技术也只可能有两类，即广播(Broadcast)方式和点到点(Point-to-Point)方式。这样，相应的计算机网络也可以分为两类：点到点式网络(Point-to-Point Network)和广播式网络(Broadcast Network)。

(1) 点到点式网络

点到点式网络指网络中每两台主机、两台节点交换机之间或主机与节点交换机之间都存在一条物理信道，即每条物理线路连接一对计算机，机器(包括主机和节点交换机)沿某信道发送的数据确定无疑地只有信道另一端的唯一一台机器收到。假如两台计算机之间没有直接连接的线路，那么它们之间的分组传输就要通过中间节点的接收、存储、转发直至目的节点。由于连接多台计算机之间的线路结构可能是复杂的，因此从源节点到目的节点可能存在多条路由，决定分组从通信子网的源节点到达目的节点的路由需要有路由选择算法。采用分组存储转发是点到点式网络与广播式网络的重要区别之一。

在这种点到点的拓扑结构中,没有信道竞争,几乎不存在访问控制问题。点到点信道无疑可能浪费一些带宽,因为在长距离信道上一旦发生信道访问冲突,控制起来是相当困难的,所以广域网都采用点到点信道,而用带宽来换取信道访问控制的简化。

(2)广播式网络

在广播式网络中,所有联网计算机都共享一个公共通信信道。当一台计算机利用共享通信信道发送报文分组时,所有其他计算机都会接收到这个分组。由于发送的分组中带有目的地址与源地址,接收到该分组的计算机将检查目的地址是否与本节点的地址相同。如果被接收报文分组的目的地址与本节点地址相同,则接收该分组,否则丢弃。在广播式网络中,发送的报文分组的目的地址可以有单节点地址、多节点地址、广播地址3类。

在广播信道中,由于信道共享可能引起信道访问冲突,因此信道访问控制是要解决的关键问题。

2. 根据网络的覆盖范围进行分类

按照计算机网络覆盖的地理范围对其进行分类,可以很好地反映不同类型网络的技术特征。由于网络覆盖的地理范围不同,所采用的传输技术也不相同,因而形成了不同的网络技术特点和网络服务功能。按覆盖地理范围的大小,可以把计算机网络分为广域网、城域网和局域网。

(1)广域网(Wide Area Network,WAN)

广域网的作用范围通常为几十到几千公里,现在采用了新技术和新设备,广域网的主干线路传输速率已可达 2.5Gb/s。广域网又被称为远程网,是可在任何一个广阔的地理范围内进行数据、语音、图像信号传输的通信网,在广域网上一般连有数百、数千、数万台各种类型的计算机和网络,并提供广泛的网络服务。

广域网是从 20 世纪 60 年代开始发展的,其典型代表是美国国防部的 ARPANet 网,Internet 是最大的广域网。中国公网 CHINANET、国家公用信息通信网(又名金桥网)CHINAGBN、中国教育科研计算机网 CERNET 均是广域网。

(2)城域网(Metropolitan Area Network,MAN)

城域网是介于广域网与局域网之间的一种高速网络,城域网设计的目标是满足几十公里范围内的大量企业、机关、公司的多个局域网互联的需求,以实现大量用户之间的数据、语音、图形与视频等多种信息的传输功能。

(3)局域网(Local Area Network,LAN)

局域网的覆盖范围较小,从几十米到几千米,通信距离一般小于10km,传输速率在 0.1~1000Mb/s,响应时间为百微秒级。局域网的特点是组建方便、使用灵活。

随着计算机技术、通信技术和电子集成技术的发展,现在的局域网可以覆盖几十公里的范围,传输速率可达几千 Mb/s,例如 Ethernet 网络。

局域网按照采用的技术、应用范围和协议标准的不同,可以分为共享局域网和交换局域网。局域网发展迅速,应用日益广泛,是目前计算机网络中最活跃的分支。

3. 按网络拓扑结构分类

网络中各个节点相互联接的方法和形式称网络拓扑。网络的拓扑结构形式较多,主要分为:

总线型、星型、环型、树型、网状型和混合型。

按照网络的拓扑结构，可把网络分成：总线型网络、星型网络、环型网络、树型网络、网状型网络、混合型和不规则型网络。

4. 其他的网络分类方法

按网络控制方式的不同，可把计算机网络分为分布式和集中式两种网络。

按信息交换方式，计算机网络分为分组交换网、报文交换网、线路交换网和综合业务数字网等。

按网络环境的不同，可把计算机网络分成企业网、部门网和校园网等。

计算机网络还可按通信速率分为 3 类：低速网、中速网和高速网。低速网的数据传输速率在 300b/s～1.4Mb/s 之间，系统通常是借助调制解调器利用电话网来实现。中速网的数据传输速率在 1.5～45Mb/s 之间，这种系统主要是传统的数字式公用数据网。高速网的数据传输速率在 50～1000Mb/s 之间。信息高速公路的数据传输速率将会更高，目前的 ATM 网的传输速率可以达到 2.5Gb/s。

按网络配置分类，这主要是对客户机/服务器模式的网络进行分类。在这类系统中，根据互联计算机在网络中的作用可分为服务器和工作站两类。于是，按配置的不同，可把网络分为同类网、单服务器网和混合网，几乎所有这种客户机/服务器模式的网络都是这 3 种网络中的一种。网络中的服务器是指向其他计算机提供服务的计算机，工作站是接收服务器提供服务的计算机。

按照传输介质带宽分类，计算机网络分为基带网络和宽带网络。数据的原始数字信号所固有的频带(没有加以调制的)叫基本频带，或称基带。这种原始的数字信号称为基带信号。数字数据直接用基带信号在信道中传输，称为基带传输，其网络称为基带网络。基带信号占用的频带宽，往往独占通信线路，不利于信道的复用，且抗干扰能力差，容易发生衰减和畸变，不利于远距离传输。把调制的不同频率的多种信号在同一传输线路中传输称为宽带传输，这种网络称为宽带网。

按网络协议分类，可把计算机网络分为以太网(Ethernet)、令牌环网(Token Ring)、光纤分布式数据接口网络(FDDI)、X.25 分组交换网络、TCP/IP 网络、系统网络架构(System Network Architecture,SNA)网络、异步转移模式(ATM)网络等。Ethernet、Token Ring、FDDI、X.25、TCP/IP、SNA 等都是访问传输介质的方法或网络采用的协议。

按网络操作系统(网络软件)分类，可对网络进行分类，例如：Novell 公司的 NetWare 网络、3COM 公司的 3＋Share 和 3＋OPEN 网络、Microsoft 公司的 LAN Manager 网络和 Windows NT/2000/2003 网络、Banyan 公司的 VINES 网络、UNIX 网络、Linux 网络等。这种分类是以不同公司的网络操作系统为标志的。

1.3.2 计算机网络的组成

1. 计算机网络的系统组成

计算机网络要完成数据处理与数据通信两大基本功能，因此从逻辑功能上一个计算机网络分为两个部分：负责数据处理的计算机与终端；负责数据通信的通信控制处理机与通信链路。从计算机网络系统组成的角度来看，典型的计算机网络从逻辑功能上可以分为资源子网和通信子网两部分，二者分别是负责数据处理的子网和负责数据传输的子网。一个典型的计算机网络组成如图 1-1 所示。

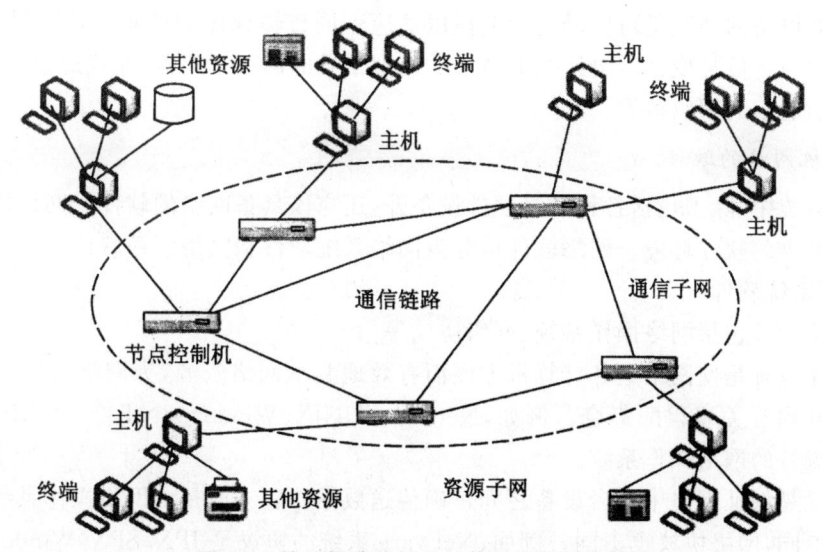

图 1-1　按逻辑功能划分计算机网络示意图

(1) 资源子网

资源子网由主机、终端、终端控制器、联网外设、各种软件资源与信息资源组成。资源子网的主要任务是：负责全网的数据处理业务,向网络用户提供各种网络资源与网络服务。

网络中的主机可以是大型机、中型机、小型机、工作站或微型机。主机是资源子网的主要组成单元,它通过高速通信线路与通信子网的控制处理机相连接。普通的用户终端通过主机接入网内,主机要为本地用户访问网络其他主机设备与资源提供服务,同时要为网中远程用户共享本地资源提供服务。随着微型机的广泛应用,接入计算机网络的微型机数量日益增多,它可以作为主机的一种类型直接通过通信控制处理机接入网内,也可以通过联网的大、中、小型计算机系统间接接入网内。

终端是直接面向用户的交互设备,可以是简单的输入、输出终端,也可以是带有微处理机的智能终端。智能终端不只具有输入、输出信心的功能,它本身还具有存储与处理信息的能力。终端可以通过主机系统连接入网,也可以通过终端控制器、报文分组组装与拆卸装置或通信控制处理机连入网内。

终端控制器连接一组终端,负责这些终端和主机的信息通信,或直接作为网络节点。

计算机外设主要是网络中的一些共享设备,如大型的硬盘机、高速打印机、大型绘图仪等。

(2) 通信子网

通信子网由通信控制处理机、通信线路、信号变换设备及其他通信设备组成。通信子网的主要任务是：完成数据的传输、交换以及通信控制,为计算机网络的通信功能提供服务。

通信控制处理机在通信子网中又被称为网络节点。它一方面作为与资源子网的主机、终端连接的接口,将主机和终端接入网内；另一方面它又作为通信子网中的分组存储转发节点,完成分组的接收、校验、存储和转发等功能,实现将源主机报文准确发送到目的主机的作用。

通信线路为通信控制处理机与通信控制处理机、通信控制处理机与主机之间提供通信信道。计算机网络采用了多种通信线路,如电话线、双绞线、同轴电缆、光纤、无线通信信道、微波与卫星通信信道等。一般在大型网络中和相距较远的两节点之间的通信链路都利用现有的公共数据通信线路。

信号变换设备的功能是对信号进行变换以适应不同传输媒体的要求。这些设备一般有：将计算机输出的数字信号变换为电话线上传送的模拟信号的调制解调器、无线通信接收和发送器、用于光纤通信的编码解码器等。

2. 计算机网络的软件

在网络系统中，除了包括各种网络硬件设备外，还应该具备网络的软件。网络软件是实现网络功能必不可少的软件环境。网络软件可分为网络系统软件和网络应用软件。

(1)网络系统软件

网络系统软件包括网络操作系统、网络协议等。

网络操作系统是使网络上各计算机方便而有效地共享网络资源，为网络用户提供所需的各种服务的软件和有关规程的集合。例如，Netware、UNIX、Windows NT/2000/XP/2003、Linux等都是现在流行的网络操作系统。

网络协议是保证网络中两台设备之间正确传送数据。它一般是由网络操作系统决定的。网络操作系统不同，网络协议也不同。例如，Netware系统的协议是IPX/SPX，Windows系统则支持TCP/IP等多种协议。

(2)网络应用软件

网络应用软件是指能够为网络用户提供各种服务的软件。例如，浏览软件、传输软件、远程登录软件、电子邮件等。

1.3.3　计算机网络的拓扑结构

网络拓扑结构是抛开网络电缆的物理连接来讨论网络系统的连接形式，是指网络连接线路所构成的集合图形，它能表示出网络服务器、工作站的网络配置和互相之间的连接。

计算机网络有很多种拓扑结构，最常用的网络拓扑结构有：总线型结构、环型结构、星型结构、树型结构、网状结构和混合型结构，这里反对前五种网络拓扑结构进行概述。

1. 总线型结构

总线型结构采用一条单根的通信线路（总线）作为公共的传输通道，所有的节点都通过相应的接口直接连接到总线上，并通过总线进行数据传输。例如，在一根电缆上连接了组成网络的计算机或其他共享设备（如打印机等），如图1-2所示。由于单根电缆仅支持一种信道，因此连接在电缆上的计算机和其他共享设备共享电缆的所有容量。连接在总线上的设备越多，网络发送和接收数据就越慢。

总线型网络使用广播式传输技术，总线上的所有节点都可以发送数据到总线上，数据沿总线传播。但是，由于所有节点共享同一条公共通道，所以在任何时候才允许一个站点发送数据。当一个节点发送数据，并在总线上传播时，数据可以被总线上的其他所有节点接收。各站点在接收数据后，分析目的物理地址再决定是否接收该数据。粗、细同轴电缆以太网就是这种结构的典型代表。

总线型拓扑结构具有如下特点：

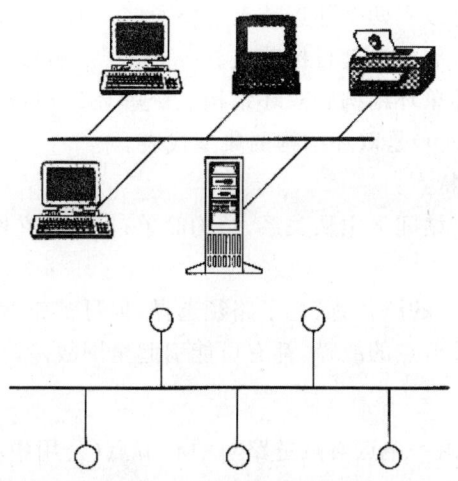

图 1-2　总线型拓扑结构

①结构简单、灵活,易于扩展;共享能力强,便于广播式传输。
②网络响应速度快,但负荷重时性能迅速下降;局部站点故障不影响整体,可靠性较高。但是,总线出现故障,则将影响整个网络。
③易于安装,费用低。

2．环型结构

环型结构是各个网络节点通过环接口连在一条首尾相接的闭合环型通信线路中,如图 1-3 所示。

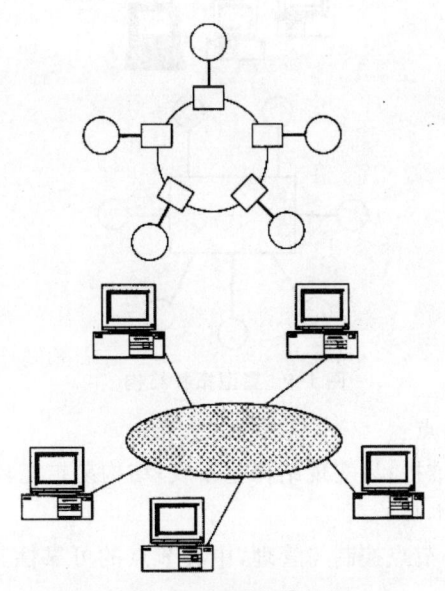

图 1-3　环形拓扑结构

每个节点设备只能与它相邻的一个或两个节点设备直接通信。如果要与网络中的其他节点通信,数据需要依次经过两个通信节点之间的每个设备。环型网络既可以是单向的也可以是双向的。单向环型网络的数据绕着环向一个方向发送,数据所到达的环中的每个设备都将数据接收经再生放大后将其转发出去,直到数据到达目标节点为止。双向环型网络中的数据能在两个方向上进行传输,因此设备可以和两个邻近节点直接通信。如果一个方向的环中断了,数据还可以相反的方向在环中传输,最后到达其目标节点。

环型结构有两种类型,即单环结构和双环结构。令牌环(Token Ring)是单环结构的典型代表,光纤分布式数据接口(FDDI)是双环结构的典型代表。

环型拓扑结构具有如下特点:

①在环型网络中,各工作站间无主从关系,结构简单;信息流在网络中沿环单向传递,延迟固定,实时性较好。

②两个节点之间仅有唯一的路径,简化了路径选择,但可扩充性差。

③可靠性差,任何线路或节点的故障,都有可能引起全网故障,且故障检测困难。

3. 星型结构

星型结构的每个节点都由一条点对点链路与中心节点(公用中心交换设备,如交换机、集线器等)相连,如图1-4所示。星型网络中的一个节点如果向另一个节点发送数据,首先将数据发送到中央设备,然后由中央设备将数据转发到目标节点。信息的传输是通过中心节点的存储转发技术实现的,并且只能通过中心节点与其他节点通信。星型网络是局域网中最常用的拓扑结构。

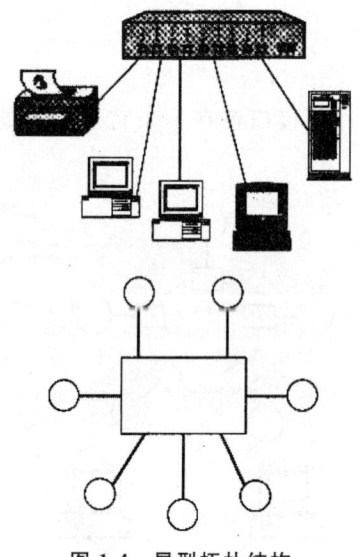

图 1-4 星型拓扑结构

星型拓扑结构具有如下特点:

①结构简单,便于管理和维护;易实现结构化布线;结构易扩充,易升级。

②通信线路专用,电缆成本高。

③星型结构的网络由中心节点控制与管理,中心节点的可靠性基本上决定了整个网络的可靠性。

④中心节点负担重,易成为信息传输的瓶颈,且中心节点一旦出现故障,会导致全网瘫痪。

4. 树型结构

树型结构(也称星型总线拓扑结构)是从总线型和星型结构演变来的。网络中的节点设备都连接到一个中央设备(如集线器)上,但并不是所有的节点都直接连接到中央设备,大多数的节点首先连接到一个次级设备,次级设备再与中央设备连接。图 1-5 所示的是一个树型结构网络。

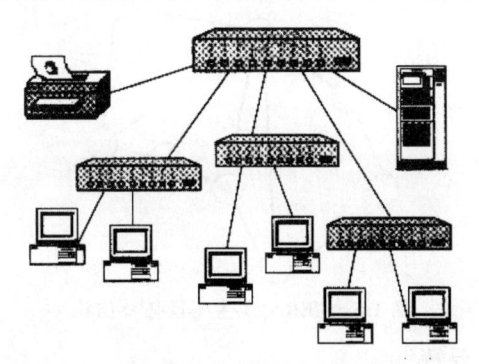

图 1-5　树型结构网络

树型结构有两种类型,一种是由总线型拓扑结构派生出来的,它由多条总线连接而成,如图 1-6(a)所示;另一种是星型结构的变种,各节点按一定的层次连接起来,形状像一棵倒置的树,故得名树型结构,如图 1-6(b)所示。在树型结构的顶端有一个根节点,它带有分支,每个分支还可以再带子分支。

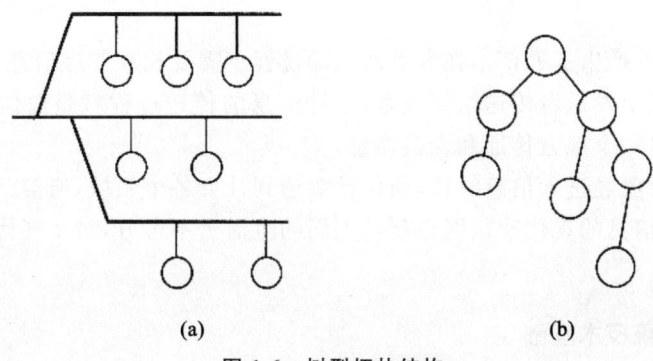

图 1-6　树型拓扑结构

树型拓扑结构的主要特点如下:
① 易于扩展,故障易隔离,可靠性高;电缆成本高。
② 对根节点的依赖性大,一旦根节点出现故障,将导致全网不能工作。

5. 网状结构

网状结构是指将各网络节点与通信线路连接成不规则的形状,每个节点至少与其他两个节点相连,或者说每个节点至少有两条链路与其他节点相连,如图 1-7 所示。大型互联网一般都采用这种结构,如我国的教育科研网 CERNET(图 1-8)、Internet 的主干网都采用网状结构。

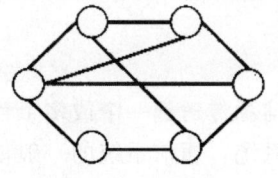

图 1-7　网状拓扑结构

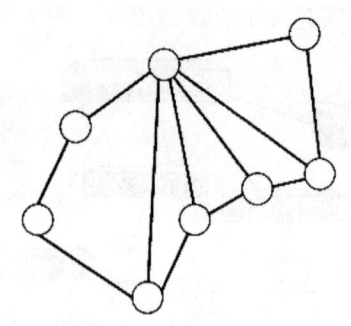

图 1-8 CERNET 主干网拓扑结构

网状拓扑结构有以下主要特点：
①可靠性高；结构复杂，不易管理和维护；线路成本高；适用于大型广域网。
②因为有多条路径，所以可以选择最佳路径，减少时延，改善流量分配，提高网络性能，但路径选择比较复杂。

1.4 通信系统技术基础及发展方向

自从有了人类，就产生了通信。在人类的活动过程中需要相互传递信息，也就是将带有信息的信号通过某种方式由发送者传送给接收者，这种信息的传送过程就是通信。因此，所谓通信，就是由一个地方向另一个地方传递和交换信息。

当今的人类社会已经进入信息时代，通信已渗透到社会各个领域，通信产品随处可见。而负责承载、交换和传输信息的现代通信网也就与人们的生活密不可分，对于现代信息社会是不可或缺和非常重要的。

1.4.1 通信系统技术基础

从数据通信的定义可以理解，数据通信包含两方面内容：数据传输前后的处理，例如数据的集中、交换、控制等；数据的传输。由于数据通信是指两个终端之间的通信，而计算机属于高度智能化的数据终端设备，因此计算机通信属于数据通信的范畴，即数据通信包含计算机通信。由于计算机是目前应用最广泛的数据终端，因此数据通信与计算机通信几乎被很多人等同为一体。但是从功能上看，数据通信实现 OSI 通信协议中低三层功能，即通信子网功能，主要为数据终端之间提供通信传输能力，而计算机通信则侧重于数据信息的交互，即实现计算机内部进程之间通信。因此，数据通信面向通信，而计算机通信面向应用。计算机通信与数据通信之间是客户/业务提供者关系，即计算机通信必须以数据通信提供的通信传输能力为基础，才能得以实现各种应用。

1. 通信系统的一般模式

通信系统的作用就是将信息从信源传送到一个或多个目的地。实现信息传递所需的一切技术设备（包括信道）的总和称为通信系统。通信系统的一般模型如图 1-9 所示。

图 1-9 中各部分的功能简述如下：

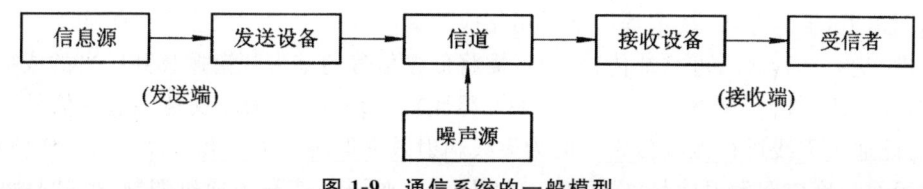

信息源 → 发送设备 → 信道 → 接收设备 → 受信者
(发送端)　　　　　　　　　　　　　　(接收端)
　　　　　　　　　噪声源

图 1-9　通信系统的一般模型

(1) 信息源

信息源(简称信源)是消息的发源地,其作用是把各种消息转换成原始电信号(称为消息信号或基带信号)。根据消息种类的不同,信源可分为模拟信源和数字信源。数字信源输出离散的数字信号,如电传机(键盘字符—数字信号)、计算机等各种数字终端;模拟信源送出的是模拟信号,如麦克风(声音—音频信号)、摄像机(图像—视频信号)。并且,模拟信源送出的信号经数字化处理后也可送出数字信号。

(2) 发送设备

发送设备的功能是将信源和信道匹配起来,即将信源产生的消息信号变换成适合在信道中传输的信号。因此,发送设备涵盖的内容很多,可以是不同的电路和变换器,如放大、滤波、编码等。在需要频谱搬移的场合,调制是最常见的变换方式。

(3) 信道

信道是指传输信号的物理媒质。在有线信道中,信道可以是明线、电缆、光纤;在无线信道中,信道可以是大气(自由空间)。有线和无线信道均有多种物理媒质。信道在给信号提供通路的同时,也会对信号产生各种干扰和噪声。信道的固有特性及引入的干扰与噪声直接关系到通信的质量。

(4) 接受设备

接收设备的功能是放大和反变换(如滤波、译码、解调等),其目的是从受到干扰和减损的接收信号中正确恢复出原始电信号。

(5) 噪声源

噪声源不是人为加入的设备,而是信道中的噪声以及通信系统其他各处噪声的集中表示。噪声通常是随机的,其形式是多种多样的,它的存在干扰了正常信号的传输。

(6) 受信者

受信者(信宿)是传送消息的目的地。其功能与信源相反,即将复原的原始电信号还原成相应的消息,如扬声器等。

2. 模拟通信系统

(1) 调制的目的

调制是对信源信号进行处理,使其变为适合于信道传输的过程;相反称解调。模拟信号的调制、解调过程如图 1-10 所示。

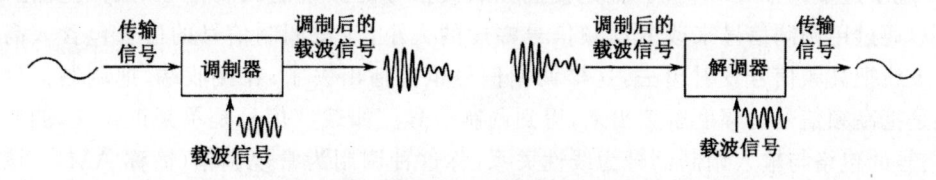

传输信号 → 调制器 → 调制后的载波信号　　　　调制后的载波信号 → 解调器 → 传输信号
　　　　　　　↑　　　　　　　　　　　　　　　　　　　　　　　　　↑
　　　　　载波信号　　　　　　　　　　　　　　　　　　　　　　　载波信号

图 1-10　模拟信号的调制解调过程

对不同信道,根据经济、技术等因素采用相应的调制方式。调制的主要目的如下:

①频谱变换。为有效、可靠地传输信息,需将低频信号的基带频谱搬移到适当的或指定的频段。例如,人类语音信号频率为 100~9000Hz(男性)、150~10000Hz(女性),这种信号从工程角度看,不可能通过天线进行无线传输。因为天线辐射效率取决于天线几何尺寸与工作波长之比,一般要求天线长度应在发射信号波长的 1/10 以上,因此语音信号须通过调制,也就是将该信号搬移到 $m(t)$ 在工程上能实现传播的信道频谱范围内,才能传输。

②实现信道多路复用。信道频率资源十分宝贵,一个物理信道如果仅传输一路信号 $m(t)$ 显然浪费了远比 $m(t)$ 频率范围宽的信道资源。FDMA 能将多个信号的频谱按一定规则排列在信道带宽相应频段,实现同一信道中多个信号互不干扰地同时传输。当然,复用方式、复用路数与调制方式、信道特性有关。

③提高抗干扰能力。调制能改善系统的抗噪声性能,通过调制增强了信号抗干扰的能力,例如,提高通信可靠性必须以降低有效性为代价,反之也一样。即通常所说的信噪比和带宽的互换,而这种互换是通过不同调制方式实现的。当信道噪声较严重时,为确保通信可靠性,可以选择某种合适的调制方式来增加信号频带宽度。这样,传输速率相同但所需频带增加,降低了传输的有效性,但抗干扰能力增强了。

(2)常用调制方式

大部分调制系统将待发送的信号和某种载波信号进行有机结合,产生适合传输的已调信号,调制器可视为一个 6 端网络,其中一端对输入待传输的调制信号 $m(t)$,另一端对输入载波 $c(t)$,输出端对已调波 $s(t)$,使载波的 1~2 个参量成比例地受控于调制信号的变化规律,根据 $m(t)$ 和 $c(t)$ 的不同类型和完成调制功能的调制器传输函数不同,调制主要有 AM、FM、PM 等,如图 1-11 所示。

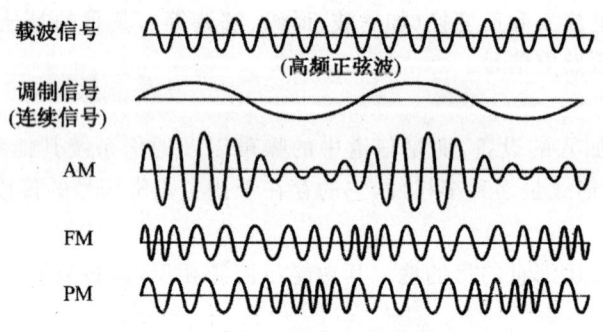

图 1-11 模拟信号的 3 种调制方式

①单边带调制(SSB)。单边带调制方式节省载波功率,且只需传输双边带调制信号的一个边带。因此,传输单边带信号最直接的方法就是让双边带信号通过一个单边带滤波器,滤除不要的边带,即可得到单边带信号,这是最简单、最常用的方法。

②常规双边带调幅(AM)。调幅是使高频载波信号的振幅随调制信号的瞬时变化而变化。也就是说,通过用调制信号来改变高频信号幅度的大小,使得调制信号的信息包含入高频信号中,通过天线把高频信号发射出去,这样调制信号也传播出去了;在接收端,把调制信号解调出来,也就是把高频信号的幅度解读出来,得到调制信号。如载波信号是单频正弦波,调制器输出的已调信号的包络与输入调制信号为线性关系,称这种调制为常规调幅(简称 AM)。该调制方式在无线电广播系统占主要地位。AM 中,输出已调信号的包络与输入调制信号成正比,其时域

表达式为
$$S_{AM}(t) = [m_0 + m(t)]\cos(\omega_c t + \Phi)$$

式中，m_0 为外加的直流分量；$m(t)$ 为基带调制信号（通常认为平均值是 0）；ω_c 为载波的角频率；Φ 载波的初始相位。典型的双边带调幅波形如图 1-12 所示。

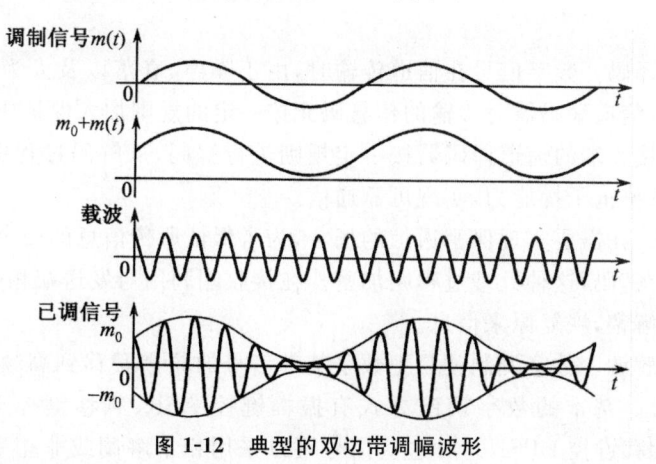

图 1-12 典型的双边带调幅波形

可以看出，用包络检波方法能恢复原始调制信号。但为了包络检波时不失真，必须满足 $m_0 + m(t) \geqslant 0$，否则会因过调幅产生失真。

③抑制载波双边带调制（DSB-SC）。常规双边带调幅中，载波功率是无用的，因为载波不携带任何信息，信息完全由边带传输。如果要将载波抑制，只需不附加直流分量 m_0。即可得到抑制载波的双边带调幅。如果输入的基带信号没有直流分量，输出信号就是无载波分量的双边带调制信号，或称双边带抑制载波（DSB-SC）调制信号，简称 DSB 信号。此时的 DSB 信号实质上就是 $m(t)$ 和 $\cos\omega_c t$ 的相乘，其时域表达式为
$$S_{DSB}(t) = m(t)\cos\omega_c t$$

④残留边带调制（VSB）。用滤波法产生单边带信号的主要缺点是需要陡峭截止特性的滤波器，而制作这样的滤波器较为困难。为解决产生单边带信号和实际滤波器之间的矛盾，提出了残留边带调制。

3. 数字通信系统

（1）数字通信系统的构成

数字通信系统是利用数字信号来传递信息的通信系统，如图 1-13 所示。数字通信涉及的技术问题很多，其中主要有信源编码与译码、信道编码与译码、数字调制与解调、同步以及加密等。下面对这些技术作简要介绍。

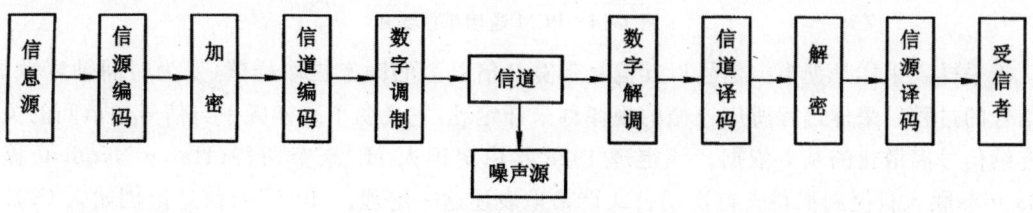

图 1-13 数据通信系统模型

①信源编码与译码。信源编码的作用之一是提高信息传输的有效性,即通过某种数据压缩技术来减少信息的冗余度(减少信息码元数目)和降低数字信号的码元速率。因为码元速率将决定传输带宽,而传输带宽反映了通信的有效性。作用之二是完成模/数(A/D)转换,即把来自模拟信源的模拟信号转换成数字信号,以实现模拟信号的数字化传输。信源译码是信源编码的逆过程。

②信道编码与译码。数字信号在信道传输时,由于噪声、衰落以及人为干扰等,将会引起差错。为了减小差错,信道编码器对传输的信息码元按一定的规则加入保护成分(监督元),组成所谓"抗干扰编码"。接收端的信道译码器按一定规则进行解码,从解码过程中发现错误或纠正错误,从而提高通信系统抗干扰能力,实现可靠通信。

③加密与解密。在需要实现保密通信的场合,为了保证所传信息的安全,人为将被传输的数字序列扰乱,即加上密码,这种处理过程叫加密。在接收端利用与发送端相同的密码复制品对收到的数字序列进行解密,恢复原来信息。

④数字调制与解调。数字调制就是把数字基带信号的频谱搬移到高频处,形成适合在信道中传输的频带信号。基本的数字调制方式有振幅键控 ASK、频移键控 FSK、绝对相移键控 PSK、相对(差分)相移键控 DPSK。对这些信号可以采用相干解调或非相干解调还原为数字基带信号。对高斯噪声下的信号检测,一般用相关器接收机或匹配滤波器。

⑤同步。同步是保证数字通信系统有序、准确、可靠工作的前提条件。按照同步的功用不同,可分为载波同步、位同步、群同步和网同步。

(2)模拟信号数字化

模拟信号数字化是现代网络支持业务的基础。常用方法有差值编码(DPM)、自适应差值编码(ADPM)、脉冲编码调制(PCM)、增量调制(DM)等。其中,最典型、最基础的数字化方式是英国人 A. H. Reeves 提出的 PCM,其通信系统组成如图 1-14 所示。输入的模拟信号(语音信号)经抽样、量化、编码后变换成数字信号,经信道再生中继传输到接收端,由解码器还原出抽样值,再经低通滤波还原为模拟信号(语音信号)。通常称量化与编码组合为模/数(A/D)变换,解码与低通滤波组合为数/模(D/A)变换。可以看出,模拟信号数字化需经过采样、量化和编码 3 个步骤。

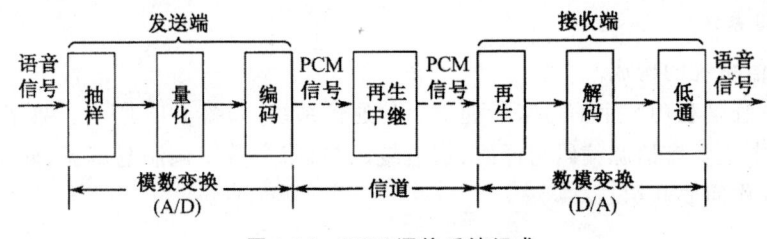

图 1-14 PCM 通信系统组成

①采样。采样是把模拟信号以其信号带宽 2 倍以上的频率提取样值,变为时间轴离散的采样信号的过程。采样过程所应遵循的规律称采样定理,它说明了采样频率与信号频谱间的关系,是连续信号离散化的基本依据。该定理 1928 年由美国人 H. 奈奎斯特(Harry Nyquist)提出,1933 年苏联人科捷利尼科夫首次用公式严格地表述这一定理。1948 年,信息论创始人 C.E. 香农(Shannon)正式作为定理引用。其基本表述为:当信号 $f(t)$ 最高频率分量为 f_m 时,$f(t)$ 值可由一系列采样间隔不超过 $1/2f_m$ 的采样值来确定,即采样点重复频率 $f \geq 2f_m$ 则采样后的样值

序列可不失真地还原成初始信号。例如，一路电话信号频带为 300～3400Hz，$f_m=3400$Hz，则采样频率 $2×3400$Hz$=6800$Hz。如按 6800Hz 的采样频率对 300～3400Hz 的电话信号采样，则采样后的样值序列可不失真地还原成初始的语音信号。实际应用时，语音信号采样频率通常取 8000Hz。采样所得到的时间上离散的样值序列，既可进行 TDMA，也可将各个采样值经过量化、编码变换成二进制数字信号。

②量化。量化是用有限个幅度值近似原来连续变化的幅度值，把连续幅度的模拟信号变为有限数量的离散值。采样信号（样值序列）虽然时间上离散，但仍为模拟信号，其样值在一定取值范围内可有无限多个值。为实现以数字码表示样值，采用"四舍五入"法把样值分级"取整"，使一定取值范围内的样值由无限多个变为有限个。量化后的采样信号与量化前的采样信号相比较有失真，分的级数越多，量化级差或间隔越小，失真也就越小。

③编码。采样、量化后的信号还不是数字信号，需转换成数字脉冲，该过程称为编码。最简单的是二进制编码，就是用即比特二进制码来表示已量化样值，每个二进制数对应一个量化值，然后把它们排列，得到由二值脉冲组成的数字信息流。接收端按所收到的信息重新组成原来的样值，再经过低通滤波器恢复原信号。用这样方式组成的脉冲串的频率等于采样频率与量化比特数的积，称为所传输数字信号的数码率。显然，采样频率越高，量化比特数越大，码率就越高，所需传输带宽也越宽。例如，语音 PCM 的采样频率为 8kHz，每个量化样值对应一个 8b 二进制码，则语音数字编码信号速率为 8b×8kHz=64kb/s。

图 1-15 为模拟信号 $m(t)$ 的数字化过程。其中，图 1-15(b)根据抽样定理，$m_S(t)$ 经过抽样后变成时间离散、幅度连续的信号 $m_S(t)$。图 1-15(c)将 $m_S(t)$ 输入量化器，得到量化输出信号 $m_q(t)$，采用"四舍五入"法将每个连续抽样值归结为某一临近的整数值，即量化电平。这里采用了 8 个量化级，将图 1-15(b)中 7 个准确样值 4.2、6.3、6.1、4.2、2.5、1.8、1.9 分别变换成 4、6、6、4、3、2、2。量化后的离散样值可以用一定位数的代码表示，即编码。因为只有 8 个量化电平，所以可用 3b 二进制码表示（$2^3=8$）。图 1-15(d)是用自然二进制码对量化样值进行编码的结果。

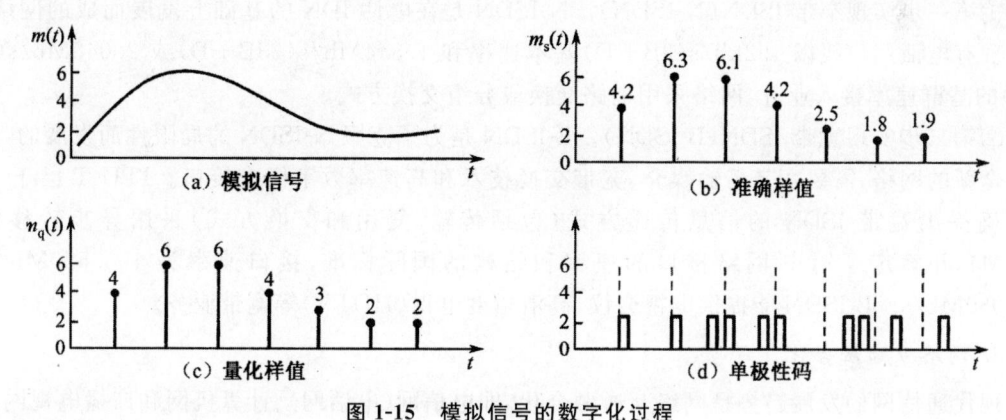

图 1-15 模拟信号的数字化过程

1.4.2 现代通信网的发展方向

随着网络时代的来临，人们已开始步入信息化社会，对信息服务的要求在不断提高，通信的重要性越来越突出。现阶段通信网不但在容量和规模上逐步扩大，而且还处于升级换代的关键时期,各种通信网之间实现技术的兼容、融合和集成,已是不可避免的趋势。

从通信网在设备方面的各要素来看,终端设备正在向数字化、智能化、多功能化发展;传输链路已经数字化,正在向宽带化发展;交换设备则已经广泛采用数字程控交换机,并已研究推出适合宽带 ISDN 的 ATM 交换机,目前正在发展软交换技术。总之,未来的通信网正向着数字化、综合化、智能化、个人化的方向发展,而且现代通信网的发展趋势是网络融合,其目标网络技术即下一带网络(NGN)技术。

1. 通信技术数字化

通信技术数字化就是在通信网中全面使用数字技术,包括数字传输、数字交换和数字终端等。由于数字通信具有抗干扰能力强、失真不积累、便于纠错、易于加密、适于集成化、利于传输和交换的综合,以及可兼容数字电话、电报、数据和图像等多种信息的传输等优点,所以数字化成为通信网的发展方向之一。

与传统的模拟通信相比,数字通信更加通用和灵活,也为实现通信网的计算机管理创造了条件。数字化是"信息化"的基础。在传输设备方面,除了在对称、同轴电缆上开通数字通信外,还广泛采用光纤、微波、卫星进行数字通信。在交换设备方面,数字交换技术已经取代模拟交换技术。

2. 通信业务综合化

通信业务综合化就是把来自各种信息源的业务综合在一个数字通信网中传送,为用户提供综合性服务。目前已有的通信网一般是为某种业务单独建立的,如电话网、传真网、广播电视网、数据网等。随着多种通信业务的出现和发展,如果继续各自业务单独建网,将会造成网络资源的巨大浪费,而且给用户带来使用上的不便。因此需要建立一个能有效地支持各种电话和非话业务的统一的通信网,它不但能满足人们对电话、传真、广播电视、数据和各种新业务的需要,而且能满足未来人们对信息服务的更高要求,这就是综合业务数字网(ISDN)。

ISDN 的实现可分为两个步骤。

①第一步实现窄带 ISDN(N-ISDN)。N-ISDN 是在电话 IDN 的基础上发展而成的网络,它利用现有电话用户线以 192kb/s(2B+D)基本速率和 1.544Mb/s(23B+D)或 2.048Mb/s(30B+D)的基群速率接入业务,网络采用电路交换或分组交换方式。

②第二步实现宽带 ISDN(B-ISDN)。B-ISDN 是为了克服 N-ISDN 的局限性而发展的,它是一个全新的网络,需要宽带传输媒介、宽带交换技术和高速率数字标准接口。ITU-T 已于 1988 年明确提出宽带 ISDN 的信息传递方式(包括传输、复用和交换方式)采用异步转移模式(ATM),并确定了用户-网络接口的速率和结构的国际标准,接口速率为 155.520Mb/s 和 622.080Mb/s。B-ISDN 能提供电视会议、高清晰度电视(HDTV)等宽带业务。

3. 网络互通融合化

现代通信网的发展趋势是网络互通融合化,即电信网(电话网)、计算机网和广播电视网之间的"三网"融合,其目标网络技术即 NGN 技术。

NGN 是一个分组网络,它提供包括电信业务在内的多种业务,能够利用多种带宽和具有 QoS 能力的传送技术,实现业务功能与底层传送技术的分离;它允许用户对不同业务提供商网络的自由接入,并支持通用移动性,实现用户对业务使用的一致性和统一性。

软交换是下一代网络的控制功能实体,为 NGN 具有实时性要求的业务提供呼叫控制和连接控制功能,是下一代网络呼叫与控制的核心。

4. 通信网络宽带化

从现代通信网处理的具体业务上来看,随着信息技术的发展,用户对宽带新业务的需求开始迅速增加。通信网络宽带化已成为电信网络发展的现实要求和必然趋势,目前,几乎在网络的所有层面(如接入层、边缘层、核心交换层)都在开发高速技术,包括接入技术的宽带化(高速)、传输技术的宽带化(高速)、超高速路由与交换等新技术已成为新一代信息网络的关键技术。

从接入网来看,各种宽带接入技术争奇斗艳。xDSL 和 HFC 等技术可使铜缆接入速率大幅提升;3G、WiMAX 等技术可实现无线接入宽带化;以 FTTH 为代表的光纤接入技术在技术稳定性及综合性价比上,都使得光纤到户的理想一步步成为现实。从长远的观点来看,面对日益丰富多彩的多媒体业务和呈爆炸式增长的 IP 业务的压力,一种结合 ATM(异步传输模式)多业务、多比特率支持能力和 PON(无源光网络)技术,即 APON,可能是实现透明宽带传送能力的比较理想的长远解决方案,代表了宽带接入技术的最新发展方向。

5. 网络管理智能化

网络管理智能化就是在通信网中更多地引进智能因素建立智能网。其目的是使网络结构更具灵活性,让用户对网络具有更强的管理能力和更好的用户体验,以有限的功能组件实现多种业务。

随着人们对各种新业务需求的不断增加,必须不断修改程控交换机的软件,这需耗费一定的人力、物力和时间,因而不能及时满足用户的需要。智能网将改变传统的网络结构,对网络资源进行动态分配,将大部分功能以基本功能单元形式分散在网络节点上,而不是集中在交换局内。每种用户业务可由若干个基本功能单元组合而成,不同业务的区别在于所包含的基本功能单元不同和基本功能单元的排序不同。

智能网以智能数据库为基础,不仅能传送信息,而且能存储和处理信息,使网络中可方便地引进新业务,并使用户具有控制网络的能力,还可根据需要及时、经济地获得各种业务服务。尤其是采用开放式结构和标准接口结构的灵活性、智能的分布性、对象的个体性、接口的综合性和网络资源利用的有效性等手段,可以解决信息网络在性能、安全、可管理性、可扩展性等方面所面临的诸多问题,对通信网络的发展具有重要影响。

6. 通信服务个人化

通信服务个人化就是实现个人通信,即任何人在任何时间、任何地点都能与其他任何地方的任何个人进行通信。个人通信概念的核心,是使通信最终适应个人(而不一定是终端)的移动性。或者说,通信是在人与人之间,而不是终端与终端之间进行的。通信的业务种类仅受接入网与用户终端能力的限制,而最终将能提供任何信息形式的业务。这是一种理想的通信方式,它将改变以往将终端/线路识别作为用户识别的传统方法(即现在使用的分配给电话线的用户号码),而采用与网络无关的唯一的个人通信号码。个人号码不受地理位置和使用终端的限制,通用于有线和无线系统,给用户带来充分的终端移动性(即用户可在携带终端连续移动的情况下进行通信)和个人移动性(即用户能在网络中的任何地理位置上,根据他的要求选择或配置任一移动的或固定的终端进行通信)。个人通信的发展目前只处在初级阶段,很多国家开发和使用的公用无绳电话系统、移动电话系统可以看成是初级阶段的个人通信系统。要达到理想的个人通信,将是个长期而艰巨的任务。

1.4.3 我国通信网的发展情况

伴随着经济高速发展和社会不断进步，我国的信息通信业实现了飞跃发展。通信网的建设规模不断扩大，技术层次全面提升，电信业务快速发展，通信服务能力显著提高。通信网的发展已经深入地影响到国民经济的各行业和各领域，已经深刻地影响到人们的物质文化生活。下面从几个主要方面介绍我国通信网的发展情况。

1. 快速突破电信网"瓶颈"，通信能力迅速提高

改革开放之初，我国电信网络电信通信能力虽有诸多不足。1978年，9亿人口的中国只有电话交换机406万门，其中自动交换机116万门，电话普及率比当时非洲国家的水平还低。面对新形势对电信的旺盛需求，电信部门逐年加大投资规模，大力建设各种通信网络。

2008年底，我国的光缆线路总长度铺到了676.8万公里，其中长途光缆线路长度达到79.2万公里，接入网光缆线路长度159.6万公里。我国已经建设成了一个覆盖全国的、以光缆为主的，以卫星和数字微波为辅的大容量、高速度的干线传输网络，完全可以满足各种宽带信息的传输和各种业务的开发与应用。

2008年底，我国固定长途电话交换机容量为1704.6万路端；局用交换机容量（含接入网设备容量）为50878.9万门。移动电话交换机容量为114350.8万户。2008年底互联网宽带接入端口达到10928.1万个，全国互联网国际出口带宽达到640286Mb/s。

目前，中国通信运营业已建成接近世界先进水平的通信网络。通信网实现了由人工向自动、由模拟向数字、由小容量向大容量、由单一业务向多种业务的转型，拥有光纤、数字微波、卫星、程控交换、移动通信、数据与多媒体等各种通信手段，覆盖全国城乡，连接世界各地，达到世界先进水平。

2. 固定和移动电话齐头并进，电话用户世界第一

改革开放以来，固定电话逐步由少数人享受的通信便利扩展到千家万户。2008年，全国固定电话用户为3.4亿户，固定电话普及率为25.8部/百人。最近几年来，随着移动通信的发展，固定电话用户数量有所减少。

1987年，我国第一个TACS模拟蜂窝移动电话系统在广东省建成并投入使用，标志着我国正式进入了移动通信阶段。移动通信的出现和发展，彻底改变了我国的通信格局和人们的生活，自此以后，移动电话用户扩张迅速，到2008年底，移动电话用户数由1988年末的0.3万户增加到6.4亿户，移动电话普及率达到48.5部/百人。移动电话用户在电话用户总数中所占的比重达到65.3%。

由于固定电话与移动电话的迅速发展与普及，我国的电话用户数量已经处于世界第一位。

3. 互联网规模不断壮大，信息化进程明显加快

为适应国家信息化建设的需要，电信部门加快建设数据通信网、计算机网以及互联网。1994年中国正式加入国际互联网，1995年中国公众互联网的建成标志着中国互联网进入社会化应用阶段。经过不懈的努力与发展，到2008年末，网络覆盖到了全国31个省的所有地区和大部分乡镇，网民数从1997年的62万人增加到2.98亿人，处于世界领先；其中宽带网民数达到2.7亿人，占网民总数的90.6%。互联网普及率由1997年的0.1%上升到22.6%，超过全球平均水平。

互联网成为了现代社会的一个标志,信息资源日益丰富,网络应用层出不穷,在促进政府管理、经济发展、丰富人民群众生活等方面,体现出日益重要的作用,显现出巨大的发展潜力。

4. 电信业务快速发展,新兴业务不断涌现

电信业务的发展得到不断拓展,普及程度快速提高。电信部门在发展固定电话业务的同时,以移动通信、数据通信、国际通信为重点,大力发展各类电信新业务,积极培育新的业务增长点,新业务不断涌现。

随着电话用户的不断增长和电信业务服务资费水平的下降,通话总量呈持续增长态势,特别是移动电话通话量的发展非常迅猛。2008 年固定本地电话通话量达到 6185.5 亿次,固定长途电话通话时长达到 880.7 亿 min;移动本地电话通话时长达到 27461.8 亿 min,比 2000 年增长 91.8 倍;移动长途电话通话时长达到 1935.9 亿 min,比 2000 年增长 88.2 倍;IP 电话通话时长达到 1396.3 亿 min,比 2000 年增长 45.7 倍。

近几年来,我国增值电信业务种类的增加,对电信业的发展起到了促进作用,增值电信业务逐渐成为电信业新的增长点,成为拉动电信业务收入增长的重要力量。

经过多年的发展,我国的通信网建设取得了巨大的进步。但同时也要看到,当前的通信网也存在一些问题,主要是:网络带宽资源紧张,尤其是网络接入速度不高;各种网络制式并存,不能充分有效地共享资源;网络规模的扩张,特别是互联网的迅速普及,带来了网络和信息安全的问题;电信行业的垄断和竞争激烈并存,重复建设严重等。随着通信网的发展以及通信技术的不断提高,这些问题有望得到有效地解决,以更好地发挥通信网的通信服务功能。

第 2 章 现代通信基础

2.1 数据通信传输信道

信道是通信双方以传输介质为基础的传输信息的通道,它是建立在通信线路及其附属设备(如收发设备)上的。该定义似乎与传输介质一样,但实际上两者并不完全相同。一条通信介质构成的线路上往往可包含多个信道。信道本身也可以是模拟或数字方式的,用以传输模拟信号的信道叫做模拟信道,用以传输数字信号的信道叫做数字信道。

2.1.1 信道的分类

"信道"是数据信号传输的必经之路,它一般由传输线路和传输设备组成。

1. 物理信道和逻辑信道

物理信道是指用来传送信号或数据的物理通路,它由传输介质及有关通信设备组成。逻辑信道也是网络上的一种通路,在信号的接收和发送之间不仅存在一条物理上的传输介质,而且在此物理信道的基础上,还在节点内部实现了其他"连接",通常把这些"连接"称为逻辑信道。因此,同一物理信道上可以提供多条逻辑信道;而每一逻辑信道上只允许一路信号通过。

2. 有线信道和无线信道

根据传输介质是否有形,物理信道可以分为有线信道和无线信道。有线信道包括电话线、双绞线、同轴电缆、光缆等有形传输介质。无线信道包括无线电、微波、卫星通信信道、激光和红外线等无形传输介质。

3. 模拟信道和数字信道

如果按照信道中传输数据信号类型的不同来分,物理信道又可以分为模拟信道和数字信道。模拟信道中传输的是模拟信号,而在数字信道中直接传输的是二进制数字脉冲信号。如果要在模拟信道上传输计算机直接输出的二进制数字脉冲信号,就需要在信道两边分别安装调制解调器,对数字脉冲信号和模拟信号进行调制或解调。

4. 专用信道和公共交换信道

如果按照信道的使用方式来分,又可以分为专用信道和公共交换信道。专用信道又称专线,这是一种连接用户之间设备的固定线路,它可以是自行架设的专门线路,也可以是向电信部门租用的专线。专用线路一般用在距离较短或数据传输量较大的场合。公共交换信道是一种通过公共交换机转接,为大量用户提供服务的信道。顾名思义,采用公共交换信道时,用户与用户之间的通信,通过公共交换机到交换机之间的线路转接。公共电话交换网就属于公共交换信道。

2.1.2 信道容量

数据通信系统的基本指标就是围绕传输的有效性和可靠性来衡量的,但这两者通常存在着矛盾。在一定条件下,提高系统的有效性,就意味着通信可靠性的降低。对于数据通信系统的设计者来说,要在给定的条件下,不断提高数据传输速率的同时,还要降低差错率。从这个观点出发,很自然地会提出这样一个问题:对于给定的信道,若要求差错率任意地小,信息传输速率有没有一个极限值?香农的信息论证明了这个极限值的存在,这个极限值称为信道容量。信道容量是指信道在单位时间内所能传送的最大信息量。信息容量的单位是 bit/s,即信道的最大传信速率。

1. 模拟信道的信道容量

模拟信道的容量可以根据香农(Shannon)定律计算。香农定律指出:在信号平均功率受限的高斯白噪声信道中,信道的极限信息传输速率(信道容量)为

$$C = B\log_2(1+S/N)$$

信道容量是在一定 S/N 下信道能达到的最大传信速率,实际通信系统的传信速率要低于信道容量,随着技术的进步,可接近极限值。

2. 数字信道的信道容量

数字信道是一种离散信道,它只能传送离散取值的数字信号。奈奎斯特准则指出:带宽为 BHz 的信道,所能传送的信号的最高码元速率(即调制速率)为 2B 波特。因此,离散的、无噪声的数字信道的信道容量 C 可表示为

$$C = 2B\log_2 M \text{bit/s}$$

式中,M 为码元符号所能取的离散值的个数,即 M 进制。

2.1.3 几种常见传输信道

1. 语音信道

话音信道是指传输频带在 300～3400Hz 的音频信道。按照与话音终端设备连接的导线数量,话音信道可分为二线信道和四线信道。在二线信道上,收发在同一线对上进行;在四线信道上,收发分别在两个不同的线对上进行。按照话音传输方式和复用方式,话音信道可分为载波话音信道和脉冲编码(PCM)话音信道。载波话音信道采用频分复用方式,传输介质为明线、对称电缆和同轴电缆,采用信号放大方式进行中继传输。随着通信系统数字化进程的加快,载波话音信道的应用越来越少,目前基本被淘汰。

2. 实线电缆信道

实线电缆主要指双绞线(Twisted Pair)电缆和同轴电缆(Coaxial Cable)。

(1)双绞线电缆

双绞线电缆分为两种类型:非屏蔽双绞线电缆和屏蔽双绞线电缆。

①屏蔽双绞线电缆(STP)。屏蔽双绞线在每一对导线外都有一层金属,这层金属包装使外部电磁噪声不能穿越进来,如图 2-1 所示。屏蔽双绞线消除了来自另一线路(或信道)的干扰,这种干扰是在一条线路接收了在另一线路上传输的信号时发生的。例如,我们在打电话时,有时会听到其他人的讲话声,这种现象在电话通信中称为串扰。若将每一对双绞线屏蔽起来就可以消除大多数的串扰。STP 的质量特性和 UTP 一样。材料和制造方面的因素使 STP 比 UTP 的价格要高一些,但对噪声有更好的屏蔽作用。使用这种电缆时,金属屏蔽层必须接地。

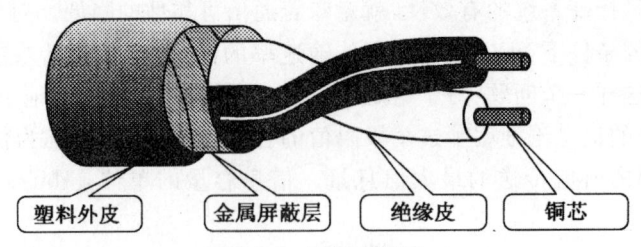

图 2-1 屏蔽双绞线

②非屏蔽双绞线电缆（UTP）。非屏蔽双绞线电缆（UTP）是现今最常用的通信介质，在电话通信系统使用最多，它的频率范围（100Hz～5MHz）对于传输语音和数据都是适用的。非屏蔽双绞线电缆是在同一保护套内有许多对互绞并且相互绝缘的双导线。导线直径为 0.4～1.4mm。两根成对的绝缘芯线对地是平衡的（即对地的分布电容相等），每一对线拧成扭绞状的目的是为了减少各线对间的相互干扰，如图 2-2 所示。

图 2-2 非屏蔽双绞线电缆（UTP）

UTP 的优点是价格便宜，使用简单，容易安装。在许多局域网技术中采用了高等级的 UTP 电缆，包括以太网和令牌环网。图 2-3 所示为一根有 5 对双绞线的电缆。

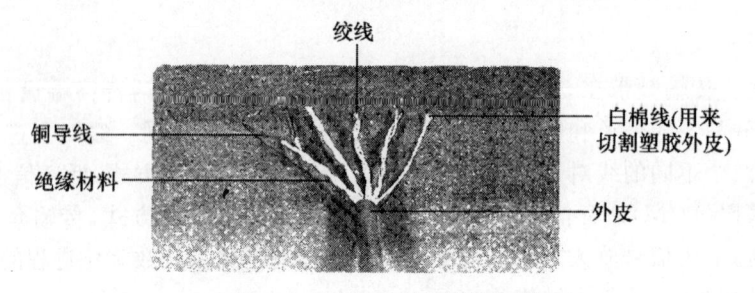

图 2-3 含有 5 对双绞线的电缆

双绞线按照所使用的线材不同而有不同的传输性能，目前 EIA 定义了一种按质量划分 UTP 等级的标准，如表 2-1 所示。

表 2-1 EIA 定义的 UTP 电缆类别及特点

UTP 电缆类别	传输速率	特点
1 类	2Mb/s	电话通信系统中使用的基本双绞线，适用于传输语音和速数据通信
2 类	4Mb/s	适用于语音和数字数据传输
3 类	10Mb/s	大多数电话系统的标准电缆，适用于数据传输
4 类	16Mb/s	数据传输较高的场合
5 类	100Mb/s	较高的数据传输
超 5 类	1000Mb/s	高速数据传输
6 类	2.4Gb/s	超高速数据传输

根据 EIA/TIA 的规定,双绞线每条线都有特定的颜色与编号,如表 2-2 所示。

表 2-2 双绞线的颜色与编号对照

ELA/TIA 的标准双绞线								
编号	1	2	3	4	5	6	7	8
颜色	白橙	橙	白绿	蓝	白蓝	绿	白棕	棕

由于非屏蔽双绞线电缆的电磁场能量是向四周辐射的,因此它在高频段的衰减比较严重,但其传输特性比较稳定,可以近似认为是恒参信道。例如,音频对称电缆的衰减常随频率的升高而增大,特性阻抗随频率的升高而减小。因此,音频对称电缆主要用于近距离传输。高频对称电缆的传输频带比音频对称电缆的传输频带要宽得多,最高传输频率可达数百千赫,适合传输宽带的模拟信号和数字信号。

双绞线电缆常用来构成电话分机至交换机之间的用户环路。连接话带调制解调器(Modem)的专线模拟电路,数据终端至数字交换机和数据复用器之间的数字电路。连接基带 Modem 的专线数字电路及本地计算机局域网高速数据传输电路等。

(2)同轴电缆

同轴电缆能够传输比双绞线电缆更宽的频率范围(100kHz～500MHz)的信号。以网络中使用的同轴电缆为例说明同轴电缆的结构与特点。在网络中经常采用的是 RG-58 同轴电缆,如图 2-4 所示。

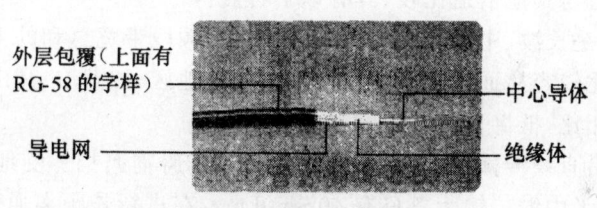

图 2-4 RG-58 同轴电缆

中心导体:RG-58 的中心导体通常为多芯铜线。

绝缘体:用来隔绝中心导体的一层金属网,一般作为接地来用。在传输的过程中,它用来当作中心导体的参考电压,也可防止电磁波干扰。

外层包覆:用来保护网线,避免受到外界的干扰,另外它也可以预防网线在不良环境(如潮湿或高温)中受到氧化或其他损坏。

各种同轴电缆是根据它们的无线电波管制级别(RG)来归类的,每一种无线电波管制级别的(RG)编号表示一组特定的物理特性。RG 的每一个级别定义的电缆都适用于一种特定的功能,以下是常用的几种规格。

RG-8:用于粗缆以太网络;RG-9:用于粗缆以太网络;RG.11:用于细缆以太网络;RG-58:用于粗缆以太网络;RG-75:用于细缆以太网络。

3. 数字信道

数字信道是直接传输数字信号的信道。对于数字信道通常是以传输速率来划分的,例如,按我国采用的欧洲标准划分,数字信道传输系列为:数字话带零次群 64kb/s;一次群 2.048Mb/s;二次群 8.448Mb/s;三次群 34.368Mb/s;四次群 139.264Mb/s 和 STM-1:155.52Mb/s,STM-4:

622.08Mb/s及STM-16:2488.32Mb/s。在信道的传输速率和接口均与数据终端设备相适应时,数据终端设备可直接与数字信道相连。否则,必须在数字信道两端加复用器(甚至是多路复用器)和(或)适配器等,才能使数据终端设备接入数字信道。数据通信常使用的数字信道有数字光纤信道、数字微波中继信道和数字卫星信道。

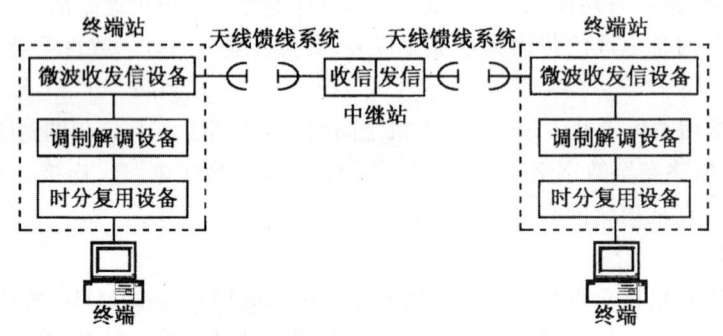

(1)数字微波中继信道

数字微波中继信道是指工作频率在0.3~300GHz、电波基本上沿视线传播、传输距离依靠接力方式延伸的数字信道。数字微波中继信道由两个终端站和若干个中继站组成,如图2-5所示。终端站对传输信号进行插入分出,因此站上必须配置多路复用及调制解调设备。中继站一般不分出信号,也不插入信号,只起信号放大和转发作用,因此,不需要配置多路复用设备。

图2-5 数字微波中继信道组成

数字微波中继信道与其他信道比较,具有以下特点。

①微波频带较宽,是长波、中波、短波、超短波等几个频段带宽总和的1000倍。

②微波中继信道比较容易通过有线信道难以通过的地区,如湖泊、高山和河流等地区。微波中继信道与有线信道相比,抵御自然灾害的能力较强。

③微波在视距内沿直线传播,在传播路径上不能有障碍物遮挡。受地球表面曲率和微波天线塔高度的影响,微波无中继传输距离只有40~50km。在进行长距离通信时,必须采用多个中继站接力传输方式一。

④微波信号不受天电干扰、工业干扰及太阳黑子变化的影响,但是受大气效应和地面效应的影响。

⑤与光纤等有线信道相比,微波中继信道的保密性较差。当传输保密信息时,需在信道中增加保密设备。

(2)数字光纤信道

①光纤及其传输模式。光纤(Optical Fiber)的材质是极细小的玻璃纤维(50~100μm),弹性很好,非常适合传输光波信号。光纤利用全反射将光线在信道内定向传输,光纤中心是玻璃或塑料的芯材,外面填充着密度相对较小的玻璃或塑料材料。两种材料的差异主要是它们的折射率不同。信息被编码成一束以一系列开关状态来代表"0"和"1"的光线形式。

目前的技术支持两种在光纤信道中传播光线的模式。具有多种传播模式的光纤称为多模光纤。具有一种传播模式的光纤称为单模光纤。单模光纤芯径较细,约5~10μm,适合长距离传输,传输效能极佳,散射率小,但价格昂贵。多模光纤芯径较粗,约50~100μm,适合短距离传输,价格较低,传输效率略差于单模光纤。

多模光纤分为阶跃型和渐变型两种。阶跃型多模光纤的折射率保持不变,光波以曲折形状传播,脉冲信号畸变大。不同角度的射线具有不同的路径长度和不同的时延,结果引起严重的时延失真,如图 2-6(a)所示。渐变型多模光纤的折射率纤芯中心最大,沿半径方向往外按抛物线律向前传播。虽然渐变型多模光纤各条路径的长度不同,但路径长的传播时延差别很小,时延失真比阶跃多模光纤小得多,如图 2-6 所示。单模光纤折射率分布和阶跃型多模光纤相似,单模光纤的光信号畸变很小。

(a) 多模阶跃传播 (b) 多模渐变传播

图 2-6 多模传播

②光纤信道。数字光纤信道是以光波为载波,用光纤作为传输介质的数字信道。光波在近红外区,频率范围为 20~390THz,波长范围为 0.76~15μm。光纤信道由光发射机、光纤线路、光接收机三个基本部分构成。通常将光发射机和光接收机统称为光端机。光发射机主要由光源、基带信号处理器和光调制器组成。光源是光载波发生器,目前广泛采用半导体发光二极管或激光二极管作为光源。光调制器采用光强度调制。光纤线路采用多模光纤组成的光缆。根据传输距离等具体情况,在光纤线路中可设中继器。光接收机由光探测器和基带信号处理器组成,光探测器采用 PIN 光电二极管等完成光强度的检测。光纤信道的组成如图 2-7 所示。

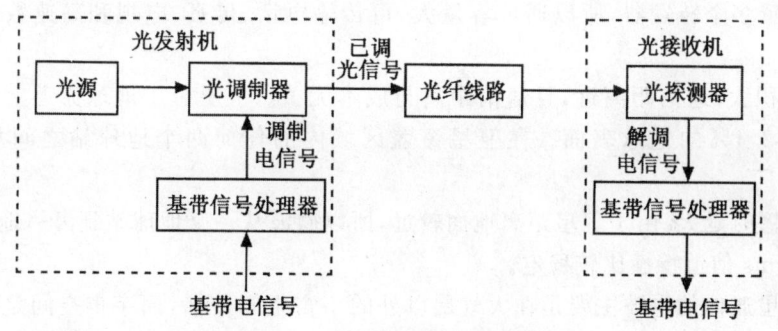

图 2-7 光纤信道的一般组成

数字光纤信道与其他信道比较,有许多突出的特点。

①传输容量极大。由于光纤的传输频带极宽,因此,其传输容量也极大。目前,在一普通的光纤上,仅 1.55μm 波长的窗口就可传输 10000 个光波长。

②传输频带极宽。光纤的传输频带低的可达 20~60MHz,高的可达 10GMHz。因而,光纤信道特别适合宽带信号和高速数据信号的传输。

③传输损耗小。目前使用的单模光纤,每千米的传输损耗在 0.2dB 以下,特别适合于远距离传输,目前的光纤信道无中继传输距离可达 200km 左右。

④保密性能好。光波在光纤中传输时,光能向外的辐射微乎其微,从外部很难接收到光纤中的光信号,因此,光纤信道的保密性能好。

⑤抗干扰能力强。光纤抗电磁干扰、杂音信号的能力强。

⑥传输质量高。由于光波在光纤中传输稳定,且抗外界干扰能力强,因此,光纤的传输质量高。传输误码率可达 1×10^{-9} 以下,这是其他数字信道无法达到的。

(3)数字卫星传输信道

数字卫星信道由两个地球站和卫星转发器组成,地球站相当于数字微波中继信道中的终端站,卫星转发器相当于数字微波中继信道的中继站。数字卫星信道的组成如图2-8所示。

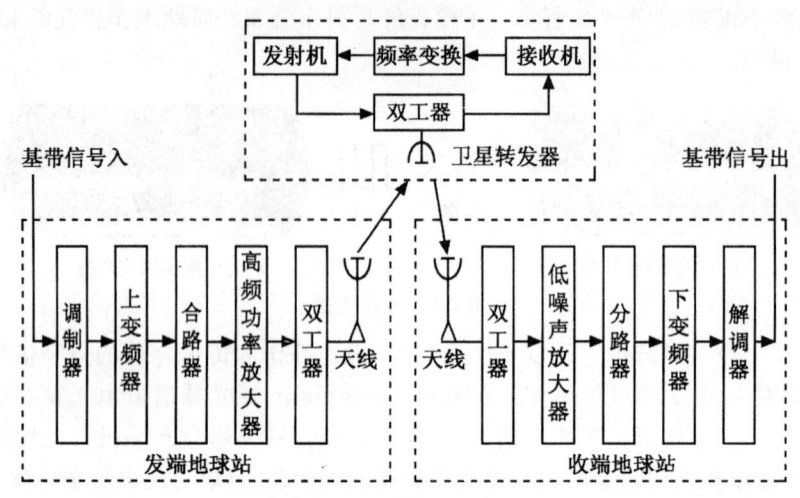

图2-8 数字卫星信道组成

数字卫星信道与其他信道相比,具有如下特点。

①频带宽,传输容量大,适用于多种业务传输。由于卫星通信使用的是微波频段,而且一颗卫星上可以设置多个转发器,所以通信容量大,可传输电话、传真、电视和高速数据等多种通信业务。

②覆盖面积大,通信距离远,且通信距离与成本无关。卫星位于地球赤道上空约36000km处,可覆盖约42.4%的地球表面。在卫星覆盖区域内的任何两个地球站之间均可建立卫星信道。

③信号传播时延大,由于卫星距离地面较远,所以微波从一个地球站到另一地球站的传播时间较长,约270ms信道特性比较稳定。

④由于卫星通信的电波主要是在大气层以外的宇宙空间传播,而宇宙空间是接近真空状态的,所以电波传播比较稳定。但是大气层、对流层、电离层的变化以及日凌等会对信号传播产生影响。当出现日凌时,导致通信中断。

⑤数字卫星信道属于无线信道,当传输保密信息时,需采取加密措施。

⑥受周期性的多卜勒效应的影响,造成数字信号的抖动和漂移。

2.2 数据通信传输技术

1. 基带传输技术

一般而言,数据信号是以脉冲形式出现的,而脉冲序列信号波形具有很丰富的频率成分,它们的频谱一般从零频(直流)开始到很高的频率。通常将未经频率变换处理(指调制)的原始数据信号称为数据基带信号。在数据通信中,把直接传输基带信号的传输方式称为基带传输,而将把基带信号经过某种频率变换(比如调制)后再进行传输的方式称为频带传输。无论是基带传输或频带传输,在传输之前通常都有一个处理基带信号波形的过程,这个处理过程的目的是将传输号处理成与信道相"匹配"的形式,因此,基带传输技术不仅是实现基带数据传输系统所必需的,而且也是频带传输的基础。频带传输无非是将波形形成后的基带信号(经过基带信号波形处理后的信号)通过频谱搬移至适当的频段去传输罢了。

基带是指未经调制变换的信号所占的频带,一般基带数字信号的频谱从零开始。为了提高频带的利用率,通常要做码型变换。信号功率谱仍从近于零频率开始,一直到一定的频率。常把高限频率和低限频率之比远大于1的信号称为基带信号,而把不搬移基带信号频谱的传输方式称为基带传输。

基带传输应解决以下三个问题:

①通过设计发送和接收滤波器,选择适当的基带信号波形和码型,从而使码间串扰的影响尽可能地小。

②系统的码间串扰和噪声总是不可避免的,导致它存在的主要因素是信道的不理想,所以努力改善信道特性是完善系统特性的积极措施,其方法是,通常在系统的接收滤波器和取样判决器之间插入一个均衡器来补偿信道特性的不理想和跟踪调整信道特性的变化,使信道特性尽可能理想。

③根据最佳接收机原理,通过系统发送和接收滤波器的匹配,在发送功率一定的条件下,使得噪声对系统的影响最小,也就是使系统能获得最大的输出信噪比,从而使系统的误码率最小。

数据通信中,基带传输不如频带传输使用广泛,但由于多数数据传输系统在进行信道匹配的调制之前,都有处理基带信号的过程,如果把调制部分包括在信道之中,则可等效为基带传输系统。

2. 频带传输技术

频带传输又称调制传输,它主要适用于电话网信道的传输。电话网传输信道是带通型信道,带通型信道不适合直接传输基带信号,需要对基带信号进行调制以实现频谱搬移,使信号频带适合信道频带。

频带传输系统与基带传输系统的区别在于在发送端增加了调制,在接收端增加了解调,以实现信号的频带搬移。调制和解调合起来称为 Modem。

图 2-9 给出了频带传输系统的基本结构。数据信号经发送低通滤波器基本上形成所需要的基带信号,再经调制和发送带通滤波器形成信道可传输的信号频谱,送入信道。接收带通滤波器除去信道中的带外噪声,将信号输入解调器;接收低通滤波器的功能是除去解调中出现的高次产物,并起基带波形形成的功能;最后将恢复的基带信号送入取样判决电路,完成数据信号的传输。

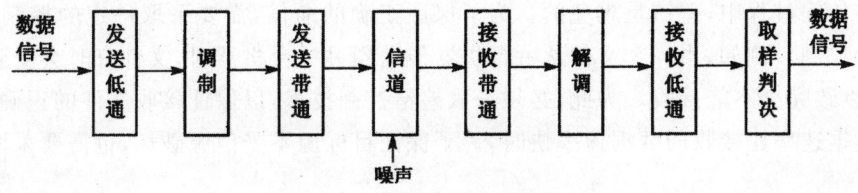

图 2-9 频带传输基本结构

频带传输系统是在基带传输的基础上实现的。对于图 2-9,在发送端把调制和发送带通滤波器两个方框去掉,在接收端把接收带通滤波器和解调两个方框去掉,就是一个完整的基带传输系统。所以,实现频带传输仍然需要符合基带传输的基本理论。实际上,从信号传输的角度,一个频带传输系统就相当于一个等效的基带传输系统。

所谓调制就是用基带信号对载波波形的某些参数进行控制,使这些参量随基带信号的变化而变化。在调制解调器中都选择正弦(或余弦)信号作为载波,因为正弦信号形式简单、便于产生和接收。由于正弦信号有幅度、频率、相位三种基本参量,因此,可以构造数字调幅、数字调相和数字调频三种基本调制方式。

3. 同步技术

为了实现信号的正确传输,发送端和接收端之间要有正确的同步,以便使接收端能够确定一个信号的开始和结束。此外,接收端还应知道每个码元的长度,以便达到正确的码元同步。

4. 拥塞控制技术

在计算机通信网中,当多个用户的呼叫量超过了网络的容量或网络对它们的处理能力时,就会出现拥塞现象。这就需要利用拥塞控制技术来保证系统的性能不被恶化。

5. 协议

计算机网络是由许多节点相互联接而成的,两个节点之间要经常交换数据和控制信息。为了使整个网络有条不紊地工作,每个节点都必须遵守事先约定好的一些规则。这些规则可能包括:两个用户是同时发送数据的,还是轮流发送数据的;同一时间内传送的数据量,数据的格式,有意外事故时应如何解决等。这一系列规则就称为协议。显然,协议对于计算机通信网络来说是必不可少的。

6. 数据在传输过程中的表现形式

数据在计算机中是以离散的二进制数字信号来表示的,但在信道中传输时,它是以数字信号表示,还是以模拟信号表示,这取决于通信信道的性质。模拟信道允许传送的是模拟信号;数字信道允许传送的是数字信号。数据在传输过程中可以用数字信号表示,也可以用模拟信号表示。

7. 寻址和路由选择

当传输媒质被两个以上设备共享时,信源系统必须以某种方式标明数据所要到达的目的地。也就是说应采取相应的寻址技术,以保证相应的目标系统正确地接收该数据。传输系统本身可能就是一个网络,它由多条路径构成,因此,通信时必须选择这个网络中的一条路径,以便使数据有一条合适的道路可行。这就是路由选择问题。

8. 差错控制与流量控制

数据在传输过程中,差错是难免的。为了保证正确的通信,需要采取一定的控制技术:差错控制和流量控制。例如,当一个文件从一台机器传送到另一台机器时,文件有时会受到意外的干扰或影响,以致完全不能接收。为此,必须采取差错控制技术,以保证接收文件的正确性。另外,当传送的数据速率比接收的数据速率快时,为了保证目标源不受信源破坏,也需要采取流量控制技术。

9. 数据恢复技术

在信息交换过程中,还需要有信息恢复技术。例如,由于系统某个部位出现故障,而引起数据处理或文件传送中断,这时就需要采用数据恢复技术,以保留系统原来状态的信息,包括在交换开始前的环境等。

10. 数据格式化

为了保证两个用户之间交换或传输的数据形式相吻合,例如,双方必须用同一种二进制码表示字符等,数据必须格式化。

2.3 通信频段划分

为了最大限度地有效利用频率资源,避免或减小通信设备的相互干扰,根据各类通信采用的技术手段、发展趋势及其社会需求量,划分规定出各类通信设备的工作频率而不允许逾越。按照各类通信使用的波长或频率,大致可将通信分为长波通信、中波通信、短波通信和微波通信等。为了使读者能够对各种通信过程中所使用的频段形成一个比较全面的印象,表2-3～表2-7列出了各类通信使用的频段及其说明,以供参考。

表2-3 通信使用频段的主要用途

频段名	频率(f)	波段名称	波长(λ)	常用媒介	用途
甚低频 VLF	3Hz～30kHz	超长波	$10^8 \sim 10^4$ m	有线线对、长波无线电	音频、电话、数据终端、长距导航、时标
低频 LF	30～300kHz	长波	$10^4 \sim 10^3$ m	有线线对、长波无线电	导航、信标、电力线通信
中频 MF	0.3～3MHz	中波	$10^3 \sim 10^2$ m	同轴电缆、中波无线电	调幅广播、移动陆地通信、业余无线电
高频 HF	3～30MHz	短波	$10^2 \sim 10^1$ m	同轴电缆、短波无线电	移动无线电话、短波广播、定点军用通信、业余无线电
甚高频 VHF	30～300MHz	米波	$10^1 \sim 100$ m	同轴电缆、米波无线电	电视、调频广播、空中管制、车辆通信、导航、集群通信、无线寻呼
特高频 UHF	0.3～3GHz	分米波	$10^0\ 10^{-1}$ m	波导、分米波无线电	电视、空间遥测、雷达导航、点对点通信、移动通信
超高频 SHF	3～30GHz	厘米波	$10^{-1} \sim 10^{-2}$ m	波导、厘米波无线电	雷达、微波接力、卫星和空间通信
极高频 EHF	30～300GHz	毫米波	$10^{-2} \sim 10^{-3}$ m	波导、毫米波无线电	雷达、微波接力、射电天文学
紫外、红外可见光	$10^5 \sim 10^7$ GHz	光波	$3\times10^{-4} \sim 3\times10^{-6}$ m	光纤、激光空间通信	光通信

其中,工作频率f和工作波长λ之间可以相互转化。

$$\lambda = c/f$$

c 为电波在自由空间中的传播速度,通常取 $c=3\times10^8\,\text{m/s}$。

表 2-4 我国陆地移动无线电业务频率划分

29.7～48.5MHz	156.8375～167MHz	566～606MHz
64.5～72.5MHz (广播为主,与广播业务公用)	167～223MHz (以广播业务为主,固定、移动业务为次)	798～960MHz (与广播公用)
72.5～74.6MHz	223～235MHz	1427～1535MHz
75.4～76MHz	335.～399.9MHz	1668.4～2690MHz
137～144MHz	406.1～420MHz	4400～5000MHz
146～149.9MHz	450.5～453.5MHz	
150.05～156.7625MHz	460.5～463.5MHz	

表 2-5 1992 年我国无委会制定的无绳电话使用频率划分表

组数	座机发射频率/MHz	手机发射频率/MHz
1	45.000	48.000
2	45.025	48.025
3	45.050	48.050
4	45.075	48.075
5	45.100	48.100
6	45.125	48.125
7	45.150	48.150
8	45.175	48.175
9	45.200	48.200
10	45.225	48.225

注:
1. 话频道间隔 25kHz,座机/手机发射功率不超过 50mW/20mW。
2. 类别为 F3E;FID;G3E。

表 2-6 业余无线电信号频率使用分类

序号	频率/MHz	用途	序号	频率/GHz	用途
1	1.8～2.1	共用	15	1.24～1.30	次要
2	3.5～3.9	共用	16	2.30～2.45	次要
3	7.0～7.1	专用	17	3.30～3.50	次要
4	10.1～10.15	次要	18	5.65～6.35	次要
5	14～14.25	专用	19	10～10.5	次要

续表

序号	频率/MHz	用途	序号	频率/GHz	用途
6	14.25~14.35	共用	20	24~24.25	次要
7	18.068~18.168	共用	21	47~47.25	共用
8	21~21.45	专用	22	75.5~76	共用
9	24.89~24.99	共用	23	76~81	次要
10	28~29.7	共用	24	142~144	共用
11	50~54	次要	25	144~149	次要
12	144~146	专用	26	241~248	次要
13	146~148	共用	27	248~250	共用
14	430~440	次要	28		

注：共用为业余业务作为主要业务和其他业务共用频段；专用为业余业务作为专用频段；次要为业余业务作为次要他业务共用频段。

其中 2~9 或 12 可用于自然灾害通信；160~162MHz 为气象频段。

表 2-7 广播及电视频率划分表

波段	频率/MHz	电台间隔	用途
LF(LW)	120~300kHz		长波调幅广播
MF(AM)	525~1605kHz	9kHz	中波调幅广播
HF(SW)	3.5~29.7MHz	9kHz	短波调幅广播及单边带通信
VHF(FM)	88~108MHz	150kHz	调频广播及数据广播
VHF	48.5~92MHz	8MHz	电视及数据广播
VHF	167~223MHz	8MHz	电视及数据广播
UHF	223~443MHz	8MHz	电视及数据广播
UHF	443~870MHz	8MHz	电视及数据广播

2.4 信息及其度量

2.4.1 信息概述

1. 信息的概念

信息一词的拉丁词源是 informatio，意思是通知、报道或消息。在中国历史资料中信息一词最早出自唐诗，是音信、消息的意思。其科学含义直到 20 世纪中叶，才被逐渐揭示出来。事实上，任何一种通知、报道或消息，都不外乎是关于某种事物的运动状态和运动方式的某种形式的反映，因而可以用来消除人们在认识上的某种不定性。信息的日常含义和它的科学含义是相通的。信息是在当代社会使用范围最广、频率最高的词汇之一。但是对于什么是信息,人们的理解却是不同的,迄今为止,还没有一个权威的、公认的定义。不同领域的研究者站在各自的角度提出对信息内涵的不同界定。

《中国大百科全书:图书馆学情报学档案学》是这样定义信息的:"一般说来,信息是关于事物运动的状态和规律的表征,也是关于事物运动的知识。它用符号、信号或消息所包含的内容,来消除对客观事物认识的不确定性。"

国标 GB4894—1985《情报与文献工作词汇基本术语》:"信息是物质存在的一种方式、形态或运动状态,也是事物的一种普遍属性,一般是指数据、消息中所包含的意义,可以使消息中所描述事件的不定性减少。"

信息(Information)与物质、能量并立的现代社会三大支柱。信息是客观世界各种事物特征和变化的反映,以及经过人们大脑加工后的再现。消息、信号、数据、资料、情报、指令均是信息的具体表现形式。

2. 信息的分类

信息广泛存在于自然界、生物界和人类社会。信息是多种多样、多方面、多层次的,信息的类型亦可从不同的角度划分。

(1) 按照信息的载体分

①文献信息。文献信息是指文献所表达的内载信息。它是以文字、符号、声像为编码的人类精神信息,也是经人们筛选、归纳和整理后记录下来的信息,它与人工符号本身没有必然的联系,但要通过符号系统实现其传递。文献信息也是一种相对固化的信息,一经"定格"在某种载体上就不能随外界的变化而变化。它具有易识别、易保存、易传播的优点,缺点是不能随外界的变化而变化。固态化是文献信息老化的原因。

②口头信息。口头信息指存在于人脑记忆中,通过交谈、讨论、报告等方式交流传播的信息。它反映人们的思考、见解、看法和观点,是推动研究的最初起源。口头信息具有出现早、传递快、偶发性强的特点,但缺乏完整性和系统性,大部分转瞬即逝,一部分通过文献保存,一部分留存在人类的记忆中,代代相传,而称为口述回忆或口碑资料。作为信息留存的一种形式,口头信息无时不在、无处不有,承载着人类的知识、经验和史实,是一种需要重视和开发的极为丰富的资源。

③电子信息。电子信息是计算机技术、通信技术、多媒体技术和高密度存储技术迅速发展的产物。这是当今发展最快、最具应用价值和发展前途的新型信息源。

(2) 按信息产生的客观性质分

①自然信息。自然信息指自然界瞬时发生的声、光、热、电,形形色色的天气变化,缓慢的地壳运动,天体演化,等等。

②社会信息。社会信息指人与人之间交流的信息,既包括通过手势、身体、眼神所传达的非语义信息,也包括用语言、文字、图表等语义信息所传达的一切对人类社会运动变化状态的描述。按照人类活动领域,社会信息又可分为科技信息、经济信息、政治信息、军事信息、文化信息等。

③机器信息。机械信息是机器及其设备部件发出的各种指令,如计算机的二进制代码。

④生物信息。生物信息指生物为繁衍生存而表现出来的各种形态和行为,如遗传信息、生物体内信息交流、动物种群内的信息交流。

信息分类还有其他划分方法,如以信息的记录符号为依据,可分为语声信息、图像信息、文字信息、数据信息等;以信息的运动状态为依据,可分为连续信息、离散信息;以信息的加工层次而论,可分为初始信息(或"感知信息"、"原生信息")和再生信息(或"二次信息"、"三次信息"),后者是对初始信息进行加工并输出其结果的形式,也是信息检索的主要对象。

3. 信息的属性

(1)客观性

信息客观地存在于物质世界之中,是现实世界中各种事物运动与状态的反映;它不是虚无缥缈的,也不是可以随意想象和创造的事物,其存在是不以人的意志为转移的;它可以被人所感知、存储、传递和使用。

(2)识别性

信息是可以识别的,对信息的识别又可分为直接识别和间接识别。直接识别是指通过人的感官的识别,如听觉、嗅觉、视觉等;间接识别是指通过各种测试手段的识别,如使用温度计来识别温度、使用试纸来识别酸碱度等。不同的信息源有不同的识别方法。

(3)传载性

信息本身只是一些抽象符号,如果不借助于媒介载体,人们对于信息是看不见、摸不着的。一方面,信息的传递必须借助于语言、文字、声波、图像、胶片、磁盘、电波、光波等物质形式的承载媒介才能表现从来,才能被人所接受,并按照既定目标进行处理和存储;另一方面,信息借助媒介的传递不受时间和空间限制的,这意味着人们能够突破时间和空间的界限,对不同地域、不同时间的信息加以选择,增加利用信息的可能性。

(4)共享性

信息作为一种资源,不同个体或群体在同一时间或不同时间可以共同享用。这是信息与物质的显著区别。信息交流与实物交流有本质的区别。实物交流,一方有所得,必使另一方有所失。而信息交流不会因一方拥有而使另一方失去,也不会因使用次数的累加而损耗信息的内容。信息可共享的特点,使信息资源能够发挥最大的效用。

(5)相对性

客观上信息是无限的,但人们实际获得的信息总是有限的。并且,由于不同的信息用户有着不同的感受能力、不同的理解能力和不同的目的,即使从同一事物中获得的信息量也会因人而异。

(6)时效性

信息是对事物存在方式和运动状态的反映,如果不能反映事物的最新变化状态,它的效用就会降低。即信息一经生成,其反映的内容越新,它的价值越大;时间延长,价值随之减小,一旦信息的内容被人们了解,价值就消失了。信息使用价值还取决于使用者的需求及其对信息的理解、认识和利用的能力。

4. 信息的作用

信息用来提供知识、智慧、情报,其目的是用来消除人们认识上的某种不确定性,消除不确定性的程度与信息接受者的思想意识和认识结构有关。人类认识就是从外界不断获取信息不断加工的过程。在人类发展过程中物质提供材料,能量提供动力,信息提供智慧。信息已成为促进科技、经济、社会发展的新型能源,它一方面帮助人们认识客观世界,消除人们认识的某种不确定性;另一方面,为人类提供生产知识所需的原料。

2.4.2 信息的度量

传递的消息都有其量值的概念。在一切有意义的通信中，虽然消息的传递意味着信息的传递，但对接收者而言，某些消息比另外一些消息的传递具有更多的信息。例如，甲方告诉乙方一件非常可能发生的事情，"明天中午12时正常开饭"，那么比起告诉乙方一件极不可能发生的事情，"明天12时有地震"来说，前一消息包含的信息显然要比后者少些。因为对乙方（接收者）来说，前一件事很可能（必然）发生，不足为奇，而后一事情却极难发生，使人惊奇。这表明消息确实有量值的意义，而且，对接收者来说，事件越不可能发生，越使人感到意外和惊奇，则信息量就越大。正如已经指出的，消息是多种多样的，因此，量度消息中所含的信息量值，必须能够估计任何消息的信息量，且与消息种类无关。另外，消息中所含信息的多少也应和消息的重要程度无关。

由概率论可知，事件的不确定程度，可用事件出现的概率来描述，事件出现（发生）的可能性越小，则概率越小；反之，概率越大。基于此认识，可以得到：消息中的信息量与消息发生的概率紧密相关。消息出现的概率越小，则消息中包含的信息量就越大。且概率为零时（不可能发生事件）信息量为无穷大；概率为1时（必然事件），信息量为0。

由此可见，消息中所含的信息量与消息出现的概率之间的关系应符合如下规律。

① 消息中所含信息量 I 是消息出现的概率 $P(x)$ 的函数，即

$$I = I[P(x)]$$

② 消息出现的概率越小，它所含信息量越大；反之，信息量越小。且

$$I = \begin{cases} 0 & P = 1 \\ \infty & P = 0 \end{cases}$$

③ 若干个互相独立的事件构成的消息，所含信息量等于各独立事件信息量的和，即

$$I[P_1(x_1) \cdot P_2(x_2) \cdots] = I[P_1(x)] + I[P_2(x)] + \cdots$$

可以看出，I 与 $P(x)$ 间应满足以上三点，则有如下关系式：

$$I = \log_a \frac{1}{P(x)} = -\log_a P(x)$$

信息量 I 的单位与对数的底数 a 有关，$a=2$，单位为奈特（nat 或 n）；$a=10$，单位为笛特（Det）或称为十进制单位；$a=r$，单位称为 r 进制单位。通常使用的单位为比特。

2.4.3 平均信息量

平均信息量 $\bar{I}$ 等于各符号的信息量与各自出现的概率乘积之和。

二进制时

$$\bar{I} = -P(1)lbP(1) - P(0)lbP(0)$$

把 $P(1)=P, P(0)=1-P$ 代入，则

$$\bar{I} = -PlbP - (1-P)lb(I-P)$$
$$= -PlbP + (P-1)lb(1-P)$$

对于多个信息符号的平均信息的计算：

设各符号出现的概率为

$$\begin{bmatrix} x_1 & x_2 & \cdots & x_n \\ P(x_1) & P(x_2) & \cdots & P(x_n) \end{bmatrix} \text{且} \sum_{i=1}^{n} P(x_i) = 1$$

则每个符号所含信息的平均值(平均信息量)

$$\bar{I} = P(x_1)[-1bP(x_1)] + P(x_2)[-1bP(x_2)] + \cdots + P(x_n)[-1bP(x_n)]$$
$$= \sum_{i=1}^{n} P(x_i)[-1bP(x_i)]$$

由于平均信息量同热力学中的熵形式相似,故通常又称为信息源的熵,平均信息量 $\bar{I}$ 的单位为 b/符号。

当离散信息源中每个符号等概率出现,且各符号的出现为统计独立时,该信息源的信息量最大。此时最大熵(平均信息量)为：

$$\bar{I} = \sum_{i=1}^{n} P(x_i)[-1bP(x_i)]$$
$$= \sum_{i=1}^{n} \frac{1}{N}(1b\frac{1}{N}) = 1bN(n=N)$$

2.5 数据通信系统

2.5.1 数据通信系统的组成

数据通信系统是通过数据电路将分布在远地的数据终端设备与计算机系统连接起来,进而实现数据的传输、交换、存储和处理。比较典型的数据通信系统主要由数据终端设备、数据电路、计算机系统三部分组成,如图 2-10 所示。

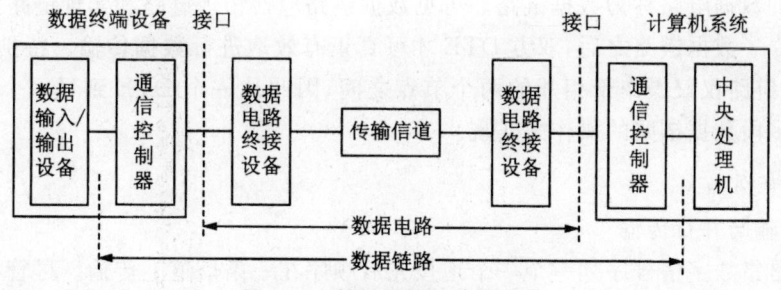

图 2-10 数据通信系统的组成

1. 数据终端设备

在数据通信系统中,用于发送和接收数据的设备称为数据终端设备(DTE)。DTE 可能是大、中、小型计算机、PC 机,即使是一台只接收数据的打印机也可以划入数据终端设备的范畴。DTE 属于用户范畴,其种类繁多,功能差别较大。比如,有简单终端和智能终端、同步终端和异步终端、本地终端和远程终端等。

DTE 的主要功能如下：

(1)输入/输出功能

发送时,把各种原始信息变换成计算机能够处理的二进制信息；接收时,把计算机处理的二进制信息变换成原始信息。

(2)通信控制功能

数据通信是计算机与计算机或计算机与终端间的通信,为了保证通信的有效性和可靠性,通信双方必须按一定的规程进行操作处理,如收发双方的同步、差错控制、传输链路的建立、维持和拆除及数据流量控制等,所以必须设置通信控制器(CCP)来完成这些功能,对应于软件部分就是通信协议,这也是数据通信与传统电话通信的主要区别。

2. 数据电路终接设备

数据电路终接设备(DCE),就是能够用来连接 DTE 与传输信道的设备,该设备为用户设备提供接入系统的连接点。DCE 的功能就是完成数据信号的变换,以适应信道传输特性的要求。

利用模拟信道传输,要进行"数字—模拟"变换,方法就是调制,而接收端要进行反变换,即"模拟—数字"变换,这就是解调,实现调制与解调的设备称为调制解调器(MODEM)。因此调制解调器就是模拟信道的 DCE。

利用数字信道传输信号时不需调制解调器,但 DTE 发出的数据信号也要经过某些变换才能有效而可靠地传输,由数据服务单元(DSU)和信道服务单元(CSU)共同组成了对应的 DCE。DSU 的功能包括码型和电平的变换、同步时钟信号的形成、包封的形成/还原等;CSU 的功能包括信道特性的均衡、接续控制、维护测试等。

3. 数据电路和数据链路

在线路或信道上加入信号变换设备之后形成的二进制比特流通路,就是所谓的数据电路。它由传输信道及其两端的 DCE 组成。

数据链路是在数据电路已建立的基础上,通过发送方和接收方之间交换"握手"信号,使双方确认后方可开始传输数据的两个或两个以上的终端装置与互联线路的组合体。所谓"握手"信号是指通信双方建立同步联系、使双方设备处于正确收发状态、通信双方相互核对地址等。加了通信控制器以后的数据电路称为数据链路。可见数据链路包括物理链路和实现链路协议的硬件和软件。只有建立了数据链路之后,双方 DTE 才可真正有效地进行数据传输。特别注意,在数据通信网中,数据链路仅仅操作于相邻的两个节点之间,因此从一个 DTE 到另一个 DTE 之间的连接需要通过多段数据链路的操作来实现。

4. 数据传输方式

(1)串行传输与并行传输

串行传输是指数字信号序列一个一个地按先后顺序在一条信道上传输。尽管串行方式传输数据的速度要相对慢一些,但是对于长距离通信比较适用。

并行传输是指数字信号序列以成组的方式在多条并行的信道上同时传输。这种方式的优点是传输速度快,处理简单。并行方式主要用于近距离通信,比如计算机内部的总线采用的就是并行传输方式。

(2)异步传输和同步传输

异步传输方式中,每传送一个字符都要在字符码前加一个起始位,有了这个起始位也就标志着字符码的开始,在字符码的后面加一个停止位,表示字符码的结束。这种方式适用于低速终端设备。

同步传输方式中,在发送字符之前先发送一组同步字符,用于收发双方同步,然后再传输一系列字符。在高速数据传输系统这种方式使用的比较多。

(3)工作方式

数据传输按照信息传送的方向与时间可以分为单工、半双工和全双工三种工作方式。

单工方式是指两个数据站之间只能沿一个指定的方向进行数据传输。此种方式适用于数据收集系统,如气象数据的收集、电话费的集中计算等。

半双工方式是指两个数据站之间可以在两个方向上进行数据传输,但不能同时进行。问询、检索、科学计算等数据通信系统就采用半双工方式。

全双工方式是指在两个数据站之间可以两个方向同时进行数据传输。全双工通信效率高,该系统的建造成本也要相对比较高,适用于计算机之间的高速数据通信系统。

通常使用四线线路实现全双工数据传输,双线线路实现单工或半双工数据传输。在采用频分法、时间压缩法、回波抵消技术时,双线线路也可实现全双工数据传输。

2.5.2 数据通信系统的模型

数据通信系统是通过数据电路将分布在远端的数据终端设备与计算机系统连接起来,实现数据传输、交换、存储和处理的系统。典型的数据通信系统主要由数据终端设备(DTE)、数据电路和中央处理机组成。但由于数据通信需求、通信手段、通信技术以及使用条件等的多样化,数据通信系统的组成也是多种多样的。图 2-11 所示为具有交换功能的一般数据通信系统组成模型。

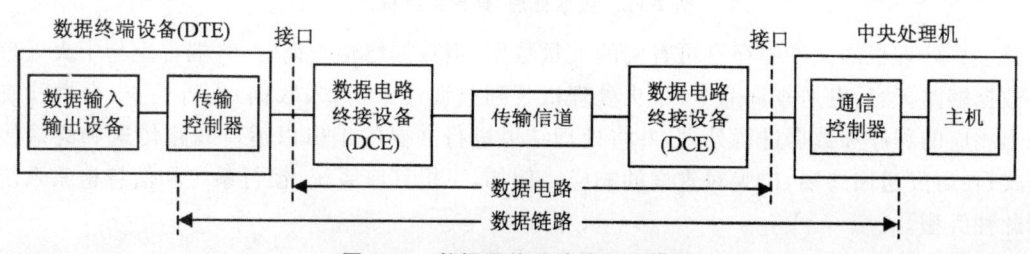

图 2-11 数据通信系统的组成模型

①数据终端设备(DTE)。数据终端设备由数据输入设备(如键盘、鼠标和扫描仪等)、数据输出设备(显示器、打印机和传真机等)和传输控制器组成。数据终端设备的种类很多,按照使用场合可以分为通用数据终端和专用数据终端;按照性能可以分为简单终端和智能终端(如计算机等)。

②传输控制器。传输控制器按照约定的数据通信控制规程,控制数据的传输过程。例如,收发方之间的同步、传输差错的检测与纠正及数据流的控制等,以达到收发方之间协调、可靠地工作。

③数据电路终接设备(DCE)。数据电路终接设备位于数据电路两端;是数据电路的组成部分,其作用是将数据终端设备输出的数据信号变换成适合在传输信道中传输的信号。

④接口。接口是数据终端设备和数据电路之间的公共界面。接口标准由机械特性、电气特性、功能特性和规程特性等技术条件规定。

⑤数据电路(Data Circuit)。数据电路连接两个数据终端设备,负责将数据信号从一个数据终端设备传输到另一个数据终端设备。

⑥数据链路(Data Link)。数据电路加上数据传输控制功能后就构成了数据链路。

⑦通信控制器。通信控制器又称为前置处理机,用于管理与数据终端相连接的所有通信线路。

⑧中央处理机。又称为主机,由中央处理单元(CPU)、主存储器、输入/输出设备及其他外围设备组成,其功能主要是进行数据处理。

2.5.3 数据通信系统的类型

数据通信系统按信息流方式可以分为以下几种类型。

1. 数据处理/查询系统

这种类型的数据通信系统的信息流如图 2-12 所示。

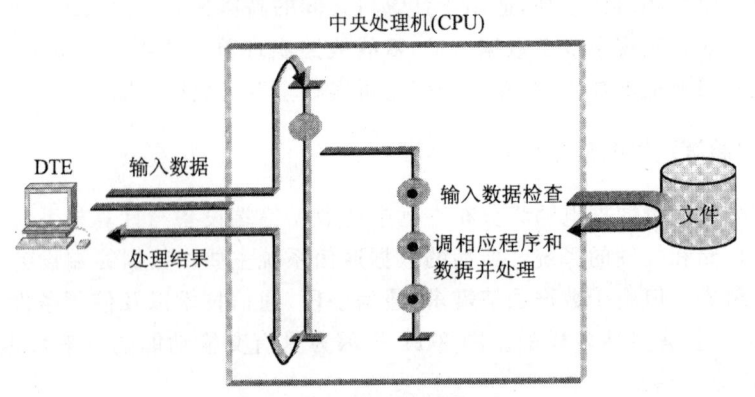

图 2-12 数据处理/查询系统框图

在中央处理机的文件中存有可查阅的大量数据,当数据终端查询时,终端首先与中央处理机建立数据链路,然后发送查询命令;中央处理机收到查询命令(输入数据)进行检查,根据检查结果调出相应的程序和数据进行处理,并将处理结果进行必要的编辑以适应线路传送和终端接收的形式;最后发送回终端,作为对查询的响应。例如,飞机订座系统、银行系统和信息检索系统就属于此种类型。

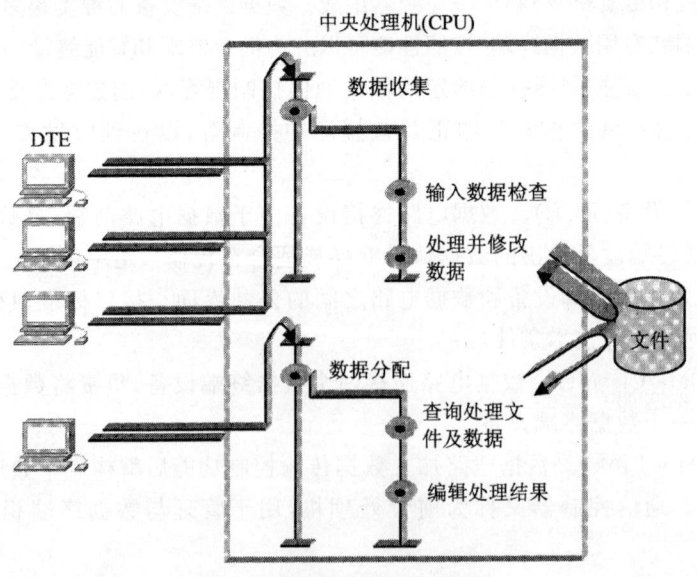

2. 数据收集和分配系统

数据收集和分配系统的信息流如图 2-13 所示。

图 2-13 数据收集和分配系统

作为数据收集系统,从很多数据终端发来的数据被中央处理机收集,收集的数据被存入文件中,以备进一步处理,例如气象观测系统。这种系统也可以作为分配系统。

3. 信息交换系统

信息交换系统的信息流如图 2-14 所示。

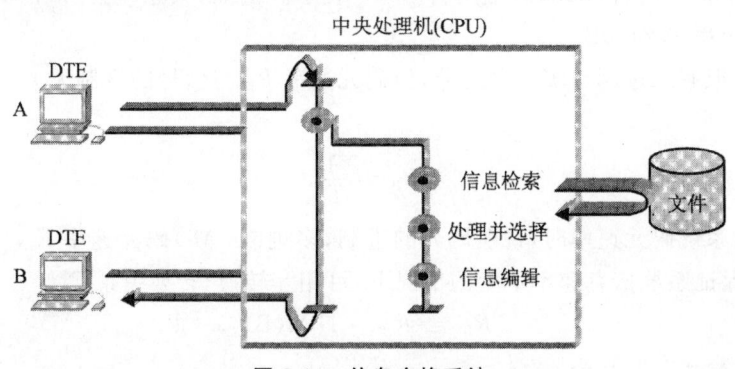

图 2-14　信息交换系统

若终端 A 需要将信息送到终端 B,终端 A 首先建立与中央处理机的数据链路,并将要交换的信息送到中央处理机;中央处理机收到该信息后对其进行检查和处理,并选择所需要的目的地终端 B;然后按照接收终端对信息格式的要求,对交换信息进行必要的编辑,并建立与目的地终端 B 的数据链路;将信息发送给终端 B,完成信息交换。例如,票证交换系统就是一种信息交换系统。

在实际的数据通信系统中,这些形式是组合在一起使用的,可以提供更广泛的业务。

2.5.4　数据通信系统的性能指标

衡量、比较一个通信系统的好坏时,必然要涉及系统的主要性能指标,否则就无法衡量通信系统的好坏。无论是模拟通信还是数字、数据通信,尽管业务类型和质量要求各异,但它们都有一个总的质量指标要求,即通信系统的性能指标。

1. 一般通信系统的性能指标

通信系统的性能指标包括有效性、保密性、标准性、维修性、可靠性、适应性、工艺性等。从信息传输的角度来看,通信的有效性和可靠性是最主要的两个性能指标。

通信系统的可靠性与系统可靠地传输消息相关联。可靠性是一种量度,用来表示收到消息与发出消息的符合程度。因此,可靠性取决于通信系统的抗干扰性。

通信系统的有效性与系统高效率地传输消息相关联。即通信系统怎样以最合理、最经济的方法传输最大数量的消息。

一般情况下,要增加系统的有效性,就得降低可靠性,反之亦然。在实际应用中,常依据实际系统要求采取相对统一的办法,即在满足一定可靠性指标的前提下,尽量提高消息的传输速率,即有效性;或者,在维持一定有效性的前提下,尽可能提高系统的可靠性。

2. 通信系统的有效性指标

数字通信的有效性主要体现在一个信道通过的信息速率。对于基带数字信号,可以采用时分复用(TDM)以充分利用信道带宽。数字信号频带传输,可以采用多元调制提高有效性。数字通信系统的有效性可用传输速率来衡量,传输速率越高,则系统的有效性越好。通常可从以下三个角度来定义传输速率。

(1)码元传输速率 R_B

码元传输速率通常又称为码元速率,用符号 R_B 表示。码元速率是指单位时间(每秒钟)内传输码元的数目,单位为波特(Baud),常用符号"B"表示。例如,某系统在 2s 内共传送 4800 个码元,则系统的传码率为 2400B。

数字信号一般有二进制与多进制之分,但码元速率 R_B 与信号的进制无关,只与码元宽度 T_B 有关。

$$R_B = \frac{1}{T_B}$$

通常在给出系统码元速率时,说明码元的进制,多进制(M)码元速率 R_{BM} 与二进制码元速率 R_{B2} 之间,在保证系统信息速率不变的情况下,可相互转换,转换关系式为

$$R_{B2} = R_{BM} \cdot 1bM(B)$$

式中,$M = 2^k$,$k = 2, 3, 4, \cdots$

(2)信息传输速率 R_b

信息传输速率简称信息速率,又可称为传信率、比特率等。信息传输速率用符号 R_b 表示。R_b 是指单位时间(每秒钟)内传送的信息量,单位为比特/秒、(bit/s),简记为 b/s 或 bps。例如,若某信源在 1s 内传送 1200 个符号,且每一个符号的平均信息量为 1b,则该信源的 R_b 为 1200b/s。

因为信息量与信号进制数 M 有关,因此,R_b 也与 M 有关。例如,在 8 进制中,当所有传输的符号独立等概率出现时,一个符号能传递的信息量为 1b8＝3,当符号速率为 1200B 时,信息速率为 1200×3＝3600b/s。

(3)R_b 与 R_B 的关系

在二进制中,码元速率 R_b 同信息速率 R_B 的关系在数值上相等,但单位不同。

在多进制中,R_{BM} 与 R_{bM} 数值不同,单位也不同。它们之间在数值上有如下关系式

$$R_{bM} = R_{BM} \cdot 1bM$$

在码元速率保持不变的情况下,二进制信息速率如与多进制信息速率 R_{bM} 之间的关系为

$$R_{bM} = (1bM)R_{b2}$$

(4)频带利用率 η

频带利用率指传输效率,也就是说,我们不仅关心通信系统的传输速率,还要看在这样的传输速率下所占用的信道频带宽度是多少。如果频带利用率高,说明通信系统的传输效率高,否则相反。

频带利用率的定义是单位频带内码元传输速率的大小,即

$$\eta = \frac{R_B}{B}$$

频带宽度 B 的大小取决于码元速率 R_B,而码元速率 R_B 与信息速率有确定的关系。因此,频带利用率还可用信息速率 R_b 的形式来定义,以便比较不同系统的传输效率,即

$$\eta = \frac{R_b}{B}(bps/Hz)$$

3. 通信系统的可靠性指标

对于模拟通信系统,可靠性通常以整个系统的输出信噪比来衡量。信噪比是信号的平均功率与噪声的平均功率之比。信噪比越高,说明噪声对信号的影响越小,信号的质量越好。例如,在卫星通信系统中,发送信号功率总是有一定限量,而信道噪声(主要是热噪声)则随传输距离而增加,其功率不断累积,并以相加的形式来干扰信号,信号加噪声的混合波形与原信号相比则有一定程度的失真。模拟通信的输出信噪比越高,通信质量就越好。诸如,公共电话(商用)以40dB 为优良质量,电视节目信噪比至少应为 50dB,优质电视接收应在 60dB 以上,公务通信可以降低质量要求,也需 20dB 以上。当然,衡量信号质量还可以用均方误差,它是衡量发送的模拟信号与接收端恢复的模拟信号之间误差程度的质量指标。均方误差越小,说明恢复的信号越逼真。

衡量数字通信系统可靠性的指标,可用信号在传输过程中出错的概率来表述,即用差错率来衡量。差错率越大,表明系统可靠性越差。

(1) 码元差错率 P_e

码元差错率 P_e 简称误码率,它是指接收错误的码元数在传送的总码元数中所占的比例,更确切地说,误码率就是码元在传输系统中被传错的概率。用表达式可表示成

$$P_e = \frac{单位时间内接受的错误码元数}{单位时间内系统传输的总码元数}$$

(2) 信息差错率 P_b

信息差错率 P_b 简称误信率,或误比特率,它是指接收错误的信息量在传送信息总量中所占的比例,或者说,它是码元的信息量在传输系统中被丢失的概率。用表达式可表示成

$$P_b = \frac{单位时间内接收的错误比特数(错误信息量)}{单位时间内系统传输的总比特数(总信息量)}$$

(3) P_e 与 P_b 的关系

对于二进制信号而言,误码率和误比特率相等。而 M 进制信号的每个码元含有 $n = \text{lb} M$ 比特信息,并且一个特定的错误码元可以有 $(M-1)$ 种不同的错误样式。当 M 较大时,误比特率

$$P_b \approx \frac{1}{2} P_e$$

第3章 网络体系结构与协议

3.1 网络体系结构概述

不同网络体系结构的计算机网络,其网络协议影响着网络系统结构、网络软件和硬件设计,以及网络的功能和性能。为了实现计算机间的通信,需要制定一整套网络协议集。对于结构复杂的网络协议来说,通常采用分层的方法,将网络组织成层次结构。计算机网络协议就是按照层次结构模型来组织的。网络体系结构(Network Architecture)就是网络层次结构模型与各层协议的集合。

3.1.1 网络体系结构的形成

计算机网络是个非常复杂的系统。为了说明这一点,可以设想一个最简单的情况:连接在网络上的两台计算机要相互传送文件。

显然,在这两台计算机之间必须有一条传送数据的通路。但这还远远不够。至少还有以下几件工作需要去完成:

①发起通信的计算机必须将数据通信的通路进行激活(Activate)。所谓"激活"就是要发出一些信令,保证要传送的计算机数据能在这条通路上正确发送和接收。

②要告诉网络如何识别接收数据的计算机。

③发起通信的计算机必须查明对方计算机是否已开机,并且与网络连接正常。

④发起通信的计算机中的应用程序必须弄清楚,在对方计算机中的文件管理程序是否已做好文件接收和存储文件的准备工作。

⑤若计算机的文件格式不兼容,则至少其中的一个计算机应完成格式转换功能。

⑥对出现的各种差错和意外事故,如数据传送错误、重复或丢失,网络中某个节点交换机出故障等,应当有可靠的措施保证对方计算机最终能够收到正确的文件。

还可以举出一些要做的其他工作。由此可见。相互通信的两个计算机系统必须高度协调工作才行,而这种"协调"是相当复杂的。为了设计这样复杂的计算机网络,早在最初的 ARPANet 设计时即提出了分层的方法。"分层"可将庞大而复杂的问题,转化为若干较小的局部问题,而这些较小的局部问题就比较易于研究和处理。

1974 年,美国的 IBM 公司宣布了系统网络体系结构 SNA(System Network Architecture)。这个著名的网络标准就是按照分层的方法制定的。现在用 IBM 大型机构建的专用网络仍在使用 SNA。不久后,其他一些公司也相继推出自己公司的具有不同名称的体系结构。

不同的网络体系结构出现后,使用同一个公司生产的各种设备都能够很容易地互联成网。这种情况显然有利于一个公司垄断市场。用户一旦购买了某个公司的网络,当需要扩大容量时,就只能再购买原公司的产品。如果购买了其他公司的产品,那么由于网络体系结构的不同,就很难互相连通。

然而，全球经济的发展使得不同网络体系结构的用户迫切要求能够互相交换信息。为了使不同体系结构的计算机网络都能互联，国际标准化组织 ISO 于 1977 年成立了专门机构研究该问题。不久，他们就提出一个试图使各种计算机在世界范围内互联成网的标准框架，即著名的开放系统互联基本参考模型 OSI/RM（Open Systems Interconnection Reference Model），简称为 OSI。"开放"是指非独家垄断的。因此只要遵循 OSI 标准，一个系统就可以和位于世界上任何地方的、也遵循这同一标准的其他任何系统进行通信。这一点很像世界范围的电话和邮政系统，这两个系统都是开放系统。"系统"是指现实的系统中与互联有关的各部分。所以开放系统互联参考模型 OSI/RM 是个抽象的概念。在 1983 年形成了开放系统互联基本参考模型的正式文件，即著名的 ISO 7498 国际标准，也就是所谓的七层协议的体系结构。

OSI 试图达到一种理想境界，即全世界的计算机网络都遵循这个统一的标准，因而全世界的计算机将能够很方便地进行互联和交换数据。在 20 世纪 80 年代，许多大公司甚至一些国家的政府机构纷纷表示支持 OSI。当时看来似乎在不久的将来全世界一定会按照 OSI 制定的标准来构造自己的计算机网络。然而到了 20 世纪 90 年代初期，虽然整套的 OSI 国际标准都已经制定出来了，但由于因特网已抢先在全世界覆盖了相当大的范围，而与此同时却几乎找不到有什么厂家生产出符合 OSI 标准的商用产品。因此人们得出这样的结论：OSI 只获得了一些理论研究的成果，但在市场化方面 OSI 则事与愿违地失败了。现今规模最大的、覆盖全世界的因特网并未使用 OSI 标准。OSI 失败的原因可归纳为：

①OSI 的专家们缺乏实际经验，他们在完成 OSI 标准时缺乏商业驱动力。
②OSI 的协议实现起来过分复杂，而且运行效率很低。
③OSI 标准的制定周期太长，因而使得按 OSI 标准生产的设备无法及时进入市场。
④OSI 的层次划分不太合理，有些功能在多个层次中重复出现。

按照一般的概念，网络技术和设备只有符合有关的国际标准才能大范围地获得工程上的应用。但现在情况却反过来了。得到最广泛应用的不是法律上的国际标准 OSI，而是非国际标准 TCP/IP。这样，TCP/IP 就常被称为是事实上的国际标准。从这种意义上说，能够占领市场的就是标准。在过去制定标准的组织中往往以专家、学者为主。但现在许多公司都纷纷挤进各种各样的标准化组织，使得技术标准具有浓厚的商业气息。一个新标准的出现，有时不一定反映其技术水平是最先进的，而是往往有着一定的市场背景。

顺便说一下，虽然 OSI 在一开始是由 ISO 来制定，但后来的许多标准都是 ISO 与原来的国际电报电话咨询委员会 CCITT 联合制定的。从历史上来看，CCITT 原来是从通信的角度考虑一些标准的制定，而 ISO 则关心信息的处理。但随着科学技术的发展，通信与信息处理的界限变得比较模糊了。于是，通信与信息处理就都成为 CCITT 与 ISO 所共同关心的领域。CCITT 的建议书 X.200 就是关于开放系统互联参考模型，它和上面提到的 ISO 7498 基本上是相同的。

3.1.2 网络体系协议分层

1. 网络分层的相关概念

计算机网络的整套协议是一个庞大复杂的体系，为了便于对协议的描述、设计和实现，现在都采用分层的体系结构。如图 3-1 所示，所谓层次结构就是指把一个复杂的系统设计问题分解成多个层次分明的局部问题，并规定每一层次所必须完成的功能，类似于信件投递过程。层次结构提供了一种按层次来观察网络的方法，它描述了网络中任意两个节点间的逻辑连接和信息传输。

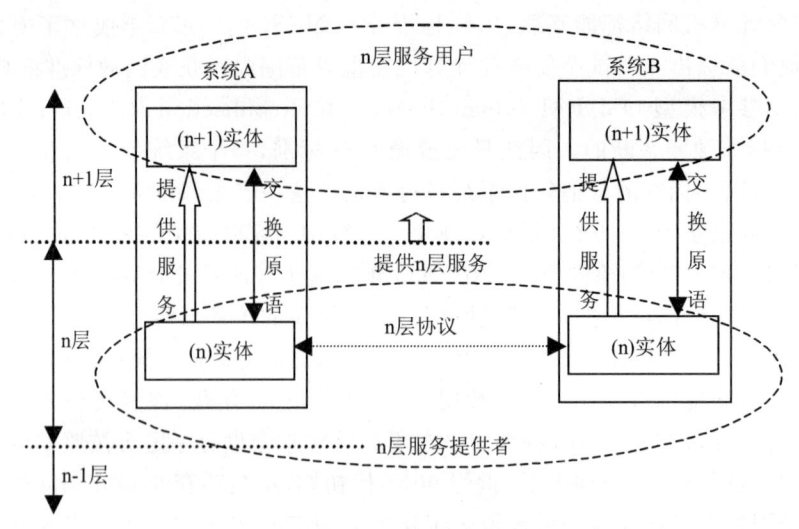

图 3-1 网络的层次结构

(1)实体和系统

实体和系统两词都是泛指,实体的例子可以是一个用户应用程序,如文件传输系统、数据库管理系统、电子邮件系统等,也可以是一块网卡;系统可以是一台计算机或一台网络设备等。一般来说,实体能够发送或接收信息,而系统可以包容一个或多个实体,而且在物理上是实际存在的物体。位于不同系统的同一层次的实体称之为对等实体。

(2)接口和服务

接口是相邻两层之间的边界,低层通过接口为上层提供服务。上层通过接口使用低层提供的服务,上层是服务的使用者,低层是服务的提供者。相邻层通过它们之间的接口交换信息,高层并不需要知道低层是如何实现的,仅需要知道该层通过层间的接口所提供的服务,这样使得内层之间独立性。服务的使用者和提供者通过服务访问点直接联系。所谓服务访问点(Service Access Point,SAP)是指相邻两层实体之间通过接口调用服务或提供服务的联系点。接口和服务的概念与程序设计中模块之间的函数调用十分类似,两个程序模块就可以看作服务使用者和提供者,服务访问点就是调用函数,函数的参数可以看作接口之间的控制信息和传递的数据。

(3)协议栈

协议是位于同一层次的对等实体之间的概念,而协议栈是指特定系统中所有层次的协议的集合。

(4)服务原语

服务通常是由一系列的服务原语来描述的。所谓原语,就是不可再细分的意思。在接口的服务访问点上,服务使用者看到的只是几个简单的原语,关于原语是如何实现的,完全是服务提供者自己层次内部的事情,在接口上完全不必考虑。

(5)协议数据单元

协议数据单元(Protocol Data Unit,PDU)是对等实体之间通过协议传送的数据单元。

同一系统体系结构中的各相邻层间的关系是:下层为上层提供服务,上层利用下层提供的服务完成自己的功能,同时再向更上一层提供服务。因此,上层可看成是下层的用户,下层是上层的服务提供者。

系统的顶层执行用户要求做的工作,直接与用户接触,可以是用户编写的程序或发出的命令。除顶层外,各层都能支持其上一层的实体进行工作,这就是服务。系统的底层直接与物理介质相接触,通过物理介质使不同的系统、不同的进程沟通。

系统中的各层次内都存在一些实体。实体是指除一些实际存在的物体和设备外,还有客观存在的与某一应用有关的事物,如含有一个或多个程序、进程或作业之类的成分。实体既可以是软件实体(如进程),也可以是硬件实体(如某一接口芯片)。不同系统的相同层次称为同等层(或对等层),如系统 A 的第Ⅳ层和系统 B 的第Ⅳ层是同等层。不同系统同等层之间存在的通信叫同等层通信。不同系统同等层上的两个正通信的实体叫同等层实体。

同一系统相邻层之间都有一个接口(Interface),接口定义了下层向上层提供的原语(Primitive)操作和服务。同一系统相邻两层实体交换信息的地方称为服务访问点 SAP(Service Access Point),它是相邻两层实体的逻辑接口,也可说Ⅳ层 SAP 就是 N+1 层可以访问Ⅳ层的地方。每个 SAP 都有一个唯一的地址,供服务用户间建立连接之用。相邻层之间要交换信息,对接口必须有一个一致遵守的规则,这就是接口协议。从一个层过渡到相邻层所做的工作,就是两层之间的接口问题,在任何两相邻层间都存在接口问题。

2. 网络分层的特点

分层可以带来很多好处。如:

①各层之间是独立的。某一层并不需要知道它的下一层是如何实现的,而仅仅需要知道该层通过层间的接口(即界面)所提供的服务。由于每一层只实现一种相对独立的功能,因而可将一个难以处理的复杂问题分解为若干个较容易处理的更小一些的问题。这样,整个问题的复杂程度就下降了。

②灵活性好。当任何一层发生变化时(例如由于技术的变化),只要层间接口关系保持不变,则在这层以上或以下各层均不受影响。此外,对某一层提供的服务还可进行修改。当某层提供的服务不再需要时,甚至可以将这层取消。

③结构上可分割开。各层都可以采用最合适的技术来实现。

④易于实现和维护。这种结构使得实现和调试一个庞大而又复杂的系统变得易于处理,因为整个的系统已被分解为若干个相对独立的子系统。

⑤能促进标准化工作。因为每一层的功能及其所提供的服务都已有了精确的说明。分层时应注意使每一层的功能非常明确。若层数太少,就会使每一层的协议太复杂。

但层数太多又会在描述和综合各层功能的系统工程任务时遇到较多的困难。通常各层所要完成的功能主要有以下一些(可以只包括一种,也可以包括多种):

①差错控制。使得和网络对等端的相应层次的通信更加可靠。

②流量控制。使得发送端的发送速率不要太快,要使接收端来得及接收。

③分段和重装。发送端将要发送的数据块划分为更小的单位,在接收端将其还原。

④复用和分用。发送端几个高层会话复用一条低层的连接,在接收端再进行分用。

⑤连接建立和释放。交换数据前先建立一条逻辑连接。数据传送结束后释放连接。

分层当然也有一些缺点,例如,有些功能会在不同的层次中重复出现,因而产生了额外开销。

3.1.3 网络体系结构的数据传递

两个通信实体在通信过程中,数据在上下各层间传递要发生变化,各对等层之间要遵循该层网络协议。

1. 对等层的虚拟通信

实体(Entity)是指每一层中的活动元素。通常实体既可以是软件实体(如一个进程),也可以是硬件实体(如智能输入/输出芯片)。对等实体(PeerEntity)是指不同通信节点上的同一层实体。例如,网络中一个通信节点上的第三层与另一个通信节点上的第三层进行对话时,通话双方的两个进程就是对等实体,通话的规则即为第三层上的协议。在计算机网络中,正是对等实体利用该层的协议在互相通信。

通过分析网络分层结构可知,任意两个端系统之间的通信可以分解为网络各层对等实体之间的分层通信。除了在物理传输介质上进行的是实通信外,其余在各对等层之间进行的通信都是虚拟的。也就是说,是在实际的通信过程中,数据并不是从节点 1 的第三层直接传送到节点 2 的第三层,而是每一层都把数据和控制信息交给下一层,直到第一层。第一层下面是物理传输介质,进行实际的数据传输。对等层的虚拟通信必须遵循该层的协议。

所谓对等层的虚拟通信,是指 n 层对等实体之间的通信,并不是发送方的第 n 层和接收方的第 n 层直接进行通信,而是在发送端,每一层都将数据单元转化后(封装)传递给下一层,依次类推,直到物理传输介质,通过物理传输介质将数据传输到接收端;在接收端,每一层仍要将数据单元转化(拆封)后传递给邻接上层,依次类推,直至第 n 层。对于 n 层实体来说,这一复杂过程被屏蔽掉了,好像它们是在直接通信,如图 3-2 所示为两个用户进程之间的虚拟通信。

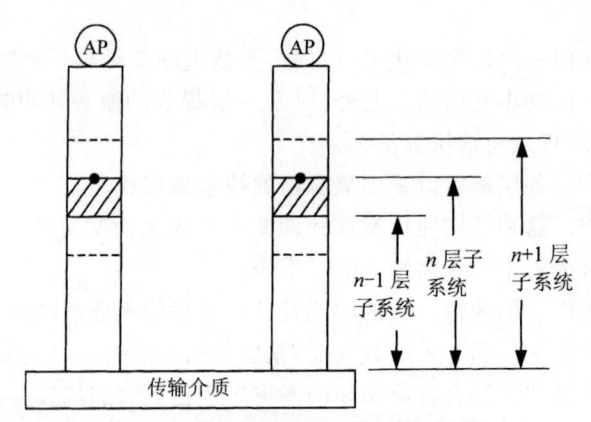

图 3-2 两个用户进程之间的虚拟通信

如图 3-3 所示为对等实体间的具体通信过程。

2. 层次间的关系举例

为了更好地说明网络通信的实质,下面通过一个例子进行分析阐述。

假设有甲、乙两个董事长(第三层中的对等实体),董事长甲是中国人,在成都;董事长乙是法国人,在巴黎。两个董事长的办公室都有两位工作人员:翻译(第二层中的对等实体)和秘书(第一层中的对等实体)。

董事长甲希望向董事长乙表达他的看法,他们要进行对话。两者的对话过程如图 3-4 所示。

第 3 章 网络体系结构与协议

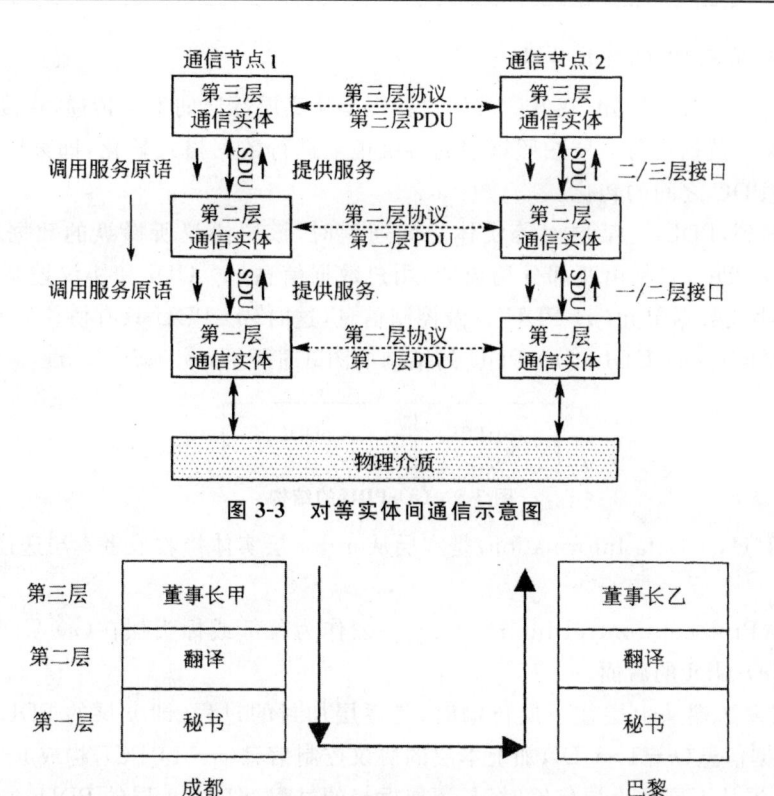

图 3-3 对等实体间通信示意图

图 3-4 甲、乙董事长的对话过程

甲、乙董事长的对话过程是这样的：

首先，董事长甲把"我认为我们应该合作完成这项工程"这一信息通过甲与其翻译的交接处（第三层与第二层之间的接口）传给甲的翻译，翻译根据翻译协会规定的方法（第二层的协议）把这句话翻译成英文"I think we should cooperate to do this project"。在这一过程中，甲不必关心其翻译是通过什么工具进行翻译的。

接下来，董事长甲的翻译把该英文信息通过他与秘书的交接处（第二层与第一层之间的接口）交给董事长甲的秘书，秘书可以选择传真的方式或者电子邮件的方式等把英语句子传递到巴黎董事长乙的秘书那里。在这一过程中，董事长甲的翻译不必关心秘书是通过何种方式把英语句子传递到董事长乙的秘书那里。

随后，（假定甲的秘书是用传真这种通信方式把翻译传递来的英文信息传到董事长乙的公司。）董事长乙的秘书从传真机上取出传真纸，通过他与乙的秘书的交接处（第一层与第二层之间的接口）把那句英文交给董事长乙的翻译。

最后，董事长乙的翻译把其翻译成法语后通过他与乙的交接处（第二层与第三层之间的接口）再传给董事长乙，从而完成甲与乙的通信。在这一过程中：董事长乙也不需要了解他的翻译是如何进行翻译的。

从上面这个例子可以看出：每层的实体所遵循的协议与其他层的实体所遵循的协议完全无关，在通信过程中，只要求该层的功能不变以及该层与其他层的接口保持不变。而且，低层的每一层都可能增加一些被对等实体所需要的信息，但这些信息一般不会被传递到对等实体之上的层。

— 51 —

3. 协议数据单元 PDU 及其传递

通过上面的分析可以得知,在发送端用户数据是从高层逐层向下层传递,在接收端数据则为逐层向上层传递。数据在每一层按照该层的协议规范进行数据格式转化,即某层协议数据单元 PDU 和相邻层 PDU 之间的转化。

前面已经提到,PDU 是某层对等实体之间通信时,该层协议所操纵的数据单元。第 n 层 PDU 的记为 (n)-PDU,它是由两部分构成的:用户数据信息 (n)-UDI 和协议控制信息 (n)-PCI。有时,n 层中的协议数据单元 (n)-PDU 只做控制信息,这时 (n)-PDU 只有协议控制信息 (n)-PCI 而没有用户数据信息 (n)-UDI。(n)-PDU 的结构如图 3-5 所示。

(n)-PCI	(n)-UDI

图 3-5　(n)-PDU 的结构

① (n)-UDI(User Data Information)是本层从 $n+1$ 层实体接收或者本层送往 $n+1$ 层实体的数据部分。

② (n)-PCI(Protocol Control Information)一般作为首部或标头加在 (n)-UDI 的前面,也可作为尾部加在 (n)-UDI 的后面。

当 PDU 在发送端从上层往下层传输时,是逐层加封的过程,即 n 层的 PDU 作为 $n-1$ 层 PDU 的用户数据信息 $(n-1)$-UDI,加上本层的协议控制信息 $(n-1)$-PCI,构成 $n-1$ 层的 PDU。当 PDU 在接收端从下层往上层传输时,是逐层拆封的过程,即 $n-1$ 层的 PDU,去掉本层协议控制信息 $(n-1)$-PCI,将 $(n-1)$-UDI 传输给 n 层,作为 n 层的 PDU。如图 3-6 显示的是数据在各层之间的转化和传递过程,为简化起见,假设两个主机是直接相连,主机 A 的应用进程 AP1 向主机 B 的应用进程 AP2 传递数据。

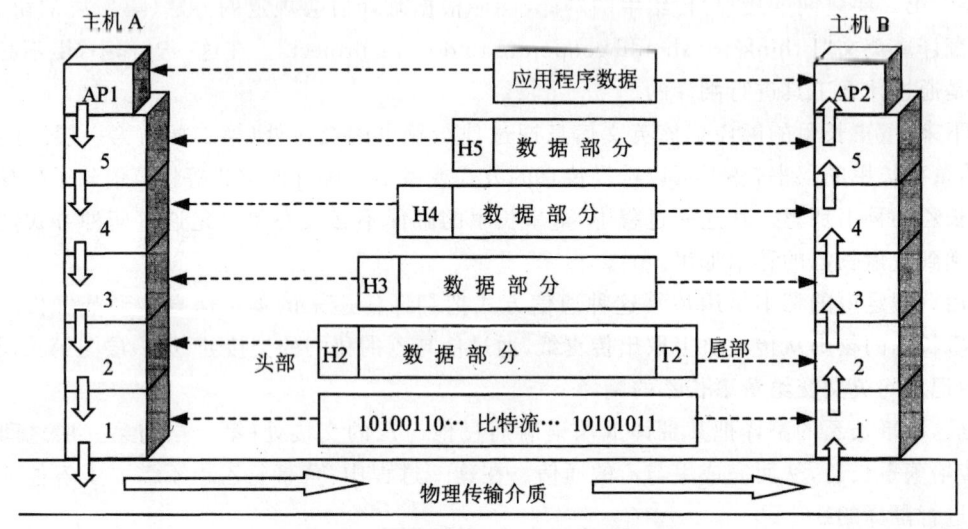

图 3-6　数据在网络各层间的传递过程

3.2　OSI 参考模型

开放系统互联参考模型(Open Systems Interconnection Reference Model)简称 OSI 参考模型,由国际标准化组织 ISO 在 20 世纪 80 年代初提出,即 ISO/IEC 7498,定义了网络互联的基本参考模型。

最先提出计算机网络体系结构概念的是 IBM 公司,它于 1974 年提出了系统网络体系结构(Systems Network Architecture,SNA),这是世界上第一个按照分层方法制定的网络设计标准。之后,DEC 公司于 1975 年提出了数字网络体系结构(Digital Network Architecture,DNA)。其他计算机厂商也分别提出了各自的计算机网络体系结构。这些体系结构都采用了分层次的模型,但各有其特点以适应各公司的生产和商业目的。因此就造成了系统不兼容的问题,即不同厂家生产的计算机系统和网络设备不能互联成网。

按照各公司提出的不同网络体系结构生产的网络设备之间无法相互通信和互换使用。为了在更大范围内共享资源和通信,人们迫切需要一个共同的可以参照的标准。

在这种情况下,ISO 提出了 OSI 参考模型,它的最大特点是开放性。不同厂家的网络产品,只要遵照这个参考模型,就可以实现互联、互操作和可移植,也就是说,任何遵循 OSI 标准的系统,只要物理上连接起来,它们之间都可以互相通信。OSI 参考模型是由国际标准化组织 ISO 在 20 世纪 80 年代初提出来的,这个关于网络体系结构的标准定义了网络互联的基本参考模型。

OSI 参考模型定义了开放系统的层次结构和各层所提供的服务。OSI 参考模型的一个成功之处在于,它清晰地分开了服务、接口和协议这三个容易混淆的概念:服务描述了每一层的功能,接口定义了某层提供的服务如何被高层访问,而协议是每一层功能的实现方法。通过区分这些抽象概念,OSI 参考模型将功能定义与实现细节分了开来,概括性高,使它具有了普遍的适应能力。

3.2.1　OSI 参考模型的概念

从历史上来看,在制定计算机网络标准方面,起着很大作用的两大国际组织是:国际电报与电话咨询委员会(Consultative Committee on International Telegraph and Telephone,CCITT)与国际标准化组织。CCITT 与 ISO 的工作领域是不同的,CCITT 主要是从通信的角度考虑一些标准的制定,而 ISO 则关心信息的处理与网络体系结构。随着科学技术的发展,通信与信息处理之间的界限已变得比较模糊。于是,通信与信息处理就都成为 CCITT 与 ISO 共同关心的领域。

1974 年,ISO 发布了著名的 ISO/IEC 7498 标准,它定义了网络互联的 7 层框架,也就是开放系统互联(Open System Internetwork,OSI)参考模型。在 OSI 框架下,进一步详细规定了每一层的功能,以实现开放系统环境中的互联性(Interconnection)、互操作性(Interoperation)与应用的可移植性(Portability)。CCITT 的建议书 X.400 也定义了一些相似的内容。

在 OSI 中的"开放"是指:只要遵循 OSI 标准,一个系统就可以与位于世界上任何地方、同样遵循同一标准的其他任何系统进行通信。在 OSI 标准的制定过程中,采用的方法是将整个庞大而复杂的问题划分为若干个容易处理的小问题,这就是分层的体系结构方法。在 OSI 标准中,采用的是三级抽象:

①体系结构(Architecture)。
②服务定义(Service Definition)。
③协议规格说明(Protocol Specification)。

OSI参考模型定义了开放系统的层次结构、层次之间的相互关系及各层所包括的可能的服务。它是作为一个框架来协调和组织各层协议的制定,也是对网络内部结构最精炼的概括与描述。

OSI的服务定义详细说明了各层所提供的服务。某一层的服务就是该层及其以下各层的一种能力,它通过接口提供给更高一层。各层所提供的服务与这些服务是怎样实现的无关。同时,各种服务定义还定义了层与层之间的接口与各层使用的原语,但不涉及接口是怎样实现的。

OSI标准中的各种协议精确地定义了应当发送什么样的控制信息,以及应当用什么样的过程来解释这个控制信息。协议的规程说明具有最严格的约束。

OSI参考模型并没有提供一个可以实现的方法。OSI参考模型只是描述了一些概念,用来协调进程间通信标准的制定。在OSI的范围内,只有各种协议是可以被实现的,而各种产品只有和OSI的协议相一致时才能互联。也就是说,OSI参考模型并不是一个标准,而是一个在制定标准时所使用的概念性框架。

3.2.2 OSI参考模型各层功能

OSI参考模型将整个网络的功能划分为7个层次,从低到高分别为物理层、数据链路层、网络层、传输层、会话层、表示层和应用层,如图3-7所示。

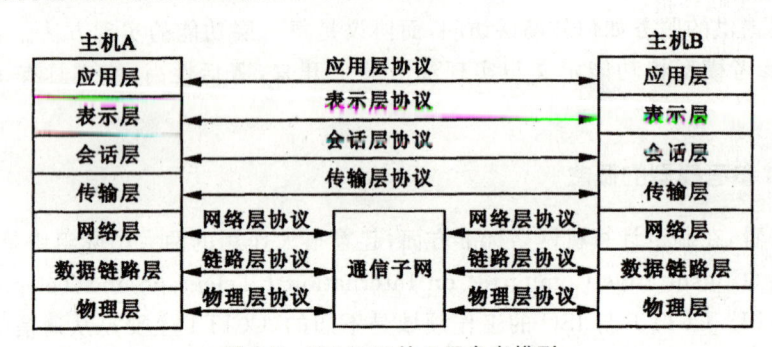

图3-7 ISO/OSI的7层参考模型

下面简要介绍各层的主要功能。

1. 物理层

物理层(Physical Layer)是OSI参考模型的最低层,向下直接与物理传输介质相连接,向上服务于数据链路层。传输信息所利用的物理传输介质,包括双绞线、同轴电缆、光纤等,它们都是在物理层之下而非物理层之内。

设置物理层的目的是实现两个网络物理设备之间的二进制比特流的透明①传输,当一方发送二进制比特流时,对方应该能够正确地接收。对数据链路层屏蔽物理传输介质的特性,以便对

---

① 仅仅接收和传送比特流,但比特流代表什么意思,则不是物理层所要管的。

高层协议有最大的透明性。

物理层协议是各种网络设备进行互联时必须遵守的底层协议,也称为物理接口标准。物理层定义的典型规范代表有:EIA/TIA RS-232、EIA/TIA RS-449、V.35、RJ-45 等。

物理层的任务是主要提供与传输介质的接口、与物理介质相连接所涉及的机械、电气、功能和规程方面的特性,最终达到物理的连接。

①机械特性:指接口连接器的大小、形状、各引脚的几何分布、传输介质的参数和特征等。

②电气特性:指线路的最大传输速率、信号允许传输的最大距离、信号的波动和参考电压、阻抗大小等。

③功能特性:规定了物理接口上各条信号线的功能分配和确切定义。

④规程特性:规定了对于不同功能的各种可能事件的出现顺序及各信号线的工作规则。

物理层设备包括网络传输介质、连接部件(如 T 型头、BNC 头、RJ-45、SC 等)、中继器、共享式 HUB 等。

2. 数据链路层

数据链路层(Data Link Layer)是 OSI 参考模型的第二层,它介于物理层与网络层之间,是 OSI 参考模型中非常重要的一层。

由于外界噪声干扰,原始的物理连接在传输比特流时很有可能会发生差错。设置数据链路层的主要目的是将一条原始的、有差错的物理线路变为对网络层无差错的、可靠的数据链路。

数据链路层协议的代表有:SDLC、HDLC、PPP、STP、帧中继等。

数据链路层的任务是在网络实体之间建立、保持和释放数据链路,确定信息怎样在链路中传输、信息的格式、成帧和拆帧,产生校验码、差错控制、数据流量控制及链路管理等。数据链路层的主要功能可以概括为成帧、差错控制、流量控制和传输管理等。

①成帧。一个帧是含有数据的、具有一定格式的比特组合。帧是数据链路层的数据传输单位。数据链路层把从网络层传来的数据组装成帧,帧中包含源主机和目的主机的物理地址(即 MAC 地址),数据链路层利用数据帧中的 MAC 地址,在网络中实现数据帧的无差错传输。

②差错控制。数据链路层需解决帧的破坏、丢失和重复等问题。

③流量控制。数据链路层需解决由于发送方和接收方速度不匹配而造成的接收被数据包"淹没"的问题,即在数据链路层传送数据时,需要进行流量控制,使传送与接收双方达到同步,以保证数据传输的正确性。

④传输管理。如果线路上的多个设备要同时进行数据传输,数据链路层还必须解决数据帧竞争线路使用权的问题。

数据链路层的相关设备主要包括:网络接口卡及其驱动程序、(二层)交换机等。

3. 网络层

网络层(Network Layer)是 OSI 参考模型中最复杂、最重要的一层。网络层关心的是通信子网的运行控制,主要负责对通信子网进行监控,定义网络操作系统的通信协议,为信息确定地址,把逻辑地址(IP 地址)和名字翻译成物理地址(MAC 地址),为建立、保持及释放连接和数据传输提供数据交换、流量控制、拥塞控制、差错控制及恢复以及决定从源站通过网络到目的站的传输路径等。

设置网络层的主要目的是为在通信子网中传送的数据分组寻找到达目的主机的最佳传输路径,而用户不必关心网络的拓扑结构和所使用的通信介质。

网络层协议是相邻的两个直接连接节点间的通信协议。网络层协议的代表有:IP、IPX、RIP、OSPF 等。

网络层的主要功能如下:

①确定地址。网络上的所有设备进行相互通信都应该有一个唯一的 IP 地址。

②选择传输路径。这是网络层所要完成的一个主要功能。在网络中,信息从一个源节点发出到达目的节点,中间要经过多个中间节点的存储转发。一般在两个节点之间会有多条路径可以选择。路径选择是指在通信子网中,源节点和中间节点为将数据分组传送到目的节点而对其下一个节点的选择。

③拥塞控制。为了避免通信子网中出现过多的分组时造成网络拥塞和死锁,网络层还应该具备拥塞控制的功能。通过对进入通信子网的通信量加以一定的控制,避免因通信量过大造成通信子网性能下降。

工作在网络层的主要设备有路由器和三层交换机。路由器主要用于将采用不同操作系统、不同拓扑结构的子网连接在一起,使它们能够相互通信;三层交换机则主要用于同类局域网的不同子网间的线速路由交换。

4. 传输层

传输层(Transfer Layer)也叫运输层,是 OSI 参考模型中最关键的一层。实质上,传输层是网络体系结构中高低层之间衔接的一个接口层。

如果两个节点间通过通信子网进行通信,物理层可以通过物理传输介质完成比特流的发送和接收。链路层可以将有差错的原始传输变成无差错的数据链路。网络层可以使用报文分组以合适的路径通过通信子网。网络通信的实质是实现互联的主机进程之间的通信。互联主机进程通信面临以下几个问题.

①如何在一个网络连接上复用多对进程的通信?

②如何解决多个互联通信子网通信协议的差异和提供服务功能的不同?

③如何解决网络层及下两层自身不能解决的传输错误?

设置传输层的目的是在通信子网提供服务的基础上,使用传输层协议和增加的功能,高层用户就可以直接进行端到端的数据传输,而忽略通信子网的存在。通过传输层的屏蔽,高层用户看不到子网的交替和技术变化。对高层用户来说,两个传输层实体之间存在着一条端到端可靠的通信连接。高层用户不需要知道它们的物理层采用何种物理线路。

与传输层相对应的协议有:TCP/IP 的传输控制协议 TCP、Novell 的顺序包交换 SPX 以及 Microsoft NetBIOS/NetBEUI。

传输层的功能就是为高层用户提供可靠的、透明的、有效的数据传输服务。它可以为会话实体提供传输连接的建立、数据传输和连接释放,并负责错误的确认和恢复,保证源主机与目的主机间透明、可靠地传输报文,向会话层提供一个可靠的端到端的服务。传输层提供的服务分为面向连接的和面向非连接的两种。

5. 会话层

会话层(Session Layer)是 OSI 参考模型的第五层,建立在传输层之上。传输层是主机到主机的层次,会话层则是进程到进程的层次。

应用进程之间为完成某项处理任务而需进行一系列内容相关的信息交换。一次会话是指两个用户进程之间为完成一次完整的信息交换而建立的会话连接。会话层允许不同主机上各进程之间的会话。由于会话层得到传输层提供的服务,使得两个会话实体之间不论相隔多远、使用什么样的通信子网,都可进行透明的、可靠的数据传输。

会话层协议的代表有:NetBIOS、ZIP(AppleTalk 区域信息协议)等。

会话层的主要功能是为两个主机上的用户进程建立会话连接,管理哪边发送、何时发送、占用多长时间等;使双方操作相互协调,对数据的传送提供有效的控制和管理机制。用户可以使用这个连接正确地进行通信,有序、方便地进行信息交换,最后结束会话。

会话层支持两个实体之间的交互作用,为表示层提供两类服务:一类叫会话管理服务,即把两个表示实体结合在一起或者分开;另一类叫会话服务,即控制两个表示实体之间的数据交换过程。

会话层与传输层有明显区别。传输层协议负责建立和维护端到端之间的逻辑连接,传输服务比较简单,目的是提供可靠的传输服务。但是由于传输层所使用的通信子网类型很多,而且网络通信质量也存在很大差异,这样就使得传输协议一般都很复杂。而会话层在发出一个会话协议数据单元时,传输层可以保证将它正确地传送到相对应的会话实体,这样就可以使会话协议得到简化。但是为了更好地为各种进程提供服务,会话层为数据交换定义的各种服务也是非常丰富和复杂的。

6. 表示层

表示层(Presentation Layer)位于 OSI 参考模型的第六层,主要用于处理在两个通信系统中交换信息的表示方式。它是异种机、异种操作系统联网的关键层。

该层包含处理网络应用程序数据格式的各种协议,为应用层提供可以选择的各种服务。表示层协议的代表有:ASCII、ASN.1、JPEG、MPEG 等。

对于系统中用户之间交换的各种数据和信息都需要通过字符串、整型数、浮点数以及由简单类型组合而成的各种数据结构来表示。实际上,不同的机器采用的编码和表示方法不同,使用的数据结构也不同。

表示层的主要功能是通过一些编码规则定义在通信中传送这些信息所需要的传送语法,负责不同格式的字符、数据、字符编码、程序语言的语法和语义、数据库的不同结构或字段之间的映像或变换,以使用户在异构型环境下能实现互通和互访,保证所传输的数据经过传送后其意义不改变。

另外,数据压缩和加密也是表示层可以提供的表示变换功能。数据压缩可以减少传输的比特数,减少网络上的数据传输量。数据加密服务主要是处理通信的安全问题,通过防止敌意地窃听和篡改,从而提高网络的安全性。

表示层以下各层只关心如何可靠地传输数据,而表示层所关心的是所传输数据的表现形式、语法和语义,使之与机器无关。它从应用层获得数据并把它们格式化以供网络通信使用,并将应用程序数据排序成有含义的格式并提供给会话层。

7. 应用层

应用层(Application Layer)是 OSI 参考模型的最高层,是用户应用程序访问网络服务的地方。它向用户的应用程序提供访问 OSI 环境的界面和手段。它是用户使用网络的唯一窗口,由最常用且通用的应用程序组成,包括电子邮件、文件传输等。

在 OSI 的应用层体系系统结构的支持下,目前 OSI 标准的应用层已有很多协议,如:

①文件传送、访问与管理 FTAM(File Transfer Access and Management)协议。

②用于完成不同主机之间的交换传送、访问和管理的文件传输协议(File Transfer Protocol,FTP)。

③公共管理信息协议 CMIP(Common Management Information Protocol)。

④远程数据库访问 RDA(Remote DataBase Access)协议。

⑤目录服务 DS(Directory Service)协议。

⑥电子邮件系统简单邮件传送协议(SMTP)和邮件下载协议(POP3)。

⑦网络环境下传送标准电子邮件的报文处理系统(Message Handling System,MHS)。

⑧虚拟终端协议 VTP(Virtual Terminal Protocol)。

⑨超文本传送协议(HTTP)。

该层的主要功能包括:保证网络的完整透明性,操作用户的物理配置、应用管理、系统管理和分布式信息服务,识别并证实通信双方的可用性,控制数据传输的完整性,使网络应用程序(电子邮件、数据库的客户/服务器访问等)能够协同工作等。

3.2.3 数据的封装与传递

在 OSI 参考模型中,对等层之间经常需要交换信息单元,对等层协议之间需要交换的信息单元叫做协议数据单元(Protocol Data Unit,PDU)。节点对等层之间的通信并不是直接通信(例如,两个节点的传输层之间进行通信),他们需要借助于下层提供的服务来完成,所以,通常说对等层之间的通信是虚通信,如图 3-8 所示。

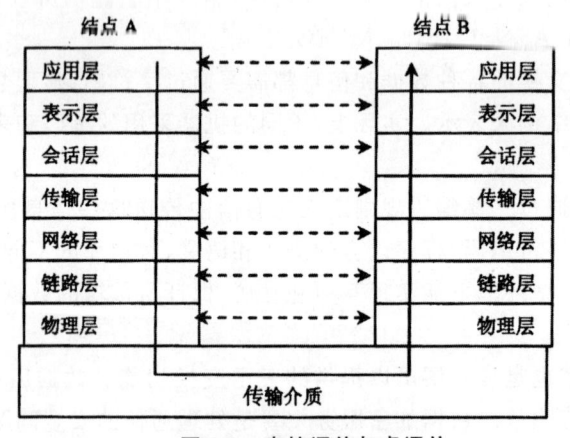

图 3-8 直接通信与虚通信

事实上,在某一层需要使用下一层提供的服务传送自己的 PDU 时,其当前层的下一层总是将上一层的 PDU 变为自己 PDU 的一部分,然后利用更下一层提供的服务将信息传递出去。如图 3-9 所示。节点 A 将其应用层的信息逐层向下传递,最终变为能够在传输介质上传输的数据(二进制编码),并通过传输介质将编码传送到节点 B。

第 3 章 网络体系结构与协议

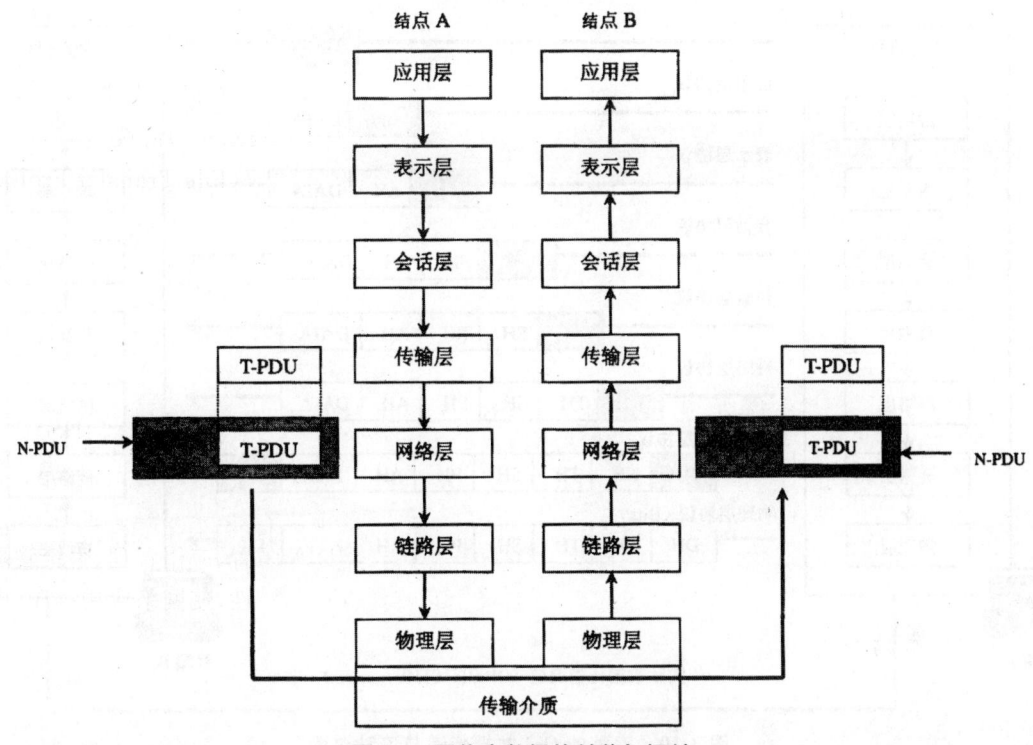

图 3-9 网络中数据的封装与解封

在网络中,对等层可以相互理解和认识对方信息的具体意义,如节点 B 的网络层收到节点 A 的网络层的 PDU(NH+L4DATA 即 L3DATA)时,可以理解该 PDU 的信息并知道如何处理该信息。如果不是对等层,双方的信息就不可能也没有必要相互理解。

1. 数据封装

为了实现对等层之间的通信,当数据需要通过网络从一个节点传送到另一节点前,必须在数据的头部和尾部加入特定的协议头和协议尾。这种增加数据头部和尾部的过程称为数据打包或数据封装。

例如,在图 3-10 中,节点 A 的网络层需要将数据传送到节点 B 的网络层,这时,A 的网络层就需要使用其下邻层提供的服务。即首先将自己的 PDU(NH+L4DATA)交给其下邻层——数据链路层,节点 A 的数据链路层在收到该 PDU(NH+L4DATA)之后,将它变为自己 PDU 的数据部分 L3DATA,在其头部和尾部加入特定的协议头和协议尾 DH,封装为自己的 PDU(DH+L3DATA+DH),然后再传给其下邻层——物理层。最终将其应用层的信息变为能够在传输介质上传输的数据(二进制编码),并通过传输介质将编码传送到节点 B。

2. 数据拆包

在数据到达接收节点的对等层后,接收方将反向识别、提取和除去发送方对等层所增加的数据头部和尾部。接收方这种去除数据头部和尾部的过程叫做数据拆包或数据解封。如图 3-10 所示。

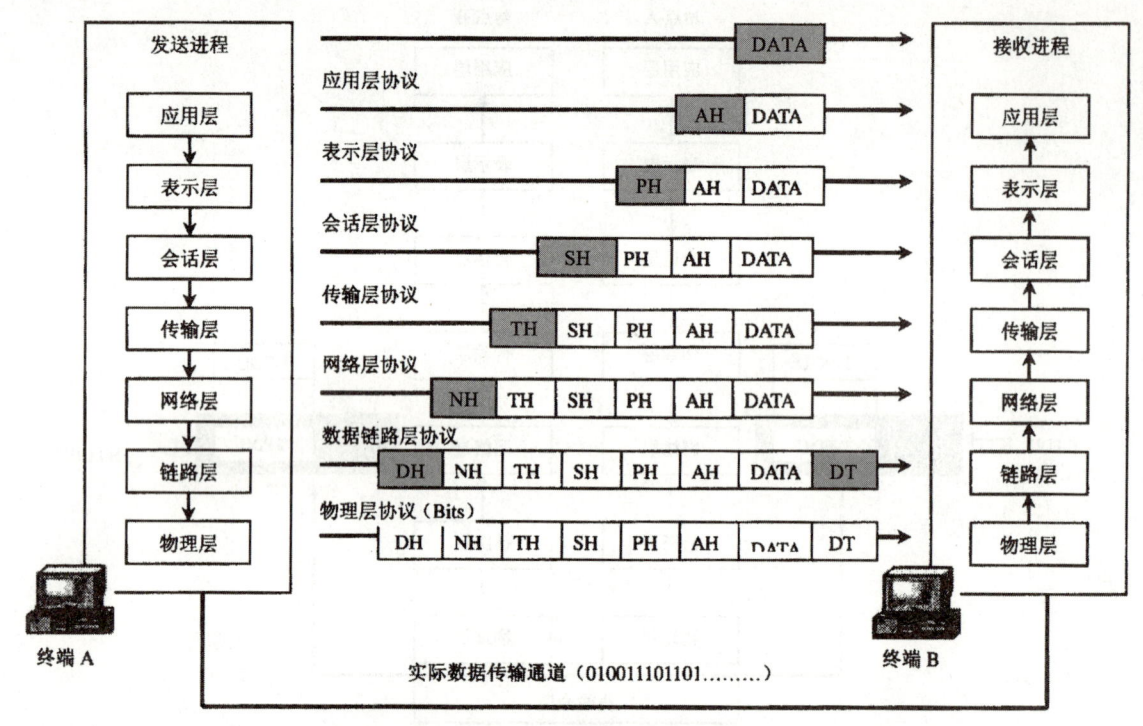

图 3-10 完整的 OSI 数据传递与流动过程

例如，在图 3-10 中，节点 B 的数据链路层在传给网络层之前，按照对等层协议相同的原则，首先将自己的 PDU(DH+L3DATA+DH)去除其头部和尾部的协议头和协议尾 DH，还原为本层 PDU 的数据部分 L3DATA(NH+L4DATA)即网络层的 PDU，传给其网络层。其他层依次进行类似处理，最后将数据传到其最高层——应用层。

事实上，数据封装和解封装的过程与通过邮局发送信件的过程是相似的。当需要发送信件时，首先需要将写好的信纸放入信封中，然后按照一定的格式书写收信人姓名、收信人地址及发信人地址，这个过程就是一种封装的过程。当收信人收到信件后，要将信封拆开，取出信纸，这就是解封的过程。在信件通过邮局传递的过程中，邮局的工作人员仅需要识别和理解信封上的内容。对于信纸上书写的内容，他不可能也没必要知道。

尽管发送的数据在 OSI 环境中经过复杂的处理过程才能送到另一接收节点，但对于相互通信的计算机来说，OSI 环境中数据流的复杂处理过程是透明的。发送的数据好像是"直接"传送给接收节点，这是开放系统在网络通信过程中最主要的特点。

3.3 TCP/IP 参考模型

虽然 OSI 是国际标准，但由于它出现的时间晚于已经具体实现的 SNA、DNA 及 TCP/IP 等，再加上 OSI 自身存在的缺点，在它推出将近 20 年后，并没有出现一统天下的局面。特别是 TCP/IP，随着 Internet 在全球范围的不断普及，遵循 TCP/IP 的网络越来越多，大有与 OSI/RM 平分天下之势，下面简单地介绍 TCP/IP 体系。

世界上第 1 个分组交换网或者说第 1 个实用计算机网络是美国军方的 ARPANet。ARPANet

的体系结构也是采用分层结构,原来称为 ARM,代表 ARPANet 参考模型。当时的 ARPANet 现在已经发展成为世界上规模最大的互联网(Internet)。在 Internet 所使用的协议中,最著名也最能体现该体系核心思想的是传输层协议 TCP 和网络互联协议 IP。因此,现在人们常用 TCP/IP 代表 Internet 所使用的体系结构。

与 OSI 不同,TCP/IP 从推出之时,就把考虑问题的重点放在了异种网互联上。所谓异种网,即遵从不同网络体系结构的网。TCP/IP 的目的不是要求大家都遵循一种标准,而是在承认有不同标准的情况下,解决这些不同。因此,网络互联是 TCP/IP 技术的核心。

3.3.1 TCP/IP 参考模型的发展

在讨论了 OSI 参考模型的基本内容后,我们要回到现实的网络技术发展状况中来。OSI 参考模型研究的初衷是希望为网络体系结构与协议的发展提供一种国际标准。但是,我们不能不看到 Internet 在全世界的飞速发展,以及 TCP/IP 协议的广泛应用对网络技术发展的影响。

ARPANet 是最早出现的计算机网络之一,现代计算机网络的很多概念与方法都是从它的基础上发展出来的。美国国防部高级研究计划局(ARPA)提出 ARPANet 研究计划的要求是:在战争中,如果它的主机、通信控制处理机与通信线路的某些部分遭到攻击而损坏,那么其他部分还能够正常工作;同时,还希望适应从文件传送到实时数据传输的各种应用需求。因此,它要求的是一种灵活的网络体系结构,能够实现异型网络的互联(Interconnection)与互通(Intercommunication)。

最初,ARPANet 使用的是租用线路。当卫星通信系统与通信网发展起来之后,ARPANet 最初开发的网络协议使用在通信可靠性较差的通信子网中出现了不少问题,这就导致了新的网络协议 TCP/IP 的出现。虽然 TCP/IP 协议都不是 OSI 标准,但它们是目前最流行的商业化的协议,并被公认为当前的工业标准或"事实上的标准"。在 TCP/IP 协议出现后,出现了 TCP/IP 参考模型。1974 年 Kahn 定义了最早的 TCP/IP 参考模型,1985 年 Leiner 等人进一步对它开展了研究,1988 年 Clark 在参考模型出现后对其设计思想进行了改进。

Internet 上的 TCP/IP 协议之所以能够迅速发展,不仅因为它是美国军方指定使用的协议,更重要的是它恰恰适应了世界范围内的数据通信的需要。TCP/IP 协议具有以下几个特点:

① 开放的协议标准,可以免费使用,并且独立于特定的计算机硬件与操作系统。
② 独立于特定的网络硬件,可以运行在局域网、广域网,更适用于互联网。
③ 统一的网络地址分配方案,使得整个 TCP/IP 设备在网中都具有唯一的地址。
④ 标准化的高层协议,可以提供多种可靠的用户服务。

3.3.2 TCP/IP 参考模型各层功能

TCP/IP 参考模型是在 TCP 与 IP 出现之后才提出来的,这与 OSI 参考模型不同。两者之间的层次对应关系如图 3-11 所示。

从图上可以看出,OSI 参考模型与 TCP/IP 参考模型的层次对应如下:TCP/IP 参考模型的网络接口层与 OSI 参考模型的数据链路层和物理层相对应;TCP/IP 参考模型的互联层与 OSI 参考模型的网络层相对应;TCP/IP 参考模型的传输层与 OSI 参考模型的传输层相对应;TCP/IP 参考模型的应用层与 OSI 参考模型的应用层相对应。根据 OSI 参考模型的经验,会话层和表示层对大多数应用程序的用处不大,所以被 TCP/IP 参考模型排除在外。

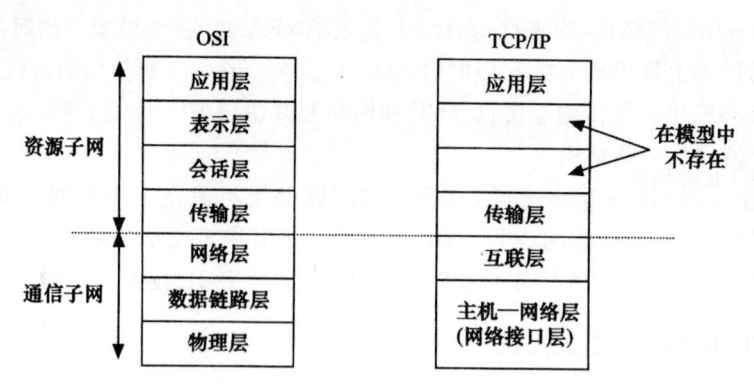

图 3-11 OSI 参考模型与 TCP/IP 参考模型的层次对应关系

TCP/IP 参考模型各层次的功能如下。

1. 网络接口层

网络接口层(Host to Network Layer)是 TCP/IP 参考模型的最底层,又叫做 IP 子网层。一般,网络接口层包括操作系统中的设备驱动程序和计算机中对应的网络接口卡。

它负责通过网络发送和接收 IP 数据报,负责网络层与硬件设备间的联系。另外,它定义了如何与不同的网络进行接口,允许主机连入网络时使用多种协议,如局域网的 Ethernet 协议、令牌环网的 Token Ring 协议、分组交换网的 X.25 协议等,这体现出 TCP/IP 的兼容性和适应性。

网络接口层与物理网络的具体实现技术有关,实际上在 TCP/IP 参考模型中对这一层并没有真正意义上的描述,而只是指出主机必须使用某种协议与网络连接,以便能够在其上传递 IP 报文。事实上,能够传递 IP 报文的任何协议都是被允许的,这也是 TCP/IP 协议可以运行在当前几乎所有物理网络之上并能够实现网络无缝连接的一个重要原因。

2. 互联层

互联层(Internet Layer)是 TCP/IP 参考模型的第二层,与网络接口层相邻。它是整个 TCP/IP 参考模型的关键部分。

互联层提供的是无连接的服务,负责将源主机的报文分组发送到目的主机,源主机和目的主机可以在一个网上,也可以不在一个网上。被发送的报文到达的顺序可能与发送的顺序有所不同,但是互联层并不负责对报文的排序。互联层还能屏蔽各个物理网络的差异,使得传输层和应用层将这个互联网络看作是一个同构的"虚拟"网络。

互联层上定义了正式的数据分组格式和协议,即网际协议(IP)。IP 协议是这层中最重要的协议,其功能包括处理来自传输层的分组发送请求、路径选择、转发数据包等,任何数据开始传输之前,不需要首先建立一条到达目的地的通路或路由,每个分组都可采用不同的路由转发至同一个目的地。IP 不保证传输的可靠性,分组可以不按照正确的顺序到达目的地。在 TCP/IP 网络上传输的基本信息单元是 IP 数据包。

互联层主要功能如下:

①处理来自传输层的分组发送请求。当收到来自传输层的分组发送请示之后,将分组装入 IP 数据报,填充报头,选择发送路径,然后将数据报发送到相应的网络输出线上。

②处理接收的数据报。在接收到其他主机发送的数据报之后,检查目的地址,如果需要转发,选择发送路径后转发出去,如果已到目的地,则删除报头后将分组交给传输层。

— 62 —

③处理互联的路径、流量控制和拥塞问题。

3．传输层

传输层(Transport Layer)是TCP/IP参考模型的第三层,在互联层之上。在TCP/IP参考模型中,传输层的主要功能是提供从一个源进程发送数据到目的进程的通信,即端到端的会话。现在的操作系统支持多用户和多任务的操作,一台主机上可能运行多个应用程序(并发进程)。

传输层负责提供面向连接的端到端无差错报文传输,这一层定义了两个端到端的协议:TCP和UDP。

(1)传输控制协议(Transmission Control Protocol,TCP)

它是一个面向连接的无差错传输字节流的协议,可以保证将一台主机发出的字节流无差错地发往另一台主机。在源端把输入的字节流分成报文段并传给互联层,在目的端则把收到的报文再组装成输出流传给应用层。TCP还要进行流量控制,以避免出现由于快速发送方向低速接收方发送过多报文,而导致接收方无法处理的问题。

(2)用户数据报协议(User Datagram Protocol,UDP)

它是一个不可靠的、无连接的协议,可以用于不需要TCP排序和流量控制功能的应用程序。由于没有报文排序和流量控制功能,所以必须由应用程序自己来完成这些功能。在传输数据之前不需要先建立连接,在目的端收到报文后,也不需要应答。UDP通常用于需要快速传输机制的应用中。

4．应用层

应用层(Application Layer)是TCP/IP参考模型的最高层,主要用于向用户提供一些常用的应用程序。

应用程序包含所有的高层协议,这些高层协议使用传输层协议接收或发送数据,常见的协议有以下几种:

①远程登录协议(Telnet),用于实现互联网中远程登录功能,它允许一台机器上的用户登录到远程机器上并进行工作。

②文件传输协议(FTP),提供了有效地把数据从一台机器送到另一台机器上的方法。

③简单邮件传输协议(SMTP),用于实现互联网中电子邮件的发送功能。

④超文本传输协议(HTTP),用于在万维网(WWW)上浏览网页等。

3.4 OSI与TCP/IP参考模型的比较

虽然OSI参考模型和TCP/IP参考模型都采用了层次结构的概念,但是它们的差别却是很大的,不论在层次划分还是协议的使用上都有明显的不同,它们有各自的优缺点。

3.4.1 OSI和TCP/IP参考模型的共同点

OSI和TCP/IP参考模型有很多共同点,主要表现在以下几个方面:

①两者都以协议栈的概念为基础,并且协议栈中的协议彼此相互独立。

②两个模型都采用了分层结构,其中对应层的功能也大体相似。例如,在两个模型中,传输层以及传输层以上的各层都为希望进行通信的进程提供了一种端到端的、与网络无关的服务。

这些层形成了传输提供方。

③两个模型中,传输层之上的各层也都是传输服务的用户,并且是面向应用的用户。

④两个模型中某些基本概念和术语是通用的。

3.4.2 OSI 和 TCP/IP 参考模型的差别

除了前面已经提到的基本的相似之处以外,两个模型还有许多不同的地方。这里主要比较的是参考模型,而不是对应的协议栈。

1. 基本思想不同

对于 OSI 参考模型,有三个概念是它的核心:服务、接口、协议。OSI 参考模型最大的贡献是使这三个概念的区别变得更加明确了。

①每一层都为它的上一层执行一些服务。服务的定义指明了该层做些什么,而并没有说明上一层的实体如何访问这一层,或这一层是如何工作的。它定义了这一层的语义。

②每一层的接口告诉它上面的进程应该如何访问本层。它规定了有哪些参数,以及结果是什么,但是并没有说明本层内部是如何工作的。

③每一层用到的对等协议是本层自己内部的事情。它可以使用任何协议,只要能够完成任务就行(也指提供所承诺的服务)。它也可以随意地改变协议,而不会影响上面的各层。

这些思想与现代面向对象的程序设计思想十分吻合。一个对象就如同一个层一样,它有一组方法(或者叫操作),对象之外的过程可以调用这些方法。这些方法的语义规定了该对象所提供的服务集合。方法的参数和结果构成了对象的接口。对象的内部代码是它的协议,对于外部而言是不可见的,也不需要外界的关心。

对于 TCP/IP 模型,最初并没有明确地区分服务、接口和协议这三个概念之间的差异。不过,它在成型之后便得到了人们的改进,从而更加接近于 OSI。例如,互联网层提供的真正服务只有发送 IP 分组(SEND IP PACKET)和接收 IP 分组(RECEIVE IP PACKET)。

可见,OSI 参考模型中的协议较 TCP/IP 模型中的协议的隐蔽性而言更好。当技术发生变化的时候,OSI 参考模型中的协议相对更加容易被替换为新的协议。能够做这样的替换也正是最初采用分层协议的主要目的之一。

2. 产生时间不同

OSI 产生于协议发明之前。

优点是,这种顺序关系意味着 OSI 参考模型不会偏向于任何某一组特定的协议,因而该模型更加具有通用性。这一顺序关系所带来的麻烦是,设计者在这方面没有太多的经验可以参考,因此对哪一层上应该放哪些功能并不是很清楚。

例如,数据链路层最初只处理点到点网络,当广播式网络出现以后,必须在模型中嵌入一个新的子层。当人们使用 OSI 参考模型和已有的协议来建立实际的网络时,才万分惊讶地发现这些网络并不能很好地匹配所要求的服务规范,因此只能在模型中加入一些子层,以便提供足够的空间来弥补这些差异。另外,标准委员会最初期望每一个国家都将有一个由政府来运行的网络并使用 OSI 协议,所对网络互联的问题以根本不予考虑。总而言之,情况并不像预期的那样。

而 TCP/IP 却正好相反,它产生于协议出现之后。TCP/IP 模型只是这些已有协议的一个描述而已。

— 64 —

优点是,协议一定会符合模型,而且两者确实吻合得很好。唯一的问题在于,TCP/IP 模型并不适合任何其他的协议栈,因此,该模型在描述其他非 TCP/IP 网络时并不很有用。

3. 层数不同

现在我们从两个模型的基本思想转到更为具体的方面上来,它们之间一个很显然的区别是层的数目:OSI 参考模型有 7 层,而 TCP/IP 只有 4 层。它们都有网络层(或者是互联网层)、传输层和应用层,TCP/IP 没有了表示层和会话层,并且将数据链路层和物理层合并为网络接口层。

4. 通信范围不同

OSI 和 TCP/IP 还有另一个区别,那就是无连接的和面向连接的通信范围有所不同。

OSI 参考模型的网络层同时支持无连接和面向连接的通信,但是由于传输服务对于用户是可见的,所以传输层的特点决定了该层上只支持面向连接的通信。

TCP/IP 模型的网络层上只有无连接通信这一种模式,但是在传输层上同时支持两种通信模式,这样可以给用户一个选择的机会。这对于简单的请求—应答协议是一种特别重要的机会。

3.4.3 网络参考模型的建议

从前面的分析来看,OSI 的 7 层协议体系结构既复杂又不实用,但其概念清晰,体系结构理论较为完整,更注重低层的网络结构和通信实现。TCP/IP 的协议得到了全世界的承认,但是并没有一个完整的体系结构,效率并不高。因此,这里可以采用一种折衷的办法,即把 OSI 参考模型的会话层与表示层去掉,从而形成一种原理体系结构,只有 5 层,如图 3-12 所示。

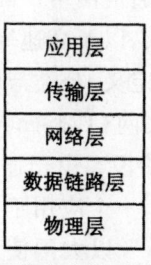

| 应用层 |
| 传输层 |
| 网络层 |
| 数据链路层 |
| 物理层 |

图 3-12 网络参考模型的一种建议

OSI 标准已被我国采用为计算机网络体系结构的发展方向。我国已明确了在计算机网络的发展中要等效或等同采用 OSI 国际标准作为我国国家标准的方针。但是就目前来看 TCP/IP 协议的应用更为广泛,主要是考虑到目前以及近期内大量的计算机产品仍然是非 OSI 标准,所以越来越广泛使用的 UNIX 系统产品中的网络协议都是以 TCP/IP 为核心的。为确保近期的使用、紧跟国际技术发展的潮流以及将来能以最小代价逐步过渡和升级,我国计算机科学研究者同时也在研究 OSI 协议与 TCP/IP 的转换技术,以期在 TCP/IP 的网络环境中实现 OSI 协议。

第4章 局域网与广域网技术

4.1 局域网概述

局域网是将较小地里区域内的各种数据通信设备连接在一起组成的通信网络。从硬件的角度看，一个局域网是由计算机、网络适配器、传输媒体及其他连接设备组成的集合体；从软件的角度看，局域网在网络操作系统的同一调度下给网络用户提供文件、打印和通信等软硬件资源共享服务功能；从体系结构看，一个局域网是由一系列层次结构的网络协议定义的。

4.1.1 局域网的产生与发展

局域网产生于20世纪70年代，由于微型计算机的发明和迅速流行，计算机应用的迅速普及与提高，计算机网络应用的不断深入和扩大，以及人们对信息交流、资源共享和高带宽的迫切需求，都直接推动着局域网的发展。将一个城市范围内的局域网互联起来的需求又推动了更大地理范围的局域网——城域网的发展。局域网技术与应用是当前研究与产业发展的热点问题之一。

在早期，人们将局域网归为一种数据通信网络。随着局域网体系结构和协议标准研究的进展、操作系统的发展、光纤通信技术的引入，以及高速局域网技术的快速发展，局域网的技术特征与性能参数发生了很大的变化，局域网的定义、分类与应用领域也已经发生了很大的变化。

目前，在传输速率为10Mb/s的以太网（Ethernet）广泛应用的基础上，速率为100Mb/s、1Gb/s的高速Ethernet已进入实际应用阶段。由于速率为10Gb/s以太网的物理层使用的是光纤通道技术，因此它有两种不同的物理层，一个应用于局域网的物理层，另一个应用于广域网与城域网的物理层。对于广域网应用，10Gb/s以太网使用了光纤通道技术。由于10Gb/s以太网的出现，以太网工作的范围已经从校园网、企业网主流选型的局域网，扩大到了城域网与广域网。

光纤分布式数据接口（Fiber Distributed Data Interface，FDDI）是早期的城域网主干网的主要选择方案。由于它采用了光纤作为传输介质和双环拓扑结构，可以用于100km范围内的局域网互联，因此能够适应城域网主干网建设的需要。尽管目前FDDI已经不是主流技术，但是还有许多地方仍然在使用。设计FDDI的目的是为了实现高速、高可靠性和大范围局域网的连接。网络技术的发展已经使得局域网、城域网与广域网之间的差别越来越小了。FDDI与局域网在基本技术上有很多相同之处，但是在实现技术与设计方法上，局域网与城域网有更多的相同之处。

4.1.2 局域网的特点与功能

为了完整地给出局域网的定义，通常使用两种方式。一种是功能性定义，另一种是技术性定义。前一种将局域网定义为一组台式计算机和其他设备，在地理范围上彼此相隔不远，以允许用户相互通信和共享诸如打印机和存储设备之类的计算资源的方式互联在一起的系统。这种定义适用于办公环境下的局域网、工厂和研究机构中使用的局域网。后一种就局域网的技术性而言进行定义,它定义为由特定类型的传输媒体(如电缆、光缆和无线媒体)和网络适配器(亦称为网卡)互联在一起的计算机,并受网络操作系统监控的网络系统。

1. 局域网的特点

不论是功能性定义还是技术性定义,总的来说,与广域网(Wide Area Network,WAN)相比,局域网具有以下的特点。

(1) 较小的地域范围

局域网仅用于办公室、机关、工厂、学校等内部联网,其范围没有严格的定义,但一般认为距离为 0.1~25km。而广域网的分布是一个地区,一个国家乃至全球范围。

(2) 高传输速率和低误码率

局域网传输速率一般为 10~1000Mb/s,万兆位局域网也已推出。而其误码率一般在 $10^{-11} \sim 10^{-8}$ 之间。

(3) 局域网一般为一个单位所建

在单位或部门内部控制管理和使用,而广域网往往是面向一个行业或全社会服务。局域网一般是采用同轴电缆、双绞线等建立单位内部专用线,而广域网则较多租用公用线路或专用线路,如公用电话线、光纤、卫星等。

(4) 局域网与广域网侧重点不完全一样

局域网侧重共享信息的处理,而广域网一般侧重共享位置准确无误及传输的安全性。

2. 局域网的功能

局域网的主要功能与计算机网络的基本功能类似,但是局域网最主要的功能是实现资源共享和相互的通信交往。局域网通常可以提供以下主要功能。

(1) 资源共享(主要包括软件、硬件和数据库等数据资源的共享)

① 软件资源共享。为了避免软件的重复投资和重复劳动,用户可以共享网络上的系统软件和应用软件。

② 硬件资源共享。在局域网上,为了减少或避免重复投资,通常将激光打印机、绘图仪、大型存储器、扫描仪等贵重的或较少使用的硬件设备共享给其他用户。

③ 数据资源共享。为了实现集中、处理、分析和共享分布在网络上各计算机用户的数据,一般可以建立分布式数据库;同时网络用户也可以共享网络内的大型数据库。

(2) 通信交往

① 数据、文件的传输。局域网所具有的最主要功能就是数据和文件的传输,它是实现办公自动化的主要途径,通常不仅可以传递普通的文本信息,还可以传递语音、图像等多媒体信息。

② 电子邮件。局域网邮局可以提供局域网内和网外的电子邮件服务,它使得无纸办公成为可能。网络上的各个用户可以接收、转发和处理来自单位内部和世界各地的电子邮件,还可以使用网络邮局收发传真。

③ 视频会议。使用网络,可以召开在线视频会议。例如,召开教学工作会议,所有的会议参加者都可以通过网络面对面地发表看法,讨论会议精神,从而节约人力物力。

4.1.3 局域网的体系结构

局域网络出现不久,其产品的数量和品种迅速增多。为了使不同厂商生产的网络设备之间具有兼容性、互换性和互操作性,以便让用户更灵活地进行设备选型,国际标准化组织开展了局域网的标准化工作。美国电气与电子工程师协会 IEEE(Institute of Electrical and Electronic Engineers)于 1980 年 2 月成立了局域网络标准化委员会(简称 IEEE 802 委员会),专门进行局域网标准的制定。经过多年的努力,IEEE 802 委员会公布了一系列标准,称为 IEEE 802 标准。

1. 局域网参考模型

IEEE 802 标准所描述的局域网参考模型与 OSI 参考模型的关系如图 4-1 所示。局域网参考模型只对应于 OSI 参考模型的数据链路层与物理层,它将数据链路层划分为两个子层:逻辑链路控制(Logical Link Control,LLC)子层与介质访问控制(Media Access Control,MAC)子层。

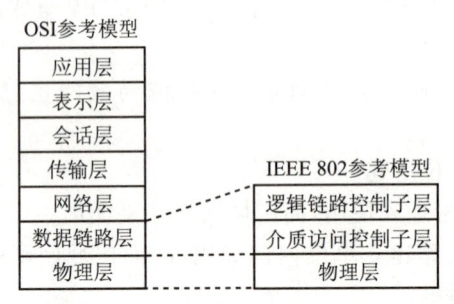

图 4-1 IEEE 802 参考模型与 OSI 参考模型的对应关系

(1)物理层

物理层涉及通信在信道上传输的原始比特流,它的主要作用是确保二进制位信号的正确传输,包括位流的正确传送与正确接收。这就是说物理层必须保证在双方通信时,一方发送二进制"1",另一方接收的也是"1",而不是"0"。

(2)MAC 子层

介质访问控制(MAC)是数据链路层的一个功能子层。MAC 构成了数据链路层的下半部,它直接与物理层相邻。MAC 子层主要制定管理和分配信道的协议规范,换句话说,就是用来决定广播信道中信道分配的协议属于 MAC 子层。MAC 子层是与传输介质有关的一个数据链路层的功能子层,它的主要功能是进行合理的信道分配,解决信道竞争问题。它支持在 LLC 子层中完成介质访问控制功能,为竞争的用户分配信道使用权,并具有管理多链路的功能。MAC 子层为不同的物理介质定义了介质访问控制标准。目前,IEEE 802 已制定的介质访问控制标准有著名的带冲突检测的载波监听多路访问(CSMA/CD)、令牌环(Token Ring)和令牌总线(Token Bus)等。介质访问控制方法决定了局域网的主要性能,它对局域网的响应时间、吞吐量和网络利用率等都有十分重要的影响。

(3)LLC 子层

逻辑链路控制(LLC)也是数据链路层的一个功能子层。它构成了数据链路层的上半部,与网络层和 MAC 子层相邻。LLC 在 MAC 子层的支持下向网络层提供服务。可运行于所有 802 局域网和城域网协议之上的数据链路协议被称为逻辑链路控制 LLC。LLC 子层与传输介质无关,它独立于介质访问控制方法,隐藏了各种 802 网络之间的差别,向网络层提供一个统一的格式和接口。LLC 子层的作用是在 MAC 子层提供的介质访问控制和物理层提供的比特服务的基础上,将不可靠的信道处理为可靠的信道,确保数据帧的正确传输。LLC 子层的具体功能包括:数据帧的组装与拆卸、帧的收发、差错控制、数据流控制和发送顺序控制等功能,并为网络层提供两种类型的服务:面向连接服务和无连接服务。

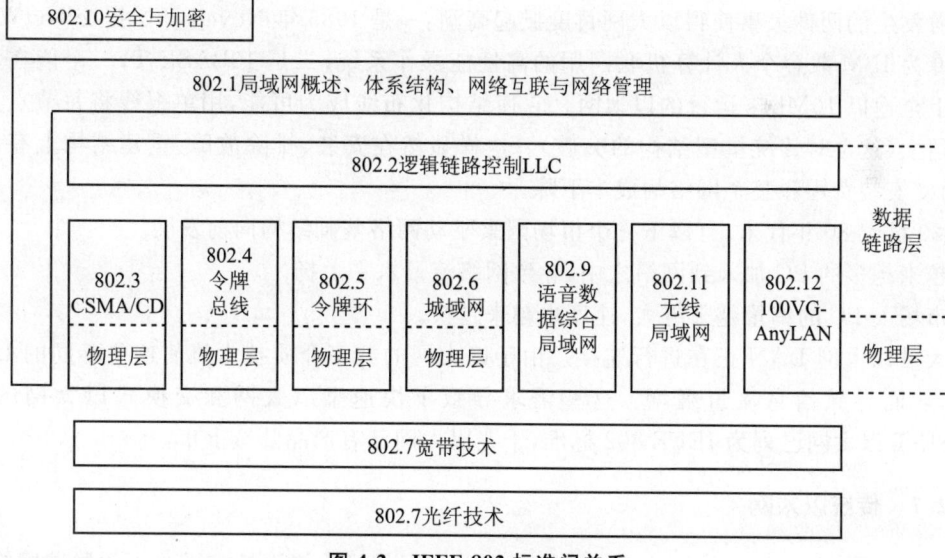

2. IEEE 802 标准

IEEE 802 委员会 1980 年开始研究局域网标准,1985 年公布 IEEE 802 标准的五项标准文本,同年 ANSI 采用作为美国国家标准,ISO 也将其作为局域网的国际标准,对应标准为 ISO 8802,后又扩充了多项标准文本。

IEEE 802 标准系列含以下部分。

①IEEE 802.1A 概述和系统结构,IEEE 802.1B 寻址,网络管理和网际互联。
②IEEE 802.2 逻辑链路控制。
③IEEE 802.3 CSMA/CD 总线访问控制方法及物理层技术规范。
④IEEE 802.4 令牌总线访问控制方法及物理层技术规范。
⑤IEEE 802.5 令牌环网访问控制方法及物理层规范。
⑥IEEE 802.6 城域网访问控制方法及物理层技术规范。
⑦IEEE 802.7 宽带技术。
⑧IEEE 802.8 光纤技术(FDDI 在 802.3,802.4,802.5 中的使用)。
⑨IEEE 802.9 综合业务数字网(ISDN)技术。
⑩IEEE 802.10 局域网安全技术。
1111 IEEE 802.11 无线局域网。
1212 IEEE 802.12 新型高速局域网(100Mb/s)。

各标准间的关系如图 4-2 所示。

图 4-2 IEEE 802 标准间关系

4.2 以太网

以太网(Ethernet)是基于总线型的广播式网络,采用 CSMA/CD 介质访问控制方法,在已有的局域网标准中,它是最成功的局域网技术,也是当前应用最广泛的一种局域网。以太网最初采用总线结构,用无源介质(如同轴电缆)作为总线来传输信息,现在也采用星型结构。以太网费用低廉,便于安装,操作方便,因此得到广泛应用。

从它的应用领域来看,以太网不仅是局域网的主流技术,而且采用以太网技术组建城域网也已成熟。在我国以太网技术正在进入家庭联网领域。所以无论从计算机网络发展的历史,还是从网络技术未来发展的前景看,都不难得出这样的结论:以太网技术是极为重要的,它不仅是局域网和城域网的主流技术,而且以太网技术在广域网的应用方面也将发挥它的作用。

4.2.1 以太网的产生和发展

我们今天所知道的以太网是 Xerox 公司创立的,1973 年 Xerox 公司的工程师 Metcalfe 将它们建立的局域网络命名为以太网(Ethernet),其灵感来自"电磁辐射是可以通过发光的以太来传播的"这一想法。1980 年 DEC,Intel 和 Xerox 三家公司公布了以太网蓝皮书,也称为 DIX(三家公司名字的首字母)版以太网 1.0 规范。

在 DIX 开展以太网标准化工作的同时,世界性专业组织 IEEE 组成一个定义与促进工业 LAN 标准的委员会,并以办公室环境为主要目标,该委员会名叫 802 工程。DIX 集团虽已推出了以太网规范,但还不是国际公认的标准,所以在 1981 年 6 月,IEEE 802 工程决定组成 802.3 分委员会,以产生基于 DIX 工作成果的国际公认标准。一年半以后,即 1982 年 12 月 19 日,19 个公司宣布了新的 IEEE 802.3 草稿标准。1983 年该草稿最终以 IEEE 10BASE-5 形式面世。802.3 与 DIX 以太网 2.0 在技术上是有差别的,不过这种差别甚微。今天的以太网和 802.3 可以认为是同义词。紧接着出现的技术是细缆以太网,定为 10BASE-2,它比 10BASE-5 所使用的粗缆技术有很多优点:不需要外加收发器和收发器电缆,价格便宜,且安装和使用更为方便。

接着发生的两件大事使得以太网再度掀起高潮:一是 1985 年 Novell 开始提交 NetWare,这是一个专为 IBM 兼容个人计算机联网用的高性能操作系统;二是 10BASE-T,一个能在无屏蔽双绞线上全速以 10Mb/s 运行的以太网。它使结构化布线成为可能,用单根线将每节点连到中央集线器上(这是对传统星型结构的突破)。这样显然在安装、排除故障、重建结构上有许多优点,从而使安装费用和整个网络的成本下降。

在 20 世纪 80 年代末,有以下三个市场因素驱动网络基础结构向前发展。

①越来越多的 PC 加入到网络之中,导致网络流量水平上扬。

②市场上 PC 的销量越来越大,速度也越来越快。

③大量以太网 LAN 正在进行连接。由于以太网的共享介质技术能使这些不同的 LAN 连接起来,从而导致信息流量猛增。这些需求导致了快速型以太网和交换式以太网的产生。100BASE-T 以太网已列为 IEEE 802 标准,千兆以太网已有产品陆续上市。

4.2.2 传统以太网

对于非主干网来说,传输速率为 10Mb/s 的以太网是目前使用最广泛的一类局域网络,主要应用于企、事业单位的最小单元,如教研室(大学→院系→教研室)。在其物理层,定义了多种传输介质(粗同轴电缆、细同轴电缆、双绞线和光纤)和拓扑结构(总线型、星型和混合型),形成了一个 10Mb/s 以太网标准系列:IEEE 802.3 的 10Base-5、10Base-2、10Base-T 和 10Base-F 标准。10Mb/s 以太网组网灵活方便,既可以使用细、粗同轴电缆组成总线型网络,也可以使用 3 类 UTP 双绞线组成星型网络,还可以将由同轴电缆组成的总线型网络和 UTP 双绞线组成的星型网络混合连接构成总线一星型网络结构。

1. 粗缆 Ethernet(10Base-5)

10Base-5 是总线型粗同轴电缆以太网(或称标准以太网)的简略标识符,是基于粗同轴电缆介质的原始以太网系统。目前由于 10Base-T 技术的广泛应用,在新建的局域网中,10Base-5 很少被采用,但有时 10Base-5 还会用作连接集线器(Hub)的主干网段。

10Base-5 的含义是:"10"表示传输速率为 10Mb/s;"Base"是 Baseband(基带)的缩写,表示 10Base-5 使用基带传输技术;"5"指的是最大电缆段的长度为 5×100m。10Base-5 标准中规定的网络指标和参数见表 4-1。

表 4-1 几种以太网络的指示和参数

参数	网络			
	10Base-2	10Base-5	10Base-T	10Base-F
网段最大长度	185m	500m	100m	2000m
网络最大长度	925m	2500m	4个集线器	2个光集线器
网站间最小距离	0.5m	2.5m		
网段的最多节点数	30	100		
拓扑结构	总线型	总线型	星型	星型
传输介质	细同轴电缆	粗同轴电缆	3 类 UTP	多模光纤
连接器	BNC-T	AUI	RJ-45	ST 或 SC
最多网段数	5	5	5	3

10Base-5 网络所使用的硬件有:

① 带有 AUI 插座的以太网卡。它插在计算机的扩展槽中,使该计算机成为网络的一个节点,以便连接入网。

② 50Ω 粗同轴电缆。这是 10Base-5 网络定义的传输介质。

③ 外部收发器。两端连接粗同轴电缆,中间经 AUI 接口由收发器电缆连接网卡。

④ 收发器电缆。两头带有 AUI 接头,用于外部收发器与网卡之间的连接。

⑤ 50Ω 终端匹配器。电缆两端各接一个终端匹配器,用于阻止电缆上的信号散射。

2. 细缆 Ethernet(10Base-2)

10Base-2 是总线型细同轴电缆以太网的简略标识符。它是以太网支持的第二类传输介质。10Base-2 使用 50Ω 细同轴电缆作为传输介质,组成总线型网。细同轴电缆系统不需要外部的收发器和收发器电缆,减少了网络开销,素有"廉价网"的美称,这也是它曾被广泛应用的原因之一。目前由于大部分新建局域网都使用 10Base-T 技术,安装细同轴电缆的已不多见,但是在一个计算机比较集中的计算机网络实验室,为了便于安装、节省投资,仍可采用这种技术。

10Base-2 中 10Base 的含义与 10Base-5 完全相同。"2"指的是最大电缆段的长度为 2×100m(实际是 185m)。10Base-2 标准中规定的网络指标和参数见表 4-1。根据 10Base-2 网络的总体规模,它可以分割为若干个网段,每个网段的两端要用 50Ω 的终端匹配器端接,同时要有一端接地。

10Base-2 网络所使用的硬件有：

①带有 BNC 插座的以太网卡(使用网卡内部收发器)。它插在计算机的扩展槽中,使该计算机成为网络的一个节点,以便连接入网。

②50Ω 细同轴电缆。这是 10Base-2 网络定义的传输介质。

③BNC 连接器。用于细同轴电缆与 T 型连接器的连接。

④50Ω 终端匹配器。电缆两端各接一个终端匹配器,用于阻止电缆上的信号散射。

3. 双绞线 Ethernet(10Base-T)

1990 年,IEEE 802 标准化委员会公布了 10Mb/s 双绞线以太网标准 10Base-T。该标准规定在无屏蔽双绞线(UTP)介质上提供 10Mb/s 的数据传输速率。每个网络站点都需要通过无屏蔽双绞线连接到一个中心设备 Hub 上,构成星型拓扑结构。10Base-T 双绞线以太网系统操作在两对 3 类无屏蔽双绞线上,一对用于发送信号,另一对用于接收信号。为了改善信号的传输特性和信道的抗干扰能力,每一对线必须绞在一起。双绞线以太网系统具有技术简单、价格低廉、可靠性高、易实现综合布线和易于管理、维护、易升级等优点。正因为它比 10Base-5 和 10Base-2 技术有更大的优越性,所以 10Base-T 技术一经问世,就成为连接桌面系统最流行、应用最广泛的局域网技术。

与采用同轴电缆的以太网相比,10Base-T 网络更适合在已铺设布线系统的办公大楼环境中使用。因为在典型的办公大楼中,95％以上的办公室与配电室的距离不超过 100m。同时,10Base-T 网络采用的是与电话交换系统相一致的星型结构,可容易地实现网络线与电话线的综合布线。这就使得 10Base-T 网络的安装和维护简单易行且费用低廉。此外,10Base-T 采用了 RJ-45 连接器,使网络连接比较可靠。10Base-T 标准中规定的网络指标和参数见表 4-1。

10Base-T 网络所使用的硬件有:

①带有 RJ-45 插座的以太网卡。它插在计算机的扩展槽中,使该计算机成为网络的一个节点,以便连接入网。

②3 类以上的 UTP 电缆(双绞线)。这是 10Base-T 网络定义的传输介质。

③RJ-45 连接器。电缆两端各压接一个 RJ-45 连接器,一端连接网卡,另一端连接集线器。

④10Base-T 集线器。

4. 光纤 Ethernet(10Base-F)

10Base-F 是 10Mb/s 光纤以太网,它使用多模光纤作为传输介质,在介质上传输的是光信号而不是电信号。因此,10Base-F 具有传输距离长、安全可靠、可避免电击的危险等优点。由于光纤介质适宜连接相距较远的站点,所以 10Base-F 常用于建筑物间的连接。它能够构建园区主干网(如北京大学早期的校园主干网采用的就是 10Base-F 技术),并能实现工作组级局域网与主干网的连接。10Base-F 标准中规定的网络指标和参数见表 4-1。因为光信号传输的特点是单方向,适合于端—端式通信,因此 10Base-F 以太网络呈星型结构。

光纤的一端与光收发器(光 Hub)连接,另一端与网卡连接。根据网卡的不同,光纤与网卡有两种连接方法:一种是把光纤直接通过 ST 或 SC 接头连接到可处理光信号的网卡(此类网卡是把光纤收发器内置于网卡中的)上;另一种是通过外置光收发器连接,即光纤外收发器一端通过 AUI 接口连接电信号网卡,另一端通过 ST 或 SC 接头与光纤连接。采用光/电转换设备也可将粗、细电缆网段与光缆网段组合在一个网中。

4.2.3 高速以太网

随着微型计算机的高速发展,局域网也得到了迅猛的发展。大型数据库、多媒体技术与网络互联的广泛应用,对局域网性能要求越来越高。为了适应信息化高速发展的要求,目前的局域网正向着高速、交换与虚拟局域网的方向发展。自 20 世纪 90 年代开始,高速局域网已成为网络应用中的热点问题之一。

1. 快速以太网(100Mb/s Ethernet)

在 1995 年初 IEEE 正式通过 100BASE-T 为 802.3u 标准,它是一个很像标准以太网,但比它快 10 倍的以太网,故称为快速以太网(Fast Ethernet)。与标准以太网一样是一种共享介质技术(共享 100Mb/s),但也可以工作在交换环境下,交换式快速以太网为每端口提供 100Mb/s 的带宽。

正式的 100BASE-T 标准定义了三种 OSI 物理层规范以支持不同的物理介质,其协议结构如图 4-3 所示,它们分别是:

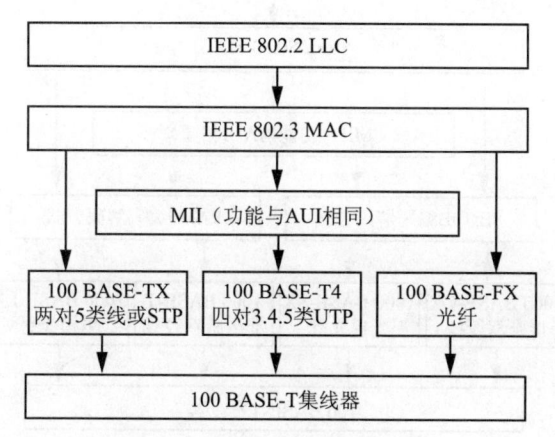

```
            IEEE 802.2 LLC
                 │
            IEEE 802.3 MAC
                 │
         MII(功能与AUI相同)
          │      │      │
   100 BASE-TX  100 BASE-T4  100 BASE-FX
   两对5类线或STP 四对3.4.5类UTP   光纤
          │      │      │
            100 BASE-T集线器
```

图 4-3 快速以太网的协议结构

① 100BASE-TX,用于两对 5 类 UTP 电缆。
② 100BASE-T4,用于四对 3、4 或 5 类 UTP 电缆。
③ 100BASE-FX,用于光缆。

因为 100BASE-T 把数据传输速率提高了 10 倍,它带来的一种不可避免的差别是网络的"直径"成比例地减少了。因此,对 100BASE-T 解决方案来说,冲突的范围和转发器的级联问题必须用不同的方法来管理。

100BASE-T 还保留了 10BASE-T 的另一个特色,即从汇集连线的小房间到工作站仍为 100m 长的 UTP 电缆。但是,与 10BASE-T 一样,在两个转发器或集线器之间的最大距离为 5m。这样,就使得从源端的 DTE 到目的端 DTE 的最大网络跨距为 205m。由于这一距离的限制,将需使用低价的桥接器或交换机来扩展 100BASE-T 的工作距离。

使用了光缆以后,100BASE-T 的局域网的覆盖范围得到极大的拓展。在单个转发器的拓扑结构中,225m 长的光纤是允许的。当从 MAC 连到 MAC 时,在使用标准的半双工 100BASE-FX 的情况下,使用 450m 长的光纤是允许的。最后,非标准双工的 100BASE-FX 允许网络互联设备在2000m以上的距离进行连接。结果，100BASE-T可以成功地用于工作组和建筑物的主干网建设。

2. 千兆位以太网(Gigabit Ethernet)

10Mb/s和100Mb/s以太网在20世纪80年代和90年代主宰了网络市场，现在千兆位以太网已经向我们走来，有人预测，它会在21世纪独领风骚。现在，千兆位以太网标准IEEE 802.3z已顺利进入标准制定阶段，1996年7月，IEEE 802.3工作组成立了802.3z千兆位以太网特别小组。它的主要目标是制定一个千兆位以太网标准，其协议结构如图4-4所示，这项标准的主要任务如下。

①允许以1000Mb/s的速度进行半双工和全双工操作。
②使用802.3以太网帧格式。
③使用CSMA/CD访问方式，提供为每个冲突域分配一个转发器的支持。
④使用10BASE-T和100BASE-T技术，提供向后兼容性。

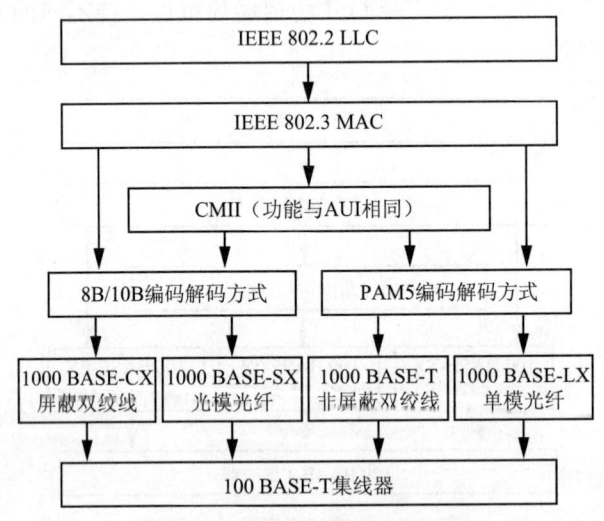

图4-4 千兆位以太网的协议结构

在连接距离方面，特别小组确定了三个具体目标：最长550m的多模式光纤链接；最长3km的单模式光纤链接以及至少为25m的基于铜缆的链接。目前，IEEE正积极探索可在5类非屏蔽双绞线(UTP)上支持至少100m连接距离的技术。

千兆位以太网将显著增加带宽，并通过与现有的10/100Mb/s以太网标准的向后兼容能力，提供卓越的投资保护。目前各大网络公司都在推出自己的千兆以太网技术。

1000Base-T标准可以支持多种传输介质。目前，1000Base-T有以下四种有关传输介质的标准。

(1) 1000Base-T

1000Base-T标准使用的是5类非屏蔽双绞线，双绞线长度可以达到100m。

(2) 1000Base-CX

1000Base-CX标准使用的是屏蔽双绞线，双绞线长度可以达到25m。

(3) 1000Base-LX

1000Base-LX标准使用的是波长为1300nm的单模光纤，光纤长度可以达到3000m。

(4)1000Base-SX

1000Base-SX 标准使用的是波长为 850nm 的多模光纤,光纤长度可以达到 300～550m。

3. 光纤分布式数据接口(FDDI)

FDDI(光纤分布式数据接口)是 100Mb/s 的作为连接多个局域网的光纤主干环网,如图 4-5 所示。另外,FDDI-II 则使用了不同的 MAC 层协议,期望提供定时服务以支持对时间敏感的视频和多媒体信息的传输。FFOL(FDDI Follow-On LAN)则处在其发展初期,指望在 150Mb/s～2.4Gb/s 数据传输率下运行,并提供高速主干网连接。

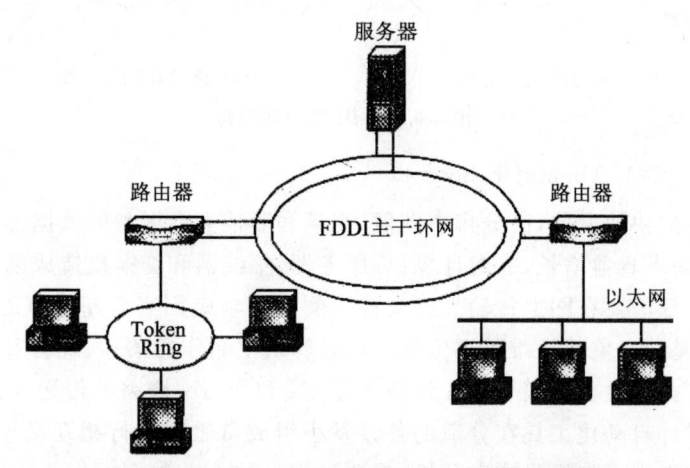

图 4-5　FDDI 作为连接多个局域网的主干环网结构

以上三类使用光纤介质,而 CDDI(铜线分布式数据接口)则使用 5 类 UTP 线。

FDDI 使用定时的、早释放的令牌传送方案。令牌沿着网络连续地转圈子,所有的工作站(或称端站,end station)都有公平获取它的机会。当一个工作站控制着令牌的时候,可以保证它访问网络。目标令牌兜圈时间的长短在系统初始化时协商决定。这种协商是十分重要的,因为它允许需要较高带宽的用户比需要较低带宽的用户能更多地控制令牌,从而使高性能的工作站能更多地访问网络(或分享更大的带宽)以传送数据。因为 FDDI 网络上的工作站竞争并共享可用带宽,所以 FDDI 也是一种共享带宽网络。双环结构也提供高度的可靠性和容错能力,如图 4-6 所示。

在正常情况下,主环传递数据,如图 4-6(a)中的 FDDI 双环结构;备份环在环失效时用于自动恢复,如图 4-6(b)所示在出现故障时双环连成单环。

当任务关键(Mission Critical)的数据必须有规则地传送,或者在一个局域网中网络节点有不同的带宽要求时,FDDI 的访问方式是很有用的。

FDDI 主要用于提供不同建筑物之间网络互联的能力,如校园网主干。可采用多模光纤或单模光纤。采用多模光纤时,两个节点之间最大距离为 2km,支持 500 个站点,整个环长达 200km,若使用双环,每个环最大 100km,但可用于故障自修复;采用单模光纤时两站之间距离可超过 20km,全网光纤总长数千公里。

(a)FDDI双环结构　　　　　　(b)故障时双环连成单环

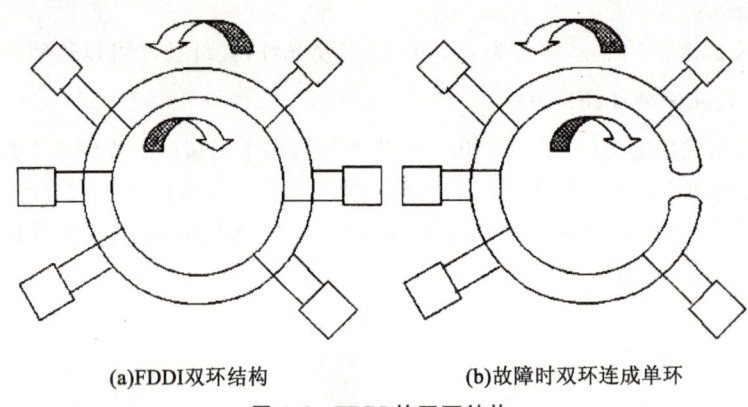

图 4-6　FDDI 的双环结构

4．万兆位以太网(10 Gigabit Ethernet)

随着网络应用的快速发展,高分辨率图像、视频和其他大数据量的数据类型都需要在网上传输,促使对带宽的需求日益增长,并对计算机、服务器、集线器和交换机造成越来越大的压力。

这些应用很多都需要在网上传输大型文件。例如科学应用需要超带宽的网络,从而可以传输分子、飞行器等复杂对象的三维可视信息。在计算机上制作的杂志、说明书以及其他全彩色出版物直接传给数字打印设备。很多医疗设备在 LAN 和 MAN 链路上传送复杂的图像。工程师使用电子和机械设计自动化工具在分散的各开发小组成员之间进行相互交流,并且共享数百吉字节的文件。决策者为了作报告或者分析,需要访问一些企业数据。作为决策者对数据进行访问的一种方式,数据仓库的应用非常广泛。这些数据仓库可能由分布在数百个平台上,可由成千上万个用户访问的吉字节或者千吉字节数据组成,它们必须经常更新从而为用户提供最接近实时的数据,以用于重要事务的报告或分析。在很多需要将企业数据存储起来的行业,对服务器和存储系统进行网络备份是经常的事情。这种备份通常需要在某个固定时时间段(4 到 8 小时)进行高带宽传输。它包括分布在整个企业的数百个服务器和存储系统中的吉比特或十吉比特的数据。

(1)10G 以太网的设计目标

以太网应用中的这些实际问题呼唤 10G 以太网的诞生,10G 以太网标准定名为 IEEE 802.3ae,10G 以太网特别工作组所定义的基本技术可满足以下一些设计目标。

①在媒体访问控制层(MAC)客户服务器接口保留 802.3 以太网帧格式。

②保留 802.3 标准最小和最大帧长度。

③只支持全双工。

④采用点到点连接和结构化电缆附设技术,支持星形局域网拓扑。

⑤在 MAC/PLS(专线业务)接口支持 10Gb/s 的传输速率。

⑥定义局域网和广域网两个物理层装置(PHY)系列,并定义 MAC/PLS 数据传输速率适应广域网物理层装置数据传输速率的机制。

⑦提供支持多膜和单模光纤连接距离的物理层技术规范。

(2)10G 以太网的类别

10G 以太网主要有以下 3 类网络。

①局域网中的 10G 以太网。这种 10G 以太网将用在局域网、服务提供商和企业数据中心。

最初，网络管理人员将使用10G以太网在数据中心内的大容量交换机或计算机室之间，或办公楼群之间提供高速互联。10G以太网配置在整个局域网中，将包括交换机到交换机、交换机到服务器以及城域网和广域网接入应用。

②城域网中的10G以太网。10G以太网已用作城域网的主干网。采用合适的10G以太网光收发机和单模光纤，服务提供商可使连接距离达40公里以上。随着技术的发展，还可以在城域网中部署采用DWDM设备的10G以太网。对于企业而言，通过DWDM设备接入10G以太网将能实现无服务器办公楼群、支持远程连接等应用。对于服务提供商而言，城域网中的10G以太网将能以低于T3或OC-3/STM.1业务的价格，提供10G以太网连接。

③广域网中的10G以太网。这种10G以太网将使Internet服务提供商(ISP)和网络服务提供商(NSP)，在运营商级交换机、路由器和直接加到SONET/SDH网上的光传输设备间，以很低的成本建立超高速连接。10G以太网将使校园网或接入点之间，通过SONET/SDH/TDM网络，使地理上分散的局域网连接到广域网上。

4.3 交换式局域网

在传统的共享介质局域网中，所有节点共享一条公共通信传输介质，不可避免将会有冲突发生。随着局域网规模的扩大，网中节点数的不断增加，每个节点平均能分配到的带宽越来越少。因此，当网络通信负荷加重时，冲突与重发现象将大量发生，网络效率将会急剧下降。为了克服网络规模与网络性能之间的矛盾，人们提出将共享介质方式改为交换方式，从而促进了交换式局域网的发展。

4.3.1 交换式局域网的基本结构与特点

1. 基本结构

交换式局域网是指以数据链路层的帧或更小的数据单元(信元)为数据交换单位，以交换设备为基础构成的网络。交换机为每个端口提供专用的带宽，各个站点有一条专用链路连到交换机的一个端口。这样每个站点都可以独享通道，独享带宽。

交换式局域网的核心设备是局域网交换机，局域网交换机可以在它的多个端口之间建立多个并发连接。典型的交换式局域网是交换式以太网(Switched Ethernet)，它的核心部件是以太网交换机(Ethernet Switch)。以太网交换机可以有多个端口，每个端口可以单独与一个节点连接，也可以与一个共享介质式的以太网集线器(Hub)连接。

如果一个端口只连接一个节点，那么这个节点就可以独占10Mb/s的带宽，这类端口通常被称作"专用10Mb/s端口"；如果一个端口连接一个以太网集线器，那么这个端口将被以太网中的多个节点所共享，这类端口被称为"共享10Mb/s端口"。典型的交换式以太网的结构如图4-7所示。

交换式局域网把"共享"变为"独享"，网络上的每个站点都独占一条点对点的通道，独占带宽。如图4-8所示，每台计算机都有一条100Mb/s带宽的传输通道，它们都独占100Mb/s带宽。

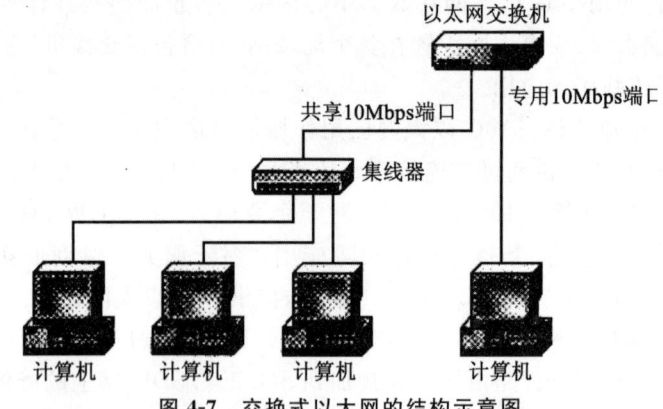

图 4-7 交换式以太网的结构示意图

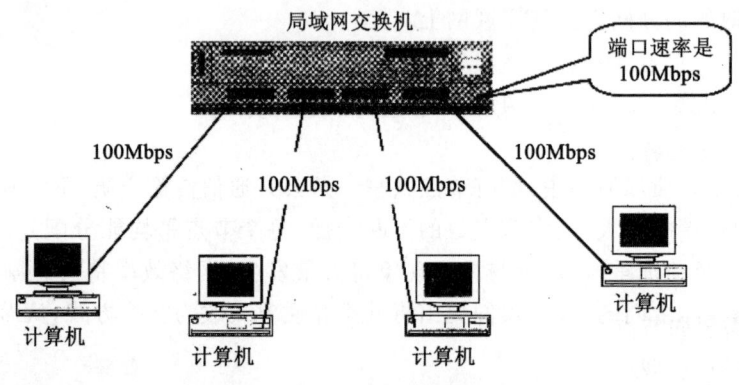

图 4-8 交换式局域网

网络的总带宽通常为各个交换端口带宽之和。所以在交换式网络中,随着用户的增多,网络带宽在不断增加,而不是减少,即使是网络负载很重也不会导致网络性能下降。交换式局域网从根本上解决了网络带宽问题,能满足用户对带宽的需求。

2. 交换式局域网的特点

交换式局域网主要有如下几个特点:

(1)独占传输通道,独占带宽

允许多对站点同时通信。共享式局域网中,在介质上是串行传输,任何时候只允许一个帧在介质上传送。交换机是一个并行系统,它可以使接入的多个站点之间同时建立多条通信链路(虚连接),让多对站点同时通信,所以交换式网络大大地提高了网络的利用率。

(2)灵活的接口速度

在共享式网络中,不能在同一个局域网中连接不同速率的站点(如 10Base-5 仅能连接 10Mb/s 的站点)。而在交换网络中,由于站点独享介质,独占带宽用户可以按需配置端口速率。在交换机上可以配置 10Mb/s、100Mb/s 自适应的端口,用于连接不同速率的站点,接口速度有很大的灵活性。

(3)高度的可扩充性和网络延展性

大容量交换机有很高的网络扩展能力,而独享带宽的特性使扩展网络没有带宽下降的后顾之忧。因此,交换式网络可以构建一个大规模的网络,如大的企业网、校园网或城域网。

(4) 易于管理、便于调整网络负载的分布,有效地利用网络带宽

交换网可以构造"虚拟网络",通过网络管理功能或其他软件可以按业务或其他规则把网络站点分为若干个逻辑工作组,每一个工作组就是一个虚拟网(VLAN)。虚拟网的构成与站点所在的物理位置无关。这样可以方便地调整网络负载的分布,提高带宽利用率。

(5) 交换式局域网可以与现有网络兼容

如交换式以太网与以太网和快速以太网完全兼容,它们能够实现无缝连接。

(6) 互联不同标准的局域网

局域网交换机具有自动转换帧格式的功能,因此它能够互联不同标准的局域网,如在一台交换机上能集成以太网、FDDI 和 ATM。

4.3.2 局域网交换机的工作原理

典型的局域网交换机是以太网交换机。以太网交换机可以通过交换机端口之间的多个并发连接,实现多节点之间数据的并发传输。这种并发数据传输方式与共享式以太网在某一时刻只允许一个节点占用共享信道的方式完全不同。

1. 以太网交换机的工作过程

典型的交换机结构与工作过程如图 4-9 所示。图中的交换机有 6 个端口,其中端口 1、4、5、6 分别连接了节点 A、节点 B、节点 C 和节点 D。于是,交换机"端口/MAC 地址映射表"就可以根据以上端口与节点 MAC 地址的对应关系建立起来。

当节点 A 需要向节点 C 发送信息时,节点 A 首先将目的 MAC 地址指向节点 C 的帧发往交换机端口 1。交换机接收该帧,并在检测到目的 MAC 地址后,在交换机的"端口/MAC 地址映射表"中查找节点 C 所连接的端口号。一旦查到节点 C 所连接的端口号 5,交换机将在端口 1 与端口 5 之间建立连接,将信息转发到端口 5。

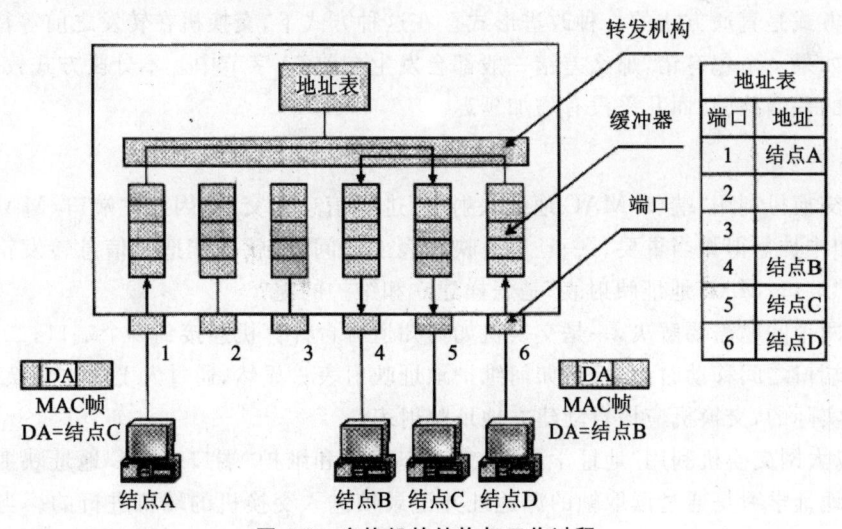

图 4-9 交换机的结构与工作过程

与此同时,节点 D 需要向节点 B 发送信息。于是,交换机的端口 6 与端口 4 也建立一条连接,并将端口 6 接收到的信息转发至端口 4。

这样,交换机在端口 1 至端口 5 和端口 6 至端口 4 之间建立了两条并发的连接。节点 A 和

节点 D 可以同时发送信息,接入交换机端口 5 的节点 C 和接入交换机端口 4 的节点 B 可以同时接收信息。根据需要,交换机的各端口之间可以建立多条并发连接。交换机利用这些并发连接,对通过交换机的数据信息进行转发和交换。

2. 数据转发方式

LAN 交换模式决定了当交换机端口接收到一个帧时将如何处理这个帧。因此包(或分组)通过交换机所需要的时间取决于所选的交换模式。交换模式有三种:存储转发模式、直通模式和不分段方式。

(1)存储转发

存储转发交换是两种基本的交换类型之一。在这种方式下,交换机将接收整个帧并拷贝到它的缓冲器中,同时计算循环冗余校验(CRC)。如果这个帧有 CRC 差错,或者太短(包括 CRC 在内,帧长少于 64 字节),或者太长(包括 CRC 在内,帧长多于 1518 字),那么这个帧将被丢弃,否则确定输出接口,并将帧发往其目的端口。由于这种类型的交换要拷贝整个帧,并且运行 CRC,因此转发速度较慢,且其延迟将随帧长度不同而变化。

(2)直通模式

直通型交换是另一种主要交换类型。在这种方式下,交换机仅仅将帧的目的地址(前缀之后的 6 个字节)拷贝到它的缓冲器中。然后,在交换表中查找该目的地址,从而确定输出接口,然后将帧发往其目的端口。这种直通交换方式减少了延迟,因为交换机一读到帧的目的地址,确定了输出接口,就立即转发帧。有些交换机可以自适应地址选择交换方式,可以工作在直通方式,直到某个端口上的差错达到用户定义的差错极限,交换机会由直通模式自动切换成存储转发模式,而当差错率降低到这个极限以下时,交换机又会由存储转发模式切换成直通模式。

(3)不分段方式(也称为改进的直通模式)

不分段方式是直通方式的一种改进形式。在这种方式下,交换机在转发之前等待 64 字节的冲突窗口。如果一个包有错,那么差错一般都会发生在前 64 字节中。不分段方式较之直通方式提供了较好的差错检验,而几乎没有增加延迟。

3. 地址学习

以太网交换机利用"端口/MAC 地址映射表"进行信息的交换,因此,"端口/MAC 地址映射表"的建立和维护显得相当重要。一旦地址映射表出现问题,就可能造成信息转发错误。那么,交换机中的"端口/MAC 地址映射表"是怎样建立和维护的呢?

这里有两个问题需要解决,一是交换机如何知道哪台计算机连接到哪个端口;二是当计算机在交换机的端口之间移动时,交换机如何维护地址映射表。显然,通过人工建立交换机的地址映射表是不切实际的,交换机应该自动建立地址映射表。

通常,以太网交换机利用"地址学习"法来动态建立和维护"端口/MAC 地址映射表"。以太网交换机的地址学习是通过读取帧的源地址并记录帧进入交换机的端口进行的。当得到 MAC 地址与端口的对应关系后,交换机将检查地址映射表中是否已经存在该对应关系。如果不存在,交换机就将该对应关系添加到地址映射表;如果已经存在,交换机将更新该表项。因此,在以太网交换机中,地址是动态学习的。只要这个节点发送信息,交换机就能捕获到它的 MAC 地址与其所在端口的对应关系。

在每次添加或更新地址映射表的表项时,添加或更改的表项被赋予一个计时器。这使得该端口与 MAC 地址的对应关系能够存储一段时间。如果在计时器溢出之前没有再次捕获到该端口与 MAC 地址的对应关系,该表项将被交换机删除。通过移走过时的或老化的表项,交换机维护了一个精确且有用的地址映射表。

4. 生成树协议

生成树协议(Spanning Tree Protocol,STP)是网桥或交换机使用的协议,在后台运行,用于阻止网络第二层上产生回路(Loop)。STP 一直监视着网络,找出所有的链路并关闭多余的链路,保证不产生回路。

STP 首先选择一个根网桥,这个根网桥将决定网络拓扑。对任何一个已知网络,只能有一个根网桥。根网桥端口是指定端口,指定端口运行在转发状态。转发状态的端口收发信息。如果在网络中还有其他交换机,都是非根网桥。到根网桥代价最小的端口称为指定端口,它们收发信息。代价由链路带宽决定。

被确定到根网桥有最小代价路径的端口称为指定端口,也称为转发端口,和根网桥端口一样,也运行在转发状态。网桥上的其他端口称为非指定端口,不收发信息,处于阻塞(Block)状态。

(1)生成树端口状态

生成树端口状态有如下四种状态。

①阻塞。不转发帧,监听 BPDU(网桥之间必须要进行一些信息的交流,这些信息交流单元就称为配置消息 BPDU,即 Bridge Protocol Data Unit)。当交换机启动后,所有端口默认状态下处于阻塞状态。

②监听。监听 BPDU,确保在传送数据帧之前网络上没有回路。

③学习。学习 MAC 地址,建立过滤表,但不转发帧。

④转发。能在端口上收发数据。

交换机端口一般处于阻塞或转发状态。

(2)收敛

收敛发生在网桥和交换机状态在转发和阻塞之间切换的时候。在这段时间内不转发数据帧。所以,收敛的速度对于确保所有设备具有相同的数据库来说是很重要的。

4.4 虚拟局域网

VLAN(Virtual Local Area Network)即虚拟局域网,虽然 VLAN 所连接的设备来自不同的网段,但是相互之间可以进行直接通信,如同处于一个网段当中。它是一种将局域网内的设备逻辑地而不是物理地划分为一个个网段从而实现虚拟工作组的新兴技术。IEEE 于 1999 年颁布了用以标准化 VLAN 实现方案的 802.1q 协议标准草案。

VLAN 技术允许网络管理者将一个物理的 LAN 逻辑地划分成不同的广播域(或称虚拟 LAN,即 VLAN),每一个 VLAN 都包含一组有着相同需求的计算机工作站,与物理上形成的 LAN 有着相同的属性。但由于它是逻辑地而不是物理地划分,所以同一个 VLAN 内的各个工作站无须被放置在同一个物理空间里,即这些工作站不一定属于同一个物理 LAN 网段。如图 4-10 所示,显示了虚拟局域网的物理结构与逻辑结构的对比。一个 VLAN 内部的广播和单播流量都不会转发到其他 VLAN 中,从而有助于控制流量、减少设备投资、简化网络管理、提高网络的安全性。

VLAN 是为解决以太网的广播问题和安全性而提出的一种协议,它在以太网帧的基础上增加了 VLAN 头,用 VLAN ID 把用户划分为更小的工作组,限制不同工作组间的用户二层互访,每个工作组就是一个虚拟局域网。虚拟局域网的好处是可以限制广播范围,并能够形成虚拟工作组,动态管理网络。

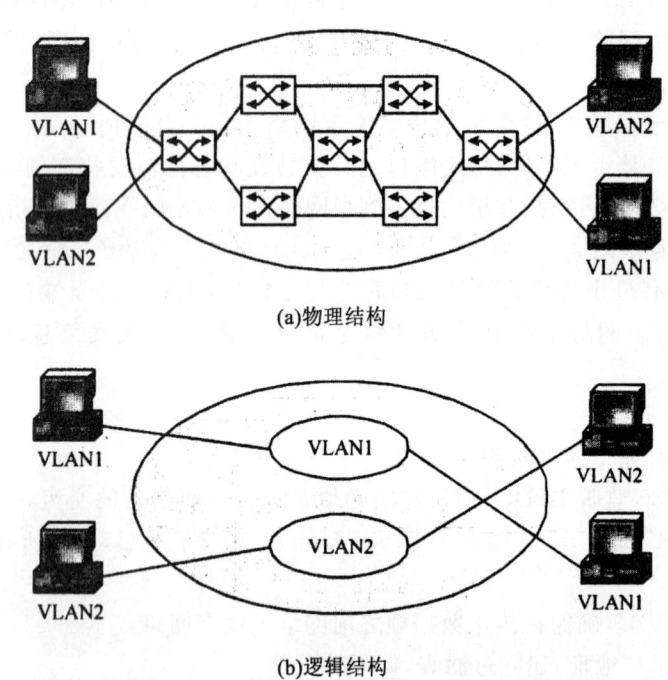

(a)物理结构

(b)逻辑结构

图 4-10　虚拟局域网的物理结构与逻辑结构

4.4.1　VLAN 划分方法

有多种方式可以划分 VLAN,比较常见的方式是根据端口、MAC 地址、网络层和 IP 地址进行划分。

1. 根据端口来划分 VLAN

许多 VLAN 厂商都利用交换机的端口来划分 VLAN 成员。被设定的端口都在同一个广播域中。例如,一个交换机的 1、2、3、4、5 端口被定义为虚拟网 A,同一交换机的 6、7、8 端口组成虚拟网 B,这样做允许各端口之间的通信,并允许共享型网络的升级。但是这种划分模式将虚拟网限制在了一台交换机上。

第 2 代端口 VLAN 技术允许跨越多个交换机的多个不同端口划分 VLAN,不同交换机上的若干个端口可以组成同一个虚拟网。

以交换机端口来划分网络成员,其配置过程简单明了。根据端口来划分 VLAN 的方式是最常用的一种方式。

2. 根据 MAC 地址划分 VLAN

根据每个主机的 MAC 地址来划分,即对每个 MAC 地址的主机都配置它属于哪个组。这种划分方法的最大优点就是当用户物理位置移动时,即从一个交换机换到其他的交换机时,VLAN 不用重新配置,所以,可以认为这种根据 MAC 地址的划分方法是基于用户的 VLAN,这种方法的缺点是初始化时,所有的用户都必须进行配置,如果有几百个甚至上千个用户的话,配置是非常累的。而且这种划分的方法也导致了交换机执行效率的降低,因为在每一个交换机的端口都可能存在很多个 VLAN 组的成员,这样就无法限制广播包了。另外,对于使用笔记本电脑的用户来说,他们的网卡可能经常更换,这样,VLAN 就必须不停地配置。

3. 根据网络层划分 VLAN

根据每个主机的网络层地址或协议类型(如果支持多协议)划分,虽然这种划分方法是根据网络地址,比如 IP 地址,但它不是路由,与网络层的路由毫无关系。

这种方法的优点是用户的物理位置改变了,不需要重新配置所属的 VLAN,而且可以根据协议类型来划分 VLAN,这对网络管理者来说很重要,还有,这种方法不需要附加的帧标签来识别 VLAN,这样可以减少网络的通信量。缺点是效率低,因为检查每一个数据包的网络层地址是需要消耗处理时间的(相对于前面两种方法),一般的交换机芯片都可以自动检查网络上数据包的以太网帧头,但要让芯片能检查 IP 帧头,需要更高的技术,同时也更费时。当然,这与厂商的实现方法有关。

4. 根据 IP 组播划分 VLAN

IP 组播实际上也是一种 VLAN 的定义,即认为一个组播组就是一个 VLAN,这种划分的方法将 VLAN 扩大到了广域网,因此这种方法具有更大的灵活性,而且也很容易通过路由器进行扩展,当然这种方法不适合局域网,主要是效率不高。

各种划分 VLAN 的方法所达到的效果也不尽相同。现在许多厂家已经着手在各自的网络产品中融合众多虚拟局域网的方法,以便使网络管理员能够根据实际情况选择一种最适合当前需要的途径。如一个使用 TCP/IP 和 NetBIOS 协议的网络可以在原有 IP 子网的基础上划分 VLAN,而 IP 网段内部又可以通过 MAC 地址进一步进行 VLAN 的划分,有时网络用户和网络共享资源可以同时属于多个虚拟局域网。

4.4.2 VLAN 的优势

(1)减少了因网络成员变化所带来的开销

使用 VLAN 最大的优点就是能够减少网络中用户的增加、删除、移动等工作带来的隐含开销。

(2)虚拟工作组

虚拟工作组就是完成同一任务的不同成员不必集中到同一办公室中,工作组成员可以在网络中的任何物理位置通过 VLAN 联系起来,同一虚拟工作组产生的网络流量都在工作组建完毕,也可以减少网络负担。虚拟工作组也能够带来巨大的灵活性,当有实际需要时,一个虚拟工作组可以建立起来,当工作完成后,虚拟工作组又可以很简单地予以撤除,这样无论是网络用户还是管理员使用虚拟局域网都是最理想的选择。

(3)减少了路由器的使用

在没有路由器的情况下,使用 VLAN 的可支持虚拟局域网的交换机可以很好地控制广播流量。在 VLAN 中,从服务器到客户端的广播信息只会在连接在虚拟局域网客户机的交换机端口上被复制,而不会广播到其他端口,只有那些须要跨越虚拟局域网的数据包才会穿过路由器,在这种情况下,交换机起到路由器的作用。因为在使用VLAN的网络中,路由器用于连接不同的VLAN。

(4)有效地控制网络广播风暴

控制网络广播风暴的最有效的方法是采用网络分段的方法,这样,当某一网段出现过量的广播风暴后,不会影响到其他网段的应用程序。网络分段可以保证有效地使用网络带宽,最小化过量的广播风暴,提高应用程序的吞吐量。使用交换式网络的优势是可以提供低延时和高吞吐量,但是增加了整个交换网络的广播风暴。使用VLAN技术可以防止交换网络的过量广播风暴,将某个交换端口或者用户定义给特定的VLAN,在这个VLAN中的广播风暴就不会送到VLAN之处相邻的端口,这些端口不会受到其他VLAN产生的广播风暴的影响。

(5)增加了网络的安全性

不使用VLAN时,网络中的所有成员都可以访问整个网络的其他所有计算机,资源安全性没有保证,同时加大了产生广播风暴的可能性。使用VLAN后,根据用户的应用类型

4.4.3 VLAN实现技术

1. 虚拟局域网的结构

虚拟局域网(Virtual LAN,VLAN)的概念是从传统局域网引申出来的。虚拟局域网在功能、操作上与传统局域网基本相同,它们的主要区别在于"虚拟"二字上,即虚拟局域网的组网方法与传统局域网不同。

虚拟局域网的一组节点可以位于不同的物理网段上,但是它们并不受节点所在物理位置的束缚,相互之间通信就好像在同一个局域网中一样。虚拟局域网可以跟踪节点位置的变化,当节点的物理位置改变时,无需人工进行重新配置。因此,虚拟局域网的组网方法十分灵活。

2. 虚拟局域网的组网方法

交换技术本身就涉及网络的多个层次,因此虚拟网络也可以在网络的不同层次上实现。不同虚拟局域网组网方法的区别,主要表现在对虚拟局域网成员的定义方法上,通常有以下4种。

(1)用交换机端口号定义虚拟局域网

许多早期的虚拟局域网都是根据局域网交换机的端口来定义虚拟局域网成员的。虚拟局域网从逻辑上把局域网交换机的端口划分为不同的虚拟子网,各虚拟子网相对独立,其结构如图4-11(a)所示。图中局域网交换机端口1、2、3、7和8组成VLAN1,端口4、5和6组成了VLAN2。虚拟局域网也可以跨越多个交换机。局域网交换机1的1、2端口和局域网交换机2的4、5、6、7端口组成VLAN1 局域网交换机1的3、4、5、6、7和8端口和局域网交换机2的1、2、3和8端口组成VLAN2,如图4-11(b)所示。

用局域网交换机端口划分虚拟局域网成员是最通用的方法。但是,纯粹用端口定义虚拟局域网时,不允许不同的虚拟局域网包含相同的物理网段或交换端口。例如,交换机1的1端口属于VLAN1后,就不能再属于VLAN。用端口定义虚拟局域网的缺点是:当用户从一个端口移动到另一个端口时,网络管理者必须对虚拟局域网成员进行重新配置。

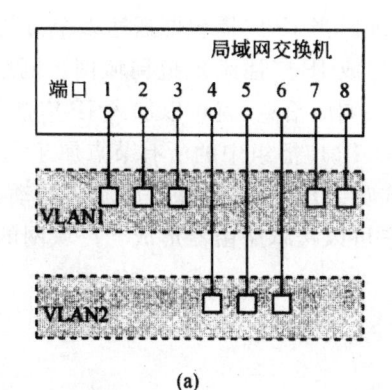

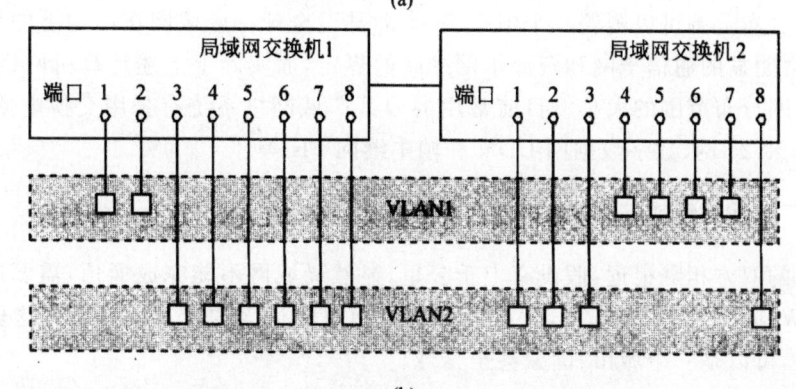

图 4-11 用交换机端口号对应虚拟局域网成员

(2) 用 MAC 地址定义虚拟局域网

一种定义虚拟局域网的方法是用节点的 MAC 地址来定义虚拟局域网。这种方法具有自己的优点：由于节点的 MAC 地址是与硬件相关的地址，所以用节点的 MAC 地址定义的虚拟局域网，允许节点移动到网络其他物理网段。由于节点的 MAC 地址不变，所以该节点将自动保持原来的虚拟局域网成员地位。从这个角度来说，基于 MAC 地址定义的虚拟局域网可以看做基于用户的虚拟局域网。

用 MAC 地址定义虚拟局域网的缺点是：要求所有用户在初始阶段必须配置到至少一个虚拟局域网中，初始配置通过人工完成，随后就可以自动跟踪用户。但在大规模网络中，初始化时把上千个用户配置到某个虚拟局域网中显然是很麻烦的。

(3) 用网络层地址定义虚拟局域网

一种定义虚拟局域网的方法是使用节点的网络层地址，例如用 IP 地址来定义虚拟局域网。这种方法具有自己的优点：首先，它允许按照协议类型来组成虚拟局域网，这有利于组成基于服务或应用的虚拟局域网；其次，用户可以随意移动节点而无需重新配置网络地址，这对于 TCP/IP 协议的用户是特别有利的。

与用 MAC 地址定义虚拟局域网或用端口地址定义虚拟局域网的方法相比，用网络层地址定义虚拟局域网方法的缺点是性能比较差。检查网络层地址比检查 MAC 地址要花费更多的时间，因此用网络层地址定义虚拟局域网的速度会比较慢。

(4) IP 广播组虚拟局域网

这种虚拟局域网的建立是动态的，它代表了一组 IP 地址。虚拟局域网中由叫做代理的设备对虚拟局域网中的成员进行管理。当IP广播包要送达多个目的节点时,就动态建立虚拟局域网代理,这个代理和多个IP节点组成IP广播组虚拟局域网。网络用广播信息通知各IP站,表明网络中存在IP广播组,节点如果响应信息,就可以加入IP广播组,成为虚拟局域网中的一员,与虚拟局域网中的其他成员通信。IP广播组中的所有节点属于同一个虚拟局域网,但它们只是特定时间段内特定IP广播组的成员。IP广播组虚拟局域网的动态特性提供了很高的灵活性,可以根据服务灵活地组建,而且它可以跨越路由器形成与广域网的互联。

4.5 广域网

广域网的分布范围可以覆盖一个国家、一个洲甚至全球。广域网在结构上的另一个重要特点是,具有非常明显的通信子网和资源子网之间的界定,而实际上上述计算机网络的分类,其依据就是通信子网分布范围的大小。目前常用的公共广域网络系统有公用交换电话网PSTN、分组交换数据网X.25网、数字数据网DDN和帧中继网FR等。

4.5.1 广域网的组成与服务

如果通信的双方相隔很远,假设有上千公里,显然局域网不能完成通信,需要广域网才能实现。广域网(Wide Area Networks,WAN)是指作用范围很广的计算机网络。这里的作用范围是指地理范围,可以是一个城市、国家甚至全球。

由于广域网是一种跨地区的数据通信网络,所以通常使用电信运营商提供的设备作为信息传输平台。

广域网是由一些节点交换机以及连接这些交换机的链路组成的。节点交换机执行数据分组的存储和转发功能,节点交换机之间都是点到点的连接,并且一个节点交换机通常与多个节点交换机相连,而局域网则通过路由器与广域网相连。如图4-12所示,S指节点交换机,R是路由器。

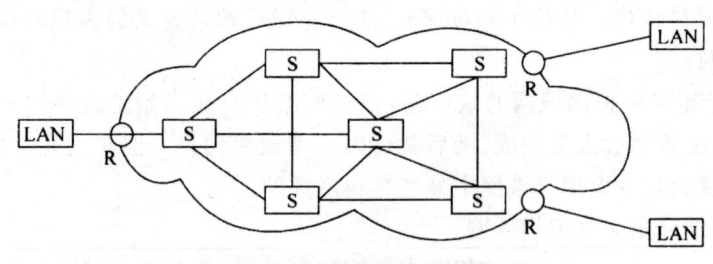

图 4-12 广域网的结构图

广域网服务是在各个局域网或城域网之间提供远程通信的业务,其实质是在两个路由器之间,将网络层的IP/IPX数据包由链路层协议承载,传输到远方路由器,提供远程通信服务。也就是说,广域网服务是通过PPP、X.25、HDLC以及帧中继等协议实现的。广域网服务只能提供远程通信资源共享,不能提供计算机和数据信息资源共享。广域网提供的服务主要有面向连接的网络服务和无连接的网络服务。

面向连接的网络服务包括传统公用电话交换网的电路交换方式和分组数据交换网的虚电路交换方式,而无连接的网络服务就是分组数据交换网的数据报方式。

(1) 电路交换方式

电路交换(Circuit Switching)在源节点与目的节点之间建立专用电路连接,在数据传输期间电路一直被独占,对于猝发式的计算机通信,电路利用效率不高。这种交换方式是早期为传统公用电话交换网传输模拟信号而设计的,不适合数据通信。但在目前数据交换网未能覆盖所有用户的情况下,用户有时不得不使用公用电话交换网接入网络传输数字数据。这时需要一种接入设备,即调制解调器,进行数字和模拟信号间的转换。

(2) 数据报方式

分组交换数据网无连接的数据报(Datagram)服务的特点是当某一主机想要发送数据就随时可以发送,每个报文分组独立地选择路由。这样做的好处是报文分组所经过的节点交换机不需要事先为该报文分组保留信道资源,而是对分组在进行传输时动态地分配信道资源。因为每个报文分组走不同的路径,所以数据报服务不能保证先发送出去的报文分组先到达目的主机,也就是说,这种数据报服务的报文分组不能按序交给目的主机,因此目的节点就必须对收到的报文分组进行缓冲,并且重新组装成报文再传送给目的主机。当网络发生拥塞时,网络中的某个节点可以将一些分组丢弃,所以数据报的服务是不可靠的,它不能保证服务质量。另外数据报服务的每一个报文分组都有一个报文分组头,它包含着一些控制信息,如源地址、目的主机地址和报文分组号等信息。其中源地址和目的地址的作用是可使每个报文分组独立选择路由,报文分组号的作用是为了使目的节点能对收到的报文分组进行重新排序并组装,但这个报文分组头无形中增加了网络传输的数据量,即增加了网络传输开销。

(3) 虚电路方式

为减轻接收端对报文分组进行重新排序的负担,可采用能保证报文分组按发送顺序到达目标节点的服务方式,即虚电路(Virtual Circuit)的服务方式。它不会发生报文丢失或重复的情况。虚电路服务与数据报不同,虚电路服务在双方进行通信之前,必须首先由源站发出一个请求报文分组(在该报文分组中要有源站和目的站的全地址),请求与目的站建立连接,当目的站接受这个请求后,也发回一个报文分组作为应答,这样双方就建立起来数据通路,然后双方可以开始传送信息。当双方通信完成之后还必须拆除这个建立的连接。

虚电路一经建立就要赋予虚电路号,它反映信息的传输通道,这样在传输信息报文分组时,就不必再注明源站和目的站的全部地址,因而减少了传输的信息量。所以采用虚电路服务就必须有建立连接、传输数据和释放连接这3个阶段。虚电路服务在传输数据时采用存储转发技术,即某个节点先把报文分组接收下来,进行验证,然后再把该报文分组转发出去。通过以上的叙述可以看出,虚电路和电路交换有很大的不同,人们打电话所采用的电路交换虽然也有建立连接、传输数据和释放连接3个阶段,但它是两个通话用户在通话期间自始至终地占用一条端到端的物理信道,而虚电路由于采用存储转发的分组交换,所以只是断续地占用一段又一段的链路,虽然通信用户感觉到好像占用了一条端到端的物理通路,但并不是在通信期间的完全占用,所以这也就是称为"虚电路"的原因。在使用虚电路时,由网络来保证报文分组按序到达,而且网络还要负责端到端的流量控制。

4.5.2 广域网交换技术

在早期的广域网中,数据通过通信子网的交换方式分为两类:线路交换方式、存储转发交换方式。

1. 线路交换方式

线路交换(Circuit Exchanging)方式与电话交换方式的工作过程很类似。两台计算机通过通信子网进行数据交换之前,首先要在通信子网中建立一个实际的物理线路连接。典型的线路交换过程如图 4-13 所示。

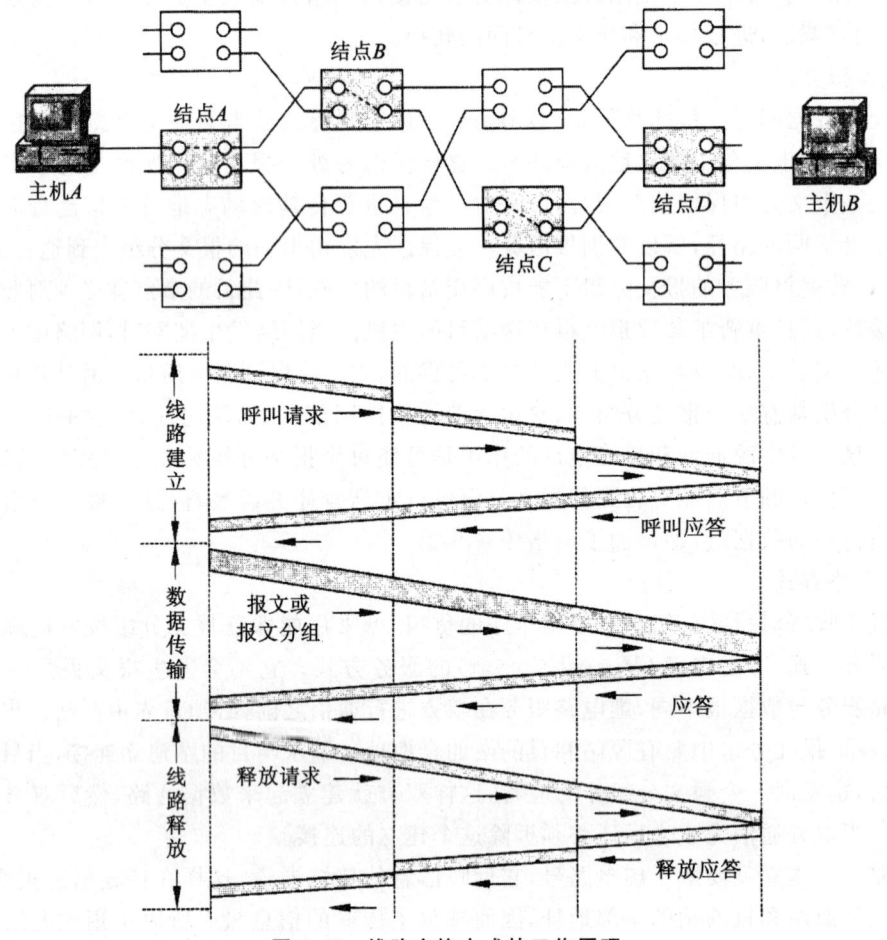

图 4-13 线路交换方式的工作原理

线路交换方式的通信过程分为以下三个阶段。

①线路建立阶段。如果主机 A 要向主机 B 传输数据,首先要通过通信子网在主机 A 与主机 B 之间建立线路连接。主机 A 首先向通信子网中节点 A 发送"呼叫请求包",其中含有需要建立线路连接的源主机地址与目的主机地址。节点 A 根据目的主机地址,根据路选算法,如选择下一个节点为 B,则向节点 B 发送"呼叫请求包"。节点 B 接到呼叫请求后,同样根据路选算法,如选择下一个节点为节点 C,则向节点 C 发送"呼叫请求包"。节点 C 接到呼叫请求后,也要根据路选算法,如选择下一个节点为节点 D,则向节点 D 发送"呼叫请求包"。节点 D 接到呼叫请求后,向与其直接连接的主机 B 发送"呼叫请求包"。主机 B 如接受主机 A 的呼叫连接请求,则通过已经建立的物理线路连接"节点 D-节点 C-节点 B-节点 A",向主机 A 发送"呼叫应答包"。至此,从"主机 A-节点 A-节点 B-节点 C-节点 D-主机 B"的专用物理线路连接建立完成。该物理连接为此次主机 A 与主机 B 的数据交换服务。

②数据传输阶段。在主机 A 与主机 B 通过通信子网的物理线路连接建立以后,主机 A 与主机 B 就可以通过该连接实时、双向交换数据。

③线路释放阶段。在数据传输完成后,就要进入路线释放阶段。一般可以由主机 A 向主机 B 发出"释放请求包",主机 B 同意结束传输并释放线路后,将向节点 D 发送"释放应答包",然后按照节点 C-节点 B-节点 A-主机 A 次序,依次将建立的物理连接释放。这时,此次通信结束。

2. 存储转发交换方式

存储转发交换(Store-and-Forward Exchanging)方式与线路交换方式的主要区别表现在以下两个方面:发送的数据与目的地址、源地址、控制信息按照一定格式组成一个数据单元(报文或报文分组)进入通信子网;通信子网中的节点是通信控制处理机,它负责完成数据单元的接收、差错校验、存储、路选和转发功能。

存储转发交换方式可以分为两类:报文交换(Message Exchanging)与报文分组交换(Packet Exchanging)。因此,在利用存储转发交换原理传送数据时,被传送的数据单元相应可以分为两类:报文(Message)与报文分组(Packet)。

如果在发送数据时,不管发送数据的长度是多少,都把它当做一个逻辑单元,那么就可以在发送的数据上加上目的地址、源地址与控制信息,按一定的格式打包后组成一个报文。另一种方法是限制数据的最大长度,典型的最大长度是 1000 或几千比特。发送站将一个长报文分成多个报文分组,接收站再将多个报文分组按顺序重新组织成一个长报文。

报文分组通常也被称为分组。报文与报文分组结构的区别如图 4-14 所示。

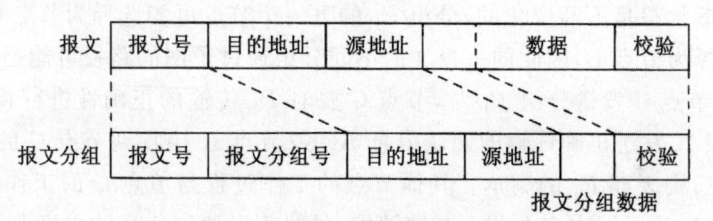

图 4-14 报文和报文分组结构

由于分组长度较短,在传输出错时,检错容易并且重发花费的时间较少,这就有利于提高存储转发节点的存储空间利用率与传输效率,因此成为当今公用数据交换网中主要的交换技术。目前,美国的 TELENET、TYMNET 以及中国的 CHINAPAC 都采用了分组交换技术。这类通信子网称为分组交换网。

分组交换技术在实际应用中,又可以分为以下两类:数据报方式(Datagram,DG)、虚电路方式(Virtual Circuit,VC)。

3. 数据报方式

数据报是报文分组存储转发的一种形式。与线路交换方式相比,在数据报方式中,分组传送之间不需要预先在源主机与目的主机之间建立"线路连接"。源主机所发送的每一个分组都可以独立地选择一条传输路径。每个分组在通信子网中可能是通过不同的传输路径从源主机到达目的主机。典型的数据报方式的工作过程如图 4-15 所示。

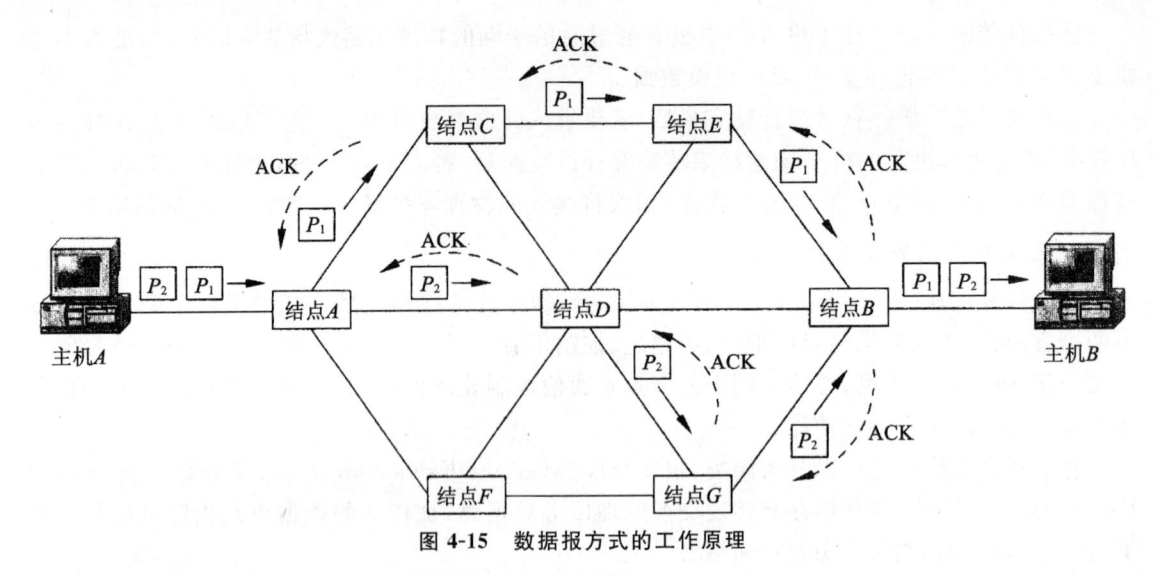

图4-15 数据报方式的工作原理

数据报方式的工作过程可以分为以下三个步骤：

①源主机 A 将报文 M 分成多个分组 $P_1, P_2, \cdots, P_n$，依次发送到与其直接连接的通信子网的通信控制处理机 A（即节点 A）。

②节点 A 每接收一个分组均要进行差错检测，以保证主机 A 与节点 A 的数据传输的正确性；节点 A 接收到分组 $P_1, P_2, \cdots, P_n$ 后，要为每个分组进入通信子网的下一节点启动路选算法。由于网络通信状态是不断变化的，分组 P_1 的下一个节点可能选择为节点 C，而分组 P_2 的下一个节点可能选择为节点 D，因此同一报文的不同分组通过子网的路径可能是不同的。

③节点 A 向节点 C 发送分组 P_1 时，节点 C 要对 P_1 传输的正确性进行检测。如果传输正确，节点 C 向节点 A 发送正确传输的确认信息 ACK；节点 A 接收到节点 C 的 ACK 信息后，确认 P_1 已正确传输，则废弃 P_1 的副本。其他节点的工作过程与节点 C 的工作过程相同。这样，报文分组 P_1 通过通信子网中多个节点存储转发，最终正确地到达目的主机 B。

4. 虚电路方式

虚电路方式试图将数据报方式与线路交换方式结合起来，发挥两种方法的优点，达到最佳的数据交换效果。虚电路方式在分组发送之前，需要在发送方和接收方建立一条逻辑连接的虚电路。典型的虚电路方式的工作过程如图 4-16 所示。

虚电路方式的工作过程可以分为以下三个步骤。

①虚电路建立阶段。在虚电路建立阶段，节点 A 启动路由选择算法选择下一个节点（例如节点 B），向节点 B 发送呼叫请求分组；同样，节点 B 也要启动路选算法选择下一个节点。依此类推，呼叫请求分组经过节点 A—节点 B—节点 C—节点 D，发送到目的节点 D。目的节点 D 向源节点 A 发送呼叫接收分组，至此虚电路建立。

②数据传输阶段。在数据传输阶段，虚电路方式利用已建立的虚电路，逐站以存储转发方式顺序传送分组。

③虚电路拆除阶段。在虚电路拆除阶段，将按照节点 D—节点 C—节点 B—节点 A 的顺序依次拆除虚电路。

图 4-16 虚电路方式的工作原理

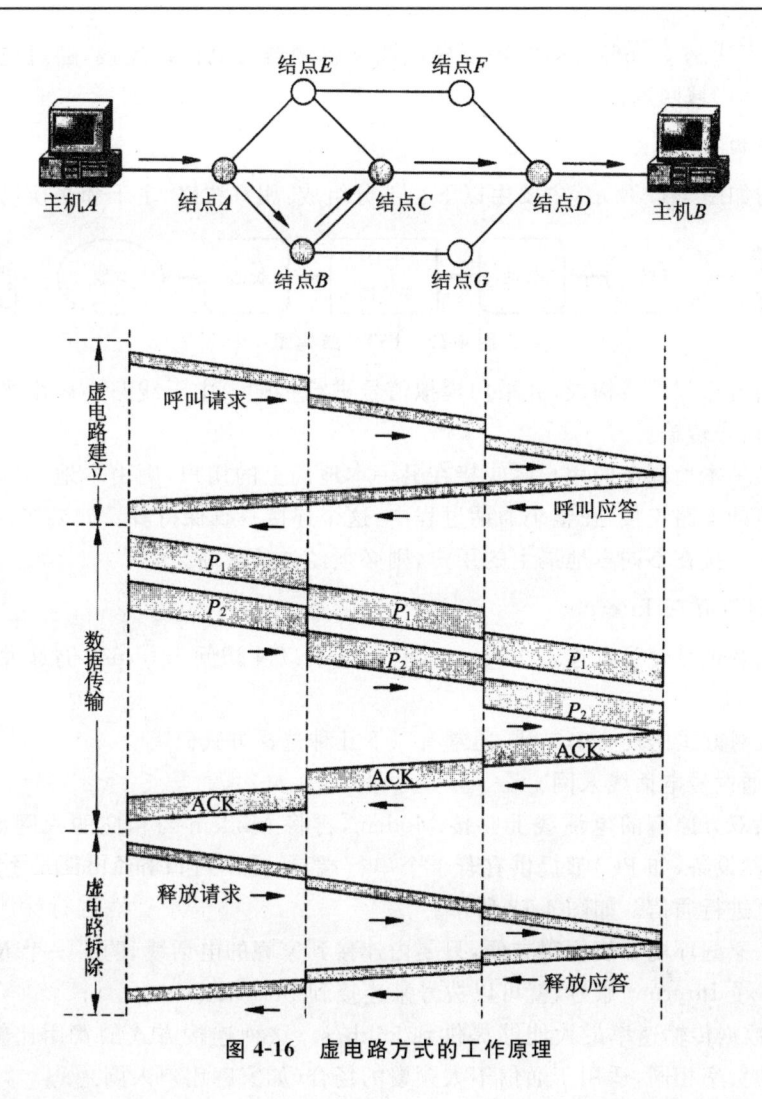

4.5.3 公用电话网(PSTN)

PSTN(Public Switched Telephone Network),即公共交换电话网络。电话网是开放电话业务为广大用户服务的通信网络,电话网从设备上讲是由交换机、传输电路(用户线和局间中继电路)和用户终端设备(即电话机)三部分组成的。按电话使用范围分类,电话网可分为本地电话网、国内长途电话网和国际长途电话网。本地电话网是指在一个统一号码长度的编号区内,由端局、汇接局、局间中继线、长途中继线以及用户线和电话机组成的电话网;国内长途电话网是指全国各城市间用户进行长途通话的电话网,网中各城市都设一个或多个长途电话局,各长途局间由各级长途电路连接起来;国际长途电话网是指将世界各国的电话网相互联接起来进行国际通话的电话网。

电话网目前基本发展为程控数字网,即各级交换中心均装用程控数字交换设备,传输电路均为数字电路。这是分布最广、使用最为普遍的通信连接方法。现在我国大部分地区的长途中继线都已经实现了光纤化、数字化,线路质量完全能够满足计算机通信的需要。因此,在电话网中增加少量设备就能利用电话线路实现远程通信。PSTN 的用户端的接入速度是 2.4kb/s,通过编码压缩,一般可达 9.6~56kb/s,它需要异步调制解调器与电话线连接,通过电话线以拨号方式接入网络,实现广域网连接。

1. PSTN 结构

PSTN 结构如图 4-17 所示,主要由以下三部分组成:用户线路、主干和交换局。

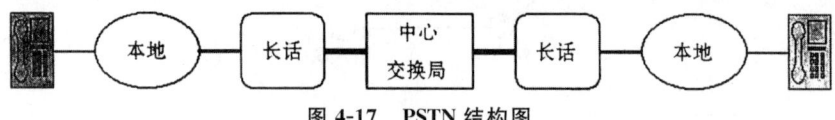

图 4-17　PSTN 结构图

用户线路由普通双绞线构成,并采用模拟信号进行传输。主干线路一般由光线或微波线路构成,采用数字信号传输。

如果接在某一本地局上的用户呼叫接在另一本地局上的用户,则由本地局的交换设备为两个用户建立直接的电路连接,在整个通话过程中,这个连接一直保持着。如果接在某一本地局上的用户呼叫另一个接在不同本地局上的用户,则必须经过长话局。

2. 利用 PSTN 访问 Internet

尽管目前由其他途径可以连入 Internet,但通过 PSTN 访问 Internet 仍是大部分个人用户所采取的方法。

PSTN 的入网方式比较简单灵活,通常有以下几种选择方式。

(1)通过普通拨号电话线入网

只要在通信双方原有的电话线上并接 Modem,再将 Modem 与相应的入网设备相连即可。目前,大多数入网设备(如 PC)都提供有若干个串行端口,在串行口和 Modem 之间采用 RS-232 等串行接口规范进行通信。如图 4-18 所示。

这种方法在家庭环境中使用很方便,只要由连接到家庭的电话线,购买一个 Modem,并向当地电信局申请一个 Internet 账号,就可以拨号来连接到 Internet。

Modem 的数据传输速率最大能够提供到 56kb/s。这种连接方式的费用比较经济,收费价格与普通电话的费率相同,适用于通信不太频繁的场合(如家庭用户入网)。

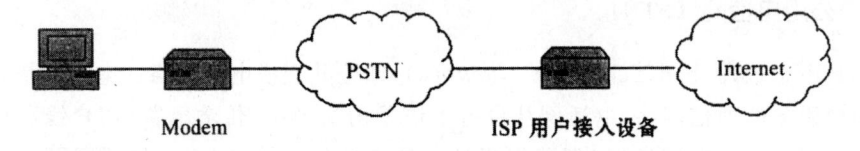

图 4-18　通过 PSTN 访问 Internet

(2)通过租用电话专线入网

与普通拨号电话线方式相比,租用电话专线可以提供更高的通信速率和数据传输质量,但相应的费用也较前一种方式为高。使用专线的接入方式与使用普通拨号线的接入方式没有太大区别,但是省去了拨号连接的过程。通常,当决定使用专线方式时,用户必须向所在地的电信部门提出申请,由电信部门负责架设和开通。

3. 工作原理

拨号线连接方法的实质是利用由电话交换机和电话线路组成的公用交换电话网进行数据传输。PSTN 原本是传输话音信号的,它提供的是一条模拟信道,该信道只能传输模拟信号。为了能在模拟信道上传输数据,实现计算机之间的通信,就必须进行数据转换。数据转换由调制解调器(Modem)完成。

其工作原理是:发送方的计算机在发送数据时,首先通过异步接口(COM1~COM4)把数据传送给 Modem。发送端 Modem 把数字信号调制为模拟信号,并经 PSTN 将信号传送给接收端Modem。接收端 Modem 把接收到的模拟信号进行解调,恢复为数字信号,再送给计算机。

4. 拨号线连接方法的主要特点

①拨号线连接借助于公用交换电话网,PSTN 是普遍存在的,因此,采用拨号线连接方法投资少、见效快、成本低,是家庭电脑连网使用最广泛的一种技术。

②用双绞线传输介质,即普通电话线。

③采用电路交换技术。

④由于拨号线连接借助于公用电话交换网,因此通信距离不受限制,凡 PSTN 能通达的地方,拨号线连接的网络也能到达。所以拨号线连接能跨越城市、国家。

⑤PSTN 提供的是一条模拟信道,在其上传输的是模拟信号。计算机的数字信号不能在模拟信道上直接传输,因此,借用 PSTN 完成数据通信时,通信双方都必须使用连接设备调制解调器(Modem)。

⑥传输速率比较低,一般为 9.6~56kb/s,经 Modem 硬件压缩后,速率可达 115.2kb/s。

⑦话音传输和计算机数据通信不能同时进行。

⑧网络结构简单、清晰,拓扑结构为星型。

⑨适宜单个计算机接入网络。

4.5.4 综合业务数字网(ISDN)

1. 综合业务数字网的基本概念

由于公共电话网络 PSTN 对于非话音业务传输的局限性,使得 PSTN 不能满足人们对数据、图形、图像乃至视频图像等非话音信息的通信需求,而电信部门所建设的网络基本上都只能提供某种单一的业务,比如用户电报网、电路交换数据网、分组交换网以及其他专用网等。尽管花费大量的资金和时间建设的上述专用网在一定程度上解决了问题,但是上述这些专用网由于通信网络标准不统一,仍然无法满足人们对通信的需求。因此,20 世纪 70 年代初,欧洲国家的电信部门开始试图寻找新技术来解决问题,这种新技术就是综合业务数字网(Integrated Services Digital Network,ISDN)。ISDN 的出现立即引起了业界的广泛关注。但由于通信协调和政策方面的障碍,直至 20 世纪 90 年代 ISDN 才开始在全世界范围内得到真正的普及应用。1993 年底,由 22 个欧洲国家的电信部门和公司发起倡议使得欧洲 ISDN 标准(Eruo-ISDN)最终得以统一,这是 ISDN 发展史上的一个重要里程碑。

就技术和功能而言,ISDN 是目前世界上技术较为成熟、应用较为普及和方便的综合业务广域通信网。在协议方面,Eruo-ISDN 已逐渐成为世界 ISDN 通信的标准。

近年来,Internet 的迅速发展和普及推动了 ISDN 业务的发展。迄今常用的网络接入方式,即电话拨号上网的速率已发挥到极限,14.4kb/s,28.8kb/s,33.6kb/s,最后到 56kb/s。而信息通信本质上所需要的恰恰是一个快速的综合业务数字网,ISDN 可以为 Internet 用户提供较高的网络互联带宽和上网带宽。

最早有关 ISDN 的标准是在 1984 年由 CCITT 发布的。虽然 ISDN 尚未如最初期望的那样获得广泛的应用,但其技术却已经历了两代。第一代 ISDN 称为窄带 ISDN(N-ISDN),它利用 64kb/s 的信道作为基本交换单位,采用电路交换技术。第二代 ISDN 称为宽带 ISDN(B-ISDN),它支持更高的数据传输速率,发展趋势是采用分组交换技术或信元交换技术。

2. 综合业务数字网的技术与组成

ISDN 将多种业务集成在一个网内,为用户提供经济有效的数字化综合服务,包括电话、传真、可视图文及数据通信等。ISDN 使用单一入网接口,利用此接口可实现多个终端(如 ISDN 电话、终端等)同时进行数字通信连接。从某种角度来看,ISDN 具有费用低廉、使用灵活方便、高速数据传输且传输质量高等优点。

ISDN 的组成部件包括用户终端、终端适配器、网络终端等设备,系统结构如图 4-19 所示。ISDN 的用户终端主要分为两种类型:类型 1 和类型 2。其中,类型 1 终端设备(TE1)是 ISDN 标准的终端设备,通过 4 芯的双绞线数字链路与 ISDN 连接,如数字电话机和 G-4 传真机等;类型 2 终端设备(TE2)是非 ISDN 标准的终端设备,必须通过终端适配器才能与 ISDN 连接。如果 TE2 是独立设备,则它与终端适配器的连接必须经过标准的物理接口,如 RS-232C、V.24 和 V.35 等。

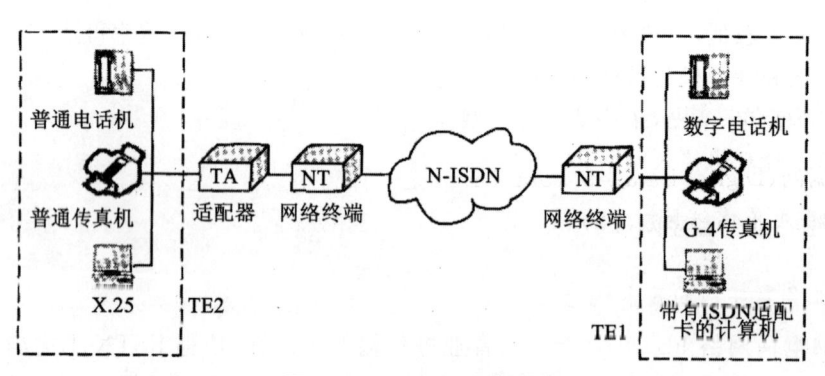

图 4-19 N-ISDN 系统组成

ISDN 基本速率接口 BRI 提供两个 B 通道和一个 D 通道,即 2B+D 接口。B 通道的传输速率为 64kb/s,通常用于传输用户数据。D 通道的传输速率为 16kb/s,通常用于传输控制和信令信息。因此,BRI 的传输速率通常为 128kb/s,当 D 通道也用于传输数据时,BRI 接口的传输速率可达 144kb/s。

ISDN 基群速率接口 PRI 提供的通道情况根据不同国家或地区采用的 PCM 基群格式而定。在北美洲和日本,PRI 提供 24B+D,总传输速率为 1.544Mb/s。在欧洲、澳大利亚、中国和其他国家,PRI 提供 30B+D,总传输速率为 2.048Mb/s。由于 ISDN 的 PRI 提供了更高速率的数据传输,因此,它可以实现可视电话、视频会议或 LAN 间的高速网络互联。

如图 4-20 所示显示了一个 ISDN 应用的典型实例。家庭个人用户通过一台 ISDN 终端适配器连接个人电脑、电话机等。这样,个人电脑就能以 64/128kb/s 速率接入 Internet,同时照样可以打电话。对于中小型企业,将企业的局域网、电话机、传真机通过一台 ISDN 路由器连接到一条或多条 ISDN 线路上,就可以以 64/128kb/s 或更高速率接入 Internet。

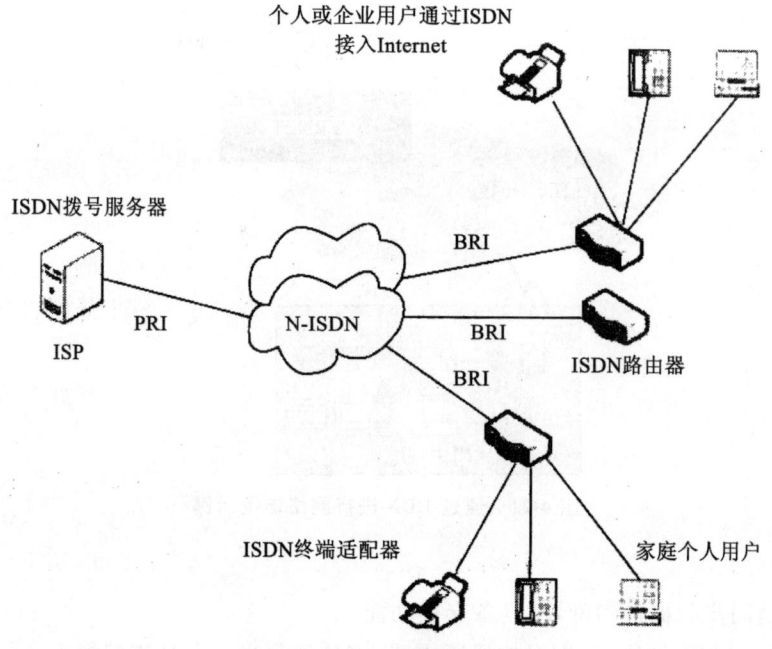

图 4-20 N-ISDN 的典型应用

4.5.5 数字数据网(DDN)

数字数据网(Digital Data Network,DDN)是一种利用数字信道提供数据信号传输的数据传输网,也是面向所有专线用户或专用网用户的基础电信网。它为专线用户提供中、高速数字型点对点传输电路,或为专用网用户提供数字型传输网通信平台。DDN 向用户提供的是半永久性的端到端数字连接,沿途不进行复杂的软件处理,因此延时较短,避免了分组网中传输时延大且不固定的缺点;DDN 采用交叉连接装置,可根据用户需要,在约定的时间内接通所需带宽的线路,信道容量的分配和接续在计算机控制下进行,具有极大的灵活性,使用户可以开通种类繁多的信息业务,传输任何合适的信息。

DDN 由数字通道、DDN 节点、网管控制和用户环路组成。由 DDN 提供的业务又称为数字业务 DDS。

DDN 的传输媒介有光缆、数字微波、卫星信道以及用户端可用的普通电缆和双绞线,DDN 主干及延伸至用户端的线路铺设十分灵活、便利,采用计算机管理的数字交叉(PXC)技术,为用户提供半永久性连接电路。

DDN 实际上是我们常说的数据租用专线,有时简称专线。它也是近年来广泛使用的数据通信服务,我国的 DDN 网叫做 ChinaDDN。ChinaDDN 一般提供 N×64kb/s 的数据速率,目前最高为 2Mb/s。它由 DDN 交换机和传输线路(如光缆和双绞线)组成。现在,中国教育科研网(CERNET)的许多用户就是通过 ChinaDDN 实现跨省市连接的。图 4-21 显示了一个局域网络通过 DDN 与 CERNET 连接,并借助 CERNET 接入 Internet 的连接。

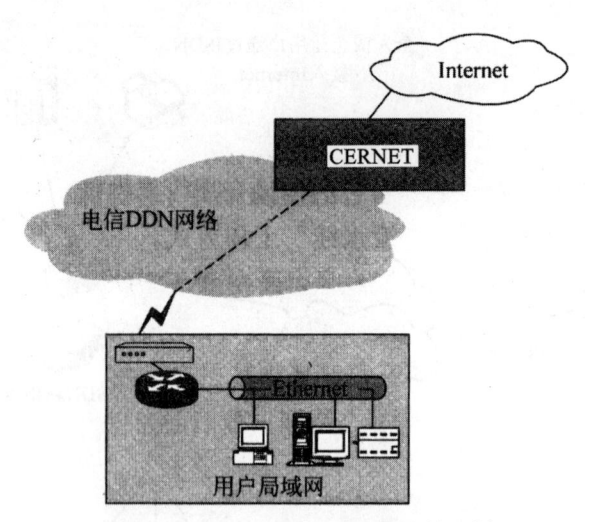

图 4-21　通过 DDN 进行网络连接示例

1. DDN 的特点

(1) DDN 是同步数据传输网,不具备交换功能

但可根据与用户所订协议,定时接通所需路由(这便是半永久性连接概念)。

(2) 传输速率高,网络时延小

由于 DDN 采用了同步转移模式的数字时分复用技术,用数据信息根据事先约定的协议,在固定的时间段以预先设定的通道带宽和速率顺序传输,这样只需按时间段识别通道就可以准确地将数据信息送到目的终端。由于信息是顺序到达终端,免去了目的终端对信息的重组,因此减小了时延。目前 DDN 可达到的最高输速率为 155Mb/s,平均时延 $\leqslant 450 \mu s$。

(3) DDN 为全透明网

DDN 是任何规程都可以支持,不受约束的全透明网,可支持网络层以及其上的任何协议,从而可满足数据、图像、声音等多种业务传输的需要。

2. DDN 提供的业务和服务

DDN 可提供的基本业务和服务除专用电路业务外,还具有多种增值业务功能,包括帧中继、压缩话音/G3 传真以及虚拟专用网等多种业务和服务。DDN 提供的帧中继业务即为虚宽带业务,把不同长度的用户数据段包封在一个较大的帧内,加上寻址和校验信息,帧的长度可达 1000 字节以上,传输速率可达 2.048Mb/s。帧中继主要用于局域网和广域网的互联,适应于局域网中数据量大和突发性强的特点。此外,用户可以租用部分公用 DDN 的网络资源构成自己的专用网,即虚拟专用网。

4.5.6　分组交换网(X.25)

数据通信网发展的重要里程碑是采用分组交换方式,构成分组交换网。和电路交换网相比,在分组交换网的两个站之间通信时,网络内不存在一条专用物理电路,因此不会像电路交换那样,所有的数据传输控制仅仅涉及两个站之间的通信协议。在分组交换网中,一个分组从发送站传送到接收站的整个传输控制,不仅涉及该分组在网络内所经过的每个节点交换机之间的通信协议,还涉及发送站、接收站与所连接的节点交换机之间的通信协议。国际电信联盟电信标准部门 ITU-T 为分组交换网制定了一系列通信协议,世界上绝大多数分组交换网都采用这些标准。其中最著名的标准是 X.25 协议,它在推动分组交换网的发展中做出了很大的贡献。人们把分组交换网简称为 X.25 网。

使用 X.25 协议的公共分组交换网诞生于 20 世纪 70 年代,它是一个以数据通信为目标的公共数据网(PDN)。在 PDN 内,各节点由交换机组成,交换机间用存储转发的方式交换分组。

X.25 能接入不同类型的用户设备。由于 X.25 内各节点具有存储转发能力,并向用户设备提供了统一的接口,从而能够使得不同速率、码型和传输控制规程的用户设备都能接入 X.25,并能相互通信。

X.25 协议是数据终端设备(DTE)和数据电路终接设备(DCE)之间的接口规程。

X.25 网络设备分为数据终端设备(Data Terminal Equipment,DTE)、数据电路终接设备(DCE)和分组交换设备(PSE)。X.25 协议规定了 DTE 和 DCE 之间的接口通信规程。

X.25 使得两台 DTE 可以通过现有的电话网络进行通信。为了进行一次通信,通信的一端必须首先呼叫另一端,请求在它们之间建立一个会话连接;被呼叫的一端可以根据自己的情况接收或拒绝这个连接请求。一旦这个连接建立,两端的设备可以全双工地进行信息传输,并且任何一端在任何时候均有权拆除这个连接。

X.25 是 DTE 与 DCE 进行点到点交互的规程。DTE 通常指的是用户端的主机或终端等,DCE 则常指同步调制解调器等设备。DTE 与 DCE 直接连接,DCE 连接至分组交换机的某个端口,分组交换机之间建立若干连接,这样,便形成了 DTE 与 DTE 之间的通路。在一个 X.25 网络中,各实体之间的关系如图 4-22 所示。

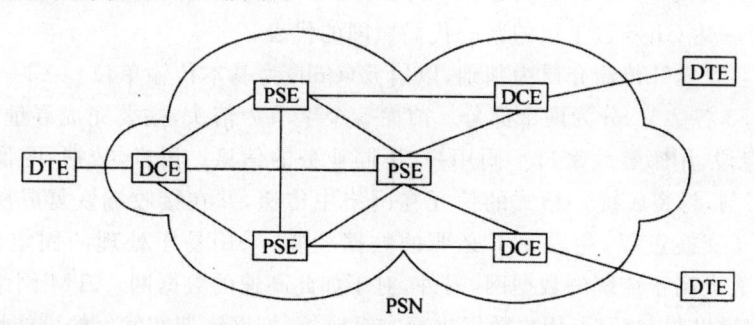

DTE 数据终端设备(Data Terminal Equipment)
DCE 数据电路终端设备(Data Circuit-terminating Equipment)
PSE 分组交换设备(Packet Switching Equipment)
PSN 分组交换网(Packet Switching Network)

图 4-22　X.25 网络模型

X.25 采用了多路复用技术。当用户设备以点对点方式接入 X.25 网时,能在单一物理链路上同时复用多条逻辑信道(即虚电路),使每个用户设备能同时与多个用户设备进行通信,两个同定用户设备在每次呼叫建立一条虚电路时,中间路径可能不同。

X.25 上有流量控制。在 X.25 协议中,采用滑动窗口的方法进行流量控制,即发送方在发送完分组后要等待接收方的确认分组,然后再发送新的分组。接收方可通过暂缓发送确认分组来控制发送方的发送速度,进而达到控制数据流的目的。X.25 通过提供设置窗口尺寸和一些控制分组来支持窗口算法。

X.25 分组交换网主要由分组交换机、用户接入设备和传输线路组成。

（1）分组交换机

分组交换机是 X.25 的枢纽，根据它在网中所在的地位，可分为中转交换机和本地交换机。其主要功能是为网络的基本业务和可选业务提供支持，进行路由选择和流量控制，实现多种协议的互联，完成局部的维护、运行管理、故障报告、诊断、计费及网络统计等。

现代的分组交换机大都采用功能分担或模块分担的多处理器模块式结构来构成。具有可靠性高、可扩展性好、服务性好等特点。

（2）用户接入设备

X.25 的用户接入设备主要是用户终端。用户终端分为分组型终端和非分组型终端两种。X.25 根据不同的用户终端来划分用户业务类别，提供不同传输速率的数据通信服务。

（3）传输线路

X.25 的中继传输线路主要有模拟信道和数字信道两种形式。模拟信道利用调制解调器进行信号转换，传输速率为 9.6kb/s、48kb/s 和 64kb/s，而 PCM 数字信道的传输速率为 64kb/s、128kb/s 和 2Mb/s。

4.5.7 异步传输模式（ATM）

ATM 技术问世于 20 世纪 80 年代末，是一种正在兴起的高速网络技术。国际电信联盟（ITU）和 ATM 论坛正在制定其技术规范。ATM 被电信界认为是未来宽带基本网的基础。与 FDDI 和 100BASE-T 不同，是一种新的交换技术——异步传输模式（Asynchronous Transfer Mode，ATM）也是实现 B-ISDN 的核心技术，同时还是目前多媒体信息的新工具。ATM 网络被公认为是传输速率达 Gb/s 数量级的新一代局域网的代表。

ATM 以大容量光纤传输介质为基础，以信元（Cell）为基本传输单位。ATM 信元是固定长度的分组，共有 53 各字节，分为两个部分。前面 5 个字节为信头，主要完成寻址的功能；后面的 48 个字节为信息段，用来装载来自不同用户、不同业务的信息。语音、数据、图像等所有的数字信息都要经过切割，封装成统一格式的信元在网络中传递，并在接收端恢复成所需格式。由于 ATM 技术简化了交换过程，免去了不必要的数据校验，采用易于处理的固定信元格式，所以 ATM 交换速率大大高于传统的数据网，另外，对于如此高速的数据网，ATM 网络采用了一些有效的业务流量监控机制，对网上用户数据进行实时监控，把网络拥塞发生的可能性降到最小。对不同业务赋予不同的"特权"，如语音的实时性特权最高，一般数据文件传输的正确性特权最高，网络对不同业务分配不同的网络资源，这样不同的业务在网络中才能做到"和平共处"。

在交互式的通信中不要求大的帧，小的信元可以通过 ATM 交换机有效地进行交换，按时到达它们的目标，故小的信元是最为重要的因素。这种技术中，交换的虚通道（Virtual Channel，VC）和交换的虚路径（Virtual Path，VP）用来建立和控制对 ATM 网络的访问。当一个工作站要访问该网络时，就制造出一个"请求"来，在传输和接收端间建立传输所需的带宽。仅当有足够的可用带宽时，网络的 ATM 交换机才允许连接。当网络节点需要时，ATM 访问方法保证了带宽。这对传送实时的、交互式的信息（语音和视频等）特别有用。既然 ATM 不争夺并共享带宽，我们就把 ATM 称为分配带宽网络（Allocated Bandwidth Network）。ATM 将在很大的距离范围内（从几米到数千公里之外）传送各种各样的实时数据。

ATM 的一般入网方式如图 4-23 所示，与网络直接相连的可以是支持 ATM 协议的路由器或装有 ATM 卡的主机，也可以是 ATM 子网。在一条物理链路上，可同时建立多条承载不同业务的虚电路,如语音、图像和文件的传输等。

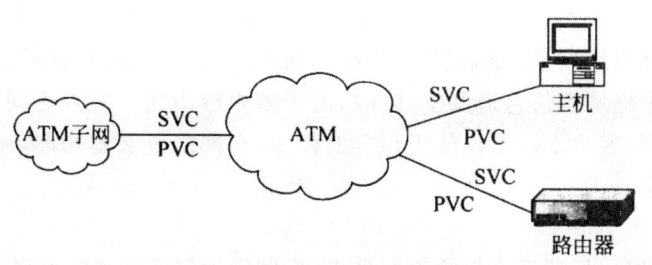

图 4-23 ATM 的入网方式

ATM 可用于广域网(WAN)、城域网(MAN)、校园主干网、大楼主干网以及连到台式机等。ATM 与传统的网络技术,如以太网、令牌环网、FDDI 相比,有很大的不同,归纳起来有以下特点。

①ATM 是面向连接的分组交换技术,综合了电路交换和分组交换的优点。

②允许声音、视频、数据等多种业务信息在同一条物理链路上传输,它能在一个网络上用统一的传输方式综合多种业务服务。

③提供质量保证 QOS 服务。ATM 为不同的业务类型分配不同等级的优先级,如为视频、声音等对时延敏感的业务分配高优先级和足够的带宽。

④极端灵活和可变的带宽而不是固定带宽。不同于传统的 LAN 和 WAN 标准,ATM 的标准被设计成与传送的技术无关。为了提高存取的灵活性和可变性,ATM 支持的速率一般为 155Mb/s～24Gb/s,现在也有 25Mb/s 和 50Mb/s 的 ATM。ATM 可以工作在任何一种不同的速度、不同的介质上和使用不同的传送技术。

⑤交换并行的点对点存取而不是共享介质,交换机对端点速率可作适应性调整。

⑥以小的、固定长的信元(Cell)为基本传输单位,每个信元的延迟时间是可预计的。

⑦通过局域网仿真(LANE),ATM 可以和现有以太网、令牌环网共存。由于 ATM 网与以太网等现有网络之间存在着很大差异,所以必须通过 LANE、MPOA 和 IP Over ATM 等技术,它们才能结合,而这些技术会带来一些局限性,如影响网络性能和 QoS 服务等。

ATM 目前的不足之处是设备昂贵,并且标准还在开发中,未完全确定。此外,因为它是全新的技术,在网络升级时几乎要换掉现行网络上的所有设备。因此,目前 ATM 在广域网中的应用并不广泛。

4.5.8 帧中继(FR)

在 20 世纪 80 年代后期,许多应用都迫切要求提高分组交换服务的速率。然而 X.25 网络的体系结构并不适合于高速交换。可见需要研制一种高速交换的网络体系结构。帧中继(Frame Relay,FR)就是为这一目的而提出的。帧中继网络协议在许多方面非常类似于 X.25。

1. 帧中继的特点

(1)高效

帧中继在 OSI 的第 2 层以简化的方式传送数据,仅完成物理层和链路层核心层的功能,简化节点机之间的处理过程,智能化的终端设备把数据发送到链路层,并封装在帧的结构中,实施以帧为单位的信息传送,网络不进行纠错、重发、流量控制等,帧不需要确认,就能在每个交换机中直接通过。

(2) 经济

帧中继采用统计复用技术(即宽带按需分配)向客户提供共享的网络资源,每一条线路和网络端口都可以由多个终端按信息流共享,同时,由于帧中继简化了节点之间的协议处理,将更多的带宽留给客户数据,客户不仅可以使用预定的带宽,在网络资源富裕时,网络允许客户数据突发占用为预定的带宽。

(3) 可靠

帧中继传输质量好,保证网络传输不容易出错,网络为保证自身的可靠性,采取了 PVC 管理和拥塞管理,客户智能化终端和交换机可以清楚了解网络的运行情况,不向发生拥塞和已删除的 PVC 上发送数据,以避免造成信息的丢失,保证网络的可靠性。

2. 帧中继提供的服务

帧中继是面向连接的方式,它的目标是为局域网互联提供合理的速率和较低的价格。它可以提供点对点的服务,也可以提供一点对多点的服务。它采用了两种关键技术,一是虚拟租用线路,二是"流水线"方式。

所谓虚拟租用线路是与专线方式相对而言的。例如,一条总速率 640kb/s 的线路,如果以专线方式平均地租给 10 个用户,每个用户最大速率为 64kb/s,这种方式有两个缺点:一是每个用户速率都不可以大于 64kb/s;二是不利于提高线路利用率。采用虚拟租用线路的情况就不一样了,同样是 640kb/s 的线路租给十个用户,每个用户的瞬时最大速率都可以达到 640kb/s,也就是说,在线路不是很忙的情况下,每个用户的速率经常可以超过 64kb/s,而每个用户承担的费用只相当于 64kb/s 的平均值。

所谓的"流水线"方式是指数据帧只在完全到达接收节点后再进行完整的差错校验,在传输中间节点位置时,几乎不进行校验,尽量减少中间节点的处理时间,从而减少了数据在中间节点的逗留时间。每个中间节点所做的额外工作就是识别帧的开始和结尾,也就是识别出一帧新数据到达后就立刻将其转发出去。X.25 的每个中间节点都要进行繁琐的差错校验、流量控制等,这主要是由于它的传输介质可靠性低所造成的。帧中继正是因为它的传输介质差错率低才能够形成"流水线"工作方式。

帧中继通过其虚拟租用线路与专线竞争,而在 PVC 市场,又通过其较高的速率(一般为 1.5Mb/s)与 X.25 竞争,在目前还是一种比较有市场的数据通信服务。

第 5 章　无线网络技术

5.1　无线网络概述

5.1.1　无线网络的发展

不可否认，性能与便捷性始终是 IT 技术发展的两大方向标，而产品在便捷性的突破往往来得更加迟缓，需要攻克的技术难关更多，也因此而更加弥足珍贵。事实上，数字无线通信并不是一种新的思想。早在 1901 年的时候，意大利物理学家 Guglielmo Marconi 演示了从轮船向海岸发送无线电报的试验，在试验中，他使用了 Morse Code（莫尔斯编码，用点和划来表示二进制数字）。经过不断的发展和完善，现代的数字无线系统的性能已经非常强大了，但是其基本的思想并没有变化。

无线网络的历史起源可以追溯到 50 年前的第二次世界大战期间，当时美国陆军采用无线电信号做资料的传输。他们研发出了一套无线电传输科技，并且采用相当高强度的加密技术，得到美军和盟军的广泛使用。这项技术让许多学者得到了一些灵感，在 1971 年时，夏威夷大学的研究员创造了第一个基于封包式技术的无线电通讯网络。这被称作 Aloha 的网络，可以算是相当早期的无线局域网络（WLAN）。它包括了 7 台计算机，它们采用双向星型拓扑横跨四座夏威夷的岛屿，中心计算机放置在瓦胡岛上。从这时开始，无线网络可说是正式诞生了。

从 20 世纪 70 年代到 90 年代早期，人们对无线连接的需求日益增长，但这种需求只能通过一些少量的基于专利技术的昂贵硬件来实现，而且不同制造商的产品之间没有互操作性和安全机制，性能与当时标准的 10Gb/s 有线以太网相比还有很大差距。

IEEE 802.11 标准是无线网络发展过程中的重要里程碑，同时也是 Wi-Fi 这一强大且公认的品牌发展的起点。IEEE 802.11 系列标准为设备制造商和运营商提供了一个通用的标准，使他们更关注于无线网络产品及业务的开发，它对无线网络的贡献可以与一些最基本的支撑技术相媲美。

1990 年，IEEE 正式启用了 802.11 项目，无线网络技术逐渐走向成熟，IEEE 802.11（WIFI）标准诞生以来，先后有 802.11a，802.11b，802.11g，802.11e，802.11f，802.11h，802.11i，802.11j 等标准制定或者酝酿，现在，为实现高宽度、高质量的 WLAN 服务，802.11n 不久也将问世。

在过去的十年里，从 IEEE 802.11 标准的最初版本演变的各种各样的 Wi-Fi 标准得到了广泛的关注，与此同时，其他的无线网络技术也经历着相似的历程。1994 年公布了第一个 IrDA（Infrared Data Association，红外数据协会）标准，同一年 Ericsson 开始了移动电话及其附件之间互联的研究，这项研究使得蓝牙（Bluetooth）技术在 1999 年被 IEEE 802.15.1 工作小组采纳。

在这一快速发展过程中，无线网络技术的种类已能满足各种数据速率（低速和高速）、各种工作距离（近和远）、各种功率消耗（低和极低）的所有要求。

5.1.2 无线网络的特点及分类

1. 无线网络的特点

相对于有线网络而言,无线网络具有安装便捷、使用灵活、利于扩展和经济节约等优点。具体可归纳如下四点。

(1)移动性强

无线网络摆脱了有线网络的束缚,可以在网络覆盖的范围内的任何位置上网。无线网络完全支持自由移动,持续连接,实现移动办公。

(2)带宽流量大

适合进行大量双向和多向多媒体信息传输。在速度方面,802.11b 的传输速度可提供可达 11Gb/s 数据速率,而标准 802.11g 无线网速提升五倍,其数据传输率将达到 54Gb/s,充分满足用户对网速的要求。

(3)有较高的平安性和较强的灵活性

由于采用直接序列扩频、跳频、跳时等一系列无线扩展频谱技术,使得其高度平安可靠;无线网络组网灵活、增加和减少移动主机相当轻易。

(4)维护成本低

无线网络尽管在搭建时投入成本高些,但后期维护方便,维护成本比有线网络低 50% 左右。

2. 无线网络的分类

(1)根据应用角度划分

从应用角度看,无线网络可以划分为无线传感器网络、无线 Mesh 网络、无线穿戴网络、无线体域网等,这些网络一般是基于已有的无线网络技术,针对具体的应用而构建的无线网络

①无线传感器网络。无线传感器网络(Wireless Sensor Networks,WSN)是当前在国际上备受关注的、涉及多学科高度交叉、知识高度集成的前沿热点研究领域。它综合了传感器技术、嵌入式计算技术、现代网络及无线通信技术、分布式信息处理技术等,能够通过各类集成化的微型传感器协作地实时监测、感知和采集各种环境或监测对象的信息,这些信息通过无线方式被发送,并以自组多跳的网络方式传送到用户终端,从而实现物理世界、计算世界以及人类社会三元世界的连通。

无线传感器网络以最少的成本和最大的灵活性,连接任何有通信需求的终端设备,采集数据,发送指令。若把无线传感器网络的各个传感器或执行单元设备视为"种子",将一把"种子"(可能 100 粒,甚至上千粒)任意抛撒开,经过有限的"种植时间",就可从某一粒"种子"那里得到其他任何"种子"的信息。

②无线 Mesh 网络。无线 Mesh 网络(无线网状网络)也称为"多跳(Multi Hop)"网络,它是一种与传统无线网络完全不同的新型无线网络,是由无线 Ad Hoc 网络顺应人们无处不在的 Internet 接入需求演变而来。在传统的无线局域网(WLAN)中,每个客户端均通过一条与 AP 相连的无线链路来访问网络,用户要想进行相互通信,必须首先访问一个固定的接入点(AP),这种网络结构被称为单跳网络。而在无线 Mesh 网络中,任何无线设备节点都可以同时作为 AP 和路由器,网络中的每个节点都可以发送和接收信号,每个节点都可以与一个或者多个对等节点进行直接通信。这种结构的最大好处在于:如果最近的 AP 由于流量过大而导致拥塞的话,那么

数据可以自动重新路由到一个通信流量较小的邻近节点进行传输。以此类推,数据包还可以根据网络的情况,继续路由到与之最近的下一个节点进行传输,直到到达最终目的地为止。

实际上 Internet 就是一个 Mesh 网络的典型例子。例如,当人们发送一份 E-mail 时,电子邮件并不是直接到达收件人的信箱中,而是通过路由器从一个服务器转发到另外一个服务器,最后经过多次路由转发才到达用户的信箱。在转发的过程中,路由器一般会选择效率最高的传输路径,以便使电子邮件能够尽快到达用户的信箱。因此,无线 Mesh 网络也被形象地称为无线版本的 Internet。

与传统的交换式网络相比,无线 Mesh 网络去掉了节点之间的布线需求,但仍具有分布式网络所提供的冗余机制和重新路由功能。在无线 Mesh 网络里,如果要添加新的设备,只需要简单地接上电源就可以了,它可以自动进行配置,并确定最佳的多跳传输路径。添加或移动设备时,网络能够自动发现拓扑变化,并自动调整通信路由,可以获取最有效的传输路径。

③无线穿戴网络。无线穿戴网络是指基于短距离无线通信技术(蓝牙和 ZigBee 技术等)与可穿戴式计算机(Wearcomp)技术、穿戴在人体上、具有智能收集人体和周围环境信息的一种新型个域网(PAN)。可穿戴计算机为可穿戴网络提供核心计算技术,以蓝牙和 ZigBee 等短距离无线通信技术作为其底层传输手段,结合各自优势组建一个无线、高度灵活、自组织,甚至是隐蔽的微型 PAN。可穿戴网络具有移动性、持续性和交互性等特点。

④无线体域网。无线体域网(BAN)是由依附于身体的各种传感器构成的网络。通过远程医疗监护系统提供及时现场护理(POC)服务是提升健康护理手段的有效途径。在远程健康监护中,将 BAN 作为信息采集和及时现场护理(POC)的网络环境,可以取得良好的效果,赋予家庭网络以新的内涵。借助 BAN,家庭网络可以为远程医疗监护系统及时有效地采集监护信息;可以对医疗监护信息预读,发现问题,直接通知家庭其他成员,达到及时救护的目的。

(2)根据覆盖范围划分

从覆盖范围来讲,无线网络可以分成以下三大类:系统内部互联/无线个域网;无线局域网;无线城域网/广域网。

①系统内部互联/无线个域网。系统内部互联是指通过短距离的无线电,将一台计算机的各个部件连接起来。几乎所有的计算机都有一个监视器、键盘、鼠标和打印机,它们通过电缆连接到主机单元上。所以,许多新的用户刚开始的时候都很难将所有这些电缆连接到正确的插口上。因而,大多数计算机销售商都提供了上门服务,让工程师到用户家里帮助安装所有这些电缆。根据这一情况,有一些公司联合起来,设计了一种称为蓝牙(Blue Tooth)的短距离无线网络,将这些部件以无线的方式连接起来。通过蓝牙也可以将手机、数码相机、耳机、扫描仪和其他的设备连接到计算机上,只要保证它们在一定的距离范围内即可。不需要电缆,也不需要安装驱动程序,只要把它们放到一起,然后打开开关,它们就可以工作了。对于大多数人而言,如此简单的操作自然再合适不过了。此外,传统的红外无线传输技术、家庭射频和目前最新的 Zigbee、超宽带无线技术 UWB 都可以用于无线系统内部互联,还可以构建无线个域网、无线体域网等。

在最简单的形式下,系统内部互联网络使用主-从模式。系统单元往往是主部分,鼠标、键盘等是从部分。主部分与从部分进行通话,主部分告诉从部分:应该使用什么地址,什么时候它们可以广播,它们可以传送多长时间,它们可以使用哪个频段等。

②无线局域网。无线网络现在发展最快、应用范围最广的应该是无线局域网(WLAN),它主要采用 IEEE 802.11 标准。无线局域网可分为两大类。第一类是有固定基础设施的,第二类

是无固定基础设施的。所谓"固定基础设施"是指预先建立起来的、能够覆盖一定地理范围的一批固定基站。大家经常使用的蜂窝移动电话就是利用电信公司预先建立的、覆盖全国的大量固定基站来接通用户手机拨打的电话。

对于第一类有固定基础设施的无线局域网,802.11标准规定无线局域网的最小构件是基本服务集(Basic Service Set,BSS),一个基本服务集BSS包括一个基站和若干个移动站,所有的站在本BSS以内都可以直接通信,但在和本BSS以外的站通信时都必须通过本BSS的基站。一个基本服务集BSS所覆盖的地理范围称为一个基本服务区(Basic Service Area,BSA)。基本服务区BSA和无线移动通信的蜂窝小区相似。在无线局域网中,一个基本服务区BSA的范围可以有几十米的直径。

另一类无线局域网是无固定基础设施的无线局域网,它又叫做自组网络(Ad Hoc Network)。这种自组网络没有上述基本服务集中的接入点AP,而是由一些处于平等状态的移动站之间相互通信组成的临时网络。由于自组网络没有预先建好的网络固定基础设施(基站),因此自组网络的服务范围通常是受限的,而且自组网络一般也不和外界的其他网络相连接。

无线Ad Hoc网络在民用和军用领域都有很好的应用前景。在民用领域,开会时持有笔记本计算机的人可以利用这种移动自组网络方便地交换信息,而不受笔记本计算机附近没有电话线插头的限制。当出现自然灾害时,在抢险救灾时利用移动自组网络进行及时的通信往往也是十分有效的,因为这时事先已建好的固定网络基础设施(基站)可能已经遭到了破坏,无法使用。在军事领域中,由于战场上往往没有预先建好的固定接入点,但携带了移动站的战士就可以利用临时建立的移动自组网络进行通信。这种组网方式也能够应用到作战的地面车辆群和坦克群,以及海上的舰艇群、空中的机群。由于每一个移动设备都具有路由器的转发分组的功能,因此分布式的移动自组网络的生存性非常好。

③无线城域网/广域网。蜂窝电话所使用的无线电网络就是一个低带宽无线系统的例子。该系统已经经历了三代革新。第一代是模拟的,只能传送语音;第二代是数字的,也只能传送语音;第三代是数字的,不仅可以传送语音,同时还可以传送数据。从某种意义上讲,蜂窝无线网络就如同无线LAN一样,只不过覆盖的距离更大,位传输速率低一些而已。无线LAN的工作速率可以达到50Mb/s左右,跨越距离可以达到几十米。蜂窝系统的速率低于1Mb/s,但是基站与计算机或者电话之间的距离可以用公里来度量,而不是用米来度量。

除了这些低速网络以外,高带宽广域无线网络也正在迅速发展。最初的关注点是,允许家庭或者商业部门通过无线方式高速接入Internet,绕过电话系统。相应的标准有的已经开发出来,如IEEE 802.16,有的正在制订完善中,如IEEE 802.20。

3. 无线网络的逻辑结构

(1)OSI模型

网络的逻辑结构指的是可以在物理设备或节点间建立连接并控制这些节点间路由和数据传输的标准和协议。因为逻辑连接是建立在物理连接之上的,所以逻辑结构和物理结构相互依赖,但是两者同时具有高度的独立性,例如可以在不改变逻辑结构的情况下改变网络的物理结构;同样,同一物理网络在很多情况下可以支持不同的标准和协议。

接下来我们将参考OSI模型对无线网络的逻辑结构进行描述。

开放式系统互联(OSI)模型是由国际标准化组织制定的,用于为开发计算设备互联的标准提供指导。OSI模型是一个用于开发这些标准的框架,其自身并不是一个标准。OSI模型共分为七层，如图 5-1 所示。

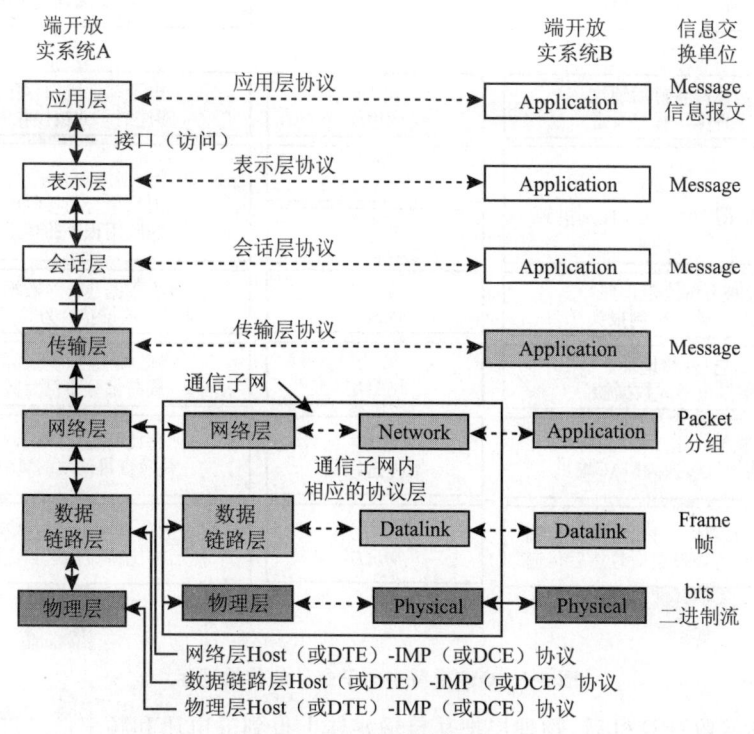

图 5-1　OSI 参考模型

下面我们用一个例子来说明，这些分层如何联合起来完成由 Internet 连接的两个不同局域网中两台计算机之间发送和接收电子邮件工作的。

从发送者通过 PC 中的电子邮件应用程序撰写电子邮件开始，在用户选择"发送"后，操作系统将要传送的邮件消息和应用层的指令相结合，最终会被接收计算机上相应的操作系统和应用程序读取。整个过程如图 5-2 所示。

消息加上应用层指令后通过发送端的操作系统部分进入表示层表示任务的处理，这包括应用层格式的数据转换以及一些信息安全类型，比如安全套接层(Secure Socket Layer，SSL)加密技术。该处理过程继续向下经过多个连续的软件层，并在每层加上附加的指令或控制元素。

在网络层，消息将被分解为多个数据包，每个数据包都带有源端和目的端的 IP 地址。在数据链路层，该 IP 地址用来决定发送计算机将帧传送到的第一个设备的物理地址，称为媒体访问控制(MAC)地址。这个设备也许是个与发送计算机相连的交换机或者是连接发送计算机所在局域网与 Internet 的网关。在物理层，数据包被编码并调制到载波媒体上(例如有线网络中的双绞线或者无线网络中的波)，通过数据链路层进行 MAC 地址解析后传送到相应的设备。

消息在 Internet 上的传输是通过多个设备之间的跳转实现的，包括链路中的每个路由和延时设备的物理层和数据链路层。在每一步，接收设备的数据链路层决定了下一个直接目的地的 MAC 地址，物理层则将数据包传输到具有该 MAC 地址的设备。

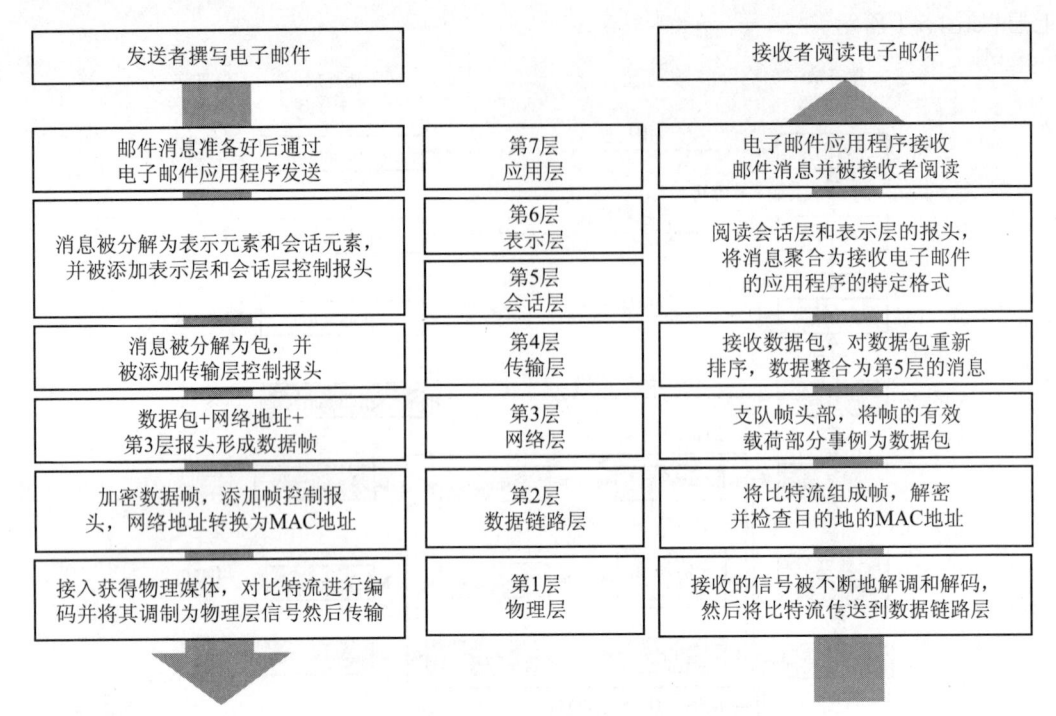

发送者撰写电子邮件		接收者阅读电子邮件
邮件消息准备好后通过电子邮件应用程序发送	第7层 应用层	电子邮件应用程序接收邮件消息并被接收者阅读
消息被分解为表示元素和会话元素,并被添加表示层和会话层控制报头	第6层 表示层	阅读会话层和表示层的报头,将消息聚合为接收电子邮件的应用程序的特定格式
	第5层 会话层	
消息被分解为包,并被添加传输层控制报头	第4层 传输层	接收数据包,对数据包重新排序,数据整合为第5层的消息
数据包+网络地址+第3层报头形成数据帧	第3层 网络层	支队帧头部,将帧的有效载荷部分例为数据包
加密数据帧,添加帧控制报头,网络地址转换为MAC地址	第2层 数据链路层	将比特流组成帧,解密并检查目的地的MAC地址
接入获得物理媒体,对比特流进行编码并将其调制为物理层信号然后传输	第1层 物理层	接收的信号被不断地解调和解码,然后将比特流传送到数据链路层

图 5-2　OIS 模型中电子邮件的传输图示

在消息到达接收计算机后,物理层把从传输媒体上得到的电压和频率信息进行解调和解码,然后将接收到的数据流传送到数据链路层。在数据链路层从数据流中提取并执行 MAC 和 LLC 元素,例如消息完整性校验,消息被附加上指令后送给协议栈。在传输层,传输控制协议 TCP 将确保构成消息的所有数据帧都已经被接收并在某些帧丢失的情况下进行错误恢复。最后,电子邮件应用程序将会收到解码后的 ASCII 字符,并将其构成原始传送消息。

各种组织如国际电气与电子工程师协会制定了很多用于 OSI 模型的层的标准。每个标准都详细说明了相关层提供的服务,以及为了使设备和其他层能调用这些服务而必须遵守的标准或者规则。实际上,在每一层都开发了多个标准,这些标准要么互相竞争直到一个被确定为工业标准,要么共同存在。

无线网络的逻辑结构主要是由标准决定的,包括 OSI 模型的物理层和数据链路层的标准。

(2)物理层技术

大多无线网络技术都包含相关的有线网络元素,比如以太网链接到无线接入点、设备间的火线接口或通用串行总线连接,或者基于 ISDN 的 Internet 连接。下面介绍一些最常用的有线物理层技术。

①以太网。以太网是首先由 Xerox 公司开发的,并根据 IEEE 802.3 标准定义了数据链路层 LAN 技术。以太网使用载波监听多路访问/冲突检测(CSMA/CD)作为媒体访问控制方法。其标准中的 PMD 子层被特别说明,而 UTP 缆线基于 ANSI X3T9.5 委员会开发的 TP-PMD 物理媒体标准。

以太网的类型一般都表示成"ABase-B"网络,其中"A"代表以 Gb/s 为单位的速率,"B"表示使用的物理媒体类型。10Base-T 是标准的以太网,速率是 10Gb/s,使用非屏蔽双绞线,设备与最近的集线器或者中继器的最大距离是 500m。100Base-T 又称为快速以太网,工作速率为 100Gb/s,使用与 10Base-T 相同的双绞线和 CSMA/CD 方法,所以二者兼容。以两者相兼容。100Base-T 以太网中继器间的最大距离可达 205m,所以可以使用其他类型的缆线。

在 100Base-T 中采用和 10Base-T 以太网中相同的帧结构和 CSMA/CD 技术,但其时钟速率从 10MHz 提高到 125MHz,传输帧之间的间隔从 $9.6\mu s$ 缩短到 $0.96\mu s$,速度提高了 10 倍。

为了克服 UTP 物理媒体固有的低通特性,也为了确保高于 30MHz 的 RF 发射遵守 FCC 规则,100Base-T 数据编码方案将数据传输的峰值功率降低到 31.25MHz 频段(接近 FCC 极限),并降低了 62.5MHz,125MHz 及其以上谐波的功率。

如图 5-3 所示,4B/5B 是该编码方案的第一步。每半字节 4 位输入数据都被加上第 5 位,以确保在传输的比特流中有足够的转换空间,使接收机用来同步从而实现可靠解码。第二步中一个 11 位的反馈移位寄存器产生一个重复的伪随机序列,与 4B/5B 的输出数据流进行异或运算。该伪随机序列的作用是使最终要发送的数据信号的高频谐波最小。在接收端,相同的伪随机序列通过第二次异或运算恢复出输入数据。最后一步是使用 MLT-3 编码方法对发送波形进行整形,将信号的中心频率从 125MHz 降低至 31.25MHz。

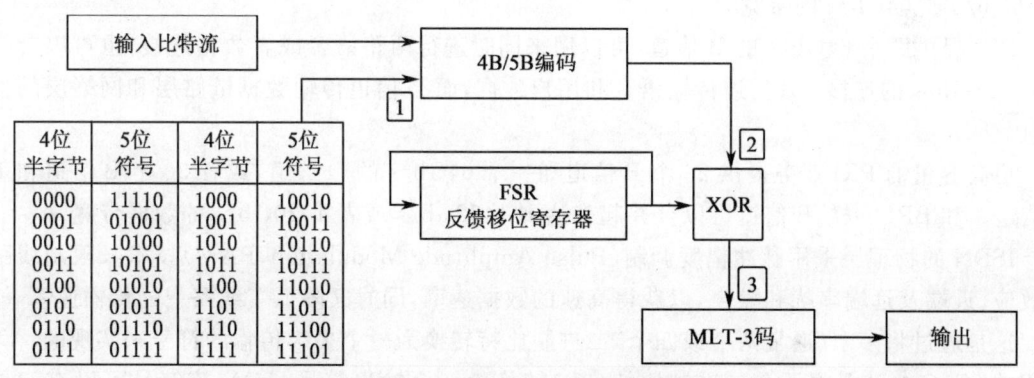

4位 半字节	5位 符号	4位 半字节	5位 符号
0000	11110	1000	10010
0001	01001	1001	10011
0010	10100	1010	10110
0011	10101	1011	10111
0100	01010	1100	11010
0101	01011	1101	11011
0110	01110	1110	11100
0111	01111	1111	11101

图 5-3 快速以太网数据编码方案

② 通用串行总线。通用串行总线(USB)是 20 世纪 90 年代中期出现的,通过提供一个热插拔的"即插即用"接口来取代操纵杆、扫描仪、键盘和打印机等设备的不同类型的外设接口。

USB 使用主机为中心的结构,由一个主机控制器来处理设备的识别和配置,设备可以直接与主机相连也可以与中间集线器相连。USB 规范在同一个连接中同时支持同步和异步传输类型。同步传输用在需要保证带宽和低时延的应用中,比如电话及流媒体传输。异步传输允许延时并且可以等待可用带宽。USB 控制协议专门设计为具有较低的协议管理开销,从而得到较高的可用带宽的使用效率。

可用带宽由所有的连接设备共享,并使用"管道"进行分配,每个"管道"代表主机和一个设备的连接。每个管线的带宽在其建立时就已经分配好了,而且可以同时支持很大范围内的不同设备的比特率和设备类型。

USB 使用非归零反相(NRZI)作为数据编码方案。NRZI 是通过比较输入数据流相邻的比特值得到输出电压的,可以在一定程度上抑制噪声。在 NRZI 编码方案中,1 表示输出电压不变,0 表示输出电压变化,如图 5-4 所示。因此一连串 0 会使 NRZI 编码输出在每个比特周期发生状态翻转,而一连串的 1 使输出无变化。

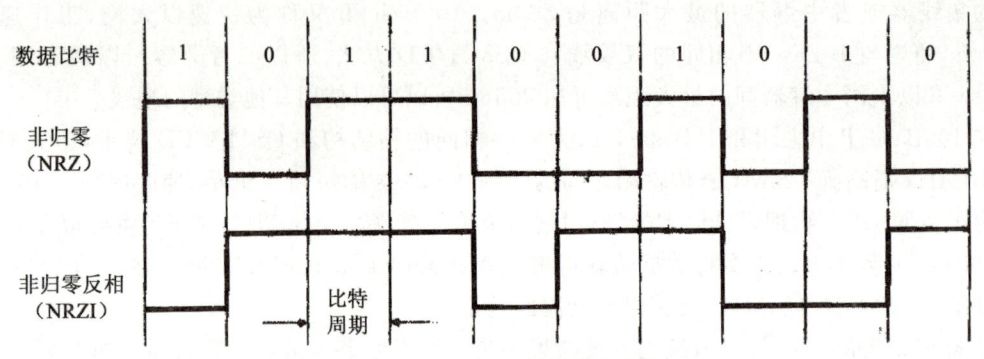

图 5-4　USB NRZI 数据编码方案

③ISDN。综合业务数字网(Integrated Services Digital Network,ISDN)允许声音和数据在一对电话线上同时传输。NI-2 标准中定义了两种基本的 ISDN 业务:基本速率接口(Basic Rate Interface,BRI)和基群速率接口(Primary Rate Interface,PRI)。ISDN 的语音和用户数据在"承载"信道 B 上传输,一般占据 64Gb/s 的带宽,控制数据在"请求"信道 D 上传输,根据业务类型占据 16Gb/s 或 64Gb/s 的带宽。

BRI 提供两个 64Gb/s 的 B 信道,可以用来同时进行两路语音或者数据连接,也可以合并为一路 128Gb/s 的连接。B 信道传输语音和用户数据,而 D 信道传输数据链路层和网络层的控制信息。

更高容量的 PRI 业务提供 23 个 B 信道和一个 64Gb/s 的 D 信道,或者 30 个 B 信道和 1 个 D 信道。和 BRI 一样,B 信道可以合并起来达到 1472Gb/s 或者 1920Gb/s 的数据带宽。

ISDN 的物理层采用脉冲幅度调制(Pulse Amplitude Modulation,PAM)技术来限制线路衰落效应、近端及远端串扰和噪声,以获得高速的数据速率,同时又降低了线路上的传输速率。

这是通过将多个(通常两个或四个)二进制比特转换为一个多级传输的符号来实现的。美国使用的 2B1Q 方法是将两个二进制比特(2B)转换为一个输出符号(1Q),该符号可以有四种取值,如图 5-5 和表 5-1 所示。这种方法可以有效地使线路上的传输速率减半,因而在电话系统的有限带宽上实现了更高的数据传输速率。

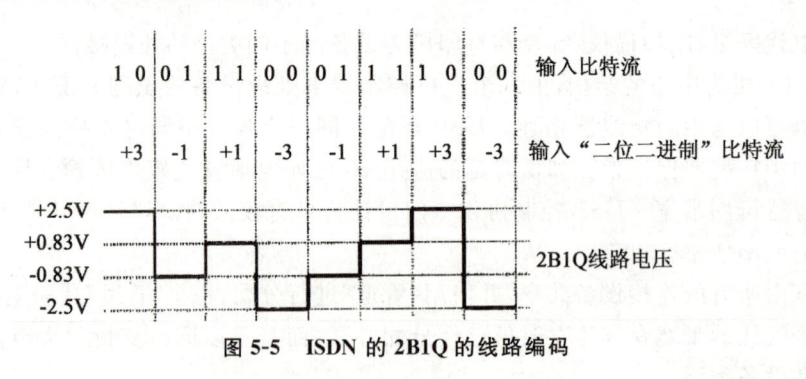

图 5-5　ISDN 的 2B1Q 的线路编码

表 5-1　ISDN 的 2B1Q 的线路编码

输入"二位二进制"	输出"四进制"	线路电压
01	−3	−2.5
00	−1	−0.833
11	+1	+0.833
10	+3	+2.5

(3)数据链路层技术

①有限网络的媒体访问控制。在以太网的媒体访问控制(MAC)层中，用于控制设备传输的最常用方法是 CSMA/CD。当设备采用这种控制方法传输数据帧到网络时，首先检查物理媒体(载波侦听)以确定是否有其他设备正在传输。若检测到其他正在传输的设备，则等待直到其传输结束。一旦载波空闲，便开始传输数据，同时继续监听其他传输。如图 5-6 所示。

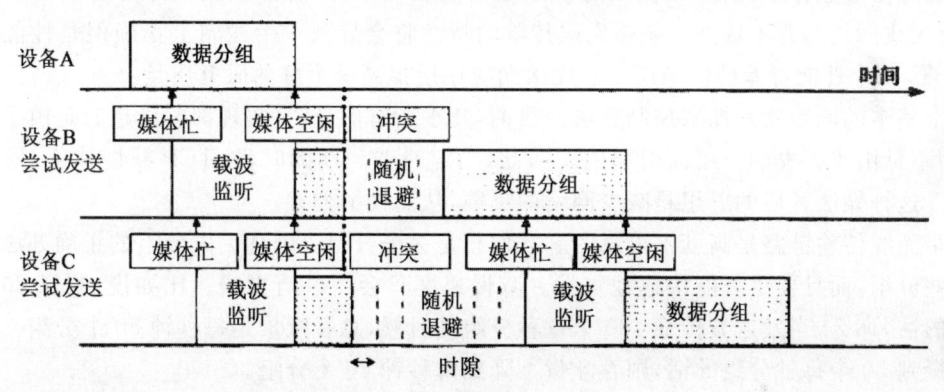

图 5-6　以太网 CSMA/CD 时序

当设备监听到有其他设备同时也在传输(冲突检测)，则停止传输并发送一个短的拥塞信号以告诉其他设备冲突产生。于是每个想要发送的设备都计算一个随机退避时间，该退避时间介于 0 到 t_{max} 之间，当退避时间结束后再次尝试传输。那个恰巧等待了最短时间的设备将会被准许访问媒体，而其余设备将监听该传输并回到载波监听模式。

媒体工作繁忙会导致设备不断地遭遇冲突。当冲突发生时，t_{max} 会在每次新的尝试时加倍，直到 10 次加倍，如果在 16 次尝试后发送仍然是失败的，设备将报告"过多冲突错误"。

②无线网络的媒体访问控制。只有物理层的收发机允许设备在发送期间同时监听媒体，CSMA/CD 的冲突检测才可实现。这在有线网络中是可行的，因为冲突产生的无效电压可以被检测到。但是对于无线电收发机来说是不可行的，因为在相同的时间里发射的信号会使接收过载。在无线网络中，如 IEEE 802.11，冲突检测是不现实的，这时要用到 CSMA/CD 的一种变体即 CSMA/CA，其 CA(Collision Avoidance)表示冲突避免。

除了发送设备不能检测冲突外，CSMA/CA 与 CSMA/CD 有一些相似点。设备在发送前监听媒体，如果媒体忙则等待。发送帧的持续时间字段使等待设备可以预测媒体忙的时间。一旦媒体被监听到是空闲的，等待设备则计算一个称为竞争周期的随机时间周期，并在竞争周期结束后尝试发送。这与 CSMA/CD 中的退避是类似的。区别在于 CSMA/CA 中发送站等待其他站发送帧的结束来避免设备间的冲突,而不是检测到冲突后再恢复。

4. 无线网络的协议模型

无线网络的协议模型显然也是基于分层体系结构的,但是对于不同类型的无线网络所重点关注的协议层次是不一样的。比如,对于无线局域网、无线个域网和无线城域网一般不存在路由的问题,所以它们没有制定网络层的协议,主要采用传统的网络层的 IP 协议。由于无线网络存在共享访问介质的问题,所以和传统有线局域网一样,MAC 层协议是所有无线网络协议的重点。而无线频谱管理的复杂性,导致无线网络物理层协议也是一个重点。此外,对于无线广域网、无线 Ad Hoc 网络、无线传感器网络和无线 Mesh 网络来说,它们总存在路由的问题,所以对于这些网络,不仅要关注物理层和 MAC 层,网络层也是协议制定的主要组成部分。

对于传输层协议来说,理论上应该独立于下面网络层所使用的技术。TCP 不用关心 IP 到底是运行在光纤上,还是通过无线电波来传输。在实际应用中,这却是个问题,因为大多数 TCP 实现都已经小心地作了优化,而优化的基础是一些假设条件,这些假设条件对有线网络是成立的,但对无线网络却并不成立。忽略无线传输的特性将会导致一个逻辑上正确但是性能奇差的 TCP 实现,一个性能奇差的传输层显然无法向应用层提高一个好的服务质量。

一个基本的问题就是拥塞控制算法。目前,几乎所有的 TCP 实现都假设超时是由于拥塞引起的,而不是由于丢失的分组而引起的。因此,当定时器到期的时候,TCP 减慢速度,发送少量的数据。这种做法背后的思想是减少网络的负载,从而缓解拥塞。

但是无线传输链路是高度不可靠的。它们总是丢失分组。处理丢失分组的正确办法是再次发送这些分组,而且要尽可能快速地重发。减慢速度只会使事情更糟。比如说,如果 20% 的分组丢失的话,那么,当发送方传输 100 个每秒分组的时候,总吞吐量是每秒钟 80 个分组。如果发送方减慢到 50 个每秒分组的话,则吞吐量下降到每秒钟 40 个分组。

事实上,当有线网络上丢失了一个分组以后,发送方应该减慢速度;而当无线网络上丢失了一个分组以后,发送方应该更加努力地重试发送。当发送方不知道底层网络的类型时,它很难做出正确的决定。因此,对于许多无线网络来说,特别是多跳无线网络,必须对传统的传输层协议进行必要的改进。

因为无线网络的最终目的是期望像有线网络一样为人们提供服务,所以对于应用层的协议并不是无线网络的重点,只要支持传统的应用层协议就可以了,当然对于一些特殊的网络和特殊应用,也可以对其进行一定的规范化,比如用于构建无线个域网的蓝牙协议就有一个较为完备的五层协议模型。

5.1.3 无线网络的拓扑结构分析

1. 点到点连接

构成不同拓扑结构的基本元素是简单的点到点连接,如图 5-7(a)所示。这些基本元素的重复可以得到有线网络的两种最简单的拓扑结构——总线型拓扑结构和环型拓扑结构,如图 5-7(b)和 5-7(c)所示。

(a)点到点

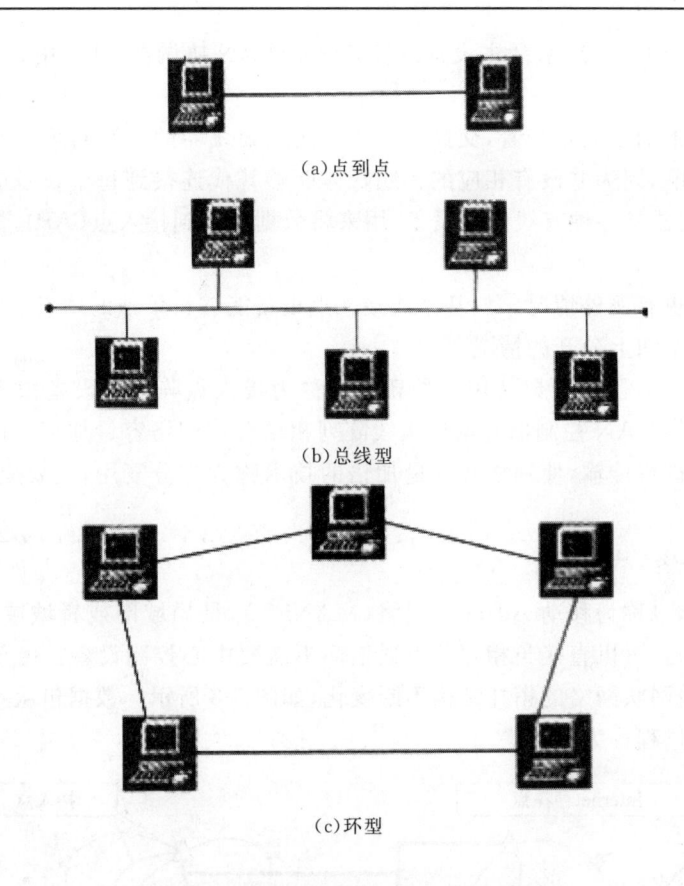

(b)总线型

(c)环型

图 5-7 点到点、环型、总线型拓扑结构

在总线型拓扑结构中,物理介质是由所有终端设备所共享的。其特点包括:费用低、数据端用户接入灵活、安全性高、可靠性高、扩展性强等,因此总线型网络是一种比较普遍的网络拓扑结构,也是应用最为广泛的一种网络拓扑结构。

根据节点间的连接是单向的还是双向的,环形拓扑结构可以分为两种。在单向环形拓扑结构中,相连的节点一端是发送机,另一端是接收机,消息在环内单向传播。而在双向环形拓扑结构中,每个相连的节点既是发送机也是接收机(亦称为收发信机),消息可以在两个方向上传播。

总线和环形拓扑都易于受到单点错误的影响,单个连接故障会使总线网络的部分节点与网络隔断,或者使环形网络的所有通信中断。

解决上述问题的办法是引入一些特殊的网络硬件节点,这些网络硬件设计旨在控制其他网络设备间的数据流。其中最简单的一种是无源集线器。有源集线器即中继器是无源集线器的一种变型,它可以放大数据信号以改善较长距离网络连接时信号强度的衰减。

与有线网络相比,点到点连接在无线网络中更为常见,如端到端(P2P)、Ad-Hoc Wi-Fi 连接、无线 MAN 回程装置、蓝牙等。

2. 无线网络的星型拓扑结构

在星型拓扑结构中,每个站由点到点链路连接到公共中心,任意两个站点之间的通信均要通过公共中心,星型拓扑结构不允许两个站点直接通信。因为所有通信都要通过中央节点,所以中心节点一般都比较复杂,各个站的通信处理负担比较小。无线网络星型拓扑的中心节点,可以是

WIMAX 基站、Wi-Fi 接入点、蓝牙主设备或者 ZigBee PAN 协调器,其作用类似于有线网络中的集线器。

无线媒体本质上的不同意味着,交换式和非交换式集线器的差别对无线网络中的控制节点来说并没有太大影响,因为并没有相应的无线媒体能够替代连接到每个设备的单独缆线。无线 LAN 交换机或控制器是一种有线网络设备,用来将数据交换到接入点(AP),接入点负责为每个数据包寻址目的站。

这种通用规则也有例外情况。如基站或接入点设备能够将单独的站点或者一组使用扇形或阵列天线的站点在空间上分开的情况。

在无线 LAN 的情况下,可以使用一种新型的称为接入点阵列的设备来实现类似的空间分割。这种设备将无线 LAN 控制器和扇形天线阵列相结合使网络容量加倍。通过空间上分离的区域或传播路径来进行传输,使网络吞吐量加倍的技术称为空分复用,主要应用于 MIMO 无线通信中。

3. 无线网状网络

无线网状网络,也称为移动 Ad-Hoc 网络(MANET),是局域网或者城域网的一种,网络中的节点是移动的,而且可以直接与相邻节点通信而不需要中心控制设备。由于节点可以进入或离开网络,因此无线网状网络的拓扑结构不断变化,如图 5-8 所示。数据包从一个节点到另一个节点直至目的地的过程称为"跳"。

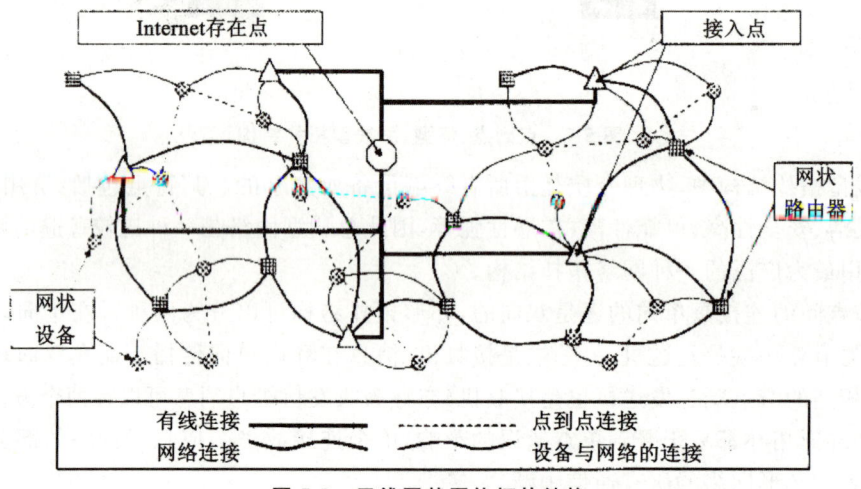

图 5-8 无线网状网络拓扑结构

数据路由功能分布到整个网状网络,而不是由一个或多个专门的设备控制。这与数据在 Internet 上传送的方式类似,包从一个设备跳到另外一个设备直到目的地,然而在网状网络中路由功能包含在每个节点中而不是由专门的路由器实现。

动态路由功能要求每个设备向与其相连接的所有设备通告其路由信息,并且在节点移动、进入和离开网状网络时更新这些信息。

分布式控制和不断的重新配置使得在超负荷、不可靠或者路径故障时能够快速重新找到路由。如果节点的密度足够高可以选择其他路径时,无线网状网络可以自我修复而且非常可靠。设计这种路由协议的主要难题是,要实现不断地重构路由需要比较大的管理开销,或者说数据带宽有可能都被这些路由消息给占据了。与有线网络路由相比,无线网状网络中的多重路径对整个网络的吞吐量也有类似的影响。无线网状网络的容量将随着节点数目的增加而增加,而且可用的选择路径的数目也会增加,所以容量的增加可以通过简单地向无线网状网络中增加更多的节点来实现。

5.1.4 无线技术的应用领域

一个商务旅行者如果要在酒店里呆一个晚上甚至一个星期,没有网络是很不方便的。如果酒店提供了准确的无线网络配置指南和软件设置信息,就能让商务旅行者通过带有无线功能的设备连接到网络上,而无需担心连接速度或使用过时的调制解调器。同样,在机场进行的设置与酒店里相同,只要在无线客户端软件里进行相应的设置就能连上网络。通过酒店和机场提供的无线服务,旅行者能够保持工作效率,利用这段可能荒废的时间去继续工作(当然也可能是打游戏)。旅行者可以访问各种业务资源,如访问互联网和电子邮件,甚至能使用虚拟专用网络(VPN)与企业内部网相连,这对于需要与公司保持联系的在外移动的员工而言是极为便捷的。

可以采用两种方式来实现上述情景,第一,无线互联网服务提供商与机场或酒店签订合同,架设无线接入服务器和接入点;第二,在特定位置安装接入点,在整个酒店或机场范围内提供无线网络覆盖。这样,任何人只要拥有该服务提供商的账号,就能在特定的区域范围内访问互联网。该区域将为用户的笔记本、个人数字助理(PDA)或带有 802.11 功能的手机等无线设备提供网络接入服务。许多公司和行业都正在加入无线技术的应用阵营。

1. 无线技术在专门领域的应用

如今,无线网络的好处被越来越多的专门领域所认识到,他们也开始使用无线网络技术。随着时间的推移、用户需求的增长和技术普及率的提高,这些专门领域也在逐渐把无线网络与企业更深入地融为一体。

(1)配送服务领域

灵活性和速度是配送及速递服务的一大关键。为了方便在配送车辆与办公室之间进行语音通信,该行业采用了一种称为"增强型专用移动无线电"(ESMR)的技术,从而通过办公室里的一个调度装置为司机安排全天的行程。司机在到达某一地点之后,就用无线电向调度装置发送自己的位置信息。

ESMR 能像民用波段(Citizens Band,CB)无线电一样工作,一方面能够让同一信道上的所有用户同时接收信息,另一方面又能让两个用户进行单独通信。这种解决方案不但能让调度装置协调提货和配送的计划,并且能随时掌握司机的进度。例如,它可以引导空载车辆的司机去协助其他司机完成任务,它可以将客户的配送请求用无线电通知给路上的司机。这种通信方式可以节约时间、提高效率,给配送服务带来好处。

联合包裹公司(UPS)为了满足业务需求,还采用了一种类似的无线系统。它给每位司机都配备了一个看上去像是剪贴板的设备,上面带有一个数字读出装置,并且附有一个笔一样的工具。司机使用该工具对每一笔配送进行数字化记录,并且用它记录收到包裹者的确认签名。该信息能通过无线网络传回公司的控制中心,方便客户登录到 UPS 的网站上查询包裹的确切状态。

(2)零售业

无线技术在电子收款机系统(POS)中的应用大大方便了商家和消费者,并将彻底变革零售业的交易方式。通过使用无线技术,现金出纳机和打印机不再需要放到一个固定的地点,而可以被远程使用;通过使用无线技术,多个现金出纳机可以通过无线网络接入点被连接到一台主计算机上,再与广域网相连,通过广域网连接把实时的销售数据传递到公司总部,方便进行财务核算。

无线POS机的使用还方便了库存管理。一个手持的无线条形码扫描器具有多种用途,一方面它能更方便地协助收款系统,另一方面它能通过无线技术把相关数据传递到主计算机系统。操作人员可以利用它查看特定商品在一天内的库存变化情况。无线扫描器体积小,便于携带,并且不需手工输入就能记录相关的数据,可以帮助提高库存管理的效率。

(3)金融领域

无线技术的应用能让投资者时刻掌握最新的股市行情,从而作出及时的交易决策。如今的投资者可以通过无线设备从互联网接收实时的股市行情,进行在线交易,并且能对市场行情立即作出反应。而不再是坐在办公桌前打电话指示经纪人买进或卖出。

无线技术的应用能让投资者选择特定的股票并及时获得关键的信息。在这种应用中,投资者可以为自己跟踪的股票设定一个警告阈值,当股票的走势满足该阈值后,投资者能够接收到通过无线服务发送的信息。投资者能享受这一服务所带来极大的便利。

(4)监测领域

无线技术在监测领域的应用已经有一段时期的历史。监测包括主动式监测和被动式监测。主动式监测是通过发射无线电信号到监测目标,再接收一系列的预期返回信号。例如,交通管制中使用的雷达测速枪就是一个典型的主动式监测的例子,巡逻人员把测速枪对准目标,然后启动测速枪,目标的相关数据就能立即显示在雷达装置上。被动监测只需要让监测设备一直对信号发射装置进行接听并记录下相关数据。例如,可以在动物身上放置一个信号发射器,在一段时期内搜集它所发送的信号和数据,供随后的研究使用。被动监测的历史较前者而言更为悠久。

美国航空航天局(NASA)对太空中无线电信号进行监听并接收探测器传来的图片和数据,气象卫星对天气模式进行观测,地质学家使用无线电波搜集地震信息等都是目前已有的监测应用范围。

(5)公共安全领域

无线技术在公共安全领域最早的应用是为偏远地区的航海及其他存在潜在危险的活动提供无线电通信。通过使用卫星通信以及国际海事卫星组织(INMARSAT)的协调,无线通信既能为恶劣天气下的船只提供信息,又能提供紧急情况求助机制。这一应用推动了全球定位系统(GPS)的诞生。

GPS自诞生发展到现在,已经成为美国海军舰艇的标准配置。在大多数情况下,每位船长都能利用环绕地球的24颗GPS定位卫星,再结合自己船上的导航系统,从而判断出自己当前的确切位置并绘出航线图。GPS还被用于军事和航空领域。对个人应用而言,GPS还能通过追踪或精确定位个人所在位置来挽救生命。

目前,无线技术的应用还发展到了一些医学方面,例如救护车和医院监测连接等。远程的救护车能通过无线设备与医院保持联系,在救护车把病人运到医院的急救室之前,车上的紧急医疗救护员能够通过医生的远程指导提供早期救治。这对于危急病人而言是非常重要的,能够争分夺秒使其尽快脱离危险。进行早期救治的同时,包含病人身体状况的标准监控数据也能在第一时间内通过无线传递到医院。

2. 无线技术在通用领域的应用

除了在专门领域的应用外,无线技术还能用于各种通用领域。

(1)信息传递

无线手机、无线应用协议(WAP)和短信息服务(SMS)的广泛使用都属于信息传递领域,该服务类似美国在线(AOL)提供的网上即时通信服务。移动终端把双向信息传递、多服务呼叫和Web浏览等功能集一身,成为消费者手中的一种强大工具,也能让相关厂商获得更高的收益。无线信息传递服务还被应用到人们的日常生活中,尤其是在餐馆里,传统的座位预订方式很可能会被这种服务逐渐取代。

(2)网络浏览

如今,越来越多的无线设备都集成了各种语音和数据处理功能,并且可以利用合适的软件连到互联网,将互联网的力量和海量的信息表现出来。

例如,各种 PDA、Palm 公司推出的手持设备以及带有合适软硬件的无线电话都能用来连接互联网,速度可以达到 56kb/s。随着演进数据优化(EVDO)等技术的采用,一些无线电话现在能提供 400~700kb/s 的传输速率,最大速率更是达到了 2.4Mb/s。无线通信技术能够应用于浏览互联网已经是一个巨大的成就,但它的脚步远远没有停止。它开始进入了互联网游戏的领域。随着无线设备界面的不断改善,游戏行业将很快为人们的 PDA 等设备提供高质量的在线游戏。

(3)蓝牙无线设备

蓝牙设备同样采用是 2.4GHz 频带来进行数据传输的,它在最近几年也变得日益流行起来。蓝牙技术在人们的生活、工作中发挥着重要作用,越来越多的组织和公司开始认识到蓝牙设备所带来的便利性。

首先说,具有免提耳机和数据同步等功能。人们可以把 PDA 和智能手机等设备与笔记本电脑进行无线同步;人们可以利用蓝牙耳机与无线电话进行免提通信;人们还可以利用汽车本身带有的蓝牙功能把无线电话与车载音响连接起来,不需要耳机就能实现电话的免提拨打和接听。

其次,一些能够接入互联网的无线电话还能通过蓝牙提供 Tethering 服务,也就是先让无线电话接入互联网,再把它通过蓝牙技术与笔记本电脑相连,这样笔记本就能通过无线电话接入互联网了。

(4)地图查询

GPS 系统可以在无线环境中进行地图查询,GPS 装置能显示出当前位置的周边地图,其工作原理是:GPS 卫星发射的信号被传递到车载计算机中,该计算机包含的应用软件里已经存有一张地图。应用软件里的地图数据越新,地图就越精确。GPS 接收器获得的地理坐标被输入到软件的地图里,通常表示为一个圆点,屏幕上就可以显示出这个圆点当前位于地图中的什么位置。屏幕显示的画面会随着 GPS 接收器的移动进行即时更新。

GPS 不仅能协助航运业进行导航,还能增强商业运输工具和私人车辆的安全。目前不少汽车都已经安装了 GPS 接收器,以防止司机迷路。

5.2 无线局域网技术

5.2.1 WLAN 的产生及分类

1. WLAN 的产生

无线局域网(Wireless Local Area Network,WLAN)是指以无线信道来代替传统线传输介质所构成的局域网络。无线局域网是在有线网络的基础上发展而来的,WLAN 的出现能够使网络上的各种终端设备摆脱有线连接介质的束缚,使其具有更多的移动性,并能够实现与有线网络之间的互联和互通。

无线局域网也有广义与狭义之分。狭义无线局域网技术通常指的是我们常说的 WLAN,狭义无线局域网的内容包括 IEEE 802.11 系列标准和 HiperLAN1。而广义无线局域网的范围就要广泛得多,除了上述的 IEEE 802.11 系列标准和 HiperLAN1 标准之外,还包括无线个人局域网(WPAN)和以 IEEE 802.16 和 HiperLAN2 标准为代表的宽带无线接入技术等。

无线数据传输技术最早出现在第二次世界大战中,当时的无线传输技术被用于军队作战时越过敌人的防线来传送作战计划等军事行动信息。因为军事行动信息是保密信息,所以需要对这些传输的无线信号进行安全加密,以防止军事情报被泄密。

1971年,夏威夷大学的一些研究人员创建了第一个无线电通信网络。由 Norman Abramson 开发的第一个无线网络 AlohaNet 于 1971 年投入运行,当时的数据传输速率为 9.6kb/s。AlohaNet 实际上是第一个无线网络,尽管它的发展经过了很长的一段时间。AlohaNet 是个无线广域网(WWAN),由双向星型拓扑结构连接的计算机组成,其卫星和陆地无线电传输协议也是以 Aloha 命名的。移动终端可以在任意时间传输信息,但是如果在同一时刻有多个终端要同时进行传输的话,那么这些终端之间就可能会发生冲突。减少冲突的一种方法是将信道划分为多个时隙并且要求所有终端设备只有在时隙开始的时候传输数据。

以太网的发展经历了跳跃式的飞速发展过程。以太网的效率比较高,数据传输速度也比较快,但是它必须使用物理传输线路作为其传播介质。无线网络则将以太网的可靠性、高速性与无线数据网络的优点恰如其分地结合在了一起。

无线局域网虽然具有很多灵活性和其他方面的优点,但是直到 1994 年,WLAN 才首次在商业运作中得到应用,且其传输速度很低(12Mb/s),工作频段为 900MHz。这些因素导致早期的无线局域网的使用者受到很多数据传输速度方面的限制。除了数据传输速率低以外,无线局域网还存在彼此之间兼容能力差等方面的问题。不同厂家的无线局域网系统之间可能会不兼容,原因有以下三个方面。

①跳频扩频和直接序列扩频技术是无线局域网最常用的技术,但是这两种技术是不会同时工作的,基于跳频扩频技术的系统不可能与另外一个基于直接序列扩频技术的系统进行通信。

②即使两个系统都采用了相同的技术,但由于各自工作在不同的频带上,也是不能互通的。如果两个系统不是在同一个信道上工作,那么无线网络中的接入点和无线网卡也是不能进行通信的。

③即使两个系统都采用了相同的技术,并且也都工作在同一个频带上,但由于各个厂家无线局域网实现方式之间的差异,不同厂家的系统也可能存在相互之间不兼容的问题。

为了能够统一各商家的无线局域网设备,推动无线局域网的快速发展,国际标准化组织开始考虑制定无线局域网的标准。在无线局域网的发展过程中,主要分为两大体系,一个为 IEEE 802.11 系列标准,而另外一个为欧洲制定的 HiperLAN 系列标准。

作为全球局域网领域的权威,IEEE 802 委员会在过去 20 年中建立了推动局域网工业发展的一系列标准,其中包括 IEEE 802.3 以太网、IEEE 802.5 令牌网和 IEEE 802.3z 100BASET 高速以太网等一系列标准。经过 7 年的努力,在 1997 年,IEEE 组织推出了 IEEE 802.11 标准,成为第一个在国际上被认可的无线局域网标准。1999 年 9 月,该组织又在 IEEE 802.11b 标准中将"高速率"补充进来,在原有标准的传输速率基础上新添了 5.5Mb/s 和 11Mb/s 两个更高的数据传输速度。有了 IEEE 802.11b 标准以后,移动用户就可以得到与以太网类似的性能和吞吐量。基于 IEEE 802.11b 等标准的无线通信技术允许管理员建造一种将几种局域网技术无缝连接起来的网络,以适应用户的不同需求。像所有 IEEE 802 标准一样,IEEE 802.11 标准将注意力集中在 ISO 模型的最低两层:物理层和数据链路层。

2. 无线局域网的分类

无线局域网可根据不同的层次、不同的业务、不同的技术和不同的标准以及不同的应用等进行分类。

(1) 按照不同的频段

有专用频段和自由频段两类。不需要执照的自由频段又可分为红外线和主要是 2.4GHz 和 5GHz 频段的无线电两种。

(2) 根据业务类型

有面向连接的业务和面向非连接的业务两类。面向连接的业务主要用于传辖语音等实时性较强的业务,一般采用基于 TDMA 和 ATM 的技术,主要标准有 HiperLAN2 和蓝牙等。面向非连接的业务主要用于高速数据传输,通常采用基于分组和 IP 的技术,这类 WLAN 以 IEEE 802.11x 标准最为典型。

(3) 根据网络拓扑和应用要求

根据网络拓扑和应用要求还可以分为对等式(P2P)、Infrastructure(基础结构式)和接入、中继等。

5.2.2 WLAN 的组成结构与服务

1. WLAN 的组成结构

无线局域网的组成结构如图 5-9 所示,由站(Station,STA)、无线介质(Wireless Medium,WM)、基站(Base Station,BS)或接入点(Access Point,AP)和分布式系统(Distribution System,DS)等几部分组成。

① 站(STA)。站(点)也称主机或终端,是无线局域网的最基本组成单元。网络就是进行站间数据传输的,我们把连接在无线局域网中的设备称为站。站在无线局域网中通常用做客户端,它是具有无线网络接口的计算设备。它包括以下终端用户设备、无线网络接口及网络软件三部分。

② 无线介质。无线介质是无线局域网中站与站之间、站与接入点之间通信的传输媒介。在这里指的是空气,它是无线电渡和红外线传播的良好介质。无线局域网中的无线介质由无线局域网物理层标准定义。

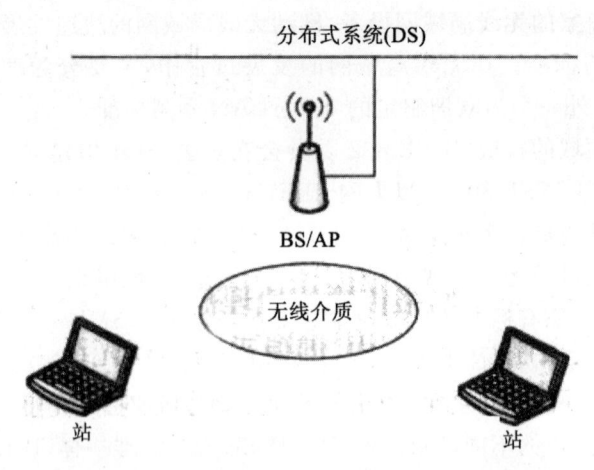

图 5-9 WLAN 的物理结构

③无线接入点(AP)。无线接入点类似于蜂窝结构中的基站,是无线局域网的重要组成单元。无线接入点是一种特殊的站,它通常处于 BSA 的中心,固定不动。

④分布式系统(DS)。一个 BSA 所能覆盖的区域受到环境和主机收发信机特性的限制。为了能覆盖更大的区域,就需要把多个 BSA 通过分布式系统连接起来,形成一个扩展业务区(Extended Service Area,ESA),而通过 DS 互相连接起来的属于同一个 ESA 的所有主机组成一个扩展业务组(Extended Service Set,ESS)。分布式系统就是用来连接不同 BSA 的通信通道,称为分布式系统信道(Distribution System Medium,DSM)。DSM 可以是有线信道,也可以是频段多变的无线信道。这样在组织无线局域网时就有了足够的灵活性。

2. WLAN 提供的服务

无线局域网的不同层次都有相应的服务。例如,应用层业务主要有 E-mail、FTP、WWW 浏览等。与 WLAN 体系结构和工作原理密切相关的服务主要有两种类型,即分发服务和站点服务,且这两种服务均由 MAC 层使用。

(1)分发服务(Distribution Service)

由分布式系统提供的服务被称为分布式系统服务。在 WLAN 中,分发服务通常由 AP 提供。分发服务包括以下几种。

①关联(Association)。为了在分布式系统内传送信息,对于给定的站点,分布式服务需要知道接入哪个 AP。这种信息由联结的概念提供给分布式系统。在站点允许通过 AP 发送数据消息之前,它应首先联结至 AP。欲建立联结,必须唤醒联结服务,该服务提供了站点到分布式系统的 AP 映射。分布式系统使用该信息完成它的消息分布业务。在任一给定瞬间,一台站点仅可能和一个 AP 联结。一旦联结完成,站点就能充分利用分布式系统(通过 AP)进行通信。联结通常由移动站点激活,而非 AP。一个 AP 可以在同一时间联结多个站点。

②解除关联(Disassociation)。当要终止一个已存在的联结时,就会唤醒解除联结。在 ESS 中,它告诉分布式系统取消已存在的联结信息。因此试图通过分布式系统向已解除联结的站点发送信息根本不会成功。联结的任一部分(非 AP 的站点或 AP)均可唤醒解除联结服务,解除联结是一个通告型而非请求型服务,它不能被联结的任一方拒绝。AP 可以解除站点联结,使 AP 从网络中移走。站点也可以试图在需要它们离开网络时解除联结,然而 MAC 协议并没有依靠

站点来唤醒解除联结服务。

③重新关联(Reassociation)。对 STA 间的无切换消息传送而言,联结为充分条件。想支持 BSS 切换移动,还需要其他功能。这就是重新联结服务。唤醒的重新联结服务用来完成当前联结从一个 AP 移动到另一个 AP。当站点在 ESS 内从一个 BSS 移动到另一个 BSS 时,它保持了 AP 与站点之间的当前映射。当站点保持与同一 AP 的联结时,重新联结还能够改变已建联结的联结属性。重新联结总是由移动站点激活。

④分发(Distribution)。这是 WLAN 站点使用的基本服务。在概念上,它是由来自或发送至工作在 ESS(此时帧通过分布式系统发送)中的 WLAN 站点的每个数据消息唤醒,分发借助于分发服务完成。

⑤集成(Integration)。如果分布式服务确定消息的接收端为集成 LAN 的成员,则分布式系统的"输出"点将是端口而非 AP。分发到端口的消息使得分布式系统唤醒集成功能,集成功能负责完成消息从 DSM 到集成 LAN 介质和地址空间的变换。

(2)站点服务(Station Service)

由站点提供的服务被称为站点服务,它存在于每个站点和 AP 中。SS 包括以下几个。

①认证(Authentication)。在有线 LAN 中,采用物理安全性来阻止非授权接入;而在 WLAN 中,这显然是不实际的,因为其媒体没有精确的边界。站点之间的认证可以是链路级的认证,也可以是端到端(消息源到消息目的地)或用户到用户的认证。认证过程和认证方案都可以自由选择。

②撤销认证(Deauthentication)。当欲终止已存在的认证时,解除认证服务就被唤醒。在 ESS 中,由于认证是联结的先决条件,因此解除认证就能使站点解除联结。解除认证服务可由任何一个联结实体(非 AP 的站点或 AP)唤醒,它不是一种请求型,而是通知型服务。解除认证不能被任何一方拒绝。当 AP 发给已联结的站点解除认证通知时,联结将被终止。

③保密(Privacy)。在有线 LAN 中,只有物理上连接到有线的那些站点可以侦听 LAN 的服务。对无线共享媒体而言,情况就不同了。任何一台符合本标准的站点可以侦听到其覆盖范围内的所有 PHY 服务。因此,独立无线链路(无保密)连接到已存在的有线 LAN 时会严重降低有线 LAN 的安全级别。

④数据递交(Data Delivery)。IEEE 802.11 不提供 100% 的可靠性保证,当需经过以太网通信时,以太网也不提供 100% 的可靠性保证,所以必须由高层协议来负责检查;校正差错,以保证最终数据递交的正确性。

5.2.3 WLAN 的通信方式

目前在设计无线局域网络产品时,有多种存取设计方式,但是无线局域网的存取方式可以大致分为如下三大类,这三类接入方式分别为:窄带微波(Narrowband Microwave)技术、扩频(Spread Spectrum)技术以及红外线(Infrared)技术,每种技术都有其各自的优缺点,在此我们仅对这些技术进行简单介绍。

(1)基于射频方式的无线局域网

目前,基于射频方式的无线局域网系统必须要使用扩频技术。射频系统把发射频谱限制在一定的带宽之内,发射功率被限制在 1W 的范围之内。但是这些限制并不会阻止无线网络的性能。扩频技术主要以两种形式出现:一种方式为直接序列扩频(DSSS),另一种方式为跳频扩频

(FHSS)。由于扩频技术存在许多制约条件,因此大部分基于直接序列扩频和跳频扩频无线局域网的数据传输速率要比基于红外线和基于微波方式的无线局域网要低。

(2)红外线方式无线局域网

虽然红外方式的 WLAN 在 WLAN 领域中的应用很少,但是红外线却在某些领域有着特定的优势。红外线方式的无线局域网系统使用非常高的频率来实现数据传输,在电磁波频谱中仅低于可见光的频率。但基于红外线方式的高性能无线局域网,对于移动用户来说是不可能实现的,它一般仅用在固定的子网络中。

(3)窄带调制技术

前面已经介绍了直接序列扩频方式、跳频扩频方式和红外线方式的无线局域网,在无线局域网领域中还有一种调制技术叫做窄带调制技术,窄带调制技术的基本思想,是用无线电系统在一特定的射频段上传输和接收用户信息。窄带无线电在能够完整地传输信息的基础上,应尽可能窄地控制无线电信号的带宽。通过协调手段来使不同用户工作在不同的频率上,这样就可以避免通信信道相互之间产生不希望的串扰。

(4)微波调制技术

根据无线电管理部门的规定,微波系统的工作功率一般要小于 500mW。到目前为止微波系统在市场上并不是很常见,并且微波技术在 IEEE 802.11 标准的无线局域网中所占的比例也不是很大。它们采用单个的频率调制技术来进行窄带传输,绝大多数都是工作在 5.8GHz 的频带内。微波系统没有扩频系统的那些问题,它的最大的优点就是能够实现高速率数据传输。但是随着 IEEE 802.11a 标准的制定和使用,微波系统将会发挥越来越重要的作用,无线网络标准允许微波方式的无线局域网数据传输速度达到 54Mb/s。随着微波技术的不断熟,微波方式的无线局域网一定能够得到更大范围的使用。

5.2.4 无线局域网标准 IEEE 802.11

1. IEEE 802.11 的结构

(1) IEEE 802.11 标准的逻辑结构

拓扑结构提供了描述了一个网络所需的物理构件的方法,而逻辑结构则定义了该网络的操作。IEEE 802.11 标准的逻辑结构应用于所有每个包含单一 MAC 和一类 PHY 的工作站。IEEE 802.11 的逻辑结构如图 5-10 所示。

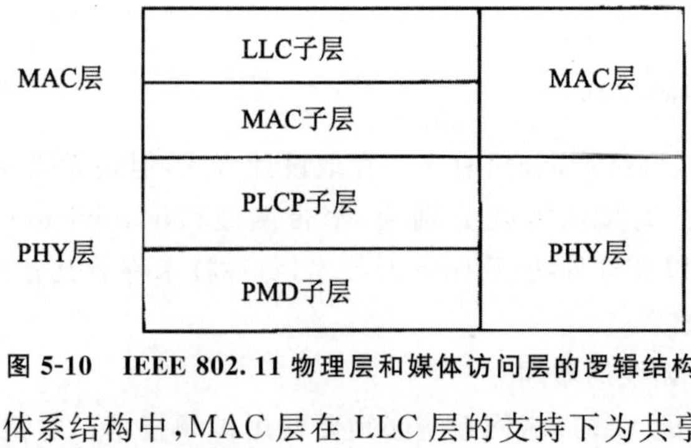

MAC层	LLC子层	MAC层
	MAC子层	
PHY层	PLCP子层	PHY层
	PMD子层	

图 5-10 IEEE 802.11 物理层和媒体访问层的逻辑结构

在 IEEE 802.11 的体系结构中,MAC 层在 LLC 层的支持下为共享媒体 PHY 提供访问控制功能,这些功能包括寻址、访问协调、帧校验序列生成检查以及对 LLC PDU 的定界等。MAC 层在 LLC 层的支持下执行寻址和帧识别功能。在 IEEE 802.11 标准中,MAC 层采用 CAMA/CA

(载波侦听多路访问冲突检测)协议,而标准以太网则采用 CAMA/CD(载波侦听多路访问冲突检测)协议。由于无线电波传输和接收功率的局限性,所以在同一个信道上同时传输和接收数据是不可能实现的。因此,WLAN 只能采取措施预防冲突而不是检测冲突。

(2) IEEE 802.11 系列标准的协议体系结构

IEEE 802.11 标准是 IEEE 制定的无线局域网标准,主要是对网络的物理层(PHY)和媒体访问控制层(MAC)进行了规定,而其中对 MAC 层的规定是重点。各种局域网有不同的 MAC 层,而逻辑链路控制层(LLC)是一致的,即逻辑链路层以下对网络应用是透明的。这样就使得无线网的两种主要用途——"多点接入"和"多网段互联",易于质优价廉地实现。

2. IEEE 802.11 的各层分析

(1) IEEE 802.11 物理层

物理层定义了数据传输的信号特征和调制方式。无线局域网可以使用两种介质进行传输:射频(RF)和红外线(Infrared)。而且有两种调制方式:直接序列扩频(DSSS)和跳频扩频(FHSS)。

DSSS 采用扩展的冗余编码方式进行数据传输,其利用比发送信息速率高许多的伪随机代码对信息数据的基带频谱进行扩展,形成宽带低功率谱密度的信号;在接收端用相同的伪随机代码对接收到的信号进行相关的处理,恢复出原始信息。

FHSS 技术是将 2.4~2.483GHz 频道划分为 75 个 1MHz 的子频道,在一个频带上发送完一段较短的信息后,跳转到另一个频带上;接收方和发送方协商一个跳频模式,数据按照这个序列在各个子频道上进行传送。在一段时间内跳转完所有规定的频带后,再开始另一个跳转周期。物理层能够根据环境噪声情况自动地对传输速率进行调节。

(2) IEEE 802.11 MAC 层

在这里先概述性地介绍一下无线局域网的 MAC 层。IEEE 802.11 MAC 的基本存取方式被称为 CSMA/CA。冲突避免与冲突检测具有非常明确的差别,因为在无线通信方式中,对无线载波的感测和对冲突信息的感测都是不可靠的。同时,当无线电波经发送天线发送出去以后,自己便无法进行监控,因此对冲突的检测也就变得更加困难。在 IEEE 802.11 协议中,对载波的检测主要采用实际测试和虚拟测试两种方式来实现。实际测试要侦听信道上是否有电波在传送,并要在传送中附加上优先级的观念;另一种方法是采用虚拟载波侦听,这种方式要告知其他工作站在哪个时间段的范围内要进行数据传输,以此来防止各工作站在发送数据过栏中发生冲突。

(3) IEEE 802.11 应用层服务

由于 IEEE 802.11 标准仅仅对 IEEE 802.3 标准的物理层和媒体访问控制层进行了增补和替换,所以可以说 IEEE 802.11 标准对网络层及其以上是透明的,因此对于支持 IEEE 802.3 标准的服务和应用来讲,IEEE 802.11 标准只要做稍许改动就能够轻松地应用。这就意味着在 IEEE 802.11 标准成熟的过程中,支持 IEEE 802.3 标准的大量应用层服务可以经过配置来直接为 IEEE 802.11 标准所使用。同样,通过选择无线连接方式,又迅速提高了对诸如文件传输协议(FTP)和超文本传输协议(HTTP)的标准网络商业应用。

3. IEEE 802.11a

IEEE 802.11a 工作在 5GHz 频段,它以正交频分复用(OFDM)为基础。OFDM 的基本原理是把高速的数据流分成许多速度较低的数据流,然后它们将同时在多个副载波频率上进行传输。由于低速的平行副载波频率会增加波形的持续时间,所以多路延迟传播对时间扩散的影响将会减小。通过在每个 OFDM 波形上引入一个警戒时间几乎可以完全消除波形间的干涉。在警戒时间内，OFDM 波形会循环的扩展以避免载波差拍干扰。正交性在多路延迟传播中被维护，接收器得到每个 OFDM 波形的时移信号总和。在传播延迟时间小于警戒时间的时候，在一个 OFDM 波形的 FFT 时间间隔内不会出现波形内部干扰和载波内部干扰。多路只对随机相位和副载波频率的振幅保持影响。前向错误纠正在副载波频率上的应用可以解决弱副载波频率严重衰退的问题。IEEE 802.11a 标准的低、中 UNII 频带的信道描述如图 5-11 所示。

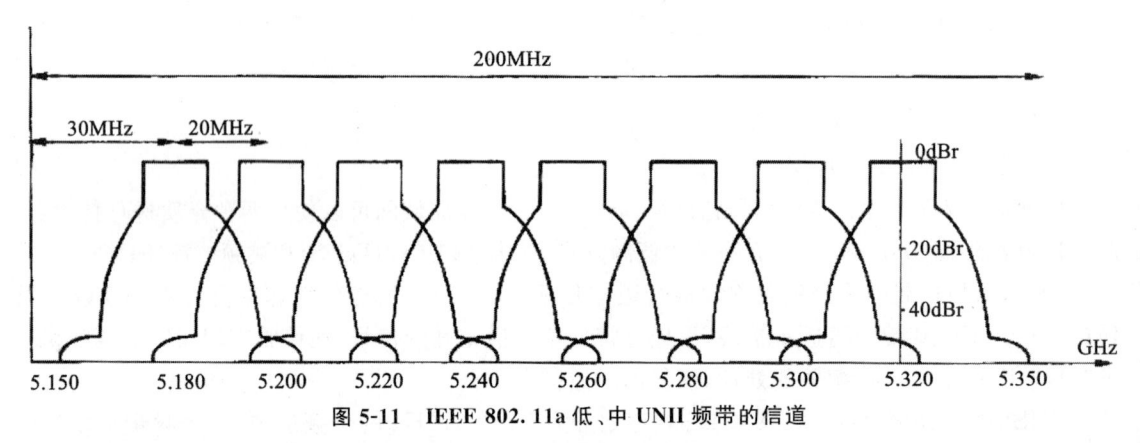

图 5-11　IEEE 802.11a 低、中 UNII 频带的信道

在这些信道中的 8 个可用信道的信道带宽为 20MHz，频带边缘的警戒带宽为 30MHz。FCC 定义了更高的 UNII 频带，取值在 5725～5821GHz 之间，它被用来负载另外 4 个 OFDM 信道。对高频频带而言，由于对超过带宽范围的频谱需求不如低、中 UNII 频带那样强烈，所以其频带边缘的警戒带宽只有 20MHz。在欧洲和日本，对新的 OFDM、802.11a 和 HIPERLAN/2 标准采取了精确的频谱分配技术。尽管该技术还未完全建立，但它预示着在欧洲所有中低段 UNII 频带将被覆盖。在日本，则只有第一个 100MHz(低 UNII 频带)被覆盖。因此，一个全世界都可用的 5GHz 的频带被创立。在欧洲，5.470～5.725GHz 的频带也将可用。由于 IEEE 802.11a 运行在 5GHz 无线频带上，并且支持事达 24 条非重叠信道，所以它的抗干扰性优于 IEEE 802.11b 和 IEEE 802.11g。但是，每个国家政府监管 5GHz 频带使用的管理规定都是不同的，因此从某些角度来看也妨碍了 IEEE 802.11a 设备的部署。

4. IEEE 802.11b

IEEE 802.11b 扩展了基本 IEEE 802.11 所采用的 DSSS 处理方法。IEEE 802.11b 以补码键控(Complementary Code Keying, CCK)技术为基础。在 IEEE 802.11b 标准中，CCK 机制建立在基本 IEEE 802.11 DSSS 信道机制所允许的码元速率的基础之上。因为相同的 PLCK 头部结构是基于 1Mb/s 的传输速率，所以 IEEE 802.11b 的设备与之前的 IEEE 802.11 DSSS 设备兼容，重叠或邻近的 BSS 可以被调节为每个 BSS 中心频率之间至少要间隔 5MHz 的信道空间。因为 IEEE 802.11b 具有更高的数据传输率，所以其要求更加严格，它指定 25MHz 的信道间隔。IEEE 802.11b 有三个隔离良好的信道，它在完全重叠的 BSS 间允许三个独立信道进行传输。

IEEE 802.11 标准最初的 DSSS 标准使用 11 位的巴克码(Barker)序列，用该序列来实现对数据的编码和发送，每一个 11 位的码片代表一位的数字信号 1 或者 0，此时该序列将被转化成信号，然后在空气中传播。这些信号要以 1Mb/s 的速度进行传送，我们称这种调制方式为 BIT/SK，当以 2Mb/s 的传送速率进行数据传送时，要使用一种被称为 QPSK 的更加复杂的传送方式，

QPSK 中的数据传输率是 BIT/SK 的两倍,因此提高了无线传输的带宽。

在 IEEE 802.11b 标准中采用了更为先进的 CCK 技术,该编码技术的核心是存在由一个 8 位编码所组成的集合,在这个集合中的数据有特殊的数学特性使得它们能够在经过干扰或者由于反射造成的多方接受问题后还能够被正确地互相区分。当以 5.5Mb/s 的数据传输速率进行传送时,要使用 CCK 来携带 4 位的数字信息,而以 11Mb/s 的数据传输速率进行传送时要让 CCK 携带 8 位的数字信息,两个速率的传送都利用 QPSK 作为调制手段。

5. IEEE 802.11g

IEEE 802.11g 标准最重要的部分就是该标准在理论上能够达到 54Mb/s 的数据传输速率,同时能够与目前应用比较多的 IEEE 802.11b 标准保持向下的兼容性。IEEE 802.11g 标准所提供的高速数据传输技术关键来自于 OFDM 模块的设计,OFDM 模块的设计与 IEEE 802.11a 标准中所使用的 OFDM 模块是完全相同的。IEEE 802.11g 标准的向下兼容性主要原因是 IEEE 802.11g 使用了 2.4GHz 的工作频段,在这个频段支持原有的 CCK 模块设计,而这个模块与在 IEEE 802.11b 标准中所使用的相同。IEEE 802.11g 是 IEEE 为了解决 IEEE 802.11a 标准与 IEEE 802.11b 标准之间的互联互通而提出的一个全新标准。从容量的角度来看,IEEE 802.11g 标准的数据传输速率上限已经由原有的 11Mb/s 提升到 54Mb/s,但由于在 2.4GHz 频段的干扰源相对更多,因此其数据传输速率要低于 IEEE 802.11a 标准。

IEEE 802.11g 标准与已经得到广泛使用的 IEEE 802.11b 标准是相互兼容的,这是 IEEE 802.11g 标准相对于 IEEE 802.11a 标准的优势所在。IEEE 802.11g 是对 IEEE 802.11b 的一种高速物理层扩展,同 IEEE 802.11b 一样,IEEE 802.11g 工作于 2.4GH 的 ISM 频带,但采用了 OFDM 技术,可以实现最高 54Mb/s 的数据速率。在 IEEE 802.11g 的 MAC 层上,IEEE 802.11、IEEE 802.11b、IEEE 802.11a 和 IEEE 802.11g 这四种标准均采用的是 CSMA/CA 技术,这有别于传统以太网上的 CSMA/CD 技术。

5.2.5 无线局域网物理层技术

1. 微波技术

无线局域网采用电磁波作为载体来传送数据信息。对电磁波的使用可以分为窄带射频和扩频射频技术两种常见模式。WLAN 从本质上讲是对传统有线局域网的扩展,WLAN 组件将数据包转换为无线电波或者是红外脉冲,将它们发送到其他无线设备中或发送到作为有线局域网网关的接入点。目前大多数 WLAN 部是基于 IEEE 802.11 和 IEEE 802.11b 标准而制造的设备,通过这些设备来与局域网进行无线通信。这些标准可使数据传输分别达到 1~2Mb/s 或 5~11Mb/s,确定一个通用的体系、传输模式或其他无线数据传输来提高产品的互操作性。

WLAN 制造商在设计解决方案的时候,可以选择使用多种不同的技术。每个技术都有自己的优势和局限性。在常规的无线通信应用中,其载波频谱宽度主要集中在载频附近较窄的带宽内。而扩频通信则采用专用的调制技术,将调制后的信息扩展到很宽的频带上去。需要注意的是,即使采用同样的扩频技术,各种产品在实现方法上也不相同。

(1) 窄带技术

窄带无线系统在一个特定的射频范围传输和接收用户信息。窄带无线技术只是传递信息,并占尽可能窄的无线信号频率带宽。若通过合理的规划和分配,则不同的网络用户就可以使用不同信道频率,并可以以此来避免通信信道间的干扰。在使用窄带通信的时候,既能够通过使用无线射频分离技术来实现信号分离,也可以通过对无线接收器的配置来实现对指定频率之外的所有其他干扰无线信号的过滤。

(2)扩频技术

扩频通信的基本思想是通过使用比发送信息数据速率高出许多倍的伪随机码将载有信息数据的基带信号频谱进行扩展,形成宽带的低功率频谱密度信号。增加传输信号的带宽就可阻在较强的噪声环境下进行有效数据传输,其基本思路就是要通过扩频方法以得到很宽的数据传输频带以换取信噪比上的好处,这就是扩频通信的基本思想和理论依据。扩频通信技术在发射端进行扩频调制,在接收端以相关解调技术接收信息,这一过程使其具有许多优良特性。

2. 红外技术

WLAN使用电磁微波(无线或红外)进行点到点的信息通信,而不依赖任何的物理连接。无线电波常常指无线载波器,因为他们只是执行将能量传递到远程接收器的作用。传输的数据被加载到无线载波器中,这样就可以从接收终端中准确的提取。这通常被称作通过传递信息的载波器调制。一旦数据加载(调制)到无线载波器,无线信号将占用多于一个的频率,因为调制信息的频率或比特率被加入到了载波器中。

基于红外线方式的无线局域网方案包有价格低廉、工作频率高、干扰小、数据传输速率高、接入方式多样、使用不受约束等特点。但这种模式的无线局域网只能进行一定角度范围内的直线通信,在收信机和发信机之间要求不能存在障碍物。

在通常情况下,建立基于红外线方式无线局域网的方式有如下两种。

一种方式是采用固定方向的红外线传输,这种方式的覆盖范围非常远。在理论上可以达到数千米,并且能够应用于室外环境,同时因为该方式的无线局域网带宽很大,所以其数据传输速度也很高。

第二种方式是采用全方向的红外线传输。这种方式的无线局域网能够由发射源向任意方向的任何目的地址以全向方式发送信号。这种方式的无线局域网覆盖范围相对前者要小得多。

因此,从诸多因素综合考虑的时候,在现阶段我们就可以得到如下结论:红外技术仅仅可以当成无线局域网的一门技术来加以讲述,它是组成无线局域网的一种形式,但是相对于射频技术而言,红外技术还不能达到射频无线网络所具有的性能。

5.2.6 无线局域网 MAC 层技术

1. CSMA/CA

CSMA/CA 的基础是载波侦听,IEEE 802.11 根据 WLAN 的介质特点提出了两种载波检测方式。一种是基于物理层的载波检测方式;另一种是虚拟的载波检测方式。

(1)基于物理层的载波检测方式

基于物理层的载波检测方式是从接收到的射频或天线信号来检测信号能量,或者是根据接收信号的质量来估计信道的忙闲状态。

(2)虚拟载波检测方式

虚拟载波检测方式是通过 MAC 报头 RTS/CTS 中的 NAV 来实现。只要其中的一个 NAV 提示出信号传输介质正在被其他用户所使用,那么传输介质就被认为已经处于忙状态。

虚拟载波侦听检测机制是由 MAC 层提供的,虚拟载波侦听机制要参考 NAV 来实现。NAV 包含对介质上要进行通信内容的预测,NAV 是从实际数据交换前的 RTS 和 CTS 以及 MAC 在竞争期间除节能轮询控制帧外的所有帧头中持续时间域来获取有用信息。

载波侦听机制包含 NAV 状态和由物理载波侦听信道提供给 STA 的发送状态。NAV 可以被看成一个计数器,它以统一的速率逐渐递减,直至减少到 0,当该计数器为 0 的时候则表明传输介质处于空闲状态,否则的话,介质就为忙。只要无线局域网中的任意一个站点发送数据,那么整个网络的传输介质就都会被确定为忙状态。

CSMA 作为随机竞争类 MAC 协议,算法简单而且性能丰富,所以在实际局域网的使用中得到了广泛的应用。但是在无线局域网中,由于无线传输介质固有的特性投移动性的影响,无线局域网的 MAC 在差错控制、解决隐藏节点等方面有别于有线局网络。因此 WLAN 与有线局域网所采用的 CSMA 具备一定的差异。WLAN 采用 CSMA/CA 协议,它与 CSMA/CD 最大的不同点在于其采取避免冲突工作方式。

2. 媒体接入技术

无线局域网中 MAC 所对应的标准为 IEEE 802.11,IEEE 802.11 的 MAC 子层分为两种工作方式,一种是分布控制(DCF)方式,另一种是中心控制(PCF)工作方式。

(1) 分布控制方式(DCF)

DCF 是基于具有冲突检测的载波侦听多路存取方法(CSMA/CA),无线设备发送数据前,首先要探测一下线路的忙闲状态,如果夺闲,则立即发送数据,并同时检测有无数据碰撞发生。这一方法能协调多个用户对共享链路的访问,避免出现因争抢线路而无法通信的情况。这种方式在共享通信介质时没有任何优先级的规定。DCF 包括载波检测(CS)机制、帧间间隔(IFS)和随机避让(Random Back-off)规程。对 IEEE 802.11 协议而言,网络中所有的终端要发送数据时,都要按照 CSMA/CA 的媒体访问方法接入共享介质,也就是说,需要发送数据的终端首先侦听介质,以便知道是否有其他终端正在发送。如果介质不忙,则可以进行发送处理,但不是马上发送数据帧,而是由 CSMA/CA 分布算法,强制性地控制各种数据帧相应的时间间隔(IFS),只有在该类型帧所规定的 IFS 内介质一直是空闲的方可发送。如检测到介质正在传送数据,则该终端将推迟竞争介质,一直延迟到现行的传输结束为止。在延迟之后,该终端要经过一个随机避让时间重新竞争对介质的使用权。

(2) 中心控制方式(PCF)

PCF 是一个在 DFC 之下实现的替代接入方式,并且仅支持竞争型非实时业务,适用于具备中央控制器的网络。该操作由中央轮询主机(点协调者)的轮询组成。点协调者在发布轮询时使用 PIFS。由于 PIFS 小于 DIFS,点协调者能获得媒体,并在发布轮询及接收响应期间,锁住所有的非同步通信。

5.3 无线城域网技术

5.3.1 无线城域网标准 IEEE 802.16

1. IEEE 802.16 工作组

IEEE 802.16 是 IEEE 802 LAN/MAN 的一个工作组,成立于 1999 年。主要负责开发工作在 2～66GHz 频带的无线接入系统空中接口物理层(PHY)和介质接入控制层(MAC)规范,同时还与空中接口协议相关的一致性测试以及不同无线接入系统之间共存的规范,涉及 MMDS、LMDS 等技术。它由 3 个工作小组组成,每个工作小组分别负责不同的方向:IEEE 802.16.1 负责制定频率为 10～60GHz 的无线接口标准;IEEE 802.16.2 负责制定宽带无线接入系统共存方面的标准;IEEE 802.16.3 负责制定频率在 2～10GHz 之间获得频率使用许可权可应用的无线接口标准。IEEE 802.16 工作组制定的是用户的收发信机同基站收发信机之间的无线接口,协议标准按照三层体系结构组织。

(1)物理层

三层结构中的最底层,该层的协议主要是关于频率带宽、调制模式、纠错技术以及发射机同接收机的同步、数据传输速率和时分复用结构等方面。

(2)数据链路层

在物理层之上,该层上主要规定了为用户提供服务所需的各种功能。这些功能都包括在介质访问控制(MAC)层中,主要负责将数据组成帧格式来传输和对用户如何接入到共享的无线介质中进行控制。

(3)汇聚层

在 MAC 层之上,该层能根据所提供服务的不同而相应地提供不同的功能。该层也可以归到数据链路层上。

2. IEEE 802.16 系列标准

IEEE 802.16 标准规定了多业务点对多点宽带无线接入系统的空中接口,包括 MAC 层和物理层。MAC 层能够支持多种物理层,这些物理层已经被优化以满足多个应用频带,还包括一个特殊的物理层实现方案。该方案可以广泛应用于 10～66GHz 之间的各种系统。

(1)IEEE 802.16 标准

对于工作在 10～66GHz 频段的固定宽带无线接入系统的空中接口物理层和 MAC 层进行了规范,由于其使用的频段较高,因此,仅能应用于视距(LOS)传输。

(2)IEEE 802.16a 标准

是对 IEEE 802.16 的修正,在 2～11GHz(包括许可带宽和免许可带宽)的频段上,对 MAC 层进行修改扩展和对物理层进行补充规范,结合了一些增强性能的技术。例如,ARQ 主要面向于住宅、SOHO、远程工作者以及 SME 市场。

(3)IEEE 802.16c 标准

是对 IEEE 802.16 标准的增补文件,是对工作在 10～66GHz 频段 IEEE 802.16 系统的兼容性规范,详细规定了 10～66GHz 频段 IEEE 802.16 系统在实现上的一系列特性和功能。

(4)IEEE 802.16-2004(即 IEEE 802.16d)标准

是 IEEE 802.16 标准系列的一个修订版本,也是相对比较成熟并且最具实用性的一个标准版本,在 2004 年下半年正式发布。IEEE 802.16d 对 2～66GHz 频段的空中接口物理层和 MAC 层做了详细规定,定义了支持多种业务类型的固定宽带无线接入系统的 MAC 层和相对应的多个物理层。该标准对前几个标准进行了整合和修订,但仍属于固定宽带无线接入规范。它保持了 IEEE 802.16、IEEE 802.16a 等标准中的所有模式和主要特性,增加或修改的内容用来提高系统性能和简化部署,或者用来更正错误、补充不明确或不完整的描述,包括对部分系统信息的增补和修订。同时,为了能够后向平滑过渡到 IEEE 802.16。IEEE 802.16d 增加了部分功能以支持用户的移动性。

3. IEEE 802.16 物理层协议

(1) 双工方式

为了更好地使用带宽,IEEE 802.16 标准既能容纳 TDD(时分复用)系统,也能容纳 FDD(频分复用)系统,在该两种模式下都采用突发格式发送,在每一帧中,BS 和各个 SS 可以根据需要灵活地改变突发类型,从而选取适当的发射参数,如调制方式等。FDD 需要成对的频率,TDD 则不需要,而且可以灵活地实现上、下行带宽动态调整。此外,在 IEEE 802.16 中还规定,终端可以采用半双工频分双工(H-FDD)方式,以降低对终端收发器的要求,从而降低了终端成本。

(2) 频段和相应的调制方式

IEEE 802.16d 标准可以工作在 2～11GHz 频段,而 IEEE 802.16e 为了确保其移动性,一般选择在 2～6GHz 频段工作。根据各个国家频率规划的不同,WiMAX 首先选定了工作在 2.5GHz 许可频段、3.5GHz 许可频段和 5.8GHz 免许可频段 3 个频段的 IEEE 802.16d 设备对其进行了一致性和互操作性测试。

(3) 载波带宽

IEEE 802.16 并未规定具体的载波带宽,系统可以采用 1.25～20MHz 之间的带宽。考虑到各个国家已有固定无线接入系统的载波带宽划分,IEEE 802.16 规定了几个系列:1.25MHz 的倍数和 1.75MHz 的倍数。1.25MHz 系列包括 1.25/2.5/5/10/20MHz 等;1.75MHz 系列包括 1.75/3.5/7/14MHz 等。对于 10～66GHz 的固定无线接入系统,还可以采用 28MHz 载波带宽,提供更高的接入速率。

(4) 编码方式

IEEE 802.16 采用了截短的 RS 编码和卷积码级联的纠错编码,并且还支持分组 Turbo 码和卷积 Turbo 码。IEEE 802.16 可以根据不同的调制方式和纠错编码方法组合成多种发送方案,系统可以根据信道状况的好坏以及传输的需求来选择一个合适的传输方案。

5.3.2 WiMAX/802.16 的物理层技术

1. 无线 MAN-SC

WiMAX/802.16 系统中的每一个帧都分为下行子帧和上行子帧两部分。其中,下行子帧的开始部分包含的信息主要用于帧的同步与控制。在 TDD 模式,每帧以下行子帧开始,接着是上行子帧。但是,在 FDD 模式下,上行的传输和下行帧的发送是同时进行的。每一个 SS 都会尝试接收完整的下行子帧,除非下行子帧中的突发描述是 SS 不支持的,或者该突发描述的健壮性要低于 SS 当前所使用的下行突发描述。SS 如果工作在半双工的方式,当然不能同时接收与分配给他们发送上行数据并列的下行数据。在表 5-2 中,我们指出了 WiMAX/802.16 系统支持的帧持续时间以及对应的码字。

表 5-2 SC 支持的帧持续时间

帧持续时间码字(4bit)	帧持续时间(TF)
0x01	0.5ms
0x02	1ms
0x03	2ms
0x04～0x0F	保留值

如前所述，系统在单载波调制时，也支持 TDD 和 FDD 两种双工模式。所以，我们需要在物理层的类型参数中反映当前的双工模式。在 FDD 模式下，上行链路和下行链路的信道分别工作在不同的频率上。下行链路支持突发传输的特点使得系统可以使用不同的调制类型，并同时支持全双工的 SS 和半双工的 SS。工作在半双工模式的 SS 会在发送和接收之间会存在一定的转换间隔。在 TDD 模式下，上行链路和下行链路的传输共用同一个频率，但是分别在不同的时间进行。TDD 的帧也有固定的长度，包含一个下行子帧和一个上行子帧。但是，根据分配给下行链路的容量，下行子帧和上行子帧的长度是可变的。

TTG(Transmit/receive Transition Gap)位于下行突发和其随后的上行突发之间。在 TTG 指示的时间间隔内，BS 从发送模式切换到接收模式，而 SS 则从接收模式切换到发送模式。在这一间隔内，BS 和 SS 都不会发送调制数据。BS 接收机在 TTG 之后应该锁定上行突发的第一个符号。此外，TTG 的长度是物理时隙(PS)的整数倍，所以必须从物理时隙的边缘开始。

2. 无线 MAN-SCa

WIMAX/802.16 系统中单载波接入的物理层是在单载波技术的基础上实现的，主要用于 11GHz 以下频段的非视距传输。对于批准的频带，允许的信道带宽应该受限于规定所设置的带宽(2 的幂次且不小于 1.25MHz)。单载波接入的物理层包含如下主要的元素：

①对时分双工和频分双工的定义，且必须支持其中一个。

②基于时分多址接入的上行链路。

③引时分多路复用或时分多址接入的下行链路。

④自适应调制与 FEC 编码模块。

⑤帧结构的定义，以达到在非视距传输环境中改善均衡与信道估计性能的目的。

⑥突发的大小以物理时隙为单位进行计算。

⑦不使用 FEc 的情况下，可以采用 ARQ 进行差错控制。

⑧参数的设置以及 MAC 层和物理层的相关消息，以实现自适应天线阵列。

3. 无线 MAN-OFDM

正交频分复用(OFDM)技术是一种多载波传输技术，其主要优势在于它对抗频率选择性衰落或窄带干扰的能力非常强。在一个单载波系统中，一次衰落或干扰可能导致整个链路失效，但在一个多载波系统中，某一时刻只会有少部分子信道受到深度衰落的影响。OFDM 技术把高速率数据流通过串/并转换，使得每个子载波上的数据符号持续长度相对增加，从而有效地减少由于无线信道的时间弥散所带来的 ISI。同时传统的频分多路传输方法是将频带分为若干个不相交的子频带来并行传输数据流，各个子信道之间要保留足够的保护频带。而 OFDM 系统由于各个子载波之间存在正交性，允许子信道的频谱相互重叠，因此与常规的频分复用系统相比，OFDM 系统可以最大限度地利用频谱资源。OFDM 的这些优点在宽带无线通信中将更加突出。

OFDM 是 WiMAX/802.16 系统在物理层设计方面的一个核心技术。WiMAX 主要用于在 11GHz 以下频段进行非视距(NLOS)的传输。WiMAX 的 OFDM 物理层技术有如下几个特点。

①OFDM 增强了抗频率选择性衰落和抗窄带干扰的能力。

②OFDM 系统的各个载波可以根据信道的条件来使用不同的调制方式，比如 BPSK, OPSK, 8PSK, 16QAM 及 64QAM 等，以频谱利用率和误码率之间的最佳平衡为原则。选择满足一定误码率的最佳调制方式可以获得最大频谱效率。

③抗码间干扰(ISl)能力强。

④灵活的信道分配。分组信道方法是将信道分组分配给每个用户。自适应跳频可基于信道性能进行跳频，信道用来传送对它来说具有最佳信噪比的信号。

⑤易于实现和利用多天线技术。

4. 无线 MAN-OFDMA

正交频分多址接入(OFDMA)采用 OFDM 技术区分用户，在 OFDM 系统中，整个频带被分成许多子载波，各个子载波彼此正交，在频率谱上交叠。因为在不同子载波上数据是并行传送的，所以 OFDMA 是一种频分复用接入方法。OFDMA 的概念实质上和 FDMA 一样，但是它具有 FDMA 所没有的一些优点。

在 OFDMA 中，每个用户在上行链路共享快速傅里叶变换(FFT)空间，基站为用户分配子载波。这样可以根据用户的不同需求分配不同的速率。

在频率选择性信道上，如果一个用户总是被分配同一个子载波，由于深衰落会丢失许多用户信息。可以通过将有前向纠错(FEC)的跳频(FH)技术与 OFDMA 组合，来降低误比特率。这种技术将分配给用户的子载波每隔一段时间就跳到另一个频率上。如果设计好跳频序列，就可以降低小区内的干扰。但是，由于 OFDMA 是一个准同步 MA 技术，需要很大的保护时间来补偿接入延时。

在 WiMAX/802.16 系统中，OFDMA 也是用于 11GHz 以下频率上的非视距操作。在授权频带上，允许的信道带宽应该符合 2 的指数倍且不小于 1MHz。

由于 OFDMA 技术的子载波自适应调整等性能，使得它与目前比较成熟的固定无线接入和移动无线接入等技术相比具有很大优势。

5. 无线 HUMAN

无线 HUMAN 的全称是 Wireless High-Speed Unlicensed Metropolitan Area Network，即无线、高速且无需授权使用的城域网络。这种物理层是针对 5~6GHz 全球通用的免授权频段而设计的，特别是用在 5.8GHz，也就是 IEEE 802.16 协议族中的 IEEE 802.16b。不过 IEEE 802.16b 不归属在 WiMAX 中，是另行的一项标准。事实上，IEEE 802.16b 主要用意在于取代原有同为 5.8GHz 的 IEEE 802.11a 的强化升级版本。

无线 HUMAN 中，信道的中心频率(CCF)应该满足下式：

$$CCF = 5000 + 5n_{ch}$$

其中 $n_{ch}=0,1,\cdots,199$，是信道的编号。无线 HUMAN 系统中用一个 8 位的序号来分别标识每一个信道。从 5~6GHz，以 5MHz 为分隔的间隔。这为定义当前以及未来的管理域提供了一定的灵活性。

5.3.3 WiMAX /802.16 的 MAC 层技术

WiMAX/802.16 标准定义了介质访问控制(MAC)层和物理层。MAC 层包括三个子层：服务汇聚子层(Service-Specific Convergence Sublayer，CS)，MAC 公共子层(MAC Common Part Sublayer，CPS)和安全子层(Privacy Sublayer，PS)。

(1) 汇聚子层

汇聚子层(CS)通过业务汇聚服务访问点(SAP)向上面的外部网络数据服务提供服务：将所有从汇聚层服务接入点(CS SAP)接收到的外部网络数据转化，映射成 MAC SDU，通过 MAC

SAP 发送给 MACCPS。CS 层的功能包括：分类外部网络服务数据（SDU），将这些数据关联到正确的 MAC 业务流（SFID）及连接（CID），还可能包含负荷头压缩功能（PHS）。

（2）公共部分子层

WiMAX 的 MAC 层公共部分子层是 MAC 层的核心所在，MAC 层公共部分子层是 WiMAX 提供高速数据传输的关键所在，保证了 WiMAX 可以支持现在和未来高质量的多媒体应用服务。公共部分子层算法的优越性，操作的合理性关系到 WiMAX 的整体系统。公共部分子层提供的主要功能有：带宽资源的分配；上行业务的分类；系统接入；系统初始测距以及周期性测距；连接的建立和维护等。

（3）安全子层

安全机制为终端提供了通过固定带宽无线系统进行数据传输的私密空间。在 WiMAX/IEEE 802.16 标准中，安全机制是通过基站与终端之间的加密连接实现的。因此 WiMAX/IEEE 802.16 的 MAC 安全子层又称为加密子层。

5.3.4　802.16 系统的 QoS 保证机制

WiMAX/802.16 系统定义其 MAC 层是面向连接的。然而，要在毫无保障的 IP 网络中提供面向连接的服务，就必须通过一系列的 QoS 保证机制来帮助达成这一目标。在讨论 WiMAX/80.16 系统中 MAC 层 QoS 保证机制之前，我们先介绍该系统中定义的几个与 QoS 相关的概念：

①基于业务流 QoS 的调度。

②动态服务建立。

③两阶段的激活模型。

WiMAX/802.16 系统所定义的所有 QoS 协议和机制都可以适用于上行或者下行链路上的业务。本小节的内容简单描述了 WiMAX/802.16 系统将要用到的 QoS 机制，以及它们在提供端到端 QoS 时所处的位置及作用。

WiMAX/802.16 系统对 QoS 的要求，至少存在以下几项：

①预先对基于 SS 的业务流及其业务参数进行配置，提供参数配置与注册功能。

②信令交换与控制功能，可以动态地建立支持 QoS 的业务流及其业务参数。

③对上行链路承载的业务流，使用 MAC 层调度服务和 QoS 参数提供 QoS 保证。

④对下行链路承载的业务流，只要求使用 QoS 参数进行控制。

⑤将关系紧密的业务流属性统一映射到一个服务类别（Service Class），使得上层实体以及外部应用程序对 QoS 参数有一致的认识，以便它们提出 QoS 要求。

在 WiMAX/802.16 系统中，提供 QoS 的基本原则是将通过 MAC 接口的分组数据与某一个通过 CID 唯一标识的业务流相关联。其中，一个业务流指的是单向的一组具有特殊 QoS 要求的分组数据。WiMAX/802.16 系统中的 SS 和 BS 就是根据该业务流所定义的 QoS 参数集合（QoS Parameter Set）来提供 QoS 的。

IEEE 802.16 标准在 MAC 层定义了较为完整的 QoS 机制。MAC 层针对每个连接可以分别设置不同的 QoS 参数，包括速率、延时等指标。为了更好地控制上行数据的带宽分配，标准还定义了 4 种不同的上行带宽调度模式，分别为：

①主动授予服务（UGS）：在此模式下，基站为终端周期性地分配固定长度的上行带宽。

②实时查询服务（rtPS）：在此模式下，基站为终端周期性地分配可变长度的上行带宽。

③非实时查询服务(nrtPS):在此模式下,基站为终端不定期地分配可变长度的上行带宽。

④尽力而为(BE):在此模式下,基站为终端提供尽力而为的上行带宽分配。

每个 SS 到 BS 的连接在连接建立之时都会被分配一个服务类别。当分组在汇聚子层被分类时,分类器会根据分组对应的应用服务所要求的 QoS 对分组进行连接分类,每条连接都对应着一种服务类别。在 SS 端,上行带宽请求发生器将根据各连接队列的深度以及队列所对应的服务类别,向 BS 发送带宽请求。对于 UGS 服务的连接,不需要进行带宽请求,BS 会分配固定带宽给该种类型的连接。而对于 rtPS、nrtPS 和 BE 业务,带宽请求消息中需要包含连接队列的深度,以代表目前的带宽需求量。带宽请求的方式可以是简单请求、捎带请求、单播轮询(Unicast Polling)、基于竞争的轮询(如组播轮询和广播轮询)等。BS 调度器根据所接收到的带宽请求消包产生 UL MAP 消息。而 SS 端调度器则根据所接收到的 UDMAP 消息的内容,从各连接队列中提取分组,在 UL MAP 消息所定义的时隙下发送。802.16 系统的 QoS 框架及交互机制如图 5-12 所示。

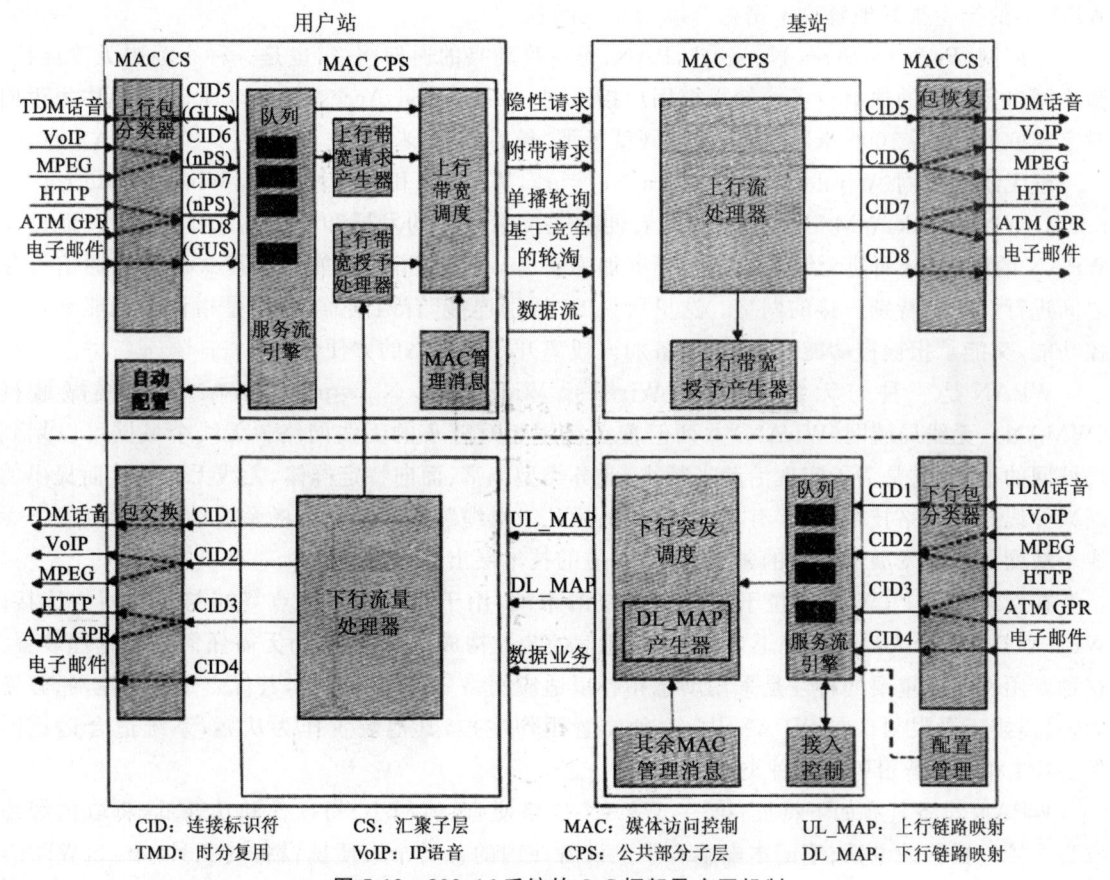

图 5-12 802.16 系统的 QoS 框架及交互机制

5.4 无线个域网技术

5.4.1 无线个域网概述

当今时代,由于外围设备逐渐增多,用户不仅要在自己的计算机上连接打印机、扫描器、调制解调器等外围设备,有时还要通过 USB 接口将数码相机中的像片传输并存储到硬盘中去。不可否认,这些新技术的新用途给用户带来新体验,但是频繁地插拔某一接口、在计算机上缠绕无序的各种接线等也造成了很多不便。此外,企业内部各部门工作人员之间的信息传递对现代化企业中信息传送的移动化提出了更高的要求。在一间不大的办公室里组成有线局域网以实现信息和设备(如打印机、扫描器等)共享十分必要,无线个域网(Wireless Personal AreaNetwork,WPAN)的产生很好地解决了密密麻麻的布线问题。

个域网(Personal Area Network,PAN)是一种新兴的通信网络,也是一种小范围无线连接、微小网自主组网的通信技术。如果把用户接入网(Residential Access Network,RAN)称为迈向数字家庭的"最后 1000 米",那么,个域网就是那"最后的 50 米"。

继无线局域网(Wireless Local Area Network,WLAN)和无线城域网(Wireless Metropolitan Area Network,WMAN)之后,推动着便携式技术产品的发展和应用需求迅速增长,促进了 WPAN 的诞生,从而使无线接入产业链更加完善。WPAN 指的是能在便携式电器和通信设备之间进行短距离特别连接的网络。这里所说的"特别连接"有两层意思:一是指设备既能承担主控功能,又能承担被控功能;二是指设备加入或离开现有网络的方便性。

WPAN 是一种与无线广域网(Wireless Wide Area Network,WWAN)、无线城域网(WMAN)、无线局域网(WLAN)并列但覆盖范围相对较小的无线网络。无线个域网可以划到局域网的范畴,它是为了实现活动半径小、业务类型丰富、面向特定群体、无线无缝连接而提出的新兴无线通信网络技术,能够有效地解决"最后几米电缆"的问题,进而将无线联网进行到底。无线个域网是当前发展最迅速的领域之一,相应的技术层出不穷。

在网络构成上,WPAN 位于整个网络链的末端,用于实现同一地点终端与终端间的连接。WPAN 工作在个人操作系统下,需要相互通信的装置构成一个网络,而无需任何中央管理装置。这种专用网络最重要的特性是采用动态拓扑以适应网络节点的移动性,其优点是按需建网、容错力强、连接不受限制。在 WPAN 中,一种装置用作主控,其他装置作为从属,系统适合运行图像、MP3 和视频剪辑等不同种类型的文件。

WPAN 设备具有如下特征:第一,WPAN 价格便宜、体积小、易操作和功耗低,将取代线缆成为连接包括移动电话、笔记本电脑和掌上设备在内的各类个人便携设备的工具;第二,WPAN 可以随时随地为用户实现设备间的无缝通信,并使用户能够通过移动电话、局域网或广域网的接入点接入互联网;第三,WPAN 具有广阔的发展前景,它和大范围快速移动情况下的通信应用相辅相成,互为补充;第四,WPAN 具有巨大的市场潜力,因为这种应用可在小范围内实现各种移动通信设备、固定通信设备、计算机及其他终端设备、各种数字数据系统(例如数码照相机、数码摄像机等)甚至各种家用电器的互联,而且价格更为低廉。

1. 无线个域网的系统构成

WPAN 系统通常都由以下 4 个层面构成。

(1) 应用软件和程序

该层面由驻留在主机上的软件模块组成,控制 WPAN 模块的运行。

(2) 固件和软件栈

该层面管理链接的建立,并规定和执行 QoS 要求。这个层面的功能常常在固件和软件中实现。

(3) 基带装置

该层面负责数据传送所需的数字数据处理,其中包括编码、封包、检错和纠错。基带还定义装置运行的状态,并与主控制器接口(Host Controller Interface,HCI)交互作用。

(4) 无线电

该层面链接经 D/A(数/模)和 A/D(模/数)变换处理的所有输入/输出数据。它接收来自和到达基带的数据,并且还接收来自和到达天线的模拟信号。

2. 无线个域网的分类

无线个域网(WPAN)的应用范围越来越广泛,涉及的关键技术也越来越丰富。通常人们按照传输速率将无线个域网的关键技术分为三类:低速 WPAN(LR-WPAN)技术、高速 WPAN 技术和超高速 WPAN 技术。

(1) 低速 WPAN(LR-WPAN)

IEEE 802.15.4 包括工业监控和组网、办公和家庭自动化与控制、库存管理、人机接口装置以及无线传感器网络等。低速 WPAN 就是以 IEEE 802.15.4 为基础,为近距离联网设计的。

由于现有无线解决方案成本仍然偏高,而有些应用无需 WLAN,甚至不需要蓝牙系统那样的功能特性,LR-WPAN 的出现满足了市场需要。LR-WPAN 可以用于工业监测、办公和家庭自动化、农作物监测等方面。在工业监测方面,主要用于建立传感器网络、紧急状况监测、机器检测;在办公和家庭自动化方面,用于提供无线办公解决方案,建立类似传感器疲劳程度监测系统,用无线替代有线连接 VCR(盒式磁带像机)、计算机外设、游戏机、安全系统、照明和空调系统;在农作物监测方面,用于建立数千个 LR-WPAN 节点装置构成的网状网,收集土地信息和气象信息,农民利用这些信息可获取较高的农作物产量。

与 WLAN 和其他 WPAN 相比,LR-WPAN 具有结构简单、数据率较低、通信距离近、功耗低等特点,可见其成本自然也较低。如表 5-3 所示为 LR-WIPAN 与 WIAN 和基于蓝牙的 WIPAN 性能比较。

表 5-3　LR-WIPAN 与 WIAN 和基于蓝牙的 WIPAN 性能比较

	WLAN	基于蓝牙的 WPAN	LR-WPAN
通信距离(m)	100	10~100	10
数据率(Mb/s)	2~11	1	0.25
功耗	适中	低	极低
体积	较大	较小	最小
成本/复杂性(相对值)	大于 6	1	0.2

除了上述特点外，LR-WPAN在诸如传输、网络节点、位置感知、网络拓扑、信息类型等其他方面还有独特的技术特性。如表5-4所示为LR-WIPAN的技术特性。

表5-4 LR-WIPAN技术特性

技术特性	基本要求
原始数据率（kb/s）	2～250
通信距离	一般为10m，性能折衷可增至100m
电池寿命	电池寿命取决于工作，有些应用电池在无电的情况下（如功率为零的情况）也能工作
位置感知	可选
传输时延（ms）	10～50
网络节点	最多可达65534个（实际数字根据需要来确定）
网络拓扑结构	星型或网状网
业务类型	以异步数据为主，也可支持同步数据
工作温度（℃）	－40～+85
工作频率（GHz）	2.4
调制方式	开关键控（OOK）或振幅键控（ASK），扩频
复杂性	相对较低

（2）高速WPAN

在WPAN方面，蓝牙（IEEE 802.15.1）是第一个取代有线连接工作在个人环境下各种电器的WPAN技术，但是数据传输的有效速率仅限于1Mb/s以下。2003年8月6日，IEEE于正式批准了IEEE 802.15.3标准，这一标准是专为在高速WPAN中使用的消费和便携式多媒体装置制定的。IEEE 802.15.3支持11～55Mb/s的数据率和基于高效的TDMA协议。物理层运行在2.4GHz ISM频段，可与IEEE 802.11、IEEE 802.15.1和IEEE 802.15.4兼容，而且能满足其他标准当前无法满足的应用需求。按照IEEE 802.15.3建立的WPAN拥有高达55Mb/s以上的数据传输速率。

首先，高速WPAN适合大量多媒体文件、短时间内视频流和MP3等音频文件的传送。利用高速WPAN传送一幅图片只需1s时间。如表5-5中列出的其他WLAN和WPAN技术主要用于数据和语音传输，而高速WPAN还用于视频或多媒体传输，如摄像机编码器与TV/投影仪/个人存储装置间的高速传送，便携式装置之间的计算机图形交换等。

其次，在个人操作环境中，高速WPAN能在各种电器装置之间实现多媒体连接。高速WPAN传送距离短，目前界定的数据率为55Mb/s。网络采用动态拓扑结构，采用便携式装置能够在极短的时间内（小于1s）加入或脱离网络。

表 5-5 高速 WPAN 与 WLAN 性能比较

标准类型	WLAN			WPAN	
	802.11a	802.11g	HyperLAN2	蓝牙	802.15.3
工作频率(GHz)	5	2.4	5	2.4	2.4
传输速率(Mb/s)	54	54	54	小于 1	大于 55
通信距离(m)	100	100	150	10	10
成本	高	适中	高	低	适中
主要应用	数据	数据	数据	语音、数据	语音、数据、多媒体
支持范围	全球	全球	欧洲	全球	全球
视频信道	5	2		0	5
功率	高	适中	高	很低	低
调制技术	OFDM	DSSS	OFDM	FHSS	FHSS

(3) 超高速 WPAN

在人们的日常生活中,随着无线通信装置的急剧增长,人们对网络中各种信息传送提出了速率更高、内容更快的需求,而 EEE 802.15.3 高速 WPAN 渐渐的不能满足这一需求。

随后,IEEE 802.15.3a 工作组提出了更高数据率的物理层标准,用以替代高速 WPAN 的物理层,这样就形成了更强大的超高速 WPAN 或超宽带(UWB)WPAN。超高速 WPAN 可支持 110~480Mb/s 的数据率。

IEEE 802.15.3a 超高速 WPAN 通信设备工作在 3.1~10.6GHz 的非特许频段,EIRP 为 -41.3dBW/MHz。它的辐射功率低,低辐射功率可以保证通信装置不会对特许业务和其他重要的无线通信产生严重干扰。如表 5-6 所示为工作频率和 EIRP(有效各向同性辐射功能),可见,在超高速 WPAN 装置中使用的工作频段不同,其 EIRP 值各不相同。

表 5-6 室内,手持式系统的工作频率和 EIRP 要求

频率范围(MHz)	室内,手持式系统 EIRP(dBW)
960~1610	-75.3/-75.3
1610~1900	-53.3/-63.3
1900~3100	-51.3/-61.3
3100~10600	-41.3/-41.3
10600 以上	-51.3/-61.3
频段中的峰值辐射功率	平均辐射功率 60dB 以上
最大传输时间	10s

5.4.2 无线个域网的技术标准

许多无线局域网的技术也可以用到无线个域网中,在这里我们主要阐述一些无线个域网特

有的技术。虽然有关 WPAN 的各种标准目前还在不断修改,但已展现出强大的生命力,国际上一流的通信、计算机和软件企业正如火如荼地对此展开研究,酝酿着更大的技术突破。

1. 标准构成

IEEE 802.15 工作组成立于 1998 年 3 月,是 IEEE 针对无线个人区域网(WPAN)而成立的,起初叫做无线个人网络(WPAN)研究组,后更名为 IEEE 802.15-WPAN 工作组,主要工作是开发有关短距离范围的 WPAN 标准。一个 PAN 是在一个小区域内的通信网络,其特点是网络中的所有设备都属于一个人或一个家庭。在一个 PAN 中的设备可以包括便携和移动设备,诸如 PC、个人数字助理(PDA)、外围设备、蜂窝电话、寻呼机以及消费类电子设备。

IEEE 802.15 工作组所做的第一个努力是开发了 802.15.1,其目的是以既有蓝牙标准为基础,制定蓝牙无线通信规范的一个正式标准,该标准在 2002 获得批准。IEEE 802.15.1 本质上只是蓝牙底层协议的一个标准化版本,它基于蓝牙 1.1,目前大多数蓝牙器件都是采用这一版本。

由于所有计划的 802.15 标准大部分都会运行在与 802.11 设备所使用的相同的频带上,故而,802.11 和 802.15 两个工作组都对这些设备能成功共存的能力比较关注。随后,802.15.2 工作组成立,其目的就是要开发共存的推荐规范。该工作在 2003 年给出了一个推荐的规范文档。

802.15.1 标准制定之后,802.15 的工作沿两个方向进行。802.15.3 工作组的兴趣在开发对比于 802.11 设备是低成本和低功耗的设备的标准上,但具有比 802.15.1 明显高的数据率。802.15.3 的一个初始标准在 2003 年发布,目前该工作在 802.15.3a 上继续进行,802.15.3a 的目标是要在使用同样的 MAC 层上提供比 802.15.3 更高的数据率。同时,802.15.4 工作组则开发了一个非常低成本、非常低功耗的比 802.15.1 数据率要低的设备标准,该标准在 2003 年被发布。

如表 5-7 所示为 802.15 当前的工作状态。3 个 WPAN 标准的每一个不仅有不同的物理层规范,而且也有对 MAC 层的不同要求。因此,每个标准都有一个唯一的 MAC 规范。

表 5-7 IEEE 802.15 协议体系结构

逻辑链路控制(LLC)					
802.15.1 MAC		802.15.3 MAC		802.15.4 MAC	
802.15.1 2.4GHz 1Mb/s	802.15.3 2.4GHz 11,22,33, 44,55Mb/s	802.15.3a ? 大于110Mb/s	802.15.4 868MHz 20kb/s	802.15.4 915MHz 40kb/s	802.15.4 2.4GHz 250kb/s

图 5-13 明确标示出无线 LAN 和无线 PAN 标准应用的相应范围。由图中可以看到,802.15 无线 PAN 标准意图在非常短的范围内,最常大约 10m,这样可以使用低功耗、低成本的设备。

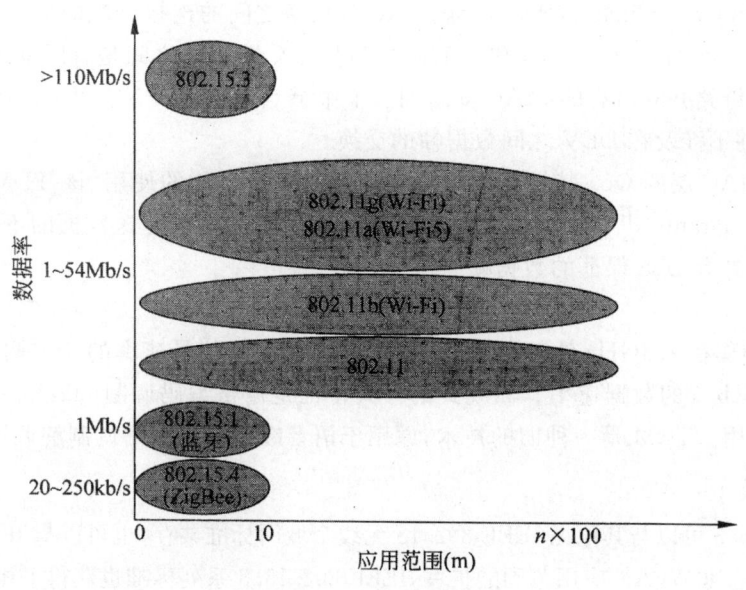

图 5-13 WLAN 与 WPAN

这里重点对 802.15.3 和 802.15.4 标准进行分析讨论。

2. IEEE 802.15.3

802.15.3 工作组关注于高数据率的 WPAN 的开发。符合 WPAN 概要但也要求相对高的数据率的一些应用示例有如下几种:将数据照相机连接到打印机;将笔记本计算机连接到投影机;将一个个人数字助理(PDA)连接到一个照相机或一台打印机;将一个 5:1 的环绕声系统中的一个话筒连接到接收器;来自一个机顶盒或电缆调制解调器的视频的分发;将来自 CD 或 PM3 播放器中的音乐发送到耳机或扬声器中;摄像机图像显示在电视中;远程取景器连接到视频或数字相机。而高速 WPAN 恰恰可以有效解决个人空间内各种办公设备及消费类电子产品之间的无线连接,从而实现信息的快速交换、处理、存储等。

上述应用主要用于消费类电子产品,该类产品有如下的需求:①短距离范围(Short Range),要求 10m;②高流通量(High Throughput),20Mb/s 以上,以支持视频和/或多信道音频;③低功耗(Low Power Usage),对靠电池供电的便携设备是有用的;④低成本(Low Cost),对便宜的消费类电子设备是合理的;⑤可具有 QoS 能力(QoS Capable),对于应用程序感知的流通量或延迟提供有保障的数据率和其他的一些 QoS 特性;⑥动态环境(Dynamic Environment),指一个其中的移动、便携和固定设备经常进入或离开的微微网结构,移动设备具有不超过 7km/hour 的移动速度;⑦简易的连接(Simple Connectivity),使联网简单且不需要用户掌握复杂的技术;⑧保密性(Privacy),确保只有合法的接收用户才能理解所传输的内容。这些需求在 802.11 的网络中并不容易得到满足,因为 802.11 网络并不是按这类应用和需求设计的。

IEEE 802.15.3 是针对高速无线个域网制定的无线媒体访问控制层和物理层规范,它允许无线个域网在家中连接多达 245 个无线应用设备,其传输速率能够达到 11~55Mb/s,适合多媒体传输,有效距离可达 100m。

(1) 媒体接入控制

一个 802.15.3 网络由一些设备(DEV)汇集构成。DEV 中有一个设备还担任微微网的协调器/调度器(Piconet Coordinator,PNC)。该 PNC 为设备之间的连接分配时间,所有的命令都是在 PNC 和 DEV 之间的。一个 PNC 和一个 802.111 接入点(AP)之间是有区别的:AP 提供了到其他网络的一条链路并对所有的 MAC 帧起到一个中继点的作用;PNC 用于控制对微微网的时间资源的接入,并不涉及在 DEV 之间数据帧的交换。

802.15.3 MAC 层的 QoS 特性基于时分多址(TDMA)结构的使用,该 TDMA 结构可提供有保障的时隙(Guaranteed Time Slots,GTS),这些时隙被分配给传送数据的不同装置,有保证的时隙基本上是具有 QoS 保证的数据帧。

(2)物理层

802.15.3 操作在 2.4GHz 的频带上,使用具有 11Mbaud 信号速率的 5 个调制格式,从而获得 11Mb/s~55Mb/s 的数据速率。该模式的一大特征是栅格编码调制(Trellis-Coded Modulation,TCM)的使用。TCM 是一种旧的技术,原用于语音级的电话网络调制解调器中。

3. IEEE 802.15.3a

IEEE 802.15.3 可以与其他无 IEEE 802.15 无线个域网标准共存,也可以与 IEEE 802.11 系列标准共存。随着高速 WPAN 应用范围的扩展,IEEE 802.15.3 系列标准也获得了相应的发展。

WPAN 高速率物理层替代工作组(Higher Rate Alternate PHY Task Group,TG3a)于 2002 年 12 月获得 IEEE 批准正式开展工作。TG3a 被授权起草和出版一个新的标准,该标准对 P802.15.3 草案标准提出更高速率(110Mb/s 或更高)的物理层改进。该标准将致力于流视频和其他的多媒体应用。新的 PHY 将使用做了有限修改的 P802.15.3 MAC。目前,该项工作仍在进行中。

4. IEEE 802.15.4

WPAN 低速率工作组(10w Rate Task Group,TG4)被授权研究可维持多个月到多年电池寿命且复杂性很低的低数据率的解决方案。

该标准规定了两个物理层:一个是 868MHz/915MHz 的直接序列扩频 PHY,它支持 20kb/s 和 40kb/s 的空中数据率;另一个是 2.4GHz 直接序列扩频 PHY,它支持 250kb/s 的空中数据率。用户可根据局部规则和自身偏好来选取物理层。潜在的应用是传感器、交互式的玩具、智能标记、远程控制和家庭自动化。

由于在开发具有非常低成本、非常低功耗和非常小尺寸的发送器和传送器方面,缺乏一定的标准和适宜的技术,使得低数据率无线应用一直为人们所忽视。直到 IEEE 802.15.4 产生以后,才有所改变。IEEE 802.15.4 是一种经济、高效、低数据速率、工作在 2.4Hz 的无线技术,可用于个域网和对等网状结构,可以提供低于 0.25Mb/s 数据率的 WPAN 解决方案。

在物理层和 MAC 层,IEEE 802.15.4 的设计就是要满足一些设备低成本、低功耗和小尺寸的需求。在 LLC 以上的层,ZigBee 联盟正在制定在 802.15.4 上的操作规范。ZigBee 规范致力于网络、安全和应用层接口。

5.5 蓝牙技术

随着计算机网络和移动电话技术的迅猛发展,人们越来越迫切需要发展一定范围内的无线数据与语言通信。现在,便携的数字处理设备已成为人们日常生活和办公的必需品,这些设备包括笔记本电脑、个人数字助理、外围设备、手机和客户电子产品等。这些设备之间的信息交换还大都依赖于电缆的连接,使用非常不方便。蓝牙就是为了满足人们在个人区域的无线连接而设计的。

蓝牙技术是提供一个普遍的、短距离的无线功能。使用 2.4GHz 波段两个相距十米之内的蓝牙设备相互间通信可共享高达 720kb/s 的容量。最早提出蓝牙概念的是爱立信移动通信公司。1994 年,爱立信移动通信公司为移动电话及电话附件之间寻找一种低功耗、低成本的无线接口。1998 年,世界著名的 5 家通信网络与芯片制造商——爱立信、诺基亚、东芝、IBM、英特尔联合宣布了蓝牙计划。它是以在公元 940 年至公元 981 年间统治丹麦的哈拉德·布鲁图斯(Harald Bluetooth)的名字命名的。蓝牙技术的实质内容是要建立通用的无线接口及其控制软件的开放标准,使计算机和通信进一步结合,使不同厂家生产的便携式设备在没有电线或电缆相互联接的情况下,能在近距离范围内互联互通。目前,相距很近的便携式设备之间使用红外线链路进行连接,虽然能免去电线和电缆,但使用起来仍有很多不便,不仅距离限于 1~2 m,而且在视距内不能有障碍物,同时只限于在两个设备之间进行连接。而蓝牙技术的无线电收发信机的连接距离可达 10m,不限于直线范围内,并且最多可以连接 8 个设备。蓝牙技术公布后,迅速得到了包括摩托罗拉、朗讯、西门子等许多厂商的支持和采纳,并共同成立了蓝牙专业组(SIG)来负责该项工作。截至 2000 年 2 月,已有 1400 多家企业加入了蓝牙 SIG。

5.5.1 蓝牙技术的特点

蓝牙技术利用短距离、低成本的无线连接代替了电缆连接,从而为现存的数据网络和小型的外围设备接口提供了统一的连接。它具有优越的技术性能,以下介绍一些主要的特点。

1. 开放性

"蓝牙"是一种开放的技术规范,该规范完全是公开的和共享的。为鼓励该项技术的应用推广,SIG 在其建立之初就奠定了真正的完全公开的基本方针。与生俱来的开放性赋予了蓝牙强大的生命力。从它诞生之日起,蓝牙就是一个由厂商们自己发起的技术协议,完全公开,并非某一家独有和保密。只要是 SIG 的成员,都有权无偿使用蓝牙的新技术,而蓝牙技术标准制定后,任何厂商都可以无偿地拿来生产产品,只要产品通过 SIG 组织的测试并符合蓝牙标准后,产品即可投入市场。

2. 通用性

蓝牙设备的工作频段选在全世界范围内都可以自由使用的 2.4GHz 的 ISM(工业、科学、医学)频段,这样用户不必经过申请便可以在 2400~2500MHz 范围内选用适当的蓝牙无线电设备。这就消除了"国界"的障碍,而在蜂窝式移动电话领域,这个障碍已经困扰用户多年。

3. 短距离、低功耗

蓝牙无线技术通信距离较短,蓝牙设备之间的有效通信距离大约为 10~100m,消耗功率极低,所以更适合于小巧的、便携式的、由电池供电的个人装置。

4. 无线"即连即用"

蓝牙技术最初是以取消连接各种电器之间的连线为目标的,主要面向网络中的各种数据及语音设备,如 PC、PDA、打印机、传真机、移动电话、数码相机等。蓝牙通过无线的方式将它们连成一个围绕个人的网络,省去了用户接线的烦恼,在各种便携式设备之间实现无缝的资源共享。

任意"蓝牙"技术设备一旦搜寻到另一个"蓝牙"技术设备,马上就可以建立联系,而无须用户进行任何设置,可以解释成"即连即用"。

5. 抗干扰能力强

ISM 频段是对所有无线电系统都开放的频段,因此使用其中的某个频段都会遇到不可预测的干扰源,例如某些家电、无绳电话、汽车库开门器、微波炉等,都可能是干扰。为此,蓝牙技术特别设计了快速确认和跳频方案以确保链路稳定。跳频是蓝牙使用的关键技术之一。建立链路时,蓝牙的跳频速率为 3200 跳/s;传送数据时,对应单时隙包,蓝牙的跳频速率为 1600 跳/s;对于多时隙包,跳频速率有所降低。采用这样高的跳频速率,使得蓝牙系统具有足够高的抗干扰能力,且硬件设备简单、性能优越。

6. 支持语音和数据通用

蓝牙的数据传输速率为 1Mb/s,采用数据包的形式按时隙传送,每时隙 $0.625\mu s$。蓝牙系统支持实时的同步定向连接和非实时的异步不定向连接,支持一个异步数据通道、3 个并发的同步语音通道。每一个语音通道支持 64kb/s 的同步话音,异步通道支持最大速率为 721kb/s,反向应答速率为 57.6kb/s 的非对称连接,或者是速率为 432.6kb/s 的对称连接。

7. 组网灵活

蓝牙根据网络的概念提供点对点和点对多点的无线连接,在任意一个有效通信范围内,所有的设备都是平等的,并且遵循相同的工作方式。基于 TDMA 原理和蓝牙设备的平等性,任一蓝牙设备在主从网络(Piconet)和分散网络(Scatternet)中,既可做主设备(Master),又可做从设备(Slaver),还可同时既是主设备又是从设备。因此在蓝牙系统中没有从站的概念。另外,所有的设备都是可移动的,组网十分方便。

8. 软件的层次结构

和许多通信系统一样,蓝牙的通信协议采用层次式结构,其程序写在一个 $9nm \times 9nm$ 的微芯片中。其低层为各类应用所通用,高层则视具体应用而有所不同,大体可分为计算机背景和非计算机背景两种方式,前者通过主机控制接口(Host Control Interface,HCI)实现高、低层的连接,后者则不需要 HCI。层次结构使其设备具有最大的通用性和灵活性。根据通信协议,各种蓝牙设备在任何地方,都可以通过人工或自动查询来发现其他蓝牙设备,从而构成主从网和分散网,实现系统提供的各种功能,使用起来十分方便。

5.5.2 蓝牙协议

蓝牙被定义为一个分层协议体系结构,如图 5-14 所示。

蓝牙协议体系中的协议按 SIG 的关注程度分为四层。

1. 核心协议

基带协议(Base Band,BB)、链路管理协议(Link Manager Protocol,LMP)、逻辑链路控制与适配协议(Logical Link Control and Adaptation Protocol,L2CAP)、服务发现协议(Service Discovery Protocol,SDP)。

基带协议(BB)确保各个蓝牙协议之间的物理射频连接。链路管理协议(LMP)主要完成三

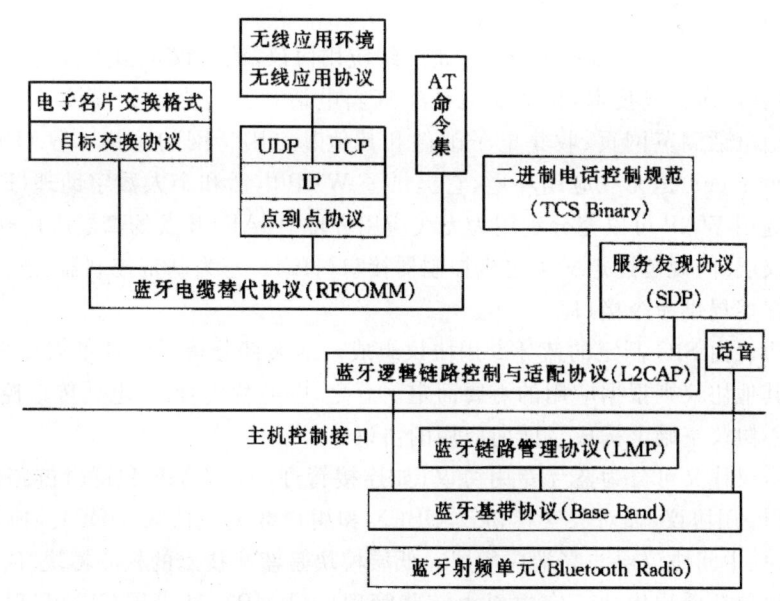

图 5-14 蓝牙协议栈的体系结构

个方面的工作:负责处理控制和协商发送数据使用的分组大小;负责管理节点的功率模式和蓝牙节点在微微网中的状态;处理链路和密钥的生成、交换和控制。服务发现协议(SDP)在蓝牙技术框架中起着至关重要的作用,它是所有用户模式的基础。使用 SDP 可以查询到设备信息和服务类型,从而在蓝牙设备间建立相应的连接。

2. 电缆替代协议(RFCOMM)

它是基于 ETSI 标准 TSO7.10 规范的串行线仿真协议。它在蓝牙基带协议上仿真 RS-232 控制和数据信号,为串行线的上层协议(如 OBEX)提供服务。

3. 电话传送控制协议

二进制电话控制规范(TCS-Binary)、AT 命令集。

4. 选用协议

点到点协议(PPP)、用户数据报协议/传输控制协议/网际协议(UDP/TCP/IP)、目标交换协议(OBEX)、无线应用协议(WAP)、电子名片交换格式(vCard)、电子日历及日程交换格式(vCal)、红外线移动通信(IrMC)、无线应用环境(WAE)。

在蓝牙协议中,PPP 位于 RFCOMM 上层,是一个在点对点链路上传输 IP 数据报的因特网标准协议,完成点对点的连接。TCP/IP(传输控制协议/网络层协议)、UDP(用户数据报协议)是三种已有的协议,它定义了因特网和网络相关的通信及其他类型计算机设备和外围设备之间的通信。蓝牙采用或共享这些已有的协议去实现与因特网的网络设备通信,这样,既可提高效率,又可在一定程度上保证蓝牙技术和其他通信技术的互操作性。IrOBEX(简写为 OBEX)是由红外数据协会(IrDA)制定的会话层协议,它采用简单的和自发的方式交换目标。该协议作为一个开放性标准还定义了可用于交换的电子商务卡、个人日程表、消息和便条等格式。

电子名片交换格式(vCard)、电子日历及日程交换格式(vCal)都是开放性规范,它们都没有定义传输机制,而只定义了数据传输格式。SIG 采用 vCard/vCal 规范,是为了进一步促进个人信息交换。

WAP(Wireless Application Protocol)是无线应用协议,该协议是由无线应用协议论坛制定的,它融合了各种广域无线技术,目的是在数字蜂窝电话和其他小型无线设备上实现因特网业务。它支持移动电话浏览网页、收集电子邮件和其他基于因特网的协议。WAE(Wireless Application Environment)是无线应用环境,它提供了 WAP 电话和个人数字助理(PDA)所需的各种应用软件。选用 WAP 可以充分利用为无线应用环境(WAE)开发的高层应用软件。

除上述协议层外,规范还定义了主机控制器接口(HCI),它为基带控制器、连接管理器、硬件状态和控制寄存器提供命令接口。

蓝牙核心协议由 SIG 制定的蓝牙专用协议组成。绝大部分蓝牙设备都需要核心协议(加上无线部分),而其他协议则根据应用的需要而定。总之,电缆替代协议、电话传送控制协议和被选用的协议在核心协议基础上构成了面向应用的协议。

整个蓝牙协议栈又可分为蓝牙专用协议(如连接管理协议 LMP 和逻辑链路控制应用协议 L2CAP)以及非专用协议(如对象交换协议 OBEX 和用户数据报协议 UDP)。协议栈还可分为蓝牙的低层模块、中间协议层与高端应用层。低层模块是蓝牙技术的核心模块,所有嵌入蓝牙技术的设备都必须包括低层模块。它主要由链路管理层(LMP)、基带层(BB)和射频(RF)组成。中间协议层由逻辑链路控制和适配协议(L2CAP)、服务发现协议(SDP)、串口仿真协议或称电缆替换协议(RFCOMM)和二进制电话控制规范(TCS)组成。高端应用层位于蓝牙协议栈的最上部分,由选用协议层组成。

设计协议和协议栈的主要原则是尽可能利用现有的各种高层协议,保证现有协议与蓝牙技术的融合以及各种应用之间的互操作,充分利用兼容蓝牙技术规范的软硬件系统。蓝牙技术规范的开放性保证了设备制造商可以自由地选用其专用协议或习惯使用的公共协议,在蓝牙技术规范基础上开发新的应用。

5.5.3 蓝牙技术的应用

蓝牙的设计是为了在多用户的环境中操作。在一个称为微微网(Piconet)的小网络中,通信设备高达 8 台。10 个这样的微微网能在相同的蓝牙无线电波下共存。为提供安全性,每条链路都是编码的,并且避免监听和干扰。

蓝牙为三个使用短距离无线连接的通用应用领域提供支持:

①数据和语音接入点(Data and Voice Access Points)。通过为手持和固定通信设备提供便利的无线连接,蓝牙有助于实时语音和数据的传输。

②电缆替代(Cable Replacement)。蓝牙消除了大量的、经常是所有的对电缆连接物的需要,这些需要是为了使任意种类的通信设备实际相连而产生的。连接是即时的,并且即使设备不在视线内也是可维护的。每个无线电设备的范围约为 10m,但能通过一个可选的放大器延伸到 100m。

③自组网络(Ad Hoc Network)。只要进入范围内,一个配备蓝牙无线电的设备能与另一个蓝牙无线电设备建立即时连接。

5.6 无线传感器网络技术

5.6.1 无线传感器网络的概念

近期微电子机械加工(MEMS)技术的发展使传感器的微型化成为可能,微处理技术的发展促进了传感器的智能化,通过 MEMS 技术和射频(RF)通信技术的融合促进了无线传感器及其网络的诞生。

无线传感器网络(Wireless Sensor Network,WSN)是由部署在监测区域内大量廉价的具有相同或不同功能的微型传感器节点组成,通过无线通信方式形成的一个多跳的、自组织的网络系统。其目的是协作地感知、采集和处理网络覆盖范围内感知对象的信息,并传送给信息获取者。其中的每一个传感器节点由数据采集模块(传感器、A/D 转换器)、数据处理和控制模块(微处理器、存储器)、通信模块(无线收发器)和供电模块(电池、能量转换器)等组成。由于大量微小传感器节点随机分布,每个节点传输功率非常有限,因此只能采用无线自组网技术进行组网通信。无线传感器网络具有抗毁性强、监测精度高、覆盖区域大等特点。

无线传感器网络有着广阔的应用前景和发展潜力。它通常运行在人无法接近的恶劣甚至危险的远程环境中,如军事应用、医疗卫生、远程监控、环境监测、智能家庭网络、抢险救灾等领域。随着研究的不断加深,它将逐渐深入到人们生活的各个领域。

5.6.2 无线传感器网络的结构

1. 无线传感器网络体系结构

无线传感器网络体系结构如图 5-15 所示,它包括两个平面:通信平面和管理平面。

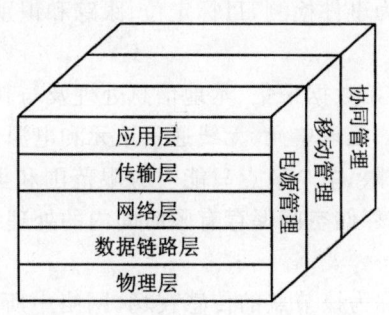

图 5-15 传感器网络的体系结构

(1)通信平面

通信平面包括物理层、数据链路层、网络层、传输层和应用层。该平面能够实现网络节点之间的信息传递。

①物理层:该层的主要功能包括建立、维护和释放物理连接,选择信道,监测无线信号,调制、发送与接收数据等;传输媒质主要有无线电、红外线、光波;设计目标是实现网络的自组织和节能,减少节点功耗。

②数据链路层:该层的主要功能是负责数据成帧、帧检测、差错控制以及无线信道的使用控制,减少邻居节点广播引起的冲突。

③网络层:该层的主要任务是分组路由、网络互联、拥塞控制等,完成数据的路由转发,实现传感器与传感器、传感器与观察者之间的通信,支持多传感器协作完成大型感知任务。

④传输层:该层主要负责按照传感器网络应用的要求控制数据流,协作维护数据流。

⑤应用层:基于检测任务,可以针对不同的传感器任务采用各种相应的软件来完成。

(2)管理平面

管理平面接收节点传送的数据,对节点进行检测和控制,保证其能正常工作。管理平面包括电源管理、移动管理和协同管理,它们共同负责协调各个节点之间的任务,并且最大限度地降低整个网络的能源消耗。

①电源管理:电源管理部分控制各个节点对能量的使用,例如通过使节点在不工作时处于休眠状态来节省能源消耗。

②移动管理:移动管理主要是对网络上的节点移动进行监测和控制,维护到汇聚点的路由,使传感器跟踪它的邻居,以平衡节点之间任务及能量的使用。

③协同管理:协同管理模块协调并将各个传感器的任务分配细化到某个特定区域,在这个区域里的所有节点没有必要同时执行任务,能量多的节点承担相对多一些的任务。协同管理确保了各个传感器节点可以联合起来以有效的方式运作,在移动的传感器网络中传递数据并实现资源共享。

2. 传感器网络的拓扑结构

一般而言,传感器网络节点会散布于待监测地域。网络中的各个节点具有数据收集和将数据路由到接收器的功能。它包括 4 类基本实体对象:目标、传感节点及其构成的传感视场和观测节点。

(1)目标

通过目标的热、红外、声纳、雷达或地震波等信号,能获取包括温度、湿度、噪声或运动方向和速度等目标属性。可能的应用为事件检测,目标定位、跟踪和识别等。

(2)传感节点

传感节点数量众多,具有原始数据采集、本地信息处理及与其他节点协同工作的能力。它通常包括 4 个基本组件:感知单元、处理单元、无线通信单元和电源。

不足的是,传感节点资源受限,单个节点只能对有限范围和类型的原始信号进行采集,对本地信息的进行初步处理,在有限存储空间保存有限时间内的处理结果。

(3)传感视场

传感节点的信息获取范围称为该节点的传感视场,网络中所有节点视场的集合称为该网络的传感视场。

(4)观测节点

在网内,作为接收者和控制者,观测节点被授权监听和处理网络的事件消息和数据,可向网络发布查询请求或派发任务;面向网外,观测节点可作为中继和网关,通过 Internet 或者卫星链路连接远端控制单元和用户。

在一个无线传感器网络中,观测节点可以有一个或一个以上。观测节点有两种工作模式:

①响应式,被动地由传感节点发出的感兴趣事件或消息触发。这是一种比较常用的工作模式。

②主动式,周期地扫描网络和查询传感节点。

5.6.3 无线传感器网络的特征

无线传感网络基本不需要人的干预，大部分工作是以自组织的方式完成的，是追求低功耗的自组织网络设计。

1. 网络功能方面

无线传感器网络面向"物与物、人与物"之间的信息交互，以数据为中心。中间节点对信息不是简单转发，需要对转发信息进行融合处理。

2. 通信方式方面

无线传感器网络主要采用点到多点的广播方式将数据查询发布到网络中所有的传感器节点，采用多点到一点的或者数据融合方式从所有的传感器节点中收集数据。

3. 寻址方式方面

无线传感器网络关注的是监测区域的感知数据，对于具体从哪个节点获得并不关注。因此，无线传感器网络在某些应用中会采用基于属性命名的网络地址寻址方式来建立数据源到汇聚节点之间的转发路由。

4. 节能要求方面

无线传感器节点体积微小，只能采用能量十分有限的电池供电，电池能量耗尽就会成为必然，这也就成为传感器节点失效的主要原因。由于传感器节点数目众多、成本要求低廉、分布区域广，且部署区域环境复杂，有些区域甚至人员无法到达，所以不可能通过电池更换方式来补充传感器节点的能源。如何高效使用能量来最大化网络生命期成为传感器网络面临的首要挑战。

5. 拓扑变化原因方面

通常情况下大多数传感器节点是固定不动的。传感器节点成本低廉、工作环境恶劣、电池能量容易耗尽等因素使得传感器节点故障率高，而传感器节点故障是传感器网络拓扑变化的主要原因之一，并且该网络拓扑变化是缓慢的。

6. 规模方面

传感器网络的规模很大，一方面是传感器节点分布在很大的地理区域，如在原始大森林中部署传感器网络进行森林防火和环境监测；另一方面传感器节点部署很密集，极有可能在一个面积不大的空间密集部署大量节点。

第6章 网络互联及其协议

6.1 网络互联概述

网络互联是通过中间网络设备连接多个独立网络,形成一个覆盖范围更广的网络。通过网络互联将不同类型的网络连接起来,并向高层屏蔽底层物理网络的技术细节,如物理拓扑结构、传输介质和网络协议等,为用户提供统一的通信服务。

互联在一起的网络要进行通信,需要解决许多问题,如不同的寻址方案、不同的最大分组长度、不同的网络接入机制、不同的超时控制、不同的差错恢复方法、不同的状态报告方法、不同的路由选择计算、不同的管理与控制方法等。这些问题需要在不同的互联层次、使用不同的互联技术加以解决。

6.1.1 网络互联的定义及目的

随着计算机应用技术和通信技术的飞速发展,计算机网络得到了更为广泛的应用,各种网络技术丰富多彩,令人目不暇接。网络互联(Internetworking)技术是过去的30年中最为成功的网络技术之一。

1. 网络互联的定义

网络互联是指将分布在不同地理位置的网络、设备相连接,以构成更大规模的互联网络系统,实现互联网络中的资源共享。互联的网络和设备可以是同种类型的网络、不同类型的网络,以及运行不同网络协议的设备与系统。

在互联网络中,每个网络中的网络资源都应成为互联网中的资源。互联网络资源的共享服务与物理网络结构是分离的。对于网络用户来说,互联网络结构对用户是透明的。互联网络应该屏蔽各子网在网络协议、服务类型与网络管理等方面的差异。

如果要实现网络互联,就必须做到以下几点。

①在互联的网络之间提供链路,至少有物理线路和数据线路。
②在不同的网络节点的进程之间提供适当的路由来交换数据。
③提供网络记账服务,记录网络资源的使用情况。
④提供各种互联服务,应尽可能不改变互联网的结构。

2. 网络互联的目的

网络互联的主要目的如下所示。

①扩大资源共享的范围。使更多的资源可以被更多的用户共享。
②降低成本。当同一地区的多台主机需要接入另一地区的某个网络时,采用主机先行联网(局域网或者广域网),再通过网络互联技术接入,可以大大降低联网成本。
③提高安全性。将具有相同权限的用户主机组成一个网络,在网络互联设备上严格控制其

他用户对该网络的访问,从而实现网络的安全机制。

④提高可靠性。部分设备的故障可能导致整个网络的瘫痪,而通过子网的划分可以有效地限制设备故障对网络的影响范围。

6.1.2 网络互联的类型

在很多情况下需要将多个局域网互联起来,下面列举几个主要的应用场合。

1. 延长局域网的网络长度

我们知道,所有局域网都有一个共同的特点,那就是网络长度的物理限制,如 10Base-5 以太网的一个电缆段最大长度为 500m,而 10Base-2 以太网只有 185m。当局域网覆盖的范围超过一个电缆段所能支持的距离时,必须延长网络长度,这时,可以通过网络互联技术,使用一种网络连接设备(如中继器 Repeater)将多个局域网电缆段连接起来,以达到扩大网络长度的目的。

2. 提高网络效率和网络性能

在共享式局域网中,它们的共同特点是共享带宽,随着站点数的增多,网络性能下降。为了提高共享式局域网的网络效率和网络性能,常采用网络分段化的技术,把大网络分割为网段,然后,通过网络互联技术,利用网桥或路由器等网间互联设备把这些网段连成一个大网,结果不但可以解决提高网络效率和网络性能的问题,而且还能使网络便于管理。

3. 建立一个完整的校园网或企业网

一个校园或一个企业需要将个人计算机、工作站、大型计算机或小型计算机连成局域网,而不同的部门可能采用不同的网络技术,而且这些部门的地理位置分布也比较分散。这些部门可能分布在同一栋楼,也可能分布在几栋楼内,这些不同的楼宇有可能相距很远的距离。例如:有些学校有几个校区,它们分布在不同的城市或一个城市的不同区域。在这种情况下,需要使用路由器等网间互联设备,通过局域网或广域网技术将不同校区的局域网互联在一起,使之成为一个完整的校园网或企业网。

4. 实现更大范围的资源共享和信息交流

在许多新的网络应用中(如远程教学、MIS 管理、电子图书馆等),需要更大范围的资源共享和信息交流。人们已经不能满足单个局域网的环境,纷纷要求将不同单位的局域网互联起来。于是各个政府部门、教育部门都使用网络互联技术将不同单位的局域网连起来,建立各自的互联网。在国内有 4 个大互联网,它们是:CERNET(中国教育与科研计算机网)是一个由教育部门管理的,互联了全国 500 多所高等院校校园网的互联网;CSTNET(中国科技网)、CHINANET(中国公用计算机互联网)和 CHIANGBN(中国金桥网),这四大互联网之间也实现了互联,从而建成了全国范围的计算机互联网,使网上的用户能够共享全国的信息资源。

5. 实现全球范围的信息交流和资源共享

计算机领域最大的热点之一是 Internet,Internet 对人类的工作与生活产生了巨大的影响,Internet 上极为丰富的资源,深深地吸引着人们。为了共享 Internet 的资源,实现全世界范围的信息交流,许多国家和地区与 Internet 实现互联,我国自 1986 年开始与 Internet 连接。目前全世界越来越多的网络和个人计算机连入 Internet,这是当前计算机网络互联技术的主要应用场合之一。

基于以上的几种主要应用场合,按地理覆盖范围对网络进行分类,计算机网络互联有以下 4

种形式。

①局域网与局域网互联，即 LAN-LAN。例如，以太网与令牌环之间的互联。

②局域网与广域网互联，即 LAN-WAN。例如，使用公用电话网、分组交换网、DDN、ISDN、帧中继等连接远程局域网。

③广域网与广域网互联，即 WAN-WAN。例如，专用广域网与公用广域网的互联。

④局域网通过广域网互联，即 LAN-WAN-LAN。例如，Extranet。

6.1.3 网络提供的服务

目前通信网络提供的服务既有面向连接的服务，也有无连接的服务，前者应用的例子是 ATM 网络，后者应用的例子是 Internet。TCP/IP 协议中的网络层协议 IP 是无连接的，为上层提供尽力交付的服务。

服务与通信子网提供的技术无关，通信子网可以采用各种类型的交换机、路由器，使用不同传输介质，互联的通信子网所采用的技术也可以是不同的，运输层得到的网络层提供的服务，看不到通信子网实现的细节。可以类比家用电器使用电力网提供的服务，使用家用电器时只需将电源插头插入电力网边缘的插座，而电力网内部的构造，哪里设置变压器、用什么传输线等对用户是透明的。

1. 虚电路服务

虚电路（Virtual Circuit，VC）服务是面向连接的网络服务，在双方通信之前先建立一条逻辑连接，通过发送呼叫连接请求分组，协商沿途经过的节点，用节点中的缓冲区和虚电路号标识一条逻辑连接，呼叫连接请求分组到达接收方后，接收方认可所建立的连接，发回连接接收分组，沿原路返回到发送端。

在传输分组时，所有传输的分组按顺序、沿建立好的路径传送到接收方。虚电路的设计思路是避免所传输的分组在每一个节点都需要进行路由选择，但是所传输的分组的首部中需要有虚电路标识。数据传输完后，要拆除虚电路，释放所占用的资源。

虚电路的连接建立与运输层的连接建立的区别是，运输连接仅涉及所连接的两个端点（端系统），而虚电路连接涉及途径的多个节点，这些节点都要参与虚电路的建立，都知道经过该节点的所有虚电路。

虚电路服务如图 6-1 所示。虚电路服务类似人们日常用到的电话服务。

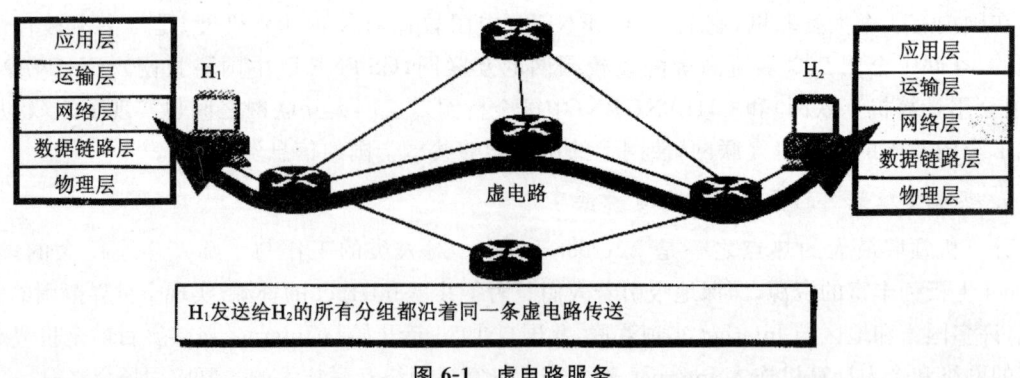

图 6-1 虚电路服务

2. 数据报服务

数据报（Datagram）服务是无连接的服务，网络不保证所传送的分组不会丢失，也不承诺分组传输的时延。节点想什么时候发送分组就什么时候发送，分组需要携带完整的地址，分组独立地在网络中传输，节点根据分组首部的地址，通过查找路由表，决定将分组转发到哪个路径。

不同分组在网络中经过的路径可能是不一样的，由于经过路径不同和在网络中的时延不同，分组到达接收方时可能是无序的，目的节点会对到达的无序分组进行缓存，等到相关的分组都收到后，再按顺序交付给目的主机。

数据报服务是"尽力交付"的服务，是没有质量保证的服务。Internet 采用的就是数据报服务。与虚电路服务比较，数据报服务的健壮性比较好。数据报服务如图 6-2 所示。数据报服务类似人们日常用到的邮政服务。

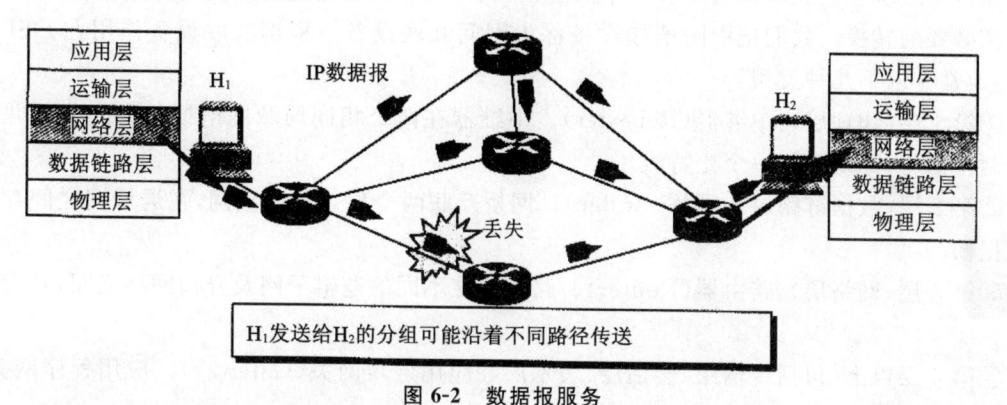

图 6-2 数据报服务

3. 两种服务的比较

虚电路服务与数据报服务的比较如表 6-1。

表 6-1 虚电路服务与数据报服务的比较

对比的方面	虚电路服务	数据报服务
思路	可靠通信应当由网络来保证	可靠通信应当由用户主机来保证
连接的建立	必须有	不需要
终点地址	仅在连接建立阶段使用，每个分组使用短的虚电路号	每个分组都有终点的完整地址
分组的转发	属于同一条虚电路的分组均按照同一路由进行转发	每个分组独立选择路由进行转发
当节点出故障时	所有通过出故障的节点的虚电路均不能工作	出故障的节点可能会丢失分组，一些路由可能会发生变化
分组的顺序	总是按发送顺序到达终点	到达终点时不一定按发送顺序
端到端的差错处理和流量控制	可以由网络负责，也可以由用户主机负责	由用户主机负责

6.1.4 网络互联的层次及要求

1. 网络互联的层次

通常组建局域网时会使用到不同的网络技术(如 Ethernet、ATM、FDDI 等)。由于不同的网络技术具有不同的体系结构、不同的协议和不同的特性,在它们之间,有许多方面存在着很大的差异。因此,网络互联技术必须协调和适配这些差异,确保各网络之间的正常通信。

由于计算机网络系统是分层次实现的,上层协议往往支持多种下层协议,并且对上层协议而言,下层协议的差异性被屏蔽起来了,似乎不存在一样。因此,网络互联可以在不同的层次上实现。

在每个层次上的互联都需要一个中间连接设备,以便当信息包从一个网络传送到另一个网络时作必要的转换。我们把中间连接设备称为网间互联设备。根据互联设备作用在 OSI 的哪一层,通常有以下几种类型。

① 第 1 层(物理层):中继器(Repeater)。中继器在两个相同局域网电缆段之间复制并传送二进制位信号,即复制每一个比特流。

② 第 2 层(数据链路层):网桥(Bridge)。网桥互联两个独立的局域网,在局域网之间存储转发数据帧。

③ 第 3 层(网络层):路由器(Router)。路由器在不同的逻辑子网及异构网络之间,转发数据分组。

④ 第 4 层以上(包括传输层、会话层、表示层和应用层):网关(Gateway)。应用程序网关,可以工作在传输层以上,具有协议转换功能。

2. 网络互联的要求

对网络连接后网际业务的整体要求一般可归纳如下。

① 提供不同网络上分组间的路径选择和数据传输。

② 提供网络间的连接,至少必须有物理层和数据链路层的链接。

③ 提供记账服务,记录各网络和网间连接器的使用情况,并维持其状态信息。

④ 网络互联系统必须能适应各种网络间的差异,这些差异主要包括如下几个方面。

- 编址方面的差异,地址的寻址方式不同。互联的网络可能使用不同的命名、地址及目录维护机制,有可能需要提供全程网络寻址和目录服务。
- 格式的差异,即在不同的网络中传输时要解决帧或分组格式不同的问题。
- 传输服务的差异,如一个网络采用的是虚电路方式而另一个网络采用的是数据报传输方式。最好的情况是网际服务不依赖于各单个网络的连接服务的性质。
- 传输速率的不同。如高速网和低速网的互联时要协调它们之间的传输速率。
- 网络的分层结构不同。
- 不同的时限。比如,一个面向连接的传输服务将等待一个确认,直到时限超时,这时它将重传数据块。一般越过多个网络需要长一些的时间,所以互联网定时过程必须允许成功的传输而避免不必要重传。
- 不同的网络接口和不同的网络存取机制。
- 差错恢复。网络互联服务不应依赖于单个子网的差错恢复能力,也不应受其干扰。

- 状态报告。不同的网络用不同的方式报告状态和性能。网络互联设施必须能为连网提供与连网有关的特权进程的活动信息。
- 路由技术。各网络内的路径选择取决于网内特有的故障检测和拥塞控制技术,网络互联系统应能对其进行协调,以实现不同网络上的数据终端设备 DTE 之间的访问。
- 访问控制。每个网络都有它自己的用户访问控制技术。当需要时,互联系统应能调用,当然,也可以使用一种单独的互联系统访问控制技术。

6.1.5 网络互联的实现方法

网络互联的具体方式有很多,但总体来说,进行网络互联时应注意:

① 不同网络进程之间提供合适的路由,以便交换数据。

② 网络之间至少提供一条物理上连接的链路及对这条链路的控制协议。

③ 选定一个相应的协议层,使得从该层开始,被互相连接的网络设备中的高层协议都是相同的,其低层协议和硬件差异可通过该层屏蔽,从而使得不同网络中的用户可以互相通信。

在提供上述服务时,要求在不修改原有网络体系结构的基础上,能适应各种差别,如不同的寻址方案,不同的最大分组长度,不同的网络访问控制方法,不同的检错纠错方法,不同的状态报告方法,不同的路由选择方法,不同的用户访问控制,不同的服务(面向连接服务和无连接服务),不同的管理与控制方式以及不同的传输速率等。因此,一个网络与其他网络连接的方式与网络的类型密切相关。

通过互联设备连接起来的两个网络之间要能够进行通信,两个网络上的计算机使用的协议(在某一个协议层以上所有的协议)必须是一致的。因此,根据网络互联所在的层次,常用的互联设备有:

① 物理层互联设备,即转发器(Repeater)。

② 数据链路层互联设备,即桥接器(Bridge)。

③ 网络层互联设备,即路由器(Router)。

④ 网络层以上的互联设备,统称网关(Gateway)。但目前的路由器通常已可实现网关的功能。

网络的互联有 3 种方法构建互联网,它们分别与 5 层实用参考模型的低 3 层一一对应。例如,用来扩展局域网长度的中继器(即转发器)工作在物理层,用它互联的两个局域网必须是一模一样的。因此,中继器提供物理层的连接并且只能连接一种特定体系的局域网,图 6-3 所示就是一个基于中继器的互联,两个局域网体系结构要保持一致。

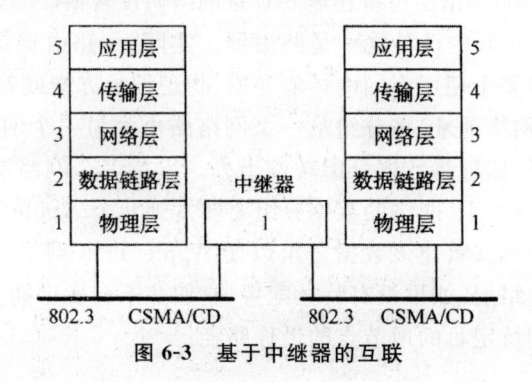

图 6-3 基于中继器的互联

在数据链路层,提供连接的设备是网桥和第 2 层交换机。这些设备支持不同的物理层并且能够互联不同体系结构的局域网,图 6-4 所示是一个基于桥式交换机的互联网,两端的物理层不同,并且连接不同的局域网体系。

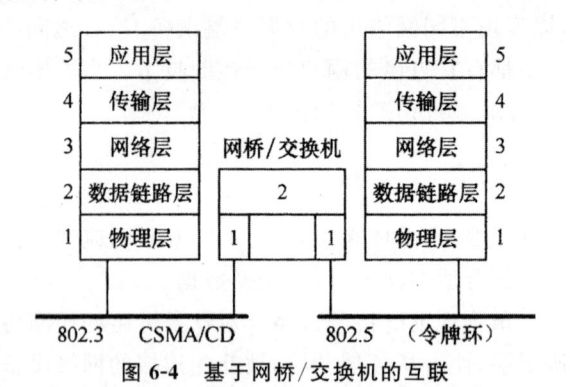

```
    5  应用层                              应用层   5
    4  传输层                              传输层   4
    3  网络层      网桥/交换机              网络层   3
    2  数据链路层       2                数据链路层  2
    1  物理层      1        1             物理层   1

       802.3   CSMA/CD              802.5  （令牌环）
```

图 6-4 基于网桥/交换机的互联

由于网桥和第 2 层交换机独立于网络协议,且都与网络层无关,这使得它们可以互联有不同网络协议(如 TCP/IP、IPX 协议)的网络。网桥和第 2 层交换机根本不关心网络层的信息,它通过使用硬件地址而非网络地址在网络之间转发帧来实现网络的互联。此时,由网桥或第 2 层交换机连接的两个网络组成一个互联网,可将这种互联网络视为单个的逻辑网络。对于在网络层的网络互联,所需要的互联设备应能够支持不同的网络协议(比如 IP、IPX 和 AppleTalk),并完成协议转换。用于连接异构网络的基本硬件设备是路由器。使用路由器连接的互联网可以具有不同的物理层和数据链路层。图 6-5 所示就是一个基于路由器和第 3 层交换机的互联网,它工作在网络层,连接使用不同网络协议的网络。

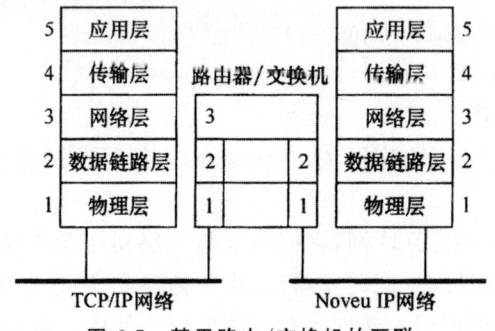

```
    5  应用层                              应用层   5
    4  传输层      路由器/交换机            传输层   4
    3  网络层        3                     网络层   3
    2  数据链路层   2        2           数据链路层  2
    1  物理层      1        1             物理层   1

       TCP/IP网络                      Noveu IP网络
```

图 6-5 基于路由/交换机的互联

在一个异构联网环境中,网络层设备还需要具备网络协议转换(Network Protocol Translation)功能。在网络层提供网络互联的设备之一是路由器。实际上,路由器是一台专门完成网络互联任务的计算机。它可以将多个使用不同的传输介质、物理编址方案或着帧格式的网络互联起来,利用网络层的信息(比如网络地址)将分组从一个网络路由到另一个网络。具体而言,它首先确定到一个目的节点的路径,然后将数据分组转发出去。支持多个网络层协议的路由器被称为多协议路由器。因此,如果一个 IP 网络的数据分组要转发到几个 Apple Talk 网络,两者之间的多协议路由器必须以适当的形式重建该数据分组以便 Apple Talk 网络的节点能够识别该数据分组。由于路由器工作在网络层,如果没有特意配置,它们并不转发广播分组。路由器使用路由协议来确定一条从源节点到特定目的地节点的最佳路径。

6.2 网际互联协议

TCP/IP 协议族是 Internet 所采用的协议族,是 Internet 的实现基础。IP 是 TCP/IP 协议族中网络层的协议,是 TCP/IP 协议族的核心协议。

6.2.1 IP 协议提供的服务

因特网协议 IP 是因特网中的基础协议,由 IP 协议控制传输的协议单元称为 IP 数据报。IP 将多个网络连成一个互联网,可以把高层的数据以多个数据报的形式通过互联网分发出去,它的基本任务是屏蔽下层各种物理网络的差异,向上层(主要是 TCP 层或 UDP 层)提供统一的 IP 数据报,各个 IP 数据报之间是相互独立的。

IP 协议屏蔽下层各种物理网络的差异,向上层(主要是 TCP 层或 UDP 层)提供统一的 IP 数据报。相反,上层的数据经 IP 协议形成 IP 数据报。IP 数据报的投递利用了物理网络的传输能力,网络接口模块负责将 IP 数据报封装到具体网络的帧(LAN)或者分组(X.25 网络)中的信息字段。

IP 协议提供不可靠的、无连接的、尽力的数据报投递服务。

所谓不可靠的投递服务是指 IP 协议无法保证数据报投递的结果。在传输过程中,IP 数据报可能会丢失、重复传输、延迟、乱序,IP 服务本身不关心这些结果,也不将结果通知收发双方。

所谓无连接的投递服务是指每一个 IP 数据报是独立处理和传输的,由一台主机发出的数据报,在网络中可能会经过不同的路径,到达接收方的顺序可能会混乱,甚至其中一部分数据还会在传输过程中丢失。

而尽力的数据报投递服务是指 IP 数据报的投递利用了物理网络的传输能力,网络接口模块负责将 IP 数据报封装到具体网络的帧(LAN)或者分组(X.25 网络)中的信息字段。

6.2.2 IP 协议数据报格式

目前因特网上广泛使用的 IP 协议为 IPv4。IPv4 的 IP 地址是由 32 位的二进制数值组成的。IPv4 协议的设计目标是提供无连接的数据报尽力投递服务。如图 6-6 所示为 IPv4 的数据报结构。

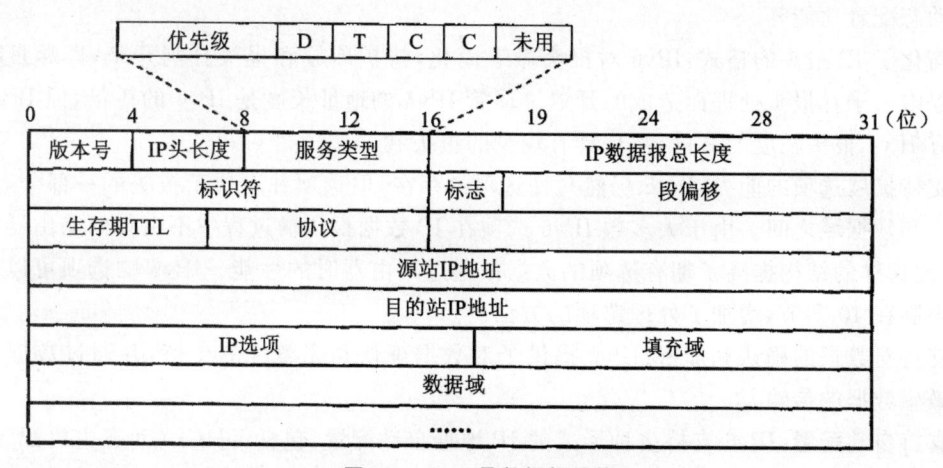

图 6-6 IPv4 是数据报结构

随着网络和个人计算机市场的急剧扩大,以及个人移动计算设备的上网、网上娱乐服务的增加、多媒体数据流的加入,IPv4 内在的弊端逐渐明显。其 32 位的 IP 地址空间将无法满足因特网迅速增长的要求。不定长的数据报头域处理影响了路由器的性能提高。单调的服务类型处理和缺乏安全性要求的考虑以及负载的分段/组装功能影响了路由器处理的效率。

综上所述,对新一代互联网络协议的研究和实践已经成为世界性的热点,其相关工作也早已展开。围绕 IPng 的基本设计目标,以业已建立的全球性试验系统为基础,对安全性、可移动性、服务质量的基本原理、理论和技术的探索已经展开。

20 世纪 90 年代初,人们就开始讨论新的互联网络协议。IETF 的 IPng 工作组在 1994 年 9 月提出了一个正式的草案——The Recommendation for the IP Next Generation Protocol,1995 年底确定了 IPng 的协议规范,为了同现在使用的版本 4(IPv4)相区别,称为 IP 版本 6(IPv6),1998 年又作了较大的改动。IPv6 是在 IPv4 的基础上进行的改进,它的一个重要的设计目标是与 IPv4 兼容,因为不可能要求立即将所有节点都演进到新的协议版本,如果没有一个过渡方案,再先进的协议也没有实用意义。IPv6 面向高性能网络网络(如 ATM)。同时,它也可以在低带宽的网络(如无线网)上有效的运行。

新型 IP 协议 IPv6 的数据报头结构如图 6-7 所示。

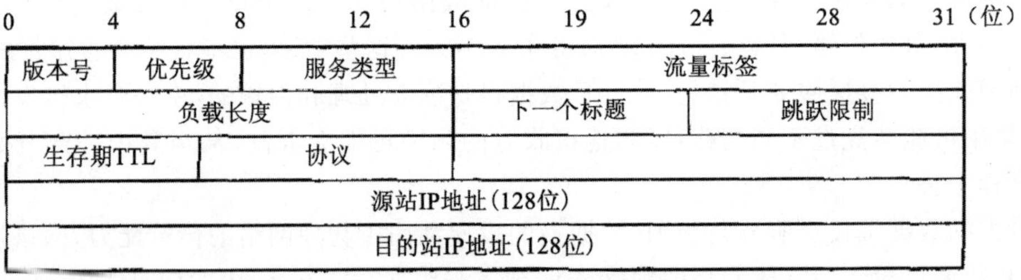

0	4	8	12	16	19	24	28	31(位)
版本号	优先级	服务类型			流量标签			
负载长度				下一个标题			跳跃限制	
生存期TTL			协议					
源站IP地址(128位)								
目的站IP地址(128位)								

图 6-7 IPv6 的数据报头结构

IPv6 是因特网的新一代通信协议,在容纳 IPv4 的所有功能的基础上,增加了一些更为优秀的功能,其主要特点有以下几个。

①扩展地址和路由的能力:IPv6 地址空间从 32 位增加到 128 位,确保加入 Internet 的每个设备的端口都可以获得一个 IP 地址,并且 IP 地址也定义了更丰富的地址层次结构和类型,增加了地址动态配置功能等。

②简化了 IP 报头的格式:IPv6 对报头做了简化,将扩展域和报头分割开来,以尽量减少在传输过程中由于对报头处理而造成的延迟。尽管 IPv6 的地址长度是 IPv4 的 4 倍,但 IPv6 的报头却只有 IPv4 报头长度的 2 倍,并且具有较少的报头域。

③支持扩展选项的能力:IPv6 仍然允许选项的存在,但选项并不属于报头的一部分,其位置处于报头和数据域之间。由于大多数 IPv6 选项在 IP 数据报传输过程中不由任何路由器检查和处理,因此这样的结构提高了拥有选项的数据报通过路由器时的性能。IPv6 的选项可以任意长而不被限制在 40 字节,增加了处理选项的方法。

④支持对数据的确认和加密:IPv6 提供了对数据确认和完整性的支持,并通过数据加密技术支持敏感数据的传输。

⑤支持自动配置:IPv6 支持多种形式的 IP 地址自动配置,包括 DHCP(动态主机配置协议)提供的动态 IP 地址的配置。

⑥支持源路由:IPv6支持源路由选项,提高中间路由器的处理效率。

⑦定义服务质量的能力:IPv6通过优先级别说明数据报的信息类型,并通过源路由定义确保相应服务质量的提供。

⑧IPv4的平滑过渡和升级:IPv6地址类型中包含了IPv4的地址类型。因此,执行IPv4和执行IPv6的路由器可以共存于同一网络中。

6.2.3 IP地址

在Internet上连接的所有计算机,从大型计算机到微型计算机都是以独立的身份出现,称它为主机。为了实现各主机之间的通信,每台主机都必须具有一个唯一的网络地址,就像每一个住宅都有唯一的门牌一样,才不至于在传输资料时出现混乱。

Internet的网络地址是指连入Internet网络的计算机的地址编号。所以,在Internet网络中,网络地址唯一地标识一台计算机。

Internet是由成千上万台计算机互相连接而成的。而要确认网络上的每一台计算机,靠的就是能唯一标识该计算机的网络地址,这个地址称为IP(Internet Protocol)地址,即用Internet协议语言表示的地址。

IP地址现在由因特网名称与号码指派公司ICANN(Internet Corporation for Assigned Names and Numbers)进行分配。

IP地址可识别网络中的任何一个子网络和计算机,而要识别其他网络或其中的计算机,则要根据这些IP地址的分类来确定。一般将IP)地址划分为若干个固定类,每一类地址都由两个固定长度的字段组成,其中的一个字段是网络号,它标志主机(或路由器)所连接到的网络,而另一个字段则是主机号,它标志该主机(或路由器)。这种两级的IP地址可以记为:

IP地址::={<网络号>,<主机号>}

如图6-8所示是各种IP地址的网络号字段和主机号字段,其中,A类、B类和C类地址是最常用的。

①A类、B类和C类地址的网络号字段net-id分别为1、2和3字节长,而在网络号字段的最前面有1～3bit的类别比特,其数值分别规定为0、10和110。

②A类、B类和C类地址的主机号字段分别为3个、2个和1个字节长。

从IP地址的结构来看,IP地址并不仅仅是一个主机号,而是指出了连接到某个网络上的某个主机。如果一个主机的地理位置不变,但将其连接到另外一个网络上,那么这个主机的IP地址就必须改变。

将IP地址划分为A类、B类和C类,主要是考虑到网络的规模,因为有的网络拥有很多主机,而有的网络中主机却很少,这样划分可以满足不同用户的要求。当某个单位申请到一个IP地址时,实际上只是获得了一个网络号net-id,具体的各个主机号host-id则由单位自行分配,只要做到该单位管辖的范围内无重复的主机号即可。

D类地址是多播地址,主要留给因特网体系结构委员会IAB(Internet Architecture Board)使用。E类地址保留在今后使用。

在主机或路由器中存放的IP地址都是32bit的二进制代码。为了提高可读性,将32bit的IP地址中的每8bit,用其等效的十进制数字表示,在数字之间加上一个点,这种表示方法叫点分十进制记法。如192.168.1.1表示的是一个C类IP地址。

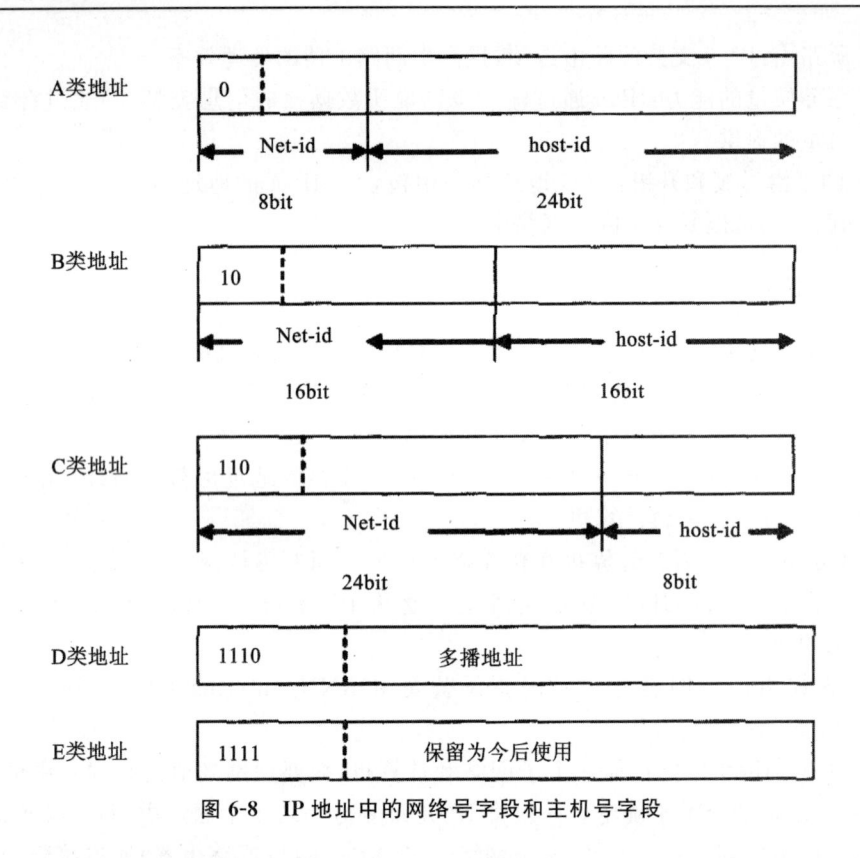

```
A类地址  | 0 |   Net-id   |        host-id         |
                 8bit              24bit

B类地址  | 10 |     Net-id      |      host-id      |
                    16bit              16bit

C类地址  | 110 |       Net-id        |   host-id   |
                       24bit              8bit

D类地址  | 1110 |           多播地址              |

E类地址  | 1111 |        保留为今后使用           |
```

图 6-8　IP 地址中的网络号字段和主机号字段

6.2.4　子网和子网掩码

1. 子网

任何一台主机申请任何一个任何类型的 IP 地址之后，可以按照所希望的方式来进一步划分可用的主机地址空间，以便建立子网。为了更好地理解子网的概念，假设有一个 B 类地址的 IP 网络，该网络中有两个或多个物理网络，只有本地路由器能够知道多个物理网络的存在，并且进行路由选择，因特网中别的网络的主机和该 B 类地址的网络中的主机通信时，它把该 B 类网络当成一个统一的物理网络来看待。

如一个 B 类地址为 128.10.0.0 的网络由两个子网组成。除了路由器 R 外，因特网中的所有路由器都把该网络当成一个单一的物理网络对待。一旦 R 收到一个分组，它必须选择正确的物理网络发送。网络管理人员把其中一个物理网络中主机的 IP 地址设置为 128.10.1.X，另一个物理网络设置为 128.10.2.X，其中 X 用来标识主机。为了有效地进行选择，路由器 R 根据目的地址的第三个十进制数的取值来进行路由选择，如果取值为 1 则送往标记为 128.10.1.0 的网络，如果取值为 2 则送给 128.10.2.0。

使用子网技术，原先的 IP 地址中的主机地址被分成子网地址部分和主机地址部分两个部分。子网地址部分和不使用子网标识的 IP 地址中的网络号一样，用来标识该子网，并进行互联的网络范围内的路由选择，而主机地址部分标识是属于本地的哪个物理网络以及主机地址。子网技术使用户可以更加方便、更加灵活地分配 IP 地址空间。

2. 子网掩码

IP 协议标准规定：每一个使用子网的网点都选择一个 32 位的位模式，若位模式中的某位为 1，则对应 IP 地址中的某位为网络地址（包括类别、网络地址和子网地址）中的一位；若位模式中某位置为 0，则对应 IP 地址中的某位为主机地址中的一位。子网掩码与 IP 地址结合使用，可以区分出一个网络地址的网络号和主机号。

例如，位模式 11111111.11111111.00000000.00000000（255.255.0.0）中，前两个字节全为 1，代表对应 IP 地址中最高的两个字节为网络号，后两个字节全 0，代表对应 IP 地址中最后的一个字节为主机地址。这种位模式叫做"子网掩码"。

为了使用方便，常常使用"点分整数表示法"来表示一个子网掩码。由此可以得到 A、B、C 等 3 大类 IP 地址的标准子网掩码。

A 类地址：255.0.0.0
B 类地址：255.255.0.0
C 类地址：255.255.255.0

例如，已知一个 IP 地址为 202.168.73.5，其缺省的子网掩码为 255.255.255.0。求其网络号及主机号。

① 将 IP 地址 202.168.73.5 转换为二进制 11001010.10101000.01001001.00000101。
② 将子网掩码 255.255.255.0 转换为二进制 11111111.11111111.11111111.00000000。
③ 将两个二进制数进行逻辑与（AND）运算，得出的结果即为网络号。结果为 202.168.73.0。
④ 将子网掩码取反再与二进制的 IP 地址进行逻辑与运算，得出的结果即为主机号。结果为 0.0.0.5，即主机号为 5。

应用子网掩码可将网络分割为多个 IP 路由连接的子网。从划分子网之后的 IP 地址结构可以看出，用于子网掩码的位数决定可能的子网数目和每个子网内的主机数目。在定义子网掩码之前，必须弄清楚网络中使用的子网数目和主机数目，这有助于今后当网络主机数目增加后，重新分配 IP 地址的时间，子网掩码中如果设置的位数使得子网越多，则对应的其网段内的主机数就越少。

主机 ID 中用于子网分割的三位共有 000、001、010、011、100、101、110、111 等 8 种组合，除去不可使用的（代表本身的）000 及代表广播的 111 外，还剩余 6 种组合，也就是说它共可提供 6 个子网。而每个子网都可以最多支持 30 台主机，可以满足构建需求。

6.3 网络互联设备

6.3.1 中继器

由于网络传输线路的阻抗特性，信号在线路上传输时功率会逐渐衰减，衰减到一定程度就会造成信号失真，致使接收到的信号无法辨别，导致接收出错。因此当传输线路过长时，需要在线路中间加入信号功率放大设备，以保证接收端收到的信号有足够的幅值。中继器的设计初衷也在于此。

中继器是连接网络线路的一种装置，常用于两个网络节点直接物理信号的双向转发工作。

中继器是最简单的网络互联设备,主要完成物理层的功能,负责在两个节点的物理层上按位传递信息,完成信号的复制、调整和放大功能,以此来延长网络的覆盖面积。

通常中继器的两端连接的是相同的介质,但是有的中继器也可以完成不同介质的转接工作。从理论上讲中继器的使用是无限的,网络也因此可以无限延长。但事实上这是不可能的,因为网络标准中都对信号的延迟范围做了具体的规定,中继器只能在此规定范围内进行有效的工作,否则会引起网络故障。以太网标准中就约定了一个以太网上只允许出现 5 个网段,最多使用 4 个中继器,而且其中只有 3 个网段可以连接计算机或终端设备。

中继器的工作方式主要有直接放大式和信号再生式两种,具体如下所示:

①直接放大式只是一个简单的放大器,中继器在放大信号的同时,也将噪声进行了放大。因此,噪声也将随信号一同传递到下一网段。直接放大式中继器主要应用于对链路质量要求不很高的场合,且级联的中继器数量很少(一般为 1~2 个)。这是因为连续放大的噪声可能将数据信号淹没。

②信号再生式具有信号再生功能,即中继器收到带有噪声的信号后,通过电路识别,取出有用的信号并将其整形、放大,然后将信号传递到下一个网段。在整个过程中,随信号传入中继器的上一网段中形成的噪声将被滤掉。信号再生式中继器主要应用于链路质量要求高的场合。

6.3.2 路由器

所谓路由就是指通过相互联接的网络把信息从源地点移动到目标地点的活动。一般来说,在路由过程中信息至少会经过一个或多个中间节点。通常人们会把路由和交换进行对比,这主要是因为在普通用户看来两者所实现的功能是完全一样的。其实,路由和交换之间的主要区别就是交换发生在 OSI 参考模型的第二层(数据链路层),而路由发生在第三层,即网络层。这一区别决定了路由和交换在移动信息的过程中需要使用不同的控制信息,所以两者实现各自功能的方式是不同的。

路由器用于连接多个逻辑上分开的网络,所谓逻辑网络是代表一个单独的网络或者一个子网。当数据从一个子网传输到另一个子网时,可通过路由器来完成。因此,路由器具有判断网络地址和选择路径的功能,它能在多网络互联环境中建立灵活的连接,可用完全不同的数据分组和介质访问方法连接各种子网,路由器只接受源站或其他路由器的信息,属网络层的一种互联设备。它不关心各子网使用的硬件设备,但要求运行与网络层协议一致的软件。路由器分本地路由器和远程路由器,其中本地路由器是用来连接网络传输介质的(如光纤、同轴电缆、双绞线);远程路由器是用来连接远程传输介质,并要求相应的设备(如电话线要配调制解调器,无线要通过无线接收机、发射机)。

1. 路由器的基本功能

(1)路由选择

当两台连在不同子网上的计算机需要通信时,必须经过路由器转发,由路由器把信息分组通过互联网沿着一条路径从源端传送到目的端。在这条路径上可能需要通过一个或多个中间设备(路由器),所经过的每台路由器都必须要知道怎么把信息分组从源端传送到目的端,需要经过哪些中间设备。为此,路由器需要确定到达目的端下一跳路由器的地址,也就是要确定一条通过互联网到达目的端的最佳路径。所以路由器必须具备的基本功能之一就是路由选择功能。

所谓路由选择就是通过路由选择算法确定到达目的地址(目的端的网络地址)的最佳路径。

路由选择实现的方法是:路由器通过路由选择算法,建立并维护一个路由表。在路由表中包含着目的地址和下一跳路由器地址等多种路由信息。路由表中的路由信息告诉每一台路由器应该把数据包转发给谁,它的下一跳路由器地址是什么。路由器根据路由表提供的下一跳路由器地址,将数据包转发给下一跳路由器。逐级地把包转发到下一跳路由器,最终把数据包传送到目的地。

当路由器接收一个进来的数据包时,它首先检查目的地址,并根据路由表提供的下一跳路由器地址,将该数据包转发给下一跳路由器。如果网络拓扑发生变化,或某台路由器产生失效故障,这时路由表需要更新。路由器通过发布广告或仅向邻居发布路由表的方法使每台路由器都进行路由更新,并建立一个新的、详细的网络拓扑图。拓扑图的建立使路由器能够确定最佳路径。目前,广泛使用的路由选择算法有链路状态路由选择算法和距离矢量路由选择算法。

(2) 数据转发

路由器的另一个基本功能是完成数据分组的传送,即数据转发,通常也称数据交换。在大多数情况下,互联网上的一台主机(可以称为源端)要向互联网上的另一台主机(称为目的端)发送一个数据包,通过指定默认路由(与主机在同一个子网的路由器端口的 IP 地址为默认路由地址)等办法,源端计算机通常已经知道一个路由器的物理地址(即 MAC 地址)。源端主机将带着目的主机的网络层协议地址(如 IP 地址、IPX 地址等)的数据包发送给已知路由器。路由器在接收了数据包之后,检查包的目的地址,再根据路由表确定它是否知道怎样转发这个包,如果它不知道下一跳路由器的地址,则将包丢弃。如果它知道怎么转发这个包,路由器将改变目的物理地址为下一跳路由器的地址,并且把包传送给下一跳路由器。下一跳路由器执行同样的交换过程,最终将包传送到目的端主机。当数据包通过互联网传送时,它的物理地址是变化的,但它的网络地址是不变的,网络地址一直保留原来的内容直到目的端。需要注意的是,为了完成端到端的通信,在基于路由器的互联网中的每台计算机都必须分配一个网络层地址,即 IP 地址,路由器在转发数据包时,使用的是网络层地址。但是在计算机与路由器之间或路由器与路由器之间的信息传送,仍然依赖于数据链路层完成,因此路由器在具体传送过程中需要进行地址转换并改变目的物理地址。

2. 路由器的工作原理

使用路由器的一个典型例子是网际协议。为了能更好地了解路由器执行协议转换的过程,如图 6-9 所示,说明了两个不同的局域网 LAN1 和 LAN2 通过两个 IP 路由器与 X.25 广域网互联的情况。

这里 IP 协议是在 Internet 中使用的互联网协议,由美国制定,该协议提供无连接数据报服务。通过 IP 协议能够实现不同网络互联的关键是在一般的网络层与传输层之间增加一个 IP 协议层(也有人把这层协议称为 3.5 层),这样不管互联的各子网之间有多少差异,当上升到 IP 层时整个网络都按照同一个协议工作了。站 A 和站 B 有共同的传输层协议 TCP,而站 A、B 和路由器 1、2 都有共同的 IP 协议。

当站 A 向站 B 发送数据时,站 A 上的 IP 模块首先对目的站 B 构成一个带全球地址的报头 IP-H1 加到用户数据(即①)上,组成一个 IP 数据报②,再先后由 LLC1 和 MAC1 加上首部和尾部构成帧③送至路由器 1。接下来路由器 1 将收到的帧④拆开恢复成源数据报,同时分析报头确定该数据带的是控制信息还是数据,若是控制信息就按控制要求处理;若是数据则按目的地址选择后续路径,并按 X.25 的要求对数据进行分段,使每段成为独立的 IP 数据报,然后按 X.25 协议的帧格式予以包装成帧⑤,排成队列穿过 X.25 网进入路由器 2。由于 X.25 协议只定义了

图 6-9 用 IP 路由器进行互联

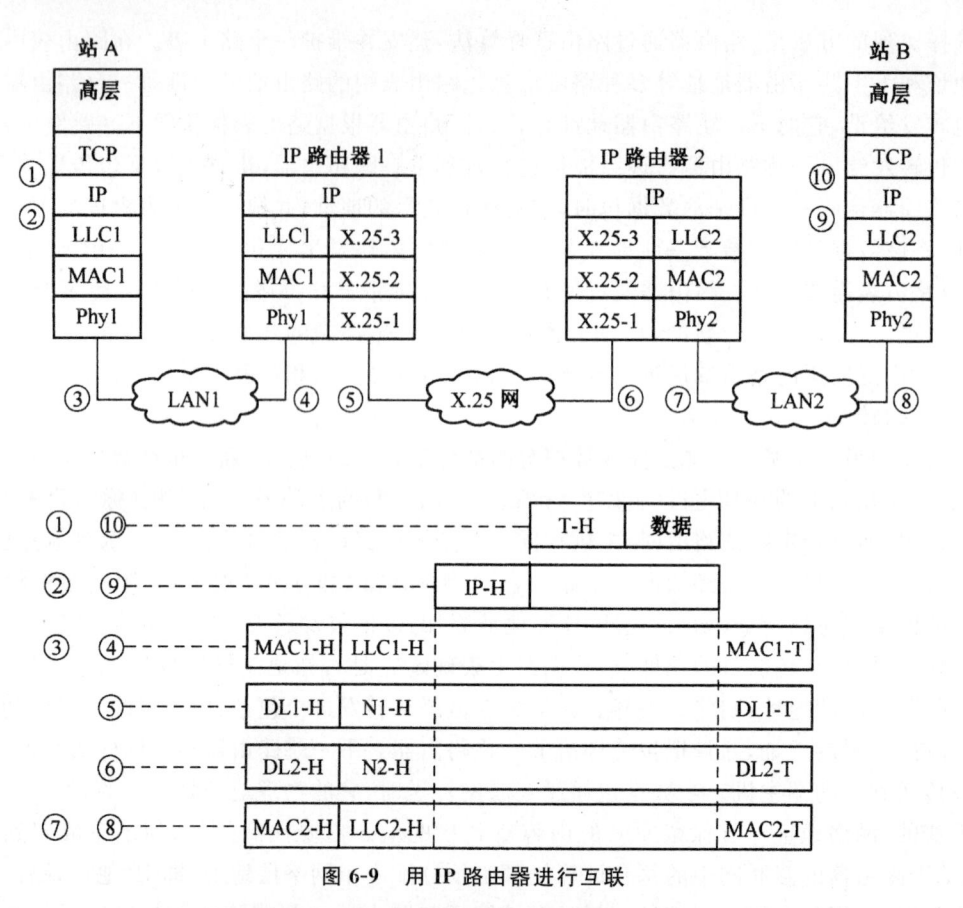

DTE 和公用数据网的接口,而没有涉及网络内部情况,因此,图中 X.25 广域网和 IP 路由器相连的两条链路上的帧⑤和帧⑥是不一样的,它们的链路层首部分别为 DL1-H 和 DL2-II,其尾部分别为 DL1-T 和 DL2-T,而这两条链路的帧交给网络层时,其网络层的首部分别为 N1-H 和 N2-H。路由器 2 将收到的帧⑥拆开恢复成数据报,选择路径后,按 LLCE 的要求组装成 IP 数据报,然后再按 LLC2 和 MAC2 的帧格式包装成帧⑦,经 LAN2 传输至站 B(帧⑧)。在目的站 B 需将相应的首、尾部剥去,恢复成 IP 数据报⑨,存入缓冲区,重装成用户数据⑩交高层协议处理,由 TCP 协议负责端到端的流控制和差错控制等。

3. 路由器的主要特点

由于路由器作用在网络层,因此它比网桥具有更强的异种网互联能力、更好的隔离能力、更强的流量控制能力、更好的安全性和可管理可维护性,其主要特点如下。

①路由器可以互联不同的 MAC 协议、不同的传输介质、不同的拓扑结构和不同的传输速率的异种网,它有很强的异种网互联能力。

②路由器也是用于广域网互联的存储转发设备,它有很强的广域网互联能力,被广泛地应用于 LAN-WAN-LAN 的网络互联环境。

③路由器具有流量控制、拥塞控制功能,能够对不同速率的网络进行速度匹配,以保证数据包的正确传输。

④路由器互联不同的逻辑子网,每一个子网都是一个独立的广播域,因此,路由器不在子网

之间转发广播信息,具有很强的隔离广播信息的能力。

⑤路由器工作在网络层,它与网络层协议有关。多协议路由器可以支持多种网络层协议(如IP、IPX 和 DECNET 等),转发多种网络层协议的数据包。

⑥路由器检查网络层地址,转发网络层数据分组或包。因此,路由器可以基于 IP 地址进行包过滤,具有包过滤的初期防火墙功能。路由器分析进入的每一个包,并与网络管理员制定的一些过滤策略进行比较,凡符合允许转发条件的包被正常转发,否则丢弃。为了网络的安全,防止黑客攻击,网络管理员经常利用这个功能,拒绝一些网络站点对某些子网或站点的访问。路由器还可以过滤应用层的信息,限制某些子网或站点访问某些信息服务,如不允许某个子网访问远程登录。

⑦对大型网络进行分段化,将分段后的网段用路由器连接起来。这样可以达到提高网络性能,提高网络带宽的目的,而且便于网络的管理和维护。这也是共享式网络为解决带宽问题所经常采用的方法。

⑧路由器不仅可以在中、小型局域网中应用,也适合在广域网和大型、复杂的互联网环境中应用。

6.3.3 交换机

交换机工作在 OSI 的数据链路层的 MAC 子层。在以太网交换机上有许多高速端口,这些端口分别连接不同的局域网网段或单台设备。以太网交换机负责在这些端口之间转发帧。交换和交换机最早起源于电话通信系统,由电话交换技术发展而来。

交换机属数据链路层设备,可以识别数据包中的 MAC 地址信息,根据 MAC 地址进行转发,并将这些 MAC 地址与对应的端口记录在自己内部的一个地址表中。具体的工作流程如下:

①当交换机从某个端口收到一个数据包,它先读取包头中的源 MAC 地址,这样它就知道源MAC 地址的机器是连在哪个端口上的。

②再去读取包头中的目的 MAC 地址,并在地址表中查找相应的端口。

③如表中有与这目的 MAC 地址对应的端口,把数据包直接复制到这端口上。

④如表中找不到相应的端口则把数据包广播到所有端口上,当目的机器对源机器回应时,交换机又可以学习一目的 MAC 地址与哪个端口对应,在下次传送数据时就不再需要对所有端口进行广播了。

不断的循环这个过程,对于全网的 MAC 地址信息都可以学习到,二层交换机就是这样建立和维护它自己的地址表。

(1)共享工作模式

所谓共享工作模式即在一个逻辑网络上的所有节点共享同一信道。如图 6-10 所示。

以太网采用 CSMA/CD 机制,这种冲突检测方法保证了只能有一个站点在总线上传输。如果有两个站点试图同时访问总线并传输数据,这就意味着"冲突"发生了,两站点都将被告知出错。然后它们都被拒发,并等待一段时间以备重发。

这种机制就如同许多汽车抢过一座窄桥,当两辆车同时试图上桥时,就发生了"冲突",两辆车都必须退出,然后再重新开始抢行。当汽车较多时,这种无序的争抢会极大地降低效率,造成交通拥堵。

网络也是一样,当网络上的用户量较少时,网络上的交通流量较轻,冲突也就较少发生,在这

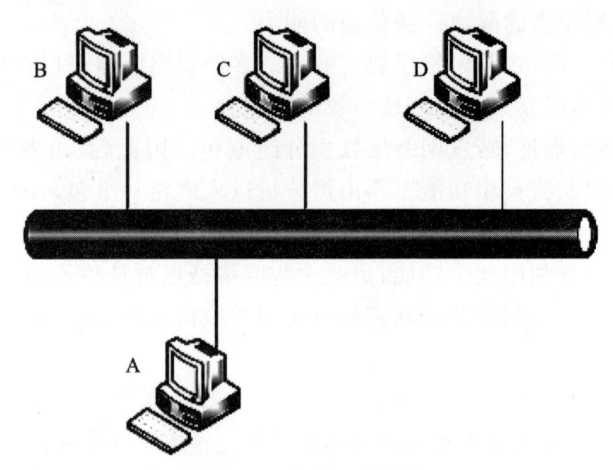

图 6-10　共享工作模式

种情况下冲突检测法效果较好。当网络上的交通流量增大时,冲突也增多,同时网络的吞吐量也将显著下降。在交通流量很大时,工作站可能会被一而再再而三地拒发。

而且在同一网段内的节点 A 向节点 B 发送数据时,是以广播方式向网络上的所有节点同时发送同一信息,再由每一个节点通过验证帧头部包含的目的 MAC 地址信息来决定是否接收该帧。接收数据的只是一个或少数几个节点,但是信息对所有的节点都发送,因此有一大部分的流量是无效的,造成网络传输的效率低下,同时还很容易造成网络阻塞。由于所发送的信息每个节点都能够监听到,很容易造成泄密,不安全。

(2)交换工作模式

交换工作模式是为对使用共享工作模式的网络提供有效的网段划分的解决方案而出现的,它可以使每个用户尽可能地分享到最大带宽。如图 6-11 所示。

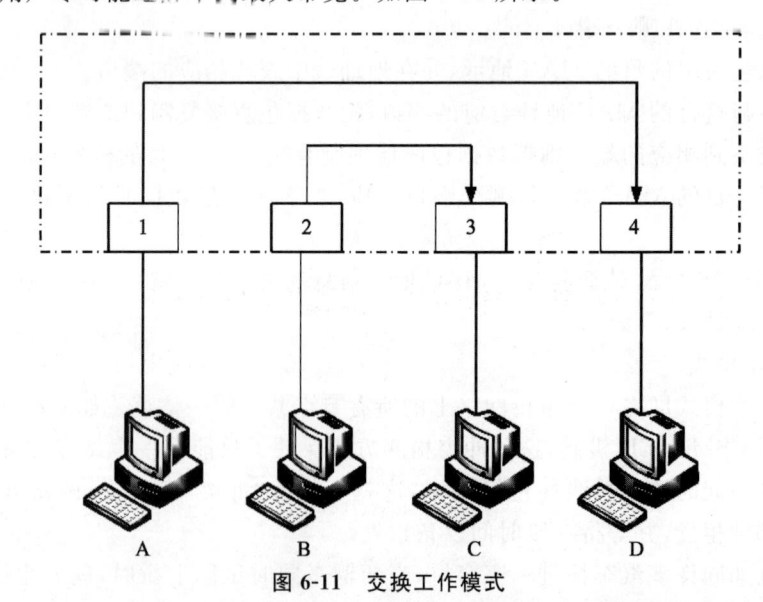

图 6-11　交换工作模式

交换技术是在 OSI 七层网络模型中的第 2 层,即数据链路层进行操作的,因此交换机对数据帧的转发是建立在 MAC(Media Access Control)地址——物理地址基础之上的,对于 IP 网络协议来说，它是透明的，即交换机在转发数据包时，不知道也无须知道信源机和信宿机的 IP 地址，只须知其物理地址即 MAC 地址。

交换机在操作过程当中会不断地收集资料去建立它本身的一个地址表，这个表相当简单，它说明了某个 MAC 地址是在哪个端口上被发现的。

交换机有一条很宽的背部总线和内部交换矩阵。所有端口都挂在背部总线上。某一个端口收到帧，交换机会根据帧头包含的目的 MAC 地址，查找内存中的地址对照表，确定将该帧发往哪个端口，再通过内部交换矩阵直接将帧转发到目的端口，而不是所有端口。这样每个端口就可以独享交换机的一部分总线带宽，不仅提高了效率，节约了网络资源，也可以保证数据传输的安全性。

而且由于这个过程比较简单，多使用硬件（Application Specific Integrated Circuit，ASIC）来实现，因此速度相当快，一般只需几十微秒，交换机便可决定一个数据帧该往哪里送。万一交换机收到一个不认识的数据帧，即如果目的 MAC 地址不能在地址表中找到时，交换机会把该帧"扩散"出去，即转发到所有其他端口。

交换机的交换模式有以下四种：

①直通转发模式。交换机在输入端口收到一帧，立即检查该帧的帧头，获取目的 MAC 地址，查找自己内部的交换表，找到相应的输出端口，在输入和输出的交叉处接通，数据被直通到输出端口。直通式交换如图 6-12 所示。

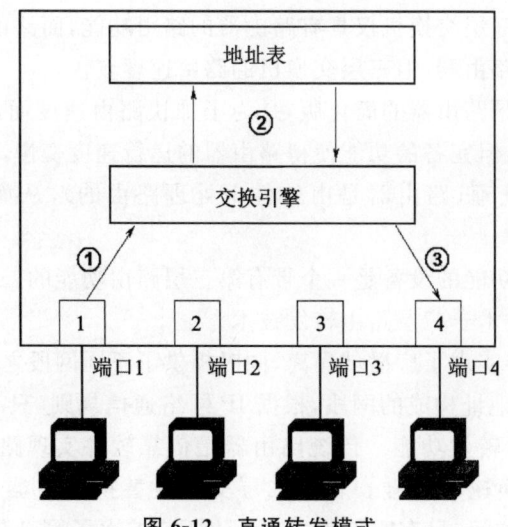

图 6-12　直通转发模式

直通式交换只检查帧头，获取目的 MAC 地址，但是不存储帧，因此延迟小，交换速度快。但也正是由于不存储帧，所以不具有错误检测能力，易丢失数据，而且要增加端口的话，交换矩阵十分复杂。

②存储转发模式。交换机将输入的帧缓存起来，首先校验该帧是否正确，如果不正确，则将该帧丢弃；如果该帧是长度小于 64 字节的侏儒帧，也将它丢弃。只有该帧校验正确，且是有效帧，才取出目的 MAC 地址，查交换表，找出其对应的端口并将该帧发送到这个端口。

存储转发式交换的优点是能进行错误检测，并且由于缓存整个帧，能支持不同速度端口之间的数据交换。其缺点是延迟较大。

在局域网中使用交换技术比起让所有用户共享整个总线来说,网络的效率更高,每个用户能够得到更多的带宽。随着带宽的需求不断增长,交换机越来越多地用于局域网,互联局域网的网段。

③准直通转发模式。准直通转发模式,只转发长度至少为512bit(64字节)的帧。既然所有残帧的长度都小于512比特的长度,那么,该种转发模式自然也就避免了残帧的转发。

为了实现该功能,准直通转发交换机使用了一种特殊的缓存。这种缓存是一种先进先出的FIFO,比特从一端进入然后再以同样的顺序从另一端出来。如果帧以小于512比特的长度结束,那么FIFO中的内容(残帧)就会被丢弃。因此,它是一个非常好的解决方案,也是目前大多数交换机使用的直通转发方式。

④智能交换模式。智能交换模式(Intelligent),是指交换机能够根据所监控网络中错误包传输的数量,自动智能地改变转发模式。如果堆栈发觉每秒错误少于20个,将自动采用直通式转发模式;如果堆栈发觉每秒错误大于20个或更多,将自动采用存储转发模式,直到返回的错误数量为0时,再切换回直通式转发模式。

6.3.4 三层交换机

1. 使用三层交换机的原因

三层交换机和路由器同在网络层工作。三层交换机除了具有(二层)交换机的功能外,还具有进行路由的功能。不过三层交换机仅具有路由器的路由功能,而路由器的其他功能通通省略,因此三层交换机不能代替路由器,但三层交换机的路由速度较快。

三层交换机可以看作是路由器的简化版,是为了加快路由速度而出现的一种网络设备。路由器的功能虽然非常完备,但完备的功能使得路由器的运行速度变慢,而三层交换机则将路由工作接过来,并改为硬件来处理(路由器是由软件来处理路由的),从而达到了加快路由速度的目的。

一个具有第三层交换功能的设备是一个带有第三层路由功能的二层交换机,简单地说,三层交换技术就是:二层交换技术+三层路由转发技术。

在传统网络中,路由器实现了广播域隔离,同时提供了不同网段之间的通信。图6-13中的3个IP子网分别为C类IP地址构成的网段,根据IP网络通信规则,只有通过路由器才能使3个网段相互访问,即实现路由转发功能。传统路由器是依靠软件实现路由功能的,同时提供了很多附加功能,因此分组交换速率较慢。若用二层交换机替换路由器,将其改造为交换式局域网,不同子网之间又无法访问,只有重新设定子网掩码,扩大子网范围,如对图6-13所示的子网,只要将子网掩码改为255.255.0.0,就能实现相互访问,但同时又产生新的问题:逻辑网段过大、广播域较大、所有设备需要重新设置。若引入三层交换机,并基于IP地址划分VLAN,既实现了广播域的控制,也解决了网段划分之后,网段中子网必须依赖路由器进行管理的局面,解决了传统路由器低速、复杂所造成的网络瓶颈问题,又实现了子网之间的互访,提高了网络的性能。

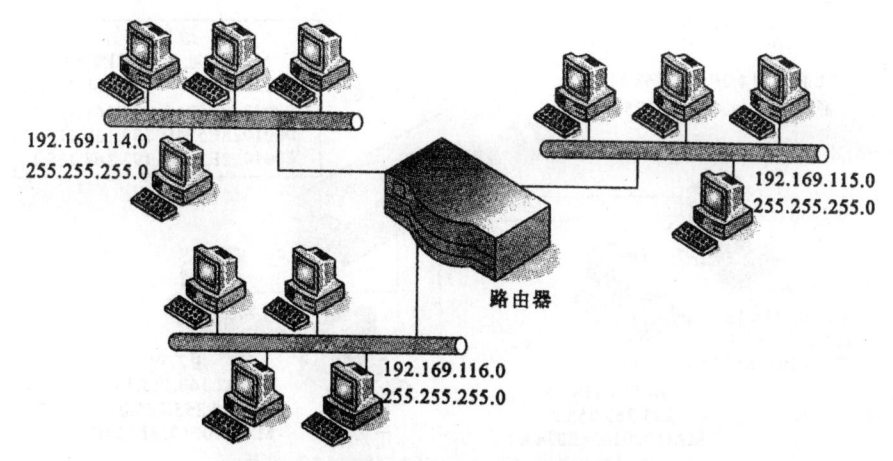

图 6-13 传统以路由器为中心的网络结构

三层交换机可以定义为在第二层交换机的基础上，理解第三层信息（如第三层协议、获取 IP 地址）并能基于第三层信息转发数据的设备。三层交换机并非继承了传统路由器的所有功能及服务，它减少了处理的协议数，如三层只处理 IP、二层只针对以太网，路由转发功能做到硬件中（如用 ASIC 芯片）。因此实现了所谓第三层线性交换能力，从而使基于三层的交换式网络具有高速通信能力。因为传统的网络中只有路由器可以读懂第三层分组信息，所以也称三层交换机为路由式交换机，当然它绝不是路由器的换代产品。三层交换机的主要用途是代替传统路由器作为网络的核心。因此，凡是没有广域网连接需求，同时需要路由器的地方，都可以用三层交换机代替路由器。图 6-14 展示的为一款三层交换机。

图 6-14 三层交换机

在企业网和教学网中，一般会将三层交换机用在网络的核心层，用三层交换机上的千兆端口或百兆端口连接不同的子网或 VLAN。因为其网络结构相对简单，节点数相对较少。另外，它不需要较多的控制功能，并且要求成本较低。

在目前的宽带网络建设中，三层交换机一般被放置在小区的中心和多个小区的汇聚层，核心层一般采用高速路由器。这是因为，在宽带网络建设中网络互联仅仅是其中的一项需求，因为宽带网络中的用户需求各不相同，因此需要较多的控制功能，这正是三层交换机的弱点。因此，宽带网络的核心一般采用高速路由器。

图 6-15 给出了三层交换机工作过程的一个实例。图中计算机具有 C 类 IP 地址，共两个子网：192.168.114.0、192.168.115.0。现在用户 X 基于 IP 需向用户 W 发送信息，由于并不知道 W 在什么地方，X 首先发出 ARP 请求，三层交换机能够理解 ARP 协议，并查找地址列表，将数据只放到连接用户 W 的端口，而不会广播到所有交换机的端口。

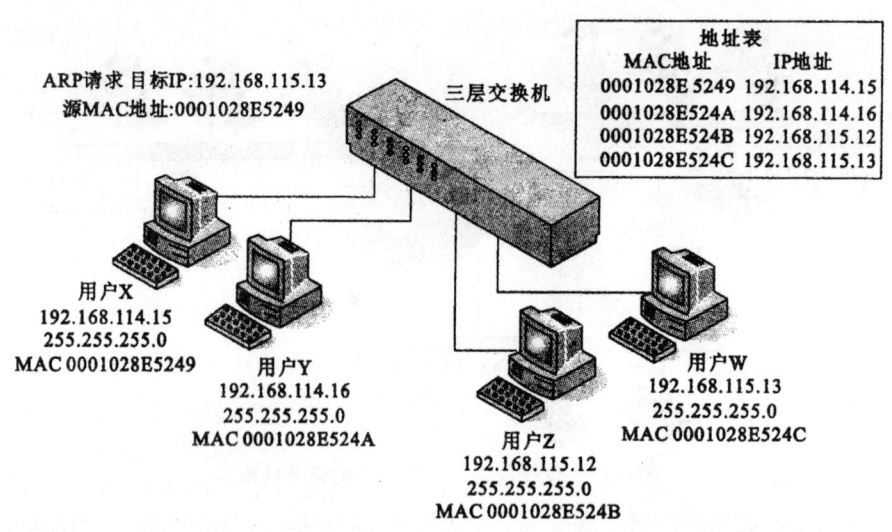

```
                                    地址表
                              MAC地址           IP地址
ARP请求 目标IP:192.168.115.13   0001028E 5249  192.168.114.15
源MAC地址:0001028E5249          三层交换机      0001028E524A  192.168.114.16
                                              0001028E524B  192.168.115.12
                                              0001028E524C  192.168.115.13
```

用户X
192.168.114.15
255.255.255.0
MAC 0001028E5249

用户Y
192.168.114.16
255.255.255.0
MAC 0001028E524A

用户Z
192.168.115.12
255.255.255.0
MAC 0001028E524B

用户W
192.168.115.13
255.255.255.0
MAC 0001028E524C

图 6-15　三层交换机工作过程图

2. 第三层交换技术的原理

一个具有第三层交换功能的设备是一个带有第三层路由功能的第二层交换机。简单地说，三层交换技术就是：二层交换技术＋三层转发技术。从硬件的实现上看，目前，第二层交换机的接口模块都是通过高速背板/总线（速率可高达几十 Gb/s）交换数据的，在第三层交换机中，与路由器有关的第三层路由硬件模块也插在高速背板/总线上，这种方式使得路由模块可以与需要路由的其他模块间进行高速的数据交换，从而突破了传统的外接路由器接口速率的限制（10～100Mb/s）。在软件方面，第三层交换机将传统的路由器软件进行了界定，其做法是：①对于数据包的转发（如 IP/IPX 包的转发）这些有规律的过程通过硬件得以高速实现；②对于第三层路由软件，如路由信息的更新、路由表的维护、路由计算、路由的确定等功能，用优化、高效的软件实现。

第三层交换机的出现，实际上已经历了三代。第一代产品相当于运行在一个固定内存处理机上的软件系统，性能较差。虽然在管理和协议功能方面有许多改善，但当用户的日常业务更加依赖于网络，导致网络流量不断增加时，网络设备便成了网络传输瓶颈。第二代交换机的硬件引进了专门用于优化第二层处理的专用集成电路芯片（ASIC），性能得到了极大改善与提高，并降低了系统的整体成本，这就是传统的第二层交换机。第三代交换机并不是简单地建立在第二代交换设备上，而是在第三层路由、组播及用户可选策略等方面提供了线速性能，在硬件方面也采用了性能与功能更先进的 ASIC 芯片。

第三层交换机实际上就好像是将传统二层交换机与传统路由器结合起来的网络设备，它既可以完成传统交换机的端口交换功能，又可以完成路由器的路由功能。当然，它是二者的有机结合，并不是把路由器设备的硬件和软件简单地叠加在局域网交换机上，而是各取所长的逻辑结合。其中最重要的表现是，当某一信息源的第一个数据流进入第三层交换机后，其中的路由系统将会产生一个 MAC 地址与 IP 地址的映射表，并将该表存储起来，当同一信息源的后续数据流再次进入第三层交换时，交换机将根据第一次产生并保存的地址映射表，直接从二层由源地址传输到目的地址，而不再经过第三层路由系统处理，从而消除了路由选择时造成的网络延迟，提高了数据包的转发效率，解决了网间传输信息时路由产生的速率瓶颈。

第 6 章　网络互联及其协议

如图 6-16 所示,假设两个使用 IP 协议的站点 A、B 通过第三层交换机进行通信,发送站点 A 在开始发送时,已经知道目的站 B 的 IP 地址,但尚不知道在局域网上发送所需要的 B 站的 MAC 地址,要采用地址解析协议 ARP 来确定目的站 B 的 MAC 地址。发送站 A 把自己的 IP 地址与目的站 B 的 IP 地址比较,采用其软件中配置的子网掩码提取出网络地址来确定 B 站是否与自己在同一子网内。若目的站 B 与发送站 A 在同一子网中,则只需进行二层的转发。A 会广播一个 ARP 请求,B 接到请求后返回自己的 MAC 地址,A 得到目的站点 B 的 MAC 地址后将这一地址缓存起来,第二层交换模块根据此 MAC 地址查找 MAC 地址表,确定将数据发送到哪个目的端口。若两个站点不在同一个子网中,如发送站 A 要与目的站 C 通信,发送站 A 要向默认网关发送 ARP 包,而默认网关的 IP 地址已经在系统软件中设置,这个 IP 地址实际上对应第三层交换机的第三层交换模块。所以当发送站 A 对默认网关的 IP 地址发出一个 ARP 请求时,若第三层交换模块在以往的通信过程中已得到目的站 C 的 MAC 地址,则向发送站 A 回复 C 站的 MAC 地址;否则第三层交换模块根据路由信息向目的站 C 发出一个 ARP 请求,目的站 C 得到此 ARP 请求后向第三层交换模块回复其 MAC 地址,第三层交换模块保存此地址并回复给发送站 A,同时将 C 站的 MAC 地址发送到二层交换引擎的 MAC 地址表中。从这以后,当 A 再向 C 发送数据包时,便全部交给二层交换处理,信息得以高速交换。由于仅仅在路由过程中才需要三层处理,绝大部分数据都通过二层交换转发,因此三层交换机的速度很快,接近二层交换机的速度,同时比相同路由器的价格低很多。

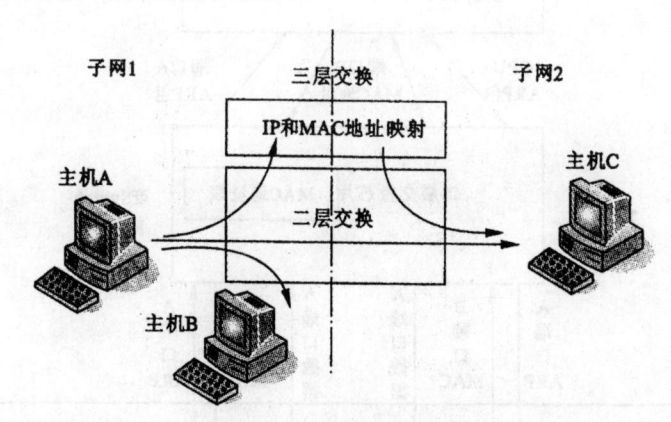

图 6-16　三层交换机原理

第三层交换具有以下突出特点:
① 有机的软硬件结合使得数据交换加速。
② 优化的路由软件使得路由过程效率提高。
③ 除了必要的路由决定过程外,大部分数据转发过程由第二层交换处理。
④ 多个子网互联时只是与第三层交换模块逻辑连接,不像传统的外接路由器那样需要增加端口,保护了用户的投资。

第三层交换是实现 Intranet 的关键,它将第二层交换机和第三层路由器两者的优势结合成一个灵活的解决方案,可在各个层次提供线速性能。这种集成化的结构还引进了策略管理属性,它不仅使第二层与第三层相互关联起来,而且还提供流量优化处理、安全以及多种其他的灵活功能,如端口链路聚合、VLAN 和 Intranet 的动态部署。

第三层交换机分为接口层、交换层和路由层 3 部分。接口层包含了所有重要的局域网接口:

10/100M以太网、千兆以太网、FDDI和ATM。交换层集成了多种局域网接口并辅之以策略管理，同时还提供链路汇聚、VLAN和Tagging机制。路由层提供主要的局域网路由协议：IP、IPX和AppleTalk，并通过策略管理，提供传统路由或直通的第三层转发技术。策略管理使网络管理员能根据企业的特定需求调整网络。

3. 三层交换机种类

三层交换机可以根据其处理数据的不同而分为纯硬件和纯软件两大类。

(1) 纯硬件的三层交换机

纯硬件的三层技术相对来说技术复杂，成本高，但是速度快，性能好，带负载能力强。纯硬件的三层交换机采用ASIC芯片，采用硬件的方式进行路由表的查找和刷新。如图6-17所示。当数据由端口接收进来以后，首先在二层交换芯片中查找相应的目的MAC地址，如果查到，就进行二层转发，否则将数据送至三层引擎。在三层引擎中，ASIC芯片查找相应的路由表信息，与数据的目的IP地址相比对，然后发送ARP数据包到目的主机，得到该主机返回的MAC地址，将MAC地址发送到二层芯片，由二层芯片转发该数据包。

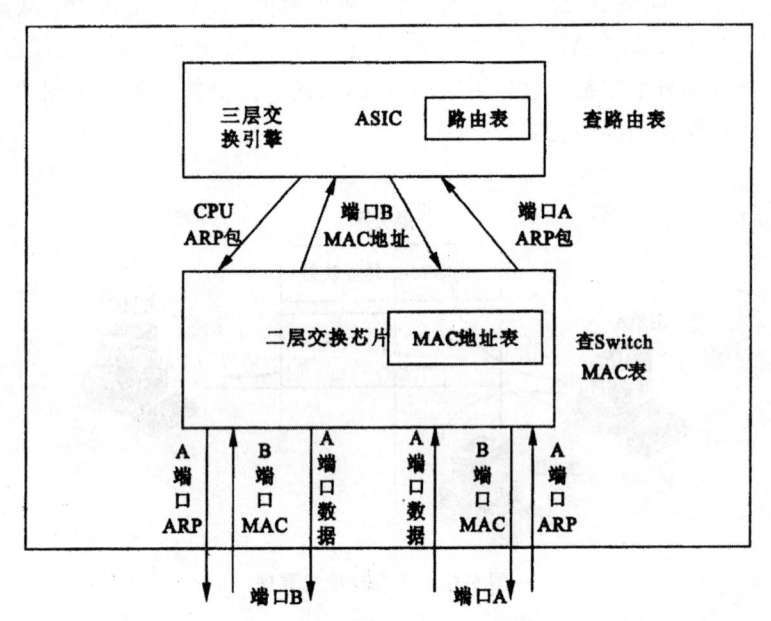

图 6-17 纯硬件三层交换机原理图

(2) 纯软件的三层交换机

基于软件的三层交换机技术较简单，但速度较慢，不适合作为主干。其原理是，采用软件的方式查找路由表。如图6-18所示。当数据由端口接收进来以后，首先在二层交换芯片中查找相应的目的MAC地址，如果查到，就进行二层转发，否则将数据送至CPU。CPU查找相应的路由表信息，与数据的目的IP地址相比较，然后发送ARP数据包到目的主机，得到该主机返回的MAC地址，将MAC地址发到二层芯片，由二层芯片转发该数据包。因为低价CPU处理速度较慢，因此这种三层交换机处理速度较慢。

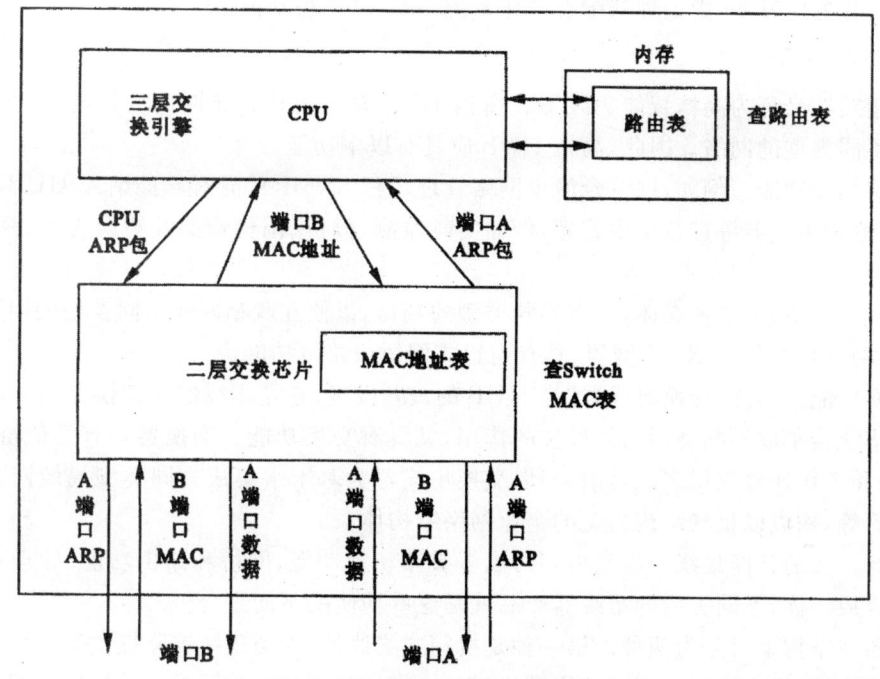

图 6-18 纯软件三层交换机原理图

6.3.5 集线器

随着计算机硬件技术的发展,计算机网络互联设备同样发展迅速,市场上流行的产品很多都突破一般概念向综合方向发展。例如,集线器开始时是用来连接各种网络设备的,现在它已成为最广泛采用的局域网的构成方式。随着集线器的发展,其功能也越来越多,它不仅可以用来连接设备,而且还可以用它来连接局域网,甚至可以连接不同类型的网络,致使它可能成为互联网的核心,具有网络管理的功能。目前市场上的集线器,按其功能的强弱可分为三档。

1. 低档集线器

初期的集线器仅将分散的用于连接网络设备的线路集中在一起,以便管理和维护,故称为集线器或集中器。低档集中器是非智能型的,其性质类似于多端口中继器。除完成集线功能处,还具有信号再生能力。在集线器上有固定数目的端口,如 8 个或 12 个端口,每个设备可使用无屏蔽双绞线连接到一个端口上,而 HUB 本身又可连接到粗同轴电缆(10BASE-5 标准)或细同轴电缆(10BASE-2 标准)上。由于集线器价格低廉,所以被广泛用于连接局域网设备。

2. 中档集线器

中档集线器又称为低档智能集线器,具有一定的智能。它在低档集线器功能的基础上增加了一些新的功能。如配置了网桥软件,使它能连接多个同构局域网,如连接符合 IEEE 802 标准的以太网、令牌环网等。当然,此时集线器应具有多个插槽,以便在连接这些网络时根据网络类型的不同将相应的网卡插入槽中,连接给定的网络。又如配置一定管理功能,对本地网络和少量远地站点的管理。10BASE-T 的 HUB 除具有集线器和再生信号的功能外,还能承担部分网络管理功能,能自动检测"碰撞",在检测到"碰撞"后发阻塞(JalTI)信号,以强化"冲突",还能自动指示和隔离有故障的站点并切断其通信。因此,中档 HUB 已不再是物理层的产品,已向数据链路层和智能化方向发展,微处理器配有操作系统,能实现网桥功能。

3. 高档集线器

高档集线器又称为高档智能集线器。高档 HUB 是为组建企业网而设计的,企业网络经常配置多种不同类型的网络。因此,高档 HUB 应具有以下功能。

①网络管理功能。例如,把符合简单网络管理规程 SNMP 的管理功能纳入 HUB,用于对工作站、服务器和集线器等进行集中管理,例如实时监测、分析、调整资源及错误告警、故障隔离等功能。

②支持多种协议、多种媒体,具有不同类型的端口,以便互联相同或不同类型的网络,如以太网、令牌环网、FDDI 网和 X.25 网等,具有内置式网桥或路由功能。

③交换功能。"智能交换集线器"是 HUB 的最新发展,它是集线器与交换器功能的组合,既具有普通集线器集成不同类型功能模块的作用,又具有交换功能。交换器具有类似桥路器的功能,但转换和传输速率快得多。目前,多以交换集线器为基干来集成为同类型局域网及路由器、访问服务器等,构成以星状结构为主的企业网络结构体系。

所谓新一代的智能集线器就是将多协议多媒体切换功能、网桥和路由功能、管理功能、交换功能等组合成一体,不同类型的集线器产品就是这些功能的不同组合。

集线器在结构上可分为两种。第一种是机箱式集线器,这类集线器除提供高"背板"外,还提供多个插槽,用以插入不同类型的功能模块(板)。模块类型包括不同类型的局域网端口、管理模块、网桥、路由、ATM 及其转换功能的互联模块。第二种是堆叠式集线器,它可以把多个独立集线器堆叠互联为一个集线器。每个集线器有 12/24 个端口,每个端口可利用无屏蔽双绞线 UTP 连接一台工作站或服务器。可把多个集线器堆叠成一个集线器,例如 10 个。这样,最多能连接 120～240 个工作站。堆叠式集线器的管理功能往往由其中一个 HUB 提供,管理整个堆叠。

为完成上述多种任务,在高档 HUB 中配置一个或多个高性能的处理器,采用对称多重处理技术。所采用的操作系统也都是多用户或多任务 32 位操作系统,如 UNIX、OS/2 或 Windows NT,这使高档 HUB 具有很高的智能,可以作为核心来构建大、中型企业网络系统。

6.3.6 网关

网关(Gateway)又称为协议转换器。它作用在 OSI 参考模型的 4～7 层,即传输层到应用层。网关的基本功能是实现不同网络协议的互联,也就是说,网关是用于高层协议转换的网间接器。网关可以被描述为"不相同的网络系统互相连接时所用的设备或节点"。不同体系结构、不同协议之间在高层协议上的差异是非常大的。网关依赖于用户的应用,是网络互联中最复杂的设备,没有通用的网关。而对于面向高层协议的网关来说,其目的就是试图解决网络中不同的高层协议之间的不同性问题,完全做到这一点是非常困难的。所以对网关来说,通常都是针对某些问题而言的。网关的构成是非常复杂的。综合来说,其主要的功能是进行报文格式转换、地址映射、网络协议转换和原语联接转换等。

按照网关的功能不同,大体可以将网关分为三大类:协议网关、应用网关和安全网关。

(1)协议网关

协议网关通常在使用不同协议的网络区域间做协议转换工作,这也是一般公认的网关的功能。

例如,IPv4 数据由路由器封装在 IPv6 分组中,通过 IPv6 网络传递,到达目的路由器后解开封装，把还原的 IPv4 数据交给主机。这个功能是第三层协议的转换。又例如，以太网与令牌环网的帧格式不同，要在两种不同网络之间传输数据，就需要对帧格式进行转换，这个功能就是第二层协议的转换。

协议转换器必须在数据链路层以上的所有协议层都运行，而且要对节点上使用这些协议层的进程透明。协议转换是一个软件密集型过程，必须考虑两个协议栈之间特定的相似性和不同之处。因此，协议网关的功能相当复杂。

（2）应用网关

应用网关在是不同数据格式间翻译数据的系统。

例如，E-mail 可以以多种格式实现，提供 E-mail 的服务器可能需要与多种格式的邮件服务器交互，因此要求支持多个网关接口。

（3）安全网关

安全网关就是防火墙。一般认为，在网络层以上的网络互联使用的设备是网关，主要是因为网关具有协议转换的功能。但事实上，协议转换功能在 OSI/RM 的每一层几乎都有涉及。所以，网关的实际工作层次其实并非十分明确，正如很难给网关精确定义一样。

6.3.7 网桥

用中继器或集线器或站的局域网是同一个"冲突域"。在同一"冲突域"中，所有的主机征用同一条信道。这样，局域网的作用范围，特别是主机数量将受到很大的限制，否则将造成网络性能的严重下降；同时，一个主机发送的信息，冲突域中的所有主机都可以监听到，也不利于网络的安全。要解决这个问题，需要另外一种设备：网桥。

1. 网桥的工作原理

网桥（Bridge）又称桥接器，它是一种存储转发设备，常用于互联局域网。网桥的网络结构图如图 6-19 所示。

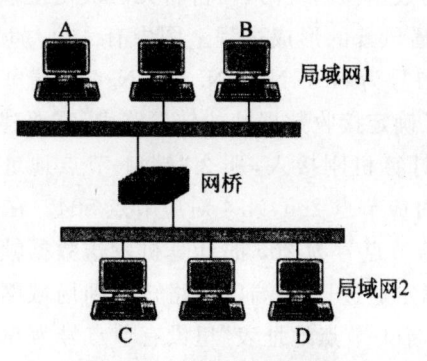

图 6-19 网桥的网络结构

网桥工作在 OSI 参考模型的第二层，它在数据链路层对数据帧进行存储转发，实现网络互联。网桥能够连接的局域可以是同类网络（使用相同的 MAC 协议的局域网，如 802.3 以太网），也可以是不同的网络（使用不同的 MAC 协议和相同的 LLC 协议的网络，如 802.3 以太网、802.5 令牌环网和 FDDI，而且这些网络可以是不同的传输介质系统（如粗、细同轴电缆以太网系统和光纤以太网系统）。使用远程网桥还能够实现局域网的远程连接，即 LAN-WAN-LAN 的互联方式。

网桥不是一个复杂的设备,它的工作原理是:网桥接收一个完整的帧,然后分析进入的帧,并基于包含在帧中的信息,根据帧的目的地址(MAC 地址)段,来决定是删除这个帧,还是转发这个帧。如果目的站点和发送站点在同一个局域网,换句话说,就是源局域网和目的局域网是同一个物理网络,即在网桥的同一边,网桥将帧删除,不进行转发;如果目的局域网和源局域网不在同一个网络时,网桥则进行路径选择,并按着指定的路径将帧转发给目的局域网。网络桥的路径选择方法有两种,不同类型的网桥所采用的路径选择方法不同。透明桥通过向后自学习的方法,建立一个 MAC 地址与网桥的端口对应表,通过查表获得路径信息,以此实现路径选择的功能;源路由网桥的路径选择是根据每一个帧所包含的路由信息段的内容而定。

网桥的主要作用是将两个以上的局域网互联为一个逻辑网,以减少局域网上的通信量,提高整个网络系统的性能。网桥的另一个作用是扩大网络的物理范围。另外,由于网桥能隔离一个物理网段的故障,所以网桥能够提高网络的可靠性。网桥与中继器相比有更多的优势,它能在更大的地理范围内实现局域网互联。网桥不像中继器,只是简单地放大再生物理信号,没有任何过滤作用。网桥在转发数据帧的同时,能够根据 MAC 地址对数据帧进行过滤,而且网桥可以连接不同类型的网络。

2. 网桥与广播风暴

从网络体系结构看,网络系统的最低层是物理层,第二层是数据链路层,第三层是网络层。在介绍网桥的工作原理时已经指出,网桥工作在第二层(数据链路层)。网桥以接收数据帧、地址过滤、存储与转发数据帧的方式,来实现多个局域网系统的互联。网桥根据局域网中数据帧的源地址与目的地址来决定是否接收和转发数据帧。根据网桥的工作原理,网桥对同一个子网中传输的数据帧不转发,因此可以达到隔离互联子网通信量的目的。因为网桥要确定传输到某个目的节点的数据帧要通过哪个端口转发,就必须在网桥中保存一张"端口-节点地址表"。但是,随着网络规模的扩大与用户节点数的增加,会不断出现"端口-节点地址表"中没有的节点地址信息。当带有这一类目的地址的数据帧出现时,网桥将无法决定应该从哪个端口转发。

图 6-20 显示了网桥与广播风暴的形成过程。图中有 4 个局域网(局域网 1、局域网 2、局域网 3 与局域网 4)分别通过端口号为 N.1、N.2、N.3 与 N.4 的端口与网桥相连,通过网桥实现了局域网之间的互联。网桥为了确定接收数据帧的转发路由,需要建立"端口-节点地址表"。如果局域网 4 中节点号为 504 的计算机刚接入,那么"端口-节点地址表"的记录中:N.1 对应节点 101,N.2 对应节点 803,N.3 对应节点 205,N.4 对应节点 504。在这种情况下,如果局域网 1 中节点号为 101 的计算机希望给节点号为 205 的计算机发送数据帧,网桥可以通过"端口-节点地址表"中保存的信息,很容易确定通过 N.3 端口线路转发到局域网 3,节点号为 205 的计算机一定能接收到该数据帧。如果"端口-节点地址表"里没有节点号为 504 的计算机的记录,那么网桥采取的方法是:将该数据帧从网桥除输入端口之外的其他端口广播出去。这样,在与网桥连接的 N.2、N.3 与 N.4 端口,网桥都转发了同一个数据帧。这种盲目发送数据帧的做法,势必大大增加网络的通信量,这样就会发生常说的"广播风暴"。

由于实际网桥的"端口-节点地址表"的存储能力是有限的,而网络节点又不断增加,从而使网络互联结构始终处于变化状态,因此网桥工作中通过"广播"方式来解决节点位置不明确而引起的数据帧传输"风暴"问题,必然造成网络中重复、无目的的数据帧传输急剧增加,给网络带来很大的通信负荷。这个问题已经引起了人们的高度重视。

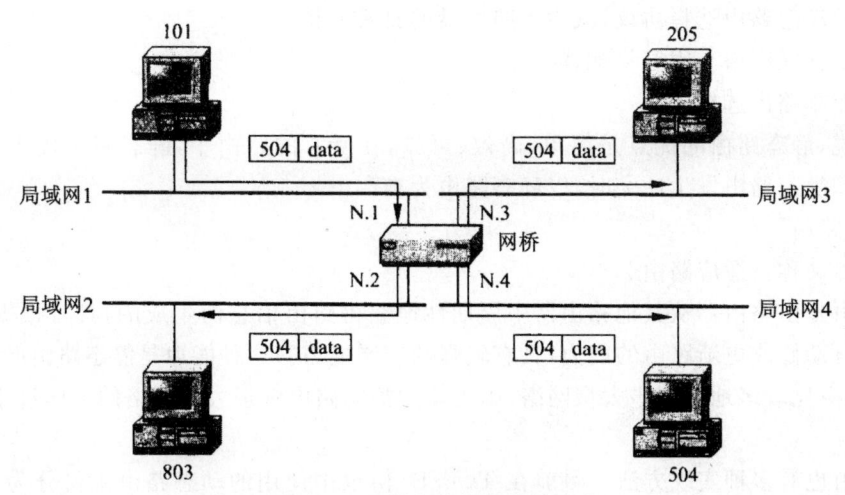

图 6-20 网桥与广播风暴的形成

3. 网桥带来的一些问题

①增加时间延迟。

②网桥的处理速度是有限的,为网络负载加大时会造成网络阻塞。

③在网桥表中查找不到目的 MAC 对应的端口的帧会被复制到所有端口,容易产生网络风暴。

所以,网桥适用于网络中用户不太多,特别是网段之间的流量不太大的场合。

6.4 因特网的路由选择协议

在基于 TCP/IP 的网络中,所有数据的流向都是由 IP 地址来指定的,网络协议根据报文的目的地址将报文从适当的接口发送出去。而路由就是指导报文发送的路径信息。

与实际生活中交叉路口的路标一样,路由信息在网络路径的交叉点(路由器)上标明去往目标网络的正确路径,网络层协议可以根据报文的目的地查找到对应的路由信息,把报文按正确的途径发送出去。

6.4.1 路由选择算法及其评价标准

1. 路由选择算法

路由选择协议的核心就是路由算法,即需要何种算法来获得路由表中的各项。如果从路由算法能否随网络的通信量或拓扑自适应地进行调整变化来划分,则只有两大类,即静态路由选择策略和动态路由选择策略。

(1) 静态路由

静态路由,又称为非自适应路由选择,是指在路由器中设置固定的路由表,除非管理员干预,否则静态路由不会发生变化,由于静态路由不能对网络的改变做出反应,一般用于网络规模不大、拓扑结构固定的网络中。

静态路由选择的优点如下所示。

①不需要动态路由选择协议,减少了路由器的日常开销。
②在小型互联网络上很容易配置。
③可以控制路由选择。

总体来说,静态路由的优点是简单、高效、可靠,在所有的路由中,静态路由优先级别最高。当动态路由和静态路由发生冲突时,以静态路由为准。

(2)动态路由

动态路由又称自适应路由。

动态路由是由路由器从其他路由器中周期性地获得路由信息而生成的,具有根据网络链路的状态变化自动修改更新路由的能力,具有较强的容错能力。这种能力是静态路由所不具备的。同时,动态路由比较多地应用于大型网络,因为使用静态路由管理大型网络的工作过于烦琐且容易出错。

动态路由也有多种实现方法。目前在 TCP/IP 协议中使用的动态路由主要分为两种类型:距离矢量路由选择协议(Distance-Vector Routing Protocol)和链路状态路由协议(Link-State Routing Protocol)。

①距离矢量路由选择协议,也称为 Bellman-Ford 算法,它使用到远程网络的距离去求最佳路径。每经过一个路由器为一跳,到目的网络最少跳数的路由被确定为最佳路由。

路由信息协议(RIP)和内部网关路由协议(IGRP)就使用这种算法。

距离矢量路由算法定期向相邻路由器发送自己完整的路由表,相邻路由器将收到的路由表与自己的合并以更新自己的路由表,称为流言路由(Rumor),因为收到来自相邻路由器的信息后,路由器本身并没有亲自发现就相信有关远程网络的信息。更新后,它向所有邻居广播整个路由表。

一个网络可能有多条链路到达同一个远程网络。如果这样,首先检查管理距离,如果相等,就要用其他度量方法来确定选用哪条路。路由信息协议仅使用跳步数来确定到达远程网络的最佳路径,如果发现不止一条链路到达同一目的网络且又跳相同步数,那么就自动执行循环负载平衡。通常可以为 6 个等开销链路执行负载平衡。

距离矢量路由协议通过广播路由表来跟踪网络的改变,占用 CPU 进程和链路的带宽。由于距离矢量路由选择算法的本质是每个路由器根据它从其他路由器接收到的信息而建立它自己的路由选择表,当网络对一个新配置的收敛反应比较慢,从而引起路由选择条目不一致时,就会产生路由环路。如图 6-21 所示。

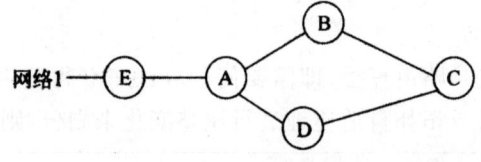

图 6-21 路由环路

网络 1 发生故障前,网络收敛。假定 C 到网络 1 的最佳路径是通过 B,且 C 的路由表中计数的到网络 1 的跳数为 3。

E 发现网络 1 故障,向 A 发更新,A 停止向网络 1 发送数据包,但 B、C、D 仍然向网络 1 发送。它们还没有收到故障通知。此时 A 发更新,B、D 收到,B、D 停止向网络 1 发送数据包,但 C

还没有收到更新，C 仍然认为网络 1 可达。

现在 C 向 D 发定期更新，说经过 B 可以达到网络 1，距离是 3 跳。D 收到后，更新自己的路由选择表，确定到达网络 1 的路径为经过 C，到 B 的距离是 4 跳，就可达网络 1。于是 D 又将这个信息传递给 A，A 又再修改自己的路由表，将这个信息转发给 B 和 E。任何发到网络 1 的数据包就会经过 C 到 B，再到 A 到 D，这样循环传送，这就是路由环路问题。

解决方法如下所示。

• 定义最大跳数，数据包每经过下一路由器，跳计数的距离矢量递增，计数到超过距离矢量的默认最大值，RIP 规定为 15 跳，就被丢弃，认为不可达。

• 水平分割：不将路由信息回传给发来该路由的路由器。

• 抑制：用于防止定时更新信息错误地恢复一个已坏的路由。

一个路由器从相邻路由器收到更新信息，指示原先一个可达的网络现在不可达。该路由器将这条路由标记为不可达，同时启动一个抑制定时器（Hold-Down Timer），在期满前任何时刻，从相同的相邻路由器收到更新信息，指示网络重新可达，这时，路由器会重新标记这条路由为可达，同时，卸下抑制定时器。

若从另一个邻居路由器收到更新信息，指示一条比以前路径跳数更少的路径，则路由器把该网络标记为可达，同时卸下抑制定时器。

在抑制定时器期满前的任何时刻，任何另外的邻居路由器指示一条不如以前的路径，都会被忽略。

② 链路状态路由协议。基于链路状态的路由选择协议，也被称为最短路径优先算法（SPF）。距离矢量算法没有关于远程网络和远端路由器的具体信息，而链路状态路由选择算法保留远程路由器以及它们之间是如何连接的等全部信息。

每个链路状态路由器提供关于它邻接的拓扑结构的信息，包括它所连接的网段（链路），以及链路的情况（状态）。

链路状态路由器，将这个信息或改动部分向它的邻居们发送呼叫消息，称为链路状态数据包（LSP）或链路状态通告（LSA），然后，邻居将 LSP 赋值到它们自己的路由选择表中，并传递那个信息到网络的其余部分，这个过程称为"泛洪（Flooding）"。

这样，每个路由器并行地构造一个拓扑数据库，数据库中有来自互联网的 LSA。

SPF 算法计算网络的可达性，挑出代价最小的路径，生成一个由自己作为树根的 SPF 树。

路由器根据 SPF 树建立一个到每个网络的路径和端口的路由选择表。

链路状态路由选择协议中最复杂和最重要的是要确保所有路由器得到所有必要的 LSA 数据包，拥有不同 LSA 数据包的路由器会基于不同拓扑计算路由，那么各个路由器关于同一链路信息不一致会导致网络不可达。

例如，两难问题，如图 6-22 所示。

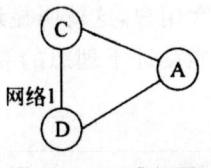

图 6-22 两难问题

- C 与 D 之间网络故障,二者都会构造一个 LSA 数据包反映这种状态。
- 之后很快网络恢复工作,又要另一个 LSA 数据包反映这种变化。
- 若之前从 C 发出的网络 1 不可达的消息经由了一条较慢的路径,D 发出的网络 1 已经恢复到达 A 后,C 的不可达 LSA 才到 A。
- A 陷入两难,不知该建哪个 SPF 树,到底网络 1 可不可达?

如果向所有路由器的 LSA 分发不正确,链路状态路由选择可能会导致不正确的路由,若网络规模很大,会产生严重问题。

2. 路由选择算法的评价标准

(1)正确性

算法必须是正确的,即按照算法生成的路由可以到达目的节点。

(2)简洁性

进行路由选择的计算必然要增加分组的时延。因此,路由选择的计算不应使网络通信量增加太多的额外开销。若为了计算合适的路由必须使用网络其他路由器发来的大量状态信息时,开销就会过大。

(3)最佳

这里的"最佳"是指以最低的代价实现路由算法。这里特别需要注意的是,在研究路由选择时,需要给每一条链路指明一定的代价(Cost)。这里的"代价"并不是指"钱",而是由一个或几个因素综合决定的一种度量(Metric),如链路长度、数据率、链路容量、是否要保密、传播时延等,甚至还可以是一天中某一个小时内的通信量、节点的缓存被占用的程度、链路差错率等。可以根据用户的具体情况设置每一条链路的"代价"。

当然,并不存在一种绝对的最佳路由算法。所谓"最佳"只能是相对于某一种特定要求下得出的较为合理的选择而已。

(4)快速收敛

所谓收敛是指在最佳路径的判断上,网络中的所有路由器达到一致的过程。当某个网络时间引起路由可用或不可用时,路由器应发出更新信息。路由更新信息迅速编辑整个网络,引发重新计算最佳路径。最终,达到所有路由器一致公认的最佳路径。收敛慢的路由算法会造成路由环路或网络中断。

(5)健壮性

当路由选择算法处于非正常或不可预料的环境中时,如硬件故障、负载过高或操作失误时,都能正确运行。由于路由器分布在网络的各个连接点上,所以在它们出故障时,会产生严重后果。好的路由选择算法通常能经受考验,在各种网络环境下被证明是有效和可靠的。

(6)公平性

即算法应对所有用户(除对少数优先级高的用户)都是平等的。例如,若使某一对用户的端到端时延为最小,但却不考虑其他的广大用户,这就明显地不符合公平性的要求。

一个实际的路由选择算法,应尽可能接近于理想的算法。在不同的应用条件。对以上提出的 6 个方面也可有不同的侧重。

6.4.2 RIP 路由协议

1. RIP 工作原理

路由信息协议 RIP(Routing Information Protocol)是内部网关协议 IGP 中最先得到广泛应用的协议。RIP 是一种分布式的基于距离失量的路由选择协议,是因特网的标准协议。

RIP 通过 UDP 报文交换路由信息,每隔 30s 向外发送一次更新报文。如果路由器经过 180s 没有收到更新报文,则将所有来自其他路由器的路由信息标记为不可达,若在其后的 130s 内仍未收到更新报文,就将这些路由从路由表中删除。

RIP 协议要求网络中的每一个路由器都要维护从它自己到其他每一个目的网络的距离记录。在这里,"距离"的意义是:源主机到目的主机所经过的路由器的数目。因此,从一路由器到直接连接的网络的距离为 0。从一个路由器到非直接连接的网络的距离定义为所经过的路由器数加 1。

RIP 协议中的"距离"也称为"跳数"(Hop Count),因为每经过一个路由器,跳数就加 1。RIP 认为一个好的路由就是它通过的路由器的数目少,即"距离短"。即 RIP 衡量路由好坏的标准是信息转发的次数(所经过的路由器的数目)。但有时这未必是最好的,因为有可能存在这样一种情况:所经过的路由器数目多一些,但信息传输的效率更高,速度更快。这就像开车有的路段比较短,但堵车严重,若绕道,尽管走的路长一些,也会更快地到达目的地。

RIP 允许一条路径最多只能包含 15 个路由器,"距离"的最大值为 16 时,即相当于不可达,可见 RIP 只适用于小型互联网。RIP 不能在两个网络之间同时使用多条路由。RIP 选择一个具有最少路由器的路由(即最短路由),哪怕还存在另一条高速(低时延)但路由器较多的路由。

所以,路由表中最主要的信息就是:到达本自治系统某个网络的最短距离和下一跳路由器的地址。那么,RIP 采取一种什么机制使得每个路由器都知道到达本自治系统任意网络的最短距离和下一跳路由器的地址呢,即如何来构建自己的路由表呢?

RIP 协议有如下规定。

① 仅和相邻路由器交换信息,不相邻的路由器不交换信息。

② 交换的信息是当前本路由器所知道的全部信息,即自己的路由表。也就是说,一个路由器把它自己知道的路由信息转告给与它相邻的路由器。主要信息包括到某个网络的最短距离和下一跳路由器的地址。

③ 按固定的时间间隔交换路由信息,例如,每隔 30s。然后路由器根据收到的路由信息更新路由表,保证自己到目的网络的距离是最短的。当网络拓扑结构发生变化时,路由器能及时地得知最新的信息。

RIP 作为 IGP 协议的一种,通过这些机制使路由器了解到整个网络的路由信息。

2. RIP 的优点和缺点

随着 OSPF 和 IS-IS 的出现,许多人认为 RIP 已经过时。但事实上 RIP 也有其优点。对于小型网络,RIP 就所占带宽而言开销小,易于配置、管理和实现,并且 RIP 还在广泛使用中。

但 RIP 也有明显的不足,即当网络出现故障时,要经过较长的时间才能将此信息传送到所有的路由器。

下面通过图 6-23 所示来说明这个问题。这里有 3 个网络通过两个路由器互联起来,每个路由器都已建立了各自的路由表。

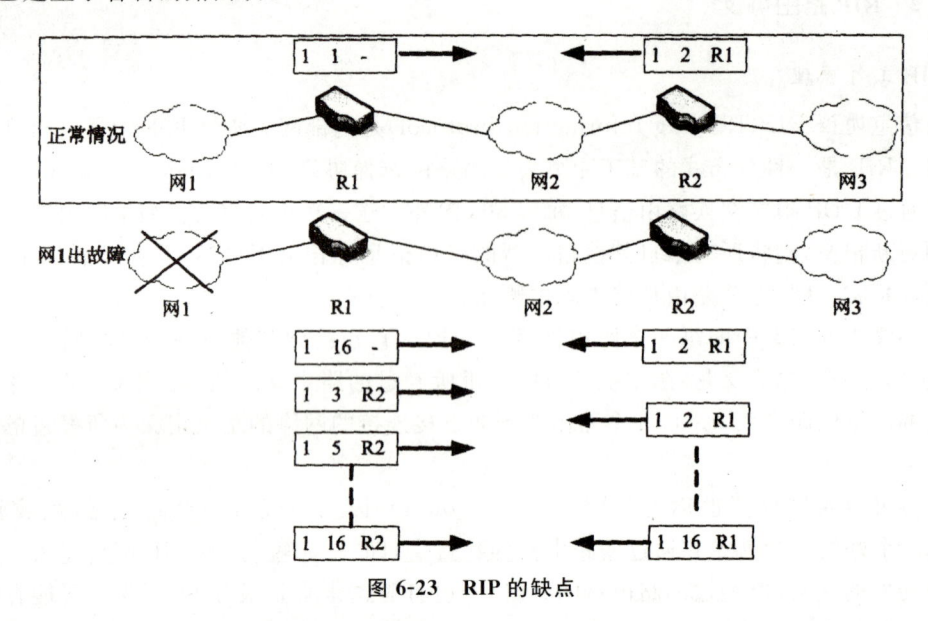

图 6-23　RIP 的缺点

在图 6-23 中,路由器 R1 中的"1,1,-"表示到"网 1 的距离是 1,直接交付"。路由器 R2 中的"1,2,R1"表示"到网 1 的距离是 2,下一跳经过 R1"。

现在假定路由器 R1 到网 1 的链路出了故障,R1 无法到达网 1。于是路由器 R1 将到网 1 的距离改为 16(16 表示到网 1 不可达),因而在 R1 的路由表中的相应项目变为"1,16,-"。但是,很可能要经过 30 秒钟后 R1 才将此更新信息发送给 R2。然而 R2 可能已将自己的路由表发送给 R1,其中有"1,2,R1"这一项。

R1 收到 R2 的更新报文后,误认为可经过 R1 到达网 1,于是将收到的路由信息"1,2,R1"修改为"1,3,R2",表明"我到网 1 的距离是 3,下一跳经过 R2"。R1 用"1,3,R2"更新路由表中的项目"1,16,-",并将此更新信息发送给 R2。

同理,R2 以后又更新自己的路由表为"1,4,R1",表明"我到网 1 的距离是 4,下一跳经过 R1"。

如此更新下去,直到 R1 到 R2 网 1 的距离都增大到 16 时,R1 和 R2 才知道网 1 是不可达的。RIP 协议的这一特点叫做好消息传播得快,而坏消息传播得慢。网络出故障的传播时间往往需要较长的时间,这是 RIP 的一个主要缺点。

但是,如果一个路由器发现了更短的路由,那么这种更新信息就传播得很快。

为了使坏消息传播得更快些,可以采取多种措施。例如,让路由器记录收到某特定路由信息的接口,而不让同一路由信息再通过此接口反方向传送。

综上所述,RIP 协议最大的优点就是实现简单,开销较小。但 RIP 协议的缺点也较多,如下:

①RIP 限制了网络的规模,它能使用的最大距离为 15(16 表示不可达)。

②路由器之间交换的路由信息是路由器中的完整路由表,因而随着网络规模的扩大,开销也就增加。

③"坏消息传播得慢"使更新过程的收敛时间过长(所谓收敛就是在自治系统中所有的节点

都得到正确的路由选择信息的过程)。

6.4.3 OSPF 路由协议

1. OSPF 工作原理

开放式最短路径优先 OSPF(Open Shortest Path First)是为了克服 RIP 的缺点在 1989 年被开发出来的。OSPF 的原理很简单,但实现起来却较复杂。"开放"表明 OSPF 协议不是受某一家厂商控制,而是公开发表的。"最短路径优先"是因为使用了 Dijkstra 提出的最短路径算法 SPF。OSPF 的第二个版本 OSPF3 已成为因特网标准协议。注意:OSPF 只是一个协议的名字,它并不表示其他的路由选择协议不是"最短路径优先"。实际上,所有的在自治系统内部使用的路由选择协议(包括 RIP 协议)都是要寻找一条最短的路径。

OSPF 最主要的特征就是使用分布式的链路状态协议(Link State Protocol),而不是像 RIP 那样的距离矢量协议。与 RIP 协议相比,OSPF 的 3 个要点和 RIP 的都不一样。

① 向本自治系统中所有路由器发送信息(RIP 协议是仅仅向自己相邻的几个路由器发送信息)。这里使用的方法是洪泛法(Flooding),这就是路由器通过所有输出端口向所有相邻的路由器发送信息。而每一个相邻路由器又再将此信息发往其所有的相邻路由器(但不再发送给刚刚发来信息的那个路由器)。这样,最终整个区域中所有的路由器都得到了这个信息的一个副本。

② 发送的信息就是与本路由器相邻的所有路由器的链路状态,但这只是路由器所知道的部分信息(RIP 协议发送的信息是"到所有网络的距离利下一跳路由器")。所谓"链路状态"就是说明本路由器都和哪些路由器相邻,以及该链路的"度量"(Metric)。OSPF 将这个"度量"用米表示费用、距离、时延、带宽等。这些都由网络管理人员来决定,因此,较为灵活。有时为了方便就称这个度量为"代价"。

③ 只有当链路状态发生变化时,路由器才用洪泛法向所有路由器发送此信息(RIP 协议是不管网络拓扑有无发生变化,路由器之间都要定期交换路由表的信息)。

由于各路由器之间频繁地交换链路状态信息,因此,所有的路由器最终都能建立一个链路状态数据库(Link-state Database),OSPF 的链路状态数据库能较快进行更新,使各个路由器能及时更新其路由表。

OSPF 规定,每两个相邻路由器每隔 10s 要交换一次问候分组,这样就能确切知道哪些邻站是可达的。对相邻路由器来说,"可达"是最基本的要求,因为只有可达邻站的链路状态信息才存入链路状态数据库(路由表就是根据链路状态数据库计算出来的)。

在正常情况下,网络中传送的绝大多数 OSPF 分组都是问候分组。若有 40s 没有收到某个相邻路由器发来的问候分组,则认为该相邻路由器是不可达的,应立即修改链路状态数据库,并重新计算路由表。

2. OSPF 的优点

OSPF 的链路状态数据库能较快地进行更新,使各个路由器能及时更新其路由表。OSPF 的更新过程收敛得快是其主要优点。

为了使 OSPF 能够用于规模很大的网络,一般采用分层的方法,将一个自治系统再划分为若干个更小的范围,称为区域。划分区域最大的好处是将利用洪泛法交换链路状态信息的范围局限于每一个区域而不是整个自治系统,这样就减少了整个网络上的通信量。每一个区域都有一个 33 位的区域标识符(用点分十进制表示)。区域也不能太大,在一个区域内的路由器最好不超过 300 个。

图 6-24 展示了一个自治系统被划分为 4 个区域。在一个区域内部的路由器只知道本区域的完整网络拓扑,而不知道其他区域的网络拓扑的情况。

为了使一个区域能够与其他的区域通信,OSPF 使用层次结构的区域划分。在上层的区域叫做主干区域(Backbone Area)。主干区域的标识符规定为 0.0.0.0。主干区域的作用是连通其他在下层的区域。在主干区域的路由器叫做主干路由器,如 R3、R4、R5、R6、R7。负责区域间信息交换的路由器叫做区域边界路由器,如 R3、R4、R7。当然,在一个自治系统中,还应该有负责与其他自治系统进行信息交换的路由器,将其称为自治系统边界路由器,如 R6。

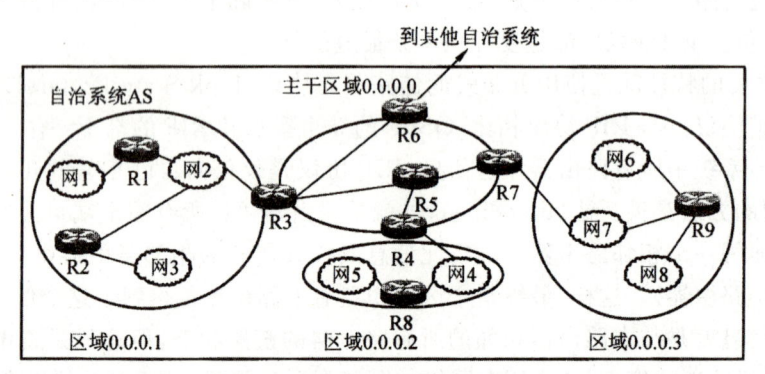

图 6-24 OSPF 划分区域

采用分层次划分区域的方法使交换的信息增多了,使 OSPF 协议更加复杂了,但却使每个区域内部交换的路由信息的通信量大大减少,从而使 OSPF 协议能够用在规模很大的自治系统中,从这里也能体会到分层的思维方式在解决规模庞大的问题时,是十分有效的。

OSPF 还能够防止出现回路,这种能力对于网状网络或使用多个网桥连接的不同局域网是非常重要的。

所有的路由器并行运行同样的算法,根据该路由器的拓扑数据库构造出以它自己为根节点的最短路径树,该最短路径树的叶子节点是自治系统内部的其他路由器。当到达同一目的路由器存在多条相同代价的路由时,OSPF 能够实现在多条路径上分配流量。

6.4.4 IGRP 路由协议

IGRP(Interior Gateway Routing Protocol)是 20 世纪 80 年代中期由 Cisco 公司开发的路由协议,Cisco 创建 IGRP 的主要目的是为 AS 内的路由提供一种健壮的协议。

IGRP 是一种距离向量型的内部网关协议(IGP)。距离向量路由协议要求每个路由器以规则的时间间隔向其相邻的路由器发送其路由表的全部或部分。随着路由信息在网络上扩散,路由器就可以计算到所有节点的距离。

1. IGRP 基础

内部网关路由选择协议(IGRP)开发于 1986 年,是 Cisco 专有的距离向量路由选择协议,致力于解决 RIP 协议的限制。虽然 RIP 在小型同构网络上工作得相当好,但它的跳数小(16)的特点严重限制了网络的规模,并且单一的度量(跳数)小能给复杂网络提供有弹性的路由选择。IGRP 通过使网络跳数增加到 255 跳和为满足当今复杂网络路由选择弹性的需要而提供的多种度量(带宽、链路可靠性、网络间延迟和负载),对 RIP 的不足进行了弥补。IGRP 使用一组 metric 的组合(向量),网络延迟、带宽、可靠性和负载都被用于路由选择,网管可以为每种 metric 设置权值,IGRP 可以用管理员设置的或默认的权值来自动计算最佳路由。

IGRP 维护一组计时器和含有时间间隔的变量,包括更新计时器、保持计时器、失效计时器和清空计时器。更新计时器规定路由更新消息应该以什么频度发送,IGRP 中此值默认为 90s。失效计时器规定在没有特定路由的路由更新消息时,在声明该路由失效前路由器应等待多久,IGRP 中此值默认为更新周期的 3 倍。保持时间变量规定 hold-down 周期,IGRP 中此值默认为更新周期加 10s。最后,清空计时器规定路由器清空路由表之前等待的时间,IGRP 的默认值为路由更新周期的 7 倍。

如图 6-25 所示,IGRP 发出三类路径信息:内部、系统、外部。内部路径是指连接同一路由器接口的子网间的路径。系统路径是指同一自治系统内网络间的路径。外部路径是指自治系统外网络间的路径。

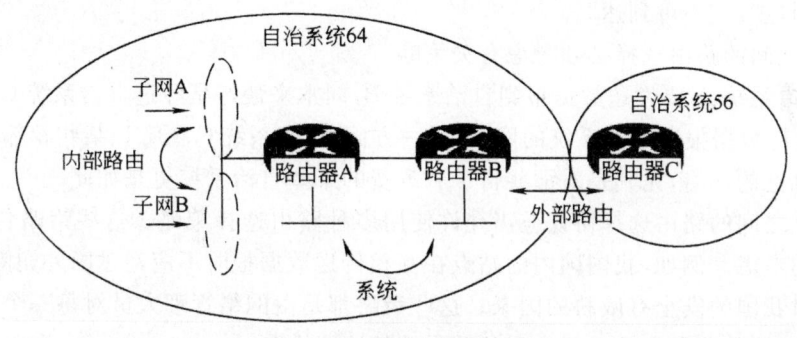

图 6-25 IGRP 路径类型

2. 应用环境与存在问题

由于 IGRP 是距离向量协议,它也有与 RIP 同样的局限——慢收敛。然而,与 RIP 不同,IGRP 能用于大的网络。IGRP 的最大跳数为 255,这使它能在较大甚至是最大的网络上运行。由于 IGRP 用了 4 个度量(网络间的延迟、带宽、可靠性和负载)而不是 1 个度量(跳数)计算路径的可能性,即使在最复杂的网络上这种直觉的路径选择方法也能有最佳性能。

第一、二代距离向量路由选择协议如 IGRP,都有一个问题,路由器不知道网络的全局情况。路由器必须依靠相邻路由器来获取网络的可达信息。由于路由选择更新信息在网络上传播慢,距离向量路由选择协议有一个慢收敛问题,可能会导致不一致性产生。IGRP 使用以下机制减少因网络上的不一致带来的路由选择环路的可能性:破坏逆转更新、水平分割、保持计数器和触发更新。

6.4.5 BGP 路由协议

1989 年,公布了新的外部网关协议——边界网关协议 BGP。BGP 是不同自治系统的路由器之间交换路由信息的协议。BGP 的较新版本是 1995 年发表的 BGP-4 已成为因特网草案标准协议。本节后面都将 BGP-4 简写为 BGP。

在不同自治系统之间的路由选择之所以不使用前面讨论的内部网关协议,主要有以下几个原因。

(1)因特网的规模太大,使得自治系统之间路由选择非常困难

连接在因特网主干网上的路由器,必须对任何有效的 IP 地址都能在路由表中找到匹配的目的网络。

目前主干网路由器中的路由表的项目数早已超过了 5 万个网络前缀。这些网络的性能相差很大。如果用最短距离(即最少跳数)找出来的路径,可能并不是应当选用的路径。例如,有的路径的使用代价很高或很不安全。如果使用链路状态协议,则每一个路由器必须维持一个很大的链路状态数据库。对于这样大的主干网用 Dijkstra 算法计算最短路径时花费的时间也太长。

(2)对于自治系统之间的路由选择,要寻找最佳路由是很不现实的

由于各自治系统是运行自己选定的内部路由选择协议,使用本自治系统指明的路径度量,因此,当一条路径通过几不同的自治系统时,要想对这样的路径计算出有意义的代价是不可能的。例如,对某个自治系统来说,代价为 1000 可能表示一条比较长的路由。但对另一个自治系统代价为 1000 却可能表示不可接受的坏路由。因此,自治系统之间的路由选择只可能交换"可达性"信息(即"可到达"或"不可到达")。

(3)系统之间的路由选择必须考虑有关策略

例如,自治系统 A 要发送数据报到自治系统 B,同本来最好是经过自治系统 C。但自治系统 C 不愿意让这些数据报通过本系统的网络,另一方面,自治系统 C 愿意让某些相邻的自治系统的数据报通过自己的网络,尤其是对那些付了服务费的某些自治系统更是如此。

自治系统之间的路由选择协议应当允许使用多种路由选择策略。这些策略包括政治、安全或经济方面的考虑。例如,我国国内的站点在互相传送数据报时不应经过国外兜圈子,尤其是不要经过某些对我国的安全有威胁的国家。这些策略都是由网络管理人员对每一个路由器进行设置的,但这些策略并不是自治系统之间的路由选择协议本身。

由于上述情况,边界网关协议 BGP 只能是力求寻找一条能够到达目的网络且比较好的路由(不能兜圈子),而并非要寻找一条最佳路由。BGP 采用了路径矢量路由选择协议,它与距离矢量协议和链路状态协议都有很大的区别。

在配置 BGP 时,每一个 AS 的管理员要至少选择一个路由器作为该 AS 的"BGP 发言人"。一个 BGP 发言人通常就是 BGP 边界路由器。一个 BGP 发言人负责与其他自治系统中的 BGP 发言人交换路由信息。图 6-26 表示了 BGP 发言人和 AS 的关系。

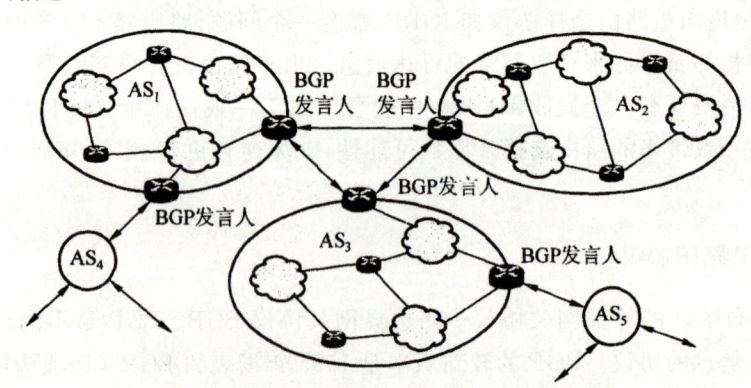

图 6-26　BGP 发言人和自治系统 AS 的关系

一个 BGP 发言人与其他自治系统中的 BGP 发言人要交换路由信息,就要先建立 TCP 连

接，然后在此连接上交换 BGP 报文以建立 BGP 会话(session)，利用 BGP 会话交换路由信息。使用 TCP 连接能提供可靠的服务，也简化了路由选择协议。即 BGP 报文用 TCP 封装后，采用 IP 报文传送，其封装关系如图 6-27 所示。

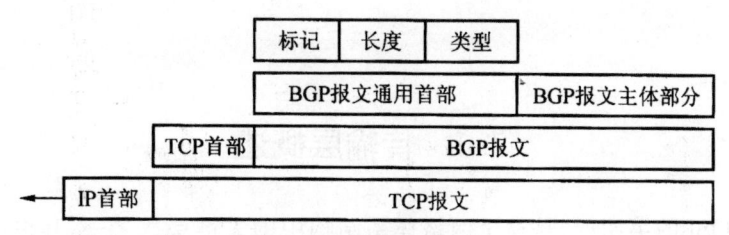

图 6-27　BGP 报文的封装

各 BGP 发言人根据所采用的策略从收到的路由信息中找到各 AS 的较好路由。它们传递的信息表明"到某个网络可经过某个自治系统"。

从上面的讨论可知，BGP 协议有如下几个特点。

①BGP 协议交换路由信息的节点数量级是自治系统数的量级，这要比这些自治系统中的网络数少很多。

②在每一个自治系统中 BGP 发言人(或边界路由器)的数目是很少的，这样就使得自治系统之间的路由选择不致过分复杂。

③BGP 支持 CIDR，因此，BGP 的路由表也就应当包括目的网络前缀、下一跳路由器，以及到达该目的网络所要经过的各个自治系统序列。

④在 BGP 刚刚运行时，BGP 的邻站要更新整个的 BGP 路由表，但以后只需要在发生变化时更新有变化的部分，这样做对节省网络带宽和减少路由器的处理开销都有好处。

第 7 章 网络传输服务

7.1 传输层概述

传输层位于 OSI 的第四层,是整个网络体系结构中的关键层次之一,其根本任务是为两个主机中的应用进程提供通信服务。主要是针对用户端的需求,采用一定的手段,屏蔽不同网络的性能差异,使得用户无需了解网络传输的细节,获得相对稳定的数据传输服务。

7.1.1 传输层的位置

OSI 七层模型中的物理层、数据链路层和网络层是面向网络通信的低三层价议。传输层之上的会话层、表示层及应用层均不包含任何数据传输的功能。传输层既是七层模型中负责数据通信的最高层,又是面向网络通信的低三层和面向信息处理的高三层之间的中间层,是整个协议层次结构的核心。网络层提供系统间的数据传送,但不一定保证数据可靠地送至目的站。传输层负责端到端的通信,它利用网络层的服务和运输实体的功能,向上一层提供服务。其任务是提供进程间端到端的、透明的、可靠的、价格合理的数据传输,而与当前网络或使用的网络无关。传输层地位的关系图如图 7-1 所示。

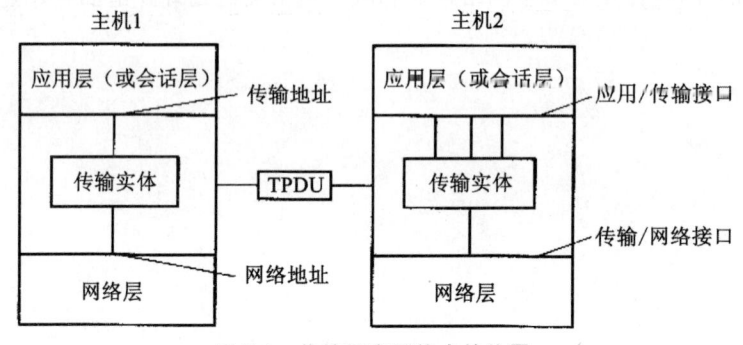

图 7-1 传输层在网络中的位置

7.1.2 传输层的作用

传输层的位置在网络边缘,属于端到端的层次。传输层协议处在计算机网络中的端系统之间,为应用层提供可靠的端到端的通信和运输连接,传输层为高层用户屏蔽了下面通信子网(网络核心)的细节,如网络采用的拓扑结构、所采用的网络协议等。通过运输协议,把尽力交付的不可靠的网络服务演变成为支持网络应用可靠的网络服务。

传输层是计算机网络层次中关键的层次,从 OSI 的七层网络体系结构和现在的五层网络体系结构层次看,传输层起着承上启下的功用。用网络边缘和网络核心来描述计算机网络,传输层位于网络边缘,提供网络边缘与网络核心的接口和连接。传输层传输的协议数据单元称为报文段(Message Segment)。

有了传输层后,应用于各种网络的应用程序能够采用一个标准的原语集来编写,而不必担心不同的子网接口和不可靠的数据传输。

传输层除了要为应用进程提供复用和分用,还要为应用报文提供差错检测,包括传输数据出错、丢失、应答数据丢失、重复、失序、超时等。运输协议要为端系统提供流量控制,并对尽力交付的网络提供拥塞控制等。还有运输连接建立与连接释放、连接控制和序号设置等。

根据应用层协议的要求,传输层要提供两种不同的运输协议,即面向连接的和无连接的。在TCMP协议簇中,分别是面向连接可靠的协议 TCP,以及无连接不可靠的协议 UDP。

7.1.3 传输服务质量

从另一个角度来讲,可以将传输层的主要功能看作是增强网络层提供的服务质量(Quality of Service,QoS)。QoS 用来描述服务的性能好坏,服务质量可以由一些特定的参数来描述。运输协议运行的环境涉及整个通信子网,网络层的服务用户是运输服务,允许用户在建立连接时对各种服务参数指定希望的、可接受的最低限度值,有些参数可以用于无连接的传输服务。传输层根据网络服务的种类或它能够获得的服务来检查这些参数,决定能否提供应用层进程所要求的服务。传输层服务质量的参数有:连接建立延迟;连接建立失败的概率;吞吐率;传输延迟;残余误码率;安全保护;优先级;恢复功能等。

网络服务质量参数的设定时间是在传输用户请求建立连接时设定的。传输层通过检查服务质量参数可以立即发现其中某些参数值是无法达到的。传输层和运输用户进行服务质量参数确定的过程称为选项协商(Option Negotiation)。若某些参数值不能满足要求,传输层会在连接建立时向远端主机发出降低服务质量的参数值,并进行协商,若最低参数值也不能接受,则运输连接无法建立。

7.1.4 传输服务原语

传输服务原语不仅形式化描述了传输层接口,它也是传输用户(如应用程序)访问传输服务的工具和方法,每种传输服务都有各自的访问原语。

1. 简单传输服务原语

为了对传输服务有个大概了解,表 7-1 列出了 5 个简单传输服务原语。这 5 个原语虽然只描述了传输接口的框架,但它说明了面向连接的传输接口的本质。这 5 个原语对多数应用程序来说已经够用了。

表 7-1 简单传输服务原语

原语	发送的 TPDU	含义
LISTEN	(无)	阻塞,直到某个进程试图连接
CONNECT	CONNECTION REQ	建立一个连接的活动尝试
SEND	DATA	发送信息
RECEIVE	(无)	阻塞,直到一个 TPDU 到达
DISCONNECT	DISCONNECTIONG REQ	希望释放连接

为了弄清楚如何使用这些原语,下面介绍一个涉及一台服务器和多个远程客户的应用实例。首先,服务器执行一条监听(LISTEN)原语,一般是通过调用一个库例程,从而引发一系列调用以阻塞服务器,直到有客户服务请求出现为止。当一个客户试图与服务器对话时,它便执行一条连接(CONNECT)原语。传输实体在执行这条原语时要阻塞该客户并向服务器发送一个数据分组。在该分组的有效载荷中封装的是传输给服务器传输实体的传输层报文。服务器的传输实体收到连接原语发来的连接请求 TPDU 后,检查服务器是否阻塞于侦听状态(即可以处理请求),若是,则唤醒服务器,并向发出连接请求的客户回送一个接受连接的 TPDU;当该 TPDU 到达后,客户被唤醒,连接即告建立。

连接建立后就可以使用发送(SEND)原语和接收(RECEIVE)原语交换数据了。建立连接的任何一方均可执行一条 RECEIVE 原语(本机阻塞)等待对方执行 SEND 原语。当 TPDU 到达后接收方解除阻塞,对 TPDU 进行处理并发送应答信息。只要双方能保持收发的协调,该模式便能很好地运行。

当一个连接不再需要时,必须将其断开以释放两个传输实体内的表空间。释放连接有两种方式:非对称的和对称的。在非对称方式中,相互联接的传输用户中的任何一方均能执行断开(DISCONNECT)原语,向远端的传输实体发送释放连接的 TPDU,一旦该 TPDU 到达连接即被释放。

在对称方式中,连接的每一方单独关闭,相互独立。当一方执行了 DISCONNECT 原语后,意味着它不再发送数据,但仍能够接收对方的数据。在这种模式中,只有连接的双方均执行了 DISCONNECT 原语后,连接才能被完全释放。

2. 伯克利套接字(Berkeley Sockets)

表 7-2 所示的是用于 BSD UNIX 的 TCP 协议中的套接字原语,是另外一套经常使用的传输层原语。它延续了前一例子中的模式,并提供了更多的特点和灵活性。

表 7-2 用于 TCP 的套接字原语

原语	含义	原语	含义
SOCKET	创建一个新的通信端点	CONNECT	尝试建立连接
BIND	往套接字中附加本地地址	SEND	通过连接发送数据
LISTEN	宣布愿意接受连接;给出队列大小	RECEIVE	通过连接接收数据
ACCEPT	阻塞呼叫者,直到连接尝试到达	CLOSE	释放连接

表中所列的前 4 个原语是由服务器一方按顺序执行的。SOCKET 原语用于创建一个新的通信端点并在传输实体内为其分配表空间,同时设置所用的地址格式、希望的服务类型和协议。SOCKET 调用成功将返回一个普通文件描述符,以用于后继的调用。OPEN 调用与此调用类似。新建立的通信端点没有地址,需要使用 BIND 原语来赋值,一旦服务器为一通信端点赋予了一个地址,远端的客户便能够与之连接了。

接下来是调用 LISTEN 原语,为试图与服务器建立连接的多个客户分配接受请求队列的空间。与简单传输服务原语中的 LISTEN 原语相比,在套接字模型中,LISTEN 原语是非阻塞调用。

为了接受一个新来的连接,服务器执行一条 ACCEPT 原语。当请求连接的 TPDU 到达后,传输实体便以和最初的通信端点相同的属性建立一个新的端点,并为其返回一个文件描述符;接着服务器可以产生一个进程或线程来处理与新端点的连接,而自己又回去等待与最初端口的下一次连接。

客户方也必须先用 SOCKET 原语建立一个套接字,但不必再用 BIND 原语,因为该端点所用地址对服务器来说无关紧要。CONNECT 原语阻塞连接请求者并主动开始建立连接的进程,当它完成时(例如,当它从服务器收到了适当的 TPDU),客户进程被唤醒,连接即告建立。这样,双方就均能用 SEND 和 RECEIVE 原语通过完全的双向连接来发送和接收数据了。

使用套接字的连接释放是对称的。当建立连接的双方均执行 CLOSE 原语后,该连接即被释放。

7.2 传输控制协议 TCP

TCP 协议在不可靠的网络服务上提供可靠的、面向连接的端到端传输服务。TCP 协议最早是在 RFC 793 中定义的,而随着时间的推移,发现了原有协议的错误和不完善的地方,对 TCP 协议的一些最新改进包括在 RFC 2018 和 RFC 2581 中。

使用 TCP 协议进行数据传输时必须首先建立一条连接,数据传输完成之后再把连接释放掉。TCP 采用套接字(Socket)机制来创建和管理连接,一个套接字的标识包括两部分:主机的 IP 地址和端口号。为了使用 TCP 连接来传输数据,必须在发送方的套接字与接收方的套接字之间明确地建立一个 TCP 连接,这个 TCP 连接由发送方套接字和接收方套接字来唯一标识,即四元组<源 IP 地址,源端口号,目的 IP 地址,目的端口号>。

TCP 连接是全双工的。这意味着 TCP 连接的两端主机都可以同时发送和接收数据。由于 TCP 支持全双工的数据传输服务,这样确认可以在反方向的数据流中捎带。

TCP 连接是点对点的。点对点表示 TCP 连接只发生在两个进程之间,一个进程发送数据,同时只有一个进程接收数据,因此 TCP 不支持广播和多播。

TCP 连接是面向字节流的。这意味着用户数据没有边界,TCP 实体可以根据需要合并或分解数据报中的数据。例如,发送进程在 TCP 连接上发送 4 个 512 字节的数据,在接收端用户接收到的不一定是 4 个 512 字节的数据,可能是 2 个 1024 字节或 1 个 2048 字节的数据,接收者并不知道发送者的边界,若要检测数据的边界,必须由发送者和接收者共同约定,并且在用户进程中按这些约定来实现。

7.2.1 TCP 概述

与 UDP 不同,TCP 是一种面向流的协议。在 UDP 中,把一块数据发送给 UDP 以便进行传递。UDP 在这块数据上添加自己的首部,这就构成了数据报,然后再把它传递给 IP 来传输。这个进程可以一连传递好几个块数据给 UDP,但 UDP 对每一块数据都是独立对待,而并不考虑它们之间的任何联系。

TCP 则允许发送进程以字节流的形式来传递数据,而接收进程也把数据作为字节流来接收。TCP 创建了一种环境,它使得两个进程好像被一个假想的"管道"所连接,而这个管道在 Internet 上传送两个进程的数据,发送进程产生字节流,而接收进程消耗字节流。

由于发送进程和接收进程产生和消耗数据的速度并不一样，因此 TCP 需要缓存来存储数据。在每一个方向上都有缓存，即发送缓存和接收缓存。另外，除了用缓存来处理这种速度的差异，在发送数据前还需要一种重要的方法，即将字节流分割为报文段。报文段是 TCP 处理的最小数据单元(报文段的长度可以是不等的)。TCP 发送与接收数据过程如图 7-2 所示。

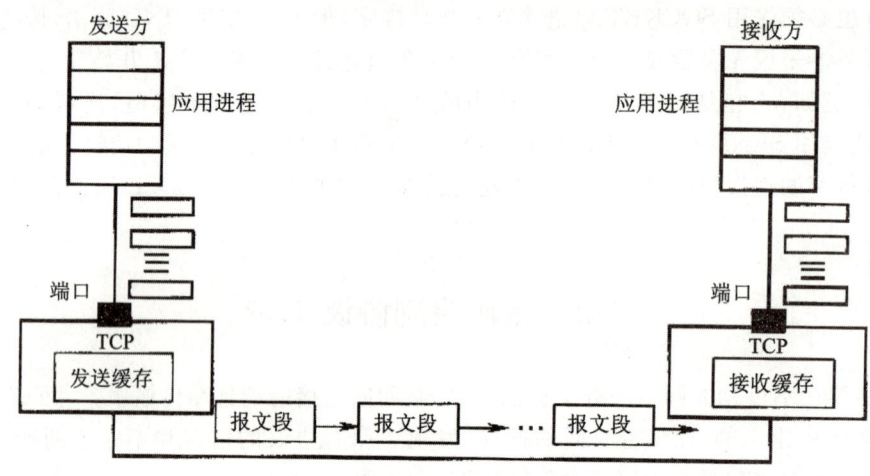

图 7-2 TCP 发送与接收数据的过程

7.2.2 TCP 报文格式

TCP 报文段包括协议首部和数据两部分，协议首部的固定部分有 20 个字节，首部中各字段的设计体现了传输控制协议 TCP 的全部功能，协议首部的固定部分后面为选项部分，可以是 4N 个字节，在默认情况下选项部分可以没有。

TCP 报文段格式如图 7-3 所示。协议首部字段的含义如下所示。

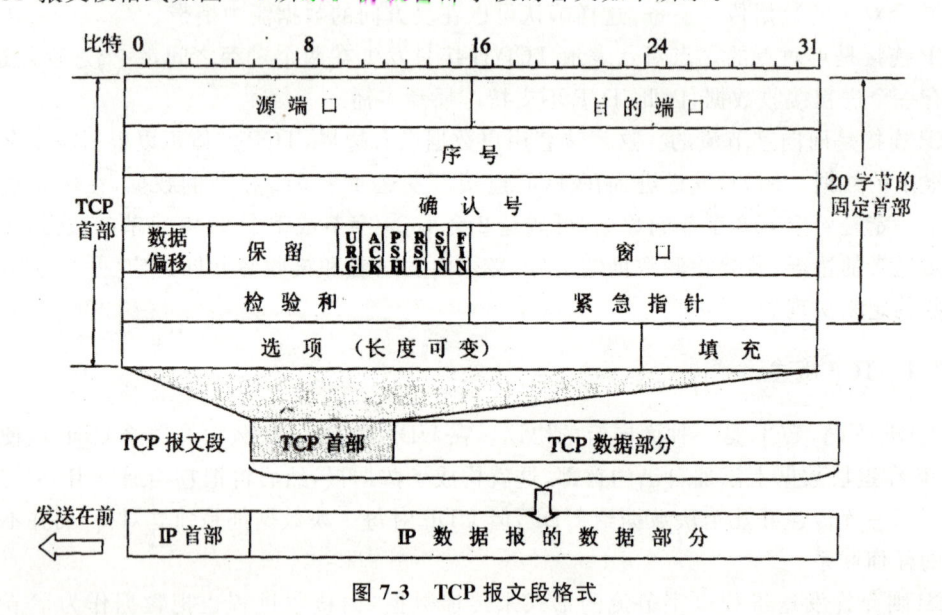

图 7-3 TCP 报文段格式

1. 源端口号和目的端口号

源端口号和目的端口号各占 2 个字节，是应用层和传输层之间的服务接口，也可以理解为服务访问点地址 TSAP，为网络中的一个逻辑地址，传输层的复用和分用功能需要通过端口实现。

2. 序号

占 4 个字节。TCP 是面向数据流的。TCP 传送的报文可看成为连续的数据流。TCP 把在一个 TCP 连接中传送的数据流中的每一个字节都编上一个序号。整个数据的起始序号在连接建立时设置。首部中的序号字段的值则指的是本报文段所发送的数据的第一个字节的序号。

例如，一报文段的序号字段的值是 301，而携带的数据共有 100 字节。这表明本报文段的数据的最后一个字节的序号应当是 400，下一个报文段的数据序号应当从 401 开始，因而下一个报文段的序号字段值应为 401。

3. 确认号

占 4 个字节。确认号字段的值给出的是期望收到的下一个报文段第一个数据字节的序号，该字段也实现了累计确认和捎带确认。

例如，若确认序号字段值为 601，则表明字节序号为 601−1=600 以前的数据字节均收到了，希望接收字节序号为 601 开始的报文段。

4. 数据偏移

数据偏移用于指出 TCP 报文段首部的长度，占 4 位，数据偏移的单位是 32 位字，即 4 个字节，数据偏移的最大值是 60 个字节，也就是说 TCP 首部的最大长度为 60 个字节。TCP 首部的固定部分为 20 个字节，则 TCP 首部的选项部分的长度最多为 40 字节。

5. 保留

占 6 位，保留为今后使用，但目前应置为 0。

6. 标志位

有 6 个标志位，用于控制设置或标识报文段，有些标志位需要配合使用。

(1)紧急比特 URG(URGent)

用于指示紧急数据字段是否有效。当 URG=1 时，表明紧急指针字段有效。它告知系统此报文段中有紧急数据，应尽快传送（相当于高优先级的数据），而不要按原来的排队顺序来传送。

例如，已经发送了很长的一个程序要在远地的主机上运行，但后来发现了一些问题，需要取消该程序的运行，于是用户从键盘发出中断命令(Control+C)。如果不使用紧急数据，那么这两个字符将存储在接收 TCP 缓存的末尾，只有在所有的数据被处理完毕后这两个字符才被交付到接收应用进程，这样做就浪费了许多时间。

当使用紧急比特并将 URG 置 1 时，发送应用进程就告知发送 TCP 这两个字符是紧急数据。于是发送 TCP 就将这两个字符插入到报文段的数据的最前面，其余的数据都是普通数据。这时要与首部中的"紧急指针"(Urgent Pointer)字段配合使用。

紧急指针指出在本报文段中的紧急数据的最后一个字节的序号。紧急指针使接收方知道紧急数据共有多少个字节。紧急数据到达接收端后，当所有紧急数据都被处理完时，TCP 就告知应用程序恢复到正常操作。需要注意的是，即使窗口为零时也可发送紧急数据。

(2) 确认比特 ACK

用于指示确认号字段是否有效。只有当 ACK=1 时，确认号字段才有效。当 ACK=0 时，确认号无效。

(3) 推送比特 PSH(PsSH)

用于要求马上发送数据。当两个应用进程进行交互式通信时，有时在一端的应用进程希望在键入一个命令后立即就能收到对方的响应。在这种情况下，TCP 就可以使用推送(push)操作。这时，发送端 TCP 将推送比特 PSH 置为 1，并立即创建一个报文段发送出去。接收端 TCP 收到推送比特置 1 的报文段，就尽快地交付给接收应用进程，而不再等到整个缓存都填满了后再向上交付。PSH 比特也可以叫做急迫比特。

虽然应用程序可以选择推送操作，但推送操作还是往往不被人们使用。TCP 可以选择或不选择这个操作。

(4) 复位比特 RST(ReSeT)

用于对本 TCP 连接进行复位。当 RST=1 时，表明 TCP 连接中出现严重差错(如由于主机崩溃或其他原因)，必须释放连接，然后再重新建立运输连接。复位比特还用来拒绝一个非法的报文段或拒绝打开一个连接。复位比特也称为重建比特或重置比特。

(5) 同步比特 SYN

用于建立 TCP 连接。当 SYN=1 而 ACK=0 时，表明这是个连接请求报文段。对方若同意建立连接，则应在响应的报文段中置 SYN=1 和 ACK=1。因此，同步比特 SYN 置为 1，就表示这是一个连接请求或连接接受报文。

(6) 终止比特 FIN(FINal)

用于连接释放。当 FIN=1 时，表明此报文段的发送端的数据已发送完毕，并要求释放运输连接。

7. 窗口

占 2 个字节。窗口字段用来控制对方发送的数据量，单位为字节。计算机网络通常是用接收端接收能力的大小来控制发送端的数据发送，TCP 也是这样。TCP 连接的一端根据设置的缓存空间大小确定自己的接收窗口大小，然后通知对方以确定对方发送窗口的上限。

8. 检验和

占 2 个字节。检验和字段检验的范围包括首部和数据这两部分。同 UDP 用户数据报一样，在计算检验和时，要在 TCP 报文段的前面加上 12 字节的伪首部。伪首部的格式与图 7-11 中 UDP 用户数据报的伪首部一样。但应将伪首部第 4 字段中的 17 改为 6(TCP 的协议号是 6)，将第 5 字段中的 UDP 长度改为 TCP 长度。接收端收到此报文段后，仍要加上这个伪首部来计算检验和。若使用 IPv6，则相应的伪首部也要改变。

9. 选项

长度可变。TCP 只规定了一种选项，即最大报文段长度 MSS(Maximum Segment Size)。MSS 告诉对方 TCP："我的缓存所能接收的报文段的数据字段的最大长度是 MSS 个字节。"当没有使用该选项时，TCP 的首部长度是 20 字节。

MSS 的选择行不太简单。若选择较小的 MSS 长度，网络的利用率就降低。设想在极端的情况下,当 TCP 报文段只含有 1 字节的数据时,在 IP 层传输的数据报的开销至少有 40 字节(包括 TCP 报文段的首部和 IP 数据报的首部)。这样,对网络的利用率就不会超过 1/41。到了数据链路层还要加上一些开销。但反过来,若 TCP 报文段非常长,那么在 IP 层传输时就有可能要分解成多个短数据报片。在目的站要将收到的各个短数据报片装配成原来的 TCP 报文段。当传输出错时还要进行重传。这些也都会使开销增大。

一般认为,MSS 应尽可能大些,只要在 IP 层传输时不需要再分片就行。在连接建立的过程中,双方都将自己能够支持的 MSS 写入这一字段。在以后的数据传送阶段,MSS 取双方提出的较小的那个数值。若主机未填写这项,则 MSS 的默认值是 536 字节长。因此,所有在因特网上的主机都能接受的报文段长度是 536+20=556 字节。

7.2.3 TCP 协议的可靠性

TCP 是一种可靠的传输协议。其可靠性体现在它可保证数据按序、无丢失、无重复的到达目的端。TCP 报文段首部的数据编号和确认字段为这种可靠性传输提供了保障。

TCP 协议是面向字节的。TCP 将所要传送的整个报文(可能包括许多个报文段)看成是一个个字节组成的数据流,并使每一个字节对应于一个序号。在连接建立时,双方要商定初始序号。TCP 每次发送的报文段的首部中的序号字段数值表示该报文段中的数据部分的第一个字节的序号。

注意:接收站点在收到发送方发来的数据后依据序号重新组装所收到的报文段。这是因为在一个高速链路与低速链路并存的网络上,可能会出现高速链路上的报文段比低速链路上的报文段提前到达的情况,此时就必须依靠序列号来重组报文段,以保证数据可以按序上交应用进程。这就是序列号的作用之一。

TCP 的确认是对接收到的数据的最高序号(即收到的数据中的最后一个序号)进行确认。但返回的确认序号 ACK 是已收到的数据的最高序号再加 1,该确认号既表示对已收数据的确认,同时表示期望下次收到的第一个数据字节的序号。

如图 7-4 所示为 TCP 报文段传输时 SEQ 和 ACK 所起的作用。

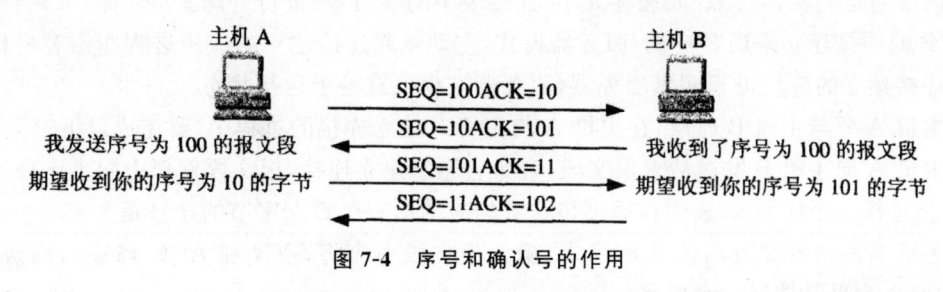

图 7-4 序号和确认号的作用

在实际通信中,存在着超时和重传两种现象。若在传输过程中丢失了某个序号的报文段,导致发送端在给定的时间段内得不到相应的确认序号,则就确认该报文段已被丢失并要求重传。已发送的 TCP 报文段会被保存在发送端的缓冲区中,直到发送端接收到确认序号才会消除缓冲区中的这个报文段。这种机制称为肯定确认和重新传输,它是许多通信协议用来确保可信度的一种技术,其工作过程如图 7-5 所示。

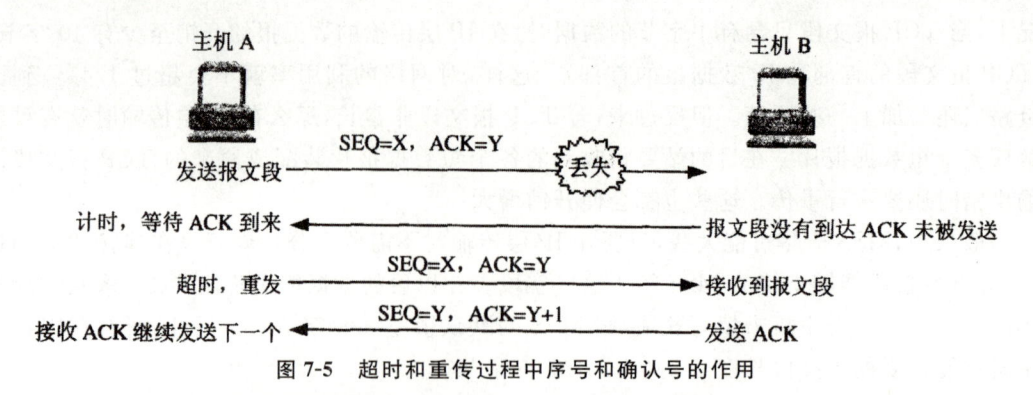

```
主机 A                                    主机 B
发送报文段  —— SEQ=X, ACK=Y ——丢失——→
计时，等待 ACK 到来 ←————————————  报文段没有到达 ACK 未被发送
超时，重发  —— SEQ=X, ACK=Y ——————→  接收到报文段
接收 ACK 继续发送下一个 ←—— SEQ=Y, ACK=Y+1 ——  发送 ACK
```

图 7-5　超时和重传过程中序号和确认号的作用

序号的另一个作用是消除网络中的重复包（同步复制）。例如，在网络阻塞时，发送端迟迟没有收到接收端发来的对于某个报文段的 ACK 信息，它可能会认为这个序号的报文段丢失了。于是它会重新发送这一报文段，这种情况将会导致接收端在网络恢复正常后收到两个同样序号的报文段，此时接收端会自动丢弃重复的报文段。

序号和确认号为 TCP 提供了一种纠错机制，从而提高了 TCP 的可靠性。

7.2.4　TCP 的连接和控制管理

TCP 是面向连接的协议。传输连接是用来传送 TCP 报文的。TCP 的传输连接的建立和释放是每一次面向连接的通信中必不可少的过程。因此，传输连接就有三个阶段，即连接建立、数据传送和连接释放。传输连接的管理就是使传输连接的建立和释放都能正常地进行。

1. 连接建立

TCP 以全双工方式传送数据。当两个机器中的两个 TCP 进程建立连接后，它们应当都能够同时向对方发送报文段。在连接建立过程中要解决以下三个问题。

①要使每一方能够确知对方的存在。
②要允许双方协商一些参数（如最大报文段长度，最大窗口大小，服务质量等）。
③能够对运输实体资源（如缓存大小，连接表中的项目等）进行分配。

TCP 的连接建立采用客户机/服务器模式，主动发起连接建立的应用进程叫做客户机，而被动等待连接建立的应用进程叫做服务器，服务器进程一直处于运行状态。

设主机 A 要与主机 B 通信，在主机 A 与主机 B 建立连接的过程中，要完成以下三个动作。

①主机 A 向主机 B 发送请求报文段，宣布它愿意建立连接，报文段首部中同步比特 SYN 应置 1，同时选择一个序号 x，表明在后面传送数据时的第一个数据字节的序号是 x+1。

②主机 B 发送报文段确认 A 的请求，确认报文段中应将 SYN 和 ACK 都置 1，确认号应为 x+1，同时也为自己选择一个序号 y。

③主机 A 发送报文段确认 B 的请求，确认报文段中 ACK 置 1，确认号为 y+1，而自己的序号为 x+1。TCP 的标准规定，SYN 置 1 的报文段要消耗掉一个序号。

连接建立采用的这种过程叫做三次握手（又叫三向握手），涉及 TCP 协议数据单元中的序号字段、确认序号字段和标志字段中的 SYN 位、ACK 位，如图 7-6 所示。

第 7 章　网络传输服务

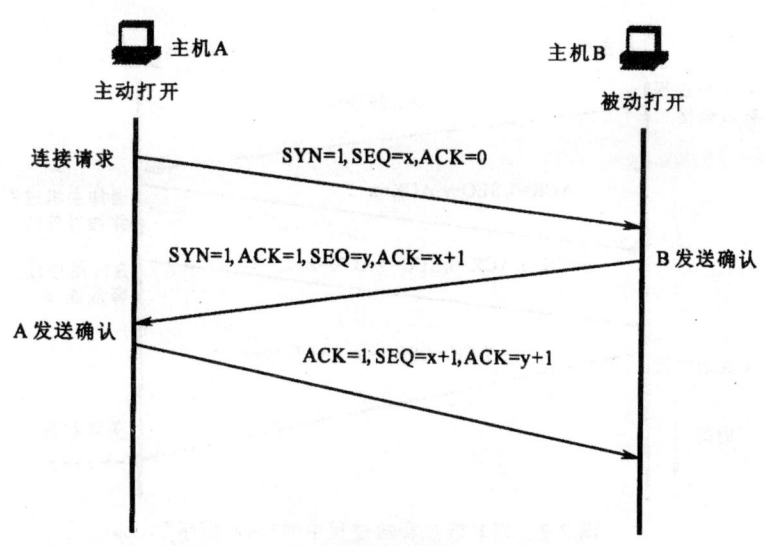

```
主机A                                          主机B
主动打开                                        被动打开
连接请求 ┤────── SYN=1, SEQ=x, ACK=0 ──────►
        ◄──── SYN=1, ACK=1, SEQ=y, ACK=x+1 ──┤ B发送确认
A发送确认 ┤────── ACK=1, SEQ=x+1, ACK=y+1 ───►
```

图 7-6　TCP 连接建立过程中的"三次握手"

　　主机 A 发出连接请求,但因连接请求报文丢失而未收到确认。主机 A 于是再重传一次。后来收到了确认,建立了连接。数据传输完毕后,就释放了连接。主机 A 共发送了两个连接请求报文段,其中,第二个到达了主机 B。

　　现在假定出现了另一种情况,即主机 A 发出的第一个连接请求报文段并没有丢失,而是在某些网络节点滞留时间太长,以致延误到在这次的连接释放以后才传送到主机 B。本来这是一个已经失效的报文段。但主机 B 收到此失效的连接请求报文段后,就误认为是主机 A 又发出一次新的连接请求。于是就向主机 A 发出确认报文段,同意建立连接。

　　主机 A 由于并没有要求建立连接,因此,不会理会主机 B 的确认,也不会向主机 B 发送数据。但主机 B 却以为运输连接就这样建立了,并一直等待主机 A 发来数据。主机 B 的许多资源就这样白白浪费了。采用三次握手可以防止上述现象的发生。在上面所述的情况下,主机 A 不会向主机 B 的确认发出确认,主机 B 收不到确认,连接就建立不起来。

2. 释放连接

　　传输数据的双方中的任何一方都可以关闭连接。当一个方向的连接被终止时,另外一方还可继续向对方发送数据。因此,要在两个方向都关闭连接就需要 4 个动作,被释放连接的过程被称为四次握手。

　　① 主机 A 发送报文段,宣布愿意终止连接,并不再发送数据。TCP 通知对方要释放从 A 到 B 这个方向的连接,将发往主机 B 的 TCP 报文段首部的终止比特 FIN 置 1,其序号 x 等于前面已传送过的数据的最后一个字节的序号加 1。

　　② 主机 B 发送报文段对 A 的请求加以确认。其报文段序号为 y,确认号为 x+1。在此之后,一个方向的连接就关闭了,但另一个方向的并没有关闭。主机 B 还能够向 A 发送数据。

　　③ 当主机 B 发完它的数据后,就发送报文段,表示愿意关闭此连接。

　　④ 主机 A 确认 B 的请求。连接释放采用的这种过程叫做四次握手(又叫四向握手),涉及 TCP 数据单元中的序号字段、确认序号字段和标志字段中的 FIN 位、ACK 位,如图 7-7 所示。

193

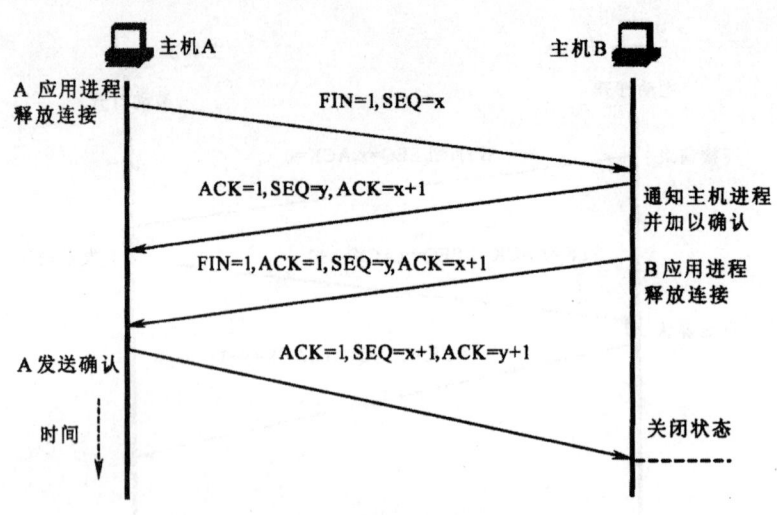

图 7-7 TCP 连接释放过程中的"四次握手"

一般来说，TCP 连接的关闭有如下 3 种情况。

(1) 本方启动关闭

收到本方应用进程的关闭命令后，TCP 在发送完尚未处理的报文段后，发 FIN=1 的报文段给对方，且 TCP 不再受理本方应用进程的数据发送。在 FIN 以前发送的数据字节，包括 FIN，都需要对方确认，否则要重传，注意 FIN 也占一个顺序号。

一旦收到对方对 FIN 的确认以及对方的 FIN 报文段，本方 TCP 就对该 FIN 进行确认，再等待一段时间，然后关闭连接。等待是为了防止本方的确认报文丢失，避免对方的重传报文干扰新的连接。

(2) 对方启动关闭

当 TCP 收到对方发来的 FIN 报文时，发 ACK 确认此 FIN 报文，并通知应用进程连接正在关闭，应用进程将以关闭命令响应。TCP 在发送完尚未处理的报文段后，发一个 FIN 报文给对方 TCP，然后等待对方对 FIN 的确认，收到确认后关闭连接。若对方的确认未及时到达，在等待一段时间后也关闭连接。

(3) 双方同时启动关闭

连接双方的应用进程同时发出关闭命令，则双方 TCP 在发送完尚未处理的报文段后，发送 FIN 报文。各方 TCP 在 FIN 前所发送的报文都得到确认后，发送 ACK 确认它收到的 FIN。各方在收到对方对 FIN 的确认后，同样要等待一段时间再关闭连接，这称为同时关闭（Simultaneous Close）。

7.2.5 TCP 的流量控制和拥塞控制

1. 流量控制

TCP 流量控制是通过协议数据单元中的接收窗口字段来实现的。该字段给出接收方的接收缓冲区当前可用的字节数，告诉发送方可以发送报文段的字节数是来自接收方的流量控制。接收窗口有时也称为通知窗口。但是发送方可以发送报文段的字节数还与拥塞窗口有联系，拥塞窗口是由发送方根据自己估计的网络拥塞程度设置的，是来自发送方的流量控制和拥塞控制，

在实际应用时取两个窗口中的最小值作为发送方可以发送的字节数,即

$$发送窗口上限值=\text{Min}[\text{rwnd},\text{cwnd}]$$

式中,rwnd 为接收窗口;cwnd 为拥塞窗口。当 rwnd＜cwnd 时,是接收端的接收能力限制发送窗口的最大值。但当 cwnd＜rwnd 时,则是网络的拥塞限制发送窗口的最大值。也就是说,TCP 发送端的发送速率是受目的主机或网络中较慢的一个的制约。即 rwnd 和 cwnd 中较小的一个控制着数据的传输。

TCP 通过接收窗口与接收方可以接收的容量联系,通过拥塞窗口与网络可以容纳的容量联系。

TCP 采用大小可以变化的滑动窗口进行流量控制。发送窗口在连接建立时由双方协商,在通信过程中,接收方可以根据资源情况,随时动态地调整发送方的发送窗口值。

2. 拥塞控制

当数据传输所需要的网络资源超过网络可以提供的资源时,就要出现网络拥塞的现象,通常是数据包丢失增多,网络中传输时延增大。1999 年在 RFC 2581 中给出了用于拥塞控制的 4 种算法,即慢开始、拥塞避免、快重传和快恢复。

TCP 的拥塞控制是比较复杂的,是对拥塞窗口的值进行动态的调控,采用慢速启动、快速增长的机制,即由小到大逐渐增大发送方拥塞窗口的值,使往网络中发送数据单元的速率更加合理。

根据 MSS 值,先将拥塞窗口值设置为一个 MSS 的数值,为方便说明原理,用报文段的个数作为窗口大小的单位,并假定接收方窗口足够大,发送方发送数据单元的速率只与发送方拥塞窗口大小有关。

在一开始,发送端先设置 cwnd＝1,发送第一个报文段 M_0,接收端收到后发回 ACK_1(表示期望收到下一个报文段 M_1)。发送端收到 ACK_1 后,将 cwnd 从 1 增大到 2,于是发送端可以接着发送 M_1 和 M_2 两个报文段。接收端收到后发回 ACK_2 和 ACK_3。发送端每收到一个对新报文段的确认 ACK,就使发送端的拥塞窗口加 1,因此,现在发送端的 cwnd 又从 2 增大到 4,并可发送 $M_4 \sim M_6$ 共 4 个报文段,如图 7-8 所示。

可见慢开始的"慢"并不是指 cwnd 的增长速率慢。即使 cwnd 增长得很快,同一开始就将 cwnd 设置为较大的数值相比,使用慢开始算法可以使发送端在开始发送时向网络注入的分组数大大减少。这对防止网络出现拥塞是个非常有力的措施。

为了防止拥塞窗口 cwnd 的增长引起网络拥塞,还需要另一个状态变最,即慢开始阈值 ssthresh(临界值或门限值)。慢开始阈值 ssthresh 的用法如下所示。

当 cwnd＜ssthresh 时,使用慢速启动算法。

当 cwnd＞ssthresh 时,停止慢速启动算法,使用拥塞避免算法。

当 cwnd＝ssthresh 时,既可使用慢速启动算法,也可使用拥塞避免算法。

拥塞避免算法的设计思路是,拥塞窗口值超过阈值以后,按线性规律增加(加性增)拥塞窗口值,即每经过一个往返时延 RTT,拥塞窗口增加一个 MSS 的大小,使拥塞窗口缓慢增大,以防止网络过早出现拥塞。这里的拥塞避免不是指完全可以避免拥塞,而是指采用加性增算法会使网络不容易出现拥塞。

拥塞的判断方法是发送方没有按时收到 ACK,或是收到了重复的 ACK,此时需要把慢速启动门限值快速下降(乘性减),设置为出现拥塞时发送窗口值的一半,然后把拥塞窗口值重新设置

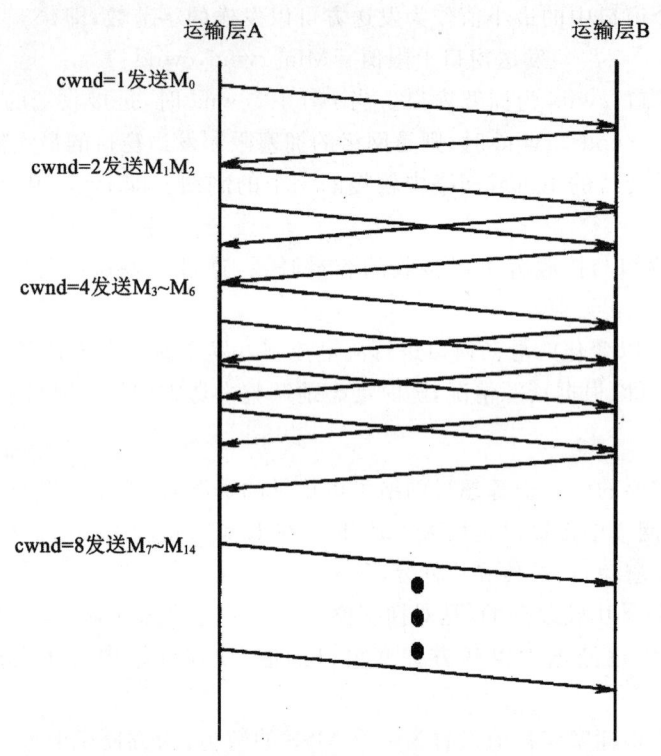

图 7-8 无拥塞时的慢速启动

为 1 个 MSS,开始新一轮的慢速启动算法。以上拥塞控制的过程可以归纳为三个阶段,即慢启动(Slow Start)、加性增(Additive Increase)、乘性减(Multiplicative Decrease)。拥塞控制的过程如图 7-9 所示。

注意:这里的乘性减是指不论是在慢启动阶段,还是拥塞避免阶段,一旦出现超时,即出现一次拥塞,就要把门限值减半,设置为当前拥塞窗口的值的一半,当网络拥塞频繁出现时,门限值下降的很快。

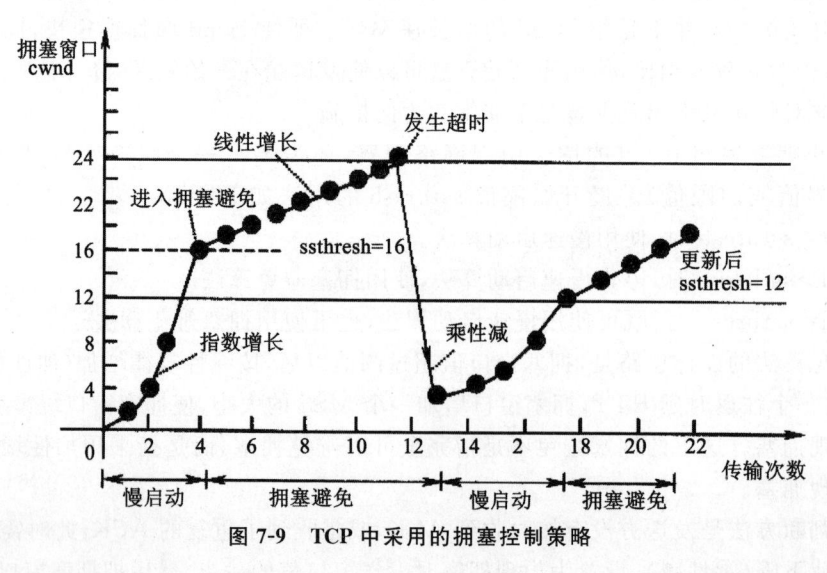

图 7-9 TCP 中采用的拥塞控制策略

①当 TCP 连接进行初始化时,将拥塞窗口置为 1。慢开始门限的初始值设置为 16 个报文段,即 ssthresh=16。发送端的发送窗口不能超过拥塞窗口 cwnd 和接收端窗口 rwnd 中的最小值。假定接收端窗口足够大,因此,现在发送窗口的数值等于拥塞窗口的数值。

②在执行慢开始算法时,拥塞窗口 cwnd 的初始值为 1。以后发送端每收到一个对新报文段的确认 ACK,就将发送端的拥塞窗口加 1,然后开始下一次的传输(图 7-9 的横坐标是传输次数)。因此,拥塞窗口 cwnd 随着传输次数按指数规律增长。当拥塞窗口 cwnd 增长到慢开始门限值 ssthresh 时(即当 cwnd=16 时),就改为执行拥塞避免算法,拥塞窗口按线性规律增长。

③段定拥塞窗口的数值增长到 24 时,网络出现超时(表明网络拥塞了)。更新后的 ssthresh 值变为 12(即发送窗口数值 24 的一半),拥塞窗口再重新设置为 1,并执行慢开始算法。当 cwnd=12 时改为执行拥塞避免算法,拥塞窗口按线性规律增长,每经过一个往返时延就增加一个 MSS 的大小。

对拥塞控制的进一步改进是快重传和快恢复。快重传的思路是:若发送方收到三个重复的 ACK 后,就可以判断有报文段丢失,就要立即重传丢失的报文段 M,而不必继续等待为该丢失报文段设置的超时计时器到达超时值,快重传可以实现尽早重传丢失的报文段。

快恢复与快重传配合使用,在采用乘性减算法时,网络出现拥塞时,将拥塞窗口降低为 1,再执行慢启动算法,存在的问题是网络不能很快的恢复到正常工作状态,需要通过快恢复算法解决这一问题,其具体步骤如下。

①当发送端收到连续三个重复的 ACK 时,就重新按照"乘性减"重新设置慢开始门限 ssthresh。这一点和慢开始算法是一样的。

②与慢开始不同之处是拥塞窗口 cwnd 不是设置为 1,而是设置为 ssthresh+3×MSS。这样做的理由是:发送端收到三个重复的 ACK_3 表明有三个分组已经离开了网络,它们不会再消耗网络的资源。这三个分组是停留在接收端的缓存中(接收端发送出三个重复的 ACK 就证明了这个事实)。可见现在网络中并不是堆积了分组而是减少了三个分组。因此,将拥塞窗口扩大些并不会加剧网络的拥塞。

③若收到的重复的 ACK 为 n 个($n>3$),则将 cwnd 设置为 ssthresh+n×MSS。

④若发送窗口值还容许发送报文段,就按拥塞避免算法继续发送报文段。

⑤若收到了确认新的报文段的 ACK,就将 cwnd 缩小到 ssthresh。

在采用快恢复算法时,慢开始算法只是在 TCP 连接建立时才使用。

采用这样的流量控制方法使得 TCP 的性能有明显的改进。

7.2.6 TCP 的重传机制

若在传输过程中出现错误,发送方就要重传数据单元,TCP 在每发送一个报文段时,同时为该报文段设置一次计时器。只要计时器设置的重传时间已到但还没有收到确认,就需要重传该报文段。

由于 TCP 的下层是一个互联网环境,发送的报文段可能只经过一个高速率的局域网,但也可能是经过多个低速率的广域网,并且 IP 数据报所选择的路由还可能会发生变化。图 7-10 画出了数据链路层和运输层的往返时延概率分布的对比。

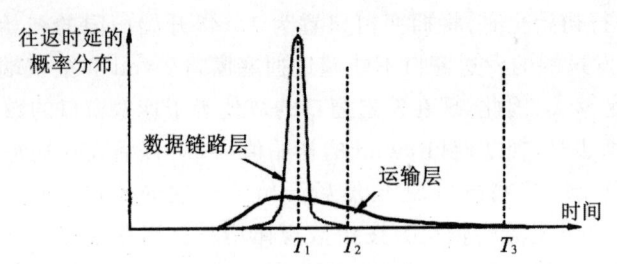

图 7-10 数据链路层和运输层的往返时延概率分布

往返时延就是从数据发出到收到对方的确认所经历的时间。对于数据链路层,其往返时延的方差很小,因此,将超时时间设置为 T_1 即可。但对于运输层来说,其往返时延的方差很大。若将超时时间设置为 T_2,则很多报文段的重传时间是太早了,给网络增加了许多不应有的负荷。但若将超时时间选为 T_3,则显然会使网络的传输效率降低很多。

那么,运输层的超时计时器的重传时间应如何来设置呢?

传输控制协议 TCP 采用了一种自适应算法,记录每一个报文段发出的时间,以及收到相应的确认报文段的时间,这两个时间之差就是报文段的往返时延 RTT。将各个报文段的往返时延 RTT 样本加权平均,就得出报文段的平均往返时延 RTT。每测量到一个新的往返时延样本,就重新计算一次平均往返时延 RTT,即:

$$\text{平均往返时延 RTT} = \alpha \times (\text{旧的 RTT}) + (1-\alpha) \times (\text{新的往返时延样本})$$

式中,$0 \leqslant \alpha < 1$,典型的 α 值为 7/8。

若 α 很接近于 1,表示新算出的平均往返时延 RTT 和原来的值相比变化不大,而新的往返时延样本的影响不大(RTT 值更新较慢)。若选择 α 接近于零,则表示加权计算的平均往返时延 RTT 受新的往返时延样本的影响较大(RTT 值更新较快)。

显然,计时器设置的超时重传时间 RTO(RetransmissionTime-Out)应略大于上面得出的平均往返时延 RTT,即:

$$\text{RTO} = \beta \times \text{RTT}$$

式中,β 是个大于 1 的系数。实际上,系数 β 很难确定的。

若取 β 很接近于 1,发送端可以很及时地重传丢失的报文段,因此,效率得到提高。但若报文段并未丢失而仅仅是增加了一点时延,那么过早地重传未收到确认的报文段,反而会加重网络的负担。因此,TCP 原先的标准推荐将 β 值取为 2。

7.3 用户数据报协议 UDP

7.3.1 UDP 协议的特点

用户数据报协议(User Datagram Protocol,UDP)是 TCP/IP 协议簇中的无连接的传输层协议,只在 IP 数据报服务上增加很少的功能。UDP 提供了端口号字段,可以实现应用进程的复用和分用,UDP 也提供了校验和计算,可以实现包括伪协议头和 UDP 用户数据报的校验,这里说的伪协议头,是讲校验计算的范围,包括了网络层 IP 数据报的一部分内容。

UDP 的特点有:

①在发送数据报文段之前不需要建立连接,好处是可以节省连接建立所需要的时间,有些应

用层协议是不需要建立连接的,在有些情况下,也是无法或不能建立连接的,如在对网络进行故障检测时。

②UDP 采用尽力交付为应用层提供服务,协议简单,协议首部仅有 8 个字节,不需要维持包含许多参数、复杂的状态表。

③UDP 不支持拥塞控制,网络出现拥塞时,就简单的丢掉数据单元,有些应用层的应用需要有很低的时延,对在网络出现拥塞时丢失少量的数据单元是可以容忍的,如 IP 电话。

④UDP 是面向报文的,对应用程序交下来的报文不再划分为若干个报文段来发送。这就要求应用程序要选择合适大小的报文。

⑤UDP 支持一对多,一对一,多对多和多对一的交互通信。

UDP 可以通过 ICMP 进行报文传输过程中的出错处理,发送 ICMP 报文,通告报文在网络中传输遇到的问题,如"目的端口不可达"ICMP 报文。

7.3.2　UDP 报文格式

UDP 数据报封装成一份 IP 数据报的格式如图 7-11 所示。

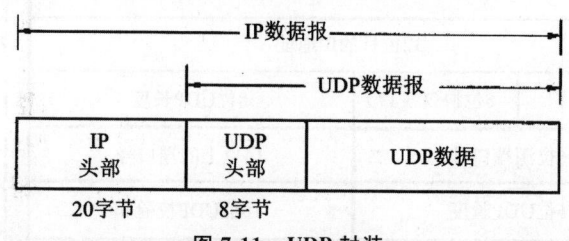

图 7-11　UDP 封装

UDP 数据报由头部和数据两部分组成,其格式如图 7-12 所示。

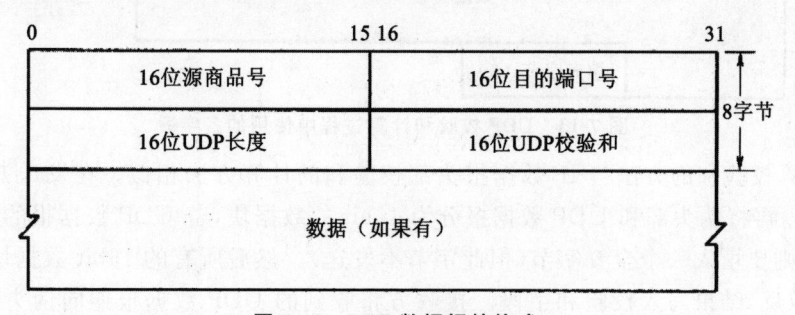

图 7-12　UDP 数据报的格式

UDP 的首部很简单,只有 8 个字节,由 4 个字段组成,每个字段都是两个字节,存储和处理开销远小于 TCP 数据报段 20 个字节的头部开销。这些字段是:

①源端口(Source Port)字段和目的端口(Destination Port)字段各占 16bit,分别用来说明发送方进程和接收方进程的端口号。

②长度(Length)字段占 16bit,用于指示 UDP 数据报的字节长度(包含头部和数据),最小值为 8,也就是说数据域长度可以为 0。

③校验和(Checksum)字段占 16bit,是可选字段,不使用校验和功能时,该字段全填成 0。使用时用于对 UDP 数据报进行校验。

7.3.3 UDP 协议的校验和

用户数据报协议(UDP)校验和的计算方法比较特别,在计算校验和时要在 UDP 数据报之前增加 12 个字节的伪首部,所以称为伪首部是因为它并不是 UDP 真正的首部,只是在计算校验和时使用,既不向下传送,也不向上递交。伪首部临时与 UDP 用户数据报连接在一起,形成临时的用户数据报,按照这个临时的 UDP 用户数据报计算出校验和。UDP 的校验和是把首部和数据部分一起检验。

UDP 的校验和是用字长为 16 位的反码求和算法,在计算校验和时,需要用到一个 12 字节的伪头部。伪头部包括源 IP 地址字段(4 字节)、目的 IP 地址字段(4 字节)、保留字段(1 字节)、协议字段(1 字节)和 UDP 长度字段(2 字节),如图 7-13 所示。其中源 IP、目的 IP 和协议字段来自 IP 数据报头,保留字段是一个字节的全 0,UDP 的协议代码为 17,UDP 长度字段与 UDP 数据报头部中的长度字段是相同的。

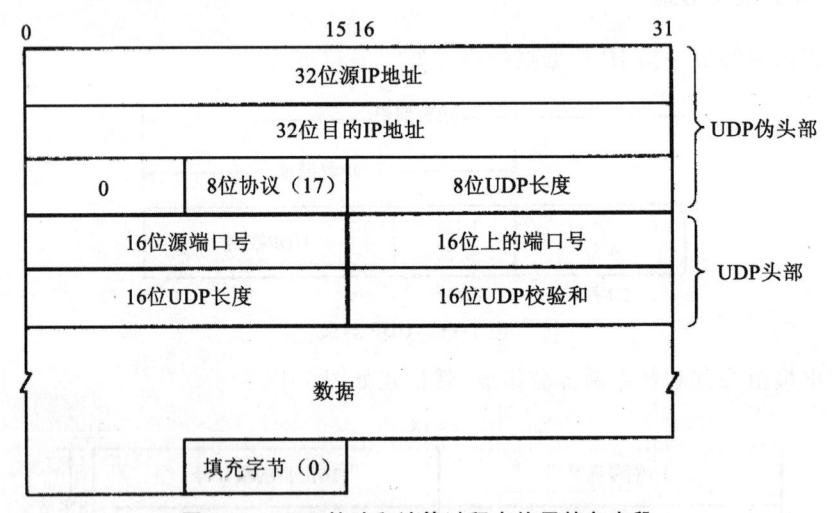

```
0                15 16                31
┌─────────────────────────────────────┐  ┐
│         32位源IP地址                 │  │
├─────────────────────────────────────┤  │ UDP伪头部
│         32位目的IP地址               │  │
├──────┬──────────┬───────────────────┤  │
│  0   │ 8位协议(17)│    8位UDP长度    │  ┘
├──────┴──────────┼───────────────────┤  ┐
│   16位源端口号   │   16位上的端口号   │  │
├─────────────────┼───────────────────┤  │ UDP头部
│   16位UDP长度    │   16位UDP校验和    │  ┘
├─────────────────┴───────────────────┤
│              数据                    │
├─────────────────────────────────────┤
│           填充字节(0)                │
└─────────────────────────────────────┘
```

图 7-13 UDP 校验和计算过程中使用的各字段

UDP 计算校验和的方法与 IP 数据报头部校验和的计算方法相似。在发送方,先将校验和字段置为全 0,再将伪头部和 UDP 数据报分为 16bit 的数据块,若 UDP 数据报的数据部分不是偶数个字节,则要填入一个全 0 字节(但此字节不发送)。然后所有的 16bit 数据块计算累加和,最后再对和取反,结果写入校验和字段。接收方将收到的 UDP 数据报连同伪头部一起重新计算求和,若结果为全 1 则表示 UDP 数据报无误,否则说明收到的 UDP 数据报有错,接收方只是简单地将 UDP 数据报丢弃,并不向源报告错误。

伪头部只用于计算校验和,将伪头部参与校验的目的是为了进一步证实数据被送到了正确的目的地。尽管校验和字段是一个可选项,但大多数的实现都允许这个选项,因为 IP 只对 IP 数据报头进行校验,如果 UDP 也不对数据内容进行校验,那么就要由应用层来检测链路层上的传输错误了。

7.4 流量控制和拥塞控制

7.4.1 TCP 的流量控制

TCP 采用滑动窗口机制来进行流量控制,以防止发送方的数据发送得过快,以至接收方来不及处理的情况。但是,TCP 不是使用一个固定大小的滑动窗口,而是由接收方通过 TCP 报文头部的通告窗口字段向发送方通告它的窗口大小。这样,发送方在任意时刻没有确认的字节数不能超过通告窗口字段的值。接收方根据分配的缓冲区的大小来为通告窗口选择一个合适的值,这个值就是接收窗口值 rwnd,即 Advertisedwindow=rwnd。

1. 滑动窗口机制

发送方的 TCP 维护一个发送缓冲区,发送缓冲区用来保存那些已经发送出去但是还没有收到对方确认的数据以及发送方应用进程写入但尚未发送的数据。接收方的 TCP 也同样维护着一个接收缓冲区,接收缓冲区保存那些乱序到达接收方的数据以及按顺序到达接收方但接收进程来不及读出的数据。

为了简化讨论,忽略以下事实:无论是缓冲区数量还是字节序号都是有限的,因此最终会用完,回到开始序号重新开始计数。而且,不再区分指向一个字节在缓冲区位置的指针与该字节在数据流中的序号。

首先来看一下发送方 TCP。发送方 TCP 维护着 3 个指针,分别是 LastByteAcked、LastByteSent 和 LastByteWritten。其中,LastByteAcked 表示已经应答的字节编号,LastByteSent 表示已经发送但尚未收到确认的字节编号,LastByteWritten 表示发送方应用进程写到发送方 TCP 但还没有发送的字节编号,如图 7-14(a)所示。

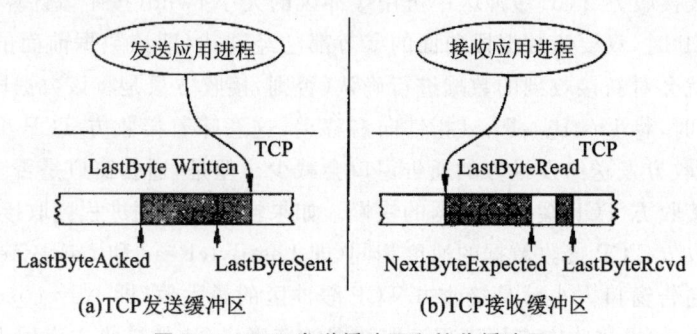

图 7-14 TCP 发送缓冲区和接收缓冲区

从图 7-14(a)可以看出:
$$\text{LastByteAcked} \leqslant \text{LastByteSent}$$
这是因为接收方不可能确认发送方还没有发送的数据。另外,有
$$\text{LastByteSent} \leqslant \text{LastByteWritten}$$
这是因为 TCP 不能发送应用进程没有写入的数据。需要引起注意的是,LastByteAcked 左边的缓冲区可以释放了,因为这些数据已经正确到达接收方。

接收方 TCP 也维护着 3 个指针,分别是 LastByteRead、NextByteExpected 和 LastByteRcvd。其中,LastByteRead 表示接收方应用进程已经读取的字节编号,NextByteExpected 表示接

收方 TCP 期望接收的字节编号,LastByteRcvd 表示到目前已经接收到的最大字节编号。

因为存在传输差错,会出现字节乱序到达接收方的情形,所以接收方 TCP 的 3 个指针之间的关系就不那么直观了。首先,有

$$\text{LastByteRead} < \text{NextByteExpected}$$

这是因为只有某个字节及其前面的所有字节都被接收方 TCP 接收后才可能被接收方应用进程读取。另外,有

$$\text{NextByteExpected} \leqslant \text{LastByteRcvd} + 1$$

这是因为,如果字节数据按顺序正确到达,那么 NextByteExpected 指向 LastByteRcvd 后面的那个字节(NextByteExpected=LastByteRcvd+1)。如果字节数据没有按顺序正确到达,那么 NextByteEpexcted 将指向缓冲区中第一个空隙的第一个字节,如图 7-14(b)所示。同样需要注意的是,LastByteRead 左边的缓冲区可以释放了,因为这些字节已经被接收方应用进程读取了。

下面来看看发送方和接收方之间是如何进行流量控制的。这里必须再次强调一下,发送方 TCP 和接收方 TCP 的缓冲区大小是有限的,分别用 MaxSendBuffer 和 MaxRcvBuffer 表示,但是这里并不讨论操作系统是如何分配这些缓冲区的。

窗口的大小决定了发送方可以一次连续发送多少数据,然后停下来以等待接收方返回确认。如果让接收方 TCP 通过发送一个通告窗口来通知发送方可以发送的最大数据量,就可以使发送方调整一次发送的数据量。通过上面的分析可以看出,接收方的 TCP 必须保持下式成立:

$$\text{LastByteRcvd} - \text{LastByteRead} \leqslant \text{MaxRcvBuffer}$$

才能避免缓冲区溢出(其中 LastByteRcvd 表示接收方 TCP 到目前为止接收到的字节编号,而 LastByteRead 表示接收方应用进程到目前为止已经读取的字节编号)。因此,接收方 TCP 通知给发送方 TCP 的通告窗口大小为

$$\text{AdvertisedWindow} = \text{rwnd} = \text{MaxRcvBuffer} - (\text{LastByteRcvd} - \text{LastByteRead})$$

这个值就代表接收方 TCP 缓冲区中可用缓冲区的大小 rwnd(按字节计算)。当有新的数据段到达接收方 TCP 时,只要该数据段前面的字节都已经到达(即该数据前面的字节都已经在缓冲区中),接收方就会对新接收到的数据进行确认(否则,接收方只是将该数据段接收下来放在接收缓冲区中)。同时,将 LastByteRcvd 指针向右移动,这意味着接收方 TCP 可用的缓冲区在减少,也就意味着接收方发送给发送方的通告窗口会减少。但是,通告窗口是否减少还取决于接收方应用进程读取接收方 TCP 缓冲区数据的快慢。如果接收方应用进程读取接收方 TCP 缓冲区数据的速度与接收方 TCP 接收数据的速度相同(即 LastByteRead 和 LastByteRcvd 指针移动的速度一样),那么通告窗口大小就是接收方 TCP 缓冲区的最大值(即 AdvertisedWindow=MaxRcvBuffer)。但是,如果接收方应用进程读取数据的速度慢(比如接收方应用进程可能需要对它读取的每个字节进行费时的操作),那么随着接收方 TCP 不断接收到发送方 TCP 发来的数据,接收方 TCP 的缓冲区会慢慢被用光,而接收方 TCP 发送给发送方 TCP 的通告窗口会不断地缩小,直到它变为 0,即接收方没有缓冲区可用,发送方不能继续发送数据了。

发送方 TCP 必须根据接收方 TCP 发来的通告窗口大小决定自己一次可以连续发送的数据量。发送方 TCP 在任何时刻都必须确保满足下列公式:

$$\text{LastByteSend} - \text{LastByteAcked} \leqslant \text{AdvertisedWindow}$$

换句话说,发送方计算一个有效窗口(Effective Window)数值,用它来限制发送方 TCP 一次可以发送多少数据:

$$\text{EffectiveWindow} = \text{AdvertisedWindow} - (\text{LastByteSend} - \text{LastByteAcked})$$

显然,只有 EffectiveWindow>0,发送方才能发送数据。因此,有可能出现这样一种情形,即发送方 TCP 先给接收方 TCP 发送了 x 字节数据,接收方 TCP 正确接收到,但接收方应用进程没有读取任何数据;接着接收方 TCP 给发送方返回一个带 ACK 标志位的报文,并且确认了 x 字节数据(也就是说,接收方 TCP 告诉发送方 TCP,你刚才发送的 x 字节的数据已经正确接收到了)。这样,发送方 TCP 就可以将指针 LastByteAcked 增加 x 个字节。但是由于接收方应用进程没有读取接收方缓冲区中的任何数据,所以这时接收方 TCP 发给发送方 TCP 的通告窗口比先前小了 x 字节。在这种情况下,发送方 TCP 可以释放 x 字节缓冲区空间。

另外,发送方 TCP 必须保证本地应用进程不会使发送缓冲区溢出,也就是必须满足下列公式:

$$\text{LastByteWritten} - \text{LastByteAcked} \leqslant \text{MaxSendBuffer}$$

如果发送方应用进程试图向发送方 TCP 缓冲区写入 y 字节,但是却发生下列情况:

$$(\text{LastByteWritten} - \text{LastByteAcked}) + y > \text{MaxSendBuflfer}$$

那么发送方 TCP 将会阻塞应用进程,不再让它往缓冲区写入数据。

现在我们可以解释慢速的接收方应用进程如何最终使快速的发送方应用进程停止下来。

首先,由于接收方应用进程处理速度慢,最终导致接收方 TCP 缓冲区满,这就意味着接收方 TCP 发给发送方 TCP 的通告窗口为 0。发送方 TCP 一看到通告窗口为 0,就立即停止发送数据。但是,发送方应用进程会一直向发送方 TCP 的发送缓冲区里写入数据,最终将发送方 TCP 的发送缓冲区写满,从而导致发送方应用进程阻塞(Blocking)。

在接收方,一旦接收方应用进程开始从 TCP 的接收缓冲区读取数据,接收方 TCP 就可以打开它的窗口,即其接收缓冲区的可用空间不再为 0,于是接收方 TCP 就会给发送方 TCP 发送一个非零的通告窗口的报文,发送方 TCP 就可以将发送缓冲区的数据发送给接收方 TCP。当发送方 TCP 收到接收方 TCP 返回的报文后,就可以释放发送缓冲区的部分空间,使发送方 TCP 不再阻塞发送方应用进程并允许发送方应用进程继续向其发送缓冲区里写入数据。

2. 坚持定时器

发送方如何知道接收方 TCP 的接收缓冲区不为 0(即接收缓冲区有可用空间)? 因为一旦接收方 TCP 返回给发送方 TCP 的通告窗口变为 0,就不允许发送方 TCP 发送任何数据,直到发送方 TCP 接收到接收方 TCP 的带非零通告窗口的报文。但是,接收方 TCP 返回给发送方 TCP 的确认报文可能丢失(注意,TCP 并不对确认报文进行再确认)。假如接收方 TCP 返回给发送方 TCP 的确认报文丢失,发送方 TCP 就不能发送报文,于是发送方 TCP 和接收方 TCP 进入死锁状态。

为了打破这种死锁,发送方 TCP 每建立一个 TCP 连接就使用一个坚持定时器。当发送方 TCP 接收到通告窗口值为 0 的确认报文时,就启动坚持定时器,坚持定时器的超时宽度通常设置为重传定时器的宽度。一旦坚持定时器超时,发送方 TCP 就发送一个只有 1 字节数据的探测报文;如果发送方 TCP 还没有收到接收方的确认报文,则它将坚持定时器的超时宽度加倍,并且重新发送一个探测报文。一直持续这个过程,直到坚持定时器的超时宽度增加到门限值(通常是 60 秒)为止。此后,发送方 TCP 就每隔 60 秒发送一个探测报文,直到接收窗口重新打开。

3. 保活定时器

在某些 TCP 实现中,使用保活(Keepalive)定时器来防止 TCP 连接长时间空闲。假定客户建立了到服务器的 TCP 连接,并且发送了一些数据,然后就出现故障了。在这种情况下,服务器上的 TCP 连接就永远处于打开状态。

为了解决这个问题,服务器上的 TCP 引入了保活定时器。保活定时器的宽度通常设置为 2 小时。每当服务器 TCP 收到来自客户端 TCP 的数据时,就将保活定时器复位。若服务器 TCP 的保活定时器超时,服务器就不断(一般每隔 75 秒)发送 1 字节探测报文,当服务器 TCP 连续发送了 10 个探测报文还没有收到客户端 TCP 的响应时,它就关闭连接。

7.4.2 TCP 的拥塞控制

TCP 的流量控制机制防止了发送方过快地传送数据使得接收方来不及处理的情形。与此同时,网络的容量也是有限的,TCP 通过拥塞控制来防止网络过载,以避免出现发送方发送数据过快超过网络的负载能力而导致拥塞。1999 年在 RFC 2581 中给出了用于拥塞控制的四种算法:慢开始;拥塞避免;快重传;快恢复。

TCP 的拥塞控制是比较复杂的,是对拥塞窗口的值进行动态的调控,采用慢速启动、快速增长的机制,即由小到大逐渐增大发送方拥塞窗口的值,使往网络中发送数据单元的速率更加合理。根据 MSS 值,先将拥塞窗口值设置为一个 MSS 的数值,为方便说明原理,用报文段的个数作为窗口大小的单位,并假定接收方窗口足够大,发送方发送数据单元的速率只与发送方拥塞窗口大小有关。在第一次发送报文段时,发送的报文段个数为 1 个,即拥塞窗口大小为 1 个 MSS,在第 1 个 RTT 后,若没有出现拥塞,发送方收到 ACK,把拥塞窗口的值由 1 增大到 2,在第二次发送时,发送的报文段的个数为 2 个,依次类推,第三次发送的报文段个数为 4 个,按 2 的指数规律增加发送报文段的个数,如图 7-15 所示,直到到达阈值 ssthresh(临界值或门限值)后,停止使用慢速启动算法,开始使用拥塞避免算法。阈值是一个状态变量,它与拥塞窗口值的关系是:cwnd<ssthresh,使用慢速启动算法;cwnd>ssthresh,停止慢速启动算法,使用拥塞避免算法;cwnd=ssthresh,既可使用慢速启动算法,也可使用拥塞避免算法。

拥塞避免算法的设计思路是,拥塞窗口值超过阈值以后,按线性规律增加(加性增)拥塞窗口值,即每经过一个往返时延 RTT,拥塞窗口增加一个 MSS 的大小,使拥塞窗口缓慢增大,以防止网络过早出现拥塞。这里的拥塞避免不是指完全可以避免拥塞,而是指采用加性增算法会使网络不容易出现拥塞。

拥塞的判断方法是发送方没有按时收到 ACK,或是收到了重复的 ACK,此时需要把慢速启动门限值快速下降(乘性减),设置为出现拥塞时发送窗口值的一半,然后把拥塞窗口值重新设置为 1 个 MSS,开始新一轮的慢速启动算法。以上拥塞控制的过程可以归纳为三个阶段:慢启动(Slow Start)、加性增(Additive Increase)、乘性减(Multiplicative Decrease)。拥塞控制的过程如图 7-16 所示。

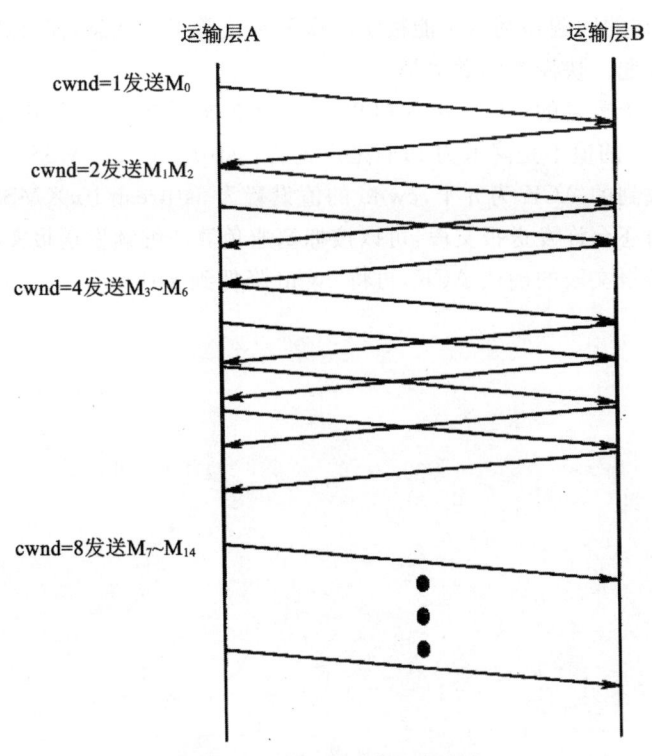

图 7-15 无拥塞时的慢速启动

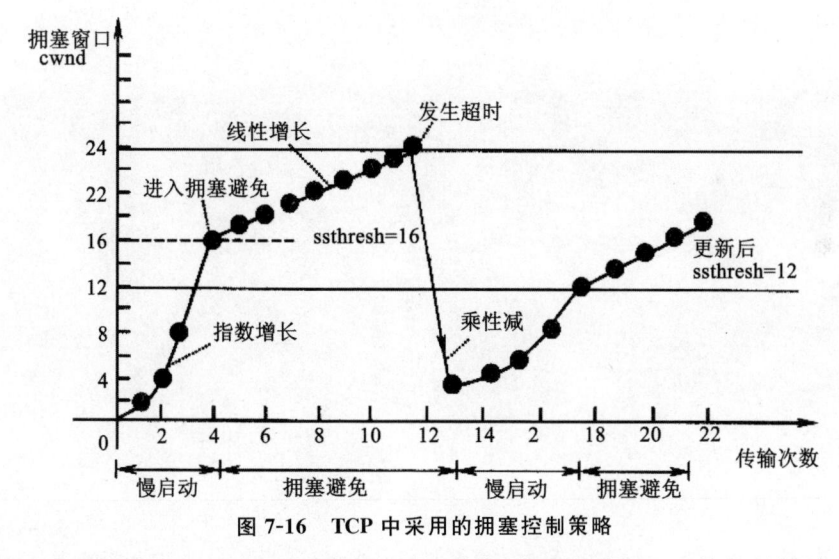

图 7-16 TCP 中采用的拥塞控制策略

  这里的乘性减是指不论是在慢启动阶段,还是在拥塞避免阶段,一旦出现超时,即出现一次拥塞,就要把门限值减半,设置为当前拥塞窗口的值的一半,当网络拥塞频繁出现时,门限值会下降的很快。

  对拥塞控制的进一步改进是快重传和快恢复。快重传的思路是:若发送方收到三个重复的 AcK 后,就可以判断有报文段丢失,就要立即重传丢失的报文段 M,而不必继续等待为该丢失报文段设置的超时计时器到达超时值,快重传可以实现尽早重传丢失的报文段。

  快恢复与快重传配合使用,在采用乘性减算法时,网络出现拥塞时,将拥塞窗口降低为 1,再

执行慢启动算法,存在的问题是网络不能很快的恢复到正常工作状态,需要通过快恢复算法解决这一问题。快恢复的做法是:

①发送方收到三个重复的 ACK,出现拥塞后,仍然是按照乘性减,重新设置 ssthresh 的值。

②拥塞窗口 cwnd 的值不是降低为1,而是设置为:ssthresh+3×MSS,其中 ssthresh 是拥塞后重新设置的。若收到的 ACK 为 n 个,cwnd 的值设置为 ssthresh+n×MSS。

③若发送窗口值还允许发送报文段,可以按拥塞避免算法继续发送报文段。

④若收到了对新报文段的确认 ACK,再将 cwnd 降低到 ssthresh。

第8章 网络应用技术

8.1 应用层概述

应用层包括各种满足用户需要的应用程序,某些应用的使用范围十分广泛,有关国际标准化组织已经进行了标准化,如文件传输等,它们都属于 OSI 模型应用层的范畴。

应用层又被划分成几个子层和元素,这些元素称为应用服务元素(Application Service Element,ASE),如联系控制服务元素(Association Control Service Element,ACSE)、可靠传输服务元素(Reliable Transfer Service Element,RTSE)、远程操作服务元素(Remote Operation Service Element,ROSE)等,这些元素统称为公共应用服务元素;另一类服务元素与特定的应用相关,如文件传送、访问和管理(FTAM)、报文处理系统(MHS)等,这些元素被称为特殊应用服务元素(Special Application Service Element,SASE)。

8.1.1 应用层模型和功能

1. 应用层模型

应用层由应用进程 AP(Application Process)和应用实体 AE(Application Entity)组成。如图 8-1 所示。

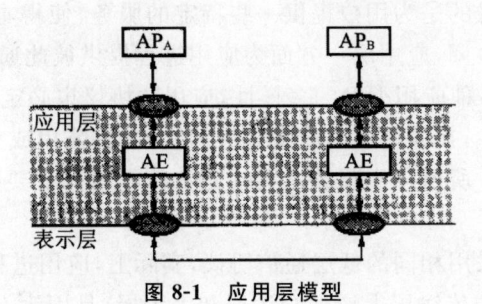

图 8-1 应用层模型

(1)应用进程(AP)

一个应用进程包括用户开发的应用软件以及通信软件。在计算机分层协议网络中,应用进程总有一部分在 OSI 环境之外,另一部分在 OSI 环境之内。在 ISO/OSI 标准中,把前者仍称为应用进程,而把后者称为用户元素 UE。有时候将 AP 称"应用进程",而将"AP+UE"称"广义应用进程"。

(2)应用实体(AE)

应用实体由一个用户元素(User Element,UE)和一组应用服务元素(Application Service Element,ASE)组成,应用服务元素可以以分为两类,一类是公共应用服务元素(CASE),另一类是特定应用服务元素(SASE)。由于在 CASE 和 SASE 之间很难有十分清楚的区分界限,因此正式公布的 OSI 标准中只使用应用服务元素 ASE 这一名称,相当于 CASE。

在应用层模型中,虽然应用进程和应用实体各画出 1 个,但它们之间并不一定是一一对应关系,一个完成多功能的应用进程往往需要包括多个不同类型的实体 AE。于是,一个应用进程可对应一个或多个应用实体,而一个应用实体可包含一个或多个应用服务元素。

(3)用户元素(UE)

因为 UE 是广义应用进程的一部分,也是应用实体的一部分,那么 UE 无非是 AP 与应用实体间的接口。用户元素是应用服务元素的用户。是应用进程 AP 在应用实体内部为完成其通信目的需要使用那些应用服务元素的处理单元,是应用进程的代表。对应用进程来说,用户元素具有发送接收能力;对应用服务元素来说,用户元素也具有发送和接收能力。应用进程通过 UE 与应用实体进行通信。

(4)应用服务元素(ASE)

公共应用服务元素(CASE)是用户元素和特定应用服务元素公共使用的那部分服务元素,因此,公共应用服务元素提供给各种特定应用服务元素和用户元素都是通用的服务,这些服务与应用的性质无关。

特定应用服务元素(SASE)提供满足特定应用的特殊需求的能力。例如,文件传送、访问和管理、远程数据库访问、作业传送、银行事务等。因此,特定应用服务元素专门对特定应用提供服务,它与特定应用的性质和业务内容密切相关,是特有的。

2. 应用层功能

应用层是 OSI 参考模型中最高的一个功能层,它是开放系统互联环境(OSI 环境)与本地系统的操作系统和应用系统直接接口的一个层次。在功能上,应用层为本地系统的应用进程(AP)访问 OSI 环境提供手段,也是唯一直接给应用进程提供各种应用服务的层次。根据分层原则,应用层向应用进程提供的服务是 OSI 参考模型的所有层直接或间接提供服务的总和。

计算机通信网的最终目的是为用户提供一些特定的服务,使得本地系统能与外界系统进行协调合作。为了实现这种协调,应用层一方面为应用进程提供彼此通信的手段,也就是为其创建 OSI 环境;另一方面,由于各种应用类型的多样性,应用层协议也必定是多种多样的,为了减少应用系统与外界通信的复杂性,在应用层内应配置尽可能多的、公用或专用的应用服务元素 ASE,供应用系统根据需要调用。所谓应用服务元素就是各种应用都需要的功能成分,是应用层的基本构件。

不同的应用协议可以采用相同的低层通信协议,实际上,应用进程之间的通信问题在传输层就已经基本解决了。至于在传输层上增加会话层和表示层,是因为 OSI 参考模型的设计者认识到不同类型的应用进程在相互通信时表现出许多相似的特征,把这些相似的特征提取出来,分别设立会话层和表示层,这样就可以简化应用进程的设计和实现。

8.1.2 文件传送、访问和管理

OSI 的文件传送、访问和管理(File Transfer, Access and Management, FTAM)由 3 部分组成:虚拟文件存储器定义、文件服务定义和文件协议规范。

虚拟文件存储器为计算机的文件系统定义了一个标准的体系结构,虚拟文件存储器与具体的文件系统无关,这个体系结构包括文件的属性以及对文件和文件元素所允许的操作等。

文件结构包括文件访问结构、文件表示结构、传送语法和识别结构等。属性有文件属性和活动属性两大类。FTAM 中有 3 组文件属性:核心组、存储组和安全组。活动属性只与活动中的

文件服务有关,活动属性也同样分为核心组、存储组和安全组。

文件服务定义了用户对虚拟文件存储器可以进行的操作和服务,包括允许用户和文件存储器提供者建立对方的识别;识别用户的文件,并建立用户许可来访问文件;建立描述所要访问的文件结构的属性,并建立对其他用户关于此文件的并发访问的控制;允许用户访问当前所选择文件的属性或内容等。

FTAM 协议定义了实现文件服务的所有约定,FTAM 的文件协议有两个等级,即基本协议和差错恢复协议。

8.1.3 报文处理系统

在 X.400 中定义了报文处理系统(Message Handling System,MHS)模型,这个模型为所有其他的建议提供了一个框架。它定义了3种类型的实体:用户代理(User Agent,UA)、报文传送代理(Message Transfer Agent,MTA)和报文存储(Message Store,MS)。此外,还有访问单元(Access Unit,AU)以及物理投递访问单元(PDAU),分别与其他类型的通信及物理投递服务接口。

1. 报文处理系统概述

报文处理系统是 OSI 参考模型应用层所支持的一种应用,它可以利用分组交换网作为运载工具,传递包括文本、语音、图像、二进制数据等多种类型的报文,从而为用户提供电子邮件服务。

MHS 的标准化工作始于80年代初。1984年 ITU-T(原 CCITT)首先制定了有关报文处理系统(MHS)的一系列建议,即 X.400 系列建议,成为第一个国际标准。国际标准化组织 ISO 于80年代也提出了相应的标准,称为面向报文的文本互换系统(MOTIS),即 ISO 10021。这一标准与 X.400 完全兼容且有所扩充。1988年 ITU-T 又推出了修订版的 X.400 建议,新增加了安全机制,并且大量使用 OSI 目录服务(X.500 建议)。我们以下的讨论以1988年修订版 X.400 建议为基础。

电子邮件业务是指由发信人送出报文,经过中途存储转发,最后投递到收信人专用的邮箱中,并一次存储。收信人从邮箱中取出来的报文与被发送时的原样相同。若使用电子邮件,发信人不必知道对方是否处于通信状态,可以随时发信。

MHS 的目的是在通信用户间作为交换信息的一种媒体,它具有以下特性:

①MHS 的报文格式由信封和内容组成信封实际上就是整个报文的首部,其中包含报文的目的地址、投递方法和优先级等控制信息。内容包括信头和信体两部分。参照一般信函的结构,信头部分包含收件人(To)、发件人(From)、抄送(Cc)、日期、主题(Subject)等项内容,以便归档存储。信体部分是用户传送的任意形式的信息。报文的传递过程按信封的控制信息实现,传递的内容原则上是透明传送。由于 MHS 报文的信封和内容为层次结构,故可以处理多媒体信息。

②MHS 的报文传递以存储—转发方式为基础,提供了同一报文向多目的地址同时传递的同报投递、投递保留、投递优先级等多种转发业务。

③个人之间的通信是 MHS 的主要通信方式。MHS 的用户不仅是人类用户,而且也包括计算机进程。虽然目前来说个人之间的信函传递是 MHS 传递的主要报文,这相当于电子邮件业务,但是,由于计算机进程亦可作为 MHS 的用户,因此,利用计算机处理商品说明书、商品货单和付款单等商业或金融事务处理,也是 MHS 的重要应用。这就是所谓的电子数据互换 EDI。

2. 报文处理系统模型和工作原理

MHS 的系统结构如图 8-2 所示,也成为 X.400 的功能模型。

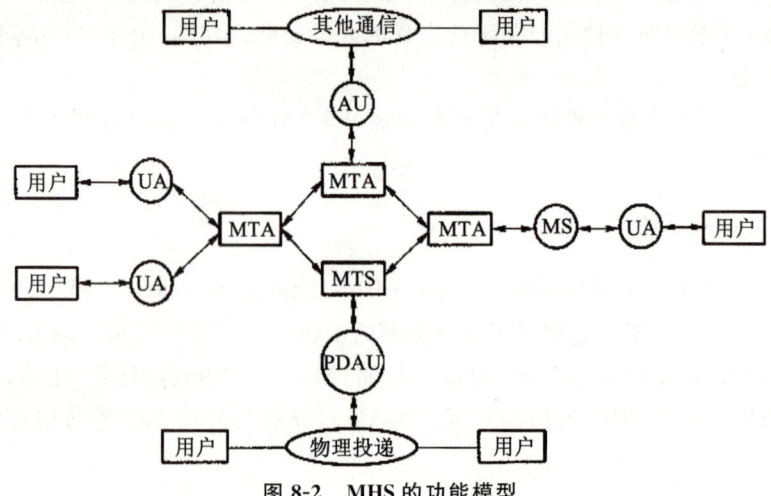

图 8-2　MHS 的功能模型

MHS 由以下 4 个元素组成:报文传输系统 MTS(Message Transfer System),用户代理 UA(User Agent),报文存储 MS(Message Store),访问单元 AU(Access Unit)。

MHS 用户通过用户代理(UA)访问 MHS 系统,UA 是用户与 MHS 系统之间的接口,也是开放系统中的一个应用进程。UA 代表用户与报文传输系统(MTS)通信。另外,UA 还为用户整理报文提供必要的编辑功能,并具有报文存储、归档功能。UA 与用户存在一一对应的关系,即每一个用户对应于且仅对应于一个用户代理 UA。

MTS 由一个以上在逻辑上有联系的报文传输代理(MTA)所组成。MTA 是实现存储转发报文功能的实体。从软件的角度看,MTA 是一个应用层实体 AE。一个 MTA 可以连接多个 MTA 或 UA,起着中继作用的 MTA 要负责寻找合适的路由。如果 MTA 收到其他 MTA 传来的报文的收信人的 UA 就连接在本 MTA 上,则把它提交给该 UA。如果收到的报文的收信人的 UA 没有连接在本 MTA 上,则需要将该报文发送给下一个 MTA。下一个 MTA 的选择属于报文转发的路由选择问题,不过这里的路由选择是应用层的路由选择,它和网络层的路由选择是不同的概念,所采用的策略也不同。MTA 处理报文是根据信封,它既不关心也不修改报文的内容。用户代理 UA 处理报文是根据报文内容中的信头,它不关心报文的信体部分。报文的信体部分只有用户才能对它进行解释。

为了提交和投递报文,UA 与它的本地 MTA 交互。各 MTA 负责相互之间的协调工作,以将报文通过 MTS 传送到其目的地,而 UA 负责向 MTS 提交报文和接收 MTS 投递的报文。这样的分工是很重要的。然而,如果 UA 驻留在一台计算机内,而该计算机当用户离开后就被关机,则 MTS 无法及时向 UA 投递报文。为此,引入了一个新的实体,称作报文存储(MS)。MS 的作用是作为 UA 与本地 MTA 之间的中介体。当投递时,MTA 将报文放入 MS,以后当 UA 工作时,就从 MS 中取出报文。另一方面,也可利用 MS 来提交报文,即 UA 只需要把报文交给为自己服务的 MS 后就可以退出执行,由 MS 负责在 MTA 有空闲存储空间时把报文提交给它发送,这种情形叫作间接提交。由于 MS 的引入,减轻了 UA 与 MTS 交互的工作,使之能执行更多的用户接口功能;同时也减轻了 MTA 代替 UA 存储报文的压力,使之能更多地执行报文传递功能。

接入单元(AU)是 MHS 与其他通信系统的接口,用来使其他信息通信手段(如传真、智能用户电报等,称为间接用户)也能通过 MHS 系统进行通信。

使用以上的系统结构,MHS 的报文流程如下:
①发信人利用发信 UA 的编辑功能产生报文。
②指定收信人,由发信 UA 准备发送报文。
③发信 UA 将准备好的报文提交给本地 MTA,或经由 MS 交给 MTA。
④MTS 将报文以存储转发方式从发信 MTA 传递到收信 MTA。
⑤收信 MTA 将报文投递给收信 UA,或提交给与收信 UA 连接的 MS 再由收信 UA 从 MS 中取出。
⑥报文到达收信 UA 后,存储在收信人的个人邮箱中,供收信人读出报文。

显而易见,MHS 系统模型仅仅是日常邮政通信系统的电子化,这是很吸引人的,因为人们对于邮政通信这种第三方传递的模型已经非常熟悉了。而且,MHS 可以传送多种类型的信息,因此,MHS 系统具有广泛的应用价值。

3. 报文处理系统服务

MHS 服务可以分成四类,分别为报文传递服务、个人间报文通信服务、报文存储服务和物体投递服务,总共达 90 多种。从用户的角度来看,可使用 MHS 提供的两类服务,即报文传输服务和个人间报文通信服务。

(1) 报文传递服务(MT 服务)

主要的报文传递服务是提交和投递。发信人的 UA 将报文提交给 MTS,而 MTS 将该报文投递给收信人的 UA。提交时,UA 将一个包含投递信息的提交信封与报文内容一起交给 MTS。投递时,MTS 将投递信封与报文内容一起传递给 UA。

为了投递报文,MTS 必须具有传递服务。报文从本地 MTA 开始发出,向下传递到另一个 MTA,直至到达目的地 MTA。报文在传递过程中被装在一个"传递信封"内,该传递信封向 MTS 提供投递信息和跟踪信息。

根据 UA 提交报文时的说明,当报文投递完成时,MTS 将向源发 UA 返回一个投递报告。同样,若报文无法投递,则返回一个无法投递报告。

这里需要说明的是关于信息转换的问题。报文有几种可能的形式,如 ASCII 码电文、模拟传真、数字传真、数字语音、可视图文、用户电报,以及 MHS 以外的一些其他的系统。如果收信人不能直接接收某一种类型的报文,MTA 就试图在投递之前进行必要的类型转换,但并不是所有的转换都是可行的。例如,目前将数字语音的报文转换为 ASCII 码的报文是很难的事。

(2) 个人间报文通信服务(IPM 服务)

IPM 服务是由 IPM-AU 直接向用户提供的服务,它规定了由 IPM 用户互换的报文格式,报文包含一个信头和一个或多个信体部分。

个人间报文的信头部分包含如下一些信息,如报文标识符、发信人的 MHS 地址(From)、主收信人(To)、抄送收信人(Cc)、主题和回信地址等。

IPM 服务定义了一些信体部分,例如 ASCII 电文、传真、用户电报等。另外,信体部分也可以只是被转发的个人间报文。

8.2 Internet 的地址

8.2.1 Internet 地址概述

1. Internet 地址的意义及构成

Internet 将位于世界各地的大大小小的物理网络通过路由器互联起来,形成一个巨大的虚拟网络。在任何一个物理网络中,各个站点的机器都必须有一个可以识别的地址,才能在其中进行信息交换,这个地址称为"物理地址"。网络的物理地址给 Internet 统一全网地址带来了两个方面的问题:第一,物理地址是物理网络技术的一种体现,不同的物理网络,其物理地址的长短、格式各不相同,这种物理地址管理方式给跨越网络通信设置了障碍。第二,一般来说,物理网络的地址不能修改,否则,将与原来的网络技术发生冲突。

Internet 针对物理网络地址的现实问题采用由 IP 协议完成"统一"物理地址的方法。IP 协议提供了一种全网统一的地址格式。在统一管理下,进行地址分配,保证一个地址对应一台主机,这样,物理地址的差异就被 IP 层所屏蔽。因此,这个地址称为"Internet 地址",也称为"IP 地址"。

在 Internet 中,IP 地址所要处理的对象比局域网复杂得多,所以必须采用结构编址。地址包含对象的位置信息,采用的是层次型的结构。

Internet 在概念上可以分为 3 个层次,如图 8-3 所示。

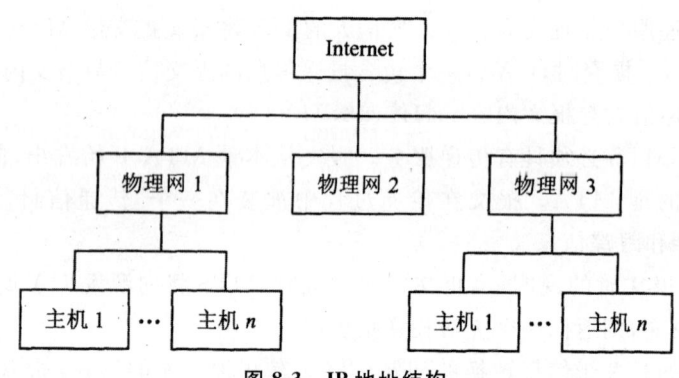

图 8-3 IP 地址结构

最高层是 Internet;第二层为各个物理网络,简称为"网络层";第三层是各个网络中所包含的许多主机,称为"主机层"。这样,IP 地址便由网络号和主机号两部分构成,如图 8-4 所示。IP 地址结构明显带有位置信息,给出一台主机的地址,马上就可以确定它在哪一个网络上。

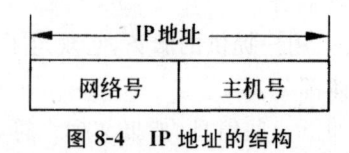

图 8-4 IP 地址的结构

网络号用来标识一个逻辑网络,主机号用来标识网络中的一台主机。一台 Internet 主机至少有一个 IP 地址,而且这个 IP 地址是全网唯一的。如果一台 Internet 主机有两个或多个 IP 地址,则该主机属于两个或多个逻辑网络。

2. IP 地址的划分

根据 TCP/IP 协议规定,IP 地址长度为 32 位二进制,为了方便用户理解与记忆,通常采用 x.x.x.x 的格式来表示,每个 x 为 8 位二进制表示的十进制数值。例如,202.113.29.119,每个 x 的值为 0~255。这种格式的地址称为点分十进制地址。

如何将这 32 位的信息合理地分配给网络和主机作为编号,看似简单,意义却很重大。因为各部分的位数一旦确定,就等于确定了整个 Internet 中所包含的网络数量以及各个网络所能容纳的主机数量。

在 Internet 中,网络数量是难以确定的,但是每个网络的规模却比较容易确定。从局域网到广域网,不同种类的网络规模差别很大,必须加以区别的特性。Internet 管理委员会按照网络规模的大小,将 Internet 的 IP 地址分为五类:A、B、C、D、E。如图 8-5 所示,IP 地址中的前 5 位用于标识 IP 地址的类别,A 类地址的第一位为"0",B 类地址的前两位为"10",C 类地址的前三位为"110",D 类地址的前四位为"1110",E 类地址的前五位为"11110"。其中,A 类、B 类与 C 类地址为基本的 IP 地址。除此之外,还有两种次要类型的地址,一种是专供多目传送用的多目地址 D,另一种是扩展备用地址 E。由于 IP 地址的长度限定于 32 位,因此类标识符的长度越长,可用的地址空间就越小。

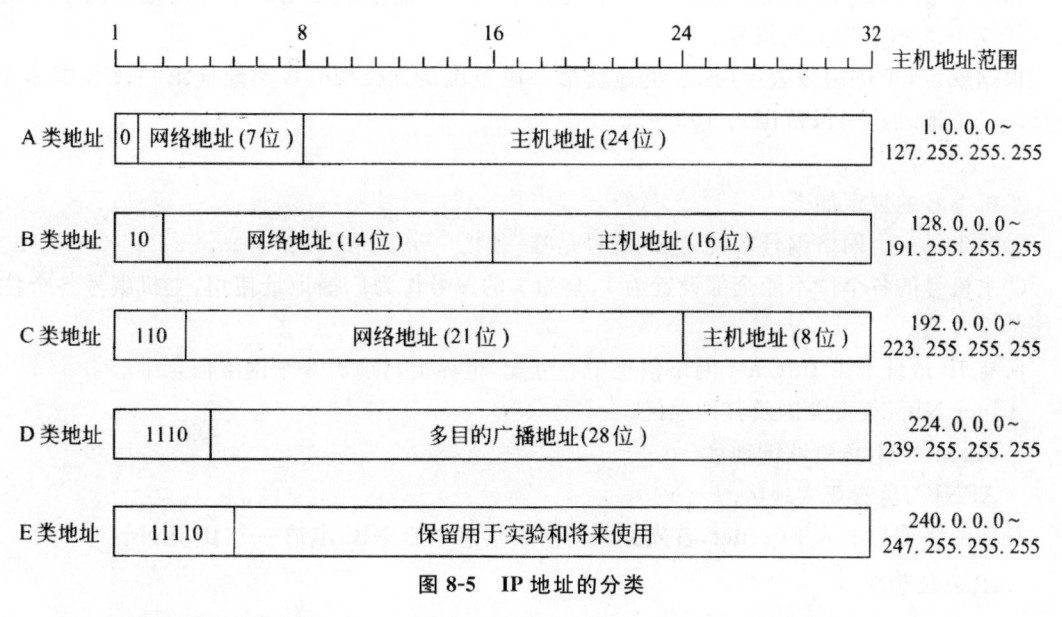

	1	8	16	24	32	主机地址范围
A 类地址	0	网络地址(7位)	主机地址(24位)			1.0.0.0~ 127.255.255.255
B 类地址	10	网络地址(14位)		主机地址(16位)		128.0.0.0~ 191.255.255.255
C 类地址	110	网络地址(21位)			主机地址(8位)	192.0.0.0~ 223.255.255.255
D 类地址	1110	多目的广播地址(28位)				224.0.0.0~ 239.255.255.255
E 类地址	11110	保留用于实验和将来使用				240.0.0.0~ 247.255.255.255

图 8-5 IP 地址的分类

这样,32 位的 IP 地址就包括了 3 个部分:地址类别、网络号和主机号。

(1)地址类别

IP 地址的编码规定:全 0 地址表示本地网络或本地主机。全 1 地址表示广播地址,任何网站都能接收。所以出去全 0 和全 1 地址外:

A 类地址,其网络地址空间长度为 7 位,主机地址空间长度为 24 位。A 类地址的范围是: 1.0.0.0~127.255.255.255。由于网络地址空间长度为 7 位,因此允许有 126 个不同的 A 类网络(网络地址的 0 和 127 保留用于特殊目的)。同时,由于主机地址空间长度为 24 位,因此每个 A 类网络有 2^{27}(即 1600 万)个主机地址。A 类 IP 地址结构适用于有大量主机的大型网络。

B 类地址,网络地址空间长度为 14 位,主机地址空间长度为 16 位。B 类地址的范围是：128.0.0.0～191.255.255.255。由于网络地址空间长度为 14 位,因此允许有 2^{14}(16384)个不同的 B 类网络。同时,由于主机地址空间长度为 16 位,因此每个 B 类网络有 2^{16}(65536)个主机地址。B 类 IP 地址适用于一些国际性大公司与政府机构等。

C 类地址,其网络地址空间长度为 21 位,主机地址空间长度为 8 位。C 类 IP 地址的范围是：192.0.0.0～223.255.255.255。由于网络地址空间长度为 21 位,因此允许有 2^{21}(2 百万)个不同的 C 类网络。同时,由于主机地址空间长度为 8 位,因此每个 C 类网络的主机地址数最多为 256 个。C 类 IP 地址特别适用于一些小公司与普通的研究机构。

D 类 IP 地址不标识网络,它的范围是：224.0.0.0～239.255.255.255。D 类 IP 地址用于其他特殊的用途,如多目的地址广播。

E 类 IP 地址暂时保留,范围为：240.0.0.0～247.255.255.255。E 类地址保留研究用。

(2)网络号

网络号的规定如下：

①对于 Internet 来说,网络编号必须唯一。

②网络号不能以十进制数 127 开头,在 A 类地址中,127 开头的 IP 地址留作网络诊断服务专用。

③网络号的第一段不能全部设置为 1,此数字留作广播地址使用。第一段也不能全部设置为 0,全为 0 表示本地址网络号。

根据规定,十进制数表示时,A 类地址第一段范围为 1～126,B 类地址第一段范围为 128～191；C 类地址第一段范围为 192～223。

(3)主机号

主机编号的规定如下。

①对于每一个网络编号来说,主机编号是唯一的。

②主机号的各个位不能全部设置为 1,全为 1 的编号作为广播地址使用,主机编号各个位也不能都设置为 0。

所有 IP 地址都由 Internet 网络信息中心分配,世界上目前有 3 个网络信息中心。

· Iner NIC:负责美国及其他地区

· Ripen NIC:负责欧洲地区

· APNIC:负责亚太地区

任何网络若想加入 Internet,首先必须向网络信息中心 NIC 申请一个 IP 地址。

3. IP 地址管理

IP 地址的最高管理机构称为"Internet 网络信息中心",即 Inter NIC(Internet Network Information center),专门负责向提出 IP 地址申请的网络分配网络地址,然后,各网络再在本网络内部对其主机号进行本地分配。Inter NIC 由 AT&T 拥有和控制,读者可以通过电子邮件地址 mailserv@ds.internic.net 访问 Inter NIC。

Internet 的地址管理模式是层次式结构,管理模式与地址结构相对应。层次型管理模式既解决了地址的全局唯一性问题,也分散了管理负担,使各级管理部门都承担着相应的责任。在这种层次型的地址结构中,每一台主机均有唯一的 IP 地址,全世界的网络正是通过这种唯一的 IP 地址而彼此取得联系。因此,用户在入网之前,一定要向网络部门申请一个地址以避免造成网络上的混乱。

8.2.2 子网技术

出于对网络管理、性能和安全方面的考虑，许多单位把较大规模的单一网络划分为多个彼此独立的物理网络，并使用路由器将它们连接起来。子网划分技术能够使一类网络地址横跨几个物理网络，并将这些物理网络统称为子网。

1．划分子网的原因

划分子网的原因主要包括以下几个方面。

（1）充分使用地址

由于 A 类网或 B 类网的地址空间太大，造成在不使用路由设备的单一网络中无法使用全部地址，比如，对于一个 B 类网络"172.17.0.0"，可以有 2^{16} 个主机，这么多的主机在单一的网络下是不能工作的。因此，为了能更有效地使用地址空间，有必要把可用地址分配给更多较小的网络。

（2）划分管理职责

划分子网更易于管理网络。当一个网络被划分为多个子网时，每个子网就变得更易于管理与协调。每个子网的用户、计算机及其子网资源可以由不同的管理员进行管理，减轻了网络管理员管理大型网络的超大负载。

（3）提高网络性能

在一个网络中，随着网络用户数量的增长、主机数量的增加以及网络业务的不断增值，网络通信也将变得非常繁忙。繁忙的网络通信很容易导致冲突、丢失数据包以及造成数据包重传等问题，不仅增加了网络开销，还降低了主机之间的通信效率。如果将一个大型的网络划分为若干个子网，通过路由器将其连接起来，对于减少网络拥塞就非常有效，如图 8-6 所示。这些路由器就像一堵墙把各个子网物理性隔离开，使本地网的通信不会转发到其他子网中。同一子网中主机之间彼此进行广播和通信，只能在各自的子网中进行。

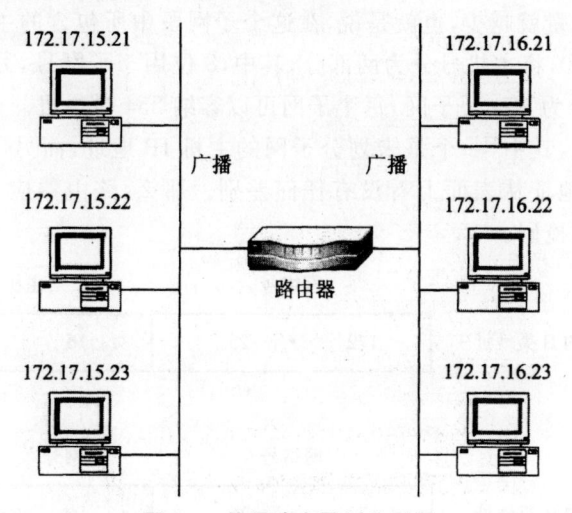

图 8-6 使用路由器划分子网

另外，利用路由器的隔离作用还可以将网络划分为内、外两个子网，并限制外部网络用户对内部网络的访问,进一步提高内部子网的安全性。

2. 子网划分的层次结构和划分方法

(1)子网划分的层次结构

IP 地址总共 32 位,按照对每个位的划分,可以知道某个 IP 地址属于哪一个网络(网络号)以及是哪一台主机(主机号)。因此,IP 地址实际上是一种层次型编址方案。对于标准的 A 类、B 类和 C 类 IP 地址来说,它们只具有两层结构,即网络号和主机号,这种两层地址结构并不完善。前面已经提到,对于一个拥有 B 类地址的单位来说,必须将其进一步划分成若干个小的网络使得 IP 地址得到充分利用,否则不但会造成 IP 地址的大量浪费,还会造成网络运行和管理的效率。

(2)子网的划分方法

子网划分的基础是将网络 IP 地址中原属于主机地址的部分进一步划分成网络地址(子网地址)和主机地址。子网划分实际上就是产生了一个中间层,形成了一个 3 层的地址结构,即网络号、子网号和主机号。通过网络号确定了一个站点,通过子网号确定一个物理子网,而通过主机号则确定了与子网相连的主机地址。因此,一个 IP 数据包的路由涉及到 3 部分:传送到站点、传送到子网、传送到主机。

子网的划分方式如图 8-7 所示。为了划分子网,可以将单个网络的主机号再分成两个部分,一部分用于子网号编址,另一部分用于该子网内的主机号编址。

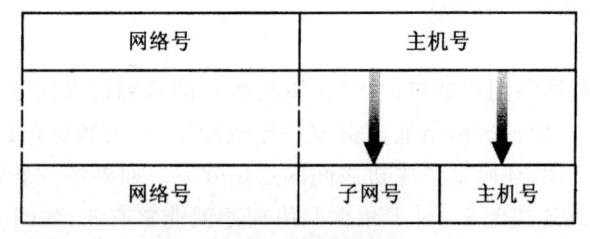

网络号	主机号
网络号	子网号 | 主机号

图 8-7 子网的划分

划分子网号的位数取决于具体的需要。子网号所占的位数越多,则划分的子网数就越多,可分配给子网内主机的数量就越少,也就是说,在这个子网段中所包含的主机数就越少。例如,一个 B 类网络 172.17.0.0,将主机号分为两部分,其中,8 位用于子网号,另外 8 位用于主机号,那么这个 B 类网络就被分为 254 个子网,每个子网可以容纳 254 台主机。

图 8-8 是两个地址,其中,一个是未划分子网的主机 IP 地址,而另一个是划分子网后的 IP 地址。在图中,这两个地址从表面上看没有任何差别。那么,路由器应该如何区分这两个地址呢?这就需要用到子网掩码。

未划分子网的 B 类地址   网络号 | 主机号
172 · 25 · 16 · 51

划分了子网的 B 类地址   网络号 | 子网号 | 主机号
172 · 25 · 16 · 51

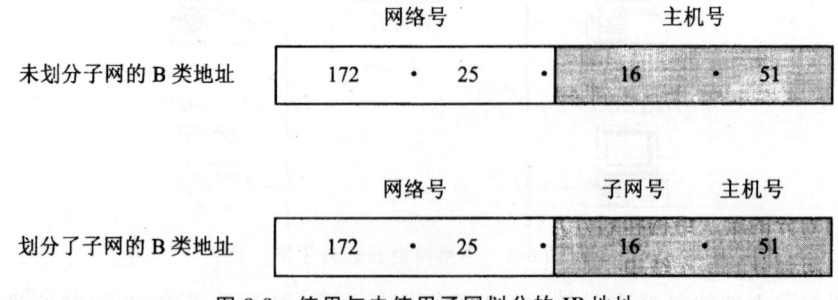

图 8-8 使用与未使用子网划分的 IP 地址

3. 子网掩码

子网掩码（Subnet Mask）是一种用来指明在一个 IP 地址中哪些位标识的是主机所在的子网，哪些位标识的是主机的位掩码。子网掩码不能单独存在，它必须结合 IP 地址一起使用。子网掩码只有一个作用，就是将某个 IP 地址划分成网络地址和主机地址两部分。

同样采用"点分十进制"的方式表示 32 位二进制数，通过子网掩码可以指出一个 IP 地址中的哪些位对应于网络地址（包括子网地址），以及哪些位对应于主机地址。

对于子网掩码的取值，通常是将对应于 IP 地址中网络地址（网络号和子网号）的所有位都设置为"1"，对应于主机地址（主机号）的所有位都设置为"0"。标准的 A 类、B 类、C 类地址都有一个默认的子网掩码，如表 8-1 所示。

表 8-1　A 类、B 类和 C 类地址默认的子网掩码

地址类型	点分十进制表示	子网掩码的二进制位			
A	255.0.0.0	11111111	00000000	00000000	00000000
B	255.255.0.0	11111111	11111111	00000000	00000000
C	255.255.255.0	11111111	11111111	11111111	00000000

TCP/IP 对子网掩码和 IP 地址进行"按位与"的操作来识别网络地址。针对图 8-9 的例子，在图 7-12 中给出了如何使用子网掩码来识别它们之间的不同。标准的 B 类地址，其默认的子网掩码为 255.255.0.0，而划分子网后的 B 类地址，其子网掩码为 255.255.255.0（主机号中的 8 位用于子网，因此，网络号与子网号共计使用了 24 位）。经过按位与运算可以将每个 IP 地址的网络地址取出，从而知道两个 IP 地址所对应的网络。

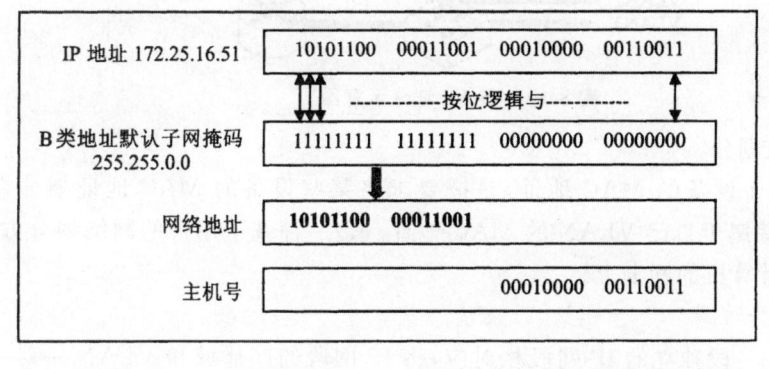

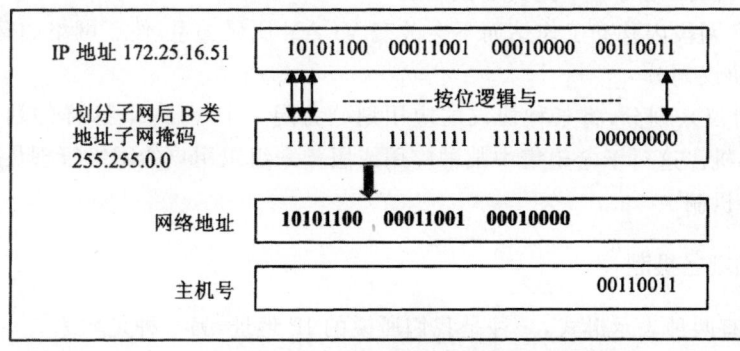

图 8-9　子网掩码的换算及屏蔽作用

在上面所说的例子中,涉及到的子网掩码都属于边界子网掩码,即使用主机号中的整个一个字节划分子网。因此,子网掩码的取值不是 0 就是 255。然而,在实用中对于划分子网来说,更多会使用非边界子网掩码,即使用主机号中的某几位划分子网。因此,子网掩码除了 0 和 255 外,还有其他数值。例如,对于一个 B 类网络 172.25.0.0,若将第 3 个字节的前 3 位用于子网号,将剩下的位用于主机号,则子网掩码为 255.255.224.0。因为使用了 3 位分配子网,所以这个 B 类网络 172.25.0.0 被分为 8 个子网,每个子网有 13 位可用于主机的编址。

4. 子网虚拟划分技术

因为在使用多个交换机互联(堆叠)形成一个较大局域网时,子网的物理划分会受到一定限制。因此在这种情况下,便采用交换机上的虚拟网技术,实现局域网虚拟划分(VLAN)。

虚拟局域网指的是在一个较大规模的平面物理的局域网上,根据用途、工作组、应用业务等不同对网络实现逻辑划分。一个逻辑网络称为一个 VLAN,一个 VLAN 是一个独立的广播域,如图 8-10 所示。

VLAN 不仅可以按交换机端口进行划分,也可以根据 MAC 地址划分、IP 地址划分以及按协议划分等。划分时既可以采用静态方式进行,也可以采用动态方式进行。

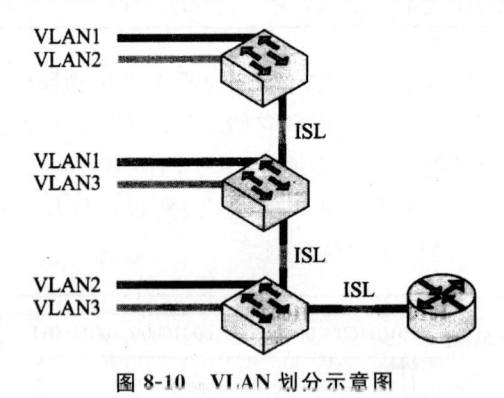

图 8-10 VLAN 划分示意图

(1)按 MAC 地址划分

VLAN 的划分基于设备的 MAC 地址,是按要求将某些设备的 MAC 地址划分在同一个 VLAN 中,交换机跟踪属于自己 VLAN 的 MAC 地址。是一种基于用户的网络划分方式,因为 MAC 地址是在用户计算机的网卡上。

(2)按 IP 地址划分

每个 VLAN 都和一段独立的 IP 网段相对应,将 IP 网段的广播域和 VLAN 一对一地结合起来。用户可以在该 IP 网段内移动工作站而不会改变 VLAN 所属关系,便于网络的管理。

(3)按数据包网络协议划分

VLAN 按网络层协议来划分,将某种协议的应用划分为同一个 VLAN,这样的划分会使一个广播域横跨多个交换机。这对于希望集中某种应用或服务来组织用户的网络管理员来说是一种十分方便有利的划分机制。

8.2.3 Internet 的域名机制

Internet 主机地址有两种表示形式,一种是我们所说的 IP 地址,另一种是域名。

IP 地址是 Internet 通用地址,直接使用 IP 地址就可以访问 Internet 中的主机。但对于一般用户来说，IP 地址太抽象，而且由于使用数字表示，不容易记忆。因此，TCP/IP 为人们记忆方便而设计了一种字符型的计算机命名机制，即域名系统（Domain Name System，DNS）

在 Internet 中，由于采用了统一的 IP 地址，才使网上任意两台主机的上层软件能够相互通信。这可以说明，IP 地址为上层软件提供了极大的方便和通信的透明性。然而由于 IP 地址抽象的数学特性，使得 IP 地址在记忆时毫无规律和意义可循。例如，用点分十进制表示的某个主机的 IP 地址为 202.113.19.122，大家就很难记住这样一串数字。但是，如果告诉你南开大学 Web 服务器地址，用字符表示为 WWW.nankai.edu.cn，每个字符都有一定的意义，并且书写有一定的规律。这样用户就容易理解，又容易记忆。

因此，为了向一般用户提供一种直观明了的主机识别符，TCP/IP 协议专门设计了一种字符型的主机命名机制，也就是给每台主机一个有规律的名字，这种主机名相对于 IP 地址来说是一种更为高级的地址表示形式，这就是网络域名系统 DNS。DNS 除了给每台主机一个容易记忆和具有规律的名字，以及建立一种主机名与计算机 IP 地址之间的映射关系外，域名系统还能够完成咨询主机各种信息的工作。另外，几乎所有的应用层协议软件都要使用域名系统。例如，远程登录 Telnet、文件传输协议 FTP 和简单邮件传送协议 SMTP 等。

1. Internet 域名系统的规定和管理

Internet 的域名结构由 TCP/IP 协议集的 DNS 定义。域名系统也与 IP 地址的结构一样，是一种分层命名系统，名字由若干标号组成，标号之间用实心圆点分隔。最右边的标号是主域名，最左边的标号是主机名。中间的标号是各级子域名，从左到右按由小到大的顺序排列。例如：lib.hbnd.edu 是一个域名，其中 lib 是主机名，hbnd 是子域名，代表河北农业大学，edu 是主域名，代表教育科研网。域名系统将整个 Internet 划分为多个顶级域，并为每个顶级域规定了通用的顶级域名，由 Inter NIC 管理，如表 8-2 所示。

表 8-2 顶级域名分配

顶级域名	域名类型
.com	商业组织等盈利性组织
.net	网络和网络服务提供商
.edu	教育机构、学术组织、国家科研中心等
.gov	政府机关或组织
.mil	军事组织
.org	各种非赢利性组织
.int	国际组织
.firm	商业组织或公司
.stop	提供货物的商业组织（原名 .TORE）
.web	Web 有关的组织
.arts	文化娱乐组织
.rec	娱乐消遣组织
.info	信息服务组织
.nom	个人

主域名也包含国家代码,由于美国是 Internet 的发源地,因此美国的顶级域名是以组织模式划分。对于其他国家,它们的顶级域名是以地理模式划分的,每个申请接入 Internet 的国家都可以作为一个顶级域出现。例如,cn 代表中国,jp 代表日本,fr 代表法国,uk 代表英国,ca 代表加拿大。表 8-3 列出了部分国家和地区的主域名代码。

表 8-3 部分国家和地区代码

域名代码	国家或地区	域名代码	国家或地区
at	奥地利	fr	法国
au	澳大利亚	gr	希腊
ca	加拿大	jp	日本
ch	瑞士	nz	新西兰
dk	丹麦	uk	英国
es	西班牙	us	美国
ie	爱尔兰	hk	中国香港特别行政区
il	以色列	ru	俄罗斯
it	意大利	om	印度
cn	中国	de	德国
is	冰岛	li	列支敦石墩
th	泰国	lu	卢森堡
tn	突尼斯	mx	墨西哥
tw	中国台湾	my	马来西亚
ec	厄瓜多尔	nl	荷兰
pr	波多黎各	no	挪威
hr	克罗爱尼亚	pl	波兰
eg	埃及	re	留尼汪岛
ve	委内瑞拉	sg	新加坡

网络信息中心(NIC)将顶级域的管理权授予指定的管理机构,各个管理机构再为它们所管理的域分配二级域名,并将二级域名的管理权授予其下属的管理机构,如此层层细分,就形成了 Internet 层次状的域名结构,如图 8-11 所示。

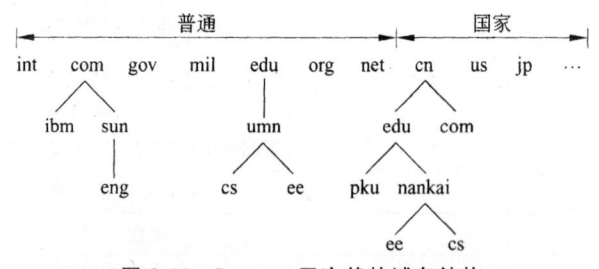

图 8-11 Internet 层次状的域名结构

域名到 IP 地址的变换由分布式数据库系统 DNS 服务器实现。一般子网中都有一个域名服务器,它管理本地子网所连接的主机,也为外来的访问提供 DNS 服务。这种服务采用典型的客户机/服务器访问方式。客户机程序把主机域名发送给服务器,服务器返回对应的 IP 地址。有时被询问的服务器不包含查询的主机记录,根据 DNS 协议,服务器会提供进一步查询的信息,也许是包括相近信息的另外一台 DNS 服务器的地址。

需要特别指出的是,域名与网络 IP 地址是两个不同的概念。虽然大多数联网的主机不但有一个唯一的网络 IP 地址,还有一个域名,但是,也存在有的主机没有网络 IP 地址,只有域名。这种计算机用电话线连接到一个有 IP 地址的主机上(电子邮件网关),通过拨号方式访问 IP 主机。

目前,由于主域名的数量有限,考虑到即便全世界一百多个国家和地区的地理域名,再加上 8 个组织结构型域名,总共也不会超过 200 个。而且这些域名均已做了标准化的规定,使 NIC 对这些域名的管理非常简便。因此,Internet 管理委员会决定将子域名也纳入 NIC 进行集中管理。

2. 我国的域名规定

中国互联网信息中心(CNNIC)负责管理我国的顶级域,它将 cn 域划分为多个二级域。我国二级域的划分采用两种划分方式:组织模式与地理模式。其中,前七个域对应于组织模式,而行政区代码对应于地理模式。

CNNIC 将我国教育机构的二级域(edu 域)的管理权授予中国教育科研网(CERNET)网络中心。CERNET 网络中心将 edu 域划分为多个三级域,并将三级域名分配给各个大学与教育机构。例如,edu 域下的 nankai 代表南开大学,并将 nankai 域的管理权授予南开大学网络管理中心管理。南开大学网络管理中心又将 nankai 域划分为多个四级域,将四级域名分配给下属部门或主机。例如,nankai 域下的 cs 代表计算机系。

Internet 主机域名的排列原则是低层的子域名在前面,而它们所属的高层域名在后面。Internet 主机域名的一般格式为:

四级域名. 三级域名. 二级域名. 顶级域名

例如,主机域名:

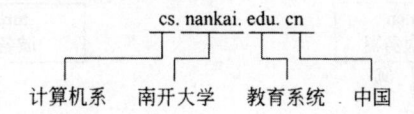

```
        cs.nankai.edu.cn
         |      |     |    |
       计算机系 南开大学 教育系统 中国
```

表示的是南开大学计算机系的主机。

在域名系统 DNS 中,每个域都是由不同的组织来管理的,而这些组织又可将其子域划分给其他的组织来管理。这种层次结构的优点是:各个组织在它们的内部可以自由选择域名,只要保证组织内的唯一性,而不用担心与其他组织内的域名冲突。

例如,南开大学是一个教育机构,那么学校的主机域名都包括 nankai.edu 后缀。如果有一家名为 nankai 的公司想用 nankai 来命名它的主机,由于它是一个商业机构,那么它的主机域名就会带 nankai.com 后缀。在 Internet 中,nankai.edu.cn 与 nankai.com.cn 这两个域名是相互独立的个体。

3. 域名系统的组成

域名系统是一个分布式的主机信息数据库,采用客户机/服务器模式。当一个应用程序要求把一个主机域名转换成 IP 地址时,该应用程序成为域名系统中的一个客户。该应用程序需要与域名服务器建立连接,把主机名送给域名服务器,域名服务器经过查找,把主机的 IP 地址回送给应用程序。

将域名翻译为对应 IP 地址的过程称为域名解析。域名系统由解析器和域名服务器组成。

①解析器:在域名系统中,解析器为客户方,与应用程序连接,负责查询域名服务器,解释从域名服务器返回的应答以及将信息传送给应用程序等。

②域名服务器:请求域名解析服务的软件称为域名解析器,它运行在客户端,通常嵌套于其他应用程序之内,负责查询域名服务器,解释域名服务器的应答,并将查询到的有关信息返回给请求程序。

域名服务器为服务器方,主要有两种形式:主服务器和转发服务器。主服务器用于保存域名信息,一部分域名信息组成一个区,主服务器负责存储和管理一个或若干个区。为了提高系统可靠性,每个区的域名信息至少由两个主服务器来保存。转发服务器中记载着它的上级域名服务器,当转发服务器接到地址映射请求时,就会将请求送到上一级服务器中,该服务器将依次在表中向再上一级查询,直到查到该数据为止,否则返回无此请求的数据信息。

域名解析的方式有两种,一种是递归解析(图 8-12),要求域名服务器系统一次性完成全部域名—地址变换,即递归地一个服务器请求下一个服务器,直到最后找到相匹配的地址。另一种是迭代解析(图 8-13)。每次请求一个服务器,当本地域名服务器不能获得查询答案时,就返回下一个域名服务器的名字给客户端,利用客户端上的软件实现下一个服务器的查找,以此类推,直至找到具有接收者域名的服务器。两者之间的区别是前者将复杂和负担交给服务器软件,适用于域名请求不多的情况;后者则是将复杂性和负担交给解析器软件,适用于域名请求较多的环境。

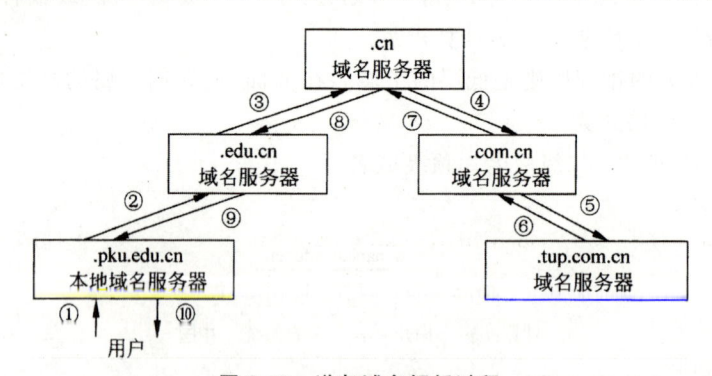

图 8-12 递归域名解析过程

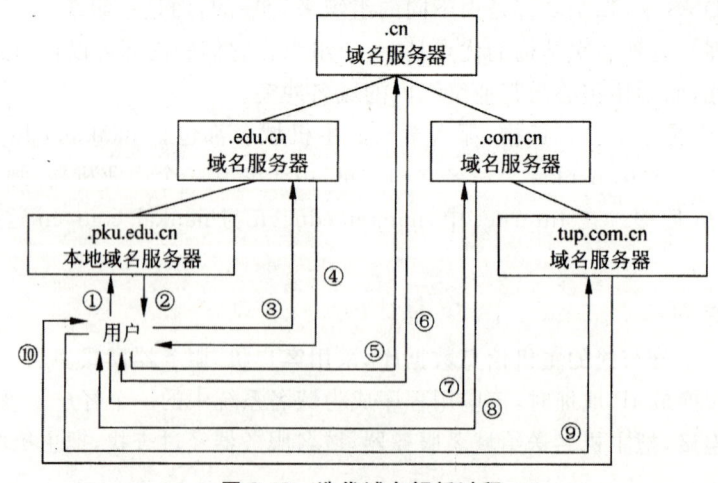

图 8-13 迭代域名解析过程

8.3 电子邮件

8.3.1 电子邮件概述

电子邮件(Electronic Mail,E-mail)同 FTP 应用一样,也是最早出现在 ARPANET 中,是传统邮件的电子化。电子邮件诞生在 1971 年,当时在 BBN 公司服务的 Ray Tonlinson 发现虽然网络已经连接上了,但还缺少一种简单方便的交流工具,于是他开发了一个可以在网络上分发邮件的系统(SendMsg)。该软件分为两个部分:一部分是内部机器使用的电子邮件软件;另一个部分是用于文档传送的软件(CpyNET)。

电子邮件的符号为@,即为"at"的意思。也就是说,不论你在(at)什么地方,电子邮件都可以发送到。1972 年 7 月,大名鼎鼎的 Larry Roberts 开发了第一个电子邮件管理软件,功能包括列表、选读、转发和回复,这种邮件管理系统同现在的邮件系统几乎没什么区别。

到了 1973 年,ARPA 的研究表明 ARPAnet 网 75% 的流量是电子邮件带来的,电子邮件开始成为 ARPA 网研究人员之间主要的交流工具。1976 年 2 月,英国女王伊丽莎白二世发出一封电子邮件,让电子邮件走到了面向普通用户的门槛上。

1987 年 9 月 20 日,钱天白教授发出我国第一封电子邮件"越过长城,通向世界",揭开了中国人使用电子邮件的序幕。

电子邮件是一种普遍的交流方式,但不是唯一的交流方式。1979 年使用 UUCP 协议建立起来的 USENET 就是一种非常著名的应用,并且逐渐发展成了全球最大的讨论组。讨论内容从早期的与计算机技术相关的论题,到现在成为一个无所不包的全球社区。另一种交流方式就是实时聊天,最著名的应用是 1988 年由 Jarkko Oikarinen 开发的 IRC 软件,该软件可以让用户通过 Internet 进行实时聊天。但是最早的网上聊天行为,却发生在 1972 年的斯坦福大学神经科的病人 Parry,他当时通过 ARPA 网同位于 BBN 的医生进行交谈。

电子邮件是传统邮件的电子化。它的诱人之处在于传递迅速、风雨无阻,比人工邮件快了许多。通过连接全世界的 Internet,可以实现各类信号的传送、接收、存储等处理,将邮件送到世界的各个角落。到目前为止,可以说电子邮件是 Internet 资源使用最多的一种服务,电子邮件不只局限于信件的传递,还可用来传递文件、声音及图形、图像等不同类型的信息。

电子邮件不是一种"终端到终端"的服务,是被称为"存储转发式"服务。这正是电子信箱系统的核心,利用存储转发可进行非实时通信,属异步通信方式。即信件发送者可随时随地发送邮件,不要求接收者同时在场,即使对方现在不在,仍可将邮件立刻送到对方的信箱内,且存储在对方的电子邮箱中。接收者可在他认为方便的时候读取信件,不受时空限制。另外,电子邮件还可以进行一对多的邮件传递,同一邮件可以一次发送给许多人。最重要的是,电子邮件是整个网间网以至所有其他网络系统中直接面向人与人之间信息交流的系统,它的数据发送方和接收方都是人,所以极大地满足了大量存在的人与人通信的需求。

在这里,"发送"邮件意味着将邮件放到收件人的信箱中,而"接收"邮件则意味着从自己的信箱中读取信件,信箱实际上是由文件管理系统支持的一个实体。因为电子邮件是通过邮件服务器(Mail Server)来传递文件的。通常邮件服务器是执行多任务操作系统的计算机,提供 24 小时的电子邮件服务,用户只要向管理人员申请一个信箱账号,就可使用这项快速的邮件服务。

Internet 电子邮件的另一特点是可靠性极高。原因在于 Internet 电子邮件建立在 TCP 基础上，而 TCP 是能提供端到端可靠连接的。假如客户和服务器之间未成功建立 TCP 连接，并将邮件成功发送到服务器邮箱中，客户就不会将待发邮件从发送缓冲区删除。

由于上述优点，电子邮件深受用户欢迎。出乎 ARPAnet 设计者意料，人与人之间电子邮件的通信量一开始就大大超出进程间的通信量，使电子邮件成为 ARPAnet 上最繁忙的业务。因此，后来出现的通用的网络体系结构，几乎无一例外地均把电子邮件作为一个重要的应用，纳入自己的协议族。

8.3.2 电子邮件的功能

电子邮件系统至少应具有以下功能：

1. 报文生成(Composition)

这是电子邮件系统中用户界面的重要内容。它帮助用户写作和编辑邮件，并为邮件加入地址和大量其他控制信息。

2. 传输(Transfer)

这是电子邮件系统中独立于用户的部分，解决报文的传输问题。在 ISO/OSI 体系结构中，报文传输建立在表示层之上，它的具体操作包括建立连接、输出报文和释放连接等。

3. 报告(Reporting)

负责向发送者报告报文发送进展(是否送到、是否被拒绝、是否丢失等)。这一功能在许多需要确认的场合是至关重要的。

4. 转换(Conversion)

在发送端将信息转换成适合于在接收者终端上显示或打印的格式。

5. 格式化(Formatting)

解决报文在接收者终端上的格式化显示问题。对报文显示格式的最直接处理方式是：电子邮件系统传来未格式化报文，由用户调用格式化程序进行处理，再调用显示程序(如编辑器)对格式化文件进行阅读。这种处理方式对无经验的用户是很头疼的。最好是电子邮件系统能提供直接显示格式化报文的工具，操作就大大简化了。

6. 报文处置(Disposition)

对应于报文生成，是电子邮件系统用户界面的另一重要方面。帮助接收者处理所收到的报文，包括立即扔掉、读完扔掉、读完后保存、阅读旧报文及转发报文等。

8.3.3 电子邮件的工作原理

电子邮件的工作过程遵循客户机/服务器模式。每份电子邮件的发送都要涉及到发送方与接收方，发送方构成客户端，而接收方构成服务器，服务器拥有众多用户的电子信箱。发送方通过邮件客户程序，将编辑好的电子邮件向邮局服务器(SMTP 服务器)发送；邮局服务器识别接收者的地址，并向管理该地址的邮件服务器(POP3 服务器)发送消息；邮件服务器将消息存放在接收者的电子信箱内，并告知接收者有新邮件到来；接收者通过邮件客户程序连接到服务器后，就会看到服务器的通知，进而打开自己的电子信箱来查收邮件，如图 8-14 所示。

ISP 主机起着"邮局"的作用,管理着众多用户的电子信箱。每个用户的电子信箱实际上就是用户所申请的账号名。每个用户的电子信箱都要占用 ISP 主机一定容量的硬盘空间。

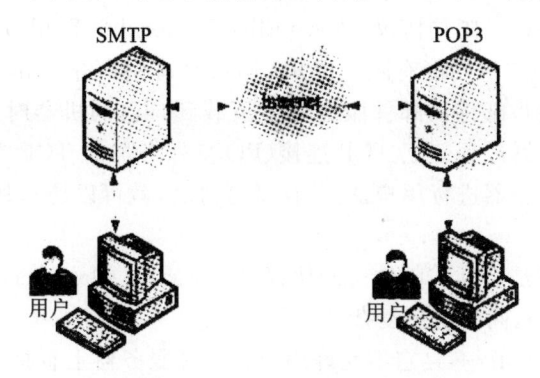

图 8-14 电子邮件工作原理

8.3.4 电子邮件的传输协议

1. SMTP 协议

SMTP 是一个基于 ASCII 的协议,每个 SMTP 会话涉及两个邮件传送代理(MTA)之间的一次对话。在这两个 MTA 中,其中一个充当客户,另一个充当服务器。SMTP 定义了客户与服务器之间交互的命令和响应格式。命令由客户发给服务器,而响应则是由服务器发给客户的。响应是 3 位十进制数字,后面可以跟着附加的文本信息。

邮件传送分为 3 个阶段:SMTP 连接建立、邮件传送和 SMTP 连接终止。

在 SMTP 连接建立阶段,首先是 SMTP 客户与 SMTP 服务器在 25 号端口上建立 TCP 连接,然后 SMTP 服务器就发送 220 告诉 SMTP 客户已经就绪。接着 SMTP 客户发送 HELO 报文,并带上自己的域名通知服务器,最后服务器通过代码 250 OK 表示 SMTP 连接已经建立。

而邮件传送阶段的工作过程是:首先,客户通过命令 MAIL FROM 和 RCPT 将信封内容发送给服务器,然后进行邮件的发送,包括邮件头部和正文。在邮件正文发送过程中,每一行都是以回车和换行两个 ASCII 码控制字符结束。最后一行是一个"."ASCII 字符,表示这个邮件发送结束。

在邮件传送结束后,客户通过发送 QUIT 命令终止邮件传送,而服务器以 221 响应,结束这次 SMTP 会话。在连接终止后,TCP 连接被关闭。

2. 邮箱访问协议

邮箱一般是放在功能强大的邮件服务器上的,而邮件服务器必须不间断地运行,并时刻保持与因特网的连接,以便能随时接收邮件。用户一般在桌面 PC 上工作,并没有直接连入因特网,而是通过内联网(如校园网、园区网)或拨号网络与邮件服务器相连,它不能直接向外发送邮件或从外面接收邮件。为了让用户在各自的 PC 机上也能发送或接收邮件,必须解决用户 PC 机与邮件服务器的邮件交换问题,也就是说,用户如何向本地邮件服务器(用户的邮箱在此服务器上)发送邮件,又如何从服务器上读取邮件?

用户将邮件发送到本地邮件服务器比较简单,仍然采用 SMTP 协议,而本地服务器收到用户发来的邮件后,则按通常情况处理,将邮件发往收信人所连的邮件服务器。

更为复杂的是用户从本地服务器上取邮件的过程。为此,研究人员开发了邮箱访问协议。

(1) POP3

最简单的邮箱访问协议是邮局协议(Post Office Protocol 3,POP3)。

POP3 协议很简单,但它的功能有限。POP3 协议具有用户登录和退出、读取邮件以及删除邮件的功能。当用户需要将邮件从邮件服务器上下载到自己的机器时,POP3 客户进程首先与邮件服务器的 POP3 服务器进程建立 TCP 连接(POP3 服务器的 TCP 端口号为 110),然后发送用户名和口令到 POP3 服务器进行用户认证,认证通过后,就可以访问邮箱了。

(2) IMAP4

另一种邮箱访问协议是交互式邮件访问协议(Interactive Mail Access Protocol 4,IMAP4)。IMAP4 比 POP3 功能更强,同时也更复杂。

POP3 有几个方面的不足:一是它不允许用户在邮件服务器上直接处理邮件;二是它不允许用户在下载邮件之前部分地检查邮件的内容。而 IMAP4 则提供了更多的功能。比如,它允许用户在下载邮件之前检查邮件的标题;用户在下载邮件之前可以用特定的字符串搜索邮件内容;用户可以部分地下载邮件;用户可以在邮件服务器上创建和删除邮箱、更改邮箱名或创建多层次的邮箱等。

(3) 基于 Web 的邮箱访问

现在很多网站都提供了电子邮件服务,如 Google 和网易。当用户要读取网站中的邮件时,可以发送一个 HTFP 请求到网站,然后网站就发送一个表格让用户填写用户名和口令。如果用户名和口令都匹配了,网站就将电子邮件以 HTML 表格的形式从 HTTP 服务器发送到用户的浏览器中。

8.3.5 电子邮件的格式

电子邮件与普通的邮政邮件相似,也有自己固定的格式。

1. RFC 822 邮件格式

RFC 822 定义了用于电子邮件报文的格式,即 RFC 822 定义了 SMTP、POP3、IMAP4 以及其他电子邮件传输协议所提交、传输的内容。

RFC 822 定义的邮件由两部分组成:信封和邮件内容。信封包括与传输、投递邮件有关的信息,即收信人地址、抄送、密送等内容。邮件内容包括标题和正文。电子邮件还可以包含附件,附件是一个普通的文件。

2. 多用途的网际邮件 MIME 扩展

Internet 上的 SMTP 传输机制是以 7 位二进制编码的 ASCII 码为基础的,适合传送文本邮件。而声音、图像、文字等使用 8 位二进制编码的电子邮件需要进行 ASCII 转换(编码)才能够在 Internet 上正确传输。

MIME 增强了在 RFC 822 中定义的电子邮件报文的能力,允许传输二进制数据。MIME 编码技术用于将数据从 8 位都使用的格式转换成数据使用 7 位的 ASCII 码格式。

8.4 万维网

WWW(World Wide Web)的中文名为万维网,它的出现是 Internet 发展中的一个里程碑。

WWW 服务是 Internet 上最方便与最受用户欢迎的信息服务类型,它的影响力已远远超出了专业技术范畴,并已经入电子商务、远程教育、远程医疗与信息服务等领域。

8.4.1　Web 浏览器

Web 浏览器是一个交互式应用程序。浏览器读取服务器上的某个页面,并以适当的格式在屏幕上显示页面。页面一般由标题、正文等信息组成。链接到其他页面的文本超链接将会以突出方式(如带下划线或另外一种颜色)显示,当用户将鼠标指针移到超链接上时,鼠标指针将会变成手形,点击鼠标就可以使浏览器显示新的页面内容。

浏览器通常由 3 部分组成:控制器、解释器和各种客户程序,如图 8-15 所示。

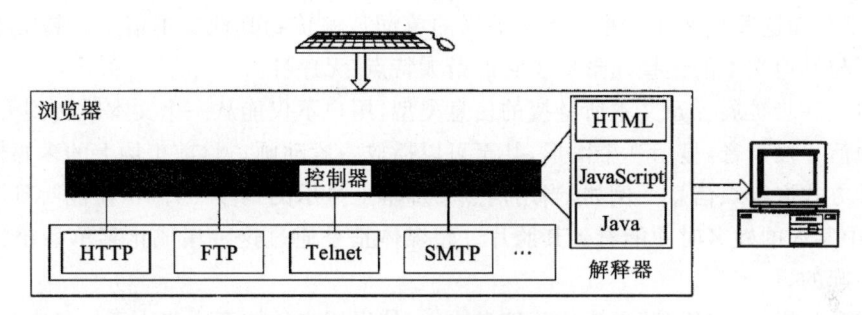

图 8-15　浏览器组成

控制器接收来自键盘或鼠标的输入,并调用各种客户程序来访问服务器。当浏览器从服务器获取 Web 页面后,控制器调用解释器处理网页。浏览器支持的客户程序可以是 FTP、Telnet、SMTP 或者 HTTP 等。解释程序可以是 HTML、JavaScript 或 Java,取决于页面中文档的类型。

WWW 页面上除一般的文本(不带下划线的)和超文本(带下划线的)外,还包括音频、图像、动画以及视频等多媒体信息,而这些多媒体信息也可以链接到其他页面,即构成超链接,单击这些超链接同样可以使浏览器显示新的页面内容。

许多 WWW 页面包含大量的图片,下载需要花费很长的时间。例如,通过一条 28.9kbps 的电话线路下载一幅 640×480、真彩色(24 比特/像素)的未压缩图片(922KB)时,需要花 4 分钟时间。为了解决图片下载速度慢的问题,大部分浏览器都是先显示文本信息,然后才显示图像。这样,浏览器在下载图片时,用户可以阅读文本信息,而如果用户对图片不感兴趣,也可以在下载完文本信息时就中止图片的下载。另外,还可以采取另外一种处理办法,即先让浏览器以低分辨率显示图片,然后再逐渐完善图片的显示,这样用户就可以快速浏览图片以决定是否继续下载图片。事实上,许多浏览器一般还提供让用户选择是否自动下载图片以及如何处理图片的选项操作。

浏览器一般都使用本地磁盘来缓存已抓取的页面。浏览器在抓取某个页面前,首先查看该页面是否已在本地缓存中。如果是,再检查它是否更新过。如果没有更新,就无需重新下载该页面。因此,在浏览器中单击 Back(后退)按钮浏览前一个页面一般比较快。

8.4.2　超文本与超媒体

要想了解 WWW 必须了解超文本(Hypertext)和超媒体(Hypermedia)的概念,因为它们正是 WWW 的信息组织方式。

长期以来,人们都在研究如何对信息进行组织。这其中最常见和最古老的方式就是人们所读的各种书。它采用一种有序的方式,从书的第一页到最后一页顺序地向人们讲授有关知识。计算机以及基于计算机信息的出现对这种方式造成了很大的冲击,人们不断地推出新的信息组织方式,方便对各种信息的访问。

人们常说的用户界面设计实际上就是信息组织方式的问题。信息和用户之间的界面是一个菜单,用户在看到最终信息之前,总是浏览于菜单之间,当用户选择了代表信息的菜单后,菜单消失,取而代之的是信息内容,用户看完内容后,重新回到菜单之中。

超文本较之上述的普通菜单有了重大改进,它将菜单集成于文本信息之中,是一种集成化菜单系统。用户直接看到的是文本信息本身,在浏览的同时,随时可以选中其中的菜单,确切地应称之为"热字"(而这些热字往往是上下文关联的单词),跳转到其他文本信息。超文本正是在文本中包含了与其他文本的链接而形成了它的最大特点:无序性。

超媒体进一步扩展了超文本所链接的信息类型,用户不仅能从一个文本跳转到另一个文本,而且可以激活一段声音,显示一个图形,甚至可以播放一段动画。目前市场上的多媒体电子书大都采用这种方式来组织信息。例如,当用户点中屏幕上显示的钢琴照片时,便能听到演奏钢琴的声音,而选中某人的姓名时便能看到其照片。超媒体正是通过这种集成化菜单系统将多媒体信息联系在一起的。

超文本和超媒体通过将菜单集成于信息之中,使得用户的注意力集中于信息本身,消除了用户对菜单理解的二义性,并能将多媒体信息有机地结合在一起,因此得到了各方面的广泛应用。

因为习惯上的问题,目前超文本和超媒体的界限已经很模糊,通常所指的超文本一般也包括超媒体的概念。

8.4.3 URL 和信息定位

WWW 使用统一资源定位器(Uniform Resource Locators,URL)来定位信息所在位置。这种标准的信息定位格式具有更强的表达能力,几乎可以表示 Internet 上所有的信息和服务。

URL 由 3 个部分组成:第 1 部分表示访问信息的方式或使用的协议,如 FTP 表示使用文件转换协议进行文件传输,HTTP 表示使用超媒体传输协议访问 HTML 文件;第 2 部分表示提供服务的主机名及主机上的合法用户名;第 3 部分是所访问主机的端口号、路径或检索数据库的关键词等。

URL 可以使用多种访问方式,如表 8-4 所示。

表 8-4 访问方式

访问方式	含义
FTP	文件传送协议
HTTP	超文本传送协议
GOPHER	GOPHER 协议
MAILTO	电子邮件地址
NEWS	USENET 新闻
NNTP	使用网络新闻传送协议 NNTP 访问的 USENET 新闻组

续表

访问方式	含义
TELNET	远程登录
WAIS	广域信息服务系统（Wide Area Information Service）
FILE	特定主机文件
PROSPERO	PROSPERO目录服务

URL的一般形式为：

访问方式://＜用户名＞:＜口令＞@＜主机名＞:＜端口号＞/＜路径＞

其中，访问方式和主机名必不可少，用户名及其口令通常默认，如果通过默认的端口进行访问，端口号也可以省略。这时URL的格式简化为：

访问方式://＜主机名＞/＜路径＞

例如：

http://www.csfu.edu.cn/news/jb.html

访问方式　主机名　文件路径

8.4.4　超文本传送协议

WWW系统基于客户机/服务器模式，服务器上负责对各种信息按超媒体的方式进行组织，并形成一个文件存储于服务器之上，当客户端提出访问请求时，负责向用户发送该文件，客户部分接收到文件后，解释该文件，显示于用户的计算机上。

客户端和服务器之间的传输协议称为超文本传送协议（Hyper Text Translation Protocol，HTTP），所以WWW服务器有时也叫HTTP服务器。

HTTP服务器的TCP端口80始终处于监听状态，以便发现是否有浏览器向它发出建立连接的请求，一旦监听到建立连接的请求，并建立了TCP连接后，浏览器就像服务器发出浏览某个页面的请求，服务器查找到该页面后，就返回所请求的页面作为响应。通信结束，释放TCP连接。

HTTP协议规定了在浏览器和服务器之间的请求和响应的交互过程必须遵守的规则。

8.5　文件传输协议

文件传送协议（File Transfer Protocol，FTP）是文件传输协议的简称，它是一种专门用于在网络上的计算机之间传输文件的协议。通过该协议，用户可以将文件从一台计算机上传输到另一台计算机上，并保证其传输的可靠性。FTP是应用层协议，采用了Telnet协议和其他低层协议的一些功能。

无论两台与Internet相连的计算机地理位置上相距多远，通过FTP协议，用户都可以将一台计算机上的文件传输到另一台计算机上。

FTP方式在传输过程中不对文件进行复杂的转换，具有很高的效率。不过，这也造成了FTP的一个缺点：用户在文件下载到本地之前无法了解文件的内容。无论如何，Internet和

FTP完美结合,让每个联网的计算机都拥有了一个容量无穷的备份文件库。

FTP是一种实时联机服务,在进行工作时用户首先要登录到对方的计算机上,登录后仅可以进行与文件搜索和文件传输有关的操作。使用FTP几乎可以传输任何类型的文件:文本文件、二进制可执行程序、图像文件、声音文件、数据压缩文件等。

与大多数Internet服务一样,FTP也是一个客户机/服务器系统。用户通过一个支持FTP协议的客户机程序,连接到在远程主机上的FTP服务器程序。用户通过客户机程序向服务器程序发出命令,服务器程序执行用户所发出的命令,并将执行的结果返回到客户机。比如说,用户发出一条命令,要求服务器向用户传送某一个文件的一份副本,服务器会响应这条命令,将指定文件送至用户的机器上。客户机程序代表用户接收到这个文件,将其存放在用户目录中。

在FTP的使用当中,用户经常遇到两个概念:"下载"(Download)和"上传"(Upload)。"下载"文件就是从远程主机复制文件至自己的计算机上;"上传"就是将文件从自己的计算机中复制至远程主机上。用Internet语言来说,用户可通过客户机程序向(从)远程主机上传(下载)文件。

8.5.1 FTP工作原理

FTP最早的设计是支持在两台不同的主机之间进行文件传输,这两台主机可能运行不同的操作系统,使用不同的文件结构,并可能使用不同的字符集。但是,FTP只支持种类有限的文件类型(如ASCII、二进制文件类型等)和文件结构(如字节流、记录结构)。

FTP应用需要建立两条TCP连接,一条为控制连接,另一条为数据连接。FTP服务器被动打开21号端口,并且等待客户的连接建立请求。客户则以主动方式与服务器建立控制连接。客户通过控制连接将命令传给服务器,服务器通过控制连接将应答传给客户,命令和响应都是以NVT ASCII形式表示的。

而客户与服务器之间的文件传输则是通过数据连接来进行的。图8-16给出了FTP客户和服务器之间的连接情况。

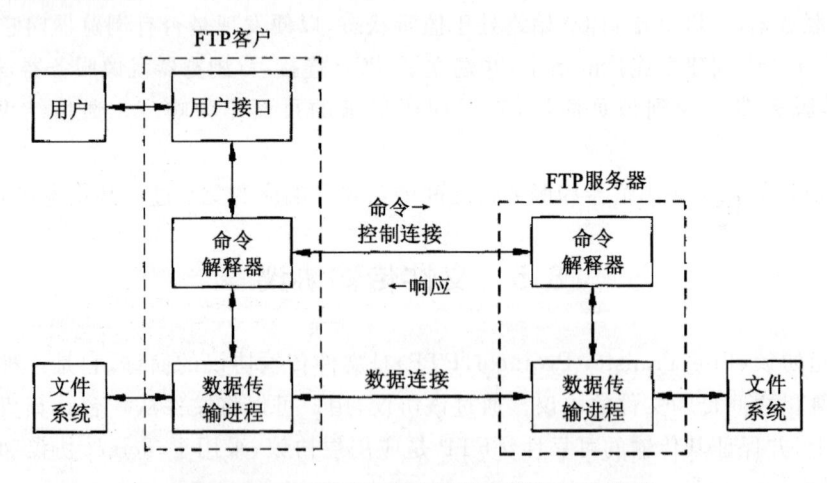

图 8-16 FTP客户和服务器直接按的TCP连接

从图中可以看出,FTP客户进程通过"用户接口"向用户提供各种交互界面,并将用户键入的命令转换成相应的FTP命令。

8.5.2 FTP 的访问方式

FTP 支持授权访问，即允许用户使用合法的账号访问 FTP 服务。这时，使用 FTP 时必须首先登录，在远程主机上获得相应的权限以后，方可上传或下载文件。也就是说，要想同哪一台计算机传送文件，就必须具有哪一台计算机的适当授权。换言之，除非有用户 ID 和口令，否则便无法传送文件。

这种方式有利于提高服务器的安全性，但违背了 Internet 的开放性，Internet 上的 FTP 主机何止千万，不可能要求每个用户在每一台主机上都拥有账号。所以许多时候，允许匿名 FTP 访问行为。

匿名 FTP 是这样一种机制，用户可通过它连接到远程主机上，并从其下载文件，而无须成为其注册用户。系统管理员建立了一个特殊的用户 ID，名为 anonymous，Internet 上的任何人在任何地方都可使用该用户 ID。

通过 FTP 程序连接匿名 FTP 主机的方式同连接普通 FTP 主机的方式差不多，只是在要求提供用户标识 ID 时必须输入 anonymous，该用户 ID 的口令可以是任意的字符串。习惯上，用自己的 E-mail 地址作为口令，使系统维护程序能够记录下来谁在存取这些文件。

值得注意的是，匿名 FTP 不适用于所有 Internet 主机，它只适用于那些提供了这项服务的主机。

当远程主机提供匿名 FTP 服务时，会指定某些目录向公众开放，允许匿名存取。系统中的其余目录则处于隐匿状态。作为一种安全措施，大多数匿名 FTP 主机都允许用户从其下载文件，而不允许用户向其上传文件，也就是说，用户可将匿名 FTP 主机上的所有文件全部复制到自己的机器上，但不能将自己机器上的任何一个文件复制到匿名 FTP 主机上。即使有些匿名 FTP 主机确实允许用户上传文件，用户也只能将文件上传至某一指定上传目录中。随后，系统管理员会去检查这些文件，他会将这些文件移至另一个公共下载目录中，供其他用户下载，利用这种方式，远程主机的用户得到了保护，避免了有人上传有问题的文件，如带病毒的文件。

作为一个 Internet 用户，可通过 FTP 在任何两台 Internet 主机之间复制文件。但是，实际上大多数人只有一个 Internet 账户，FTP 主要用于下载公共文件。例如，共享软件、各公司技术支持文件等。

Internet 上有成千上万台匿名 FTP 主机，这些主机上存放着数不清的文件，供用户免费复制。实际上，几乎所有类型的信息，所有类型的计算机程序都可以在 Internet 上找到。这是 Internet 吸引我们的重要原因之一。

8.5.3 TFTP 协议

简单文件传输协议（Trivial File Transfer Protocol，TFTP）是一种简化的文件传输协议。TFTP 只限于文件传输等简单操作，不提供权限控制，也不支持客户与服务器之间复杂的交互过程，所以 TFTP 的功能要比 FTP 简单许多。由于 TFTP 基于 UDP 协议，因此文件传输的正确性由 TFTP 来保证。

1. 报文类型

TFFP 一共有 5 种报文类型，分别是 RRQ、WRQ、DATA、ACK 和 ERROR。

① RRQ 是读请求报文，由 TVFP 客户发送给服务器，用于请求从服务器读取数据。

②WRQ 是写请求报文,由 TFTP 客户发送给服务器,用于请求将文件写入到服务器。RRQ 和 WRQ 报文格式除了操作码不同外,其他部分相同。

③DATA 是数据报文,由客户或服务器使用,用来传送数据块。

④ACK 是确认报文,由客户和服务器使用,用来确认收到的数据块。

⑤ERROR 是差错报告报文,由客户和服务器使用,用于对 RRQ 或 WRQ 进行否定应答。

2. 文件读写

TFFP 用于读文件的连接建立方法和用于写文件的连接建立方法是不同的,如图 8-17 所示。

(a)用于读文件的连接　　　　　　(b)用于写文件的连接

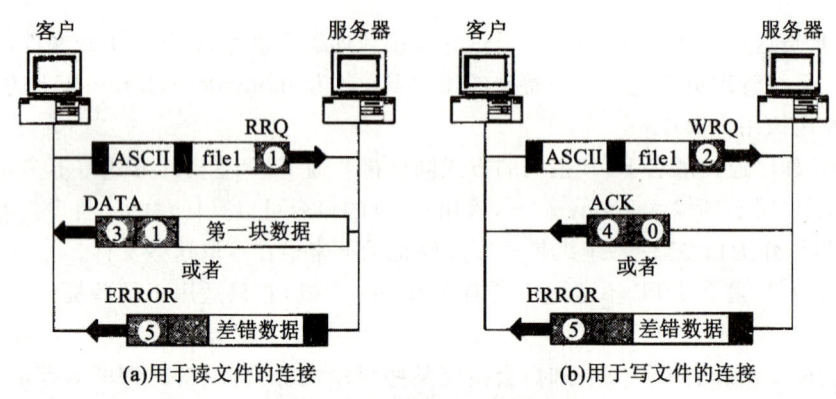

图 8-17　TFTP 读请求和写请求

读写文件的过程如下:

①当客户要从服务器读取文件时,TFrP 客户首先发送包含文件名和文件传送方式在内的 RRQ 报文。如果 TFTP 服务器可以传送这个文件,就以 DATA 报文响应,DATA 报文包含文件的第一个数据块。如果 TFTP 服务器不能打开文件,则发送 ERROR 报文进行否定应答。

②当客户要写文件到服务器时,TFFP 客户首先发送包含文件名和传送方式在内的 WRQ 报文。如果 TFTP 服务器可以写入,就以 ACK 报文予以响应,ACK 报文块编号为 0。如果 TFTP 服务器不允许写入,则发送 ERROR 报文进行否定应答。

TFTP 将文件划分为若干个数据块,除最后一块外,其他数据块的长度都是 512 字节。最后一个数据块的长度必须是 0~511 字节,作为文件结束指示符。若文件数据碰巧是 512 字节的整数倍,那么发送方必须再发送一个额外的 0 字节数据块作为文件结束指示符。TFTP 可以传送 NVT ASCII(Netascii)或二进制八位组(Octet)数据。

3. 可靠传输

为了保证文件传送的正确性,TFTP 必须进行差错控制,采用的方法仍然是确认重传。

TFTP 每读或写一个数据块都要求对这个数据块进行确认,并且启动一个定时器,若在超时前收到 ACK,则它就发送下一个数据块。同时,TFTP 对 ACK 也进行确认。

对于 TFFP 客户从服务器读取文件的情况,TFTP 客户首先发送 RRQ 报文,服务器以块号为 0 的 ACK 报文响应(服务器可以读取文件时),发送块号为 1 的数据块;当收到确认后,继续发送块号为 2 的数据块,一直到文件读取完毕。

对于 TFTP 客户将文件写到服务器的情况,TFTP 客户首先发送 WRQ 报文,服务器以 DA-TA 报文响应(服务器可以写文件时),客户收到这个确认报文后,使用块号为 1 的 DATA 报文发送第一个数据块,并等待 ACK(确认)报文;当收到确认后,继续发送块号为 2 的数据块,一直到文件发送完毕。

4. 应用

TFTP 主要用于初始化一些网络设备,如网桥或路由器。它通常和 DHCP 结合在一起使用。由于 TFTP 使用 UDP 和 IP 服务,再加上 TFTP 本身也比较简单,因此它很容易配置在 ROM 中。当网络设备加电后,就会自动连接到 TFTP 服务器,并从这个 TFFP 服务器下载所需要的操作系统引导文件和网络配置信息。

8.6 网格计算

8.6.1 网格计算的引入

随着超级计算机的不断发展,它已经成为复杂科学计算领域的主宰。但以超级计算机为中心的计算模式存在明显的不足,而且目前正在经受挑战。超级计算机虽然是一台处理能力强大的"巨无霸",但它造价极高,通常只有一些国家级的部门,如航天、气象等部门才有能力配置这样的设备。随着人们日常工作遇到的商业计算越来越复杂,人们越来越需要数据处理能力更强大的计算机,而超级计算机的价格显然阻止了它进入普通人的工作领域。于是,人们开始寻找一种造价低廉而数据处理能力超强的计算模式,最终科学家们找到了答案——Grid computing(网格计算)。

网格计算是伴随着互联网技术而迅速发展起来的专门针对复杂科学计算的新型计算模式。这种计算模式是利用互联网把分散在不同地理位置的计算机组织成一个"虚拟的超级计算机",其中每一台参与计算的计算机就是一个"节点",而整个计算是由成千上万个"节点"组成的"一张网格",所以这种计算方式叫网格计算。这样组织起来的"虚拟的超级计算机"有两个优势,一个是数据处理能力超强;另一个是能充分利用网上各个节点的闲置处理能力。

8.6.2 网格、网格节点和网格计算

网格把整个因特网整合成一台巨大的超级计算机,实现计算资源、存储资源、数据资源、信息资源、知识资源、专家资源的全面共享。当然,网格并不一定非要这么大,我们也可以构造地区性的网格,如企事业内部网格、局域网网格、甚至家庭网格和个人网格。事实上,网格的根本特征是资源共享而不是它的规模。

网格是一个广域分布的系统,依靠高性能计算和信息服务的基础设施,将在全国范围内为各行业和社会大众提供多种一体化的高性能计算环境和信息服务。

网格节点就是网格计算资源的提供者,它包括高端服务器、集群系统、MPP 系统大型存储设备、数据库等。这些资源在地理位置上是分布的,系统具有异构特性。

网格计算通过共享网络将不同地点的大量计算机相连,从而形成虚拟的超级计算机。将各处计算机的闲余处理能力合在一起,可为研究和其他数据集中应用提供巨大的处理能力。网格计算汇聚了各种异构计算系统,形成了高性能的联合计算环境,使用网格计算可以节省购买高性能计算设备的成本和复杂计算的费用,具有广阔的应用前景,同时它能让人们透明地使用计算、存储等其他资源。有了网格计算,那些没有能力购买价值数百万美元的超级计算机的机构,也能

拥有巨大的计算能力。

8.6.3 网格系统的功能及特点

1. 网格系统的主要功能

一个理想的网格计算应类似当前的 Web 服务,可以构建在当前所有硬件和软件平台上,给用户提供完全透明的计算环境。为此,网格计算环境设计需要有以下主要功能。

①管理等级结构。定义网格系统组织方式,如网格环境如何分级以适应全局的需要。

②通信服务。网格中的应用可能有多种通信方式,网格的通信基础设施需要支持多种协议,如流数据、群间通信、分布式对象间通信等。

③信息服务。动态的网格提供服务的位置和类型是不断变化的,需要提供一种能迅速、可靠地获取网格结构、资源、服务和状态的机制,保证所有资源能被所有用户使用。

④名称服务。网格系统使用名字引用种资源,如计算机、服务或数据对象。

⑤分布式文件系统。分布式文件系统能提供一致的全局名字空间,支持多种文件传输协议,提供良好的 Cache 机制以及 I/O 性能。

⑥安全及授权。网格安全机制相当复杂,各种自治资源交互时既不能影响资源本身的可用性又不能在整个系统中引入漏洞。

⑦系统状态和容错。为提供一个可靠、强壮的网格环境,系统应提供资源监视工具。

⑧资源管理和调度。网格系统必须对网格中的各种部件,如处理器时间、内存、网络、存储进行有效的管理和调度。

⑨计算付费和资源交易。网格环境提供一种机制刺激人们贡献他们的闲置资源。同时,资源管理系统根据资源性能价格比和用户需求调度最合适的资源。

⑩编程工具。网格应提供多种工具、应用、API、开发语言等已经构造良好的开发环境,并支持消息传递、分布共享内存等多种编程模型。

⑪用户图形界面和管理图形界面。网格环境提供直观易用的与平台、操作系统无关的界面,用户能够通过 Web 界面随时随地调用各种资源。

2. 网格系统的主要特点

网格计算的明确目标是创造一个世界范围的计算机网络,其相互联接十分完善,速度也很快,因而可以当作一台计算机使用。网格作为一种新出现的重要基础性设施,其主要特点如下:

①分布性。网格的资源是分布的,因而基于网格的计算是分布式计算。网格计算是分布式计算(Distributed Computing)的一种,如果说某项工作是分布式的,那么,参与这项工作的一定不只是一台计算机,而是一个计算机网络,显然这种"蚂蚁搬山"的方式将具有很强的数据处理能力。网格的大规模资源协作共享、创新应用以及高性能计算的特点,使其区别于传统的分布式计算。

②共享性。网格资源是可以充分共享的,一个地方的计算机可以完成其他地方的任务,同时中间结果、数据库、专业模型以及人才资源等各方面的资源都可以进行共享。

③自相似性。网格的局部和整体之间存在着一定的相似性,局部在许多地方具有全局的某些特征,全局的特征在局部也有一定的体现。

④动态性。网格的动态性包括网格资源动态增加和网格资源动态减少。

⑤多样性。网格资源是异构和多样的。在网格环境中可以有不同体系结构的计算机系统和类别不同的资源,网格系统必须能解决这些资源之间的通信和互操作问题。

⑥自治性。网格资源的拥有者对该资源具有最高级别的管理权限,网格允许资源拥有者对他的资源有自主的管理能力,这就是网格的自治性。

⑦管理的多重性。是指一方面网格允许网格资源拥有者对资源具有自主性的管理,另一方面又要求资源必须接受网格的统一管理。

8.6.4 网格计算的现状

网格计算被誉为继 Internet 和 Web 之后的"第三个信息技术浪潮",有望提供下一代分布式应用和服务,对研究和信息系统发展有着深远的影响。各国政府、高校、研究所和企业都在纷纷投身网格计算的研究开发与应用。

美国政府从 1993 年就开始投资,至今累计用于网格技术的基础研究经费已近五亿美元。美国军方更为积极,美国国防部已在规划实施一个宏大的网格计划,叫做"全球信息网格"(Global Information Grid),预计在 2020 年完成。作为这个计划的一部分,美国海军和海军陆战队已先期启动一个 160 亿美元的 8 年项目,包括系统的研制、建设、维护和升级。英国政府已决定投资 1 亿英镑用于网格项目。

网格是我国计算机技术发展的一个契机。网格研究正在迅速展开,目前正在进行的网格研究项目有:863 计划支持并有多家单位参加的"中国网格(China Grid)"建设;有多所上海的大学参加的"上海教育科研网格";由航天二院和清华大学共同开展的"仿真网格"的研究;由中科院计算所领衔开发的"织女星网格"。另外,全国还有几十所大学和研究机构也在开展各种网格研究。

第 9 章　Internet 接入技术

9.1　接入网概述

随着 20 世纪 80 年代的经济的发展和人们生活水平的提高,整个社会对通信业务的需求不断提高,传统的电话通信已不能满足人们对通信的宽带化和多样化的要求。对非话音业务,如数据、可视图文、电子信箱、会议电视等新业务的要求促进了电信网的发展,而同时传统电话网的本地用户环路却制约了这样的新业务的发展。因此,为了适应通信发展的需要,用户环路必须向数字化、宽带化、灵活可靠、易于管理等方向发展。由于复用设备、数字交叉连接设备、用户环路传播系统等新技术在用户环路中的使用,用户环路的功能和能力不断增强,接入网的概念便应运而生。

9.1.1　接入网的定义及特点

1. 接入网的定义

接入网(Access Network,AN)是指本地交换机与用户终端设备之间的实施网络,有时也称之为用户网(User Network,UN)或本地网(Local Network,LN)。接入网是由业务节点接口和相关用户网络接口之间的一系列传送实体组成的、为传送通信业务提供所需传送承载能力的实施系统,可经由 Q3 接口进行配置和管理。业务节点接口即 SNI(Service Node Interface),用户网络接口即 UNI(User Network Interface),传送实体是诸如线路设施和传递设施,可提供必要的传送承载能力,对用户信令是透明的,不作处理。

接入网处于通信网的末端,直接与用户连接,它包括本地交换机与用户端设备之间的所有实施设备与线路,它可以部分或全部替代传统的用户本地线路网,可含复用、交叉连接和传输功能,如图 9-1 所示。

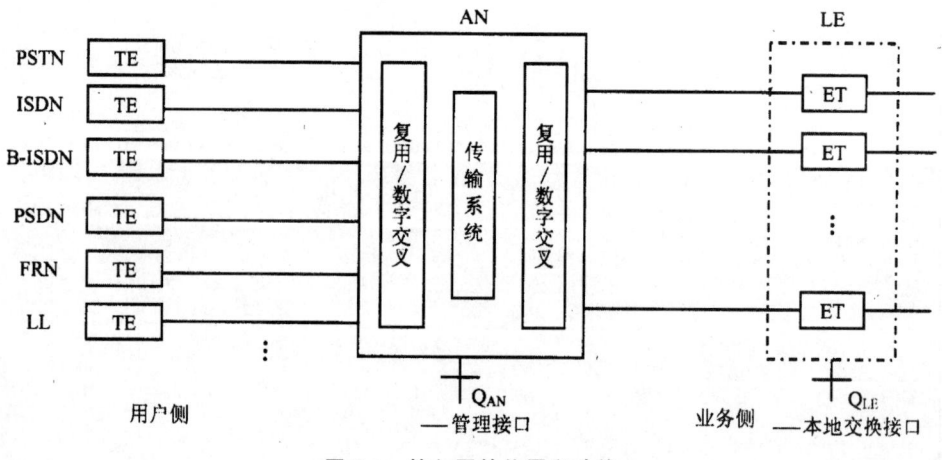

图 9-1　接入网的位置和功能

图 9-1 中，PSTN 表示公用电话网；ISDN 表示综合业务数字网；B-ISDN 表示宽带综合业务数字网；PSDN 表示分组交换网；FRN 表示帧中继网；LL 表示租用线；TE 为对应以上各种网络业务的终端设备；AN 表示接入网；LE 表示本地交换局；ET 为交换设备。

接入网的物理参考模型如图 9-2 所示，其中灵活点(FP)和分配点(DP)是非常重要的两个信号分路点，大致对应传统用户网中的交接箱和分线盒。在实际应用与配置时，可以有各种不同程度的简化，最简单的一种就是用户与端局直接相连，这对于离端局不远的用户是最为简单的连接方式。

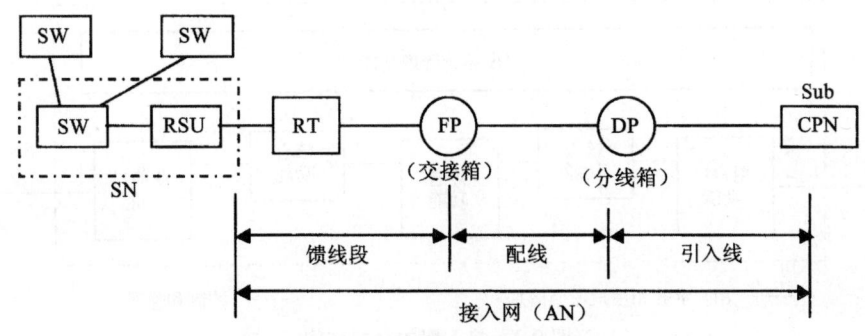

图 9-2 接入网的物理参考模型

根据上述结构，可以将接入网的概念进一步明确。接入网一般是指端局本地交换机或远端交换模块与用户终端设备(TE)之间的实施系统。其中端局至 FP 的线路称为馈线段，FP 至 DP 的线路称为配线段，DP 至用户的线路称为引入线，SW 称为交换机，图中的远端交换模块(RSU)和远端(RT)设备可根据实际需要来决定是否设置。接入网的研究目的就是：综合考虑本地交换局、用户环路和终端设备，通过有限的标准化接口，将各种用户终端设备接入到用户网络业务节点。接入网所使用的传输介质是多种多样的，可以灵活地支持各种不同的或混合的接入类型的业务。

2. 接入网的特点

目前国际上倾向于将长途网和中继网合在一起称为核心网(Core Network)。相对于核心网而言，余下的部分称为用户接入网，用户接入网主要完成使用者接入到核心网的任务。它具有以下特点：

①接入网主要完成复用、交叉连接和传输功能，一般不具备交换功能。它提供开放的 v5 标准接口，可实现与任何种类的交换设备的连接。

②接入网的业务需求种类繁多。接入网除接入交换业务外，还可接入数据业务、视频业务以及租用业务等。

③网络拓扑结构多样，组网能力强大。接入网的网络拓扑结构具有总线形、环形、单星形、双星形、链形、树形等多种形式，可以根据实际情况进行灵活多样的组网配置。

④业务量密度低，经济效益差。

⑤线路施工难度大，设备运行环境恶劣。

⑥网径大小不一，成本与用户有关。

9.1.2 接入网的功能结构和分层模型

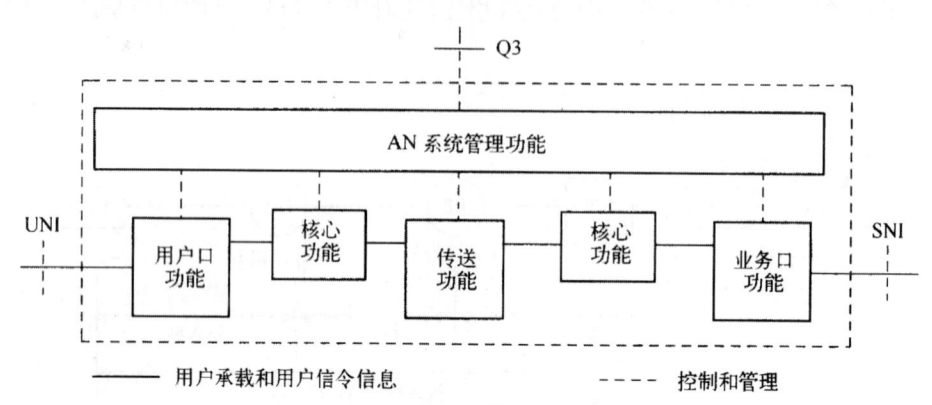

1. 接入网的功能结构

接入网的功能结构如图 9-3 所示,它主要完成用户端口功能(UPF)、业务端口功能(SPF)、核心功能(CF)、传送功能(TF)和 AN 系统管理功能(SMF)。

图 9-3 接入网的功能结构

(1)用户端口功能(User Port Function,UPF)

用户端口功能的主要作用是将特定的 UNI 要求与核心功能和管理功能相适配。接入网可以支持多种不同的接入业务并要求特定功能的用户网络接口。具体的 UNI 要根据相应接口规定和接入承载能力的要求,即传送信息和协议的承载来确定。具体功能包括:与 UNI 功能的终端相连接、A/D 转换、信令转换、UNI 的激活/去激活、UNI 承载通路/能力处理、UNI 的测试和控制功能。

(2)业务端口功能(Service Port Function,SPF)

业务端口功能直接与业务节点接口相连,主要作用是将特定的 SNI 要求与公用承载通路相适配,以便核心功能处理,同时还负责选择收集有关的信息,以便在 AN 系统管理功能中进行处理。具体功能包括:终结 SNI 功能、将承载通路的需要和即时的管理及操作映射进核心功能、特殊 SNI 所需的协议映射、SNI 测试和 SPF 的维护、管理和控制功能。

(3)核心功能(Core Function,CF)

核心功能处于 UPF 和 SPF 之间,主要作用是将个别用户口承载通路或业务口承载通路的要求与公用承载通路相适配,另外还负责对协议承载通路的处理。核心功能可以分散在 AN 之中。其具体的功能包括:接入的承载处理、承载通路集中、信令和分组信息的复用、对 ATM 传送承载的电路模拟、管理和控制功能。

(4)传送功能(Transport Function,TF)

传送功能的主要作用是为 AN 中不同地点之间提供网络连接和传输媒质适配。具体功能包括:复用功能、业务疏导和配置的交叉连接功能、管理功能、物理媒质功能。

(5)接入网系统管理功能(Access Network-System Management Function,AN-SMF)

接入网系统管理功能的主要作用是协调 AN 内其他 4 个功能(UPF,SPF,CF 和 TF)的指配、操作和维护,同时也负责协调用户终端(经过 UNI)和业务节点(经过 SNI)的操作功能。具体功能包括:配置和控制、指配协调、故障检测和指示、使用信息和性能数据收集、安全控制、对 UPF 及经 SNI 的 SN 的即时管理及操作请求的协调、资源管理。

AN-SMF 经 Q3 接口与 TMN 通信以便接受监视和/或接受控制，同时为了实施控制的需要也经 SNI 与 SN-SMF 进行通信。

2. 接入网的分层模型

接入网的分层模型用来定义接入网中各实体间的互联关系，该模型由接入系统处理功能（AF）、电路层（CL）、传输通道层（TP）、传输媒质层（TM）以及层管理和系统管理组成。如图 9-4 所示，其中接入承载处理功能层是接入网所特有的，这种分层模型对于简化系统设计、规定接入网 Q3 接口的管理目标是非常有用的。

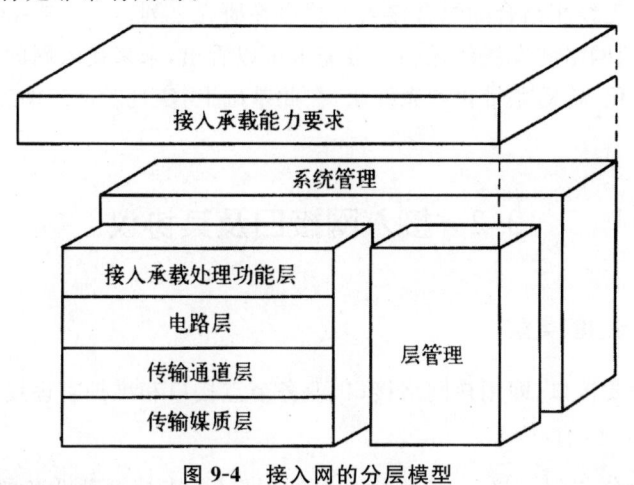

图 9-4 接入网的分层模型

接入网中各层对应的内容如下：
① 接入承载处理功能层：用户承载体、用户信令、控制、管理。
② 电路层：电路模式、分组模式、帧中继模式、ATM 模式。
③ 传输通道层：PDH、SDH、ATM 及其他。
④ 产生媒质层：双绞电缆系统（HDSL/ADSL 等）、同轴电缆系统、光纤接入系统、无线接入系统、混合接入系统。

9.1.3 接入网的传输技术分类

接入网采用的传输手段是多种多样的。按照通信系统的点-线结构以及所采用的传输媒体，接入网传输技术的分类如图 9-5 所示。

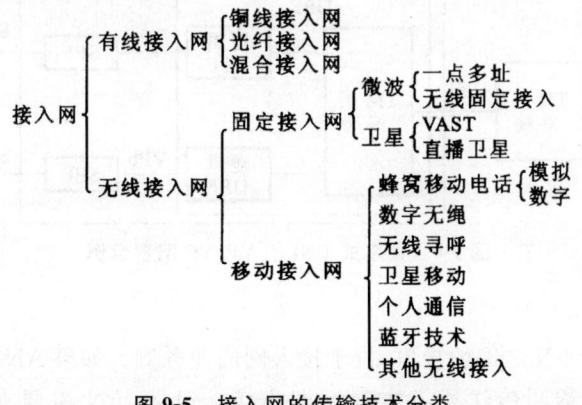

图 9-5 接入网的传输技术分类

各种方式的具体实现几十多种多样,特色各异。有线接入主要采取如下措施:

①在原有铜质导线的基础上通过采用先进的数字信号处理技术来提高双绞铜线对的传输容量,提供特色业务的接入。

②以光纤为主,实现光纤到路边、光纤到大楼和光纤到家庭等多种形式的接入。

③在原有 CATV 的基础上,以光纤为主干传输、经同轴电缆分配给用户的光纤/同轴混合接入。

无线接入技术主要采取固定接入和移动接入两种形式,涉及微波一点多址、蜂窝和卫星等多种技术。另外有线和无线相结合的综合接入方式也在研究之列。

总之,从目前通信网络的发展状况和社会需求可以看出,未来接入网的发展趋势是网络数字化、业务综合化和 IP 化、传输宽带化和光纤化,在此基础上,实现对网络的资源共享、灵活配置和统一管理。

9.2 接入网接口及其协议

9.2.1 接入网接口的类型

接入网有三类主要接口,即用户网络接口、业务节点接口和维护管理接口。

1. 用户网络接口(UNI)

UNI 是用户和网络之间的接口,位于接入网的用户侧,支持多种业务的接入,如模拟电话接入(PSTN)N-ISDN 业务接入、B-ISDN 业务接入以及数字或模拟租用线业务的接入等。对不同的业务,采用不同的接入方式,对应不同的接口类型。

UNI 分为两种类型,即独立式 UNI 和共享式 UNI。独立式 UNI 指一个 UNI 仅能支持一个业务节点,共享式 UNI 是指一个 UNI 可以支持多个业务节点的接入。

共享式 UNI 的连接关系,如图 9-6 所示。由图中可以看到,一个共享式 UNI 可以支持多个逻辑接入,每个逻辑接入通过不同的 SNI 连向不同的业务节点,不同的逻辑接入由不同的用户口功能(UPF)支持。系统管理功能(SMF)控制和监视 UNI 的传输媒质层并协调各个逻辑 UPF 和相关 SN 之间的操作控制要求。

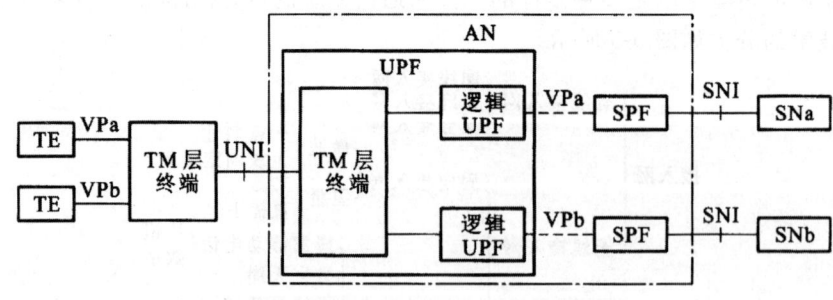

图 9-6 共享式 UNI 的 VP/VC 配置示例

2. 业务节点接口(SNI)

SNI 是 AN 和一个 SN 之间的接口,位于接入网的业务侧。如果 AN-SNI 侧和 SN-SNI 侧不在同一地方,可以通过透明传送通道实现远端连接。通常,AN 需要支持的 SN 主要有三种情况：

① 仅支持一种专用接入类型。

② 可支持多种接入类型，但所有接入类型支持相同的接入承载能力。

③ 可支持多种接入类型，且每种接入类型支持不同的接入承载能力。

不同的用户业务需要提供相对应的业务节点接口，使其能与交换机相连。从历史发展的角度来看，SNI 是由交换机的用户接口演变而来的，交换机的用户接口分模拟接口（Z 接口）和数字接口（V 接口）两大类。Z 接口对应 UNI 的模拟 2 线音频接口，可提供普通电话业务或模拟租用线业务。随着接入网的数字化和业务类型的综合化，Z 接口将逐步退出历史舞台，取而代之的是 V 接口。为了适应接入网内的多种传输媒质、多种接入配置和业务类型，V 接口经历了从 V1 接口到 V5 接口的发展，其中 V1～V4 接口的标准化程度有限，并且不支持综合业务接入。V5 接口是本地数字交换机数字用户接口的国际标准，它能同时支持多种接入业务，分为 V5.1 和 V5.2 接口以及以 ATM 为基础的 VB5.1 和 VB5.2 接口。

3. 维护管理接口（Q3）

Q3 接口是接入网（AN）与电信管理网（TMN）之间的接口。作为电信网的一部分，接入网的管理应纳入 TMN 的管理范畴。接入网通过 Q3 接口与 TMN 相连来实施 TMN 对接入网的管理与协调，从而提供用户所需的接入类型及承载能力。实际组网时，AN 往往先通过 Q3 接口连至协调设备（MD），再由 MD 通过 Q3 接口连至 TMN。

9.2.2 V5 接口及其协议

V5 接口属于业务节点接口（SNI），V5 接口示意图如图 9-7 所示。

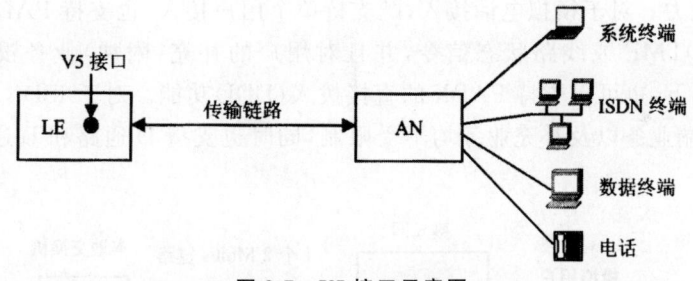

图 9-7 V5 接口示意图

LE 是指用户线通过 AN 终接的交换机。V5 接口是 AN 与 LE 相连的 V 接口系列之一。V5 接口接入网是本地数字交换机和用户之间的实施系统，为 PSTN 业务、ISDN 业务和专线业务等电信业务提供承载能力。接入网和本地交换机之间采用 V5 接口相连。

1. V5 接口的特点

V5 接口的特点主要表现在以下几个方面：

（1）V5 接口是个开放的接口

网络运营者可以选择最好的系统设备组合，可以选择多个交换设备供应商，可以自由选择接入设备供应商，同时可使各设备厂家在硬件、软件及功能各方面展开竞争，通过竞争，网络运营者可以得到最佳的网络功能。

(2) 支持不同的接入方式

通过开放接口,本地交换机可以接纳各种接入网设备,从而使网络向有线/无线结合的方向发展。

(3) 提供综合业务

例如提供语音、数据、租用线等多种业务。

(4) 增加安全、可靠性

可以加快业务提供和增加网络的安全性和可靠性,提高服务质量。

2. V5.1 和 V5.2 接口

V5 接口是本地数字交换机(LE)和接入网(AN)之间开放的、标准的数字接口,包括 V5.1 和 V5.2 接口。

(1) V5.1 接口

V5.1 接口由一个 2048kb/s 链路构成,交换机与接入网之间可以配置多个 V5.1 接口,如图 9-8(a)所示。V5.1 接口支持下列接入类型:模拟电话接入、基于 64kb/s 的综合业务数字网基本接入和用于半永久连接的、不加带外信令信息的其他模拟接入或数字接入。这些接入类型都具有分配的承载通路,即用户端口与 V5.1 接口内承载通路有固定的对应关系,在 AN 内无集线能力。V5.1 接口使用一个 64kb/s 的时隙传送公共控制信号,其他时隙传送语音信号。

(2) V5.2 接口

V5.2 接口根据需要可以由 1~16 条 2048kb/s 链路构成,如图 9-8(b)所示,除了支持 V5.1 接口提供的接入类型外,还可支持 ISDN 一次群速率接入(即 30B+D 或支持 H_0、H_{12} 和 n×64kb/s 业务)。这些接入类型都具有灵活的、基于呼叫的承载通路分配,并且在 AN 内和 V5.2 接口上具有集线能力。对于模拟电话接入,既支持单个用户接入,也支持 PABX 的接入,其中用户线信令可以是 DTMF 或线路状态信令,并且对用户的补充(附加)业务没有任何影响。在 PABX 接入的情况下,也可以支持 PABX 的直接拨入(DDI)功能。对于 ISDN 接入,B 通路上的承载业务、用户终端业务以及补充业务均不受限制,同时也支持 D 通路和 B 通路中的分组数据业务。

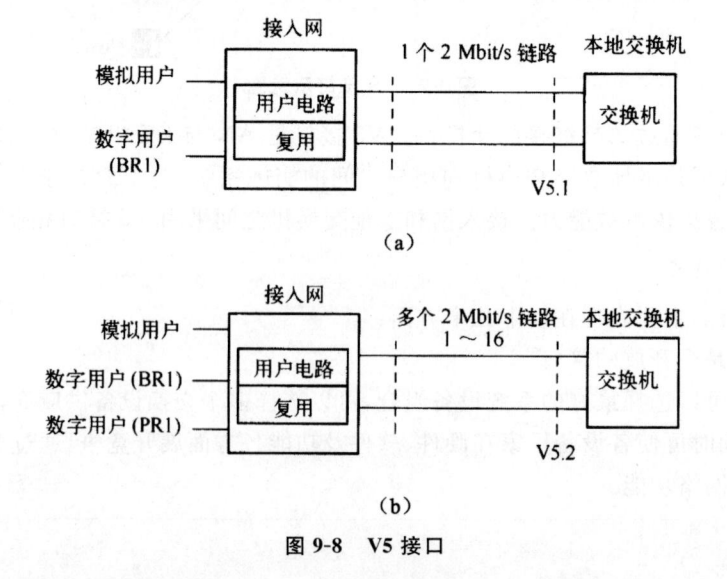

图 9-8 V5 接口

一个接入网可以有一个或多个 V5 接口，每一个 V5 接口可以连到一个本地交换机（LE）或通过重新配置与另一个 LE 相连，也就是说它不止连到一个 LE 上。属于同一个用户的不同用户端口可以用同一个或不同的 V5 接口来配置，但一个用户端口侧只能由一个 V5 接口来服务。

3. V5 接口在接入网发展中的意义

ITU-T 于 1994 年定义了 V5 接口，并通过了相关的建议，对于接入网的发展具有巨大影响和深远意义，主要表现在以下几个方面。

(1) 促进接入网的迅速发展

V5 接口是开放的数字接口，为接入网的数字化和光纤化提供了条件，也为各种传输介质的合理应用提出了统一的要求，本地交换机与接入网设备之间由模拟接口改变为数字接口，各种先进的通信技术设备能够经济地在接入网中应用，提高了通信质量。

V5 接口是一个标准化的通用接口，不同厂家生产的交换设备和不同厂家生产的接入设备可以任意连接、自由组合，有利于在平等基础上开展竞争，加快接入网技术进步，促进接入网的迅速发展。

(2) 使接入网的配置灵活，提供综合业务

通过采用 V5 接口，可按照实际需要选择接入网的传输介质和网络结构，灵活配置接入设备，实施合理的组网方案。V5 接口支持多种类型的用户接入，可提供语音、数据、专线等多种业务，支持接入网提供的业务向综合化方向发展。

(3) 增强接入网的网管能力

V5 接口系统具有全面的监控和管理功能，使得接入网繁杂的操作维护和管理变得有效和简便。

(4) 降低系统成本

V5 接口的引入扩大了交换机的服务范围，接入网把数字信道延伸到用户附近，提供综合业务接入，这样有利于减少交换机数量，降低了用户线的成本和运营维护费用。

4. V5 接口的功能描述

图 9-9 给出了 V5 接口的功能描述，它表示了 V5 接口能传递的信息以及所实现的控制功能。

```
        承载通路
        ISDN D 通路信息
        PSTN 信令信息
AN      定时信息            LE
        控制信息
        链路控制信息*
        保护信息*
        承载通路连接(BCC)*

    * 仅适用于 V 5.2 接口
```

图 9-9　V5 接口功能描述

(1) 承载通路

该通路为 ISDN-BRA 或 ISDN-PRA 用户端口已分配的 B 通路或 PSTN 用户端口的 64kb/s

通路提供双向传输能力。

(2) ISDN D 通路信息

该信息为 ISDN-BRA 或 ISDN-PRA 用户端口的 D 通路信息提供双向传输能力。

(3) PSTN 信令信息

为 PSTN 用户端口的信令信息提供双向传输能力。

(4) 定时信息

该信息提供比特传输、字节识别和帧同步必需的定时信息。

(5) 用户端口控制

该功能提供每一用户端口状态和控制信息的双向传输能力。

(6) 2048kb/s 链路的控制

该功能对 2048kb/s 链路的帧定位、复帧定位、告警指示和循环冗余校验 CRC 信息进行管理控制。

(7) 第 2 层链路控制

该功能为控制协议和 PSTN 信令信息提供双向传输能力。

(8) 用于支持公共功能的控制

该控制提供指配数据的同步应用和重启动能力。

(9) BCC 协议

用于在 LE 控制下分配承载通路。

(10) 业务所需的多时隙连接

它应在 V5.2 接口内的一个 2048kb/s 的链路上提供,在这种情况下,应总能提供 8kHz 和时隙序列的完整性。

(11) 链路控制协议

它支持 V5.2 接口的 2048kb/s 链路的管理能力。

(12) 保护协议

它支持逻辑 C 通路与物理 C 通路之间适当的倒换。

总之,V5 接口可支持多种接入类型,包括:模拟电话、ISDN 基本速率接口、ISDN 基群速率接口(仅 V5.2)即半永久连接租用线路(包括模拟和数字)。目前的 V5 接口主要是 V5.1 和 V5.2,它们都是基于 2Mb/s 的速率。

5. V5 接口协议

ITU-T 于 1994 年通过了 V5 接口协议,V5 接口协议分为 3 层 5 个子协议,如图 9-10 所示。

(1) V5 接口的分层结构

V5 接口分为 3 层:物理层、数据链路层和网络层,它们分别对应 OSI 七层协议的下 3 层。

V5 接口物理层又称物理连接层,主要实现本地数字交换机(LE)与接入网(AN)之间的物理连接,采用广泛应用的 2.048Mb/s 数字接口,中间加入透明的数字传输链路。每个 2.048Mb/s 数字接口的电气和物理特性均应符合 ITU-T 建议 G.703,即采用 HDB3 码,采用同轴 75Ω 或平衡 120Ω 接口方式。V5 接口物理层帧结构应符合 ITU-T 建议 G.704 和 G.706,每帧由 32 个时隙($TS_0 \sim TS_{31}$)组成,其中同步时隙(TS_0)主要用于帧同步,C 通路(TS_{16}、TS_{15}、TS_{31},一般使用 TS_{16})用于传送 PSTN 信令、ISDN 的 D 信道信息以及控制协议信息,话音承载通路(其余 TS)用于传送 PSTN 话音信息或 ISDN 的 B 信道信息。必须实现循环冗余校验(CRC)功能。

图 9-10 V5 接口协议

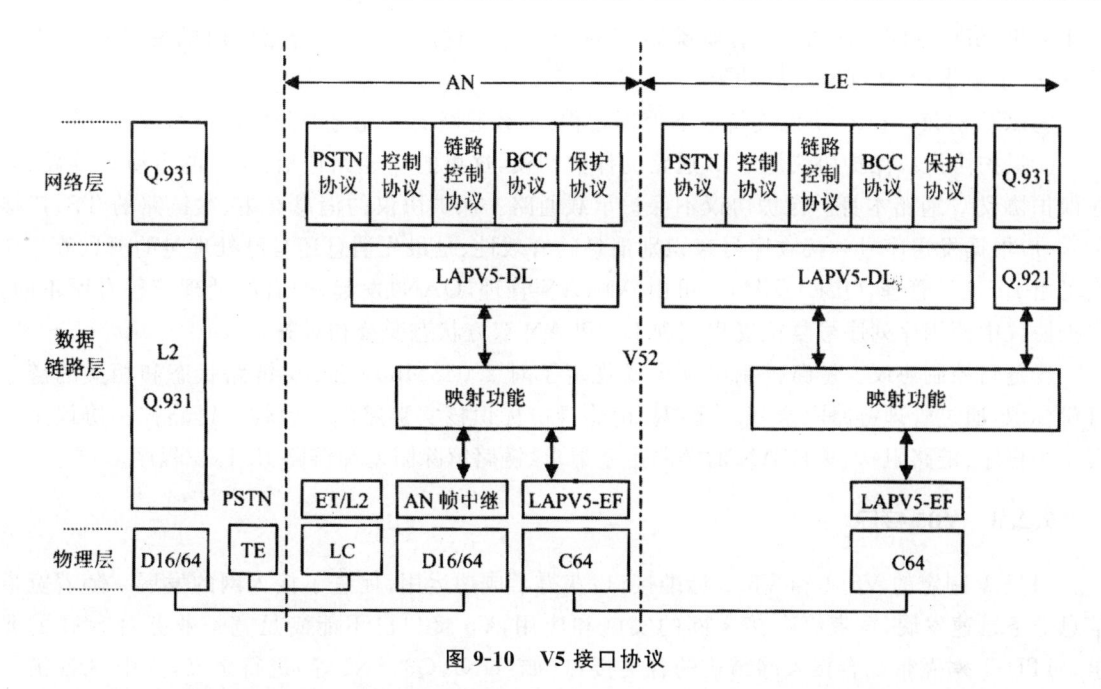

V5 接口数据链路层提供点到点的可靠传递，对其上层提供一个无差错的理想通道。V5 接口数据链路层仅对逻辑 C 通路而言，使用的规程为 LAPV5，其目的是为了将不同的协议信息复用到 C 通路上去，处理 AN 与 LE 之间的信息传递。LAPV5 基于 ISDN 的 LAPD 规程，包括封装功能子层(LAPV5-EF)和数据链路子层(LAPV5-DL)。LAPV5-EF 的帧结构是以 HDLC 的帧格式为基础构成的，来自第 3 层协议的信息经 LAPV5-DL 处理后，映射到 LAPV5-EF。

V5 接口网络层又称协议处理层，主要完成 5 个子协议的处理。V5 接口规程中所有的第 3 层协议都是面向消息的协议，第 3 层协议消息的格式是一致的，每个消息应由消息鉴别语、第 3 层地址、消息类型等信息单元和视具体情况而定的其他信息单元组成。

(2)V5 接口的 5 个子协议

V5.2 接口有 5 个子协议：保护协议、控制协议、链路控制协议、BCC 协议和 PSTN 协议。其中 PSTN 协议和 BCC 协议支持呼叫处理，保护协议和链路控制协议支持 LINK 管理，控制协议支持初启动/再启动、端口/接口初始化。其中 PSTN 协议和控制协议是 V5.1 接口的两个子协议。

①PSTN 协议。PSTN 协议是一个激励型协议，它不控制 AN 中的呼叫规程，而是在 V5 接口上传送 AN 侧有关模拟线路状态的信息，并通过第 3 层地址(L3 地址)识别对应的 PSTN 用户端口。它与 LE 侧交换机软件配合完成模拟用户的呼叫处理，完成电话交换功能。

LE 通过 V5 接口负责提供业务，包括呼叫控制和附加业务。DTMF 号码信息和话音信息通过在 AN 和 LE 之间话路信道透明地传送，而线路状态信令信息不能直接通过话路信道传送，这些信息由 AN 收集，然后以第 3 层消息的形式在 V5 接口上传送。

V5 接口中的 PSTN 协议需要与 LE 中的国内协议实体一起使用。LE 负责呼叫控制、基本业务和补充业务的提供。AN 应有国内信令规程实体，并处理与模拟信令识别时间、时长和振铃电路等有关的接入参数。

②控制协议。控制协议分为端口控制协议和公共控制协议。其中，端口控制协议用于控制

PSTN 和 ISDN 用户端口的阻塞/解除阻塞等；公共控制协议用于系统启动时的变量及接口 ID 的核实、重新指配、PSTN 重启动等。

③BCC 协议。BCC 协议支持以下处理过程：承载通路的分配与去分配；审计；故障通知。

④保护协议。保护协议用于 C 通路的保护切换，这里的 C 通路包括：所有的活动 C 通路；传送保护协议 C 通路本身。保护协议不保护承载通路。保护协议的消息在主、次链路的 TS_{16} 广播传送，应根据发送序号和接收序号来识别消息的有效性、是最先消息还是已处理过的消息等。切换可由 LE(LE 管理，QLE)发起，也可由 AN(AN 管理，QAN)发起，两者的处理流程有所不同。保护协议中使用序列序号复位规程实现 LE 和 AN 双方状态变量和对齐。

⑤链路控制协议。链路控制协议主要规定了对 2.048Mb/s 第 1 层链路状态和相关的链路身份标识，通过管理链路阻塞/解除阻塞、链路身份标识核实链路的一致性。链路控制协议主要有 4 个程序：链路阻塞、来自 AN 的链路阻塞请求、链路解除阻塞和链路 ID 标识程序。

9.2.3 VB5 接口

ITU-T 制定的 V5.1 和 V5.2 标准接口，获得了成功运用，促进了接入网的发展。随着宽带信息业务迅速发展，宽带综合接入网的实施和应用，V5 接口已不能满足宽带业务对 SNI 的要求。ITU-T 对宽带综合接入网结构的各类接口(如：UNI、Q3、SNI 等)进行定义，其中 SNI 被定义为 VB5 接口，该接口在接入网参考点上应用 ATM 复用/交叉连接。1998 年 6 月，ITU-T 正式通过了关于宽带综合接入网业务接点侧的 VB5.1 接口规范，1999 年 2 月又通过 VB5.2 接口规范。VB5.1 支持通过网管进行资源的分配，而 VB5.2 还增加了在 SN 控制下的对 AN 资源的分配，实现 AN 中呼叫到呼叫的集线功能。

1. VB5 接口业务体系

VB5 接口作为宽带接入网的 SNI，按照 ITU-T 的 B-ISDN 体系，采用以 ATM 为基础的信元方式传递信息并实现相应的业务接入。

VB5 接口规定了接入网(AN)与业务节点(SN)之间的物理接口、程序及协议要求。VB5 接口可以支持 B-ISDN 以及非 B-ISDN 用户接入、基于 SDH/PDH 和基于信元的各种速率 UNI 的 B-ISDN 接入、V5 接口接入、不对称/多媒体业务的接入、广播业务的接入、LAN 互联功能的接入、通过 VP 交叉连接可以支持的接入等。如图 9-11 所示，ATM 接入与窄带接入通过 VB5 接口与业务节点相连接，完成宽带和窄带业务的处理。

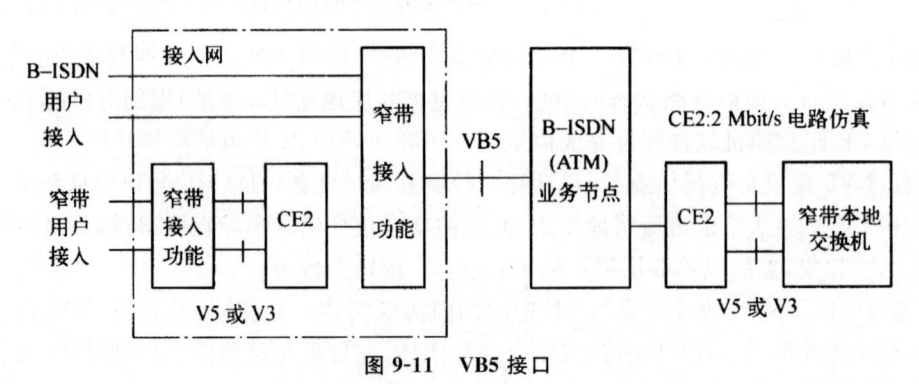

图 9-11 VB5 接口

用户侧的 UNI 应是 ATM 信元格式的接口，UNI 速率有 2Mb/s、25Mb/s、51Mb/s、155Mb/s 和

622Mb/s 等,采用 2 号数字用户信令(DSS2)作用户网络信令,如果为非 B-ISDN 的 UNI 则需要加入适配功能变换成标准格式。

2. VB5 规则及功能描述

VB5 是基于 ATM 接口的,VB5 有 VB5.1 和 VB5.2 两种类型。

(1) VB5 接口的规则

① B-ISDN 信令由接入网透明处理。

② 本地交换机生成双音多频信号和脉冲信号。

③ 接入网不进行本地交换。

④ VB5.2 支持集中控制。

⑤ 本地交换机进行所有呼叫记录和计费。

⑥ 接入网进行用户参数控制,确保错误的用户在 VB5 接口不会误操作影响其他用户。

⑦ 通过提供宽带用户网络接口(UNI)虚拟路径到不同的交换机,实现用户网络接口配置到不同的交换机。

为使接入网能连接到多厂商的设备环境中,以便设计最为经济有效的网络方案,VB5 允许任何类型的物理接口(SDH 和 PDH),但需指出带宽的上下边界,因为这将影响到 VB5 的协议支持的地址范围。VB5 支持的数据速率为 1.5Mb/s~2.488Gb/s。

VB5 没有建立保护机制,该功能由物理接口提供,例如,如果置于接入网与交换网间的多路复用传输设备使用 SDH 环,则保护控制由 SDH 路径保护和路径追踪特性提供。

(2) VB5 提供的主要协议

① VB5.1 控制协议:用于用户口虚拟路径连接的同步和控制。

② VB5.2 控制协议:用于用户口虚拟信道连接的同步和控制。

③ VB5.2 承载信道控制:用于动态信令带宽配置,承载信道带宽配置和宽带服务。

可见,VB5.1 相对简单,允许灵活的虚路径连接,但没有集中和动态交换功能。VB5.2 支持灵活的虚拟路径连接和动态的虚拟信道连接,且提供在虚拟信道水平的集中控制。VB5 支持由 V5.1 和 V5.2 支持的传统的窄带服务(如传统电话业务,ISDN 基本速率接入和 ISDN 基群速率接入)及新出现的对称或非对称宽带服务。

9.3 铜线接入技术

铜线接入技术的发展表现在频段的开发利用和接入技术的演进。最初,铜线只提供传统电话业务,带宽 0~4kHz;而后的 PSTN 拨号业务,使用话带 Modem 技术传输数据,采用话带频段,速率达到 56kb/s;而 ISDN 技术,采用时分复用实现数据和话音同传,将速率提高到 144kb/s; xDSL 技术的工作频段大多在话带频带之外,数据和话音同传,ADSL 的最大下行速率为 8Mb/s, VDSL 的下行速率可提高到 52Mb/s。

9.3.1 PSTN 接入技术

公用电话交换网(Public Switch Telephone Network,PSTN),也被称为"电话网",是人们打电话时所依赖的传输和交换网络。PSTN 是一种以模拟技术为基础的电路交换网络,通过 PSTN 进行互联所要求的通信费用最低,但其数据传输质量及传输速率也最差最低,同时 PSTN

的网络资源利用率也比较低。

通过公用电话交换网可以实现的功能有：拨号接入 Internet、Intranet 和 LAN；实现两个或多个 LAN 之间的互联；实现与其他广域网的互联。

PSTN 提供的是一个模拟的专用信息通道，通道之间经由若干个电话交换机节点连接而成，PSTN 采用电路交换技术实现网络节点之间的信息交换。当两个主机或路由器设备需要通过 PSTN 连接时，在两端的网络接入点（即用户端）必须使用调制解调器来实现信号的调制与解调转换。

从 OSI/ISO 参考模型的角度来看，PSTN 可以看成是物理层的一个简单的延伸，它没有向用户提供流量控制、差错控制等服务。而且，由于 PSTN 是一种电路交换的方式，因此，一条通路自建立、传输直至释放，即使它们之间并没有任何数据需要传送时，其全部带宽仅能被通路两端的设备占用。因此，这种电路交换的方式不能实现对网络带宽的充分利用。尽管 PSTN 在进行数据传输时存在一定的缺陷，但它仍是种不可替代的联网技术。

PSTN 的入网方式比较简单灵活，通常有以下几种选择方式。

(1) 通过普通拨号电话线入网

只要在通信双方原有的电话线上并接 Modem，再将 Modem 与相应的入网设备相连即可。目前，大多数入网设备（如 PC）都提供有若干个串行端口，在串行口和 Modem 之间采用 RS-232 等串行接口规范进行通信。

Modem 的数据传输速率最大能够提供到 56kb/s。这种连接方式的费用比较经济，收费价格与普通电话的费率相同，适用于通信不太频繁的场合（如家庭用户入网）。

(2) 通过租用电话专线入网

与普通拨号电话线方式相比，租用电话专线可以提供更高的通信速率和数据传输质量，但相应的费用比前一种方式高。使用专线的接入方式与使用普通拨号线的接入方式没有太大区别，但是省去了拨号连接的过程。通常，当决定使用专线方式时，用户必须向所在地的电信部门提出申请，由电信部门负责架设和开通。

9.3.2 ISDN 接入技术

综合业务数字网（Integrated Services Digital Network，ISDN），俗称"一线通"，是普通电话（模拟 Modem）拨号接入和宽带接入之间的过渡方式。目前在我国只提供 N-ISDN（窄带综合业务数字网）接入业务，而基于 ATM 技术的 B-ISDN（宽带综合业务数字网）尚未开通。

ISDN 接入 Internet 与使用 Modem 普通电话拨号方式类似，也有一个拨号的过程。不同的是，它不用 Modem 而是用另一设备 ISDN 适配器来拨号，另外普通电话拨号在线路上传输模拟信号，有一个 Modem"调制"和"解调"的过程，而 ISDN 的传输是纯数字过程，通信质量较高，其数据传输比特误码率比传统电话线路至少改善十倍，此外，它的连接速度快，一般只需几秒钟即可拨通。

1. ISDN 接入用户端设备

ISDN 接入在用户端主要应用两类终端设备，一个是必不可少的统一专用终端设备 NT1，即多用途用户-网络接口，ISDN 所有业务都通过 NT1 来提供，另一类是用户设备，有计算机、ISDN 电视会议系统、PC 桌面系统（包括可视电话）、ISDN 小交换机、ISDN 路由器、ISDN 拨号服务器、数字电话机、四类传真机、ISDN 无线转换器等。

对于用户设备中的非 ISDN 设备(如计算机)必须配置 ISDN 适配器,将其转换连接到 ISDN 线路上。ISDN 适配器和 Modem 一样又分为内置和外置两类,内置的一般称为 ISDN 内置卡或 ISDN 适配卡,而外置的则称为 TA。

2. ISDN 接入方式

用户通过 ISDN 接入 Internet 有如下三种方式。

(1)单用户 ISDN 适配器直接接入

此方式是 ISDN 接入中最简单的一种连接方式。将 ISDN 适配器安装于计算机(及其他非 ISDN 终端)上,通过 ISDN 适配器拨号接入 Internet,具体端口连接方式如图 9-12 所示。

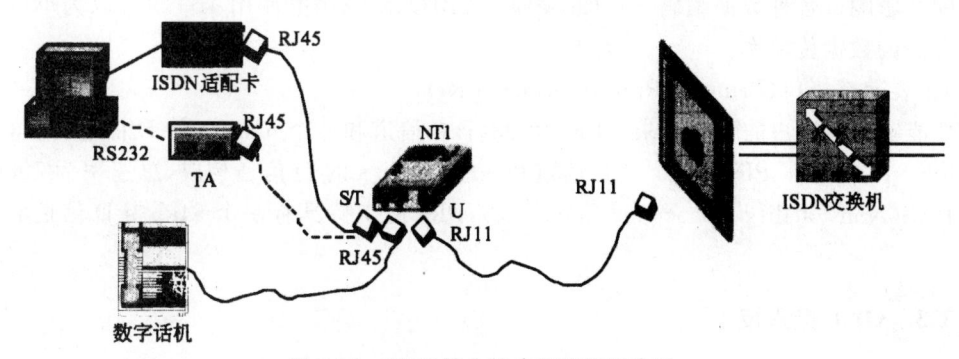

图 9-12 ISDN 接入用户端连接示意图

NT1 提供两种端口,S/T 端口和 U 端口。S/T 采用 RJ45 插头,即网线接头,一般可以同时连接两台终端设备,如果有更多终端设备需要接入时,可以采用扩展的连接端口。U 端口采用 RJ11 插头,即普通电话接头,用来连接普通话机、ISDN 入户线等。

如图 9-12 所示,NT1 一端通过 RJ11 接口与电话线相连,另一端通过 S/T 接口与 ISDN 适配器、ISDN 设备相连,NT1 为 ISDN 适配器提供了接口和接入方式。图中虚线表示可以任选 ISDN 适配卡或 TA。

由此可见,对用户而言,虽然用户端线路和普通模拟电话线路完全相同,但是用户设备不再直接与线路连接。所有终端设备都是通过 S/T 端口或 U 端口接入网络的。

(2) ISDN 适配器+小型局域网

对于小型局域网,利用 ISDN 上网时,须将装有 ISDN 适配器的计算机设为服务器,由它拨号接入 Internet,连接方式与(1)中相同,其上另配一块网卡,连接内部局域网 Hub,其他计算机作为客户端,从而实现整个局域网连入 Internet。这种方案的最大优点是节约投资,除 ISDN 适配器外,无需添加任何网络设备,但速度较慢。

(3) ISDN 专用交换机方式

这种接入方式适用于局域网中用户数较多(如中型企事业单位)的情况。它可用于实现多个局域网、多种 ISDN 设备的互联及接入 Internet,这种方案比租用线路更加灵活和经济。

此方式仅用 NT1 已不能满足需要,必须增加一个设备——ISDN 专用交换机 PBX,即第 2 类网络端接设备 NT2。NT2 一端和 NT1 连接,另一端和电话、传真机、计算机、集线器等各种用户设备相连,为它们提供接口。

3. ISDN 服务类型

ISDN 是第一部定义数字化通信的协议,该协议支持标准线路上的语音、数据、视频、图形等的高速传输服务。ISDN 的承载信道(B 信道)负责同时传送各种媒体,占用带宽为 64kb/s。数据信道(D 信道)主要负责处理信令,传输速率从 16kb/s 到 64kb/s 不定,这主要取决于服务类型。

ISDN 有两种基本服务类型,如下所示:

(1) 基本速率接口(Basic Rate Interface,BRI)

BRI 由两个 64kb/s 的 B 信道和一个 16kb/s 的 D 信道构成,总速率为 144kb/s。该服务主要适用于个人计算机用户。

Telco 提供的 U 接口的 BRI 支持双线、传输速率为 160kb/s 的数字连接。通过回波消除操作降低噪音影响。各种数据编码方式(北美使用 2B1Q,欧洲国家使用 4B3T)可以为单线本地环路提供更高的数据传输率。

(2) 主要速率接口(Primary Rate Interface,PRI)

PRI 能够满足用户的更高要求。PRI 由 23 个 B 信道和一个 64kb/s 的 D 信道构成,总速率为 1536kb/s。在欧洲,PRI 由 30 个 B 信道和一个 64kb/s 的 D 信道构成,总速率为 1984kb/s。通过 NFAS(Non-Facility Associated Signaling),PRI 也支持具有一个 64kb/s D 信道的多 PRI 线路。

9.3.3 xDSL 接入技术

DSL 是数字用户线(Digital Subscriber Line)的缩写。xDSL 是在普通电话线上实现数字传输的一系列技术的统称。它使用数字技术对现有的模拟电话用户线进行改造,使其能够承载宽带业务。

由于模拟电话用户线本身实际可通过的信号频率超过 1Mb/s,而标准的模拟电话信号的频带被限制在 300~3400Hz 内。因此,xDSL 技术把 0~4kHz 低端频谱留给传统电话使用,而把原来没有被利用的高端频谱留给用户上网使用。前缀 x 表示是在数字用户线上实现的宽带方案。xDSL 技术的类型如下。

- ADSL(Asymmetric Digital Subscriber Line),非对称数字用户线。
- HDSL(High-speed DSL),高速数字用户线。
- VDSL(Very-high-bit-rate DSL),甚高速数字用户线。
- SDSL(Single-line DSL),单线路的数字用户线。
- RADSL(Rate-Adapted DSL),速率自适应数字用户线。
- IDSL(ISDN DSL),ISDN 数字用户线。

1. ADSL 技术

ADSL(Asymmetrical Digital Subscriber Line,非对称数字用户线)是一种在无中继的用户环路网上利用双绞线传输高速数据的技术,是非对称 DSL 技术的一种,可在现有电话线上传输数据,误码率低。ADSL 技术为家庭和小型业务提供了宽带、高速接入 Internet 的方式。

在普通电话双绞线上,ADSL 典型的上行速率为 512kb/s~1Mb/s,下行速率为 1.544~8.192Mb/s,传输距离为 3~5km,有关 ADSL 的标准,现在比较成熟的有 G.DMT 和 G.Lite。一个基本的 ADSL 系统由局端收发机和用户端收发机两部分组成,收发机实际上是一种高速调制解调器(ADSL Modem),由其产生上下行的不同速率。

ADSL 的接入模型主要由中央交换局端模块和远端模块组成,如图 9-13 所示。

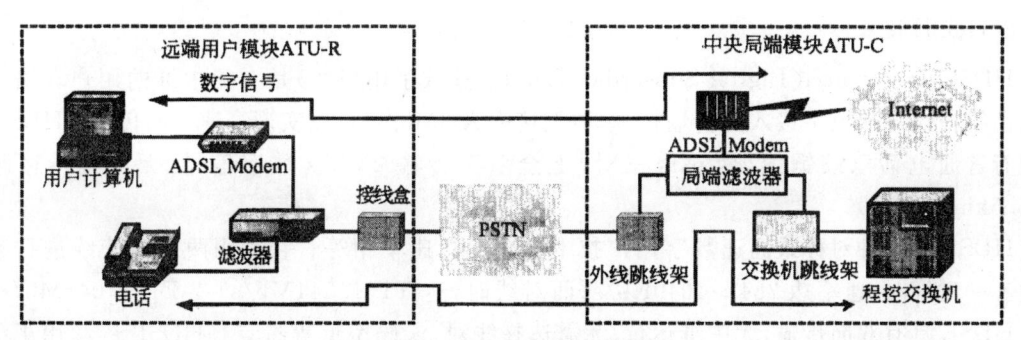

图 9-13 ADSL 的接入模型

中央交换局端模块包括在中心位置的 ADSL Modem 和接入多路复用系统。处于中心位置的 ADSL Modem 被称为 ATU-C（ADSL transmission unit-central），接入多路复用系统中心 Modem 通常被组合成一个接入节点，称为 DSLAM（DSL access multiplexer）。

远端模块由用户 ADSL Modem 和滤波器组成。用户 ADSL Modem 通常被称为 ATU-R（ADSL transmission unit-remote）。其中，滤波器用于分离承载音频信号的 4kHz 以下低频带和调制用的高频带。这样，ADSL 可以同时提供电话和高速数据业务，两者互不干涉。

从客户端设备和用户数量来看，可以分为以下 4 种接入方式。

(1) 单用户 ADSL Modem 直接连接

这种方式多为家庭用户使用，连接时用电话线将滤波器一端接于电话机上，一端接于 ADSL Modem，再用交叉网线将 ADSL Modem 和计算机网卡连接即可（如果使用 USB 接口的 ADSL Modem 则不必用网线）。

(2) 多用户 ADSL Modem 连接

如果有多台计算机，就先用集线器组成局域网，设其中一台为服务器，并配以两块网卡，一块接 ADSL Modem，一块接集线器的 uplink 口（用直通网线）或 1 口（用交叉网线），滤波器的连接与(1)中相同。其他计算机即可通过此服务器接入 Internet。

(3) 小型网络用户 ADSL 路由器直接连接计算机

客户端除使用 ADSL Modem 外，还可使用 ADSL 路由器，它兼具路由功能和 Modem 功能，可与计算机直接相连，不过由于它提供的以太端口数量有限，因而只适合于用户数量不多的小型网络。

(4) 大量用户 ADSL 路由器连接集线器

当网络用户数量较大时，可以先将所有计算机组成局域网，再将 ADSL 路由器与集线器或交换机相连，其中，接集线器 uplink 口用直通网线，接集线器 1 口或交换机用交叉网线。

在用户端除安装好硬件外，用户还需为 ADSL Modem 或 ADSL 路由器选择一种通信连接方式。目前主要有静态 IP、PPPoA（Pointto Point Protocol over ATM）、PPPoE（Pointto Point Protocol over Ethernet）3 种。通常普通用户多数选择 PPPoA 和 PPPoE 方式，对于企业用户更多选择静态 IP 地址（由电信部门分配）的专线方式。

ADSL 用途十分广泛，对于商业用户来说，可组建局域网共享 ADSL 上网，还可以实现远程办公、家庭办公等高速数据应用，获取高速低价的极高性价比。对于公益事业来说，ADSL 可以实现高速远程医疗、教学、视频会议的即时传送，达到以前所不能及的效果。

2. HDSL 技术

HDSL(High-speed Digital Subscriber Line,高速数字用户线)是在无中继的用户环路上使用电话线提供高速数字接入的传输技术,典型速率为3Mb/s,可以实现高速双向传输。HDSL 能在现有普通电话双绞铜线(两对或三对)上全双工传输 2Mb/s 数字信号,无中继传输距离 3～5.5km。

HDSL 是一种对称式高速数字用户技术,上、下行速率相等。它利用两对双绞线进行数字传输。一对线时,速率达 784～1040Kb/s;两对线时,达 T1(1.544Mb/s)或 E1(2.048Mb/s)速率。HDSL 具有双向传输、无中继运行、无需选择线对、误码率低等特点。HDSL 广泛用于移动通信基站中继、无线寻呼中继、视频会议及局域网互联等业务中。

3. VDSL 技术

VDSL(Very-high-bit-rate Digital Subscriber Line,甚高速数字用户线)是在 ADSL 基础上发展起来的高速数字用户线技术。它可在不超过 300m 的短距离双绞铜线上传输比 ADSL 更高速的数据。VDSL 技术是目前最先进的数字用户线技术,它也是一种非对称技术,上行速率为 1.6～2.3Mb/s;下行速率为 12.96～55.2Mb/s,最高可达 155Mb/s(HDTV 信号速率)。

VDSL 采用前向纠错编码技术进行传输差错控制,并使用交换技术纠正由于脉冲噪声产生的突发误码。VDSL 采用的调制解调方式是 DMT(离散多音频调制)。与 ADSIL 相比,VDSL 传输速率更高,码间干扰小,数字信号处理技术简单,成本低。它可与光纤到路边(FTTC)技术相结合,实现宽带综合接入。但目前 VDSL 还处于研究阶段,相关组织正在进行标准规范的制定。

4. SDSL 技术

SDSL(Single-line Digital Subscriber Line,单线路数字用户线)是对称技术,与 HDSL 的区别在于只使用一对铜线。SDSL 可支持 1Mb/s 左右的上、下行速率的应用。该技术现在已可提供,在双线电路中运行良好。

5. RADSL 技术

RADSL(Rate-Adapted Digital Subscriber Line,速率自适应数字用户线)提供的速率范围基本与 ADSL 的相同,也是一种不对称数字用户线技术。与 ADSL 的区别在于 RADSL 的速率可以根据传输距离动态自适应,可以供用户灵活地选择传输服务。

6. IDSL 技术

IDSL(ISDN Digital Subscriber Line,ISDN 数字用户线)是一种基于 ISDN 的数字用户线,也可以认为是 ISDN 技术的一种扩充,它用于为用户提供基本速率(144Kb/s)的 ISDN 业务,但其传输距离可达 5km。

9.4 光纤接入技术

光纤接入是指局端与用户之间完全以光纤作为传输媒质,来实现用户信息传送的应用形式。光纤接入网(OAN)就是采用光纤传输技术的接入网,泛指本地交换机或远端模块与用户之间采用光纤通信或部分采用光纤通信的系统。通常,OAN 指采用基带数字传输技术,并以传输双向交互式业务为目的的接入传输系统,将来应能以数字或模拟技术升级传输宽带广播式和交互式业务。

光纤具有频带宽(可用带宽达 50THz)、容量大、损耗小、不易受电磁干扰等突出优点,早已成为骨干网的主要传输手段。随着技术的发展和光缆、器件成本的下降,光纤技术逐渐渗透到接入网应用中,并在 IP 网络业务和各类多媒体业务需求的推动之下,得到了极为迅速的发展。

我国接入网当前发展的战略重点,已经转向能满足未来宽带多媒体需求的宽带接入领域(网络"瓶颈"之所在)。而在实现宽带接入的各种技术手段中,光纤接入网是最能适应未来发展的解决方案,特别是 ATM 无源光网络(ATM-PON)几乎是综合宽带接入的一种经济有效的方式。

9.4.1 光纤接入系统的基本配置

光纤接入网(或称光接入网)(Optical Access Network,OAN)是以光纤为传输介质,并利用光波作为光载波传送信号的接入网,泛指本地交换机或远端交换模块与用户之间采用光纤通信或部分采用光纤通信的系统。光纤接入网系统的基本配置如图 9-14 所示。光纤最重要的特点是:它可以传输很高速率的数字信号,容量很大;并可以采用波分复用(Wavelength Division Multiplexing,WDM)、频分复用(Frequency Division Multiplexing,FDM)、时分复用(Time Division Multiplexing,TDM)、空分复用(Space Division Multiplexing,SDM)和副载波复用(Sub Carrier Multiplexing,SCM)等各种光的复用技术,来进一步提高光纤的利用率。

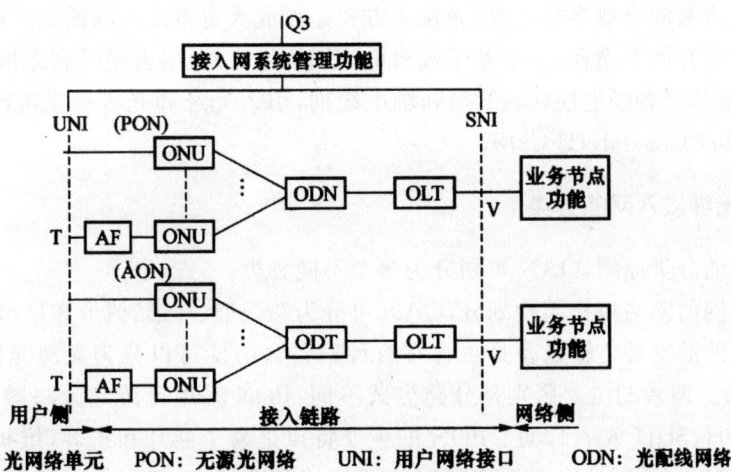

图 9-14 光纤接入网系统的基本配置

ONU: 光网络单元　　PON: 无源光网络　　UNI: 用户网络接口　　ODN: 光配线网络
OLT: 光线路终端　　AON: 有源光网络　　SNI: 业务节点接口　　T: T接口
AF: 适配功能　　　　ODT: 光配线终端　　V: V接口　　　　　　Q3: Q3接口

从图 9-14 中可以看出,从给定网络接口(V 接口)到单个用户接口(T 接口)之间的传输手段的总和称为接入链路。利用这一概念,可以方便地进行功能和规程的描述以及规定网络需求。通常,接入链路的用户侧和网络侧是不一样的,因而是非对称的。光接入传输系统可以看作是一种使用光纤的具体实现手段,用以支持接入链路。于是,光接入网可以定义为:共享同样网络侧接口且由光接入传输系统支持的一系列接入链路,由光线路终端(Optical Line Terminal,OLT)、光配线网络/光配线终端(Optical Distributing Network/Optical Distributing Terminal,ODN/ODT)、光网络单元(Optical Network Unit,ONU)及相关适配功能(Adaptation Function,AF)设备组成,还可能包含若干个与同一 OLT 相连的 ODN。

OLT 的作用是为光接入网提供网络侧与本地交换机之间的接口，并经一个或多个 ODN 与用户侧的 ONU 通信。OLT 与 ONU 的关系为主从通信关系，OLT 可以分离交换和非交换业务，管理来自 ONU 的信令和监控信息，为 ONU 和本身提供维护和指配功能。OLT 可以直接设置在本地交换机接口处，也可以设置在远端，与远端集中器或复用器接口。OLT 在物理上可以是独立设备，也可以与其他功能集成在一个设备内。

ODN 为 OLT 与 ONU 之间提供光传输手段，其主要功能是完成光信号功率的分配任务。ODN 是由无源光元件（诸如光纤光缆、光连接器和光分路器等）组成的纯无源的光配线网，呈树形—分支结构。ODT 的作用与 ODN 相同，主要区别在于：ODT 是由光有源设备组成的。

ONU 的作用是为光接入网提供直接的或远端的用户侧接口，处于 ODN 的用户侧。ONU 的主要功能是终结来自 ODN 的光纤，处理光信号，并为多个小企事业用户和居民用户提供业务接口。ONU 的网络侧是光接口，而用户侧是电接口。因此，ONU 需要有光/电和电/光转换功能，还要完成对语音信号的数/模和模/数转换、复用信令处理和维护管理功能。ONU 的位置有很大灵活性，既可以设置在用户住宅处，也可设置在 DP（配线点）处，甚至 FP（灵活点）处。

AF 为 ONU 和用户设备提供适配功能，具体物理实现则既可以包含在 ONU 内，也可以完全独立。以光纤到路边（Fiber to the Curb，FTTC）为例，ONU 与基本速率 NT1（Network Termination 1，相当于 AF）在物理上就是分开的。当 ONU 与 AF 独立时，则 AF 还要提供在最后一段引入线上的业务传送功能。

随着信息传输向全数字化过渡，光接入方式必然成为宽带接入网的最终解决方法。目前，用户网光纤化主要有两个途径：一是基于现有电话铜缆用户网，引入光纤和光接入传输系统改造成光接入网；二是基于有线电视（CATV）同轴电缆网，引入光纤和光传输系统改造成光纤/同轴混合（Hybrid Fiber Coaxial，HFC）网。

9.4.2 光纤接入网的分类

根据不同的分类原则，OAN 可划分为多个不同种类。

按照接入网的网络拓扑结构划分，OAN 可分为总线型、环形、树形和星形等。

按照接入网的室外传输设备是否含有有源设备，OAN 可以分为无源光网络（PON）和有源光网络（AON）。两者的主要区别是分路方式不同，PON 采用无源光分路器，AON 采用电复用器（可以为 PDH、SDH 或 ATM）。PON 的主要特点是易于展开和扩容，维护费用较低，但对光器件的要求较高。AON 的主要特点是对光器件的要求不高，但在供电及远端电器件的运行维护和操作上有一些困难，并且网络的初期投资较大。

按照接入网能够承载的业务带宽来划分，OAN 可分为窄带 OAN 和宽带 OAN 两类。窄带和宽带的划分以 2.048Mb/s 速率为界线，速率低于 2.048Mb/s 的业务称为窄带业务，速率高于 2.048Mb/s 的业务为宽带业务。

按照光网络单元（ONU）在光接入网中所处的具体位置不同，OAN 可分为光纤到路边（FTTC）、光纤到大楼（FTTB）、光纤到家（FTTH）和光纤到办公室（FTTO）三种不同的应用类型。如图 9-15 所示。

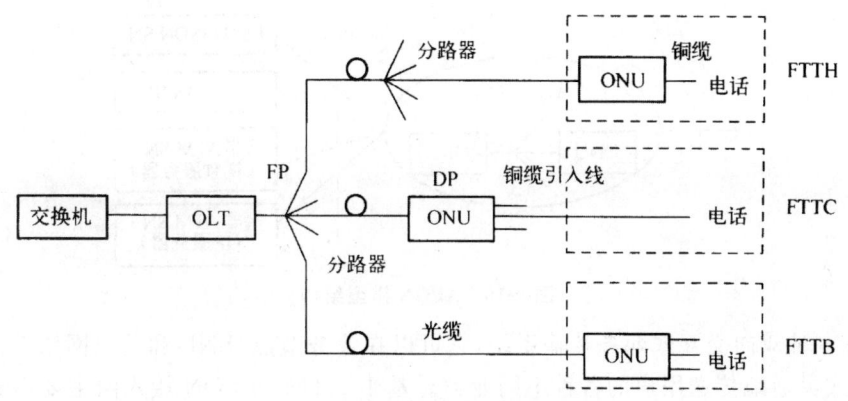

图 9-15 光纤接入网的应用类型

1. 光纤到路边(FITC)

在 FTTC 结构中,ONU 设置在路边的入孔或电线杆上的分线盒处,有时也可能设置在交接箱处。此时从 ONU 到各个用户之间的部分仍为双绞线铜缆。若要传送宽带图像业务,则除了距离很短的情况外,这一部分可能会需要同轴电缆。这样 FTTC 将比传统的数字环路载波(DLC)系统的光纤化程度更靠近用户,增加了更多的光缆共享部分。

2. 光纤到大楼(FTTB)

FTTB 也可以看作是 FTTC 的一种变形,不同之处在于将 ONU 直接放到楼内(通常为居民住宅公寓或小企事业单位办公楼),再经多对双绞线将业务分送给各个用户。FTTB 是一种点到多点结构,通常不用于点到点结构。FTTB 的光纤化程度比 FTTC 更进一步,光纤已敷到楼,因而更适用于高密度区,也更接近于长远发展目标。

3. 光纤到家(FTTH)和光纤到办公室(FITO)

在原来的 FTTC 结构中,如果将设置在路边的 ONU 换成无源光分路器,然后将 ONU 移到用户房间内即为 FITH 结构。如果将 ONU 放在办公大楼的终端设备处并能提供一定范围的灵活的业务,则构成所谓的光纤到办公室(FTTO)结构。FTTO 主要用于企事业单位的用户,业务量需求大,因而结构上适用于点到点或环型结构。而 FTTH 用于居民住宅用户,业务量较小,因而经济的结构必须是点到多点方式。总的看来 FTTH 结构是一种全光纤网,即从本地交换机到用户全部为光连接,中间没有任何铜缆,也没有有源电子设备,是真正全透明的网络。

9.4.3 无源光网络(APON)接入技术

在 PON 中采用 ATM 技术,就成为 ATM 无源光网络(ATM-PON,简称 APON)。PON 是实现宽带接入的一种常用网络形式,电信骨干网绝大部分采用 ATM 技术进行传输和交换,显然,无源光网络的 ATM 化是一种自然的做法。ATM-PON 将 ATM 的多业务、多比特速率能力和统计复用功能与无源光网络的透明宽带传送能力结合起来,从长远来看,这是解决电信接入"瓶颈"的较佳方案。APON 实现用户与四个主要类型业务节点之一的连接,即 PSTN/ISDN 窄带业务,B-ISDN 宽带业务,非 ATM 业务(数字视频付费业务)和 Internet 的 IP 业务。

ATM-PON 的模型结构如图 9-16 所示。其中 UNI 为用户网络接口,SNI 为业务节点接口,ONU 为光网络单元,OLT 为光线路终端。

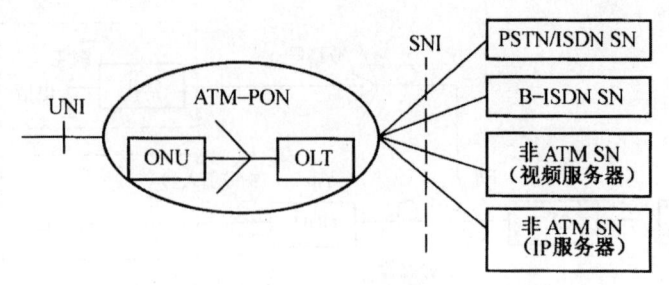

图 9-16 APON 模型结构

PON 是一种双向交互式业务传输系统,它可以在业务节点(SNI)和用户网络节点(UNI)之间以透明方式灵活地传送用户的各种不同业务。基于 ATM 的 PON 接入网主要由光线路终端 OLT(局端设备)、光分路器(Splitter)、光网络单元 ONU(用户端设备),以及光纤传输介质组成。其中 ODN 内没有有源器件。局端到用户端的下行方向,由 OLT 通过分路器以广播方式发送 ATM 信元给各个 ONU。各个 ONU 则遵循一定的上行接入规则将上行信息同样以信元方式发送给 OLT,其关键技术是突发模式的光收发机、快速比特同步和上行的接入协议(媒质访问控制)。ITU-T 于 1998 年 10 月通过了有关 ATM-PON 的 G.983.1 建议。该建议提出下行和上行通信分别采用 TDM 和 TDMA 方式来实现用户对同一光纤带宽的共享。同时,主要规定标称线路速率、光网络要求、网络分层结构、物理媒质层要求、会聚层要求、测距方法和传输性能要求等。G.983.1 对 MAC 协议并没有详细说明,只定义了上下行的帧结构,对 MAC 协议作了简要说明。

1999 年 ITU-T 又推出 G.983.2 建议,即 APON 的光网络终端(Optical Network Terminal, ONT)管理和控制接口规范,目标是实现不同 OLT 和 ONU 之间的多厂商互通,规定了与协议无关的管理信息库被管实体、OLT 和 ONU 之间信息交互模型、ONU 管理和控制通道以及协议和消息定义等。该建议主要从网络管理和信息模型上对 APON 系统进行定义,以使不同厂商的设备实现互操作。该建议在 2000 年 4 月份正式通过。

在宽带光纤接入技术中,电信运营者和设备供应商普遍认为 APON 是最有效的,它构成了既提供传统业务又提供先进多媒体业务的宽带平台。APON 主要特点有:采用点到多点式的无源网络结构,在光分配网络中没有有源器件,比有源的光网络和铜线网络简单,更加可靠,更加易于维护;如果大量使用 FTTH(光纤到家),有源器件和电源备份系统从室外转移到了室内,对器件和设备的环境要求降低,使维护周期加长;维护成本的降低使运营者和用户双方受益;由于它的标准化程度很高,可以大规模生产,从而降低了成本;另外,ATM 统计复用的特点使 ATM-PON 能比 TDM 方式的 PON 服务于更多用户,ATM 的 QoS 优势也得以继承。

根据 G.983.1 规范的 ATM 无源光网络,OLT 最多可寻址 64 个 ONU,PON 所支持的虚通路(VP)数为 4096,PON 寻址使用 ATM 信元头中的 12 位 VP 域。由于 OLT 具有 VP 交叉互联功能,所以局端 VB5 接口的 VPI 和 PON 上的 VPI(OLT 到 ONU)是不同的。限制 VP 数为 4096 使 ONU 的地址表不会很大,同时又保证了高效地利用 PON 资源。

以 ATM 技术为基础的 APON,综合了 PON 系统的透明宽带传送能力和 ATM 技术的多业务多比特率支持能力的优点,代表了接入网发展的方向。APON 系统主要有下述优点。

(1)理想的光纤接入网

无源纯介质的 ODN 对传输技术体制的透明性,使 APON 成为未来光纤到家、光纤到办公室、光纤到大楼的最佳解决方案。

(2)低成本

树型分支结构,多个 ONU 共享光纤介质使系统总成本降低;纯介质网络,彻底避免了电磁和雷电的影响,维护运营成本大为降低。

(3)高可靠性

局端至远端用户之间没有有源器件,可靠性较有源 OAN 大大提高。

(4)综合接入能力

能适应传统电信业务 PSTN/ISDN;可进行 Internet Web 浏览;同时具有分配视频和交互视频业务(CATV 和 VOD)能力。

虽然 APON 有一系列优势,但是由于 APON 树型结构和高速传输特性,还需要解决诸如测距、上行突发同步、上行突发光接收和带宽动态分配等一系列技术及理论问题,这给 APON 系统的研制带来一定的困难。目前这些问题已基本得到解决,我国的 APON 产品已经问世,APON 系统正逐步走向实用阶段。

9.5 光纤同轴电缆混合接入技术

为了解决终端用户接入 Internet 速率较低的问题,人们一方面通过 xDSL 技术充分提高电话线路的传输速率,另一方面尝试利用目前覆盖范围广、最具潜力、带宽高的有线电视网(CATV),CATV 是由广电部门规划设计的用来传输电视信号的网络。从用户数量看,我国已拥有世界上最大的有线电视网,其覆盖率高于电话网。于是充分利用这一资源,改造原有线路,变单向信道为双向信道以实现高速接入 Internet 的思想推动了光纤同轴电缆混合 HFC 接入技术的出现和发展。

9.5.1 HFC 概念

光纤同轴电缆混合(Hybrid Fiber Coax,HFC)接入也称有线电视网宽带接入。HFC 是一种以频分复用技术为基础,综合应用数字传输技术、光纤和同轴电缆技术、射频技术的智能宽带接入网,是有线电视网(CATV)和电话网结合的产物。从接入用户的角度看,HFC 是经过双向改造的有线电视网,但从整体上看,它是以同轴电缆网络为最终接入部分的宽带网络系统。

光纤同轴电缆混合网是一种新型的宽带网络,也可以说是有线电视网的延伸。采用光纤从交换局到服务区,而在进入用户的"最后一公里"采用有线电视网同轴电缆。它可以提供电视广播(模拟及数字电视)、影视点播、数据通信、电信服务(电话、传真等)、电子商贸、远程教学与医疗以及丰富的增值服务(如电子邮件、电子图书馆)等。

通过有线电视宽频上网,使用 Cable Modem(电缆调制解调器),传输速率可达 10~40Mb/s 之间。用户可享受的平均速度是 200~500kb/s,最快可达 1500kb/s,用它可以非常舒心地享受宽带多媒体业务,并且可以绑定独立 IP。通过 HFC 网传输数据,可以覆盖整个大、中城市。如果通过改造后的有线电视宽频网的光纤主干线能到大楼,实现全数字网络,传输速率可达 1Gb/s 以上。那时,HFC 除了实现高速上网外,还可实现可视电话、电视会议、多媒体远程教学、远程医疗、网上游戏、IP 电话、VPN 和 VOD 服务,成为事实上的信息高速公路。HFC 具有覆盖范围大、信号衰减小、噪声低等特点,是理想的 CATV 传输技术。

9.5.2 HFC 频谱

HFC 支持双向信息的传输,因而其可用频带划分为上行频带和下行频带。所谓上行频带是指信息由用户终端传输到局端设备所需占用的频带;下行频带是指信息由局端设备传输到用户端设备所需占用的频带。目前,各国对 HFC 频谱配置并未取得完全的统一。我国分段频率如表 9-1 所示。

表 9-1 我国 HFC 频谱配置表

频段	数据传输速率	用途
5~50MHz	320kb/s~5Mb/s 或 640kb/s~10Mb/s	上行非广播数据通信业务
50~550MHz		普通广播电视业务
550~750MHz	30.342Mb/s 或 42.884Mb/s	下行数据通信业务,如数字电视和 VOD 等
750MHz	暂时保留使用	

Cable Modem 在一个频道的传输速率达 27~36Mb/s。每个有线电视频道的频宽为 8MHz,HFC 网络的频宽为 750MHz,所以整个频宽可支持近 90 个频道。在 HFC 网络中,目前有大约 33 个频道(550~750MHz 范围)留给数据传输,整个频宽相当可观。

9.5.3 HFC 接入系统

HFC 网络充分利用现有的 CATV 宽带同轴电缆频带宽的特点,以光缆作为 CATV 网络主干线、同轴电缆为辅线建立的用户接入网络。该网络连接用户区域的光纤节点,再由节点通过 750MHz 的同轴电缆将有线电视信号送到最终用户。Cable Modem 在网络中采用 IP 协议,传输 IP 分组。

HFC 网络是一个双向的共享介质系统,由头端、光纤节点及光纤干线,从光纤节点到用户的同轴电缆网络三部分构成,如图 9-17 所示。电视信号在光纤中以模拟形式携载。光纤节点把光纤干线与同轴电缆传输网连接起来。电缆分线盒可使多个用户共用相同的电缆。

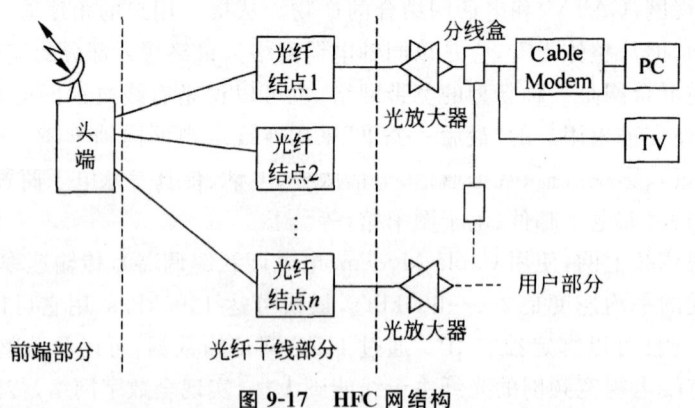

图 9-17 HFC 网结构

光纤节点体系结构的特点如下:
①能够提高网络的可靠性,每一个用户都独立于其他的用户群,用户群之间也是互相独立。

②简化了上行信道的设计，HFC 的上行信道是用户共享的。
③具有比 CATV 更宽的频谱，支持双向传输。
④用户家庭需要安装用户机顶盒。

机顶盒 STB(Set Top Box)是一种扩展电视机功能的新型家用电器，由于常放于电视机顶上，所以称为机顶盒。目前的机顶盒多为网络机顶盒，其内部包含操作系统和互联网浏览软件，通过电话网或有线电视网连接互联网，使用电视机作为显示器，从而实现没有电脑的上网。

HFC 网络中传输的信号是射频信号 RF(Radio Frequency)，即一种高频交流变化电磁波信号，类似于电视信号，在有线电视网上传送。整个 HFC 接入系统由三部分组成：前端系统、HFC 接入网和用户终端系统，如图 9-18 所示。

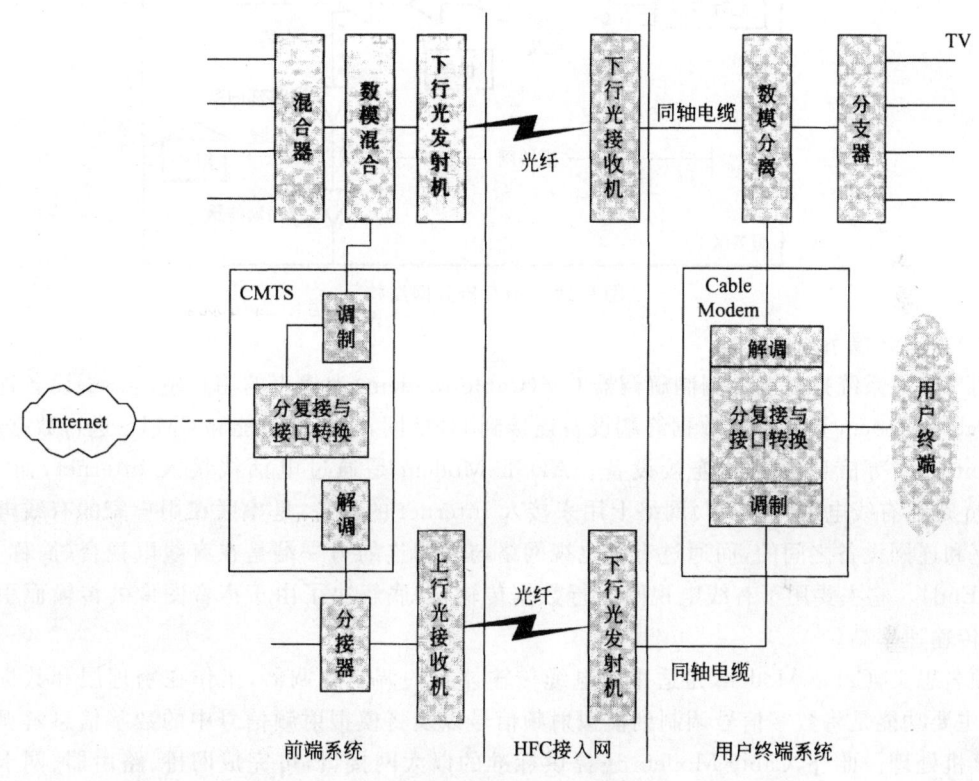

图 9-18 HFC 接入系统

(1) 前端系统

有线电视有一个重要的组成部分——前端，如常见的有线电视基站，它用于接收、处理和控制信号，包括模拟信号和数字信号，完成信号调制与混合，并将混合信号传输到光纤。其中处理数字信号的主要设备之一就是电缆调制解调器端接系统 CMTS(Cable Modem Termination System)，它包括分复接与接口转换、调制器和解调器。

(2) HFC 接入网

HFC 接入网是前端系统和用户终端之间的连接部分，如图 9-19 所示。其中馈线网（即干线）是前端到服务区光节点之间的部分，为星形拓扑结构。它与有线电视网的不同是采用一根单模光纤代替了传统的干线电缆与有源干线放大器，传输上下行信号更快、质量更高、带宽更宽。配线是服务区光节点到分支点之间的部分，采用同轴电缆，并配以干线/桥接放大器，为树形结构,覆盖范围可达 5～10km,这一部分非常重要,其好坏往往决定了整个 HFC 网的业务量与业务类型。最后一段为引入线,是分支点到用户之间的部分,其中一个重要的元器件为分支器,作为配线网和引入线的分界点,它是信号分路器和方向耦合器结合的无源器件,能将配线的信号分配给每一个用户,一般每隔 40～50m 就有一个分支器。引入线负责将分支器的信号引入到用户,使用复合双绞线的连体电缆(软电缆)作为物理媒介,与配线网的同轴电缆不同。

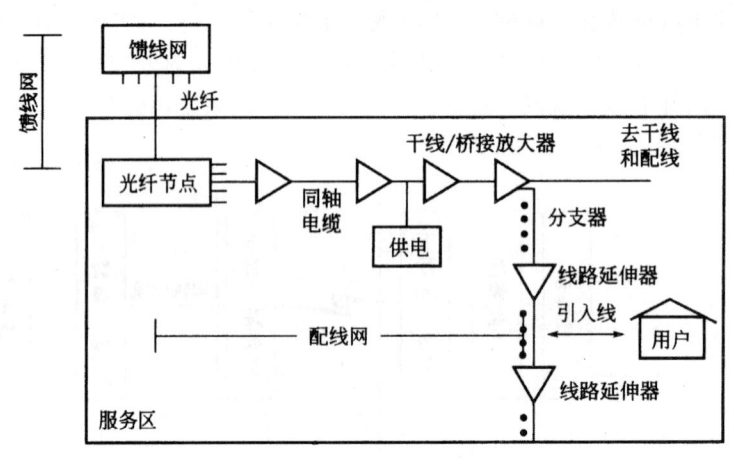

图 9-19 HFC 接入网结构

(3)用户终端系统

用户终端系统指以电缆调制解调器 CM(Cable Modem)为代表的用户室内终端设备连接系统。Cable Modem 是一种将数据终端设备连接到 HFC 网,以使用户能和 CMTS 进行数据通信,访问 Internet 等信息资源的连接设备。ADSL Modem 是通过电话线接入 Internet,而 Cable Modem 是在有线电视(CATV)网络上用来接入 Internet 的设备,是串联在用户家的有线电视电缆插座和连网设备之间的,而诵过有线电视网络与之相连的另一端是在有线电视台(简称头端:Head-End)。它主要用于有线电视网进行数据传输,彻底解决了由于声音图像的传输而引起的阻塞,传输速率高。

顾名思义,Cable Modem 是适用于电缆传输体系的调制解调器,工作在物理层和数据链路层,其主要功能是将数字信号调制到模拟射频信号以及将模拟射频信号中的数字信息解调出来供计算机处理。此外,Cable Modem 还提供标准的以太网接口,可完成网桥、路由器、网卡和集线器的部分功能。因此,它的结构比传统 Modem 复杂得多。Cable Modem 在有线电视台前端的设置较为复杂,其中有一个重要组成部分 Cable Modem 端接收系统(CMTS)。CMTS 端接收来自用户端的信号,并把这些信息汇集到有线电视台前端的设备上输出。除此之外,还将几个服务器、网关和路由器,这些设备连接在一起,通过 Internet 提供多种业务,包括数据信号和视频信号的传输、接收卫星电视频道等。CMTS 与 Cable Modem 之间的通信是点到多点、全双工的,这与普通 Modem 的点到点通信和以太网的共享总线通信方式不同。

Cable Modem 在用户端的安装比较简单,只需要把计算机、电视机按照连接要求接入 Cable Modem 即可,计算机一般通过网卡与 Cable Modem 相连。如果使用的是 USB 接口 Cable Modem 或内置的 Cable Modem 卡,计算机中不需要安装网卡。如图 9-20 所示为 Cable Modem 连接示意图。

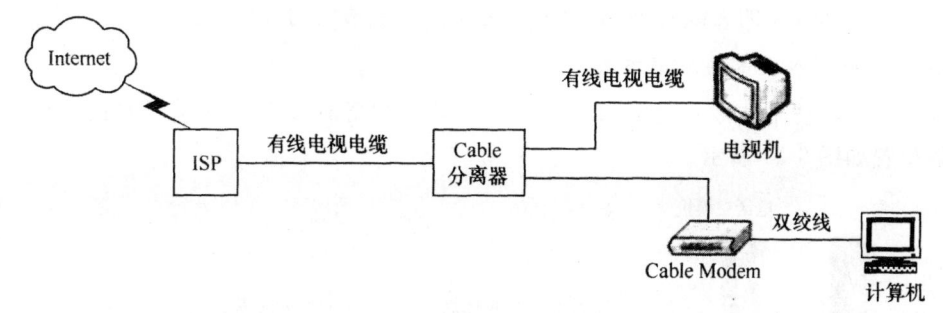

图 9-20　Cable Modem 连接示意图

Cable Modem 与传统 Modem 在原理上基本相同,都是将数字信号调制成模拟信号在电缆的一个频率范围内传输,接收时再解调为数字信号。不同的是,Cable Modem 通过有线电视的某个传输频带而不是经过电话线进行传输。而且,普通 Modem 所使用的介质由用户独享,而 Cable Modem 属于共享介质系统,其余空闲频段依然可用于传输有线电视信号。

同时 Cable Modem 具有性价比高、非对称专线连接、不受连接距离限制、平时不占用带宽(只在下载和发送数据瞬间占用带宽)、上网和看电视两不误的兼顾等特点。

依据图 9-20 分别从上行和下行两条线路来看 HFC 系统中信号传送过程。

① 下行方向。

在前端,所有服务或信息经由相应调制转换成模拟射频信号,这些模拟射频信号和其他模拟音频、视频信号经数模混合器由频分复用方式合成一个宽带射频信号,加到前端的下行光发射机上,并调制成光信号用光纤传输到光节点并经同轴电缆网络、数模分离器和 Cable Modem 将信号分离解调并传输到用户。

② 上行方向。

用户的上行信号采用多址技术(如 TDMA、FDMA、CDMA 或它们的组合)通过 Cable Modem 复用到上行信道,由同轴电缆传送到光节点进行电光转换,然后经光纤传至前端,上行光接收机再将信号经分接器分离、CMTS 解调后传送到相应接收端。

9.6　无线接入技术

无线接入技术是指从业务节点接口到用户终端部分全部或部分采用无线方式,即利用卫星、微波等传输手段向用户提供各种业务的一种接入技术。由于其开通方便,使用灵活,得到广泛的应用。另外,未来个人通信的目标是实现任何人在任何时候、任何地方能够以任何方式与任何人通信,而无线接入技术是实现这一目标的关键技术之一,因此越来越受到人们的重视。

无线接入技术经历了从模拟到数字,从低频到高频,从窄带到宽带的发展过程,其种类很多,应用形式多种多样。但总的来说,可大致分为固定无线接入和移动接入两大类。

9.6.1　固定无线接入技术

固定无线接入(Fixed Wireless Access,FWA)主要是为固定位置的用户(如住宅用户、企业用户)或仅在小范围区域内移动(如大楼内、厂区内,无需越区切换的区域)的用户提供通信服务,其用户终端包括电话机、传真机或计算机等。目前 FWA 连接的骨干网络主要是 PSTN,因此也可以说 FWA 是 PSTN 的无线延伸，其目的是为用户提供透明的 PSIN 业务。

1. 固定无线接入技术的应用方式

按照无线传输技术在接入网中的应用位置，FWA 主要有以下三种应用方式，馈线、配线和引入线的位置如图 9-21 所示。

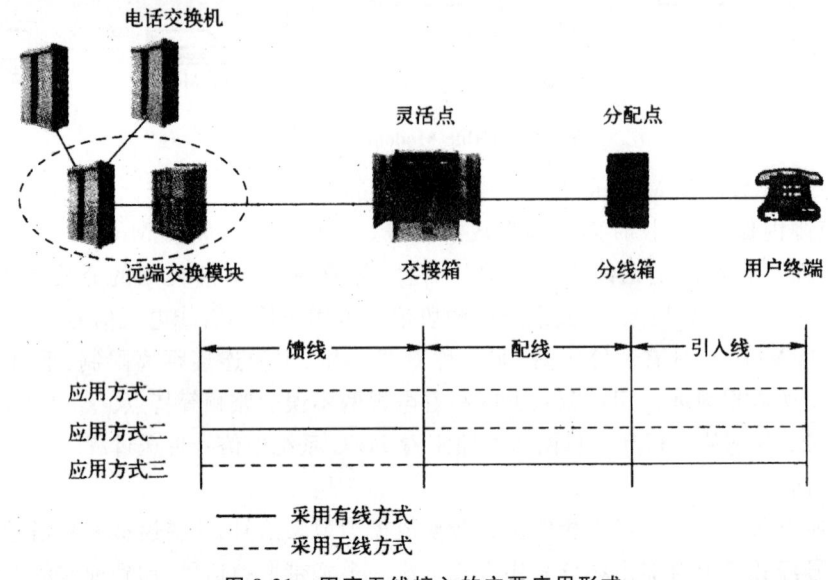

图 9-21 固定无线接入的主要应用形式

①全无线本地环路。从本地交换机到用户端全部采用无线传输方式，即用无线代替了铜缆的馈线、配线和引入线。

②无线配引线/用入线本地环路。从本地交换机到灵活点或分配点采用有线传输方式，再采用无线方式连接至用户，即用无线替代了配线和引入线或引入线。

③无线馈线/馈配线本地环路。从本地交换机到灵活点或分配点采用无线传输方式。从灵活点到各用户使用光缆、铜缆等有线方式。

目前，我国规定固定无线接入系统可以工作在 450MHz、1.8/1.9GHz 和 3GHz 等 4 个频段。

2. 固定无线接入的实现方式

按照向用户提供的传输速率来划分，固定无线接入技术的实现方式可分为窄带无线接入（小于 64kb/s）、中宽带无线接入（64～2048kb/s）和宽带无线接入（大于 2048kb/s）。

(1) 窄带固定无线接入技术

窄带固定无线接入以低速电路交换业务为特征，其数据传送速率一般小于或等于 64kb/s。使用较多的技术如下：

①微波点对点系统。采用地面微波视距传输系统实现接入网中点到点的信号传送。这种方式主要用于将远端集中器或用户复用器与交换机相连。

②微波点对多点系统。以微波方式作为连接用户终端和交换机的传输手段。目前大多数实用系统采用 TDMA 多址技术实现一点到多点的连接。

③固定蜂窝系统。由移动蜂窝系统改造而成，去掉了移动蜂窝系统中的移动交换机和用户

手机,保留其中的基站设备,并增加固定用户终端。这类系统的用户多采用 TDMA 或 CDMA 以及它们的混合方式接入到基站上,适用于在紧急情况下迅速开通的无线接入业务。

④固定无绳系统。由移动无绳系统改造而成,只需将全向天线改为高增益扇形天线即可。

(2) 中宽带固定无线接入技术

中宽带固定无线系统可以为用户提供 64～2048kb/s 的无线接入速率,开通 ISDN 等接入业务。其系统结构与窄带系统类似,由基站控制器、基站和用户单元组成,基站控制器和交换机的接口一般是 V5 接口,控制器与基站之间通常使用光纤或无线连接。这类系统的用户多采用 TDMA 接入方式,工作在 3.5GHz 或 10GHz 的频段上。

(3) 宽带固定无线接入技术

窄带和中宽带无线接入基于电路交换技术,其系统结构类似。但宽带固定无线接入系统是基于分组交换的,主要是提供视频业务,目前已经从最初的提供单向广播式业务发展到提供双向视频业务,如视频点播(VOD)等。其采用的技术主要有直播卫星(DBS)系统、多路多点分配业务(MMDS)和本地多点分配业务(LWDS)三种。

①直播卫星系统。是一种单向传送系统,即目前通常使用的同步卫星广播系统,主要传送单向模拟电视广播业务。

②多路多点分配业务。是一种单向传送技术,需要通过另一条分离的通道(如电话线路)实现与前端的通信。

③本地多点分配业务。是一种双向传送技术,支持广播电视、VOD、数据和语音等业务。

9.6.2 无线接入技术

无线接入技术在本地网中的重要性正在日益增长,越来越多的通信厂商和电信运营部门积极地提出和使用各种各样的无线接入方案,无线通信市场上的各种蜂窝移动通信、无绳电话、移动卫星技术等,也纷纷被用于无线接入网。目前,无线接入技术正开始走向宽带化、综合化与智能化,以下讨论一些正在开发的无线接入新技术。

1. 本地多点分布业务(LMDS)技术

本地多点分布业务(Local Multipoint Distribution Service,LMDS)系统是一种宽带固定无线接入系统。它工作在微波频率的高端(20～40GHz 频段),以点对多点的广播信号传送方式为电信运营商提供高速率、大容量、高可靠性、全双工的宽带接入手段,为运营商在"最后一公里"宽带接入和交互式多媒体应用提供了经济、简便的解决方案。

LMDS 是首先由美国开发的,其不支持移动业务。LMDS 采用小区制技术,根据各国使用频率的不同,其服务范围约为 1.6～4.8km。运营商利用这种技术只需购买所需的网元就可以向用户提供无线宽带服务。LMDS 是面对用户服务的系统,具有高带宽和双向数据传输的特点,可以提供多种宽带交互式数据业务及话音和图像业务,特别适用于突发性数据业务和高速 Internet 接入。

LMDS 是结合高速率的无线通信和广播的交互性系统。LMDS 网络主要由网络运行中心(Network Operating Center,NOC)、光纤基础设施、基站和用户站设备组成。NOC 包括网络管理系统设备,它管理着用户网的大部分领域;多个 NOC 可以互联。光纤基础设施一般包括 SONET OC-3 和 DS-3 链路、中心局(CO)设备、ATM 和 IP 交换机系统,可与 Internet 及 PSTN 互联。基站用于进行光纤基础设施向无线基础设施的转换,基站设备包括与光纤终端的网络接口、调制解调器和微波传输与接收设备,可不含本地交换机。基站结构主要有两种:一种是含有本地交换机的基站结构,则连到基站的用户无需进入光纤基础设施即可与另一个用户通信,这就表示计费、信道接入管理、登记和认证等是在基站内进行的。另一种基站结构是只提供与光纤基础设施的简单连接,此时所有业务都接向光纤基础设施中的 ATM 交换机或 CO 设备。如果连接到同一基站的两个用户希望建立通信,那么通信以及计费、认证、登记和业务管理功能都在中心地点完成。用户站设备因供货厂商不同而相差甚远,但一般都包括安装在户外的微波设备和安装在室内的提供调制解调、控制、用户站接口功能的数字设备。用户站设备可以通过 TDMA、FDMA 及 CDMA 方式接入网络。不同用户站地点要求不同的设备结构。

如图 9-22 所示的是目前被广泛接受的 LMDS 系统。用户站由一个安装在屋顶的天线及室外收发信机和一个用户接口单元组成。而中心站是由一个安装在室外的天线及收发信机以及一个室内控制器组成,此控制器连接到一个 ATM 交换机的光纤环路中。此系统目前仍是以 4 个扇区进行匹配的,今后可能发展到 24 个扇区。

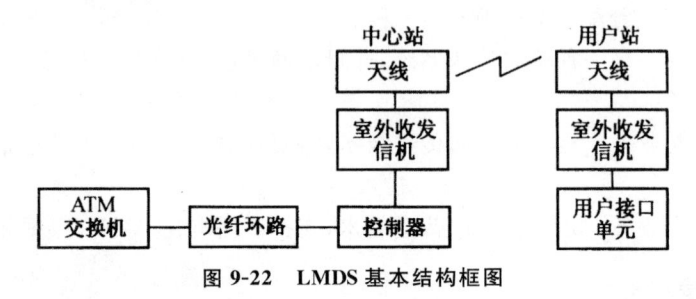

图 9-22 LMDS 基本结构框图

LMDS 技术特点主要有以下几个方面。

(1)可提供极高的通信带宽

LMDS 工作在 28GHz 微波波段附近,是微波波段的高端部分,属于开放频率,可用频带为 1GHz 以上。

(2)蜂窝式的结构配置可覆盖整个城域范围

LMDS 属无线访问的一种新形式,典型的 LMDS 系统为分散的类似蜂窝的结构配置。它由多个枢纽发射机(或称为基地站)管理一定范围内的用户群,每个发射机经点对多点无线链路与服务区内的固定用户通信。每个蜂窝站的覆盖区为 2~10km,覆盖区可相互重叠。每个覆盖区又可以划分多个扇区,可根据用户远端的地理分布及容量要求而定,不同公司的单个基站的接入容量可达 200Mb/s。LMDS 天线的极化特性用来降低同一个地点不同扇区以及不同地点相邻扇区的干扰,即假如一个扇区利用垂直极化方式,那么相邻扇区便使用水平极化方式,这样理论上能保证在同一地区使用同一频率。

(3)LMDS 可提供多种业务

LMDS 在理论上可以支持现有的各种语音和数据通信业务。LMDS 系统可提供高质量的语音服务,而且没有延迟,用户和系统之间的接口通常是 RJ.11 电话标准,与所有常用的电话接口是兼容的。LMDS 还可以提供低速、中速和高速数据业务。低速数据业务的速率为 1.2~9.6kb/s,能处理开放协议的数据,网络允许本地接入点接到增值业务网并可以在标准话音电路上提供低速数据。中速数据业务速率为 9.6kb/s~2Mb/s,这样的数据通常是增值网络本地接入点。在提供高速数据业务(2~55Mb/s)时,要用 100Mb/s 的快速以太网和光纤分布的数据接口(Fiber Distributed Data Interface,FDDI)等,另外还要支持物理层、数据链路层和网络层的相关协议。除此之外，LMDS 还能支持高达 1Gb/s 速率的数据通信业务。

（4）LMDS 能提供模拟和数字视频业务，如远程医疗、高速会议电视、远程教育、商业及用户电视等。

此外，LMDS 有完善的网管系统支持，发展较成熟的 LMDS 设备都具有自动功率控制、本地和远端软件下载、自动故障汇报、远程管理及自动性能测试等功能。这些功能可方便用户对网络的本地和远程进行监控，并可降低系统维护费用。

与传统的光纤接入、以太网接入和无线点对点接入方式相比，LMDS 有许多优势。首先，LMDS 的用户能根据自身的市场需求和建网条件等对系统设计进行选择，并且 LMDS 有多种调制方式和频段设备可选，上行链路可选择 TDMA 或 FDMA 方式，因此，LMDS 的网络配置非常灵活。其次，这种无线宽带接入方式配备多种中心站接口（如 N×E1,E3,155Mb/s 等）和外围站接口（如 E1，帧中继、ISDN、ATM、10MHz 以太网等）。再次，LMDS 的高速率和高可靠性，以及它便于安装的小体积低功耗外围站设备，使得这种技术极适合于市区使用。在具体应用方面，LMDS 除可以代替光纤迅速建立起宽带连接外，利用该技术还可建立无线局域网以及 IP 宽带无线本地环。

2. 蓝牙技术

蓝牙技术是由爱立信公司在 1994 年提出的一种最新的无线技术规范。其最初的目的是希望采用短距离无线技术将各种数字设备（如移动电话、计算机及 PDA 等）连接起来，以消除繁杂的电缆连线。随着研究的进一步发展，蓝牙技术可能的应用领域得到扩展。如蓝牙技术应用于汽车工业、无线网络接入、信息家电及其他所有不便于进行有线连接的地方。最典型的应用是在无线个人域网（Wireless Personal Area Network，WPAN），它可用于建立一个便于移动、连接方便、传输可靠的数字设备群，其目的是使特定的移动电话、便携式计算机以及各种便携式通信设备的主机之间在近距离内实现无缝的资源共享。蓝牙协议能使包括蜂窝电话、掌上电脑、笔记本电脑、相关外设和家庭 Hub 等包括家庭 RF 的众多设备之间进行信息交换。

蓝牙技术定位在现代通信网络的最后 10m 是涉及网络末端的无线互联技术，是一种无线数据与语音通信的开放性全球规范。它以低成本的近距离无线连接为基础，为固定与移动设备通信环境建立一个特别连接。从总体上看，蓝牙技术有如下一些特点。

（1）蓝牙工作频段为全球通用的 2.4GHz 工业、科学和医学（Industry Science and Medicine，ISM）频段，由于 ISM 频段是对所有无线电系统都开放的频带，因此，使用其中的某个频段都会遇到不可预测的干扰源。为此，蓝牙技术特别设计了快速确认和调频方案以确保链路稳定，并结合了极高跳频速率（1600 跳/s）和调频技术，这使它比工作在相同频段而跳频速率均为 50 跳/s 的 802.11 FHSS 和 HomeRF 无线电更具抗干扰性。

（2）蓝牙的数据传输速率为 1Mb/s。采用时分双工方案来实现全双工传输，支持物理信道中的最大带宽，其调制方式为 BT=0.5 的 GFSK。

（3）蓝牙基带协议是电路交换与分组交换的结合。信道上信息以数据包的形式发送，即在保留的时隙中可传输同步数据包，每个数据包以不同的频率发送。蓝牙支持多个异步数据信道或多达 3 个并发的同步话音信道，还可以用一个信道同时传送异步数据和同步话音。每个话音信道支持 64kb/s 同步话音链路。异步信道可支持一端最大速率为 721kb/s 而另一端速率为 57.6kb/s 的不对称连接，也可以支持 432.6kb/s 的对称连接。

一个蓝牙网络由一台主设备和多个辅设备组成，它们之间保持时间和跳频模式同步，每个独立的同步蓝牙网络可称为一个"微微网"。由于蓝牙网络面向小功率、便携式的应用场合,在一般情况下,一个典型的"微微网"的有效范围大约在 10m 之内。微微网结构如图 9-23 所示。当有多个辅设备时,通信拓扑即为点到多点的网络结构。在这种情况下,微微网中的所有设备共享信道及带宽。一个微微网中包含一个主设备单元和可多达 7 个激活的辅设备单元。多个微微网交迭覆盖形成一个分散网。事实上,一个微微网中的设备可以作为主设备或辅设备加入到另一个微微网中,并通过时分复用技术来完成。

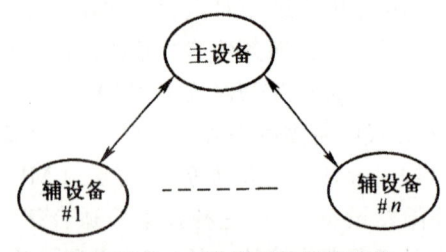

图 9-23 一个微微网的网络结构

从理论上讲,蓝牙技术可以被植入到所有的数字设备中,用于短距离无线数据传输。目前可以预计的应用场所主要是计算机、移动电话、工业控制及无线个人域网(WPAN)的连接。蓝牙接口可以直接集成到计算机主板或者通过 PC 卡或 USB 接口连接,实现计算机之间及计算机与外设之间的无线连接。这种无线连接对于便携式计算机可能更有意义。通过在便携式计算机中植入蓝牙技术,便携式计算机就可以通过蓝牙移动电话或蓝牙接入点连接远端网络,方便地进行数据交换。从目前来看,移动电话是蓝牙技术的最大应用领域。在移动电话中植入蓝牙技术,可以实现无线耳机、车载电话等功能,还能实现与便携式计算机和其他手持设备的无电缆连接,组成一个方便灵活的无线个人域网(WPAN)。无线个人域网(WPAN)将会是全球个人通信世界中的重要环节之一,所以蓝牙技术的战略含义不言而喻。蓝牙技术普及后,蓝牙移动电话还能作为一个工具,实现所有的商用卡交易。

至今已有 250 种以上各种已认证通过的蓝牙产品,而且目前蓝牙设备一般由 2~3 个芯片(9mm×9mm)组成,价格较低。可以说借助蓝牙技术才可能实现"手机电话遥控一切",而其他应用模式还可以进一步开发。

虽然蓝牙在多向性传输方面上具有较大的优势,但也需防止信息的误传和被截取。如果你带一台蓝牙的设备来到一个装备 IEEE 802.11 无线网卡的局域网的环境,将会引起相互干扰;蓝牙具有全方位的特性,若是设备众多,识别方法和速度会出现问题;蓝牙具有一对多点的数据交换能力,故它需要安全系统来防止未经授权的访问;蓝牙的通信速度为 750kbits/s,而现在带 4Mbits/s IR 端口的产品比比皆是,最近 16Mbits/s 的扩展也已经被批准。尽管如此,蓝牙应用产品的市场前景仍然看好,蓝牙为语音、文字及影像的无线传输大开方便之门。蓝牙技术可视为一种最接近用户的短距离、微功率、微微小区型无线接入手段,将在构筑全球个人通信网络及无线连接方面发挥其独特的作用。

第 10 章　网络安全与管理技术

10.1　网络安全概述

当资源共享广泛用于政治、军事、经济以及科学各个领域,网络的用户来自社会各个阶层与部门时,大量在网络中存储和传输的数据就需要保护,因为这些数据在存储和传输过程中,都有可能被盗用、暴露或篡改,这就是网络安全问题。网络安全已经成为一个国际化的问题,它越来越受到人们的重视和关注。

10.1.1　网络安全的定义及要素

1. 网络安全的定义

网络安全概念包括信息的保密性、完整性、可用性、可控性和不可否认性等方面的内容。网络安全概念的形成经历了一个较长的历史阶段,从 20 世纪 90 年代以来逐步得到深化。信息安全需要"攻、防、测、控、管、评"等多方面的基础理论和实施技术的支持。

网络安全是指网络系统的硬件、软件及其系统中的数据受到保护,不受意外的或者恶意的原因而遭到破坏、更改与泄露,系统可以连续可靠正常地运行,网络服务不中断。网络安全从其本质上来讲就是网络上的信息安全。从广义上讲,凡是涉及网络上信息的保密性、完整性、可用性、真实性和可控性的相关技术和理论,都是网络安全所要研究的领域。

计算机网络安全的含义是通过各种计算机、网络、密码技术和信息安全技术等,保护在公用通信网络中传输、交换和存储的信息的机密性、完整性和真实性,并对信息的传播及内容具有控制能力,通过安全措施提高其安全性。

安全措施的目标主要有以下几类。

①访问控制(Access Control):确保会话对方(人或计算机)有权做他所声称的事情。
②认证(Authentication):确保会话对方的资源(人或计算机)同他声称的一致。
③完整性(Integrity):确保接收到的信息同发送的一致。
④审计(Accountability):确保任何发生的交易在事后可以被证实,即不可抵赖性。
⑤保密(Privacy):确保敏感信息不被窃听。

2. 网络安全的基本要素

安全的目标形象可以归纳为:对于非授权者,进不去、看不懂、不添乱、不破坏;对于授权者,不可越权、不可否认;对于管理者,可监督、可审计、可控制。

计算机安全建立在保密性、完整性和可用性之上。对 3 种安全服务的解释随着它们所源自环境的不同而不同。在某种特定环境下,对其中某种安全服务的解释也是由个体需求、习惯和特定组织的规范或法律所决定的。

(1)保密性

保密性是指对信息或资源的隐藏,是信息系统防止信息非法泄露的特征。信息保密的需求源自计算机在敏感领域的使用。访问机制支持保密性。其中密码技术就是一种保护保密性的访问控制机制。所有实施保密性的机制都需要来自系统的支持服务。其前提条件是：安全服务可以依赖于内核或其他代理服务来提供正确的数据，因此假设和信任就成为保密机制的基础。

保密性可以分为以下四类：

①连接保密。即对某个连接上的所有用户数据提供保密。

②无连接保密。即对一个无连接的数据报的所有用户数据提供保密。

③选择字段保密。即对一个协议数据单元中的用户数据经过选择的字段提供保密。

④信息流保密。是对可能通过观察信息流导出信息的信息提供保密。

(2)完整性

指的是数据或资源的可信度，通常使用防止非法的或者未经授权的数据改变来表达完整性。完整性包括数据完整性和来源完整性。完整性机制可分为两大类：预防机制和检测机制。预防机制通过阻止任何未经授权的改写数据的企图，或者通过阻止任何使用未授权的方法来改写数据的企图，以确保数据的完整性。检测机制并不试图阻止完整性的破坏，只是报告数据的完整性已不再可信。

(3)可用性

指的是对信息或资源的期望使用能力。可用性是系统可靠性与系统设计中的一个重要方面。企图破坏系统可用性称为拒绝服务攻击，这可能是最难检测的攻击，要求分析者能够判断异常的访问模式是否可以归结于对资源或环境的蓄意操控。

(4)可控性

指对信息及信息系统实施安全监控管理。主要针对危害国家信息的监视审计，控制授权范围内的信息的流向及行为方式。使用授权机制控制信息传播的范围和内容，必要时能恢复密钥，实现对网络资源及信息的可控制能力。

(5)信息的不可否认性

不可否认性是对出现的安全问题提供调查的依据和手段。使用审计、监控、防抵赖等安全机制，使得攻击者和抵赖者无法逃脱，并进一步对网络出现的安全问题提供调查依据和手段，保证信息行为人不能否认自己的行为。实现信息安全的可审查性，一般通过数字签名等技术来实现不可否认性。

①不得否认发送。这种服务向数据接收者提供数据源的证据，从而可以防止发送者否认发送过这个数据。

②不得否认接收。这种服务向数据发送者提供数据已交付给接受者的证据，因而接收者事后不能否认曾收到数据。

10.1.2 网络安全的威胁与策略

1. 网络安全威胁的因素

研究网络安全，首先要研究构成网络安全威胁的主要因素。网络的安全威胁是指网络信息的一种潜在的侵害。

影响、危害计算机网络安全的因素分为自然和人为两大类。

(1)自然因素

自然因素包括各种自然灾害，如水、火、雷、电、风暴、烟尘、虫害、鼠害、海啸、地震等；系统的环境和场地条件,如温度、湿度、电源、地线和其他防护设施不良所造成的威胁;电磁辐射和电磁干扰的威胁;硬件设备老化,可靠性下降的威胁。

(2)人为因素

人为因素又有无意和故意之分。无意事件包括操作失误、意外损失、编程缺陷、意外丢失、管理不善、无意破坏;人为故意的破坏包括敌对势力蓄意攻击、各种计算机犯罪等。

攻击是一种故意性威胁,是对计算机网络的有意图、有目的的威胁。人为的恶意攻击是计算机网络所面临的最大威胁。

计算机网络面临的威胁包括:截获(Interception)、中断(Interruption)、篡改(Modification)、伪造(Fabrication)。

①截获:当网络用户甲与乙进行网络通信时,如果不采取任何保密措施时,那么其他人就有可能偷看到他们之间的通信内容。

②中断:当网络上的用户在通信时,破坏者可以中断他们之间的通信。

③篡改:当网络用户甲在向乙发送报文时,报文在转发的过程中被丙更改。

④伪造:网络用户丙非法获取用户乙的权限并以乙的名义与甲进行通信。

四种网络安全威胁可以分为被动攻击和主动攻击两大类,截获属于被动攻击,其他属于主动攻击。四种网络安全威胁如图10-1所示。

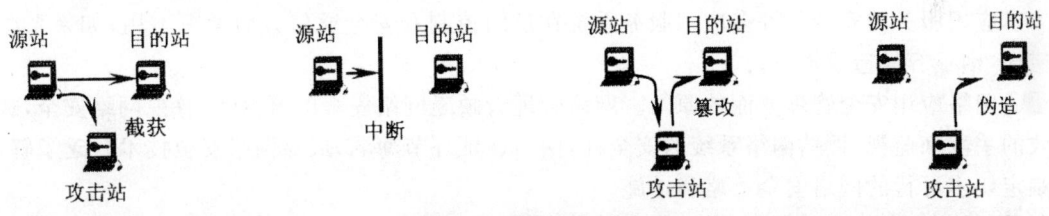

图 10-1 网络安全威胁

被动攻击也称为通信量分析(Traffic Analysis),仅是对网络中协议包(协议数据单元 PDU)进行观察和分析,并不改变 PDU 的内容,通过对 PDU 头部字段(控制信息)的分析,可以了解正在通信的协议实体的内容,如地址、身份、PDU 的长度、传输的频度、交换数据的性质,以及采用的技术等。

主动攻击是对网络中传输的 PDU 进行有选择的修改、删除、延迟、插入重放、伪造等,也包括记录和复制。主动攻击可以是上面四种网络威胁的某种组合,主动攻击可以再划分为:更改报文流、拒绝服务、伪造初始化连接。

①更改报文流:包括对通过连接的 PDU 的真实性、完整性和有序性的攻击。

②拒绝报文服务:指攻击者或者删除通过某一连接的所有 PDU,或者使正常通信的双方或单方的所有 PDU 加以延迟。

③伪造连接初始化:攻击者重放以前已被记录的合法连接初始化序列,或者伪造身份而企图建立连接。

对付被动攻击的重要措施是加密,而对付主动攻击中的篡改和伪造需要使用报文鉴别。

计算机网络安全的目标是:防止析出协议包内容;防止通信量分析;检测到更改、拒绝服务,检测到伪造初始化连接的发生。

还有一种主动攻击称为恶意程序(Rogue Program),主要包括:计算机病毒(Computer Virus);计算机蠕虫(Computer Worm);特洛伊木马(Trojan Horse);逻辑炸弹(Logic Bomb)。计算机病毒是泛指恶意的程序。

①计算机病毒：一种会"传染"其他程序的程序，"传染"是通过修改其他程序来把自身或其变种复制进去完成的。

②计算机蠕虫：一种通过网络的通信功能将自身从一个节点发送到另一个节点并启动的程序。

③特洛伊木马：一种执行的功能超出其所声称的功能的程序。如一个编译程序除执行编译任务之外，还把用户的源程序偷偷地复制下来，这种程序就是一种特洛伊木马。计算机病毒有时也以特洛伊木马的形式出现。

④逻辑炸弹：一种当运行环境满足某种特定条件时执行其他特殊功能的程序。如一个编译程序在平时运行得很好，但当系统时间为13日又为星期五时，它将删除系统中所有的文件，这种程序就是一种逻辑炸弹。

2. 造成网络安全威胁的原因

造成网络安全威胁的原因主要有以下几个：

①操作系统的安全性。目前流行的许多操作系统均存在网络安全漏洞，如UNIX服务器、NT服务器等。

②防火墙的安全性。防火墙产品自身是否安全，设置是否正确，需要经过检验。

③应用服务的安全。许多应用服务系统在访问控制及安全通信方面考虑不用，如果系统设置错误，则很容易造成损失。

④网络应用安全管理方面的原因。网络管理者缺乏网络安全的警惕性，忽视网络安全，缺乏有效的手段来监视、评估网络系统的安全性，网络认证环节薄弱，或对网络安全技术缺乏了解，没有制定切实可行的网络安全策略和措施。

⑤网络安全协议的原因。由于大型网络系统内运行多种网络协议，如TCP/IP、IPX/SPX、NETBEUA等，而这些网络协议在设计之初没有考虑网络安全问题，从协议的根本上缺乏安全的机制，这是网络存在安全威胁的主要原因之一。

⑥未能对来自网络的电子邮件挟带的病毒及Web浏览可能存在的恶意Java和ActiveX控件进行有效控制。

⑦来自内部网用户的安全威胁。网络的管理制度不健全，如缺少管理者的日常维护、数据备份管理、用户权限管理、应用软件的维护等。

⑧来自外部的不安全因素，即网络上存在的攻击。在网络上，存在着很多的敏感信息，有许多信息都是一些有关国家政府、军事、科学研究、经济以及金融方面的信息，有些别有用心的人企图通过网络攻击的手段获取信息。这也是网络存在安全威胁的一个最主要的原因。

3. 网络安全的策略

面对众多的安全威胁，为了提高网络的安全性，除了加强网络安全意识、做好故障恢复和数据备份外，还应制定合理有效的安全策略，以保证网络和数据的安全。安全策略指在某个安全区域内，用于所有与安全活动相关的一套规则。这些规则由安全区域中所设立的安全权力机构建立，并由安全控制机构来描述、实施或实现。网络安全的策略主要包括：物理安全、安全控制和安全服务三方面的内容。

(1) 物理安全

物理安全指的是物理介质层次上对存储和传输的网络信息的安全保护。物理安全是网络安全的最基本保障,是整个安全系统中不可缺少的重要部分。目前,该层次上常见的不安全因素包括三大类。

①自然灾害(如地震、火灾、洪水等)、物理损坏(如硬盘损坏、设备使用寿命到期、外力破损等)和设备故障(如断电、停电、电磁干扰等)。此类不安全因素的特点是:突发性、自然性及非针对性。此类不安全因素对网络信息的完整性和可用性威胁最大。解决这种不安全隐患的有效方法是采取各种防护措施,制订安全规章制度,随时对数据备份等。

②电磁辐射(如侦听微型计算机操作过程)、乘机而入(不合法用户进入安全进程后半途离开)和痕迹泄露(如口令密钥被非法用户获得)。这类不安全因素的特点是:隐蔽性、人为实施的故意性、信息的无意泄露性。破坏网络信息的保密性,解决这类不安全隐患的有效方法是采取辐射防护、屏幕口令、隐蔽销毁等手段。

③操作失误(如偶然删除文件、格式化硬盘、线路拆除等)和意外疏漏(如系统掉电、"死机"等系统崩溃)。这类不安全因素的特点是:人为实施的无意性与偶然性。主要破坏网络信息的完整性和可用性。解决此类不安全隐患的有效方法是状态检测、报警确认、应急恢复等。

(2)安全控制

安全控制是指在网络信息系统中对存储和传输信息的操作和进程进行控制和管理,重点是在网络信息处理层次上对信息进行初步的安全保护。安全控制可以分为以下3个层次:操作系统的安全控制、网络接口模块的安全控制、网络互联设备的安全控制。安全控制主要通过现有的操作系统或网管软件、路由配置等实现。安全控制只提供了初步的安全功能和网络信息保护。

(3)安全服务

安全服务是指在应用程序层对网络信息的保密性、完整性和信源的真实性进行保护和鉴别,以满足用户的安全需求,防止和抵御各种安全威胁和攻击手段。安全服务可以在一定程度上弥补和完善现有的操作系统和网络信息系统的安全漏洞。安全服务主要内容包括安全机制、安全连接、安全协议、安全策略等方面内容。

10.1.3 网络安全的内容及意义

1. 网络安全的内容

计算机网络的安全工作主要集中在以下方面:

①保密。指信息系统防止信息非法泄露的特性,信息只限于授权用户使用,保密性主要通过信息加密、身份认证、访问控制、安全通信协议等技术实现,信息加密是防止信息非法泄露的最基本手段。

②鉴别。鉴别允许数字信息的接受者确认发送人的身份和信息的完整性。鉴别是授权的基础,用于识别是否是合法的用户以及是否具有相应的访问权限,口令认证和数字签名是最常用的鉴别技术。

③访问控制。访问控制是网络安全防范和保护的主要策略,它的主要任务是保证网络资源不被非法使用和非法访问。它也是维护网络系统安全、保护网络资源的重要手段。

④病毒防范。病毒是一种具有自我繁殖能力的破坏性程序,影响计算机的正常运行甚至导致网络瘫痪,利用杀毒软件和建立相应的管理制度可以有效地防范病毒。

2. 网络安全的意义

迅速发展的互联网给人们的生活、工作带来了巨大的方便,人们可以坐在家里通过互联网收发电子邮件、打电话、网上购物、银行转账等,一个网络化社会的雏形已经展现在我们的面前。但是,在网络给人们带来巨大便利的同时,也带来了一些不容忽视的问题,网络信息安全问题就是其中之一。

网络的开放性和黑客攻击是造成网络不安全的主要原因。科学家在设计互联网之初就缺乏对安全性的总体构想和设计,所用的 TCP/IP 协议是建立在可信的环境之上,主要考虑的是网络互联,在安全方面则缺乏考虑。这种基于地址的 TCP/IP 协议本身就会泄露口令,而且该协议是安全公开的,远程访问使许多攻击者无须到现场就能够得手,连接的主机基于互相信任的原则等,这些性质使网络更加不安全。

伴随着计算机与通信技术的迅猛发展,网络攻击与防御技术的对峙局面越来越复杂,网络的开放互联性使信息的安全性问题变得越来越棘手,只要是接入到因特网中的主机都有可能成为被攻击或入侵的对象。

没有安全保障的信息资产,是无法实现自身价值的。作为信息的载体,网络亦然。互联网不仅是金融证券、贸易商务运作的平台,也成为交流、学习、办公、娱乐的新场所更是国家基础设施建设的重要组成部分。信息网络安全体系建设在当代网络经济生活中具有重要的战略意义。

网络安全工作是为了使网络系统的硬件、软件及其系统中的数据受到保护,不因偶然的或者恶意的原因而遭到破坏、更改、泄露,使系统连续可靠地运行,使网络服务不中断。

从用户的角度来说,他们希望涉及个人隐私和商业利益的信息在网络上传输时受到机密性、完整性和真实性的保护,避免其他人或对手利用窃听、冒充、篡改和抵赖等手段对用户的利益和隐私造成损害和侵犯,同时也希望当用户的信息保存在某个计算机系统上时,不受其他非法用户的非授权访问和破坏。

对网络运行和管理者来说,他们希望对本地网络信息的访问受到保护和控制,避免出现病毒、非法存取、拒绝服务和网络资源的非法占用及非法控制等威胁,制止和防御网络黑客的攻击。

对安全保密部门来说,对非法的、有害的或涉及国家机密的信息必须进行过滤和防堵,避免其通过网络泄露,对社会产生危害,给国家造成损失甚至威胁国家安全。

从社会教育和意识形态角度来讲,网络上不健康的内容,会对社会的稳定和人类的发展造成阻碍,必须对其进行控制。

总之,网络安全的本质是在信息的安全期内保证其在网络上流动时和静态存放时不被非授权用户非法访问,但必须保证授权用户的合法访问。

10.2 数据加密技术

随着信息交换的激增,对信息保密的需求也从军事、政治和外交等领域迅速扩展到民用和商用领域。计算机技术和微电子技术的发展为密码学理论的研究和实现提供了强有力的手段和工具。密码学已渗透到雷达、导航、遥控、通信、电子政务。计算机、金融系统、各种管理信息系统,甚至家庭等各个部门和领域。

10.2.1 密码学发展历史

密码学的研究已有几千年的历史。它的发展历史可大致分为三个阶段。1949 年之前是密码发展的第一阶段——古典密码体制。古典密码体制是通过某种方式的文字置换进行的,这种置换一般是通过某种手工或机械变换方式进行转换,同时简单地使用了数学运算。在古代,虽然加密方法已体现了密码学的若干要素,但它还只是一门艺术,而不是一门科学。

1949—1975 年是密码学发展的第二阶段。1949 年 Shannon 发表了题为《保密通信的信息理论》的文章,证明了密码学能够置于坚实的数学基础之上,为密码系统建立了理论基础,从此密码学成了一门科学。这是密码学的第一次飞跃。然而,在该时期密码学主要用在政治、外交、军事等方面,其研究是秘密进行的,密码学理论的研究工作进展不大,公开发表的密码学论文很少。

到了 1976 年后,美国数据加密标准(DES)的公布使密码学的研究公开,密码学也得到了迅速的发展。与此同时,著名的密码学专家 Hellman 在《密码编码学新方向》一文中提出了公开密钥的思想,使密码学产生了第二次飞跃,开创了公钥密码学的新纪元。传统密码体制是加密、解密双方都用相同的密钥和加密函数,每个用户之间都需要一个专用密钥。当保密用户比较多时,密钥的产生、分配和管理是一个很严重的问题。公钥密码体制的思想一改传统做法,将加密、解密密钥甚至加密、解密函数分开,用户只需保留解密密钥,而将加密密钥和加密函数一起公之于众,任何人都可以加密,但只有拿捏解密密钥的用户才能解密,这样就省去了密钥管理的麻烦,特别适应于大容量通信的需要。由于公钥密码体制不仅能完成加密和解密功能,而且还具有数字签名、认证、鉴别等多项功能,因此在信息安全需求急剧增长且日益迫切的今天,公钥密码体制已成为密码学研究的热点。随着计算技术、通信和数学理论的发展,密码学也迅速发展成一门包括密码编码、密码分析、密钥管理、鉴别、认证等多方面的独立学科,密码技术已成为信息安全的核心技术。

10.2.2 密码学的基本概念

1. 明文和密文

明文(Plaintext):加密前的原始信息。是指一般人们能看懂的语言、文字与符号。明文一般用 P 表示,它可能是位序列、文本文件、数字化的语音序列或数字化的视频图像等。

密文(Cliphertext):加密后的密文信息。在加密系统中,要加密的信息称为明文。明文经过变换加密后的形式称为密文,非授权者无法看懂,一般用字母 C 表示。

2. 加密和解密

加密(Enciphering):将明文的数据变成密文的过程。

解密(Deciphering):利用加密的逆变换将密文恢复成明文的过程。

密钥:控制加密和解密运算的符号序列或数学模型。

密码技术是研究数据加密、解密及变换的科学。密码技术包含两个方面:加密和解密。加密就是研究、编写密码系统,把数据和信息转换为不可识别的密文的过程;解密就是研究密码系统的加密途径,恢复数据和信息本来面目的过程。加密和解密过程共同组成了加密系统。

加密,通常由加密算法来实现。解密,通常由解密算法来实现。为了有效地控制加密和解密算法的实现,在其处理过程中要有通信双方掌握的专门信息参与,这种信息被称为密钥(Key)。一个完善的密码系统应包括 5 个要素:明文信息空间、密文信息空间、密钥空间、加密变换 E 和解密变换 D。可以看出,对数据进行加密要通过算法和密钥来实现。图 10-2 表明了加密解密的过程。

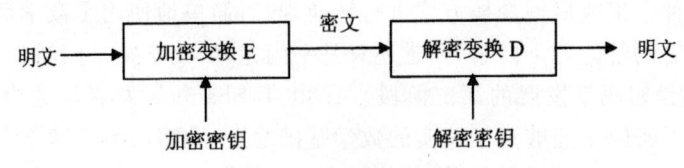

```
明文 → [加密变换 E] →密文→ [解密变换 D] → 明文
            ↑                    ↑
         加密密钥              解密密钥
```

图 10-2　加密解密过程

假设用 E 表示加密函数，D 表示解密函数，若加密和解密运算都使用同一密钥 K，那么加密函数 E 作用于明文 P 得到密文 C，用数学表示式可表示为：

$$E_k(P)=C$$

相反地，解密函数 D 作用于密文 C 得到明文 P，用数学表达式可表示为：

$$D_k(C)=P$$

先加密后再解密，明文将恢复，故必须有以下等式成立：

$$D_k(E_k(P))=P$$

若加密和解密运算使用不同密钥，设加密密钥为 k_e，相应的解密密钥 k_d，则有：

$$E_{k_e}(P)=C \quad E_{k_d}(P)=C \quad D_{k_d}(E_{k_e}(P))=P$$

根据加密和解密过程是否使用相同的密钥，加密算法可以分为对称密钥加密算法(简称对称算法)和非对称加密算法(简称非对称算法)。

对称加密算法是指加密和解密过程都使用同一个密钥。它的特点是运算速度非常快，适合用于对数据本身的加密解密操作。常见的对称算法如各种传统的加密算法、DES 算法等。

非对称算法中使用 2 个密钥，一个称为公钥，一个称为私钥。公钥用于加密，私钥用于解密。相对于对称加密算法，非对称算法的运算速度要慢得多，但是在多人协作或需要身份认证的数据安全应用中，非对称算法具有不可替代的作用。使用非对称算法对数据进行签名，可以证明数据发行者的身份并保证数据在传输的过程中不被篡改。这种算法比较复杂，如 RSA 算法、PGP 算法等，通常用于数据加密。非对称算法的速度较慢，现在多采用对称算法与非对称算法相结合的加密方法，这样，既可以有很高的加密强度又可以有较快的加密速度。此方法现在广泛用于 Internet 的数据加密传送和数字签名。

数据加密是确保计算机网络安全的一种重要机制，由于成本、技术和管理上的复杂性等原因，虽然目前还尚未在网络中普及，但数据加密的确是实现分布式系统和网络环境下数据安全的重要技术之一。

3．加密的方式

数据加密的方式可以在网络 OSI 七层协议的多层上实现，所以从加密技术应用的逻辑位置看，有以下 3 种方式。

(1)链路加密

通常将网络层之下的加密称为链路加密，用于保护通信节点间传输的数据，加解密由置于线路上的密码设备实现。根据传递的数据的同步方式可分为同步通信加密和异步通信加密两种，其中同步通信加密又分为字节同步通信加密和位同步通信加密。

(2)节点加密

节点加密是对链路加密的改进，在传输层上进行加密，主要是对源节点和目标节点之间传输数据进行加密保护，与链路加密类似只是加密算法要结合在依附于节点的加密部件中，克服了链路加密在节点处易遭非法存取的缺陷。

(3) 端对端加密

网络层以上的加密称为端对端加密。它是面向网络层主体,对应用层的数据信息进行加密,易于用软件实现,且成本低,但密钥管理问题困难,主要适合大型网络系统中信息在多个发方和收方之间传输的情况。

4. 密码的分类

在密码学中,从不同的角度根据不同的标准,可以把密码分成若干类。下面是几种不同的密码划分类别。

(1) 按应用技术划分

①手工密码:以手工完成加密作业,或以简单器具辅助操作的密码,称作手工密码。第一次世界大战前主要是这种作业形式。

②机械密码:以机械密码机或电动密码机来完成加解密作业的密码,称作机械密码。这种密码从第一次世界大战出现后到第二次世界大战中得到普遍应用。

③电子机内乱密码:通过电子电路,以严格的程序进行逻辑运算,以少量制乱元素生产大量的加密乱数,因为其制乱是在加解密过程中完成的而不需预先制作,所以称为电子机内乱密码。20 世纪 50 年代末期出现到 20 世纪 70 年代广泛应用。

④计算机密码:以计算机软件编程进行算法加密为特点,适用于计算机数据保护和网络通信等广泛用途的密码。

(2) 按保密程度划分

①理论上保密密码:不管获取多少密文或有多大的计算能力,对明文始终不能得到唯一解的密码,称为理论上保密的密码,也称理论不可破的密码。如客观随机一次一密的密码就属于这种。

②实际上保密密码:在理论上可破,但在现有客观条件下,实际无法通过计算来确定唯一解的密码,称为实际上保密的密码。

③不保密密码:在获取一定数量的密文后可以得到唯一解的密码,称作不保密密码。如早期单表代替密码,后来的多表代替密码,以及明文加少量密钥等密码,现在都是不保密的密码。

(3) 按密钥方式划分

①对称式密码:收发双方使用相同密钥的密码,叫作对称式密码。传统的密码都属此类。

②非对称式密码:收发双方使用不同密钥的密码,叫作非对称式密码。如现代密码中的公共密钥密码就属此种。

(4) 按明文形态划分

①模拟型密码:是加密模拟信息的密码。例如,对动态范围之内,连续变化的语音信号进行加密的密码,就属于模拟型密码。

②数字型密码:加密数字信息的密码。对两个离散电平构成 0、1 二进制关系的电报信息加密的密码称为数字型密码。

(5) 按编制原理划分

可分为移位、代替和置换三种,以及它们的组合形式。可以说古今中外的密码,无论其形态是怎样繁杂和变化巧妙,都是按照这三种基本原理编制的。移位、代替与置换这三种原理在密码编制和使用中可以相互结合,灵活运用。

10.2.3 对称加密算法

如果在一个密码体系中,加密密钥和解密密钥相同,就把它称为对称加密算法,常用的对称加密算法为 DES 算法。

DES(Data Encryption Standard),它是按分组方式进行工作的算法,通过反复使用替换和换位两种基本的加密组块的方法来达到加密的目的。

DES 最初是在 20 世纪 60 年代由 IBM 公司研制的,1977 年被美国国家标准局(NBS),即现在的国家标准和技术研究所(NIST)采纳,成为美国联邦信息标准,ISO 曾把 DES 作为数据加密标准。DES 是世界上第一个公认的实用密码算法标准。DES 是一种分组密码,采用 64 位密钥,其中实际密钥长度为 56 位,8 位用于奇偶校验。

1. DES 算法的基本思想

DES 的保密性仅取决于对密钥的保密,算法是公开的。加密前把明文分成 64 位长的分组,然后对每一个 64 位二进制数据进行加密处理,产生一组 64 位密文数据,最后把各组密文串接起来,得到整个密文。DES 加密框图如图 10-3 所示。

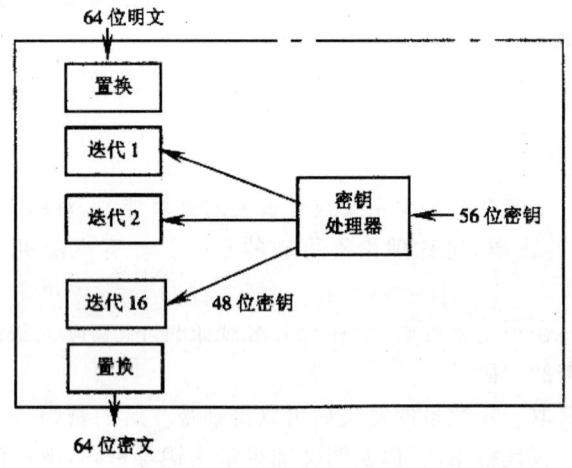

图 10-3　DES 加密过程框图

进行加密时,开始时先对 64 位明文进行置换,把左半边 32 位与右半边 32 位进行交换,中间部分再进行 16 次的迭代处理,每一次迭代都要和相应的密钥进行复杂的加密运算。过程中用到的 16 个密钥是经过密钥处理器,把原来的一个 56 位密钥变换出 16 个不同的 48 位密钥。最后再进行一次置换得出 64 位密文。

在 DES 处理过程中,对明文的处理经过了三个阶段:首先,64 位明文经过初始置换被重新排列;然后进行 16 轮的相同函数的置换和代换作用;最后一轮迭代输出 64 位密文,是输入明文和密钥的函数。将左半部分 32 位和右半部分 32 位互换产生预输出,最后预输出再与初始置换的逆初始置换作用产生 64 位密文。

DES 中 56 位密钥的使用过程是,密钥在开始时经过一个置换,然后经过循环左移和另一个置换分别得到子密钥 K_i,供每一轮迭代加密使用。虽然每轮使用同样的置换函数,但由于密钥位的重复迭代使得子密钥是不相同的。

DES 的一个特点是雪崩效应,明文或 56 位密钥中的微小变化就会引起密文产生很大的变化,使得破解密文非常困难。

解密过程类似于加密过程,只是生成 16 个密钥的顺序正好相反。DES 明显是一种单字符替代,而这种字符的长度是 64 位,相同的明文就产生相同的密文,这显然对安全性是不利的。可以采用加密分组链接的方法来提高 DES 的安全性。加密分组链接如图 10-4 所示。

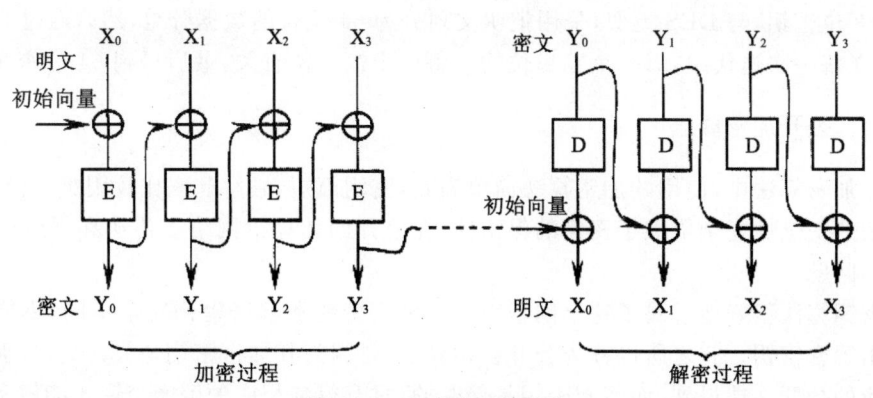

图 10-4 加密分组的链接

在加密过程中 64 位的明文分组 X_0 先与初始向量逐位进行异或运算,然后进行加密操作得到密文 Y_0。再将 Y_0 和下一个明文分组 X_1 进行异或运算后再加密,得到密文 Y_1,依次类推得到完整的密文。采用这种方法,相同的明文就会产生不相同的密文,增强了 DES 的安全性。在解密过程中,先对密文分组 Y_0 解密,再与初始向量进行异或运算,得出明文 X_0,下一个密文分组在经过解密后,与密文 Y_0 进行异或运算得出第二个明文分组 X_1,依次类推得出整个明文。

2. DES 算法的安全性分析

尽管人们在破译 DES 算法方面取得了很多进展,但仍未能找到比穷举搜索密钥更有效的方法。由于一直未公布迭代算法的过程,人们怀疑最多的是 16 次迭代运算,担心破译者利用迭代算法的薄弱性来破译 DES。

DES 密钥的长度为 56 位,可以有 2^{56} 种不同的密钥,即约有 7.2×10^{16} 种密钥。现在已经设计出搜索 DES 密钥的专用芯片。进一步的改进是设计三重 DES,使用两个密钥,执行三次 DES 算法,如图 10-5 所示,方框中 E 代表执行加密算法、D 代表执行解密算法,加密时是 E-D-E,解密时是 D-E-D,加密时采用 E-D-E,而不是 E-E-E,主要是为了与现有的 DES 系统向后兼容,其实加密和解密过程都是在两个 64 位的数之间的一种映射,从密码学的角度看,这两种映射的作用是一样的。在加密和解密过程中使用两个密钥是因为两个密钥加起来的长度已经达到 112 位,已经足够用了,以减少不必要的开销。1985 年三重 DES 成为美国的一个商用加密标准。目前尚未有攻破三重 DES 的报道。

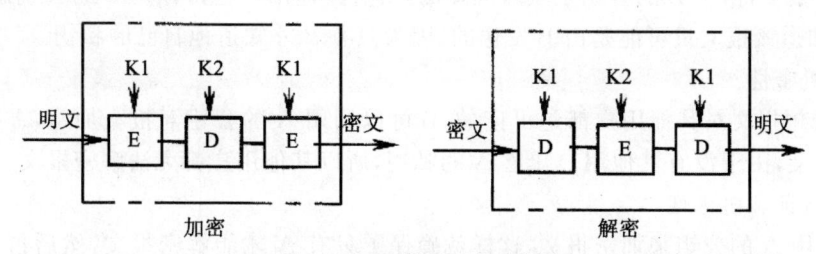

图 10-5 三重 DES 加密解密

1998年7月,EFF(Electronic Frontier Foundation)宣布使用一台造价不到25万美元的专用计算机,用不到三天是时间破译了DES,证明DES是不安全的。EFF还公布了所使用的计算机的细节,使其他人也可以制造自己的破译机。

国际数据加密算法(International Data Encryption Algorithm,IDEA)是在DES之后出现的,使用128位密钥,与DES类似,采用把明文划分为64位长的数据分组,然后经过8次迭代和一次变换,在每一次迭代中,每一个输出位均与每一个输入位有关,最后得到64位密文。

10.2.4 公开加密算法

在对称加密算法中,使用的加密算法简单高效,密钥简短,破解起来比较困难。但是,由于对称加密算法的安全性完全依赖于密钥的保密性,在公开的计算机网络上传送和保管密钥就成为一个严峻的问题。

公开密钥算法很好地解决了这个问题。它的加密密钥和解密密钥完全不同,不能通过加密密钥推算出解密密钥。它之所以称为公开密钥算法,是因为其加密密钥是公开的,任何人都能通过查找相应的公开文档得到,而解密密钥是保密的,只有得到相应的解密密钥才能解密信息。

1. 公开密钥算法概述

公开密钥算法的发展是密码学发展历史中最伟大的一次革命,公开密钥算法与其前的加密算法完全不同,公钥算法基于数学函数而不是基于替换和置换,使用两个独立的密钥,在信息的保密性、认证和密钥分配应用中有重要的意义。而此之前的密码体制,包括DES都是基于替换和置换这些初等方法的。

公开密钥算法是1976年由Stanford大学的科研人员Diffie和Hellman提出的。公开密钥算法也称为非对称加密算法,是使用不同的加密密钥和解密密钥,是一种由已知加密密钥推导出解密密钥在计算上是不可行的密钥体制。

公开密钥算法出现的原因主要是两个,一个是用来解决常规密钥密码体制中的密钥分配(Key Distribution)问题,另一个是解决和实现数字签名(Digital Signature)。

在公开密钥算法中,加密密钥也称为公钥(Public Key,PK),是公开信息;解密密钥也称为私钥(Secret Key,SK),不公开是保密信息,私钥也叫秘密密钥;加密算法E和解密算法D也是公开的。SK是由PK决定的,不能根据PK计算出SK。私钥产生的密文只能用公钥来解密;另一方面,公钥产生的密文也只能用私钥来解密。

利用公钥和私钥对可以实现以下安全功能:

(1) 提供认证

用户B用自己的私钥加密发送给用户A的报文,当A收到来自B的加密报文时,可以用B的公钥解密该报文,由于B的公钥是众所周知的,所有其他用户也可以用B的公钥解密该报文,但是A可以知道该报文只可能是由B发送的,因为只有B才知道他自己的私钥。

(2) 提供机密性

若B不希望报文对其他用户都是可读的,B可以利用A的公钥对报文加密,A可以利用他的私钥解密报文,由于没有其他用户知道A的私钥,所以其他用户都无法解密报文。

(3) 提供认证和机密性

B可以先用A的公钥来加密报文,这样就确保了只有A才能解密报文,然后再用B自己的私钥对密文进行加密,这就确保了报文是来自B的。当A收到该报文时,他先用B的公钥解密该报文,得到一个结果,然后 A 自己的私钥对得到的结果再次进行解密。

需要说明的是,任何加密方法的安全性取决于密钥的长度,以及攻破密钥所需要的计算量。公钥加密算法的开销比较大,另外公钥的密钥分配还需要密钥分配协议。所以不能简单说传统的对称加密体制不如公钥密码体制好。

公钥密码体制的使用过程如图 10-6 所示。

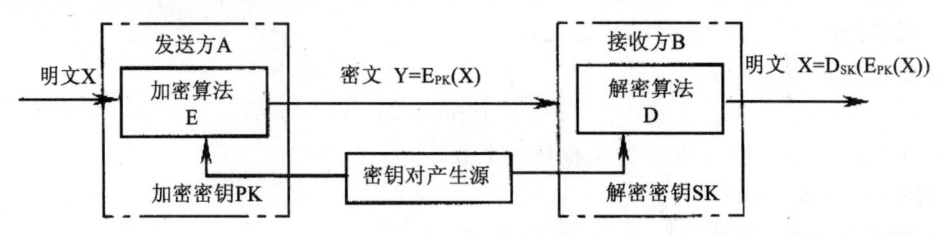

图 10-6 公开密钥算法

公开密钥算法有 6 个组成部分:
①明文。算法的输入,是可读消息或数据。
②加密算法。用于对明文进行各种转换。
③公钥和私钥。算法的输入,加密和解密算法执行的变换依赖于公钥和私钥。
④密文。为算法的输出,依赖于明文和密钥。
⑤解密算法。用于接收密文,利用相应的密钥恢复出原始的明文。

公钥算法的特点是:
①发送方用加密密钥 PK(公钥)对明文 X 加密,在接收方用解密密钥 SK(私钥)解密,恢复出明文,即

$$D_{SK}(E_{PK}(X)) = X$$

加密和解密运算可以对调,运算结果是一样的,即

$$E_{PK}(D_{SK}(X)) = X$$

②加密密钥不能用它来解密,即

$$D_{PK}(E_{PK}(X)) \neq X$$

③从已知的 PK 不可能推导出 SK,在计算上是不可能的。
④加密算法和解密算法是公开的。
⑤可以很容易地生成 PK 和 SK 对。

需要说明的是,有关公开密钥算法的研究和应用存在几种误解,具体分析如下:

第一种误解是认为从密码分析的角度看,公钥密码比传统密码更安全。事实上,任何加密方法的安全性依赖于密钥的长度和破译密文所需要的计算量。

第二种误解是公钥密码是一种通用的方法,公钥密码学在数字签名、认证和密钥管理中有很好的应用价值,传统密码已经过时。实际情况正相反,因为现有的公钥密码方法需要计算量很大,所以很快就取消传统密码是不可能的。

第三种误解是传统密码中实现与密钥中心握手是一件很不容易的事情,而用公钥实现密钥分配则很简单。实际上,采用公钥密码也需要某种形式的协议,该协议通常包含一个中心代理,所包含的处理过程也不比传统密码简单,更谈不上更有效。

2. RSA 加密算法

在 Diffie 和 Hellman 的"密码学新方向"这篇文章中提出公钥设想后两年,麻省理工学院的 Ron Rivest、Adi Shamir 和 Len Adleman 于 1977 年研制并于 1978 年首次发表了一种算法,即 RSA 算法。从此,RSA 算法作为唯一被广泛接受并实现的通用公开密钥加密方式而受到推崇。该算法的基础是数论的欧拉定理,它的安全性依赖于大数的因数分解的困难性。

(1) 欧拉定理

若整数 a 和 m 互素,则:

$$a^{\phi(m)} \equiv 1 (\bmod\ m)$$

其中,$\phi(m)$ 是比 m 小但与 m 互素的正整数的个数。

(2) RSA 加密算法过程

RSA 加密算法的过程如下:

① 取两个素数 p 和 q(保密)。

② 计算 $n=pq$(公开),$\phi(n)=(p-1)(q-1)$(保密)。

③ 随机选取整数 e,满足 $\gcd(e,\phi(n))=1$(公开)。

④ 计算 d,满足 $de \equiv 1(\bmod \phi(n))$(保密)。

⑤ 加密算法:$c=E(m) \equiv m^e (\bmod\ n)$,解密算法:$D(c) \equiv c^d (\bmod\ n)$,其中 m 是明文,c 是密文。

⑥ $\{e,n\}$ 为公开密钥,d 为私人密钥,p、q 不再需要,可以丢弃,但不能泄露。一般 n 的长度是 1024 位或者更长。

RSA 加密消息 m 时,首先将消息分成大小合适的数据分组,然后对分组分别进行加密,每个分组的长度均应该比 n 位数要小。

例如,选择两个小的素数取 $p=11$,$q=13$,p 和 q 的乘积为 $n=p \times q=143$,算出另一个数 $\phi(n)=(p-1)(q-1)=120$,再选取一个与 $z=120$ 互质的数,例如,$e=7$,对于这个 e 值,可以算出另一个值 $d=103$ 满足 $e \times d = 1 \bmod z$;其实 $7 \times 103 = 721$ 除以 120 确实余 1。(n,e) 和 (n,d) 这两组数分别为公开密钥和私人密钥。

设想 A 需要发送机密信息(明文,即未加密的报文)$m=85$ 给 B,A 已经从公开媒体得到了 B 的公开密钥 $(n,e)=(143,7)$,于是 A 算出加密值 $c=m^e \bmod n=85^7 \bmod 143=123$ 并发送给 B。B 在收到"密文"(即经加密的报文)$c=123$ 后,利用只有 B 自己知道的私人密钥 $(n,d)=(143,123)$ 计算 $123^{123} \bmod 143$,得到的值就是明文(值)85,实现了解密。

在 RSA 的加/解密过程中都涉及求一个大整数的幂,然后模 n,所以加/解密的速度会比较慢,不论在硬件实现时还是软件实现时,RSA 比 DES 要慢很多。

(3) RSA 算法的安全性分析

如上所述,RSA 算法的安全性取决于从 z 中分解出 p 和 q 的困难程度。因此,如果能找出有效的因数分解的方法,将是对 RSA 算法的一个锐利的"矛"。密码分析学家和密码编码学家一直在寻找更锐利的"矛"和更坚固的"盾"。为了增加 RSA 算法的安全性,最实际的做法就是增加 n 的长度。随着 n 的位数的增加,分解 z 将变得非常困难。

随着计算机硬件水平的发展,对一个数据进行 RSA 加密的速度将越来越快,另一方面,对 n 进行因数分解的时间也将有所缩短。但总体来说,计算机硬件的迅速发展,对 RSA 算法的安全性是有利的,也就是说,硬件计算能力的增强,使得人们可以给 n 加大位数,而不致于放慢加密和解密运算的速度；而同样硬件水平的提高，对因数分解计算的帮助却没有那么大。

(4) RSA算法在网络安全中的应用

在计算机网络上进行通信时，不像书信或文件传送那样，可以通过亲笔签名或印章来确认身份。经常会发生这样的情况：发送方不承认自己发送过某一个文件；接收方伪造一份文件，声称是对方发送的；接收方对接收到的文件进行篡改等。那么，如何对网络上传送的文件进行身份验证呢？这就是数字签名所要解决的问题。

一个完善的数字签名应该解决好下面的3个问题。

① 接收方能够核实发送方对报文的签名。
② 发送方事后不能否认自己对报文的签名。
③ 除了发送方的其他任何人不能伪造签名，也不能对接收或发送的信息进行篡改与伪造。

满足上述3个条件的数字签名技术，就可以解决对网络上传输的报文进行身份验证的问题了。

数字签名的实现采用了密码技术，其安全性取决于密码体系的安全性。现在经常采用公钥密钥加密算法实现数字签名，特别是采用RSA算法。下面简单介绍数字签名的实现思想。

假设发送者A要发送一个报文信息P给接收者B，那么A采用私钥SKA对报文P进行解密运算，实现对报文的签名。然后将结果$D_{SKA}(P)$发送给接收者B。B在接收到$D_{SKA}(P)$后，采用已知发送者A的公钥PKA对报文进行加密运算，就可以得到$P=E_{PKA}(D_{SKA}(P))$，核实签名，如图10-7所示。加密运算和解密运算都是数学运算，此处解密运算用于数字签名，加密运算用于核实身份。

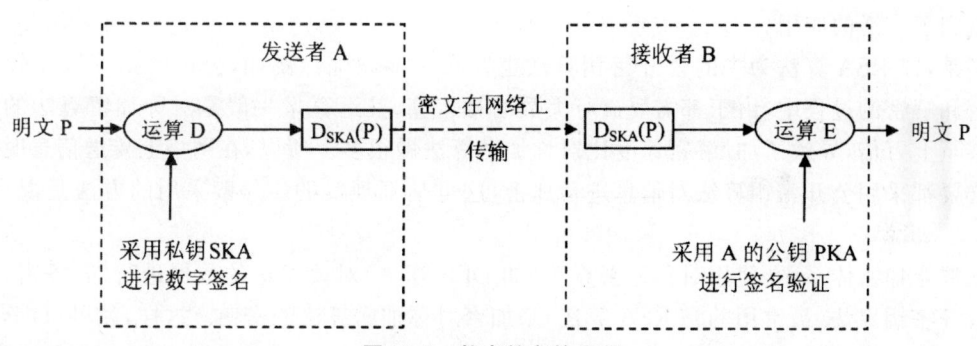

图10-7 数字签名的实现

对上述过程的分析如下：

① 由于除了发送者A外没有其他人知道A的私钥SKA，所以除了A外没有人能生成$D_{SKA}(P)$。因此，B就相信报文$D_{SKA}(P)$是A签名后发送出来的。
② 如果A要否认报文P是其发送的，那么B就可以$D_{SKA}(P)$和报文P在第3方面前出示，第3方就很容易利用已知的A的公钥PKA证实报文P确实是A发送的。
③ 如果B要将报文P篡改、伪造为Q，那么，B就无法在第3方面前出示$D_{SKA}(P)$，这就证明B伪造了报文P。

上述过程实现了对报文信息P的数字签名，但报文P并没有进行加密，如果其他人截获了报文$D_{SKA}(P)$并知道了发送者的身份，就可以通过查阅文档得到发送者的公钥PKA，因此，获取报文P的内容。

为了达到加密的目的，可以采用下面的模型：在将报文$D_{SKA}(P)$发送出去之前，先用B的公钥 PKB 对报文进行加密；B 在接收到报文后先用私钥 SKB 对报文进行解密，然后再验证签名。这样，就可以达到加密和签名的双重效果，如图 10-8 所示。

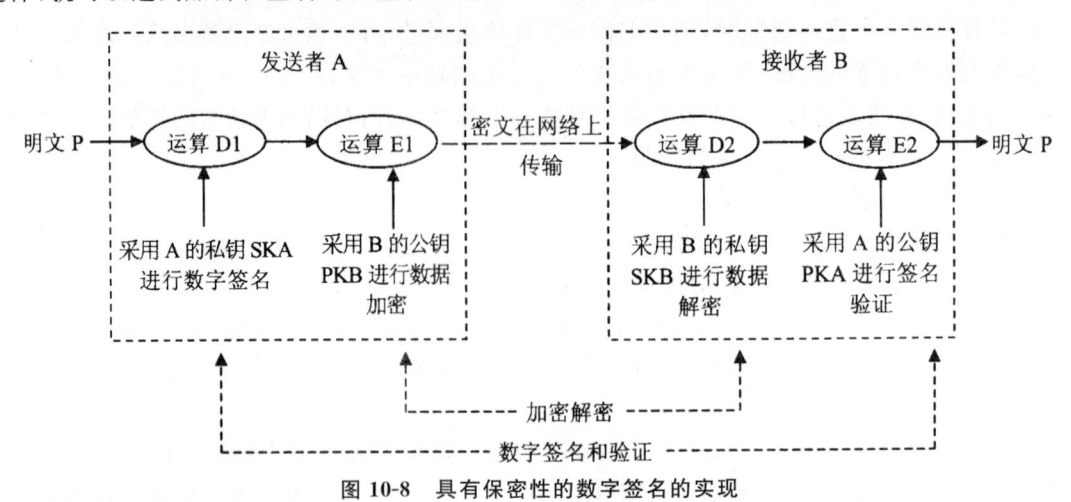

图 10-8　具有保密性的数字签名的实现

目前，数字签名技术在商业活动中得到了广泛的应用，所有需要手动签名的地方，都可以使用数字签名。比如使用了电子数据交换(EDI)来购物并提供服务，就使用了数字签名。再如，中国招商银行的网上银行系统，也大量地使用了数字签名来验证用户的身份。随着计算机网络和 Internet 在人们生活中所占地位的逐步提高，数字签名必将会成为人们生活中非常重要的事情。

公开密钥算法由于解决了对称加密算法中的加密和解密密钥都需要保密的问题，在网络安全中得到了广泛的应用。

但是，以 RSA 算法为主的公开密钥算法也存在一些缺陷。例如，公钥密钥算法比较复杂。在加密和解密的过程中，由于都需要进行大数的幂运算，其运算量一般是对称加密算法的几百、几千甚至上万倍，导致了加/解密速度比对称加密算法慢很多。所以，在网络上传送信息时，一般没有必要都采用公开密钥算法对信息进行加密，这也是不现实的。一般采用的方法是混合加密体系。

在混合加密体系中，使用对称加密算法(如 DES 算法)对要发送的数据进行加/解密，同时，使用公开密钥算法(最常用的是 RSA 算法)来加密对称加密算法的密钥。这样，就可以综合发挥两种加密算法的优点，既加快了加/解密的速度，又解决了对称加密算法中密钥保存和管理的困难，是目前解决网络上信息传输安全性的一个较好的解决方法。

10.2.5　密钥管理

密钥是加密算法中的可变部分，利用加密手段对大量数据的保护归结为对密钥的保护，而不是对算法或硬件的保护。密码体制可以公开，密码设备可能丢失，但密码机仍可以使用。然而一旦密钥丢失或出错，不但合法用户不能获取信息，而且可能使非法用户窃取信息，因此，网络系统中密钥的保密和安全管理问题就成为首要的核心问题。

密钥管理是处理密钥自产生到最终销毁整个过程中的有关问题，包括密钥的设置、生成、分配、保护、存储、使用、备份和销毁等一系列过程。密钥管理方法实质上因所使用的密码体制(对称密码体制和公钥密码体制)而异，所有的这些工作都围绕一个宗旨，即确保使用中的密码是安全的。

1. 密钥设置协议

目前流行的密钥管理方案中一般采用层次的密钥设置,目的在于减少单个密钥的使用周期,增加系统的安全性。概念上密钥分成两大类:数据加密密钥(DK)和密钥加密密钥(KK)。前者直接对数据进行操作,后者用于保护密钥,使之通过加密而安全传递。

2. 密钥生成

密钥的生成与所使用的算法有关,所以生成密钥的算法应该是强壮的。生成的密钥空间也不能低于算法中所规定的密钥空间。大部分密钥生成算法采用随机过程或伪随机过程来生成密钥,以保证密钥的随机生成,此外,还要规定不能使用现实中有意义的字符串。

3. 密钥分配

密钥分配的研究一般解决两个问题:一是引进自动分配密钥机制,以提高系统的效率;二是尽可能减少系统中驻留的密钥量。当然这两个问题可能统一起来解决。

目前,典型的自动密钥分配途径有两类:集中式分配方案和分布式分配方案。所谓集中式分配是指利用网络中的"密钥管理中心"来集中管理系统中的密钥,"密钥管理中心"接受系统中用户的请求,为用户提供安全分配密钥的服务。分布式分配方案取决于它们自己的协商,不受任何其他方面的限制。当然,系统密钥分配可能采取两种方案的混合,主机采用分布式分配密钥,而主机对于终端或它所属通信子网中的密钥可采用集中方式分配。

4. 密钥保护

密钥从产生到终结的整个生存期中,都需要加强安全保护。密钥决不能以明文的形式出现,所有密钥的完整性也需要保护,因为一个攻击者可能修改或替代密钥,从而危机机密性服务。另外,除了公钥密码系统中的公钥外,所有的密钥需要保密。

在实际中,存储密钥的最安全的方法是将其放在物理上安全的地方。当一个密钥无法用物理的办法进行安全保护时,密钥必须用其它的方法来保护,可通过机密性(例如,用另一个密钥加密)或完整性服务来保护。在网络安全中,用最后一种方法可导致密钥的层次分级保护。

5. 密钥使用与存储

密钥使用是指从密钥的存储介质上获得密钥进行加密和解密的活动。在密钥使用过程中,要确保密钥不泄密,也要在密钥过期的时候更换新的密钥。而且,当确信或怀疑密钥泄露出去时,应立即停止该密钥的使用,并应该删除该密钥及其相关信息。密钥使用应保证顺利实现加密和解密,确保密钥的安全。

密钥存储包括无介质存储、记录介质存储和物理介质存储等。

(1) 无介质存储

无介质存储也就是不存储密钥,这也许是最安全的方法之一。只要管理者自己不泄露,别人就根本无法知道密钥的一丝信息;相反,元介质存储也可能转化为最不安全的方法,因为一旦管理者忘记了密钥,就再也不可恢复那些经过加密的信息了。

(2) 记录介质存储

记录介质存储是把密钥存储在计算机的硬盘、移动存储器等上面。当然,该存储介质如果能够进行严格的授权访问,那将是一个很不错的方法。

(3) 物理介质存储

物理介质存储是将密钥存储在一个特殊的物理介质(如 IC 卡)上。这种物理介质便于携带、安全、方便。当需要使用密钥时可以将其插入到特殊的读入装置上,然后把密钥输入到系统中去。

6. 密钥备份/恢复

密钥的备份是非常有意义的,在密钥主管发生意外的情况下,以便恢复加密的信息,否则加密的信息就会永远地丢失了。

有几种方法可避免这种事情发生。最简单的方法称密钥托管方案,它要求所有雇员将自己的密钥写下来交给公司的安全官,由安全官将文件锁在某个地方的保险柜里(或用主密钥对它们进行加密)。当发生意外情况时,可向安全官索取密钥。

一个更好的方法是采用一种秘密共享协议,即将密钥分成若干片,然后,每个有关的人员各保管一部分,单独的任何一部分都不是密钥,只有将所有的密钥片搜集全,才能重新把密钥恢复出来。

7. 密钥销毁

任何一个密钥都不可能无限期地使用。通常,密钥使用的时间越长,泄露的概率就越大。如果密钥已经泄露,那么使用的时间越长造成的损失也越大。因此,密钥必须定期更换,而密钥更换以后,原来的密钥就必须销毁,包括该密钥所有的拷贝以及重新生成或重新构造该密钥所需的信息都要全部删除,结束该密钥的生命周期。

10.3　病毒防范技术

计算机病毒是一个程序,一段可执行代码。就像生物病毒一样,计算机病毒有独特的自我复制能力。很多计算机病毒可以很快的蔓延,并难以根除。病毒程序能把自身附着在各类型的文件上面,通过文件的传送在网络和计算机之间不断蔓延。

网络防病毒是网络管理员和网络用户极为关心的问题。网络防病毒技术是网络应用系统设计中必须解决的问题之一。对待网络病毒的态度应该是:高度重视但不要惊慌失措;采取严格的防病毒技术与防范措施,将病毒的影响减小到最低程度。

10.3.1　计算机病毒的产生及分类

1. 计算机病毒的产生

计算机病毒并非是最近才出现的新产物,事实上,早在1949年,计算机的先驱者约翰·冯纽曼(John Von Neumann)在他的一篇论文《复杂自动装置的理论及组织的行为》中,就提出一种会自我繁殖的程序(现在称为病毒)。

10年之后,在美国电话电报公司(AT&T)的贝尔(Bell)实验室中,这一概念在一种很奇怪的电子游戏磁芯大战(Core war)中形成。磁芯大战是当时贝尔实验室中3个年轻工程师完成的。Core war 的进行过程如下:双方各编写一套程序,输入同一台计算机中。这两套程序在计算机内存中运行,它们相互追杀。有时它们会设置一些关卡,停下来修复被对方破坏的指令。当它们被困时,可以自己复制自己,逃离险境。因为它们都在计算机的内存(以前是用磁芯做内存的)游走,因此叫 Core War。这也就是计算机病毒的雏形。

1983年,弗雷德·科恩(Fred Cohen)研制出一种在运行过程中可以复制自身的破坏性程序,制造了第一个病毒,并将病毒定义为"一个可以通过修改其他程序来复制自己并感染它们的程序",伦·艾德勒曼(Len Adleman)将它命名为计算机病毒(Computer Vires)。之后,专家们

VAXIU750 计算机系统上运行它，第一个病毒实验成功，从而在实验中验证了计算机病毒的存在。

1986 年初，第一个真正的计算机病毒问世，即在巴基斯坦出现的 Bram 病毒。该病毒在一年内流传到了世界各地，并且出现了多个对原始程序的修改版本，引发了如"Lehigh"、"耶路撒冷"和"迈阿密"等许多其他病毒的涌现。所有这些病毒都针对 PC 用户并以软盘为载体随着寄主程序的传递感染其他计算机。

我国的计算机病毒最早发现于 1989 年，来自西南铝加工厂的病毒报告——小球病毒报告。此后，国内各地陆续报告发现该病毒。在不到 3 年的时间内，我国又出现了"巴基斯坦智囊"、"黑色星期五"、"雨点"、"磁盘杀手"、"音乐"、"扬基都督"等数百种不同传染和发作类型的病毒。1989 年 7 月，公安部计算机管理监察局监察处病毒研究小组针对国内出现的病毒，迅速编写了反病毒软件 KILL 6.0，这是国内第一个反毒软件。

2. 计算机病毒的分类

病毒的种类多种多样，主要有以下几种。

(1) 文件型的病毒

文件型的病毒将自身附着到一个文件当中，通常是附着在可执行的应用程序上（如一个字处理程序或 DOS 程序）。通常文件型的病毒是不会感染数据文件的，然而数据文件可以包含有嵌入的可执行的代码（例如宏），它可以被病毒使用或被"特洛伊木马"的作者使用。新版本的 Microsoft Word 尤其易受到宏病毒的威胁。文本文件，如批处理文件、Postscript 语言文件和那些可被其他程序编译或解释的含有命令的文件都是 Malware（怀有恶意的软件）潜在的攻击目标。

(2) 引导扇区病毒

引导扇区病毒改变每一个用 DOS 格式来格式化的磁盘的第一个扇区里的程序。通常引导扇区病毒先执行自身的代码，然后再继续计算机的启动进程。大多数情况下，如果在这台染有引导型病毒的机器上对可读写的软盘进行读写操作，那么这张软盘就会被感染。

(3) 宏病毒

宏病毒主要感染一般的配置文件（如 Word 模板），导致以后所编辑的文档都会带有可以感染的宏病毒。

(4) 欺骗病毒

欺骗病毒能够以某种特定长度存在，从而将自己在可能被注意的程序中隐蔽起来，也称为隐蔽病毒。

(5) 多形性病毒

多形性病毒通过在可能被感染的文件中搜索专门的字节序列使自身不易被检测到，这种病毒随着每次复制而发生变化。

(6) 伙伴病毒

伙伴病毒通过一个文件传播，该文件首先将代替脚本希望运行的文件被执行，之后再运行原始的文件。

10.3.2 计算机病毒的基本机制

1. 病毒的传播机制

计算机病毒的传染是以计算机系统的运行及读写磁盘为基础的，没有这样的条件计算机病毒是不会传染的。计算机系统的内存是一个非常重要的资源,可以认为所有的工作都需要在内存中运行(相当于人的大脑),所以控制了内存就相当于控制了人的大脑,病毒会通过各种方式把自己植入内存,获取系统最高控制权,然后感染在内存中运行的程序。

要注意的是,所有的程序都是在内存中运行,也就是说,在感染了病毒后,所有运行过的程序都有可能被传染上,感染哪些文件由病毒的特性来决定。

病毒的感染对象主要包括:可执行文件、引导区文档文件以及其他目标。

感染的方式包括:移动存储、电子邮件及其下载、共享目录等。

2. 病毒的特点

计算机病毒具有以下特点:

(1)传染性

传染性是计算机病毒的最重要的特性。计算机病毒的传染性是指病毒具有把自身复制到其他程序中的特性,它会通过各种渠道从已被感染的计算机扩散到未被感染的计算机。计算机病毒是一段人为编制的计算机程序代码,这段程序代码一旦进入计算机并得以执行,就会搜寻其他符合其传染条件的程序或存储介质,确定目标后再将自身代码插入其中,达到自我繁殖的目的。只要一台计算机染毒,当它再与其他计算机通过存储介质或者网络进行数据交换时,病毒会继续进行扩散。传染性是判断一段程序代码是否为计算机病毒的根本依据。

(2)隐蔽性

计算机病毒具有隐蔽性,以便不被用户发现及躲避反病毒软件的检验。因此,系统感染病毒后,一般情况下用户是感觉不到病毒存在的,只有在其发作,系统出现不正常反应时用户才知道。

为了更好地隐藏,病毒的代码设计得非常短小,一般只有几百或1K字节。以目前计算机的运行速度,病毒转瞬之间便可将这短短的几百字节附着到正常程序之中,非常难察觉。隐蔽的方法很多,譬如:隐藏在引导区的"小球"病毒,隐藏在文件空闲字节中的CIH病毒,隐藏在邮件或者网页中的"万花谷"病毒等。

(3)潜伏性及可触发性

大部分病毒感染系统之后不会马上发作,而是悄悄隐藏起来,然后在用户不察觉的情况下进行传染。这样,病毒的潜伏性越好,它在系统中存在的时间也就越长,病毒传染的范围也越广,其危害性也越大。

计算机病毒的可触发性是指,满足其触发条件或者激活病毒的传染机制,使之进行传染,或者激活病毒的表现部分或破坏部分。

计算机病毒的可触发性与潜伏性是联系在一起的,潜伏下来的病毒只有具有了可触发性,它的破坏性才成立,也才能真正称为"病毒"。触发的实质是一种条件的控制,病毒程序可以依据设计者的要求,在一定条件下实施攻击。例如,有以下一些触发条件。

①在某个特定日期或特定时刻。在4月26日发作的CIH病毒,在逢13号的星期五发作的"黑色星期五"病毒。

②系统开启了某种特定服务(端口),"冲击波"病毒向某网段的所有机器的135端口发布攻击代码,成功后,在TCP的端口4444创建cmd.exe。该病毒还能接受外界的指令,在UDP的端口69上接受指令,发送文件名为Msblast.exe的网络蠕虫病毒。

③某种指定的操作系统。如"冲击波"病毒针对Windows 2000/XP/2003,对Windows 98不起作用。

(4)破坏性

破坏性是病毒的最终目的。系统感染病毒后,都会对系统及应用程序产生不同程度的影响。轻的占用系统资源,降低系统效率,重的破坏系统数据,造成系统崩溃。此外,有些病毒的目的是以控制为主,从而能够非授权访问用户或系统资源,达到窃取机密的目的。

3. 病毒的传播方式

(1)网络传播

网络传播又分为因特网传播和局域网传播两种。网络信息时代,因特网和局域网已经融入了人们的生活、工作和学习中,成为了社会活动中不可或缺的组成部分。特别是因特网,发展极为迅速,已经成为人类获取信息、发送和接收文件、接收和发布新的消息以及下载文件和程序的最大媒介。随着因特网的高速发展,计算机病毒也走上了高速传播之路,成为计算机病毒的第一传播途径。

(2)计算机硬件设备传播

硬件传播方式是通过计算机硬件设备进行病毒传播,其中计算机的专用集成电路芯片(ASIC)和硬盘是病毒的重要传播媒介。通过 ASIC 传播的病毒极为少见,但是,其破坏力却很强,一旦遭受病毒侵害将会直接导致计算机硬件的损坏。检测、查杀此类病毒的手段还需进一步的提高。

硬盘是计算机数据的主要存储介质,因此也是计算机病毒感染的重灾区。硬盘传播病毒的途径有:硬盘向软盘中复制带毒文件、带毒情况下格式化软盘、向光盘上刻录带毒文件、硬盘之间的数据复制以及将带毒文件发送至其他地方等。所以一定要定期使用正版杀毒软件查杀病毒,这对于防范病毒是非常重要的。

4. 病毒的结构

计算机病毒至少包括两个基本子程序。

①搜索子程序,它用于搜索要感染的文件或磁盘(发现已被感染的则忽略)。

②自我复制子程序,病毒使用此子程序将自身复制到搜索子程序发现的目标中。

除此之外,某些病毒还包括反检测子程序、与自我复制无关的子程序,它们用来完成某些任务,如搞恶作剧等。

10.3.3 计算机病毒的检测与防治

1. 计算机病毒的检测

发现计算机病毒有主动和被动两种情形。被动的情形是指在系统运行中出现异常后,人们才"感觉"到病毒的存在。主动的情形是指人们有意识地对磁盘或文件进行检查,或对系统运行过程进行监控,设法去识别和发现病毒,也就是病毒检测。

(1)计算机病毒的检测依据

①检查磁盘主引导扇区。硬盘的主引导扇区、分区表,以及文件分配表、文件目录区是病毒攻击的主要目标。

引导型病毒主要攻击磁盘上的引导扇区。硬盘存放主引导记录的主引导扇区一般位于 0 柱面 0 磁道 1 扇区。该扇区的前 3 个字节是跳转指令(DOS 下),接下来的 8 个字节是厂商、版本信息,再向下 18 个字均是 BIOS 参数,记录有磁盘空间、FAT 表和文件目录的相对位置等,其余字节是引导程序代码。病毒侵犯引导扇区的重点是前面的几十个字节。

当发现系统有异常现象时，特别是当发现与系统引导信息有关的异常现象时，可通过检查主引导扇区的内容来诊断故障。方法是采用工具软件，将当前主引导扇区的内容与干净的备份相比较，如发现有异常，则很可能是感染了病毒。

②检查 FAT 表。病毒隐藏在磁盘上，一般要对存放的位置做出"坏簇"信息标志反映在 FAT 表中。因此，可通过检查 FAT 表，看有无意外坏簇，来判断是否感染了病毒。

③检查中断向量。计算机病毒平时隐藏在磁盘上，在系统启动后，随系统或随调用的可执行文件进入内存并驻留下来，一旦时机成熟，它就开始发起攻击。病毒隐藏和激活一般是采用中断的方法，即修改中断向量，使系统在适当时候转向执行病毒代码。病毒代码执行完后，再转回到原中断处理程序执行。因此，可通过检查中断向量有无变化来确定是否感染了病毒。

检查中断向量的变化主要是检查系统的中断向量表，其备份文件一般为 INT.DAT。病毒最常攻击的中断有：磁盘输入/输出中断(13H)、绝对读、写中断(25H、26H)、时钟中断(08H)等。

④检查可执行文件。检查 COM 或 EXE 可执行文件的内容、长度、属性等，可判断是否感染了病毒。检查可执行文件的重点是在这些程序的头部即前面的 20 字节左右。因为病毒主要改变文件的起始部分。

对于前附式 COM 文件型病毒，主要感染文件的起始部分，一开始就是病毒代码。对于后附式 COM 文件型病毒，虽然病毒代码在文件后部，但文件开始必有一条跳转指令，以使程序跳转到后部的病毒代码。对于 EXE 文件型病毒，文件头部的程序入口指针一定会被改变。因此，对可执行文件的检查主要查这些可疑文件的头部。

⑤检查内存空间。计算机病毒在传染或执行时，必然要占据一定的内存空间，并驻留在内存中，等待时机再进行传染或攻击。病毒占用的内存空间一般是用户不能覆盖的。因此，可通过检查内存的大小和内存中的数据来判断是否有病毒。

通常采用一些简单的工具软件，如 PCTOOLS、DEBUG 等进行检查。病毒驻留到内存后，为防止 DOS 系统将其覆盖，通常都要修改系统数据区记录的系统内存数或内存控制块中的数据。如果检查出来的内存可用空间为 635KB，而计算机真正配置的内存空间为 640KB，则说明有 5KB 内存空间被病毒侵占。

虽然内存空间很大，但有些重要数据存放在固定的地点，可首先检查这些地方，如 DOS 系统启动后，BIOS、变量、设备驱动程序等是放在内存中的固定区域内(0:4000H～0:4FF0H)。根据出现的故障，可检查对应的内存区以发现病毒的踪迹。例如，打印、通信、绘图等故障的出现，很可能在检查相应的驱动程序部分时能发现问题。

⑥检查特征串。经常出现的一些病毒，往往具有非常明显的特征，即有特殊的字符串。根据它们的特征，可通过工具软件检查、搜索，以确定病毒的存在和种类。例如，磁盘杀手病毒程序中就有 ASCII 码"disk killer"，这就是该病毒的特征字符串。杀毒软件一般都收集了各种已知病毒的特征字符串，并构造出病毒特征数据库，这样，在检查、搜索可疑文件时，就可用特征数据库中的病毒特征字符串逐一比较，确定被检测文件感染了何种病毒。

(2) 计算机病毒的检测手段

计算机病毒的检测技术是指通过一定的技术手段判定计算机病毒的一门技术。现在判定计算机病毒的手段主要有两种：一种是根据计算机病毒特征来进行判断，如病毒特殊程序段内容、关键字、特殊行为及传染方式；另一种是对文件或数据段进行校验和计算，保存结果，定期和不定期地根据保存结果对该文件或数据段进行校验来判定。总的来说,常用的检测病毒方法有特征代码法、校验和法、行为监测法与软件模拟法。这些方法依据的原理不同,实现时所需开销不同,检测范围不同,各有所长。

①特征代码法。一般的计算机病毒本身存在其特有的一段或一些代码,这是因为病毒要表现和破坏,操作的代码是各病毒程序所不同的。所以早期的 SCAN 与 CPAV 等著名病毒检测工具均使用了特征代码法。它是检测已知病毒的最简单和开销最小的方法。

一般使用特征代码法的扫描软件都由两部分组成:一部分是病毒特征代码数据库;另一部分是利用该代码数据库进行检测的扫描程序。

特征代码法有检测准确快速、可识别病毒的名称、误报警率低、依据检测结果可做解毒处理的优点。但是病毒特征代码也有不能检测未知病毒、不能检查多形性病毒及不能对付隐蔽性病毒的缺点。

②校验和法。将正常文件的内容,计算其校验和,将该校验和写入文件中或写入别的文件中保存。在文件使用过程中,定期地或每次使用文件前,检查文件现在内容算出的校验和与原来保存的校验和是否一致,因而可以发现文件是否感染,这种方法称为校验和法,它既可发现已知病毒,又可发现未知病毒。在 SCAN 和 CPAV 工具的后期版本中除了病毒特征代码法之外,也纳入校验和法,以提高其检测能力。

但是,这种方法不能识别病毒类,不能报出病毒名称。由于病毒感染并非文件内容改变的唯一原因,文件内容的改变有可能是正常程序引起的,因此,校验和法常常误报警。而且此种方法也会影响文件的运行速度。

病毒感染的确会引起文件内容变化,但是校验和法对文件内容的变化太敏感,又不能区分正常程序引起的变动,而频繁报警。用监视文件的校验和来检测病毒,不是最好的方法。这种方法遇到已有软件版本更新、变更口令、修改运行参数等,都会发生误报警。

校验和法的优点是:方法简单能发现未知病毒、被查文件的细微变化也能发现。缺点是:会误报警、不能识别病毒名称、不能对付隐蔽型病毒。

③行为监测法。行为监测法是常用的行为判定技术,其工作原理是利用病毒的特有行为特征进行检测,一旦发现病毒行为则立即警报。经过对病毒多年的观察和研究,人们发现病毒的一些行为是病毒的共同行为,而且比较特殊。在正常程序中,这些行为比较罕见。

行为监测法的长处在于可以相当准确地预报未知的多数病毒,但也有其短处,即可能虚假报警和不能识别病毒名称,而且实现起来有一定难度。

④软件模拟法。多态性病毒每次感染都变化其病毒密码,对付这种病毒,特征代码法失效。因为多态性病毒代码实施密码化,而且每次所用密钥不同,把染毒的病毒代码相互比较,也无法找出相同的可能作为特征的稳定代码。虽然行为检测法可以检测多态性病毒,但是在检测出病毒后,因为不知病毒的种类,难于进行消毒处理。

为了检测多态性病毒,可应用新的检测方法——软件模拟法。它是一种软件分析器,用软件方法来模拟和分析程序的运行。

新型检测工具纳入了软件模拟法,该类工具开始运行时,使用特征代码法检测病毒,如果发现隐蔽病毒或多态性病毒嫌疑时,启动软件模拟模块,监视病毒的运行,待病毒自身的密码译码以后,再运用特征代码法来识别病毒的种类。

⑤病毒指令码模拟法。病毒指令码模拟法是软件模拟法后的一大技术上的突破。既然软件

模拟可以建立一个保护模式下的 DOS 虚拟机,模拟 CPU 的动作,并假执行程序以解开变体引擎病毒,那么应用类似的技术也可以用来分析一般程序,检查可疑的病毒代码。因此,可将工程师用来判断程序是否有病毒代码存在的方法,分析和归纳为专家系统知识库,再利用软件工程模拟技术假执行新的病毒,则可分析出新的病毒代码以对付以后的病毒。

不管采用哪种监测方法,一旦病毒被识别出来,就可以采取相应措施,阻止病毒的下列行为:进入系统内存、对磁盘操作尤其是写操作、进行网络通信与外界交换信息。一方面防止外界病毒向机内传染,另一方面抑制机内病毒向外传播。

2. 计算机病毒的防治

计算机病毒的防治是网络安全体系的一部分,应该与防黑客和灾难恢复等方面综合考虑,形成一整套 安全机制。

(1)防治策略的基本准则

从计算机病毒对抗的角度来看,病毒防治策略必须具备以下准则。

①拒绝访问能力。来历不明的尤其是通过网络传过来的各种应用软件,不得进入计算机系统。因为它是计算机病毒的重要载体。

②病毒检测能力。计算机病毒总是有机会进入系统,因此,系统中应设置检测病毒的机制来阻止外来病毒的侵犯。除了检测已知的计算机病毒外,能否检测未知病毒(包括已知行为模式的未知病毒和未知行为模式的未知病毒)也是衡量病毒检测能力的一个重要指标。

③控制病毒传播的能力。计算机病毒防治的历史告诉我们,迄今还没有一种方法能检测出所有的病毒,更不可能检测出所有未知病毒,因此,计算机被病毒感染的风险性极大。关键是一旦病毒进入了系统,系统应该具有阻止病毒到处传播的能力和手段。因此,一个健全的信息系统必须要有控制病毒传播的能力。

④清除能力。如果病毒突破了系统的防护,即使控制了它的传播,也要有相应的措施将它清除掉。对于已知病毒,可以使用专用病毒清除软件。对于未知类病毒,在发现后使用软件工具对它进行分析,并尽快编写出杀毒软件。当然,如果有后备文件,也可使用它直接覆盖受感染文件,但一定要查清楚病毒的来源,防止再次感染病毒。

⑤恢复能力。在病毒被清除以前,它就已经破坏了系统中的数据,这是非常可怕但又很可能发生的事件。因此,系统应提供一种高效的方法来恢复这些数据,使数据损失尽量减到最小。

⑥替代操作。可能会遇到这种情况:当发生问题时,手头又没有可用的技术来解决问题,但是任务又必须继续执行下去。为了解决这种窘况,系统应该提供一种替代操作方案:在系统未恢复前用替代系统工作,等问题解决以后再换回来。这一准则对于战时的军事系统是必须的。

(2)病毒防范的基本策略

①提高防毒意识。通过采取技术和管理上的措施,计算机病毒是完全可以防范的。由于计算机病毒的传播方式多种多样,又通常具有一定的隐蔽性,因此,只有在思想上有反病毒的警惕性,依靠反病毒技术和管理措施,才能真正起到对计算机病毒的防范作用。

②立足网络,以防为本。网络化是计算机病毒的发展趋势,对待病毒应该以防为本,从网络整体考虑。防毒应该是网络应用的一部分,建立以企业网络管理中心为核心的、分布式的防毒方案,形成完整的预防、检查、报警、处理和修复体系。

③多层防御。多层防御体系将病毒检测、多层数据保护和集中式管理功能集成起来,提供全面的病毒防护功能,以保证"治疗"病毒的效果。病毒检测一直是病毒防护的支柱,多层次防御软

件使用了实时扫描、完整性保护、完整性检验3层保护功能。

④与网络管理集成。网络防病毒最大的优势在于网络的管理功能,如果没有把网络管理,就很难完成网络防毒的任务。只有管理与防范相结合,才能保证系统的良好运行。管理功能就是管理全部的网络设备,从路由器、交换机、服务器到PC、软盘的存取、局域网上的信息互通及与Internet的接驳等。

⑤在网关、服务器上防御。大量的病毒针对网上资源的应用程序进行攻击,这样的病毒存在于信息共享的网络介质上,因而要在网关上设防,在网络前端实时杀毒。防范手段应集中在网络整体上,在个人计算机的硬件和软件、服务器、网关、Web站点上层层设防,对每种病毒都实行隔离、过滤。

3. 计算机病毒的清除

计算机病毒的消除过程是病毒传染程序的一种逆过程。从原理上讲,只要病毒不进行破坏性的覆盖式写盘操作,就可以被清除出计算机系统。

计算机病毒的消除技术是计算机病毒检测技术发展的必然结果,它是计算机病毒检测的延伸,病毒消除是在检测发现特定的计算机病毒基础上,根据具体病毒的消除方法从传染的程序中除去计算机病毒代码并恢复文件的原有结构信息。因此,安全与稳定的计算机病毒清除工作完全基于准确与可靠的病毒检测工作。

目前,流行的反病毒软件大都具有比较专业的病毒检测和病毒的清除技术,因此,使用反病毒软件是一种高效、安全和方便的清除方法,也是一般计算机用户的首选方法。

(1)病毒清除方法

①引导型病毒的清除。引导型病毒的物理载体是磁盘,主要包括硬盘、系统软盘和数据软盘。根据感染和破坏部位的不同,可以按以下方法进行修复:

修复染毒的硬盘。硬盘中操作系统的引导扇区包括第一物理扇区和第一逻辑扇区。硬盘第一物理扇区存放的数据是主引导记录(MBR),MBR包含表明硬件类型和分区信息的数据。硬盘第一逻辑扇区存放的数据是分区引导记录。主引导记录和分区引导记录都有感染病毒的可能性。重新格式化硬盘可以清除分区引导记录中病毒,却不能清除主引导记录中的病毒。修复染毒的主引导记录的有效途径是使用FDISK这种低级格式化工具,输入FDISK/MBR,便会重新写入主引导记录,覆盖掉其中的病毒。

修复染毒的系统软盘。找一台同样操作系统的未染毒的计算机,把染毒的系统软盘插入软盘驱动器中,从硬盘执行可以对软盘重新写入系统的命令。例如,DOS系统情况下的SYS A:命令。这样软盘上的系统文件就会被重新安装,并且覆盖引导扇区中染毒的内容,从而恢复成为干净的系统软盘。

修复染毒的数据软盘。把染毒的数据软盘插入一台未染毒的计算机中,把所有文件从软盘复制到硬盘的一个临时目录中,用系统磁盘格式化命令,例如,DOS系统情况下的FORMAT A:/U命令,无条件重新格式化软盘,这样软盘的引导扇区会被重写,从而清除其中的病毒。然后把所有文件备份复制回到软盘。

以上均是采用人工方法清除引导型病毒。人工方法要求操作者对系统十分熟悉,且操作复杂,容易出错,有一定的危险性,一旦操作不慎就会导致意想不到的后果。这种方法常用于消除自动方法无法消除的新病毒。

②文件型病毒的清除。文件型病毒的载体是计算机文件,包括可执行的程序文件和含有宏

命令的数据文件。

除了覆盖型的文件型病毒之外,其他感染 COM 型和 EXE 型的文件型病毒都可以被清除干净。因为病毒是在保持原文件功能的基础上进行传染的,既然病毒能在内存中恢复被感染文件的代码并予以执行,则也可以依照病毒的方法进行传染的逆过程,将病毒清除出被感染文件,并保持其原来的功能。对覆盖型的文件则只能将其彻底删除,而没有挽救原来文件的余地。

如果已中毒的文件有备份,则把备份的文件直接拷贝回去就可以了。如果没有备份,但执行文件有免疫疫苗,遇到病毒的时候,程序可以自行复原;如果文件没有加上任何防护,就只能靠解毒软件来清除病毒,不过用杀毒软件来清除病毒并不能保证文件能够完全复原,有时候可能会越杀越糟,杀毒之后文件反而不能执行。因此,用户必须平时勤备份自己的资料。

③宏病毒的清除。宏病毒是一种文件型病毒,其载体是含有宏命令的和数据文件——文档或模版。

手工清除方法为:在空文档的情况下,打开宏菜单,在通用模板中删除被认为是病毒的宏。打开带有宏病毒的文档或模板,然后打开宏菜单,在通用模板和定制模板中删除认为是病毒的宏。保存清洁的文档或模板。

自动清除方法为:用 WordBasic 语言以 Word 模板方式编制杀毒工具,在 Word 环境中杀毒。这种方法杀毒准确,兼容性好。根据 WordBFF 格式,在 Word 环境外解剖病毒文档或模板,去掉病毒宏。由于各个版本的 WordBFF 格式都不完全兼容,每次 Word 升级它也必须跟着升级,兼容性不太好。

(2)染毒后的紧急处理

当系统感染病毒后,可采取以下措施进行紧急处理,以恢复系统或受损部分。

①隔离。当计算机感染病毒后,可将其与其他计算机进行隔离,避免相互复制和通信。当网络中某节点感染病毒后,网络管理员必须立即切断该节点与网络的连接,以避免病毒扩散到整个网络。

②报警。病毒感染点被隔离后,要立即向网络系统安全管理人员报警。

③查毒源。接到报警后,系统安全管理人员可使用相应的防病毒系统鉴别受感染的机器和用户,检查那些经常引起病毒感染的节点和用户,并查找病毒的来源。

④采取应对方法和对策。系统安全管理人员要对病毒的破坏程度进行分析检查,并根据需要采取有效的病毒清除方法和对策。如果被感染的大部分是系统文件和应用程序文件,且感染程度较深,则可采取重装系统的方法来清除病毒;如果感染的是关键数据文件,或破坏较为严重,则可请防病毒专家进行清除病毒和恢复数据的工作。

⑤修复前备份数据。在对病毒进行清除前,尽可能将重要的数据文件备份,以防在使用防病毒软件或其他清除工具查杀病毒时,破坏重要数据文件。

⑥清除病毒。重要数据备份后,运行查杀病毒软件,并对相关系统进行扫描。发现有病毒,立即清除。如果可执行文件中的病毒不能清除,应将其删除,然后再安装相应的程序。

⑦重启和恢复。病毒被清除后,重新启动计算机,再次用防病毒软件检测系统中是否还有病毒,并将被破坏的数据进行恢复。

10.4 防火墙技术

防火墙(Firewall)是一种用来增强内部网络安全性的系统,它将网络隔离为内部网和外部网,从某种程度上来说,防火墙的位于内部网和外部网之间的桥梁和检查站,它一般由一台和多台计算机构成,它对内部网和外部网之间的数据流量进行分析、检测、管理和控制,通过对数据的筛选和过滤,来防止未经授权的访问进出内部计算机网络,从而达到保护内部网资源和信息的目的。

10.4.1 防火墙概述

1. 防火墙的定义及其组成

防火墙是指在内部网络与外部网络之间执行一定安全策略的安全防护系统。它是用一个或一组网络设备(计算机系统或路由器等),在两个网络之间执行控制策略的系统,以保护一个网络不受另一个网络攻击的安全技术。

防火墙的组成可以表示为:防火墙＝过滤器＋安全策略(＋网关)。它可以监测、限制、更改进出网络的数据流,尽可能地对外部屏蔽被保护网络内部的信息、结构和运行状况,以此来实现网络的安全保护。防火墙的设计和应用是基于这样一种假设:防火墙保护的内部网络是可信赖的网络,而外部网络(如 Internet)则是不可信赖的网络。设置防火墙的目的是保护内部网络资源不被外部非授权用户使用,防止内部受到外部非法用户的攻击。因此,防火墙安装的位置一定是在内部网络与外部网络之间,其结构如图 10-9 所示。

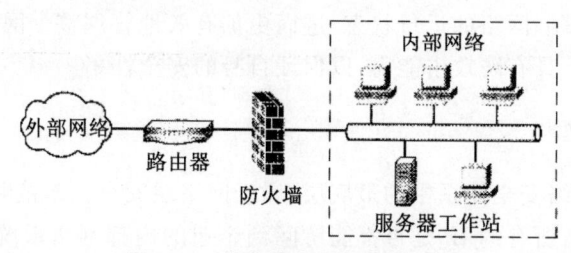

图 10-9 防火墙在网络中的位置

防火墙是一种非常有效的网络安全技术,也是一种访问控制机制、安全策略和防入侵措施。从网络安全的角度看,对网络资源的非法使用和对网络系统的破坏必然要以"合法"的网络用户身份,通过伪造正常的网络服务请求数据包的方式来进行。如果没有防火墙隔离内部网络与外部网络,内部网络的节点都会直接暴露给外部网络的所有主机,这样它们就会很容易遭受到外部非法用户的攻击。防火墙通过检查所有进出内部网络的数据包,来检查数据包的合法性,判断是否会对网络安全构成威胁,从而完成仅让安全、核准的数据包进入,同时又抵制对内部网络构成威胁的数据包进入。因此,犹如城门守卫一样,防火墙为内部网络建立了一个安全边界。

从狭义上讲,防火墙是指安装了防火墙软件的主机或路由器系统;从广义上讲,防火墙包括整个网络的安全策略和安全行为,还包含一对矛盾的机制:一方面它限制数据流通,另一方面它又允许数据流通。由于网络的管理机制及安全政策不同,因此这对矛盾呈现出两种极端的情形:第一种是除了非允许不可的都被禁止,第二种是除了非禁止不可的都被允许。第一种的特点是安全但不好用,第二种是好用但不安全,而多数防火墙都是这两种情形的折中。这里所谓的好用或不好用主要指跨越防火墙的访问效率,在确保防火墙安全或比较安全的前提下提高访问效率是当前防火墙技术研究和实现的热点。

2. 防火墙的功能

防火墙可实现以下主要功能:

(1) 监控并限制访问

针对网络攻击的不安全因素,防火墙采取控制进出内、外网络数据包的方法,实现监控网络上数据包的状态,并对这些状态加以分析和处理,及时发现存在的异常行为;同时,根据不同情况采取相应的防范措施,从而提高系统的抗攻击能力。

(2) 控制协议和服务

针对网络自身存在的不安全因素,防火墙对相关协议和服务进行控制,使得只有授权的协议和服务才可以通过防火墙,从而大大地降低了因某种服务、协议的漏洞而引起安全事故的可能性。

(3) 保护内部网络

针对应用软件及操作系统的漏洞和后门,防火墙采取了与受保护网络的操作系统、应用软件无关的体系结构,其自身建立在安全操作系统之上;同时,针对受保护的内部网络,防火墙能够及时地发现系统中存在的漏洞,对访问进行限制;防火墙还可以屏蔽受保护网络的相关信息。

(4) 日志记录与审计

当防火墙系统被配置为所有内部网络与外部网络(如 Internet)连接均需经过的安全节点时,防火墙会对所有的网络请求做出日志记录。日志是对一些可能的攻击行为进行分析和防范的情报信息。另外,防火墙也能够对正常的网络使用情况做出统计。这样,网络管理者通过对统计结果的分析,就能够掌握网络的运行状态,进而更加有效地管理整个网络。

此外,防火墙本身还具有防攻击能力,以保证自身的安全性。

10.4.2 防火墙类型

防火墙处于 5 层网络安全体系中的最底层,属于网络层安全技术范畴。在这一层上,企业对安全系统提出的问题是:所有的 IP 是否都能访问到企业的内部网络系统?如果答案为"是",则说明企业内部网还没有在网络层采取相应的防范措施。

作为内部网络与外部公共网之间的第一道屏障,防火墙最为受到人们的重视。虽然从理论上看,防火墙处于网络安全的最底层,负责网络间的安全认证与传输,但随着网络安全技术的整体发展和网络应用的不断变化,现代防火墙技术已经逐步走向网络层之外的其他安全层次,不仅要完成传统防火墙的过滤任务,同时还能为各种网络应用提供相应的安全服务。还有多种防火墙产品正朝着数据安全与用户认证、防止病毒与黑客侵入等方向发展。

1. 包过滤型防火墙

(1) 概念

包是网络上信息流动的基本单位,由数据负载和协议头两部分组成。包过滤作为最早、最简单的防火墙技术,正是基于协议的内容进行的过滤。包过滤型防火墙工作在 OSI 网络参考模型的网络层和传输层。"包过滤"通过将每个输入输出包中所发现的信息同访问控制规则相比较来决定阻塞或放行包。通过检查数据流中每一个数据包的源地址、目的地址、所有端口、协议状态等因素,或它们的组合来确定是否允许放行该数据包。如果包在这一测试中失败,将在防火墙处被丢弃。包过滤防火墙如图 10-10 所示。

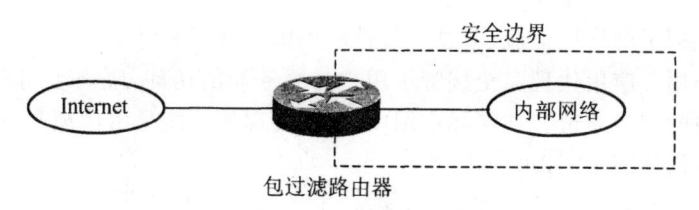

图 10-10　包过滤防火墙

包过滤是一种内置于 Linux 内核路由功能之上的防火墙类型。包过滤技术是基于路由器技术的。实现包过滤的关键是制订包过滤规则。包过滤路由器通常也叫作屏蔽路由器。图 10-11 给出了包过滤路由器的结构示意图。

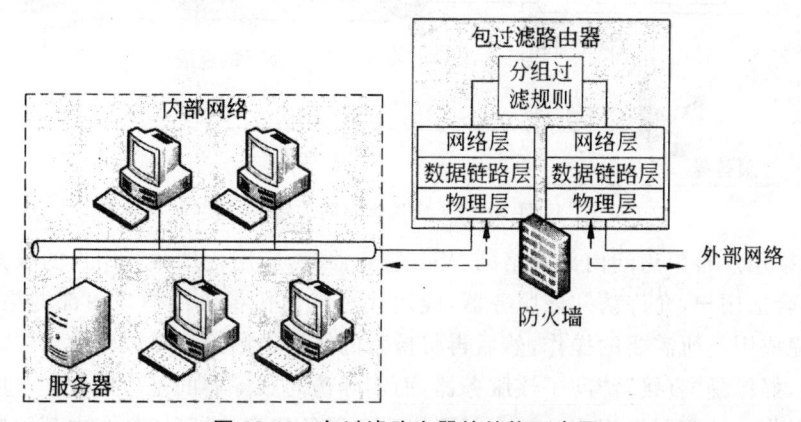

图 10-11　包过滤路由器的结构示意图

(2) 包过滤器操作的基本过程

包过滤规则必须被包过滤设备端口存储起来。当包到达端口时,对包报头进行语法分析。大多数包过滤设备只检查 IP、TCP 或 UDP 报头中的字段。

包过滤规则以特殊的方式存储。应用于包的规则的顺序与包过滤器规则存储顺序必须相同。

若一条规则阻止包传输或接收,则此包便不被允许。

若一条规则允许包传输或接收,则此包便可以被继续处理。

若包不满足任何一条规则,则被阻塞。

(3) 包过滤技术的优缺点

优点:对于一个小型的、不太复杂的站点,包过滤比较容易实现;而且处理包的速度比代理服务器快;过滤路由器在价格上一般比代理服务器便宜。缺点:一些包过滤网关不支持有效的用户认证;包过滤防火墙只能阻止一种类型的 IP 欺骗,那就是外部主机伪装内部主机的 IP,对于外部主机伪装外部主机的 IP 欺骗,即外部主机伪装内部主机的 IP,对于外部主机伪装外部主机的 IP 欺骗却不可能阻止,而且它不能防止 DNS 欺骗。

虽然包过滤防火墙有上述缺点,但是在管理良好的小规模网络上,它能够正常地发挥其作用。一般情况下,用户不会单独使用包过滤网关,而是将它与其他设备(如堡垒主机等)联合使用。

2. 应用代理级防火墙

应用代理型防火墙是工作在 OSI 的最高层,即应用层。提供了十分先进的安全控制机制。其特点是完全"阻隔"了网络通信流,通过对每种应用服务编制专门的代理程序,实现监视和控制应用层通信流的作用。应用代理完全接管了用户与服务器的访问,隔离了用户主机与被访问服务器之间的数据包的交换通道。在实际应用中,应用代理的功能是由代理服务器来实现。

其典型网络结构如图 10-12 所示。

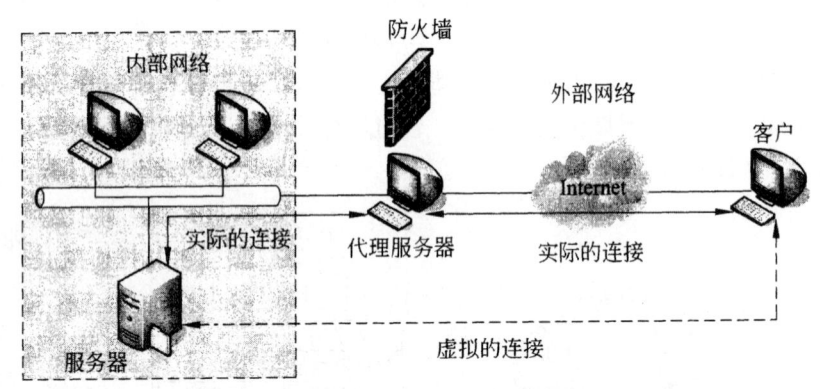

图 10-12 应用代理防火墙

当外部网络用户希望访问内部网络的 Web 服务器时,应用代理截获用户的服务请求。检查后如果确定为合法用户,允许访问该服务器,应用代理就会代替该用户与内部网络的 Web 服务器建立连接,完成用户所需要的操作,然后再将检索的结果送回给请求服务的用户。对于外部网络的用户来说,好像是"直接"访问了该服务器,而实际访问服务器的是应用代理。应用代理是双向的,它既可以作为外部网络用户访问内部网络服务器的代理,也可以作为内部网络用户访问外部网络服务器的代理。

在代理型防火墙技术的发展过程中,它也经历了两个不同的版本,即第一代应用网关型代理防火墙和第二代自适应代理防火墙。

(1)第一代应用网关(Application Gateway)型防火墙

这类防火墙是通过一种代理(Proxy)技术参与到一个 TCP 连接的全过程。从内部发出的数据包经过这样的防火墙处理后,就好像是源于防火墙外部网卡一样,从而可以达到隐藏内部网结构的作用。这种类型的防火墙被网络安全专家和媒体公认为是最安全的防火墙。它的核心技术就是代理服务器技术,如图 10-13、图 10-14 所示。

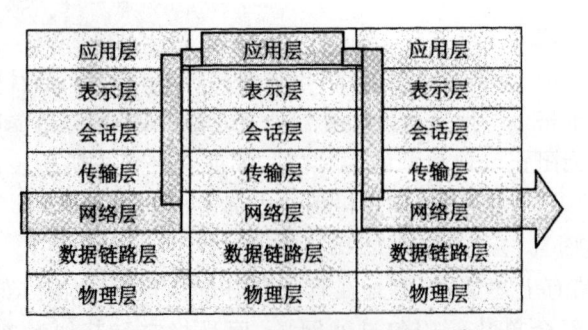

图 10-13 第一代应用网关型防火墙

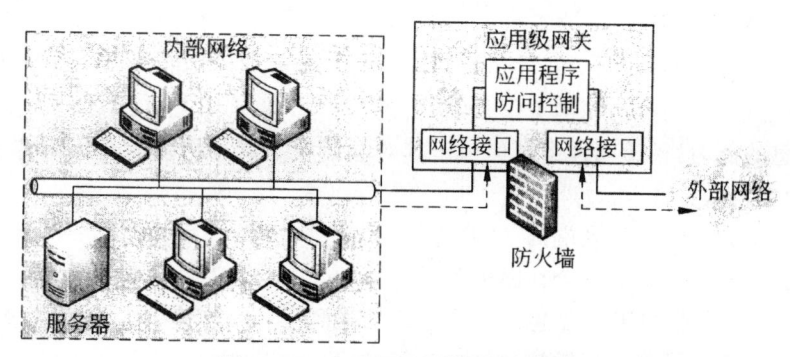

图 10-14　应用级网关的原理示意图

内部网络的 FTP 服务器只能被内部用户访问,那么所有外部网络用户对内部 FTP 服务的访问都认为是非法的。应用级网关的应用程序访问控制软件在接收到外部用户对内部 FTP 服务的访问请求时,都认为是非法的,丢弃该访问请求。同样,如果确定内部网络用户职能访问外部某几个确定的 Web 服务器,那么凡是不在允许范围内的访问请求一律被拒绝。

(2) 第二代自适应代理(Adaptive proxy)型防火墙

它是近几年才得到广泛应用的一种新防火墙类型。可以结合代理类型防火墙的安全性和包过滤防火墙的高速度等优点,在毫不损失安全性的基础之上将代理型防火墙的性能提高 10 倍以上,如图 10-15 所示。

图 10-15　第二代自适应代理型防火墙

组成这种类型防火墙的基本要素有两个:自适应代理服务器(Adaptive Proxy Server)与动态包过滤器(Dynamic Packet Filter)。

代理类型防火墙的最突出优点是安全。因为工作于最高层,所以它可以对网络中任何一层数据通信进行筛选保护,而不是像包过滤那样,只是对网络层的数据进行过滤。

代理型防火墙采取的是一种代理机制,它可以为每一种应用服务建立一个专门的代理,所以内外部网络之间的通信不是直接的,而都需先经过代理服务器审核,通过后再由代理服务器代为连接,根本没有给内、外部网络计算机任何直接会话的机会,从而避免了入侵者使用数据驱动类型的攻击方式入侵内部网。

代理型防火墙的最大缺点是速度相对较慢,当用户对内外部网络网关的吞吐量要求比较高时,代理型防火墙就会成为内外部网络之间的瓶颈。那是因为防火墙需要为不同的网络服务建立专门的代理服务,在自己的代理程序为内、外部网络用户建立连接时需要时间,所以给系统性能带来了一些负面影响,但通常不会有太大明显差距。

3. 电路级网关型防火墙

电路级起一定的代理服务作用,它监视两个主机之间建立连接的握手信息,判断该会话请求是否合法,一旦会话连接有效,该网关仅复制、传递数据。它在 IP 层代理各种高层会话,具有隐藏内部网络信息的能力,且透明性高。但由于其对会话建立后所传输的具体内容不再作进一步分析,因此安全性稍低。

电路级网关不允许进行端到端的 TCP 连接,而是建立两个 TCP 连接,一个在网关和内部主机上的 TCP 用户程序之间,另一个在网关和外部主机上的 TCP 用户程序之间。一旦建立两个连接,网关通常就只是把 TCP 数据包从一个连接转送到另一个连接中去,而不检查其中的内容。其安全功能主要是确定哪些连接是被允许的。

它和包过滤防火墙有一个共同特点,都依靠特定的逻辑来判断是否允许数据包通过,但包过滤防火墙允许内外计算机系统建立直接联系,而电路级网关无法 IP 直达。图 10-16 给出了电路级防火墙的模型。

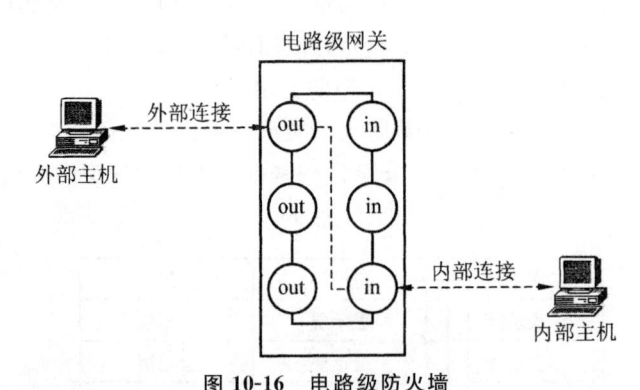

图 10-16 电路级防火墙

10.4.3 防火墙体系结构

1. 双宿/多主机模式

双宿/多主机模式是用一台装有两块网卡的堡垒主机做防火墙。两块网卡各自与受保护网和外部网相连。堡垒主机上运行着防火墙软件,可以转发应用程序、提供服务等。与屏蔽路由器相比,双宿主机网关的系统软件可用于维护系统日志、硬件拷贝日志或远程日志。但弱点也比较突出,一旦黑客侵入堡垒主机并使其只具有路由功能,则任何网上用户均可以随便访问内部网,如图 10-17 所示。

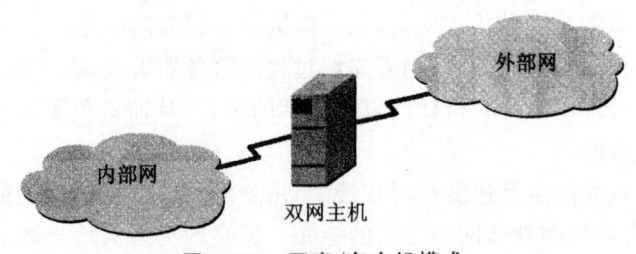

图 10-17 双宿/多主机模式

2. 屏蔽主机模式

双宿主主机体系结构提供来自与多个网络相连的主机的服务(但是路由关闭,否则从一块网卡到另外一块网卡的通信会绕过代理服务软件),而被屏蔽主机体系结构使用一个单独的路由器来提供与内部网络相连主机(堡垒)的服务。屏蔽主机模式易于实现也最为安全。一个堡垒主机安装在内部网络上,通常在路由器上设立过滤规则,并使这个堡垒主机成为从外部网络唯一可直接到达的主机,这确保了内部网络不受未被授权的外部用户的攻击。如果受保护网是一个虚拟扩展的本地网,即没有子网和路由器,那么内部网的变化不影响堡垒主机和屏蔽路由器的配置。危险带限制在堡垒主机和屏蔽路由器之间。网关的基本控制策略由安装在上面的软件决定。如果攻击者设法登录到它上面,内网中的其余主机就会受到很大威胁,这与双穴主机网关受攻击时的情形差不多,如图 10-18 所示。

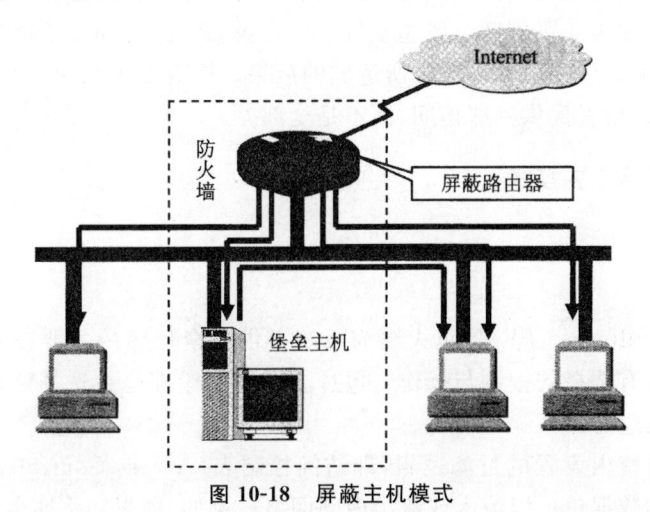

图 10-18 屏蔽主机模式

在屏蔽路由器上的数据包过滤是按这样一种方法设置的,即堡垒主机。它是因特网上的主机连接到内部网络系统的桥梁(例如,传送进来的电子邮件),而且仅有某些特定类型的连接被允许通过。任何外部系统试图访问内部系统或者服务必须首先连接到这台堡垒主机上,因此,堡垒主机需要拥有高等级的安全。数据包过滤也允许堡垒主机对外开放可允许的连接("可允许"的连接由用户的站点的安全策略决定)。

3. 屏蔽子网模式

屏蔽子网模式就是在内部网络和外部网络之间建立一个被隔离的子网,用两台分组过滤路由器将这一子网分别与内部网络和外部网络分开。在很多实现中,两个分组过滤路由器放在子网的两端,在子网内构成一个 DNS,内部网络和外部网络均可访问被屏蔽子网,但禁止它们穿过被屏蔽的子网进行通信。有的屏蔽子网中还设有一堡垒主机作为唯一可访问点,支持终端交互或作为应用网关代理。这种配置的危险仅包括堡垒主机、子网主机及所有连接内网、外网和屏蔽子网的路由器。如果攻击者试图完全破坏防火墙,他必须重新配置连接三个网的路由器,既不切断连接又不会把自己锁在外面,同时还要让自己不被发现,这样也还是可能的。但若禁止网络访问路由器或只允许内网中的某些主机访问它,则攻击会变得很困难。在这种情况下,攻击者得先侵入堡垒主机,然后进入内网主机,再返回来破坏屏蔽路由器,并且整个过程中不能引发警报。如图 10-19 所示。

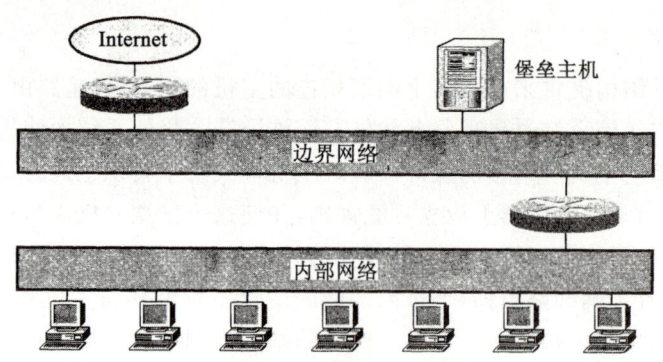

图 10-19 屏蔽子网模式

屏蔽子网结构通过进一步增加隔离内外网的边界网络为屏蔽结构增添了额外的安全层。这个边界网络有时候被称为非军事区。堡垒主机是最脆弱、最易受攻击的部位,通过隔离堡垒主机的边界网络,便可以减轻堡垒主机被攻破所造成的后果。因为此处堡垒主机不再是整个网络的关键点,所以它们给入侵者提供一些访问,而不是全部。

10.4.4 防火墙的主要技术

1. 包过滤技术

(1) 包过滤原理

包过滤(Packet Filtering,PF)是防火墙为系统提供安全保障的主要技术,可在网络层对进出网络的数据包进行有选择的控制与操作。包过滤操作一般都是在选择路由的同时,在网络层对数据包进行选择或过滤。

选择的依据是系统内设置的过滤逻辑,即访问控制表(Access Control Table,ACT)。由它指定允许哪些类型的数据包可以流入或流出内部网络。例如,如果防火墙中设定某一 IP 地址的站点为不适宜访问的站点,则从该站点地址来的所有信息都会被防火墙过滤掉。一般过滤规则是以 IP 数据包信息为基础,对 IP 数据包的源地址、目的地址、传输方向、分包、IP 数据包封装协议(例如,TCP/UDP/ICMP)、TCP/UDP 目标端口号等进行筛选、过滤。

包过滤技术是一种网络安全保护机制,可以用来控制流出和流入网络的数据。它有选择地让数据包在内部网络与外部网络之间进行交换,即根据内部网络的安全规则允许某些数据包通过,同时又阻止某些数据包通过。它通过检查数据流中每个数据包的源地址、目的地址、所用的端口号、协议状态等因素,或它们的组合,决定该 IP 数据包是否要进行拦截还是给予放行。这样可以有效地防止恶意用户利用不安全的服务对内部网进行攻击。

包过滤防火墙的工作原理如图 10-20 所示。

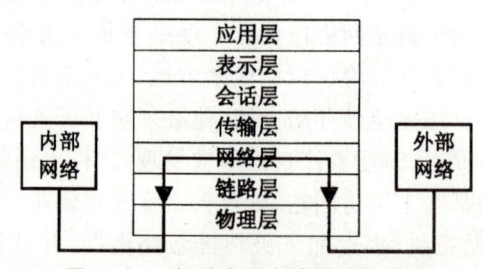

图 10-20 包过滤防火墙的工作原理

包过滤防火墙要遵循的一条基本原则就是"最小特权原则",即明确允许管理员希望通过的那些数据包,禁止其他的数据包。

(2) 包过滤模型

包过滤防火墙的核心是包检查模块。包检查模块深入到操作系统的核心,在操作系统或路由器转发包之前拦截所有的数据包。当把包过滤防火墙安装在网关上之后,包过滤检查模块深入到系统的传输层和网络层之间,即 TCP 层和 IP 层之间,在操作系统或路由器的 TCP 层对 IP 包处理以前对 IP 包进行处理。在实际应用中,数据链路层主要由网络适配器(NIC)进行实现,网络层是软件实现的第一层协议堆栈,因此,防火墙位于软件层次的最底层,包过滤模型如图 10-21 所示。

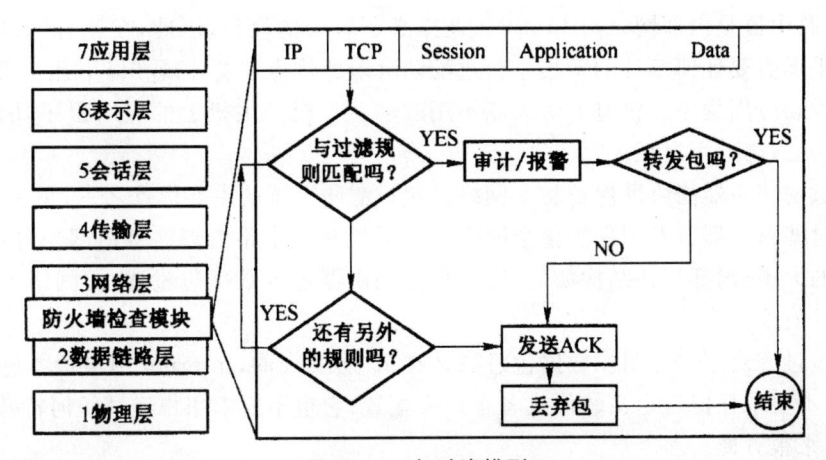

图 10-21 包过滤模型

通过检查模块,防火墙能拦截和检查所有流出和流入防火墙的数据包。防火墙检查模块首先验证这个包是否符合过滤规则,不管是否符合过滤规则,防火墙一般都要记录数据包情况,不符合规则的包要进行报警或通知管理员。对被防火墙过滤或丢弃的数据包,防火墙可以给数据的发送方返回一个 ICMP 消息,也可以不返回,这要取决于包过滤防火墙的策略。如果都返回一个 ICMP 消息,攻击者可能会根据拒绝包的 ICMP 类型猜测包过滤规则的细节,因此,对于是否返回一个 ICMP 消息给数据包的发送者需要慎重。

(3) 包过滤路由器的配置

在配置包过滤路由器时,首先要确定哪些服务允许通过而哪些服务应被拒绝,并将这些规定翻译成有关的包过滤规则。对包的内容一般并不需要多加关心。例如,允许站点接收来自于外部网的邮件,而不关心该邮件是用什么工具制作的。路由器只关注包中的一小部分内容。下面给出将有关服务翻译成包过滤规则时的几个相关概念。

① 协议的双向性。协议总是双向的,协议包括一方发送一个请求而另一方返回一个应答。在制定包过滤规则时,要注意包是从两个方向来到路由器的。例如,只允许往外的 Telnet 包将键入信息送达远程主机,而不允许返回的显示信息包通过相同的连接,这种规则是不正确的。同时,拒绝半个连接往往也是不起作用的。在许多攻击中,入侵者往内部网发送包,他们甚至不用返回信息就可完成对内部网的攻击,这是因为他们能对返回信息加以推测。

② "往内"与"往外"。在制定包过滤规则时,必须准确理解"往内"与"往外"的包和"往内"与"往外"的服务这几个词的语义。一个往外的服务(如 Telnet)同时包含往外的包(键入信息)和往

301

内的包(返回的屏幕显示的信息)。虽然大多数人习惯于用"服务"来定义规定,但在制定包过滤规则时,一定要具体到每一种类型的包。在使用包过滤时也一定要弄清"往内"与"往外"的包和"往内"与"往外"的服务这几个词之间的区别。

③"默认允许"与"默认拒绝"。网络的安全策略中有两种方法,即默认拒绝(没有明确地被允许就应被拒绝)与默认允许(没有明确地被拒绝就应被允许)。从安全角度来看,用默认拒绝应该更合适。就如前面讨论的,首先应从拒绝任何传输来设置包过滤规则,然后再对某些应被允许传输的协议设置允许标志。这样系统的安全性会更好一些。

(4)包过滤技术的优点

包过滤防火墙逻辑简单,价格低廉,易于安装和使用,网络性能和透明性好。它通常安装在路由器上,而路由器是内部网络与Internet连接必不可少的设备,因此,在原有网络上增加这样的防火墙几乎不需要任何额外的费用。包过滤防火墙的优点主要体现在以下几个方面。

①不用改动应用程序。包过滤防火墙不用改动客户机和主机上的应用程序,因为它工作在网络层和传输层,与应用层无关。

②一个过滤路由器能协助保护整个网络。包过滤防火墙的主要优点之一,是一个单个的、恰当放置的包过滤路由器有助于保护整个网络。如果仅有一个路由器连接内部与外部网络,则不论内部网络的大小、内部拓扑结构如何,通过那个路由器进行数据包过滤,在网络安全保护上就能取得较好的效果。

③数据包过滤对用户透明。数据包过滤是在IP层实现的,Internet用户根本感觉不到它的存在;包过滤不要求任何自定义软件或者客户机配置;它也不要求用户经过任何特殊的训练或者操作,使用起来很方便。

较强的"透明度"是包过滤的一大优势。

④过滤路由器速度快、效率高。过滤路由器只检查报头相应的字段,一般不查看数据包的内容,而且某些核心部分是由专用硬件实现的,因此,其转发速度快、效率较高。

总之,包过滤技术是一种通用、廉价、有效的安全手段。通用,是因为它不针对各个具体的网络服务采取特殊的处理方式,而是对各种网络服务都通用;廉价,是因为大多数路由器都提供分组过滤功能,不用再增加更多的硬件和软件;有效,是因为它能在很大程度上满足企业的安全要求。

(5)包过滤技术的缺点

虽然包过滤技术是一种通用、廉价、有效的安全手段,许多路由器都可以充当包过滤防火墙,满足一般的安全性要求,但是它也有一些缺点及局限性。

①不能彻底防止地址欺骗。大多数包过滤路由器都是基于源IP地址和目的IP地址而进行过滤的。而数据包的源地址、目的地址及IP的端口号都在数据包的头部,很有可能被窃听或假冒(IP地址的伪造是很容易、很普遍的),如果攻击者把自己主机的IP地址设成一个合法主机的IP地址,就可以很轻易地通过报文过滤器。因此,包过滤最主要的弱点是不能在用户级别上进行过滤,即不能识别不同的用户和防止IP地址的盗用。

过滤路由器在这点上大都无能为力。即使绑定MAC地址,也未必是可信的。对于一些安全性要求较高的网络,过滤路由器是不能胜任的。

②无法执行某些安全策略。有些安全规则是难于用包过滤系统来实施的。例如,在数据包中只有来自于某台主机的信息而无来自于某个用户的信息,因为包的报头信息只能说明数据包

来自什么主机,而不是什么用户,如果要过滤用户就不能用包过滤。再如,数据包只说明到什么端口,而不是到什么应用程序,这就存在着很大的安全隐患和管理控制漏洞。因此,数据包过滤路由器上的信息不能完全满足用户对安全策略的需求。

③安全性较差。过滤判别的只有网络层和传输层的有限信息,因而各种安全要求不可能充分满足;在许多过滤器中,过滤规则的数目是有限制的,且随着规则数目的增加,性能会受到很大的影响;由于缺少上下文关联信息,因此,不能有效地过滤如 UDP、RPC 一类的协议;非法访问一旦突破防火墙,即可对主机上的软件和配置漏洞进行攻击;大多数过滤器中缺少审计和报警机制,通常没有用户的使用记录,这样,管理员就不能从访问记录中发现黑客的攻击记录,而攻击一个单纯的包过滤式的防火墙对黑客来说是比较容易的,因为他们在这一方面已经积累了大量的经验。

④一些应用协议不适合于数据包过滤。即使在系统中安装了比较完善的包过滤系统,也会发现对有些协议使用包过滤方式不太合适。例如,对 UNIX 的 r 系列命令(rsh、rlogin)和类似于 NFS 协议的 RPC,用包过滤系统就不太合适。

⑤管理功能弱。数据包过滤规则难以配置,管理方式和用户界面较差;对安全管理人员素质要求高;建立安全规则时,必须对协议本身及其在不同应用程序中的作用有较深入的理解。

从以上的分析可以看出,包过滤防火墙技术虽然能确保一定的安全保护,且也有许多优点,但是包过滤毕竟是早期防火墙技术,本身存在较多缺陷,不能提供较高的安全性。因此,在实际应用中,很少把包过滤技术作为单独的安全解决方案,通常是把它与应用网关配合使用或与其他防火墙技术揉合在一起使用,共同组成防火墙系统。

2. 代理服务技术

代理服务(Proxy)技术是一种较新型的防火墙技术,它分为应用层网关和电路层网关。

(1)代理服务原理

代理服务器是指代表客户处理连接请求的程序。当代理服务器得到一个客户的连接意图时,它将核实客户请求,并用特定的安全化的 Proxy 应用程序来处理连接请求,将处理后的请求传递到真实的服务器上,然后接受服务器应答,并进行进一步处理后,将答复交给发出请求的最终客户。代理服务器在外部网络向内部网络申请服务时发挥了中间转接和隔离内、外部网络的作用,因此,又称为代理防火墙。

代理防火墙工作于应用层,且针对特定的应用层协议。代理防火墙通过编程来弄清用户应用层的流量,并能在用户层和应用协议层间提供访问控制;而且还可用来保持一个所有应用程序使用的记录。记录和控制所有进出流量的能力是应用层网关的主要优点之一。代理防火墙的工作原理如图 10-22 所示。

从图 10-22 中可以看出,代理服务器作为内部网络客户端的服务器,拦截住所有请求,也向客户端转发响应。代理客户机负责代表内部客户端向外部服务器发出请求,当然也向代理服务器转发响应。

(2)应用层网关防火墙

①工作原理。应用层网关(Application Level Gateways,ALG)防火墙是传统代理型防火墙,在网络应用层上建立协议过滤和转发功能。它针对特定的网络应用服务协议使用指定的数据过滤逻辑,并在过滤的同时对数据包进行必要的分析、登记和统计,形成报告。

应用层网关防火墙的工作原理如图 10-23 所示。

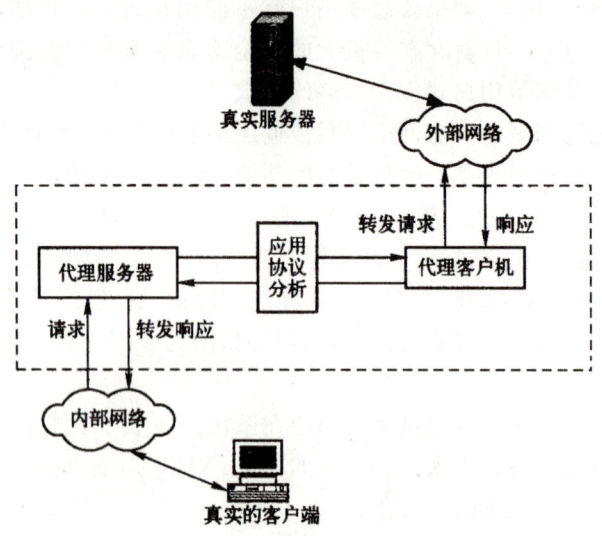

图 10-22 代理防火墙的工作原理

图 10-23 应用层网关防火墙的工作原理

应用层网关防火墙的核心技术就是代理服务器技术,它是基于软件的,通常安装在专用工作站系统上。这种防火墙通过代理技术参与到一个 TCP 连接的全过程,并在网络应用层上建立协议过滤和转发功能,因此,又称为应用层网关。

当某用户(不管是远程的还是本地的)想和一个运行代理的网络建立联系时,此代理(应用层网关)会阻塞这个连接,然后在过滤的同时对数据包进行必要的分析、登记和统计,形成检查报告。如果此连接请求符合预定的安全策略或规则,代理防火墙便会在用户和服务器之间建立一个"桥",从而保证其通信。对不符合预定安全规则的,则阻塞或抛弃。换句话说,"桥"上设置了很多控制。

同时,应用层网关将内部用户的请求确认后送到外部服务器,再将外部服务器的响应回送给用户。这种技术对 ISP 很常见,通常用于在 Web 服务器上高速缓存信息,并且扮演 Web 客户和 Web 服务器之间的中介角色。它主要保存 Internet 上那些最常用和最近访问过的内容,在 Web 上,代理首先试图在本地寻找数据;如果没有,再到远程服务器上去查找。为用户提供了更快的访问速度,并提高了网络的安全性。

②优缺点。应用层网关防火墙,其最主要的优点就是安全,这种类型的防火墙被网络安全专家和媒体公认为是最安全的防火墙。由于每一个内外网络之间的连接都要通过代理的介入和转换,通过专门为特定的服务编写的安全化的应用程序进行处理,然后由防火墙本身提交请求和应答,没有给内外网络的计算机以任何直接会话的机会,因此,避免了入侵者使用数据驱动类型的攻击方式入侵内部网络。从内部发出的数据包经过这样的防火墙处理后,可以达到隐藏内部网

— 304 —

结构的作用。而包过滤类型的防火墙是很难彻底避免这一漏洞的。

应用层网关防火墙同时也是内部网与外部网的隔离点,起着监视和隔绝应用层通信流的作用,它工作在 OSI 模型的最高层,掌握着应用系统中可用作安全决策的全部信息。

代理防火墙的最大缺点就是速度相对比较慢,当用户对内外网络网关的吞吐量要求比较高时,代理防火墙就会成为内外网络之间的瓶颈。幸运的是,目前用户接入 Internet 的速度一般都远低于这个数字。在现实环境中,也要考虑使用包过滤类型防火墙来满足速度要求的情况,大部分是高速网之间的防火墙。

(3) 电路级网关防火墙

电路级网关(Circuit Level Gateway,CLG)或 TCP 通道(TCP Tunnels)防火墙。在电路级网关防火墙中,数据包被提交给用户的应用层进行处理,电路级网关用来在两个通信的终点之间转换数据包,原理图如图 10-24 所示。

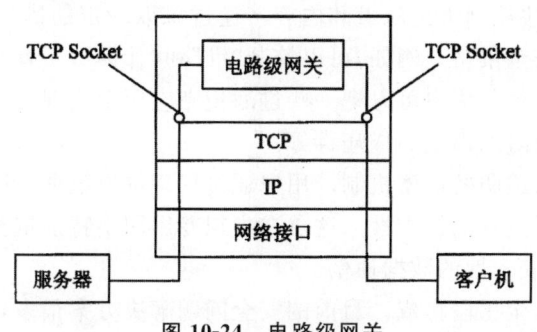

图 10-24 电路级网关

电路级网关是建立应用层网关的一个更加灵活的方法。它是针对数据包过滤和应用网关技术存在的缺点而引入的防火墙技术,一般采用自适应代理技术,也称为自适应代理防火墙。

在电路层网关中,需要安装特殊的客户机软件。组成这种类型防火墙的基本要素有两个,即自适应代理服务器(Adaptive Proxy Server)与动态包过滤器(Dynamic Packet Filter)。在自适应代理与动态包过滤器之间存在一个控制通道。

在对防火墙进行配置时,用户仅仅将所需要的服务类型和安全级别等信息通过相应 Proxy 的管理界面进行设置就可以了。然后,自适应代理就可以根据用户的配置信息,决定是使用代理服务从应用层代理请求还是从网络层转发数据包。如果是后者,它将动态地通知包过滤器增减过滤规则,满足用户对速度和安全性的双重要求。因此,它结合了应用层网关防火墙的安全性和包过滤防火墙的高速度等优点,在毫不损失安全性的基础之上将代理型防火墙的性能提高 10 倍以上。

电路层网关防火墙的工作原理如图 10-25 所示。

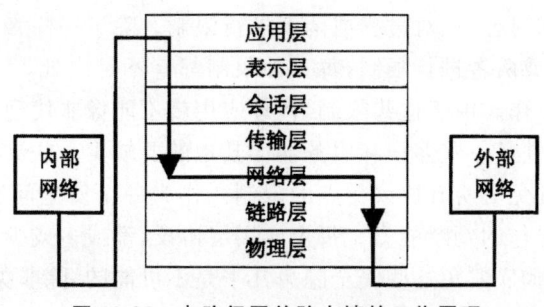

图 10-25 电路级网关防火墙的工作原理

电路级网关防火墙的特点是将所有跨越防火墙的网络通信链路分为两段。防火墙内外计算机系统间应用层的"链接"由两个终止代理服务器上的"链接"来实现,外部计算机的网络链路只能到达代理服务器,从而起到了隔离防火墙内外计算机系统的作用。

此外,代理服务也对过往的数据包进行分析、注册登记,形成报告,同时当发现被攻击迹象时会向网络管理员发出警报,并保留攻击痕迹。

(4)代理服务技术的优点

①代理易于配置。由于代理是一个软件,因此,它较过滤路由器更易配置,配置界面十分友好。如果代理实现得好,可以对配置协议要求较低,从而避免配置错误。

②代理能生成各项记录。由于代理工作在应用层,它检查各项数据,因此,可以按一定准则,让代理生成各项日志、记录。这些日志、记录对于流量分析、安全检验是非常重要的。当然,也可以用于记费等应用。

③代理能灵活、完全地控制进出流量和内容。通过采取一定的措施,按照一定的规则,可以借助代理实现一整套的安全策略。例如,可以控制"谁"和"什么",还有"时间"和"地点"。

④代理能过滤数据内容。用户可以把一些过滤规则应用于代理,让它在高层实现过滤功能,如文本过滤、图像过滤、预防病毒或扫描病毒等。

⑤代理能为用户提供透明的加密机制。用户通过代理进出数据,可以让代理完成加/解密的功能,从而方便用户,确保数据的机密性。这点在虚拟专用网中特别重要。代理可以广泛地用于企业外部网中,提供较高安全性的数据通信。

⑥代理可以与其他安全手段集成。目前的安全问题解决方案很多,如认证、授权、账号、数据加密、安全协议(SSL)等。如果把代理与这些手段联合使用,将大大增加网络安全性。

(5)代理服务技术的缺点

①代理速度较路由器慢。路由器只是简单查看 TCP/IP 报头,检查特定的几个域,不作详细分析、记录。而代理工作于应用层,要检查数据包的内容,按特定的应用协议进行审查、扫描数据包内容,并进行代理(转发请求或响应),因此,其速度较慢。

②代理对用户不透明。许多代理要求客户端作相应改动或安装定制客户端软件,这给用户增加了不透明度。为庞大的互联网络的每一台内部主机安装和配置特定的应用程序既耗费时间,又容易出错,原因是硬件平台和操作系统都存在差异。

③对于每项服务代理可能要求不同的服务器。可能需要为每项协议设置一个不同的代理服务器,因为代理服务器不得不理解协议以便判断什么是允许的和不允许的,并且还装扮一个对真实服务器来说是客户、对代理客户来说是服务器的角色。挑选、安装和配置所有这些不同的服务器也可能是一项工作量较大的工作。

④代理服务通常要求对客户、对过程或两者进行限制。除了一些为代理而设的服务,代理服务器要求对客户、对过程或两者进行限制,每一种限制都有不足之处,人们无法经常按他们自己的步骤使用快捷可用的工作。由于这些限制,代理应用就不能像非代理应用运行那样好,它们往往可能曲解协议的说明,并且一些客户和服务器比其他的要缺少一些灵活性。

⑤代理服务不能保证免受所有协议弱点的限制。作为一个安全问题的解决方法,代理取决于对协议中哪些是安全操作的判断能力。每个应用层协议,都或多或少存在一些安全问题,对于一个代理服务器来说,要彻底避免这些安全隐患几乎是不可能的,除非关掉这些服务。

此外,代理取决于在客户端和真实服务器之间插入代理服务器的能力,这要求两者之间交流的相对直接性,而且有些服务的代理是相当复杂的。

⑥代理不能改进底层协议的安全性。由于代理工作于 TCP/IP 之上,属于应用层,因此,它就不能改善底层通信协议的能力。如 IP 欺骗、SYN 泛滥、伪造 ICMP 消息和一些拒绝服务的攻击。而这些方面,对于一个网络的健壮性是相当重要的。

许多防火墙产品软件混合使用包过滤与代理服务这两种技术。对于某些协议如 Telnet 和 SMTP 用包过滤技术比较有效,而其他的一些协议如 FTP、Archie、Gopher、WWW 则用代理服务比较有效。

3. 状态检测技术

(1)状态检测原理

基于状态检测技术的防火墙是由 Check Point 软件技术有限公司率先提出的,也称为动态包过滤防火墙。基于状态检测技术的防火墙通过一个在网关处执行网络安全策略的检测引擎而获得非常好的安全特性。检测引擎在不影响网络正常运行的前提下,采用抽取有关数据的方法对网络通信的各层实施检测。它将抽取的状态信息动态地保存起来作为以后执行安全策略的参考。检测引擎维护一个动态的状态信息表并对后续的数据包进行检查,一旦发现某个连接的参数有意外变化,就立即将其终止。

状态检测防火墙监视和跟踪每一个有效连接的状态,并根据这些信息决定是否允许网络数据包通过防火墙。它在协议栈底层截取数据包,然后分析这些数据包的当前状态,并将其与前一时刻相应的状态信息进行比较,从而得到对该数据包的控制信息。

检测引擎支持多种协议和应用程序,并可以方便地实现应用和服务的扩充。当用户访问请求到达网关操作系统前,检测引擎通过状态监视器要收集有关状态信息,结合网络配置和安全规则做出接纳、拒绝、身份认证及报警等处理动作。一旦有某个访问违反了安全规则,则该访问就会被拒绝,记录并报告有关状态信息。

状态检测防火墙试图跟踪通过防火墙的网络连接和包,这样,防火墙就可以使用一组附加的标准,以确定是否允许和拒绝通信。它是在使用了基本包过滤防火墙的通信上应用一些技术来做到这点的。

在包过滤防火墙中,所有数据包都被认为是孤立存在的,不关心数据包的历史或未来,数据包的允许和拒绝的决定完全取决于包自身所包含的信息,如源地址、目的地址和端口号等。状态检测防火墙跟踪的则不仅仅是数据包中所包含的信息,而且还包括数据包的状态信息。为了跟踪数据包的状态,状态检测防火墙还记录有用的信息以帮助识别包,如已有的网络连接、数据的传出请求等。

状态检测技术采用的是一种基于连接的状态检测机制,将属于同一连接的所有包作为一个整体的数据流看待,构成连接状态表,通过规则表与状态表的共同配合,对表中的各个连接状态因素加以识别。

(2)跟踪连接状态的方式

状态检测技术跟踪连接状态的方式取决于数据包的协议类型,具体如下所示:

①TCP 包。当建立起一个 TCP 连接时,通过的第一个包被标有包的 SYN 标志。通常来说,防火墙丢弃所有外部的连接企图,除非已经建立起某条特定规则来处理它们。对内部主机试图连到外部主机的数据包,防火墙标记该连接包,允许响应及随后在两个系统之间的数据包通过,直到连接结束为止。在这种方式下,传入的包只有在它是响应一个已建立的连接时,才会被

允许通过。

②UDP 包。UDP 包比 TCP 包简单，因为它们不包含任何连接或序列信息。它们只包含源地址、目的地址、校验和携带的数据。这种信息的缺乏使得防火墙确定包的合法性很困难，因为没有打开的连接可利用，以测试传入的包是否应被允许通过。

但是，如果防火墙跟踪包的状态，就可以确定。对传入的包，如果它所使用的地址和 UDP 包携带的协议与传出的连接请求匹配，则该包就被允许通过。与 TCP 包一样，没有传入的 UDP 包会被允许通过，除非它是响应传出的请求或已经建立了指定的规则来处理它。对其他种类的包，情况与 UDP 包类似。防火墙仔细地跟踪传出的请求，记录下所使用的地址、协议和包的类型，然后对照保存过的信息核对传入的包，以确保这些包是被请求的。

(3) 状态检测技术的优点

状态检测防火墙结合了包过滤防火墙和代理服务器防火墙的长处，克服了两者的不足，能够根据协议、端口，以及源地址、目的地址的具体情况决定数据包是否允许通过。状态检测技术具有如下几个优点：

①高安全性。状态检测防火墙工作在数据链路层和网络层之间，它从这里截取数据包，因为数据链路层是网卡工作的真正位置，网络层是协议栈的第一层，这样防火墙确保了截取和检查所有通过网络的原始数据包。

防火墙截取到数据包就处理它们，首先根据安全策略从数据包中提取有用信息，保存在内存中。然后将相关信息组合起来，进行一些逻辑或数学运算，获得相应的结论，进行相应的操作，如允许数据包通过、拒绝数据包、认证连接和加密数据等。

状态检测防火墙虽然工作在协议栈较低层，但它检测所有应用层的数据包，从中提取有用信息，如 IP 地址、端口号和上层数据等，通过对比连接表中的相关数据项，大大降低了把数据包伪装成一个正在使用的连接的一部分的可能性，这样安全性得到很大提高。

②高效性。状态检测防火墙工作在协议栈的较低层，通过防火墙的所有数据包都在低层处理，而不需要协议栈的上层来处理任何数据包，这样减少了高层协议栈的开销，从而提高了执行效率。此外，在这种防火墙中一旦一个连接建立起来，就不用再对这个连接做更多工作，系统可以去处理别的连接，执行效率明显提高。

③伸缩性和易扩展性。状态检测防火墙不像代理防火墙那样，每一个应用对应一个服务程序，这样所能提供的服务是有限的，而且当增加一个新的服务时，必须为新的服务开发相应的服务程序，这样系统的可伸缩性和可扩展性降低。

状态检测防火墙不区分每个具体的应用，只是根据从数据包中提取的信息、对应的安全策略及过滤规则处理数据包，当有一个新的应用时，它能动态产生新的应用的规则，而不用另外写代码，因此，具有很好的伸缩性和扩展性。

④针对性。它能对特定类型的数据包中的数据进行检测。由于在常用协议中存在着大量众所周知的漏洞，其中一部分漏洞来源于一些可知的命令和请求等，因而利用状态包检查防火墙的检测特性使得它能够通过检测数据包中的数据来判断是否是非法访问命令。

⑤应用范围广。状态检测防火墙不仅支持基于 TCP 的应用，而且支持基于无连接协议的应用，如 RPC 和基于 UDP 的应用 (DNS、WAIS 和 NFS 等)。对于无连接的协议，包过滤防火墙和应用代理对此类应用要么不支持，要么开放一个大范围的 UDP 端口，这样暴露了内部网，降低了安全性。

状态检测防火墙对基于 UDP 应用安全的实现是通过在 UDP 通信之上保持一个虚拟连接来实现的。防火墙保存通过网关的每一个连接的状态信息,允许穿过防火墙的 UDP 请求包被记录,当 UDP 包在相反方向上通过时,依据连接状态表确定该 UDP 包是否是被授权的,若已被授权,则通过,否则拒绝。如果在指定的一段时间响应数据包没有到达,则连接超时,该连接被阻塞,这样所有的攻击都被阻塞,UDP 应用安全实现了。

状态检测防火墙也支持 RPC,因为对于 RPC 服务来说,其端口号是不固定的,因此,简单的跟踪端口号是不能实现该种服务的安全的,状态检测防火墙通过动态端口映射图记录端口号,为验证该连接还保存连接状态与程序号等,通过动态端口映射图来实现此类应用的安全。

(4)状态检测技术的缺点

在带来高安全性的同时,状态检测防火墙也存在着不足,主要体现在对大量状态信息的处理过程可能会造成网络连接的某种迟滞,特别是在同时有许多连接被激活的时候,或者是有大量的过滤网络通信的规则存在时。不过,随着硬件处理能力的不断提高,这个问题变得越来越不易察觉。

10.4.5 防火墙的选择原则

一般认为,没有一个防火墙的设计能够适用于所有的环境,所以应根据网站的特点来选择合适的防火墙。选购防火墙时应考虑以下几个因素。

1. 防火墙的安全性

安全性是评价防火墙好坏最重要的因素,这是因为购买防火墙的主要目的就是为了保护网络免受攻击。但是,由于安全性不太直观、不便于估计,因此,往往被用户所忽视。对于安全性的评估,需要配合使用一些攻击手段进行。

防火墙自身的安全性也很重要,大多数人在选择防火墙时都将注意力放在防火墙如何控制连接以及防火墙支持多少种服务上,而往往忽略了防火墙的安全问题,当防火墙主机上所运行的软件出现安全漏洞时,防火墙本身也将受到威胁,此时任何的防火墙控制机制都可能失效。因此,如果防火墙不能确保自身安全,则防火墙的控制功能再强,也不能完全保护内部网络。

2. 防火墙的高效性

用户的需求是选购何种性能防火墙的决定因素。用户安全策略中往往还可能会考虑一些特殊功能要求,但并不是每一个防火墙都会提供这些特殊功能的。用户常见的需求可能包括以下几种。

(1)双重域名服务 DNS

当内部网络使用没有注册的 IP 地址或是防火墙进行 IP 地址转换时,DNS 也必须经过转换,因为同样的一台主机在内部的 IP 地址与给予外界的 IP 地址是不同的,有的防火墙会提供双重 DNS,有的则必须在不同主机上各安装一个 DNS。

(2)虚拟专用网络 VPN

VPN 可以在防火墙与防火墙或移动的客户端之间对所有网络传输的内容进行加密,建立一个虚拟通道,让两者感觉是在同一个网络上,可以安全且不受拘束地互相存取。

(3)网络地址转换功能 NAT

进行地址转换有两个优点,一是可以隐藏内部网络真正的 IP 地址,使黑客无法直接攻击内部网络,这也是要强调防火墙自身安全性问题的主要原因;二是可以使内部使用保留的 IP 地址,这对许多 IP 地址不足的企业是有益的。

(4)杀毒功能

大部分防火墙都可以与防病毒软件搭配实现杀毒功能,有的防火墙甚至直接集成了杀毒功能。两者的主要差别只是后者的杀毒工作由防火墙完成,或由另一台专用的计算机完成。

(5)特殊控制需求

有时企业会有一些特别的控制需求。例如,限制特定使用者才能发送 E-mail;FTP 服务只能下载文件,不能上传文件等,依需求不同而异。

最大并发连接数和数据包转发率是防火墙的主要性能指标。购买防火墙的需求不同,对这两个参数的要求也不同。例如,一台用于保护电子商务 Web 站点的防火墙,支持越多的连接意味着能够接受越多的客户和交易,因此,防火墙能够同时处理多个用户的请求是最重要的。但是对于那些经常需要传输大的文件且对实时性要求比较高的用户,高的包转发率则是关注的重点。

3. 防火墙的适用性

适用性是指量力而行。防火墙也有高低端之分,配置不同,价格不同,性能也不同。同时,防火墙有许多种形式,有的以软件形式运行在普通计算机之上,有的以硬件形式单独实现,也有的以固件形式设计在路由器之中。因此,在购买防火墙之前,用户必须了解各种形式防火墙的原理、工作方式和不同的特点,才能评估它是否能够真正满足自己的需要。

4. 防火墙的可管理性

防火墙的管理是对安全性的一个补充。目前,有些防火墙的管理配置需要有很深的网络和安全方面的专业知识,很多防火墙被攻破不是因为程序编码的问题,而是管理和配置错误导致的。对管理的评估,应从以下几个方面进行考虑。

(1)远程管理

允许网络管理员对防火墙进行远程干预,并且所有远程通信需要经过严格的认证和加密。例如,管理员下班后出现入侵迹象,防火墙可以通过发送电子邮件的方式通知该管理员,管理员可以以远程方式封锁防火墙的对外网卡接口或修改防火墙的配置。

(2)界面简单、直观

大多数防火墙产品都提供了基于 Web 方式或图形用户界面 GUI 的配置界面。

(3)有用的日志文件

防火墙的一些功能可以在日志文件中得到体现。防火墙提供灵活、可读性强的审计界面是很重要的。例如,用户可以查询从某一固定 IP 地址发出的流量、访问的服务器列表等,因为攻击者可以采用不停地填写日志以覆盖原有日志的方法使追踪无法进行,所以防火墙应该提供设定日志大小的功能,同时在日志已满时给予提示。

因此,最好选择拥有界面友好、易于编程的 IP 过滤语言及便于维护管理的防火墙。

5. 完善的售后服务

只要有新的产品出现,就会有人研究新的破解方法,所以好的防火墙产品应拥有完善且及时的售后服务体系。防火墙和相应的操作系统应该用补丁程序进行升级,而且升级必须定期进行。

10.5 入侵检测技术

网络入侵检测是指从计算机网络的若干关键点收集信息并对其进行分析,从中查找网络中是否有违反安全策略的行为或遭到入侵的迹象,并依据既定的策略采取一定的软件与硬件的组合措施予以防治。

入侵检测技术作为一种积极主动的安全防护技术,是网络动态安全的核心技术,相关设备和系统是整个安全防护体系的重要组成部分。提供了对内部攻击、外部攻击和误操作的实时保护,在网络系统受到危害之前拦截和响应入侵。从网络安全立体纵深、多层次防御的角度出发,入侵检测理应受到人们的高度重视,从国外入侵检测产品市场的蓬勃发展已经可以看出这一点。

10.5.1 入侵检测系统概述

1. 入侵检测技术的定义

1980 年,Jam Anderson 在题为《Computer Security Threat Monitoring and Surveillance》的技术报告中第一次详细阐述了入侵检测的概念。他将入侵尝试(Intrusion Attempt)或威胁(Threat)定义为:潜在的、有预谋的、未经授权的访问信息和操作信息,致使系统不可靠或无法使用的企图。他提出审计追踪可应用于监视入侵威胁,但这一设想的重要性当时并未被理解。1984—1986 年,乔治敦大学的 Dorothy Denning 和 SRI 公司计算机科学实验室的 Peter Neumann 研究出了一个实时入侵检测系统模型——IDES(Intrusion Detection Expert Systems,入侵检测专家系统),第一次运用了统计和基于规则两种技术,是入侵检测研究中最有影响力的一个系统。1989 年,加州大学戴维斯分校的 Todd Heberlein 写了一篇名为《A Network Security Monitor》的论文,该监控器用于捕获 TCP/IP 分组,第一次直接将网络流作为审计数据来源。因而,可以在不将审计数据转换成统一格式的情况下监控异种主机,网络入侵检测从此诞生。

目前,主要采用的是美国国际计算机安全协会(JCSA)对入侵检测的定义。入侵检测(Intrusion Detection)是对入侵行为的发现,是通过对计算机网络和计算机系统中的若干关键点收集信息并对其进行分析,从中发现网络或系统中是否有违反安全策略的行为和被攻击的迹象。入侵检测是检测和响应计算机误用的学科,其作用包括威慑、检测、响应、损失情况评估、攻击预测和起诉支持。入侵检测软件和硬件的组合就是入侵检测系统(Intrusion Detection System,IDS)。入侵检测技术就是依据这一思想建立起来的一种积极主动的安全防护技术。它主要完成以下功能:

① 监视并分析用户和系统的运行状况,查找非法用户和合法用户的越权操作。
② 检查系统的配置与漏洞。
③ 评估关键系统以及数据的完整性。
④ 识别代表已知的攻击活动模式。
⑤ 对反常行为模式进行统计分析。
⑥ 对操作系统进行日志管理,判断是否有破坏安全的用户行为。

入侵检测系统相比其他的安全产品需要有更多的智能,目前,防火墙沿用的仍是静态安全防御技术,对于网络环境下日新月异的攻击手段缺乏主动的响应,不能提供足够的安全保护;而网络入侵检测系统却能对网络入侵事件和过程作出实时响应,与防火墙共同成为网络安全的核心设备。入侵检测系统可以将得到的数据进行智能分析,得出有意义的结果,并且要求不断地更新弱点数据库,以便能够识别最新的入侵行为。一个合格的入侵检测系统能够大大简化网络管理员的工作,保证网络安全的运行。

2. 入侵检测系统的组成

入侵检测系统由信息收集、信息分析和响应处理3部分组成。入侵检测的第一步是信息收集,收集内容包括主机、网络的数据及用户活动的状态和行为。信息收集需要在不同主机和网段进行。入侵检测在很大程度上依赖于收集的信息的可靠性和正确性。如果收集的数据时延较大,检测就会失去作用;如果收集的数据不完整,系统的检测能力就会下降。目前,所采用的信息收集方法主要有分布式与集中式数据收集以及基于主机的数据收集和基于网络的数据收集。基于主机的数据收集是从所监控的主机上获取数据;基于网络的数据收集是通过被监视网络中的数据流获得数据。

信息分析包括模式匹配、统计分析和完整性分析3种方法。

①模式匹配就是将收集到的信息与已知的网络入侵及系统误用模式数据库进行比较,从而发现违背安全策略的行为。一般来说,一种攻击模式可以用一个过程(如执行一条指令)或一个输出(如获得权限)来表示。该过程可以很简单(如通过字符串匹配来寻找一个简单的条目或指令),也可以很复杂(如利用正规的数学表达式来表示安全状态的变化)。

②统计分析方法是先给系统对象(如用户、文件、目录和设备等)创建一个统计描述,统计系统正常使用时的一些测量属性(如访问次数、操作失败次数和端口连接次数等)。测量属性的平均值和偏差将被用来与主机、网络系统的行为进行比较,当观察值在正常值范围之外时,就认为有入侵发生。

③完整性分析主要关注某个文件或对象是否被更改,其中包括目录和文件的内容及属性。完整性分析在发现被更改的、被安装木马的应用程序方面特别有效,它往往用于离线分析。

响应处理由响应单元完成,一旦发现具有入侵企图的异常数据就做出响应。响应动作包括:记录、告警、拦截、阻断、反追踪等。

3. 入侵检测系统的分类

按照检测方法,入侵检测系统可分为异常检测和误用检测。按照数据来源,入侵检测系统可分为基于主机的IDS、基于网络的IDS以及混合型IDS。

异常检测(Anomaly Detection)是指系统首先统计出正常操作应该具有的特征(用户轮廓),当用户活动与正常行为有重大偏离时即被认为是入侵。误用检测(Misuse Detection)是指通过收集非正常操作的行为特征,建立相关的特征库,当监测的用户或系统行为与库中的记录相匹配时,系统就认为这种行为是入侵。

基于主机(Host-based)的IDS获取数据的来源是运行入侵检测系统的主机,保护的目标也是运行系统的主机。基于网络(Network-based)的IDS获取的数据是网络传输的数据包,保护的是网络的运行。而混合型(Hybrid)IDS获取数据的来源既有主机的,也有网络的。

4. 入侵检测系统的性能评价

衡量入侵检测系统性能好坏的关键参数是误报率和漏报率。误报(false positive)是指入侵检测系统将正常活动误认为入侵(虚报);而漏报(false negative)是指入侵检测系统未能检测出真正的入侵行为。

另外，IDS 系统本身的容错性、响应的及时性以及检测速度也是非常重要的。由于 IDS 是检测入侵的重要手段，所以它成为入侵者攻击的首选目标。IDS 自身必须能够抵御对它的攻击，特别是拒绝服务（Denial-of-Service，DoS）攻击。由于大多数 IDS 运行在极易遭受攻击的操作系统和硬件平台上，这就使得系统的容错性变得特别重要。及时性则妖气 IDS 必须尽快地分析数据并把分析结果传播出去，以使系统安全管理员能够在入侵攻击尚未造成更大危害以前做出反应，组织入侵者进一步的破坏活动。

10.5.2 入侵检测系统设计的问题

1. 入侵检测系统设计需要考虑的问题

对于入侵检测系统的设计和开发而言，具体需要考虑以下的需求分析情况：

(1) 检测功能需求

对于检测系统而言，强有力的检测功能是最基本的需求，根据用户的不同的检测目标的需求，检测功能需求又分为不同的类型。

(2) 响应需求

在一般检测模型中，都包含了一定的响应模块。这也反映了一般的用户都具有的对所检测到的异常行为进行响应的基本需求。

(3) 操作需求

操作需求定义了执行入侵检测工作的具体工程。确定如何操作一个入侵检测系统将极大地影响系统部署的总体有效性。

(4) 平台范围需求

通常用户会从运行平台的角度提出自己的需求，如入侵检测系统所能处理的网络协议类型、所能运行的操作系统平台类型以及能够监控的计算机和应用程序范围等。

(5) 数据来源需求

在提出平台范围需求后，用户还会提出数据来源的需求，即系统能够监控哪些输入的审计数据源。不同行业内的信息系统通常由不同类型的主机、操作系统和应用程序组成，因此拥有不同类型、种类繁多的审计数据源。

(6) 检测性能需求

入侵检测系统具有通用的性能需求，同时不同类型的入侵检测技术各自具备自己的性能需求指标。

2. 入侵检测系统安全设计原则

作为信息系统总体保护机制的一个组成部分，入侵检测系统在设计时需要遵循若干基本的安全设计原则，以保证系统自身的安全性能。这些安全设计原则来源于早期的 Multics 系统中所实现的强制访问控制（MAC）机制，具体内容如下：

(1) 机制的经济性原则

该原则提倡保护机制的设计应该在有效的前提下尽量保持实现简单。

(2) 可靠默认原则

可靠默认原则是指保护机制的设计应该确保在默认的情况下，任何主体没有访问的特权，而保护机制的设计应该指出哪些特定的条件下允许访问操作。

(3) 完全调节原则

该原则要求保护机制检查对每个对象的每次访问操作,必须确保该操作得到了合理的授权。

(4) 开放设计原则

开放设计原则要求保护机制的设计不应该建立在攻击者对机制原理一无所知的假设基础之上。实施该原则的一个原因就是保护机制的支持者都需要检查保护机制的设计。

(5) 特权分割原则

特权分割原则在现实的物理世界中常常得到了体现,其基本的要点在于不能够满足一种条件的情况下,允许对对象的访问操作。

(6) 最小权限原则

最小权限原则指的是系统中每一个实体(包括用户和进程),都应该在其能够满足要求的最小权限下进行操作。所需权限只有在需要时才进行适当提升,以满足必要的条件。而在不需要的时候,则要进行降低,避免潜在的安全风险。

(7) 最小通用原则

该原则的微妙之处在于要求系统设计时尽可能减少出现所有用户都依赖的通用机制,最小通用原则能够减少共享资源的各个用户之间出现因为疏忽而造成敏感信息泄漏的情况。

(8) 心理可接受原则

心理可接受原则对于安全保护机制能否得到实际应用起到关键的作用。该原则的要点是保护机制的人机交互界面必须要直观明显,便于用户操作。

(9) 界面友好原则

一个系统设计得再好,如果用户不去使用,也无法生效。所以,实际的系统设计中必须要切实根据操作环境和用户的特点,进行良好的界面设计工作。

10.5.3 入侵检测系统的分析方法

1. 异常检测技术

异常检测是目前入侵检测系统研究的重点,其特点是通过对系统异常行为的检测,可以发现未知的攻击模式。异常检测的关键问题在于正常使用模式的建立以及如何利用该模式对当前的系统/用户行为进行比较,从而判断出与正常模式的偏离程度。

常用的异常检测方法有基于概率统计的异常检测、基于神经网络的异常检测、基于数据挖掘的异常检测等。

(1) 基于概率统计的异常检测

基于概率统计的异常检测是异常入侵检测中最常用的技术,它对用户历史行为建立模型。根据该模型,当入侵检测系统发现有可疑的用户行为发生时就保持跟踪,并监视和记录该用户的行为。

这种方法的优越性在于它应用了成熟的概率统计理论。缺点是由于用户行为非常复杂,因而要想准确地匹配一个用户的历史行为非常困难,易造成系统误报、错报和漏报。定义入侵阈值比较困难,阈值高则误检率提高,阈值低则漏检率提高。

SRI(Stanford Research Institute)研制开发的 IDES(Intrusion Detection Expert System)是一个典型的实时监测系统。IDES 系统能根据用户以前的历史行为生成每个用户的历史行为记录库,并能自适应地学习被检测系统中每个用户的行为习惯。当某个用户改变其行为习惯时,这种异常就被检测出来。这种系统具有固有的弱点。例如,用户的行为非常复杂,因而要想准确地匹配一个用户的历史行为和当前行为是非常困难的。这种方法的一些假设是不准确或不贴切的,容易造成系统误报、错报或漏报。

在这种实现方法中,检测器首先根据用户对象的动作为每一个用户都建立一个用户特征表,通过比较当前特征和已存储的以前特征判断是否有异常行为。用户特征表需要根据审计记录情况不断加以更新。在 SRI 的 IDES 中给出了一个特征简表的结构:{变量名,行为描述,例外情况,资源使用,时间周期,变量类型,阈值,主体,客体,特征值},其中,变量名、主体、客体唯一确定了每个特例简表,特征值由系统根据审计数据周期产生。这个特征值是所有有悖于用户特征的异常程度值的函数。

(2) 基于神经网络的异常检测

基于神经网络的异常检测的基本思想是用一系列信息单元训练神经单元,在给定一定的输入后,就可能预测出输出。它是对基于概率统计的异常检测的改进,主要克服了传统的统计分析技术的一些问题。

基于神经网络的模块,当前命令和刚过去的 W 命令组成了网络的输入,其中 W 是神经网络预测下一个命令时所包含的过去命令集的大小。根据用户代表性命令序列训练网络后,该网络就形成了相应的用户特征表。网络对下一事件的预测错误率在一定程度上反映了用户行为的异常程度。

这种方法的优点在于能够更好地处理原始数据的随机特性,即不需要对这些数据作任何统计假设并有较好的抗干扰能力。缺点是网络的拓扑结构以及各元素的权值很难确定,命令窗口的 W 大小也很难选取。窗口太大,网络降低效率;窗口太小,网络输出不好。

目前,神经网络技术提出了对基于传统统计技术的攻击检测方法的改进方向,但尚不十分成熟,所以传统的统计方法仍继续发挥作用,也仍然能为发现用户的异常行为提供相当有参考价值的信息。

(3) 基于数据挖掘的异常检测

基于数据挖掘的异常检测以数据为中心,把入侵检测看成一个数据分析过程,利用数据挖掘的方法从审计数据或数据流中提取出感兴趣的知识,这些知识是隐含的、事先未知的潜在有用信息,提取的知识表示为概念、规则、规律和模式等形式,并用这些知识去检测异常入侵和已知的入侵。

数据挖掘从存储的大量数据中识别出有效的、新的、具有潜在用途及最终可以理解的知识。数据挖掘算法多种多样,目前主要有以下几种:

① 分类算法。将一个数据集合映射成预先定义好的若干类别。这类算法的输出结果就是分类器,它可以用规则集或决策树的形式表示。利用该算法进行入侵检测的方法是首先收集有关用户或应用程序的"正常"和"非正常"的审计数据,然后应用分类算法得到规则集,并使用这些规则集来预测新的审计数据是属于正常还是异常行为。

② 关联分析算法。决定数据库记录中各数据项之间的关系,利用审计数据中各数据项之间的关系作为构造用户正常使用模式的基础。

③ 序列分析算法。获取数据库记录在事件窗口中的关系,试图发现审计数据中的一些经常以某种规律出现的事件序列模式,这些频繁发生的事件序列模式有助于在构造入侵检测模型时选择有效的统计特征。

其他的异常检测方法还包括基于贝叶斯网络的异常检测、基于模式预测的异常检测、基于机器学习的异常检测等。

2. 误用检测技术

误用检测是指根据已知的入侵模式来检测入侵。入侵者常常利用系统和应用软件中的弱点进行攻击，而这些弱点易组织成某种模式，如果入侵者攻击方式恰好与检测系统模式库中的模式匹配，则入侵者被检测到。显然，误用入侵检测依赖于模式库，如果没有构造好模式库，入侵检测系统就不能检测到入侵者。误用检测将所有攻击形式化存储在入侵模式库中。

常用的误用检测方法有基于专家系统的误用检测、基于模型推理的误用检测、基于状态转换分析的误用检测等。

(1) 基于专家系统的误用检测

基于专家系统的误用检测方法利用专家系统存储已有的知识（攻击模式），通常是以 if-then 的语法形式表示的一组规则和统计量，if 部分表示攻击发生的条件序列，当这些条件满足时，系统采取 then 部分所指明的动作。然后输入检测数据（审计事件记录），系统根据知识库中的内容对检测数据进行评估，判断是否存在入侵行为模式。

利用专家系统进行检测的优点在于对环境表现得比较健壮，而且把系统的推理控制过程和问题的最终解答相分离，即用户不需要理解或干预专家系统内部的推理过程。

但使用专家系统进行入侵检测时，也存在以下一些问题：

① 处理海量数据时存在效率问题。

② 缺乏处理序列数据的能力，即缺乏分析数据前后的相关性问题。

③ 专家系统的性能完全取决于设计者的知识和技能，且规则必须被人工创建。

④ 无法处理判断的不确定性。

⑤ 规则库的维护同样是一项艰巨的任务，更改规则时必须考虑到对知识库中其他规则的影响。

(2) 基于模型推理的误用检测

攻击者在攻击一个系统时往往采用一定的行为程序，如猜测口令的程序，这种行为程序构成了某种具有一定行为特征的模型，根据这种模型所代表的攻击意图的行为特征，可以实时地检测出恶意的攻击企图。

用基于模型的推理方法，人们能够为某些行为建立特定的模型，从而能够监视具有特定行为特征的某些活动。根据假设的攻击脚本，这种系统就能够检测出非法的用户行为。为了准确判断，一般要为不同的攻击者和不同的系统建立特定的攻击脚本。

当有证据表明某种特定的攻击发生时，系统应收集其他证据来证实或否定攻击的真实性，既不能漏报攻击对信息系统造成实际损害，又能尽可能避免错报。

当然，上述几种方法都不能彻底解决攻击检测问题，所以最好是综合地利用各种手段强化计算机信息系统的安全程序，以增加攻击成功的难度，同时根据系统本身的特点选择适合的攻击检测手段。

(3) 基于状态转换分析的误用检测

基于状态转换分析的误用检测工作的基础是状态转换图或表，即使用状态转移图来表示和检测已知攻击模式。状态转换图用来表示一个事件序列，状态转移图中的节点表示系统的状态，弧线代表每一次状态的转变。该方法来源于一个事实，即所有入侵者都是从某一受限的特权程序开始逐步提升自身的权限来探测系统的脆弱性,以获得结果。

利用状态转换图检测入侵的过程如下:在任一时刻,当一定数量的入侵模式与审计日志部分匹配时,一些特征动作已经使得检测系统到达各自状态转换图中的某些状态。如果某一状态转换图到达了终止状态,则表示该入侵模式已经成功匹配。否则,当下一个特征动作到来时,推理引擎能把当前状态转变成满足断言条件的下一状态。如果当前状态的断言条件不能满足,则状态转换图会从当前状态转换到最近的能满足断言条件的状态。

基于状态转换分析的入侵检测方法的一个优势是状态转移图提供了一种直观的、高级别的、独立于审计数据格式的入侵表示,状态转换能够表达包含入侵模式特征动作的部分顺序,而且它采用特征动作的最小可能子集来检测入侵行为,这样同一入侵的多个不同变种也能被检测出来。

状态转换分析方法的缺点是状态声明和标签都是人工编码,这使得它不能检测到标签库以外的攻击。

综上所述,在 Internet 应用日益普及、访问手段多样化的今天,各种攻击手段层出不穷,入侵检测系统作为一种安全防范措施,是防火墙的合理补充,它帮助系统对付网络攻击,扩展了系统管理员的安全管理能力,提高了信息安全基础结构的完整性。采用入侵检测系统是预警、监控、处置网络攻击的有效方法。

10.6 网络管理技术

出于对网络安全和网络效率的考虑,网络离不开管理,对网络有效的管理是使网络稳定、安全、可靠、高效运行的基础,而计算机和通信技术的飞速发展刺激和促进了网络管理技术的发展,网络管理技术是当前最前沿的网络技术之一。网络管理是指通过计划、监测、分析、设置等手段来控制、管理网络,使网络正常、有效地运行。

10.6.1 网络管理的重要性

随着网络在社会生活中的广泛应用,特别是在金融、商务、政府机关、军事、信息处理以及工业生产过程控制等方面的应用,支持各种信息系统的网络如雨后春笋般涌现。随着网络规模的不断扩大,网络结构也变得越来越复杂。用户对网络应用的需求不断提高,企业和用户对计算机网络的重视和依赖程度已是有目共睹。在这种情况下,企业的管理者和用户对网络性能、运行状况以及安全性也越来越重视。因此,网络管理成为现代网络技术中最重要的问题之一,也是网络设计、实现、运行与维护等环节中的关键问题。

一个有效、实用的网络每时每刻都离不开网络管理的规范。如果在网络系统设计中没有很好地考虑网络管理问题,这个设计方案是存在严重缺陷的,按这样的设计组建的网络系统是危险的。如果由于网络性能下降,甚至故障而造成网络瘫痪,对企业造成的严重的损失无法估算,这种损失有可能远远大于在网络组建时,用于网络软、硬件与系统的投资。重视网络管理技术的研究与应用是每个网络用户首先要面对的问题。

计算机网络的硬件包括实际存在服务器、工作站、网关、路由器、网桥、集线器、传输介质与各种网卡。计算机网络操作系统中存在着 UNIX、Windows NT、NetWare 等操作系统。不同厂家针对自己的网络设备与网络操作系统提供了专门的网络管理产品,但是这对于管理一个大型、异构、多厂家产品的计算机网络来说往往不够。具备丰富的网络管理知识与经验,是可以对复杂的网络进行有效管理的知识储备。所以,无论是对于网络管理员、网络应用开发人员,还是普通的网络用户来说,学习网络管理的基本理论与实现方法都是极有必要的。

10.6.2 网络管理的结构及模型

1. 网络管理的结构

从逻辑上,一个网络管理系统可以分为 3 个部分:管理对象(Managed Object)、管理进程(Manager Process)与管理协议(Management Protocol)。

管理对象是经过抽象的网络元素,对应于网络中具体可以操作的数据,例如记录网络设备工作状态的状态变量、网络设备内部的工作参数、网络性能的统计参数。被管理的网络设备有交换机、路由器、网关、网桥、服务器与工作站、通信线路、网卡等。

管理进程主要负责对网络设备进行全面的管理与控制的软件。它会根据网络中各个管理对象状态的变化,决定对不同的管理对象应该采取怎样的操作,例如调整网络设备的工作参数、控制网络设备的工作状态。

管理信息库(Management Information Base,MIB)是管理进程的一个部分。管理信息库用于记录网络中被管理对象的状态参数值。

管理协议则负责在管理系统与被管理对象之间传递操作命令,负责解释管理操作命令。管理协议保证管理信息库中的数据与具体网络设备中的实际状态、工作参数的一致性。

2. 网络管理模型

目前,应用最为广泛的网络管理模型是管理者/代理模型,如图 10-26 所示。这种网络管理模型的核心是一对相互通信的系统管理实体。网络管理模型采用独特方式来使两个管理进程之间相互作用,即某个管理进程与一个远程系统相互作用,以实现对远程资源的控制。

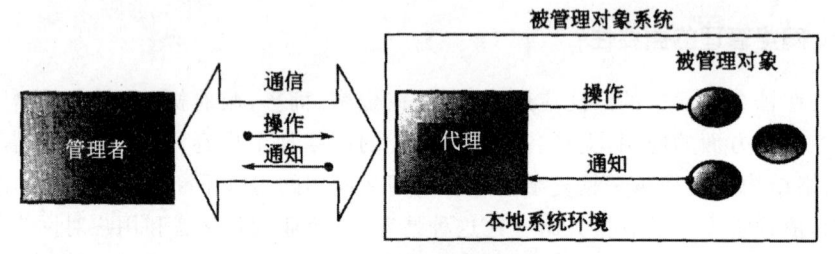

图 10-26 网络管理的基本模型

在这种简单系统结构中,一个系统中的管理进程充当管理者角色,而另一个系统中的对应实体扮演代理角色,代理者负责提供对被管对象的访问。其中,前者称为网络管理者,后者称为网络管理代理。

不论是 OSI 的网络管理还是 IETF 的网络管理,都认为现代计算机网络管理系统基本上是由网络管理者(Network Manager)、网络管理代理(Managed Agent)、网络管理协议(Network Management Protocol,NMP)和管理信息库(Management Information,MIB)四个要素组成的。

网络管理者(管理进程)是管理指令的发出者,网络管理者通过各网管代理对网络内的各种设备、设施和资源实施监测和控制。

网络代理负责管理指令的执行,并以通知的形式向网络管理者报告被管对象发生的一些重要事件,它一方面从管理信息库中读取各种变量值,另一方面在管理信息库中修改各种变量值。

管理信息库是被管对象结构化组织的一种抽象，它是一个概念上的数据库，由管理对象组成，各个网管代理管理 MIB 中的数据实现对本地对象的管理，各网管代理对象控制的管理对象共同构成全网的管理信息库。

网络管理协议是最重要的部分，它定义了网络管理者与网管代理间的通信方法，规定了管理信息库的存储结构和信息库中关键词的含义以及各种事件的处理方法。

目前较有影响的网络管理协议是 SNMP(Simple Network Management Protocol)和 CMIS/CMIP(Common Management Information Service/Protocol)。其中，SNMP 流传最广，应用最多，获得的支持也最为广泛，它已经成为事实上的工业标准。

10.6.3 网络管理的功能

网络管理标准化是要满足不同网络管理系统之间互操作的需求。为了支持各种网络互联管理的要求，网络管理需要有一个国际性的标准。

目前，国际上有许多机构与团体都在为制定网络管理国际标准而努力。在众多的网络协议标准化组织中，国际标准化组织与国际电信联盟的电信标准部(ITU-T)做了大量的工作，并制定出了相应的标准。

OSI 网络管理标准将开放系统的网络管理功能划分成 5 个功能域，这 5 个功能域分别用来完成不同的网络管理功能。OSI 网络管理中定义的 5 个功能域只是网络管理最基本的功能，这些功能都需要通过与其他开放系统交换管理信息来实现。

OSI 管理标准中定义的 5 个功能域，即故障管理(Fault Management)、配置管理(Configuration Management)、性能管理(Performance Management)、计费管理(Accounting Management)、安全管理(Security Management)。

1. 故障管理

故障管理(Fault Management)是网络管理功能中与故障检测、故障诊断、故障恢复或排除等措施有关的网管功能，其目的是保证网络能够提供连续、可靠的服务。

故障管理主要功能如下所示。

①检测被管对象的差错，或接收被管对象的差错事件报告。
②在紧急情况下启用备份设备或迂回路径，提供新的网络资源用于服务。
③创建和维护差错日志库，并对差错日志进行分析。
④进行诊断和测试，以追踪和确定故障位置、故障性质。
⑤通过对故障资源的更换、修复或其他恢复措施使其重新开始服务。

网络中所有的部件，包括通话设备与线路，都有可能成为网络通信的瓶颈。事先进行性能分析，将有助于在运行前或运行中避免出现网络通信的瓶颈问题。但是进行这项工作需要对网络的各项性能参数(如可靠性、延时、吞吐量、网络利用率、拥塞与平均无故障时间等)进行定量评价。

2. 配置管理

配置管理(Configuration Management)是网络管理的最基本功能，用来定义、识别、初始化、控制和监测通信网中的被管对象，改变被管对象的操作特性，报告被管对象状态的变化等。其目的是实现某个特定功能或使网络性能达到最佳。该功能需要监视和控制的内容如下：

①网络资源及其活动状态。
②网络资源之间的关系
③新资源的引入和旧资源的删除等。
配置管理需要进行的操作内容包括：
①鉴别并标识辖区内的所有被管对象。
②设置被管对象属性的参数。
③处理被管对象之间的关系。
④改变被管对象的操作特性，报告被管对象的状态变化。
⑤动态地定义新的被管对象和删除已废除的被管对象等。

配置管理要求有配置信息数据库，不仅在管理中心必须要有，而且各个被管对象的设备中也要有这种数据库。配置信息数据库记录着关于网络（或设备）的配置关系和当前的状态值，依据这些信息，可以反映出网络中管理对象的关系和它们的运行状态，为其他管理功能提供基础信息来源。

3. 性能管理

性能管理（Performance Management）以网络性能为准则收集、分析和调整被管对象的状态，其目的是使用最少的网络资源和在最短的数据时延下，保证网络可以提供高可靠、高吞吐的通信能力。

典型的网络性能管理可以分为两部分，即性能监测与网络控制。性能监测指网络工作状态信息的收集和整理；而网络控制则是为改善网络设备的性能而采取的动作和措施。

性能管理监测的主要目的如下所示：
①在用户发现故障并报告后，去查找故障发生的位置。
②进行全局监视，及早发现故障隐患，在影响服务之前就及时将其排除。
③对过去的性能数据进行分析，以便知道资源利用情况及其发展趋势。

在OSI性能管理标准中，明确定义了网络或用户对性能管理的需求，以及度量网络或开放系统资源性能的标准，定义了用于度量网络负荷、吞吐量、资源等待时间、响应时间、传播延时、资源可用性与表示服务质量变化的参数。

性能管理包括一系列管理对象状态的收集、分析与调整，保证网络可靠、连续通信的能力。网络性能管理的功能主要应包括以下几种。
①从管理对象中收集与性能有关的数据。
②对与性能相关的数据进行分析与统计。
③根据统计分析的数据判断网络性能，报告当前网络性能，产生性能警告。
④将当前统计数据的分析结果与历史模型进行比较，以便预测网络性能的变化趋势。
⑤形成并调整性能评价标准与性能参数标准值，根据实测值与标准值的差异去改变操作模式，调整网络管理对象的配置。
⑥实现对管理对象的控制，以保证网络的性能达到设计要求。

4. 计费管理

计费管理（Accounting Management）随时记录网络资源的使用，目的是控制和监测网络操作的费用和代价。它可以估算出用户使用网络资源可能需要的费用和代价。网络管理员还可以规定用户能够使用的最大费用,从而控制用户过多地占用和使用网络资源,这也从另一方面提高了网络的效率。此外,当用户为了一个通信目的需要使用多个网络中的资源时,计费管理应能计算出总费用。

计费管理根据业务及资源的使用记录制作用户收费报告,确定网络业务和资源的使用费用并计算成本。计费管理保证向用户无误地收取使用网络业务应交纳的费用,也进行诸如管理控制的直接运用和状态信息提取一类的辅助网络管理服务。通常情况下,收费机制的启动条件是业务的开通。

计费管理的主要目的是正确地计算和收取用户使用网络服务的费用。但这并不是唯一的目的,计费管理还要进行网络资源利用率的统计和网络的成本效益核算。对于以盈利为目的的网络经营者来说,计费管理功能无疑是非常重要的。

在计费管理中,首先要根据各类服务的成本、供需关系等因素制定资费政策,资费政策包括根据业务情况制定的折扣率;其次要收集计费收据,如针对所使用的网络服务就占用时间、通信距离、通信地点等计算其服务费用。

通常计费管理包括如下几个主要功能。

①计算网络建设及运营成本,主要成本包括网络设备器材成本、网络服务成本、人工费用等。
②统计网络及其所包含的资源利用率。为确定各种业务在不同时间段的计费标准提供依据。
③联机收集计费数据。这是向用户收取网络服务费用的根据。
④计算用户应支付的网络服务费用。
⑤账单管理。保存收费账单及必要的原始数据,以备用户查询和置疑。

5. 安全管理

安全管理(Security Management)是用户最为关心的问题,因此,网络安全管理非常重要。网络中涉及的安全问题在前面已经从技术的角度作了叙述,现在从管理的角度来讨论安全问题。网络安全管理应包括授权机制、访问控制、加密和密钥的管理,以及维护和检查安全日志等。

具体来说,网络安全管理所涉及的内容如下。

①与安全有关的信息发布,如密钥的分发和访问优先权设置等。
②与安全有关事件的通报,如网络出现非法侵入、无权用户的访问企图等,以及采用安全措施来保护数据和服务的正常访问和更新。
③与安全有关的服务和设施的创建、控制和删除。
④涉及安全访问的网络操作事件的记录、维护和查阅等日志管理工作,以便进行安全追查等事后分析。

由于网络系统的安全问题与系统的其他管理构件(如上述的故障、配置、计费等管理)有密切关系,因此,要实现对网络安全的控制与维护,安全管理设施往往要调用一些其他管理的服务功能。例如,需要使用具有特殊权限的设备控制命令来实现加密操作;若发现安全管理故障时,需要向故障管理设施通报安全故障事件以便进行故障记录和故障恢复,还要接收计费管理设施发来的计费故障和访问故障事件通报等。

上述的五个管理功能简称为 FCAPS,基本上覆盖了整个网络管理的范围。

10.6.4 简单网络管理协议

简单网络管理协议 SNMP(Simple Network Management Protocol)是在应用层上进行网络设备间通信的管理,它可以进行网络状态监视、网络参数设定、网络流量的统计与分析、发现网络故障等。因为它的使用及开发极为简单,所以得到了普遍的应用。

1. SNMP 协议的特点

SNMP 协议的应用范围非常广泛,它具有以下几个特点。

①相对于其他网络管理体系或管理协议而言,SNMP 易于实现。SNMP 管理协议模型定义的体系框架能够在各种不同类型的设备上运行。

②SNMP 协议是开放的免费产品,并提供了很多详细的文档资料,业界对这个协议也有着较深入的理解,可以作进一步的发展和改进。

③SNMP 是一种无连接协议,这种机制减轻了管理代理的负担,它不必要非得支持其他协议及基于连接模式的处理过程。因此,SNMP 协议提供了一种独有的机制来处理可靠性和故障检测方面的问题。

④SNMP 协议可用来控制各种设备。如电话系统、环境控制设备,以及其他可接入网络且需要控制的设备等,这些非传统设备都可以使用 SNMP 协议。

2. SNMP 管理模型

SNMP 主要用于 ISO/OSI 七层模型中较低层次的管理,采用轮询监控方式。管理者按一定的时间间隔向代理请求管理信息,根据管理信息判断是否有异常事件发生。当管理对象发生紧急情况时,也可以使用称为 Trap 信息的报文主动报告。

轮询监控的主要优点是对代理资源要求不高,SNMP 协议简单,易于实现;缺点是管理通信开销大。

SNMP 的基本功能包括网络性能监控、网络差错检测和网络配置。图 10-27 所示为 SNMP 的管理模型。

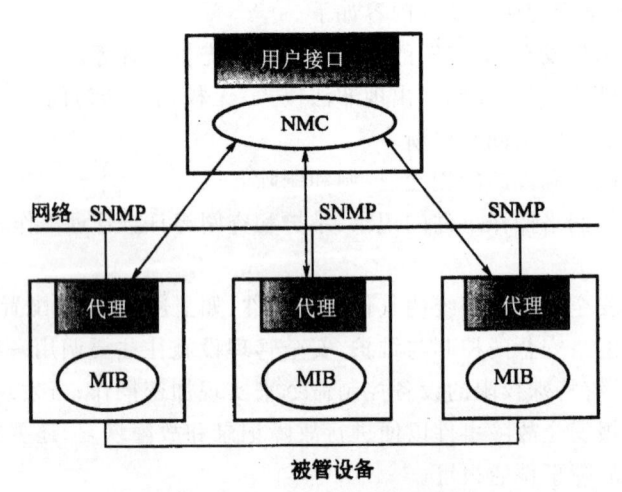

图 10-27 SNMP 的管理模型

网络管理站 NMC(Network Management Center)是系统的核心,负责管理代理(Agent)和管理信息库 MIB(Management Information Base),它以数据报表的形式发出和传送命令,从而达到控制代理的目的。它与任何代理之间都不存在逻辑链路关系,因而网络系统负载很低。

代理的作用是收集被管理设备的各种信息并响应网络中 SNMP 服务器的要求,把它们传输到中心的 SNMP 服务器的 MIB 数据库中。代理包括:智能集线器、网桥、路由器、网关及任何合法节点的计算机。

管理信息库 MIB 负责存储设备的信息,它是 SNMP 分布式数据库的分支数据库。

SNMP 用于网络管理站与被管设备的网络管理代理之间交互管理信息。网络管理站通过 SNMP 向被管设备的网络管理代理发出各种请求报文,网络管理代理则接收这些请求后完成相应的操作。

第11章 数据通信技术

11.1 数据编码与压缩技术

11.1.1 数据编码技术

编码(Encode 或 Coding)在通信与信息处理学科中,意思是把有限个状态(数值)转换成数字代码(二进制)的过程。在数据通信的终端设备中,始终会遇到如何把原始的消息(如字符、文字、话音等)转换成用代码表示的数据的问题,这个转换过程通常称为数据编码,也称为信源编码(Source Coding)。与信源编码相对应的另一类编码是信道编码(Channel Coding)。它是为提高数据信号的可靠传输而采取的差错控制技术,将在后面讨论。本节讨论把字符、文字及话音如何变换成数据代码。下面首先介绍几个基本概念。

代码:通常指用二进制数组合形成的码字集合。

码字:用代码表示的基本数据单元。

1. 国际5号码(IA5码)

国际5号码(IA5码)是把字符转换成代码的一种编码方案。该方案是1963年美国标准化协会提出的,称为美国信息交换标准代码(American Standard Code for Information Interchange, ASCII),随后被国际标准化组织(International Standard Organization, ISO)和国际电报电话咨询委员会(CCITT)采纳,并发展成为国际通用的信息交换用标准代码。IA5码是用7位二进制代码表示出每个字母、数字、符号及一些常见控制符的,它是一种7位代码。7位二进制代码可以表示 $2^7=128$ 个不同字符(状态)。7位 IA5 码与1位二进制码配合,可以进行字符校验。

2. EBCDIC 码

把字符变换成代码的第二种编码方案是扩展二一十进制交换码(Extended Binary Coded Decimal Interchange Code, EBCDIC)。它是一种8位代码。8位二进制码有 $2^8=256$ 种组合,可以表示256个字符和控制符。EBCDIC 码目前只定义了143种,剩余了113个,这对需要自定义字符的应用非常有利。

由于 EBCDIC 是8位码(1字节),已无法提供奇偶校验位,因此不宜长距离传输。但 EBCDIC 的码长与计算机字节长度一致,故可作为计算机的内部传输代码。

3. 国际2号码(IA2码)

IA2码是一种5位代码,又称波多(Baudot)码。波多码广泛用于电报通信中,是起止式电传电报中的标准用码,在低速数据传输系统中仍使用这种码。5位码只能表示出 $2^5=32$ 个符号,但通过转移控制码"数字/字母"可改变代码意义,因此可有64种表示,实际中应用了其中58个。

4. 信息交换用汉字编码

国际 5 号码、国际 2 号码和 EBCDIC 都是将字符转换成代码的编码方案,这些不能解决传输汉字消息的问题。我国在明码电报通信中,用 4 位十进制数组成的代码表示一个汉字,然后用 ASCII 码或波多码再表示出十进制数字,最后变换成电信号形式传输。例如,汉字"我"转换成 4 位十进制数为 2053,对应的 ASCII 码为 10110010 00110000 00110101 00110011。这里已经考虑了 7 位 ASCII 码的校验位(最高位,偶校验)。

为了使汉字能够在计算机中存储和处理,国家标准局 1979 年开始制订"信息交换用汉字编码"标准工作,于 1981 年 5 月正式使用"国家标准信息交换用汉字编码字符基本集"。现在广泛用于计算机表示汉字信息的"区位码"就是这种代码之一。

汉字变成代码的过程是分两步实现的,即采用由"外码"和"内码"组成的两级编码方法。汉字的外码是指计算机与人之间进行交换的一种代码,它与汉字的录入方式有直接关系。同一汉字,采用不同的录入方式,则汉字的外码就不同。例如,汉字"啊"的外码,在区位码录入方式下是"1601"(16 区 0 行 1 列),在拼音录入方式下是"a",在五笔字型方式下是"kbsk"。

汉字的内码则是指最终进入系统内部,用来存储和处理的机器代码。目前在微机上一般采用一个汉字用两个字节表示的形式,每个字节的高位置成"1",作为汉字标记,用来区分与 ASCII 码的不同。

在计算机上,汉字录入的过程是外码转换成内码的过程,即将汉字和一些符号的外码键入计算机后,计算机通过查表的方法把外码转换成内码。

5. 语音的数据编码

语音作为数据通信的信源,已是非常普遍了。那么,如何将语音信号变成数据信号呢?实际上,这部分内容是数字通信必须涉及的内容。

语音通常在经过电话机(或话筒)后,变成了一个电压或电流随时间连续变化的模拟电信号。电信号通常要经过采样、保持、量化和编码几个步骤后,方能变换成数字信号,在数据信道上传输。

采样把一个幅度和时间都连续变化的模拟信号变成了一个幅度上连续、时间上离散的离散信号。语音信号的采样速率 f_s 通常按采样定理来计算,即

$$f_s \geqslant 2f_m$$

式中,f_m 为语音信号的最高频率。语音信号的最高频率 f_m 一般取为 4kHz,所以采样速率通常为 8kHz。

量化是为了把无限多个幅度值(幅度连续)变成有限个幅度值,即用一个标准的值替代出现在这个标准值误差范围内的所有可能值。量化的方法有均匀量化和非均匀量化。

编码是按照一定的规则,把量化后的幅度值用二进制数表示出来的过程。

把模拟电信号通过采样、量化、编码变成数字信号的过程标为脉冲编码调制(PCM,Pulse Code Modulation)。采用 A 律特性(13 折线)的 PCM 后,编码器输出的单路数字话音速率是 8×8=64(kb/s)。在这里,每个量化值的大小用 8bit 二进制数表示。

11.1.2 数据压缩技术

信息时代带来了信息爆炸,数字化的信息产生了巨大的数据量。例如,单路 PCM 数字电话

的数码率为64kb/s,高保真双声道立体声数据率为705.6kb/s,彩色数字电视的数码率为106.32Mb/s,高清晰度数字电视的数码率达1327.104Mb/s。这些数据如果不压缩,直接传输必然造成巨大的数据量,使传输系统效率低下。因此,数据的压缩是十分必要的。实际上,各种信息都具有很大的压缩潜力。

数据压缩(Data Compression)就是通过消除数据中的冗余,达到减少数据量,缩短数据块或记录长度的过程。当然,压缩是在保持数据原意的前提下进行的。数据压缩已广泛应用于数据通信的各种终端设备中。

数据压缩的方法和技术比较多。通常把数据压缩技术分成两大类:一类是冗余度压缩,也称为无损压缩、无失真压缩、可逆压缩等;另一类是熵压缩,也称有损压缩、不可逆压缩等。

冗余度压缩就是去掉或减少数据中的冗余,当然,这些冗余是可以重新插入到数据中去的。冗余压缩是随着香农的信息论而出现的,信息论中认为数据是信息和冗余度的组合。典型的冗余度压缩方法有:Huffman编码、游程长度(Run-length)编码、Lempel-Ziv编码、算术编码和Fano-Shannon编码等。

熵压缩是在允许一定程度失真的情况下的压缩,这种压缩可能会有较大的压缩比,但损失的信息是不能再重新恢复的。熵压缩的具体方法有预测编码、变换编码、分析-综合编码等。

具体对音频(语音)信号和图像信号的压缩方法及技术归纳如下:

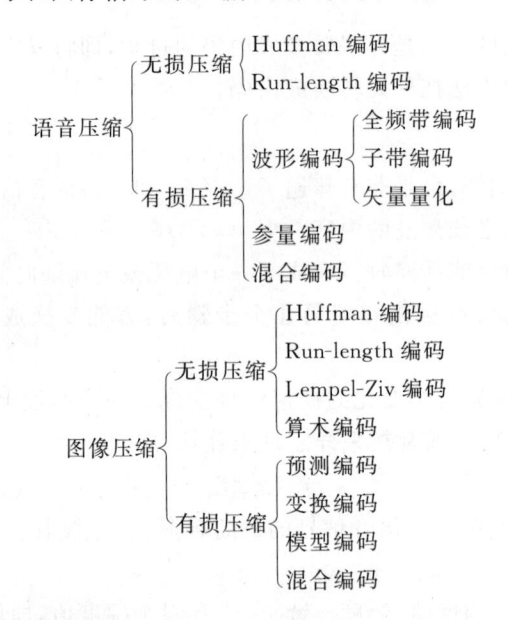

```
          ┌ 无损压缩 ┬ Huffman 编码
          │          └ Run-length 编码
语音压缩 ┤          ┌ 波形编码 ┬ 全频带编码
          │          │          ├ 子带编码
          └ 有损压缩 ┤          └ 矢量量化
                     ├ 参量编码
                     └ 混合编码

          ┌ 无损压缩 ┬ Huffman 编码
          │          ├ Run-length 编码
          │          ├ Lempel-Ziv 编码
图像压缩 ┤          └ 算术编码
          │          ┌ 预测编码
          │          ├ 变换编码
          └ 有损压缩 ┤ 模型编码
                     └ 混合编码
```

下面简单介绍几种数据压缩技术。

1. Lempel-Ziv 编码

Lempel-Ziv编码(LZ算法)是目前各种Modem和计算机数据压缩软件ZIP常采用的算法,应用非常广泛。

LZ算法使用定长代码表示变长的输入,而且LZ代码具有适应性,它可根据输入信息属性的变化对代码进行分配、调整。LZ算法对于用Modem传输文本的信息特别合适。

LZ算法被用来对字符串进行编码,为此,在传输及接收方都要对有同样代码串的字典进行维护。当有字典中的串被输入传输方时,就以相应的代码代替该串;接收方接收到该代码后,就以字典中对应的串来代替该代码。在进行传输时,新串总被加入到传输方和接收方的字典中,而旧的串就被删除掉了。

为了描述方便,先根据标准注释定义几个参量。

C1:下一个可得的未用代码字。

C2:代码字的大小,默认值为9bit。

N2:字典大小的最大值＝代码字数＝2^{C_2}。

N3:字符大小,默认值为8bit。

N5:用于表示多于一个字符的串的第一个代码字。

N7:可被编码的最大串长度。

在这个字典中总是包含着所有单字符的串及一些多字符的串。因为有这种总是将新串加入字典的机制,所以对于字典中的任一多字符的串,它们开始部分的子串也在字典中。例如,如果串 MZOW 在字典中,它有一个单代码字,则串 MZO 及 MZ 也都在这个字典中,它们都有相应的代码字,在逻辑上可将这个字典表示为一个树的集合,其中每个树根都与字母表中的一个字符相应。所以在默认条件下(N3＝8bit),集合中就有 256 棵树,该例示于图 11-1 中,每一棵树都表示字典中以某一字符开始的串的集合,每一节点都表示一个串,它所包含的字符可由从根开始的路径定义出。图 11-1 中的树表示以下的串在字典中:A,B,BA,BAG,BAR,BAT,BI,BIN,C,D,DE,DO 及 DOG。

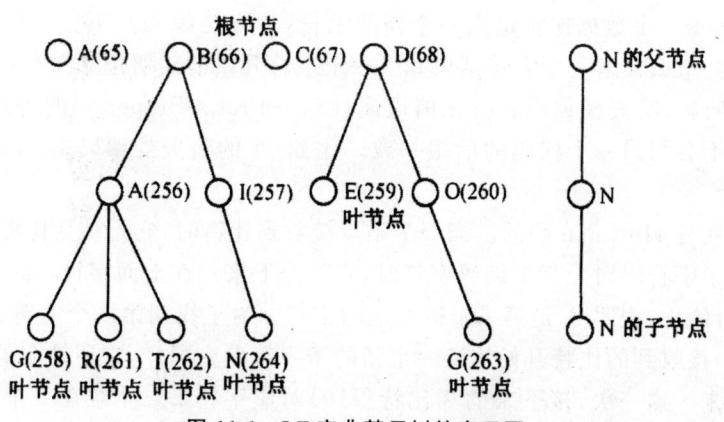

图 11-1　LZ 字典基于树的表示图

所插入的数字又为相应串的字符码。单字符串的字符代码就是该字符的 ASCII 码。对于多字符串,其可得的第一个代码就是 N5,在本例中是 256。因此,对于一个 9bit 的代码,除了可表示 256 个单字符串外,还可表示 256 个多字符串。

LZ 算法主要由 3 部分组成。

①串匹配及编码。

②将新串加入到字典中。

③从字典中删除旧串。

LZ 算法总是将字典中最长的匹配字符串与输入进行匹配。传输方将输入划分为字典中的串,并将划分好的串转换为相应的代码字。因为所有的单字符串总在字典中,所以所有的输入都可划分为字典中的串,当接收方接收到这一代码字流后,将每个代码字都转换为对应的字符串。该算法总是在搜索,将搜索到的新串加入到字典中,将以后可能不再出现的旧串从字典中删除掉。

那么能否将一个新串加入到字典,关键要看字典是否是满的。通常传输方都要保留一个变量 C1,作为下一个可得的代码字。当系统进行初始化时,C1＝N5,它是全部单字符串被赋予的第一个值,通常情况下,C1 以值 256 开始,只要字典为空,当一个新串被赋予代码值 C1 后,C1 自动加 1。

如果字典已满,就要采用循环检测的过程,选出可能不再出现的旧串并删除。

2. Huffman 编码

Huffman(哈夫曼)编码是根据字符出现的频率来决定其对应的比特数的,因此这种编码也称为频率相关码。通常,它给频繁出现的字符(如元音字符及 L,R,S,T 等字符)分配的代码较短。所以在传送它们时,就可以减少比特数,达到压缩的目的。

下面举例说明 Huffman 编码的思想。设一个数据文件字符、对应频率及 Huffman 编码如下。

$$\begin{bmatrix} A & B & C & D & E \\ 25\% & 15\% & 10\% & 20\% & 30\% \\ 01 & 110 & 110 & 10 & 00 \end{bmatrix}$$

假定 0111000 1110 110 110 111 为 Huffman 码,我们知道,使用固定长度的编码有一个好处,即在一次传输中,总是可以知道一个字符到哪里结束,下一个字符在哪里开始。比如说,在传输 ASCII 代码时,每 8 个数据比特定义一个新的字符,哈夫曼编码则不然。那怎样解释哈夫曼编码的比特流呢?怎么知道一个字符结束和下一个字符开始的确切位置呢?

为解决上述问题,哈夫曼编码具有无前缀属性(No-Prefix Property)的特性。也就是说,任何字符的代码都不会与另一个代码的前缀一致。比如,A 的哈夫曼编码是 01,那么绝不会有别的代码以 01 开始。

站点是这样恢复 Huffman 码的。当一个站点接收到比特时,它把前后比特连接起来构成一个子字符串。当子字符串对应某个编码字符时,它就停下来。在上面字符串的例子中,站点在形成子字符串 01 时停止,表明 A 是第一个被发送的字符。为了找到第 2 个字符,它放弃当前的子字符串,从下一个接收到的比特开始构造一个新的子字符串。同样,它还是在子字符串对应某个编码字符时停下来。这一次,接下来的 3 比特(110)对应字符 B。注意在 3 个比特都被收到之前,子字符串不会与任何哈夫曼编码匹配。这是由 Huffman 码无前缀属性所决定的。站点持续该动作直到所有的比特都已被接收。则站点收到的代码的字符串是 ABECADBC。

创建一个 Huffman 编码一般有 3 个步骤。

①为每个字符指定一个只包含 1 个节点的二叉树。把字符的频率指派给对应的树,称之为树的权。

②寻找权最小的两棵树。如果多于两棵,就随机选择。然后把这两棵树合并成一棵带有新的根节点的树,其左右子树分别是所选择的那两棵树。

③重复前面的步骤直到只剩下最后一棵树。

结束时,原先的每个节点都成为最后的二叉树的一个叶节点。和所有的二叉树一样,从根到每个叶节点只有一条唯一的路径。对于每个叶节点来说,这条路径定义了它所对应的哈夫曼编码。规则是,对每个左子节点指针指派一个 0,而对每个右子节点指针指派一个 1。

仍以上面的例子说明如何建 Huffman 码树。

图 11-2 是一个创建 Huffman 编码的过程图。其中图 11-2(a)是初始树。字母 B、C 对应的树权最小,因此把它们两个合并起来,得图 11-2(b)。第二次合并有两种可能:或者把新生成的树和 D 合并起来,或者把 A 和 D 合并起来。可随意地选择第一种,图 11-2(c)显示了结果。持续该过程最终将产生图 11-2(e)中的树。从中可以看到,每个左子节点指针分配一个 0,每个右子节点指针分配一个 1。沿着这些指针到达某个叶节点,就能得到它所对字符的哈夫曼编码。

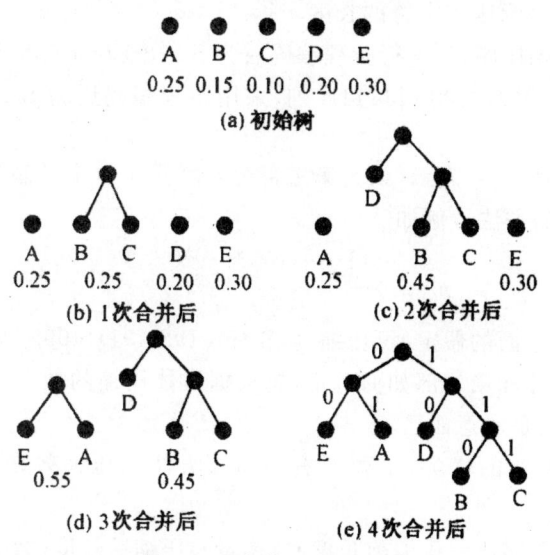

图 11-2 合并 Huffman 树

由图 11-2(e)可以得出每个字母对应的编码:A,01;E,00;D,10;B,110;C,111。这与本节开始举例时假定的编码一致。

3. 相关编码

上面介绍的两种压缩技术都有它们各自的应用,但针对某些情况,它们的用处不大。一个常见的例子是视频传输,相对于一次传真的黑白传输或者一个文本文件,视频传输的图像可能非常复杂。也许除了电视台正式开播前的测试模式以外,一个视频图像是极少重复的。前面的两种方法用来压缩图像信号希望不大。

尽管单一的视频图像重复很少,但几幅图像间会有大量的重复。所以,尝试不把每个帧当做一个独立的实体进行压缩,而是考虑一个帧与前一帧相异之处。当差别很小时,对该差别信息进行编码并发送,具有潜在价值。这种方法称为相关编码(Relative Encoding)或差分编码(Differential Encoding)。

其原理相当简单明了。第一个帧被发送出去,并存储在接收方的缓冲区中。接着发送方将第二个帧与第一个帧比较,对差别进行编码,并以帧格式发送出去。接收方收到这个帧后,把差别应用到它原有的那个帧上,从而产生发送方的第二个帧,然后把第二个帧存储在缓冲区,继续该过程不断产生新的帧。

相关编码在对视频图像数据压缩时,特别是在会议实况转播时,非常有效。因为常常会议的背景都一样,仅是演讲者个别还在变化,所以采用相关编码,能使数据量得到非常大的压缩。

4. 游程编码

游程编码主要适用于各种连续重复字符多的场合。例如,对于由 1 和 0 组成的二进制数字串,其压缩率可能较高。压缩率是未被压缩的数据量(长度)与已被压缩的数据量(长度)之比。

游程编码的基本原理是用一个特殊字符组来代替序列中每个长的游程。这个特殊字符组一般由三部分组合而成。

第一部分:标号——压缩标志,表示其后面使用压缩。

第二部分:字符——表示要压缩的对象(字符)。

第三部分:数字——表示压缩字符的长度。

对于 aaaaaaabbbcdefffff 序列,进行游程编码后为 $S_ca7S_cb3cdeS_cf5$,压缩比为 3∶2。

对 111111111000000001010000111111 序列,采用游程编码后为 $S_c19S_c08101S_c04S_c16$,数据压缩比为 2∶1。特殊标号用 S_c 表示,认为第三部分数字是 1 位十进制数,如果要压缩的数目超过 9,则可采用分段压缩的方法。例如

$$111\cdots\cdots1000\cdots\cdots0$$

采用游程压缩,依据上面的假定,可压缩为:$S_c19S_c19S_c1911S_c09S_c08$。

当然,实际中第一部分和第三部如何选定,要根据具体压缩的数据源的游程统计特性,以及实际需要来确定。这里仅是示意而已。

衡量一个数据压缩方法的优劣,主要要看该压缩方法的压缩效率如何。压缩率也叫压缩比,即

数据压缩比=压缩前长度(数据量):压缩后长度(数据量)

另外,压缩技术的硬件实现难易程度,软件实现压缩时耗费的时间等,也是评价的方面。

11.2 多路复用技术

在计算机网络中,传输信道是网络的主要资源之一。为了充分利用信道资源,需要用一条信道传输多个信号,这就是所谓的多路复用(Multiplexing)。如图 11-3 所示。

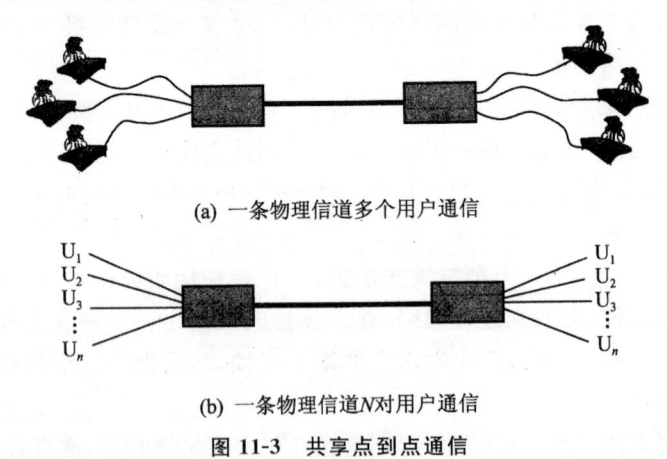

(a) 一条物理信道多个用户通信

(b) 一条物理信道N对用户通信

图 11-3 共享点到点通信

11.2.1 频分复用

频分复用(Frequence Division Multiplexing,FDM)是指当物理信道的可用带宽超过单个信

号源的信号带宽时,可将信道带宽按频率划分为若干子信道,每个子信道可传输一路信号。频分复用的模式如图 11-4 所示。为防止由于相邻信道信号频率覆盖造成的干扰,在相邻两个信号的频率段之间设计一定的"保护"带。保护带对应的频谱不可被使用,以保证各个频带相互隔离不会交叠。模拟信号的传输一般采用频分多路复用。

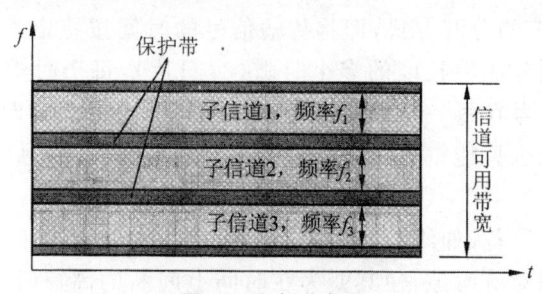

图 11-4 频分复用

在频分复用前,要对多路信号进行频谱搬移,将各路信号的频谱通过不同的载波频率进行调制,将其搬移到以各自载波为中心的不同频段,即子信道上。频分复用的所有用户在同样的时间内占用不同的带宽资源,数据在各个子信道上是并行传输的。

频分复用最普遍的应用是语音信号、电视信号和无线电信号的传输,也用在宽带计算机网络中,如在公共电话网中复用电话线路传输语音信号。

下面我们探讨一下电话系统中频分多路复用方式。如图 11-5 所示给出了 3 路语音信号进行频分复用的例子,每路语音的频谱范围为 300～3400Hz,即一路语音所占的带宽为 3.1kHz,在频分复用划分子信道时常给每路语音分配 4kHz 的带宽[①],并将其分别调制到所分配的频带范围内的载波上,这样就可以在一条物理信道上传输了。

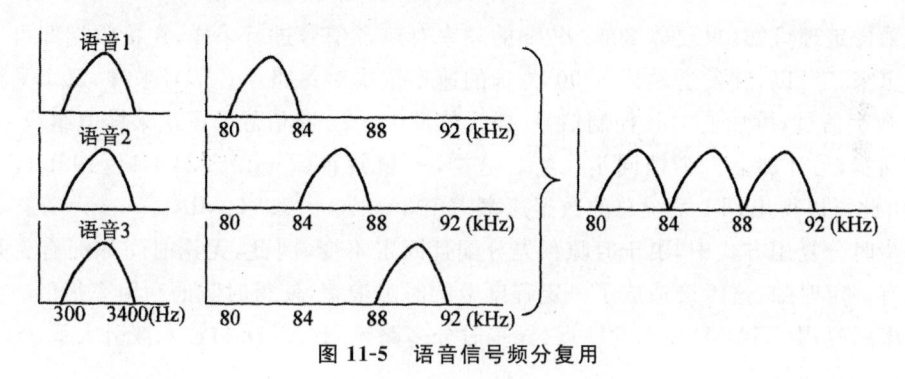

图 11-5 语音信号频分复用

11.2.2 时分复用

时分多路复用(Time Division Multiplexing,TDM)是指将传输信号的时间进行分割,使不同的信号在不同时间内传送,即将整个传输时间分为许多时间间隔(称为时隙、时间片等,Slot Time),每个时间片被一路信号占用。换言之,TDM 就是通过在时间上交叉发送每路信号的一部分来实现一条线路传送多路信号。线路上的每一时刻只有一路信号存在,而频分是同时传送若干路不同频率的信号。为了避免各路信号干扰,时分复用需要有警戒时间间隔。

---

① 略大于实际带宽,多出来的约 1Hz 作为保护宽带,每边约占 500Hz。

时分多路复用技术特别适合于数字信号的传送。根据时间片的分配方法，TDM 又分为同步时分复用 STDM（Synchronous Time DivisionMultiplexing）和异步时分复用 ATDM（Asynchronous Time Division Multiplexing）。

1. 同步时分复用

STDM 采用固定时隙的分配方式，即将传输信号的时间按特定长度连续地划分成特定时间段，再将每一时间段划分成等长度的多个时隙（时间片），每个时隙以固定的方式分配给各路数字信号，各路数字信号在每一时间段都顺序分配到一个时隙。即使在某个时隙内某个信源没有信号发送，该时隙也只能空着，不能被其他信源使用。各个信道的发送与接收都必须是同步的。

通常，复用器与低速设备（如终端）相连接，并将其送来的在时间上连续的低速率数据经过提高传输速率，压缩到对应时隙，使其变为在时间上间断的高速时分数据，以达到多路低速设备复用高速链路的目的。所以与复用器相连的低速设备数目及速率受复用群反复用传输速率的限制。

T1 信道广泛应用于北美和日本的电话系统中。Bell 系统的 T1 载波利用脉码调制（PCM）和时分多路复用（TDM）技术，使 24 路语音信号分时复用一个通道，见图 11-6。

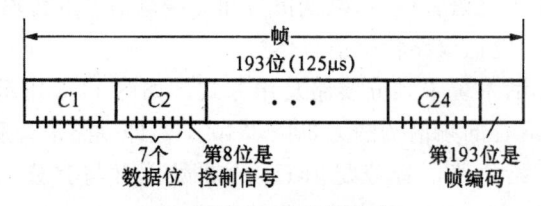

图 11-6 T1 载波帧结构

根据采样定理可知，只要以 8000 次/s 的频率对声音信号进行采样，在接收端即可以将原始信号恢复出来。所以，在发送端以 8000 次/s 的速率依次对每路声音信号采样，每个采样值被编码成 7bit 数字信号，再加上 1bit 控制信号，插入信道中。24 路信号的一次采样值组成一个帧，为了便于帧同步，另外加上 1 个帧同步比特。这样，一帧共有 $(7+1)\times 24+1=193$ bit，每秒传输 8000 帧，由此可以得出，T1 系统总的数据速率为 $193\times 8000=1.544$ Mb/s。

在同步时分复用方式中，由于时隙预先分配且固定不变，因此，无论时间片拥有者是否传输数据都占有一定时隙，这无疑造成了一定程度上的时隙浪费，使得时隙的利用率很低。为了克服同步时分多路复用（STDM）技术的缺点，异步时分多路复用（ATDM）技术被引入了。

2. 异步时分复用

异步时分复用技术又被称为统计时分复用（Statistical Time Division Multiplexing，STDM）或智能时分复用（Intelligent Time Division Multiplexing，ITDM），它能动态地按需分配时隙，避免每个时间段中出现空闲时隙。

ATDM 就是只有某一路用户有数据要发送时才把时隙分配给它。在这其中，时隙号与信道号之间不再存在固定的对应关系。当用户暂停发送数据时不给它分配线路资源（时隙），线路的空闲时隙可用于其他用户的数据传输。所以每个用户的传输速率可以高于平均速率（即通过多占时隙），最高可达到线路总的传输能力（即占有所有的时隙）。如线路总的传输能力为 28.8kb/s，3 个用户公用此线路，当采用 STDM 时每个用户的最高速率为 9600b/s，而在采用 ATDM 方式时,每个用户的最高速率可达 28.8kb/s。

CCITT 建议了一种 2.048Mb/s 速率的 PCM 载波标准,称为 E1 载波。E1 信道主要应用于欧洲,它是异步时分多路复用的典型代表。E1 标准每 125μs 为一个时间片,每个时间片被划分为 32 个时隙,其中 30 个时隙用于传输用户的语音信号,1 个时隙用作帧同步,还有 1 个用于传输信令,每个时隙传送 8 个二进制位,采样频率为 8000 次/s,总的数据传输速率为(32×8bit)/125μs =2.048Mb/s。如图 11-7 所示。对 E1 进一步复用还可构成 E2 到 E5 等高次群。

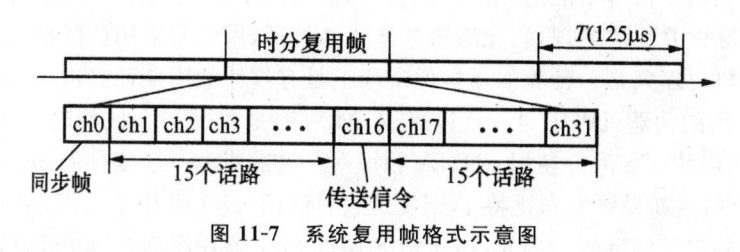

图 11-7 系统复用帧格式示意图

11.2.3 码分复用

码分复用 CDM(Code Division Multiplexing)技术又称为码分多址 CDMA(Code Division Multiple Access)技术,主要用在卫星通信和无线接入领域。CDM 是在扩频通信技术基础上发展起来的一种崭新的无线通信技术。

CDMA 是靠不同的编码来区分各路原始信号的一种复用方式,每个用户可在同一时间使用同样的频带进行通信。由于各用户使用经过特殊挑选的不同码型,因此不会造成串扰。CDMA 在信道和时间资源上均共享,因此,信道的效率高,系统的容量大。随着 CDMA 技术的进步,CDMA 广泛使用在民用的移动通信中,如 IS-95 CDMA、CDMA 2000、WCDMA 等 3G 移动通信系统。

1. CDMA 原理

CDMA 的技术原理是基于扩频技术,其过程是这样的:需要传送的信号 D 经过常规的数据调制,成为带宽为 W1 的基带信号,再用扩频编码发生器产生的伪随机码(Pseudo Noise Code,PNC)对基带信号作扩频调制,形成带宽为 W2(W2 远大于 W1)而功率谱密度极低的扩频信号,发送出去;在接收端用与发射端相同的伪随机码做扩频解调,即压缩其频谱,把宽带信号恢复成常规的基带信号,再用常规的解调方法还原数据信号 D,从而实现数据通信。扩频通信的基本原理如图 11-8 所示。

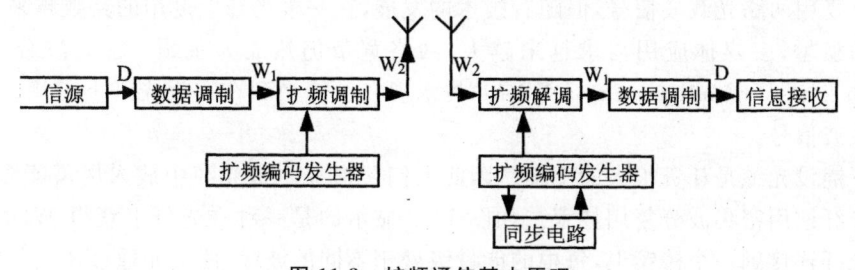

图 11-8 扩频通信基本原理

CDMA 技术利用扩频通信中不同码型的扩频码之间的相关特性,分配给用户不同的扩频编码,以区别不同用户的信号。在众多用户中,只要配对使用自己的扩频编码,就可以互不干扰地同时使用同一频率进行通信,使频谱得到充分利用。发送者可用不同的扩频编码,分别向不同接收者发送数据;同样,接收者用不同的扩频编码,就可以收到不同的发送者发送来的数据,实现了多址通信。该技术多用于移动通信,它完全适合现代通信网络所要求的大容量、高质量、综合业务、软切换等。

2. 扩频码序列

理论研究表明,在信号传输中各路信号之间的差别越大越好,或者说两个信号之间互相关性越小越好。使任意两个信号不混淆、避免发生误判的理想的扩频码序列应是随机码序列。但是随机码序列在实际中并无法实现,它无法重复产生和处理,所以常采用伪随机码序列作为扩频码序列。因而伪随机码序列是一种貌似随机但实际上是有规律的周期性二进制码序列。

M 序列是常用的伪随机码序列。具体来说,M 序列是将每一个比特时间再划分为 m 个短的时间间隔,称为码片(Chip)。使用 CDMA 的每一个站被指派一个唯一的 $m$bit 码片序列(Chip Sequence)。一个站点如果要发送比特 1,则发送它自己的 $m$bit 码片序列;如果要发送比特 0,则发送该码片序列的二进制反码。例如,指派给 S 站的 8bit 码片序列是 00011011,当 S 要发送比特 1 时,它就发送序列 00011011;而当 S 发送比特 0 时,就发送 11100100。为了方便,将码片中的 0 记为 -1,1 记为 $+1$。因此 S 站的码片序列是 $(-1-1-1+1+1-1|1|1)$。

CDMA 系统的一个重要特点就是系统给每一个站分配的码片序列不仅必须各不相同,并且还必须正相交(Orthogonal)。将 M 序列看做 n 维向量,由 n 个有次序的比特 a_1、a_2、…、a_n 所组成。设 n 维向量 $x=(x_1,x_2,x_3,\cdots,x_n)^T$,$y=(y_1,y_2,y_3,\cdots,y_n)^T$,令 $[x,y]=x_1y_1+x_2y_2+\cdots+x_ny_n$),则称 $[x,y]$ 为向量 x 和 y 的内积。如果 $[x,y]=0$ 则称向量 x 与 y 正交。

X 站必须知道 S 站所特有的码片序列才可接收 S 站发送的数据,X 站使用 S 站的码片向量与接收到的未知信号进行内积运算,其他站的信号被过滤掉(其内积的相关项都是 0),只剩下 S 站发送的信号。

11.2.4 波分复用

波分多路复用(Wave Division Multiplexing,WDM)是指在光纤中应用的复用技术,波分复用就是光的频分复用。主要用于全光纤网组成的通信系统。这是近几年才发展起来的新技术。

人们借用传统的载波电话的频分复用的概念,就能做到使用一根光纤来同时传输与多个频率都很接近的光载波信号,这样就使光纤的传输能力成倍地提高了。由于光载波的频率很高,而习惯上是用波长而不用频率来表示所使用的光载波。波分复用的概念由此而来。最初,只能在一根光纤上复用两路光载波信号,但随着技术的发展,在一根光纤上复用的路数越来越多。随着网络用户的猛增,多媒体应用需求越来越大,网络宽带仍然成为瓶颈。密集波分复用(Dense Wavelength Division Multiplexing,DWDM)技术现在已能做到在一根光纤上复用 80 路或更多路数的光载波信号。

在地下铺设光缆是耗资很大的工程。因此人们习惯在一根光缆中放入尽可能多的光纤,然后每一根光纤使用密集波分复用技术。如图 11-9 显示的是一种在光纤上获得 WDM 的简单方法。两根光纤连接到一个棱镜上,每根的能量级处于不同的波段,两束光通过棱镜合成到一根共享光纤上,待传输到目的地后,将它们通过同样方法再分解开以达到复用的目的。

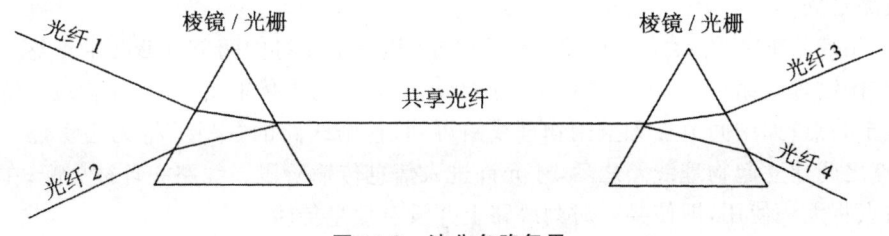

图 11-9　波分多路复用

11.3　数据通信交换技术

交换技术它是数据通信通信系统的核心,具有强大的寻址能力,交换技术不仅解决了数据通信网络智能化问题,也促进了数据通信系统的发展。

11.3.1　电路交换技术

电路交换是最早用于信息通信的交换方式,是"端-端"通信的最简单方式。它为通信双方寻找并建立一条全程双向的物理通路供传输信号,直至通信结束。电路交换属于预分配电路资源系统,即一次接续期间,电路资源始终分配给一对用户固定使用,不管这条电路实际有无信息传输,电路总被占用,直到双方通信完毕拆除连接为止。数据通信网发展初期,根据电话交换原理发展了电路交换方式。

虽然建立电路连接所需呼叫时延较长,但信息传输阶段,信息交换除传播时延外,不需要中间交换节点的额外处理,故电路交换适用于高负荷的持续通信和实时性要求强的场合,尤其适合电话通信、文件传输、高速传真等交互式通信。电路交换最明显的缺点是:只要建立了一条电路,不管双方是否在通信,这条电路都不能改做他用,直到拆除为止。电话通信时,由于讲话双方总是一个在说、一个在听,电路空闲时间约 50%,考虑到讲话过程中的停顿,空闲还要多些,不过尚可以容忍。但数据通信时,由于人机交互时间长,空闲时间高达 90%,且当时数字中继线路昂贵,应用困难,因此电路交换不适合传输突发性、间断型数字信号的"计算机-计算机"、"计算机-终端"间的通信,于是诞生了新颖的分组交换方式。

1. 电路交换过程

图 11-10 所示为电路交换过程,具体包括线路建立、信息传输、线路释放。

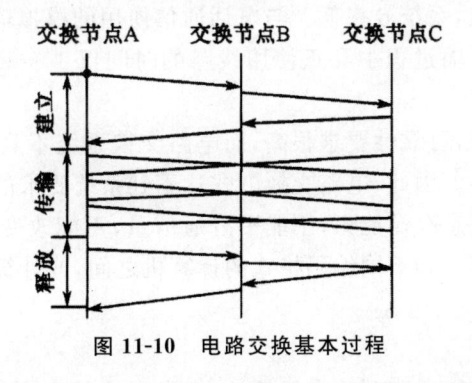

图 11-10　电路交换基本过程

(1)线路建立

发起方站点 A 向某终端站点 C 发送一个请求,该请求通过中间节点 B 传输至终点 C。如中间节点有空闲物理线路可用,则接收请求,分配线路,并将请求传输给下一中间节点,整个过程持续进行,直至终点;如中间节点无空闲物理线路可用,整个线路的"串接"将无法实现。仅当通信的两个站点之间建立起物理线路之后,才允许进入信息传输阶段。线路一旦被分配,在未释放之前,其他站点将无法使用,即使某一时刻线路上并没有信息传输。

(2)信息传输

在已经建立物理线路的基础上,A-C 站点间进行信息传输。信息既可以从发起方 A 站点传往响应方站点 C,也允许相反方向的传输。由于整个物理线路的资源仅用于本次通信,通信双方的信息传输延迟仅取决于电磁信号沿媒体传输的延迟。

(3)线路释放

当 A-C 站点间信息传输完毕,执行释放线路的动作。该动作可以由任一站点发起,线路释放请求通过途径的中间节点 B 送往对方,释放线路资源。

2. 电路交换的特点

电路交换主要优点如下。

① 线路一旦接通,不会发生冲突。电路交换独占性使得线路建立之后、释放线路之前,即使无任何信息传输,通信线路也只有特定用户可以使用,不允许其他用户共享,故不会发生冲突。

② 实时性好。一旦线路建立,通信双方的所有资源均用于本次通信,除有限的传输延迟外,不再有其他延迟,具有较好的实时性。

③ 电路交换设备简单,不提供任何缓存装置。对占用信道的用户而言,信息以固定的速率进行传输,可靠性和实时响应能力都很好。由于通信实时性强,适用于交互式会话类通信。

④ 用户信息透明传输,要求收发双方自动进行速率匹配。

电路交换存在以下局限性。

① 建立线路所需时间长。通常需 10～20s,对电话通信尚可接受,但对计算机通信等就显得相当漫长。

② 线路利用率较低。电路交换的外部表现是通信双方一旦接通便独占一条实际的物理线路,实质是在交换设备内部,由硬件开关接通输入线-输出线。由于电路建立后仅供通信双方使用,即使无信息传输,所建立的电路也不能被其他用户利用,因此线路利用率较低,尤其对具有突发性的计算机通信而言效率更低。

③ 对突发性通信不适应,系统效率低。与电话通信使用的模拟信号不同,计算机通信具有突发性、间歇性,数字信息在传输过程中真正使用线路的时间仅 1%～10%,因此电路交换不能适应网络发展需求。

④ 对数据通信系统而言,可靠性要求很高,而电路交换系统不具备差错控制的能力,无法发现并纠正传输过程中的错误。因此,电路交换方式达不到系统要求的指标。

⑤ 电路交换方式没有信息存储能力,不能平滑通信量,不能改变信息的内容,很难适应具有不同类型、不同规格、不同速率和不同编码格式的计算机之间,或计算机与终端间的通信。

11.3.2 报文交换技术

为克服电路交换方式传输线路利用率低等缺点,研究出报文交换方式。该交换方式中,收、发用户间不存在直接的物理信道。因此用户间无须建立呼叫,也不存在拆线过程。它将用户报文存储于交换机的存储器,当所需输出的电路空闲时,再将该报文发向接收交换机和用户终端。故报文交换又称"存储-转发"。这种"存储-转发"方式能有效提高中继线和电路利用率,实现不同速率、不同协议、不同代码终端间的数据通信。但该方式网络传输时延大,且占用大量存储空间,不适于安全性高、时延小的数据通信,常用于公众电报和 E-mail 等业务。其原理框图如图 11-11 所示。

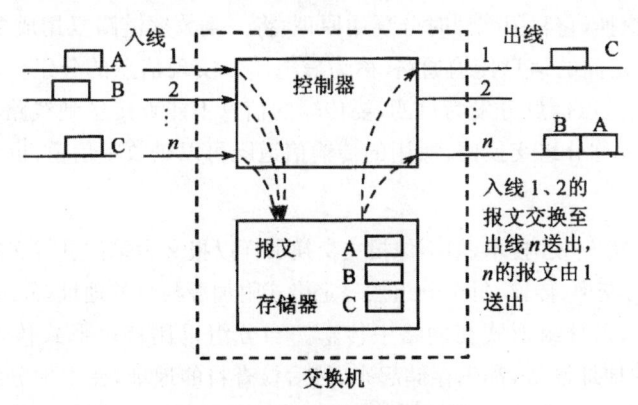

图 11-11 报文交换原理框图

报文交换基本原理:中间节点由具有存储能力的计算机承担,用户信息可暂时保存在中间节点上。报文交换无须同时占用整个物理线路。如果某站点希望发送一个报文,先将目的地地址附加在报文上,然后将整个报文传输给中间节点;中间节点暂存报文,根据地址确定输出端口和线路,排队等待线路空闲时再转发给下一节点,直至终点。

在报文交换中,多个用户共享一条事先已存在的物理通路,但不要求通信源端与宿端间建立专用通路,这是它与电路交换本质的不同。报文交换属于"存储-转发"交换方式。

报文交换的优点:各链路传输速率可不同,不必要求两个端系统工作于相同的速率;传输中的差错控制可在各条链路上进行,不必由端系统介入,简化了端设备;由于采用逐段转接方式工作,任何时刻某报文只占用一条链路的资源,不必占用通路上的所有链路资源,且通信双方即使一直保持着通信连接关系,但只要不发送数据,就不占用任何通信资源,提高了网络资源的共享程度和利用率。

报文交换的局限性:由于"存储-转发"和排队,增加了数据传输的延迟;报文长度未作规定,报文只能暂存在磁盘上,磁盘读取占用了额外的时间;任何报文都必须排队等待,不同长度的报文要求不同长度的处理和传输时间;报文交换难以支持实时通信和交互式通信的要求;报文交换机要有高速处理能力和大的存储器容量,因此设备费用高。

11.3.3 分组交换技术

分组交换是在计算机技术发展到一定程度,人们除了打电话直接沟通,通过计算机和终端实现"计算机-计算机"间的通信,在传输线路质量不高、网络技术手段还较单一的情况下应运而生的一种交换技术。随着信息技术的迅猛发展,特别是计算机的广泛应用,对数据交换提出了更高的要求,主要包括:接续速度尽量快、时延小,适应用户交互通信要求;能适应不同速率的数据交换,以满足不同用户的需要;具有适应数据用户特性变化的能力,如多样化的数据终端和多样化的数据业务。但电路交换和报文交换难以满足上述要求。电路交换要求通信双方信息传输速率、编码格式、通信协议等完全兼容,限制了不同速率、不同编码格式、不同通信协议的双方进行通信;报文交换解决了不同类型用户间的通信问题,无须像电路交换那样在传输过程中长时间建立一条物理通路,可以在同一条线路上以报文为单位进行多路复用,显著提高了线路利用率,但时延较长,不适于实时及会话式通信,难以满足许多通信系统的交互性要求。分组交换将电路交换和报文交换的优点结合,较好地解决了上述问题。

分组交换也称包交换,它利用统计时分复用原理,将一条数据链路复用成多个逻辑信道,最终构成一条主叫、被叫用户之间的信息传输通路(称为虚电路),实现信息的分组传输。分组交换方式不以电路连接为目的,而是以信息分发为目的,要传输的信息不能直接送到线路,而是要先加工处理。进行分组交换的通信网称分组交换网,所用的传输信道既可以是数字信道,也可以是模拟信道。

1. 分组交换原理

分组交换采用"存储-转发"技术,但不像报文交换那样以报文为单位进行交换,而是将报文划分成有固定格式的分组进行交换、传输,每个分组按一定格式附加源与目的地址、分组编号、分组起始、结束标志、差错校验等信息,以分组形式在网络中传输。当分组以比特串形式传送至本地分组交换机后,不管是否接通目的地址设备,都先存储起来,然后检查目的地址,在本地分组交换机路由表中找到该目的地址规定的发送通路,按允许的最大发送速率转发该分组。同样,每个中转分组交换机均按此方式"存储-转发"各分组,直到将分组送到目的地的 DTE。分组交换原理如图 11-12 所示。

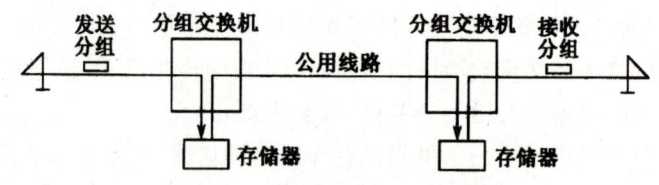

图 11-12 分组交换原理示意图

图 11-13 表示分组的分解过程,这里的报文被分成 3 个分组,每个分组中的帧检验序列(FCS)表示用于分组差错控制的检验序列。分组是交换处理和传输处理的对象。接入分组交换网的用户终端设备有两类:一类是分组型终端,它能按照分组格式收、发信息;另一类是一般终端,它只能按照传统的报文格式收/发数据。由于在分组网内配备有分组装拆功能的分组装拆设备,实现了不同类型的用户终端互通。

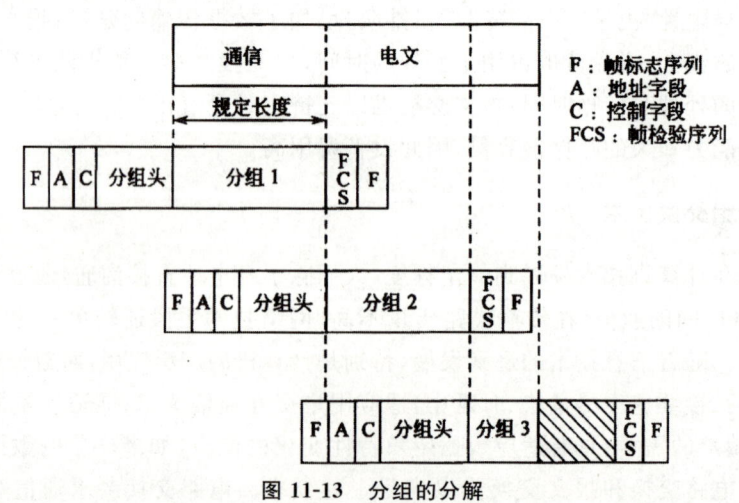

图 11-13 分组的分解

2. 分组交换传输类型

在分组交换方式中，数据包有固定的长度，交换节点只要在内存中开辟一个小的缓冲区即可。分组交换时，发送节点对要传送的信息分组并分别编号，加上源地址和宿地址，以及约定的头和尾信息，该过程称为信息打包。一次通信中，所有分组在网络传播有数据报和虚电路两种方式。

数据报方式类似于报文交换，每个分组在网络中的传播路径完全由网络当时状况随机决定，因为每个分组都有完整的地址信息，所以都能到达目的地。但到达目的地的顺序可能和发送的顺序不一致。有些早发的分组可能在中间某段交通拥挤的线路上耽搁了，比后发的分组到得迟，目标主机必须对收到的分组重新排序才能恢复原来的信息。通常，发送端要有设备对信息进行分组和编号，接收端也要有设备对收到的分组拆去头尾，重新排序，具有这些功能的设备叫分组拆装设备，通信双方各有一个。数据报方式适合单向传输信息。

虚电路方式类似于电路交换，这种方式要求发送端与接收端间建立一个所谓的逻辑连接。通信开始时，发送端首先发送一个要求建立连接的请求消息，这个请求消息在网络中传播，途中的各个交换节点根据当时的交通状况决定哪条线路来响应这一请求，最后到达目的端。如果目的端给予肯定回答，逻辑连接就建立了。以后由发送端发出的一系列分组都走这同一条通路，直到会话结束，拆除连接。和线路交换不同的是，逻辑连接的建立并不意味着别的通信不能使用这条线路。它仍然具有线路共享的优点。按虚电路方式通信，接收方要对正确收到的分组给予回答确认，通信双方要进行流量控制和差错控制，以保证按顺序正确接收，所以虚电路方式更适合交互式通信。

数据报和虚电路作为分组交换两种具体形式，二者的比较如表 11-1 所示。通信网络中有时也把数据报称为无连接服务，把虚电路称为面向连接的服务。

表 11-1 数据报与虚线路比较

	数据报	虚线路
端-端的连接	不需要	必须有
目的站地址	每个分组均有目的站的全地址	仅在连接建立阶段使用
分组的顺序	到达目的站是可能不按发送顺序	总是按发送顺序到达目的站
端-端的差错控制	由用户端主机负责	由通信子网负责
端-端的流量控制	由用户端主机负责	由通信子网负责

3. 分组交换的特点

分组交换方式中，由于能以分组方式进行数据的暂存交换，经交换机处理后，很容易实现不同速率、不同规程的终端间通信。

分组交换的优点如下。

①线路利用率高。分组交换以虚电路的形式进行信道的多路复用，实现资源共享，可在一条物理线路上提供多条逻辑信道，极大地提高线路的利用率。使传输费用明显下降。

②不同种类终端可以相互通信。分组网以 X.25 协议向用户提供标准接口，数据以分组为单位在网络内存储转发，使不同速率终端，不同协议的设备经网络提供的协议变换功能后实现互

相通信。

③可靠性高。分组传输时,可以在中继线和用户线上分段独立地进行差错校验,显著降低误码率($<10^{-9}$)。由于"报文分组"在分组交换网中传输路由可变,网络线路或设备如发生故障,"分组"可以自动地选择一条新的路由避开故障点,使通信不会中断,传输可靠性高。

④经济性好。信息以"分组"为单位在交换机中存储和处理,不要求交换机具有很大的存储容量,降低了网内设备的费用。此外,网络计费按时长、信息量计费,与传输距离无关,特别适合那些非实时性,而通信量不大的用户。

⑤分组多路通信。因为每个分组都包含有控制信息,所以分组型终端可以同时与多个用户终端进行通信,可把同一信息发送到不同用户。

分组交换存在以下局限性。

①由网络附加的传输信息多,对长报文通信的传输效率较低。把一份报文划分为许多分组在交换网内传输时,为了保证这些分组能按照正确的路径安全、准确地到达终点,要给每个数据分组加上控制信息(分组头)。此外,还要设计许多不包含数据信息的控制分组,以实现数据通路的建立、保持和拆除,并进行差错控制和流量控制等。因此,分组交换传输效率不如电路交换和报文交换。

②技术实现复杂。分组交换机要对各种类型的"分组"进行分析处理,为"分组"在网中的传输提供路由,必要时自动调整路由;交换机还要为用户提供速率、代码和规程的变换,为网络的管理和维护提供必要的报告信息等。这些都要求分组交换机要有很高的处理能力,相应的实现技术也就更为复杂。

11.4　数据通信同步技术

同步是数据通信的重要方面,是数据通信系统正常、有效工作的前提和基础,同步性能的好坏直接影响通信系统的性能。为了使整个通信系统有序、准确、可靠地工作,收发双方必须有一个统一的时间标准。这个时间标准就是靠定时系统去完成收发双方时间的一致性,即同步。数据通信系统能否正常、有效地工作,很大程度上依赖于正确的同步。

11.4.1　载波同步技术

载波同步用来从接收信号中提取相干解调所需的参考载波,这个参考载波要求与接收到的信号中的被调载波同频同相。接收端恢复相干载波的方法很多,通常分两类:一类是发送端,在发送数字信息流的同时发送载波或与之有关的导频信号,称插入导频法;另一类是从接收的已调信号中提取出载波,称直接提取载波法。

载波同步系统要求高效率、高精度、同步建立时间快、保持时间长等。所谓高效率是为了获得载波信号而尽量少消耗发送功率。用直接法提取载波时,发送端不专门发送导频,效率高;插入导频法时,由于插入导频要消耗一部分功率,降低了系统的效率。所谓高精度,是指提取出的载波应该是相位尽量精确的相干载波,或者是相位误差尽量小。

相位误差由稳态相差和随机相差组成。前者指载波信号通过同步信号提取电路以后,在稳态下所引起的相差;后者是随机噪声的影响而引起同步信号的相位误差。实际的同步系统中,由于同步信号提取电路不同,信号和噪声形式各异,相位误差的计算方法也不同。

1. 插入导频法

为了使接收端能恢复载波,发送端除发送信号外还插入一个导频供接收端用,这种载波同步方法称为插入导频法,导频的插入可以在频域或时域进行。

(1) 频域插入导频

插入导频位置应在信号频谱的 0 点处,否则导频与信号频谱成分重叠在一起,接收时难以取出。以抑制载波的双边带调制系统插入导频为例,其发送端框图如图 11-14 所示。$S_a(t)$ 是计算机输出的"0/1"序列,由于基带信号中存在直流成分和极低频成分,经调制后频谱非常靠近载波,在载波处再加入载波导频将会受到干扰,接收端难以提取纯净的载波。为了在载频位置插入导频,对发送的数字信号进行变换,使其频谱中的直流和相邻的低频信号滤除或衰减,然后经低通滤波器加给环形调制器,由带通滤波器取出上、下边带送给加法器。同时送给加法器的还有载波移相 90°后所得的 $a_c \sin\omega_c t$。发送端必须正交插入导频,不能加入 $A\cos\omega_c t$ 导频信号,否则接收端解调后会出现直流分量,这个直流分量无法用低通滤波器滤除,将对基带信号的提取产生影响。

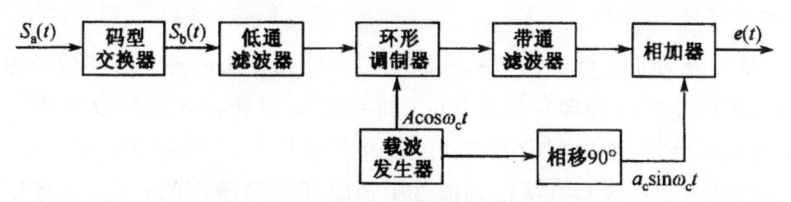

图 11-14　插入导频发发送端框图

接收端提取载波框图如图 11-15 所示。

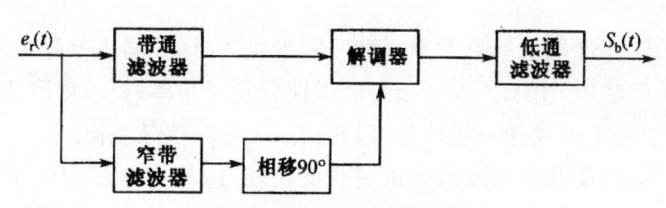

图 11-15　接收端提取载波框图

(2) 时域插入导频

该方法对被传输的数据信号和导频信号在时间上加以区别,其数据传输格式如图 11-16 所示。每帧数据除一定位数的数据信息外,还要传送位同步信号、帧同步信号和载波同步信号。接收端把载波标准信号提取出来并与本地振荡器比较,如果两者相位不同,产生误差电压,调整本地振荡信号的相位,使本振的信号和收到的载波同相。由于载波标准信号是断续的,因此调整也是断续的。用调整过的本地振荡信号作为载波去解调接收信号,其接收端载波提取框图如图 11-17 所示。图中虚线围起部分叫锁相环,作用是保持振荡器信号和载波标准信号同相。

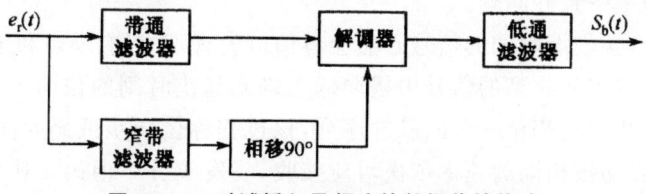

图 11-16　时域插入导频法的数据传输格式

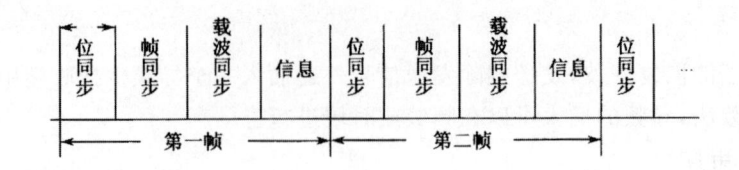

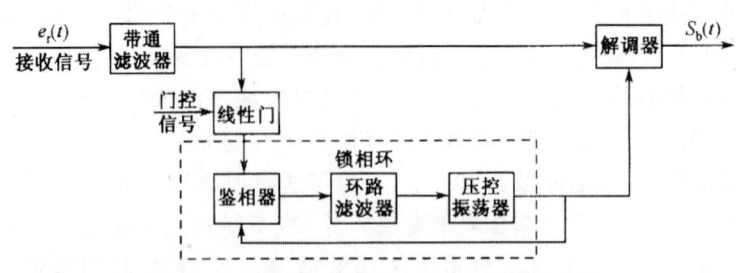

图 11-17 时域插入导频接收端载波提取框图

2. 直接提取载波法

直接提取载波法分为非线性变换—滤波法和特殊锁相环法两种。有些信号尽管本身不含载波分量，但采用非线性变换后会含有载波分量。非线性变换法首先对接收到的信号进行非线性处理，得到相应的载波分量，再用窄带滤波器或锁相环进行滤波，滤除调制谱与噪声信号的干扰，得到相干载波。特殊锁相环法具有从已调信号中消除和滤除噪声的功能，并能鉴别出发送端的载波分量和接收端的载波分量的相位差，恢复出相干载波。

3. 载波同步性能指标

载波同步系统的主要性能指标有效率、精度、同步建立时间、同步保持时间。

①效率。插入导频法中，由于插入导频要消耗部分发送功率，要求载波信号应尽量少地消耗发送功率，而直接法中由于不发送导频信号，因此比插入导频法效率高。

②精度。指提取的同步载波与发送端调制载波比较，应该有尽量少的相位误差。如果发送端的调制载波为 $\cos\omega t$，接收端的载波信号为 $\cos(\omega t + \Delta\phi)$，$\Delta\phi$ 就是相位误差，应尽量小。

③同步建立时间 t_s。指系统从开机到实现同步或失步状态所经历的时间。显然，同步建立时间 t_s 越短越好，这样同步建立越快。

④同步保持时间 t_h。同步保持时间 t_h 越长越好，这样一旦建立同步便可以保持较长时间的同步。

11.4.2 位同步

位同步是数字通信最基本同步方式，使接收端对每一位数据都要和发送端保持同步，目的是解决收发双方时钟频率一致性问题。

数字通信系统中，接收端解调的信号必然会有信道失真，并混有噪声和干扰的数字波形。为正确解调、检测，接收端应从收到的信号中提取标志码元起止时刻的位同步信息，并产生与接收信号码元的重复频率相同且相位一致的脉冲序列，该过程称位同步或码元同步。数字序列按一定速率依次传输，接收端按相同的速率依次对应接收，收发双方不但码元速率相同，码元的长短也要相同。另外，采样判决时刻应该对准最佳采样判决点。因此，位同步是在接收端设法产生一个与发送端发送来的码元速率相同,且时间上对准最佳判决点的定时脉冲序列。有了准确、可靠的位同步,即可用较低的误码率恢复所接收的畸变信号。

1. 外同步法

外同步法中,接收端的同步信号事先由发送端送来。发送数据前,发送端先向接收端发出一串同步时钟脉冲,接收端按照这一时钟脉冲频率和时序锁定接收端的接收频率,以便在接收数据的过程中始终与发送端保持同步。传输位定时信息的方法既可采用单独信道,也可以和数字信号共同用一个信道。

外同步方法有多种,最简单的有插入导频法。用该方法提取位同步信号时,要注意避免或减弱插入导频对原基带信号的影响,减弱导频信号对原基带信号影响的原理图如图 11-18 所示。接收端用窄带滤波器提取导频信号,经移相整形形成定位脉冲。为减少导频对信号的影响,应从接收的信号中减去导频信号。窄带滤波器从输入基带信号中提取出导频信号后,一路经移相做位同步信号用;另一路经过移相后和输入的基带信号相减。如果相位和振幅调整得使加于相减器的两个导频信号的振幅和相位都相同,则相减器输出的基带信号就消除了导频信号的影响。

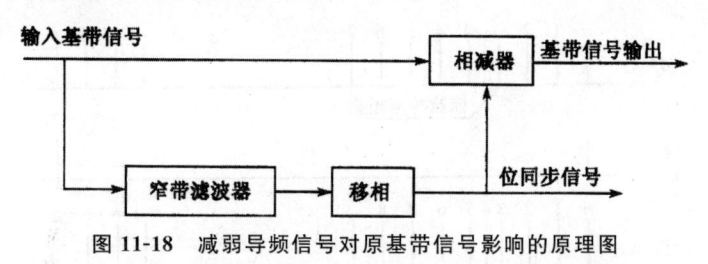

图 11-18 减弱导频信号对原基带信号影响的原理图

2. 内同步法

内同步法也叫直接法,指能从数据信号波形中提取同步信号的方法。发送端不需要专门发送位同步信息,接收端直接从收到的信号中提取同步信号,如著名的曼彻斯特编码,常用于局域网传输,编码每位中间有一跳变,该跳变既做时钟信号,又做数据信号,从高到低跳变表示"1",反之表示"0"。

内同步法有滤波法、脉冲锁相法和数字锁相法。其中,最简便的是滤波法,但提取出来的位定时不稳定、不可靠,很少采用。脉冲锁相法和数字锁相法在接收端设有本地时钟源,时钟源的频率和发送端的时钟脉冲很接近,为了使它和发送端时钟完全同步,将解调后的基带信号进行过零检测,获得"0/1"码的过渡点作为定时基准信号来调节接收端的时钟源。数字通信中,常采用数字锁相法。

3. 数字锁相法

锁相法基本原理是接收端利用一个相位比较器,比较接收码元与本地码元定时(位定时)脉冲的相位,如果两者相位不一致,即超前或滞后,将产生一个误差信号,通过控制电路去调整定时脉冲的相位,直至获得精确的同步为止。

数字锁相法原理框图如图 11-19 所示。由晶体组成的高稳定度标准振荡源产生的信号,经形成网络获得周期为 T,但相位滞后了 $T/2$ 的两列脉冲序列 u_1 和 u_2,分别如图 11-20(a)、(b)所示。通过常开门和或门,加到分频器,经 n 次分频形成本地位同步脉冲序列。

图 11-19　数字锁相法原理框图

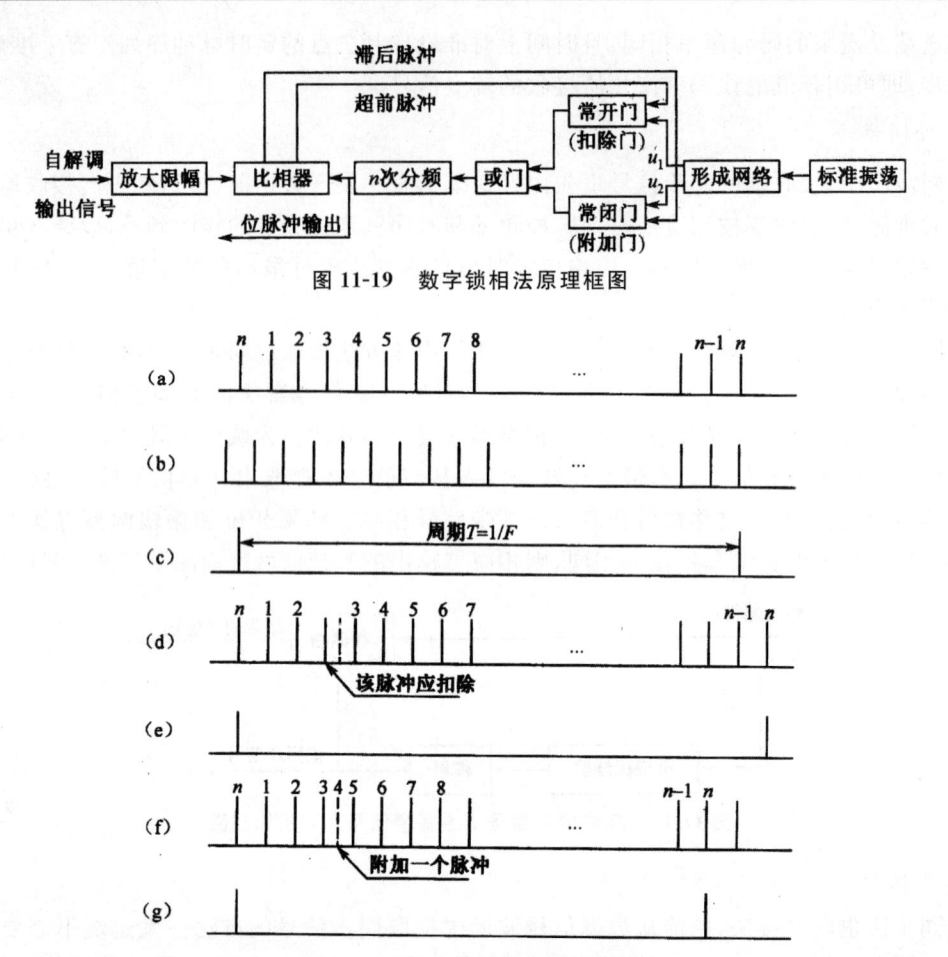

图 11-20　数字锁相输出脉冲波形

为了与发送端时钟同步,分频器输出与接收到的码元序列同时加到比相器进行比相。如果两者完全同步,比相器没有误差信号,则本地位同步信号作为同步时钟;如果本地位同步信号相位超前于码元序列,比相器输出一个超前脉冲去关闭常开门,扣除 u_1 中的一个脉冲,使分频器输出的位同步脉冲滞后 $1/n$ 周期;如果本地位同步脉冲比码元脉冲相位滞后,比相器输出一个滞后脉冲去打开常闭门,使 u_2 中的一个脉冲能通过常闭门和或门,因为 u_1 和 u_2 相差半个周期,所以由 u_2 中的一个脉冲插入到 u_1 中不产生重叠。正由于分频前插入一个脉冲,故分频器输出同步脉冲提前 $1/n$ 周期,实现了相位的离散式调整。经过若干次调整后即可达到本地与接收码元的同步。标准振荡器产生的脉冲信号周期为 T、频率为 nf_1,n 次分频器输出信号频率为 f_1,经过调整后分频器输出频率为 f_b,但相位上与输出相位基准有一个很小的误差。

4. 位同步系统性能指标

位同步系统性能指标除效率以外,通常用相位误差、同步建立时间、同步保持时间、同步带宽等衡量。数字锁相法位同步系统的主要性能指标如下。

①相位误差 θ_e。由于位同步脉冲的相位在跳变地调整引起的,$\theta_e = 360°/n(n$ 为分频器的分频次数)。位同步信号平均相位和最佳取样点的相位间的偏差称为静态相差,静态相差越小,误码率越低。对数字锁相法提取位同步信号而言,相位误差主要由位同步脉冲的相位数字式调整

引起。显然，n 越大，相位误差 θ_e 越小。

② 同步建立时间 t_s。指失去同步后重新建立同步所需的最长时间，$t_s=nT$，通常 t_s 越短越好。

③ 同步保持时间 t_c。同步建立后，一旦输入信号中断，由于收发双方的固有位定时重复频率之间总存在频差够接收端同步信号的相位就会逐渐发生漂移，时间越长则相位漂移越大，直至漂移量达到某一准许的最大值，即算失步。从含有位同步信息的接收信号消失开始，到位同步提取电路输出的正常位同步信号中断为止的这段时间，称为位同步保持时间，$t_c=K/\Delta f$（K 为常数），同步保持时间 t_c 越长越好。

④ 同步带宽 Δf_s。能进行同步的最大频差称同步带宽，$\Delta f_s=F_0/(2n)$（F_0 为输入码元的重复频率）。如果该频差超过一定范围，则接收端位同步脉冲的相位无法与输入信号同步，因此 Δf_s 越小越好。

11.4.3 群同步

群同步又称异步传输，任务是完成群的相位校准。数字通信系统中，接收端为了正确恢复所传消息的内容，必须知道每群码元序列的起止位置。由于数据信号的结构是事先规定好的，字、句、帧由一定数目的码元组成，因此，在接收端将位同步信号分频后，很容易得到字、句、帧的重复频率。但仅仅只有重复频率，没有字符数据的起点，是无法正确恢复信息内容的，所以必须使接收端字、句、帧信号的起止位置与发送端的字、句、帧信号的起止位置对应起来，即进行相位校准，才能恢复发送端的数据。接收端要识别这些字、句、帧，应从收到的信号中提取标志相应起止时刻的信息，这类同步方式分别称字同步、句同步和帧同步。因为字、句、帧由不同数目码元群组成，所以统称群同步。

群同步系统基本要求：正确建立同步的概率要大，错误同步的概率要小；初始捕获同步的时间要短；既要迅速发现失步，以便能及时恢复同步，又要能长期保持正确的同步；在数据比特流中专为群同步目的插入的冗余比特要少。为实现群同步，要在数据序列中插入特殊的同步码或同步字符。群同步传输每个字符由 4 部分组成，如图 11-21 所示。

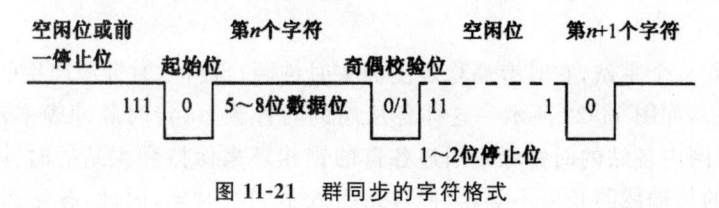

图 11-21 群同步的字符格式

1. 群同步实现方法

实现群同步的方法有内同步法和外同步法：前者对要传输的信息进行编码，使它本身具有分群能力来实现群同步；后者在数据流中插入特殊的群同步码作为每个信息群的起始标志，接收端识别出这个特殊码即可实现群同步。群同步码应具有尖自相关函数，以便于识别，并可减少漏掉的和虚假的同步信号。

数据传输时，字符可顺序出现在比特流中，字符间的间隔时间是任意的，但字符内各个比特用固定的时钟频率传输。字符间的异步定时与字符内各个比特间的同步定时，是群同步的特征。

2. 衡量群同步性能的指标

衡量群同步性能的主要指标有漏同步概率 P_1、假同步概率 P_2、群同步平均建立时间 t_s 等。

①由于干扰的影响会引起同步码组中的一些码元发生错误,使识别器漏识别已发出的同步码组,出现这种情况的概率称为漏同步概率 P_1。

②消息码元中,可能出现与所要识别的同步码组相同的码组,这时会被识别器误认为是同步码组而实现假同步,出现这种情况的概率称为假同步概率 P_2。

③群同步系统建立同步时间应该短,且在群同步建立后应有较强的抗干扰能力。其中,集中式插入群同步平均建立时间 t_s 为

$$t_s \approx NT(1 + P_1 + P_2)$$

式中,N 为每群的码元数,T 为码元宽度,P_1 为漏同步概率,P_2 为假同步概率。

11.4.4 网同步

"点—点"通信时,完成了载波同步、位同步和帧同步即可进行可靠的通信。但现代通信往往需要在许多点之间实现相互联接而构成通信网,只有网同步才能实现全网的通信。为保证通信网内各点间可靠的通信,必须在网内建立统一的时间标准,称为网同步。

网同步实现方式有两种:一种是全网同步,通信网各站的时钟彼此同步,各地的时钟频率和相位都保持一致,实现这种网同步的有主从同步法和互控同步法;另一种是准同步,也称独立时钟法,各站均采用高稳定性的、相互独立的时钟,允许其速率偏差在一定范围内,转接设备中设法把各支路输入的数据码速流进行调整和处理后,变成相互同步的数码流,变换过程中要采取一定的措施使信息不致丢失,实现这种方式的有码速调整法和水库法。其中,码速调整法在"数据通信复接技术"中介绍;水库法依靠各交换站设置稳定度极高的时钟源和容量大的缓冲存储器,长时间间隔内不会发生"取空"或"溢出"的现象,因为容量足够大的存储器就像水库一样很难抽干或灌满,可用于流量的自然调节,所以称水库法。

这里主要介绍全网同步的主从同步法和互控同步法。

1. 主从同步法

主从同步法包括单主时钟主从同步法和等级主从同步法。

(1)单主时钟主从同步法

通信网内设立一个主站,它具有高稳定度的主时钟源,再将主时钟源产生的时钟逐站传输至网内的各个从站去,如图 11-22 所示。这样各从站的时钟频率(定时脉冲频率)都直接或间接来自主时钟源,所以网内各站的时钟频率通过各自的锁相环来保持和主站的时钟频率的一致。由于主时钟到各站的传输线路长度不等,会使各站引入不同的时延,因此,各站都要设置时延调整电路,以补偿不同的时延,使各站的时钟不仅频率相同,相位也一致。

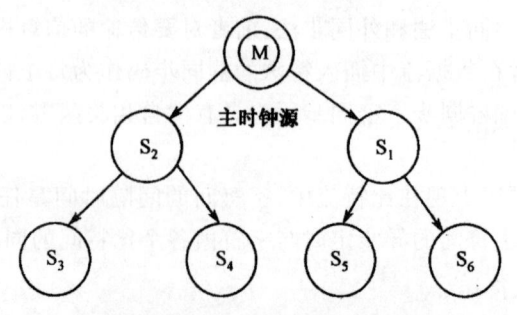

图 11-22 单主时钟主从同步法

单主时钟主从同步法的优点：实现容易、单一时钟、设备比较简单。

单主时钟主从同步法的缺点：主时钟源发生故障，使全网各站都因失去同步而不能工作；当某一中间站发生故障时不仅该站不能工作，其后的各站因失步而不能正常工作。

(2) 等级主从同步法

它与单主时钟主从同步法所不同的是全网所有的交换站都按等级分类，其时钟都按照其所处的地位水平分配一个等级，如图 11-23 所示。主时钟发生故障时，主动选择具有最高等级的时钟作为新的主时钟，即主时钟或传输信道出现异常则由副时钟源替代，通过图中 S_2 所示通路供给时钟。这种方式改善了可靠性，但较为复杂。

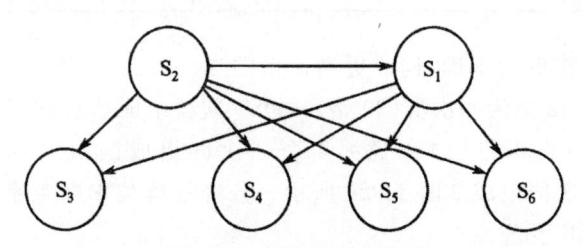

图 11-23 等级主从同步法

2. 互控同步法

互控同步法克服了主从同步法过分依赖主时钟源的缺点，网内各站都有自己的时钟，并将数字网高度互联实现同步，消除了仅有一个时钟可靠性差的缺点。各站的时钟频率都锁定在固有振荡频率的平均值（称为网频频率）实现网同步。这是一个相互控制过程，当网中某站发生故障时，网频频率将平滑地过渡到一个新的值。这样，除发生故障的站外，其余各站仍能正常工作，提高了通信网工作的可靠性。该方法缺点是每个站的设备都较复杂。

11.5 数据通信复接技术

在时分制数字通信系统中，为提高传输容量和传输效率，常将若干个低速数字信号合并成一个高速数字信号流，以便在高速宽带信道中传输。数字复接技术就是解决传输信号由低次群到高次群的合成的技术。例如，传输 120 路电话时，可将 120 路话音信号分别用 8kHz 抽样频率抽样，对每个抽样值 8b 编码，数码率为 $8000\text{kHz} \times 8\text{b} \times 120 = 7680\text{kb/s}$。由于每帧时间 $125\mu s$，每个路时隙的时间只有 $1\mu s$ 左右，这样每个抽样值 8b 编码的时间仅 $1\mu s$，编码速度极高。它对编码电路及元器件的速度、精度要求都很高，实现起来非常困难。但这种方法从原理上讲是可行的，这种对 120 路话音信号直接编码复用的方法称 PCM 复用。

为进一步提高传输容量，将几个经 PCM 复用后的数字信号再时分复用，形成更多路的数字通信系统。显然，经复用后信号的数码率进一步提高，但对每个基群的编码速度没有提高，实现起来容易，目前广泛采用。由于数字复用采用数字复接方法实现，又称数字复接技术。

11.5.1 数字复接技术的复接标准

数字复接技术是解决 PCM 信号由低次群到高次群合成的技术。每一等级群路不但可以传输多路数字电话，还可以传输其他相同速率的可视电话或数字电视等数字信号。

目前，国际上流行两种 PCM 制式，如表 11-2 所示。美国、日本等采用的 PCM24 路一次

(1544kb/s)，称为 T1 制式；我国与欧洲采用 PCM30/32 路一次群(2048kb/s)，称为 E1 制式。

表 11-2　两类数字速率系列

类别	群号	一次群	二次群	三次群
T1 制式	数码率/Mb/s	1.544	6.312	32.064
	话路数	24	24×4=96	95×5=475
E1 制式	数码率/Mb/s	2.048	8.448	34.368
	话路数	30	30×4=120	120×4=480

两种制式分别以一次群为基础，构成更高速率的二、三、四、五次群。CCITT 对分群标准化提出如下建议：PCM30/32 称为一次群(30 路)，4 个一次群组成二次群(4×30 路=120 路)，4 个二次群组成三次群(4×120 路=480 路)，4 个三次群组成四次群(4×480 路=1920 路)。PCM30/32 数字电话高次群组成如图 11-24 所示。分群复接技术在数字微波接力通信、数字卫星通信和光纤通信中也广泛应用。

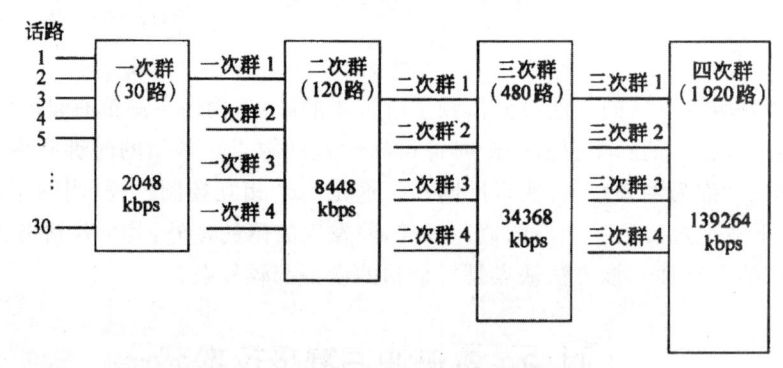

图 11-24　PCM30/32 数字电话高次群组成

11.5.2　数字复接系统的构成

数字复接实质上是对数字信号的时分多路复用。分群复接系统包括数字复接器、数字分接器。前者由定时、码速调整和复接单元等组成，将 n 个低次群数字信号按时分复用的方式合并为高次群的单一合路数字信号，实现方法有同步复接和异步复接；后者由帧同步、定时、数字分接和码速恢复等单元组成，将一个高次群的合路信号分解为原来的 n 个低次群数字信号。数字复接系统的构成如图 11-25 所示。

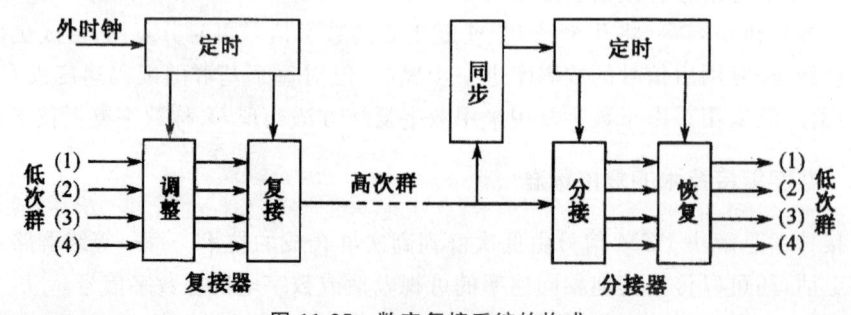

图 11-25　数字复接系统的构成

数字复接时,如果复接器的各个支路信号与本机定时信号是同步的,称同步复接器;如果不是同步的,称异步复接器;如果各支路数字信号与本机定时信号标称速率相同,但容差很小,称准同步复接器。

在数字复接器中,码速调整单元完成对输入各支路信号的速率和相位进行必要的调整,形成与本机定时信号完全同步的数字信号,使输入到复接单元的各支路信号是同步的。定时单元受内部时钟或外部时钟控制,产生复接需要的各种定时控制信号。调整单元及复接单元受定时单元控制。分接器中,合路数字信号和相应的时钟同时送给分接器。分接器的定时单元受合路时钟控制,因此,其工作节拍与复接器定时单元同步。同步单元从合路信号中提出帧同步信号,用它再去控制分接器定时单元。恢复单元把分解出的数字信号恢复出来。

11.5.3 数字信号复接的方法

1. 按位复接、按字复接、按帧复接

①按位复接。按位复接又叫比特复接,即复接时每支路依次复接一个比特。该方法简单易行,设备也简单,存储器容量小,目前被广泛采用,缺点是对信号交换不利。

②按字复接。对PCM30/32系统而言,一个码字有8b,它将8b先储存起来,在规定时间4个支路轮流复接,这种方法有利于数字电话交换,但要求有较大的存储容量。

③按帧复接。每次复接一个支路的一帧(256B),该方法优点是复接时不破坏原来的帧结构,有利于交换,但要求更大的存储容量。

2. 同步复接和准同步复接

①同步复接。同步复接用一个高稳定的主时钟来控制被复接的几个低次群,使这几个低次群的码速统一在主时钟的频率上,这样就达到系统同步复接的目的。同步复接只需要进行相位调整就可以实施数字复接。确保各参与复接的支路数字信号与复接时钟严格同步,是实现同步复接的前提条件。同步复接优点是复接效率较高、复接损伤较小等,但只有确保同步环境才能进行,因为一旦主时钟出现故障,相关的通信系统将全部中断,通常限于局部区域使用。

②准同步复接。在准同步复接中,参与复接的各支路码流时钟的标称值相同,码流时钟实际值在一定容差范围内变化。例如,具有相同的标称速率和相同稳定度的时钟,但不是由同一个时钟产生的两个信号通常就是准同步。准同步复接分接相对于同步复接增加了码速调整及码速恢复的环节,使各低次群达到同步之后再进行复接。准同步复接分接允许时钟频率在规定的容差域内任意变动,对于参与复接的支路时钟相位关系就没有任何限制。因此,准同步复接、分接不要求苛刻的速率同步和相位同步,只要求时钟速率标称值及其容差符合规定即可,应用极为广泛。

11.5.4 数字复接中的码速变换

1. 码速变换的必要性

几个低次群数字信号复接成一个高次群数字信号时,如果各个低次群(如PCM30/32系统)的时钟是独立产生的,即使标称数码率相同(2048kb/s),但它们的瞬时数码率也可能不同,因为各个支路的晶体振荡器的振荡频率不可能完全相同,几个低次群复接后的数码就会产生重叠或错位,如图11-26所示。这样复接合成后的数字信号流,接收端无法分接恢复成原来的低次群信号。因此,数码率不同的低次群信号不能直接复接。

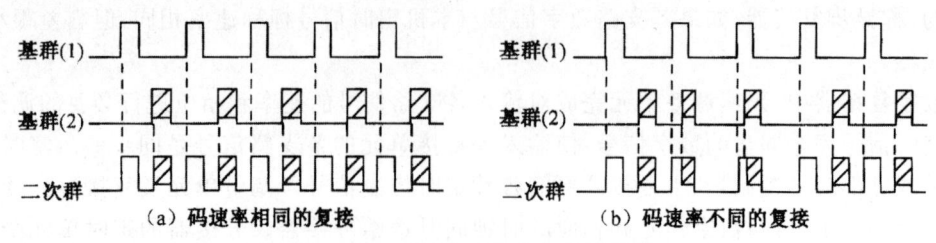

图 11-26 码速率对数字复接的影响

由此可见,将几个低次群复接成高次群时,必须采取适当的措施,以调整各低次群系统的数码率使其同步,这种同步是系统与系统之间的同步,称系统同步。系统同步方法分同步复接和异步复接两种。前者用高稳定的主时钟来控制被复接的几个低次群,各低次群码速统一在主时钟频率上,达到系统同步的目的,缺点是一旦主时钟出现故障,通信系统将全部中断,多用于局部区域;后者各低次群使用独立时钟,彼此时钟速率不一定相等,复接时先要进行码速调整,使各低次群同步后再复接。

不论同步复接或异步复接,都需要码速变换。虽然同步复接时各低次群的数码率完全一致,但复接后的码序列中还要加入帧同步码、对端告警码等码元,这样数码率就要增加,因此需要码速变换。码速调整有正码速调整、负码速调整和正/负码速调整 3 种,这里主要介绍正码速调整。

2. 正码速调整

ITU-T 规定以 2048kb/s 为一次群的 PCM 二次群的码速率为 8448kb/s。考虑到 4 个 PCM 一次群在复接时插入了帧同步码、告警码、插入码和插入标志码等,各基群数码率由 2048kb/s 调整到 2112kb/s,则 4×2112kb/s=8448kb/s。码速调整后的速率高于调整前的速率,称正码速调整,其框图如图 11-27 所示。每个参与复接的数码流都必须经过一个码速调整装置,将瞬时数码率不同的数码流调整到相同的、较高的数码率,然后进行复接。

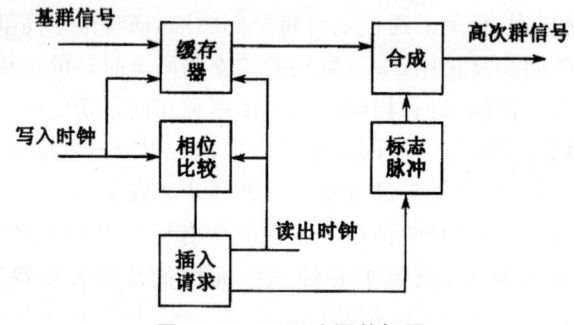

图 11-27 正码速调整框图

码速调整主体是缓冲存储器及控制电路,输入支路的数码率 $f_1=2.048\text{Mbps}\pm100\text{bps}$,输出数码率为 $f_m=2.112\text{Mbps}$。正码速调整就是因 $f_m>f_1$ 而得名。

设计正码速调整方法主要需要考虑"取空"的问题。假定缓存器中的信息原来处于半满状态,随着时间推移,由于 $f_m>f_1$,缓存器中的信息势必越来越少,如果不采取特别措施,终将导致缓存器中的信息被取空,再读出的信息将是虚假的。为防止缓存器的信息被取空,需采取一些措施。一旦缓存器中的信息比特数降到规定数量时,就发出控制信号,关闭控制门,读出时钟被扣除一个比特。由于没有读出时钟,缓存器中的信息就不能读出去,而这时信息仍往缓存器存入,因此缓存器中的信息就增加一个比特。如此重复下去,就可将数码流通过缓冲存储器传送出去,而输出信码的速率则增加为f_1。

在图 11-28 中,某支路输入码速率为f_m,在写入时钟作用下,将信码写入缓存器。读出时钟频率为f_m,由于$f_m > f_1$,缓存器处于慢写快读状态,最后会出现"取空"现象。如果加入控制门,当缓冲存储器中的信息尚未"取空"而快要"取空"时,让它停读一次,同时插入一个脉冲(非信息码),以提高码速率,如图 11-28 中①、②所示。从图中可以看出,输入信号以f_1的速率写入缓存器,读出脉冲以f_m速率读出。由于$f_m > f_1$,读、写时间差(相位差)越来越小,到第 6 个脉冲到来时,f_m与f_1几乎同时出现,造成"取空"现象。为防止"取空",这时停读一次,同时插入一个脉冲。何时插入根据缓存器的储存状态决定,而储存状态的检测可通过相位比较器完成。

接收端,分接器先将高次群信码进行分接,分接后的各支路信码分别写入各自的缓存器。为了去掉发送端插入的插入脉冲,首先要通过标志信号检出电路检出标志信号,然后通过写入脉冲扣除电路扣除标志信号。扣除了标志信号后的支路信码的顺序与原来信码的顺序一样,但在时间间隔上是不均匀的,中间有空隙,如图 11-28 中③所示。但从长时间来看,其平均时间间隔,即平均码速与原支路信码f_1相同,因此,接收端要恢复原支路信码,必须先从图 11-28 中③输入码流波形中提取f_1时钟。已扣除插入脉冲的码流经鉴相器、低通滤波器之后获得一个频率等于时钟平均频率的读出时钟,再利用这一时钟从缓存器中读出码元。

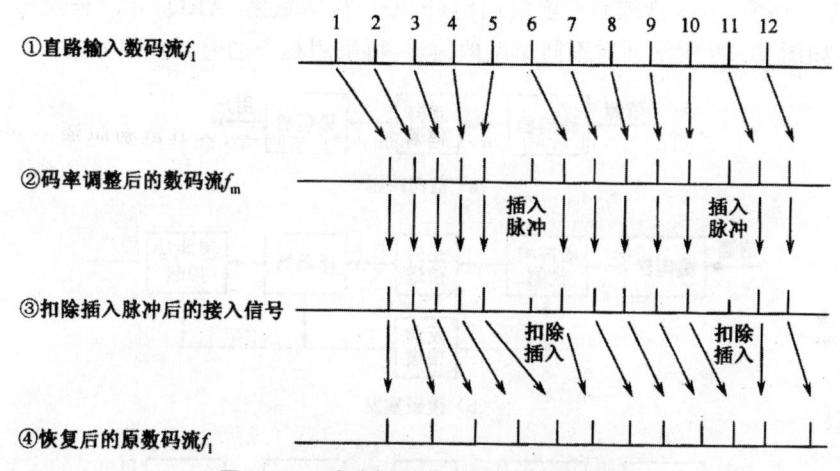

图 11-28 脉冲插入方式码速调整示意图

负码速调整的原理与正码速调整类似,这时复接器供给的取样时钟频率低于所有各支路数字流的速率,由于写得快、读得慢,存储器会"溢出",此时可以通过复接设备的调整,使"溢出"现象不再发生;正/负码速调整时,选择取样时钟频率等于各支路时钟的标称值,由于各支路实际速率的不同,既可能出现正码速调整,又可能出现负码速调整的情况。

码速调整优点是各支路可工作于异步状态,故使用灵活、方便。但存储器读出脉冲的时钟是从不均匀的脉冲序列中提取出来的,有相位抖动,影响同步质量。

11.6 差错控制技术

差错控制技术指发送端利用信道编码器在数字信息中增加一些监督信息,并事先规定好两者间关系,用这些附加的信息来检测传输中发生的错误(检错编码)或纠正错误(纠错编码)。

1948年香农发表的"通信的数学理论"论文,阐述了通信系统有效性和可靠性之间的关系,"在存在噪声的信道上,可以定义一个被称为最大信息速度的通信容量,如果用低于这个通信容量的速度发送数据,则存在着某种编码方法,采用这种方法可以使数据的误码变得足够小。"这个结论说明了编码方法的重要性,指出数据信息进行某种抗干扰编码是检测甚至纠正错误的有效手段。

为检测和纠正错误,研究出多种方法,基本方法有时间冗余法、设备冗余法和数据冗余法3种。它们都是为了提高传输的可靠性,只是采取的措施不同。时间冗余法是靠占用同一设备(包括传输媒体)的时间冗余提高传输可靠性;设备冗余法通过使用较多的信道,即依靠设备(包括传输媒体)的冗余提高传输可靠性;数据冗余法则是上述两种方法的综合,通过对数据块进行某种抗干扰编码提高传输可靠性。

可见,抗干扰编码是差错控制的主要技术之一。利用不同的变换方法可构成多种抗干扰编码,实现不同的差错控制方式。

11.6.1 差错控制方式

差错控制的根本目的是发现传输过程中出现的差错并加以纠正,其工作方式基于两点:一是通过抗干扰编码,使系统接收端能发现错误并准确判断错误的位置,自动纠正它们;二是接收端仅能发现错误,但不知差错的确切位置,无法自动纠错,必须通过请求发送端重发等方式达到纠错目的。根据上述两点,差错控制有前向纠错(FEC)、检错重发(ARQ)和混合纠错(HEC)等基本工作方式,如图11-29所示。对不同类型的信道,可采用相应的差错控制方式。

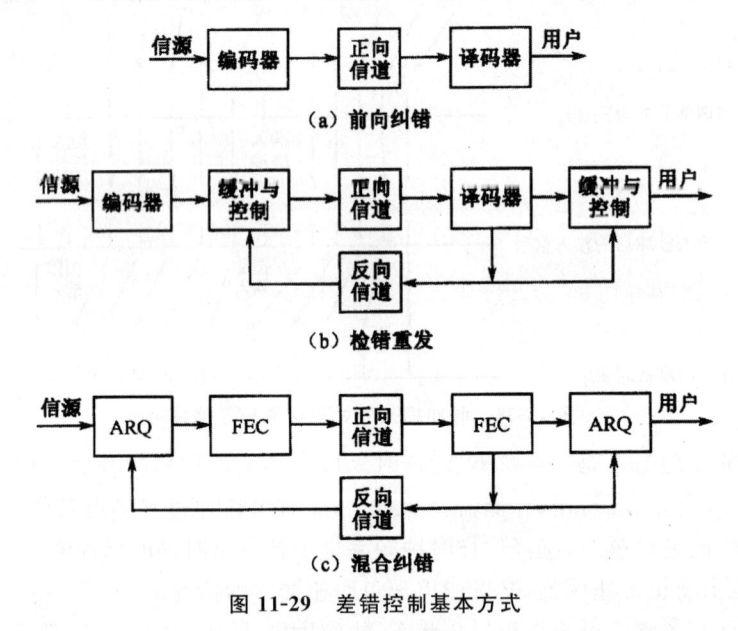

图 11-29 差错控制基本方式

1. 前向纠错方式

前向纠错又称自动纠错,该方式中,发送端将要发送的数据附加上一定的冗余纠错码一并发送,接收方根据纠错码对数据进行差错检测。当接收的数据有差错且在纠错能力之内时,接收端能自动纠正传输中的错误。其工作原理如图11-30所示。

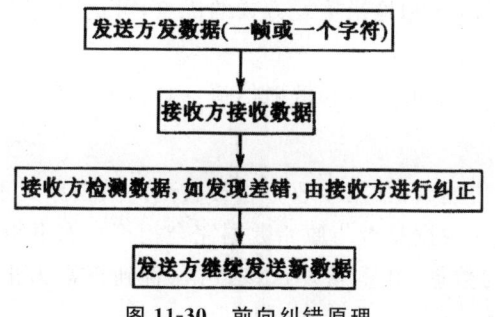

```
发送方发数据(一帧或一个字符)
          ↓
    接收方接收数据
          ↓
接收方检测数据,如发现差错,由接收方进行纠正
          ↓
    发送方继续发送新数据
```

图 11-30　前向纠错原理

该方式的优点:不需要反馈信道,可进行单向通信或一对多的同时通信(广播),特别适合移动通信;控制电路简单;无须反复重发而延误传输时间,对实时传输有利。

该方式的主要缺点:编码效率低,纠错设备较复杂,成本高。随着编译码理论的发展和 VLSI 成本的降低,该方法在数字通信系统,特别是单工通信系统应用较广泛。

2. 检错重发方式

检错重发又称自动请求重传,是通信网络常用的差错控制方式。该方式中,发送方将要发送的数据附加上一定的冗余检错码一并发送,接收方根据检错码对数据进行差错检测。如发现差错,则接收方返回请求重发的信息,发送方在收到请求重发的信息后,重新传送数据,直到接收端正确接收为止;如没有发现差错,则发送下一个数据。为保证通信正常进行,需引入计时器以防整个数据帧或反馈信息丢失,并对帧进行编号以防接收方多次收到同一帧并递交给网络层。其工作原理如图 11-31 所示。

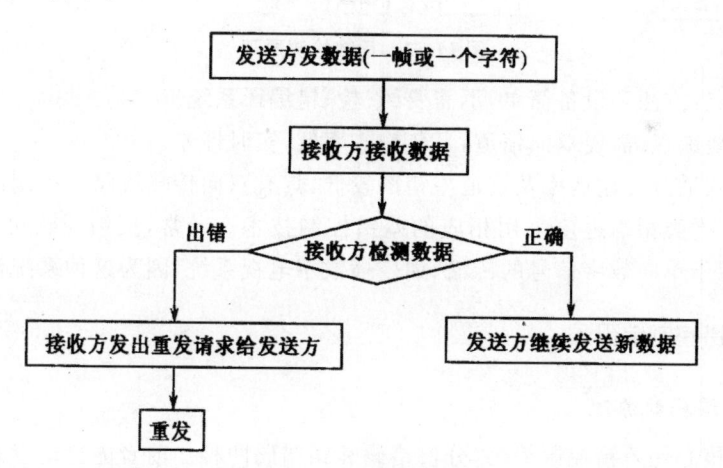

```
    发送方发数据(一帧或一个字符)
              ↓
        接收方接收数据
              ↓
   出错 ← 接收方检测数据 → 正确
    ↓                      ↓
接收方发出重发请求给发送方   发送方继续发送新数据
    ↓
   重发
```

图 11-31　检错重发原理

该方式的优点:译码设备简单,易于实现,对各种信道的不同差错有一定的适应能力,特别是对突发错误和信道干扰较严重时更为有效,适用于短波、散射、有线等干扰情况特别复杂的信道。

该方式的主要缺点:需要反馈信道,信息传输效率低,不适应实时传输系统。

3. 混合纠错方式

混合纠错是前向纠错方式和检错重发方式的结合。发送端发送具有检错和自动纠错能力的码元。接收端收到码组后,检查差错情况:如果错误在码元的纠错能力范围以内,则自动纠错;如果超过了码元的纠错能力,但能检测出来,则经过反馈信道请求发送端重发。

这种方式具有前向纠错方式和检错重发方式的优点,可达到较低的误码率,但需双向信道和较复杂的译码设备和控制系统。

该方式特别适合于复杂的短波信道和散射信道,因此,近年来在卫星通信等应用较广泛。

4. 反馈校验方式

反馈校验方式中,双方传输数据时,接收方将接收到的数据原封不动地通过反馈信道重新发回发送方,由发送方检查反馈数据是否与原始数据完全相符。如不相符,则发送方发送一个控制信息通知接收方删去出错的数据,并重新发送该数据,直到正常为止;如相符,则发送下一个数据。其原理如图 11-32 所示。

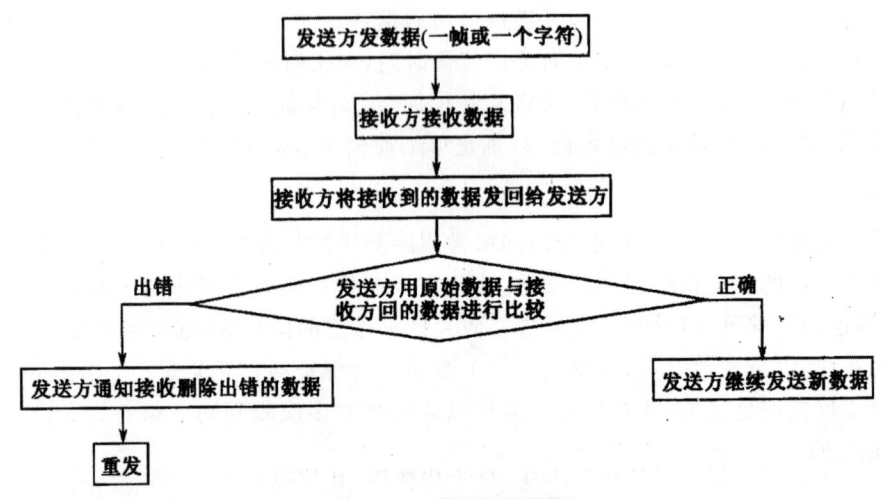

图 11-32 反馈检测原理

该方式的优点:方法和设备简单,不需要纠(检)错编译系统。

该方式的主要缺点:需要双向信道,且传输效率低,实时性差。

反馈校验方式适合传输速率及信道差错率较低,具有双向传输线路及控制简单的系统。

可以看出,不同类型信道应采用相应的差错控制技术。通常,反馈纠错可用于双向数据通信;前向纠错则用于单向数字信号的传输,如广播数字电视系统,因为这种系统没有反馈通道。

11.6.2 差错控制编码

1. 差错控制编码的原理

差错控制的核心是差错控制编码,分检错码和纠错码两种。前者能自动发现差错的编码;后者不仅能发现差错,还能自动纠正差错的编码。差错控制编码基本原理:发送端将信息序列分成码组 M,以某种规律对某个码组附加一些监督码元,形成新的码组 C,并使码组 C 中的码元之间具有一定的相关性(或规律性),然后传输到接收端。接收端根据这些相关性来检验码组 C 是否正确:如有错,错在哪一位;对错误的码元是删除还是纠正;最后,将码组 C 还原成信息码组 M。

发送端,将信息码组 M 变换成信道码组 C 的过程,称为信道编码或纠错编码;接收端,将信道码组 C 还原成信息码组 M 的过程,称为信道译码或纠错译码。需注意的是,信道编码不同于信源编码:信源编码目的是为了提高数字信号的有效性,尽可能压缩信源冗余度,所去掉的冗余度是随机的、无规律的;信道编码目的是提高数字通信的可靠性,加入冗余码用来减少误码,代价是传输速率降低了,即以减少有效性来提高可靠性,所增加的冗余度是特定的、有规律的,故可利用来在接收端检错和纠错。

2. 差错控制编码的分类

随着数字通信技术的发展,研究开发了各种误码控制编码方案,各自建立在不同的数学模型基础上,并具有不同的检错与纠错特性,可以从不同的角度对误码控制编码进行分类。

①按照误码控制的不同功能,分检错码、纠错码和纠删码等。检错码仅具备识别错码功能而无纠正错码功能;纠错码不仅具备识别错码功能,同时具备纠正错码功能;纠删码不仅具备识别错码和纠正错码的功能,当错码超过纠正范围时还可把无法纠错的信息删除。

②按照信息码元和监督码元之间的函数关系,分线性码和非线性码。如果两者呈线性关系,即满足一组线性方程式,称为线性码,反之称非线性码。

③按照对信息码元处理方式的不同,分为分组码和卷积码。分组码中,编码后的码元序列每 n 位分为一组,其中包括 k 位信息码元和 r 位附加监督码元,即 $n=k+r$,每组的监督码元仅与本组的信息码元有关,而与其他组的信息码元无关,分组码进一步分为循环码和非循环码;卷积码编码后码元序列也划分为码组,但每组的监督码元不但与本组的信息码元有关,而且与前面码组的信息码元也有约束关系。

④按照码组中信息码元在编码前后是否相同,分系统码和非系统码。前者编码后的信息码元序列保持原样不变;后者信息码元会改变其原有的信号序列,故译码电路更为复杂,较少选用。

⑤按照误码产生原因不同,分纠正随机错误的码与纠正突发性错误的码。前者多用于产生独立的局部误码的信道;后者多用于产生大面积的连续误码的情况。

⑥按照构造差错控制编码的数学方法,分为代数码、几何码和算术码。代数码建立在近世代数基础上,是目前发展最为完善的编码,线性码是代数码的一个最重要的分支。

常见差错控制编码方式如图 11-33 所示。其中,简单的差错控制编码方法有奇偶校验码、行列监督码、正反码、恒比码、群计数码等,它们的编码方法简单、易于实现,应用广泛;线性分组码可以用线性方程组和矩阵来描述,是一类重要的纠错码,应用非常广泛;汉明码是最早提出的线性分组码,是一种能纠正单个错误的完备码;循环码也是线性分组码,因为容易采用近世代数进行分析和构造,特别是它的编译码器易于实现,所以在实际系统中应用非常广泛;卷积码每个码段的 n 个码元不仅与该码段的信息元有关,且与前面 m 段内的信息元有关,即它的监督元对本码段以及前面 m 段内的信息元均起监督作用,卷积码无论编码还是译码,各子码都不能独立进行。对具体的数字设备,为提高检错、纠错能力,通常同时采用几种误码控制方式。

下面主要介绍数据通信系统常用的奇偶校验码和循环冗余码。

3. 奇偶校验码

(1)奇偶校验码概述

奇偶校验码也称奇偶监督码,是一种最简单的线性分组检错编码方式。首先把信源编码后的信息数据流分成等长码组,在每个信息码组之后加入一位(1b)监督码元作为奇偶检验位,使得总码长 n(包括信息位 k 和监督位"1")中的码重为偶数(偶校验)或为奇数(奇校验)。如果传输过程中任何错误,收到的码组必然不再符合奇偶校验的规律,据此可以发现误码。奇校验和偶校验具有完全相同的工作原理和检错能力,采用任一种均可。

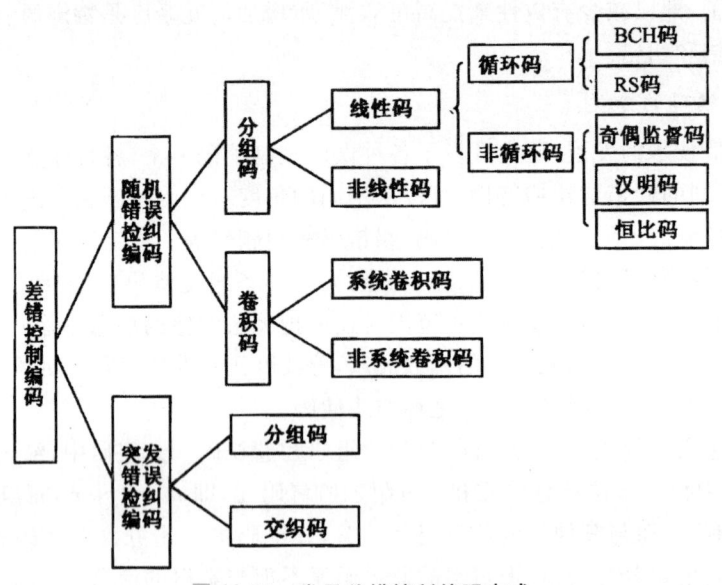

图 11-33 常见差错控制编码方式

由于两个"1"的模 2 相加为"0",因此利用模 2 加法可以判断一个码组中码重是奇数或偶数。模 2 加法等同于"异或"运算。以偶监督为例,假设码字 $A=[a_{n-1},a_{n-2},\cdots,a_1,a_0]$,偶校验应满足

$$a_{n-1} \oplus a_{n-2} \oplus \cdots \oplus a_1 \oplus a_0 = 0$$

式中,$a_{n-1},a_{n-2},\cdots,a_1$ 为信息元,a_0 为监督元。

监督位码元 a_0 可由下式求出:

$$a_0 = a_1 \oplus a_2 \oplus \cdots \oplus a_{n-2} \oplus a_{n-1}$$

可以看出,这种奇偶校验编码只能检出单个或奇数个误码,无法检知偶数个误码,对连续多位突发性误码也不能检知,故检错能力有限。另外,编码后码组的最小码距 $d_0 = 2$,没有纠错码能力。

(2)奇偶校验码类型

奇偶校验码常用于反馈纠错。在实际使用时,奇偶校验分以下 3 种方式。

1)水平奇偶校验

将要发送的整个数据分为定长 p 位的 q 段,对各个数据段的相应位横向进行编码,产生一个奇偶校验冗余位。该方法不但能检测出各段同一位上的奇数个错,还能检测出突发长度 $\leqslant p$ 的所有突发错误。其漏检率比垂直奇偶校验方法低,但实现水平奇偶校验时,一定要使用数据缓冲器。

2)垂直奇偶校验

整个数据段所有字节的某一位进行奇偶校验,奇校验如表 11-3 所示,该数据段由 8B 组成,垂直奇偶校验分别对所有字节的第 0 位、1 位……7 位进行。

表 11-3 垂直奇偶校验

字节\位	位7	位6	位5	位4	位3	位2	位1	位0
字节1	1	0	1	1	0	1	1	0
字节2	1	1	0	1	0	0	1	1
字节3	1	1	1	0	0	1	0	0
字节4	0	0	0	0	1	0	0	0
字节5	1	1	0	1	0	0	0	1
字节6	1	1	1	1	1	1	1	1
字节7	0	0	1	1	1	1	1	1
字节8	1	0	0	1	0	0	0	1
校验字节	0	1	0	1	0	0	1	0

垂直奇偶校验能检出每列中的所有奇数个错,但检不出偶数个错,对突发错的漏检率约 50%。

3) 水平垂直奇偶校验

它是水平奇偶校验和垂直奇偶校验的综合,既对每个字节进行校验,又在垂直方向对所有字节的某一位进行校验,又称矩阵码。表 11-4 是水平垂直奇偶检验(奇校验)的示意。矩阵码既能检测出奇数个错,也能检测出偶数个错。

表 11-4 水平垂直奇校验

字节\位	位8	位7	位6	位5	位4	位3	位2	位1	水平校验位
字节1	1	0	1	1	0	1	0	1	0
字节2	1	1	1	1	1	1	1	1	1
字节3	0	0	1	0	1	1	0	1	1
字节4	1	1	1	0	0	0	1	1	0
字节5	0	0	0	0	0	0	0	1	1
字节6	1	1	0	0	1	1	0	0	1
字节7	1	0	1	0	0	1	0	1	1
字节8	0	1	0	0	0	1	0	1	1
重直校验位	0	1	0	1	0	1	0	1	1

水平垂直奇偶校验能检测出所有 3 位或 3 位以下的错误、奇数个错、大部分偶数个错以及突发长度不超过 $p+1$ 的突发错,可使误码率降至原误码率的 1/100 到 1/10000,还能纠正部分差错,适用于中低速传输系统和反馈重传系统。

(3) 关于行列监督码

行列监督码是二维奇偶校验码,又称矩阵码,这种码可以克服奇偶校验码不能发现偶数个差错的缺点,并且是一种用以纠正突发差错的简单纠正编码。

其基本原理与简单的奇偶校验码相似,不同的是每个码元受纵和横两次监督。编码方法:将若干要传输的码组编成一个矩阵,矩阵中每行为一码组,每行的最后加上一个监督码元,进行奇偶校验,矩阵中的每列由不同码组相同位置的码元组成,每列最后也加上一个监督码元,进行奇偶校验。如果用×表示信息位,用 ⊗ 表示监督位,则矩阵码结构如图 11-34 所示。这样,它的一致监督关系按行及列组成,每行每列都是一个奇偶监督码。当某行或某列出现偶数个差错时,该行或该列虽不能发现,但只要差错所在的列或行没有同时出现偶数个差错,就能发现差错。可见,矩阵码发现错码的能力很强,但编码效率比奇偶校验码低。

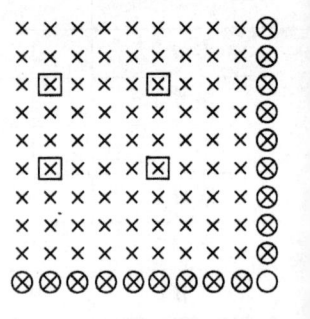

图 11-34 矩阵码结构

1. 循环冗余码

(1) 循环冗余码概述

循环冗余码又称循环码(CRC 码),是一种重要的线性分组码,1957 年由 Prange 提出。由于容易采用近世代数进行分析和构造,检错能力强,特别是编译码器实现简单,是目前应用最广泛的检错码编码方法。采用 CRC 校验,能查出所有的单位错、双位错、所有具有奇数位的差错、所有长度小于 16 位的突发错误,还能查出 99% 以上 17 位、18 位或更长位的突发性错误,误码率比方块码低 1~3 个数量级。数据通信网络中,CRC 被广泛采用。

循环码编码过程涉及多项式知识,它有以下 3 个主要数学特征:

① 循环码具有循环性,除了具有线性码的一般性质外,还具有循环性,即循环码组中任一码组循环移位所得的码组仍为该循环码中的一许用码组。

② 循环码组中任两个码组之和(模 2)必定为该码组集合中的一个码组。

③ 循环码每个码组中,各码元之间还存在一个循环依赖关系,b 代表码元,则有

$$b_i = b_{i+4} \oplus b_{i+2} \oplus b_{i+1}$$

(2) 关于生成多项式 $g(x)$

代数理论中,为便于计算,常用码多项式表示码字。(n,k) 循环码的码字,其码多项式(以降幂顺序排列)为

$$A(x) = a_{n-1}x^{n-1} + a_{n-2}x^{n-2} + \cdots + a_1 x + a_0$$

如果一种码的所有码多项式都是多项式 $g(x)$ 的倍数,则该 $g(x)$ 为该码的生成多项式。在 (n,k) 循环码中,任意码多项式 $A(x)$ 都是最低次码多项式的倍式。

CRC 码把待发送的二进制数据序列当做一个信息多项式 $m(x)$ 的系数,发送之前用收发双方预定的一个生成多项式 $g(x)$ 去除,求得一个余数,将余数加到待发送的数据序列之后就得到 CRC 检验码。发送方将校验码发往接收方,接收方用同样的生成多项式 $g(x)$ 去除收到的二进制数据序列,如果余数为 0 则说明传输正确,否则说明收到的数据有错。接收方通知发送方重发。

CRC 的生成多项式是经过长期研究和实践确定的,因此 CRC 码的检错能力很强,实现也不复杂,是目前应用最广的检错码。生成多项式 $g(x)$ 国际标准有多种,目前广泛使用的有以下几种。

① CRC-12：CRC12 = $X^{12} + X^{11} + X^3 + X^2 + 1$。
② CRC-16：CRC16 = $X^{16} + X^{15} + X^2 + 1$。
③ CRC-CCITT：CRC16 = $X^{16} + X^{12} + X^5 + 1$。

(3) 循环码编码方法

编码时，首先要根据给定的(n,k)值选定生成多项式$g(x)$，即从x^n+1的因式中选一r次多项式作为$g(x)$。循环码中所有码多项式均能被$g(x)$整除，根据这一原则，可以对给定的信息进行编码。

设$m(x)$为信息多项式，其最高幂次为$k-1$。用x^r乘$m(x)$，得到$x^r \times m(x)$的次数小于n。用$g(x)$除$x^r \times m(x)$，得到余式$r(x)$，$r(x)$的次数必小于$g(x)$的次数，即小于$(n-k)$。将此余式加于信息位之后作为监督位，即将$r(x)$与$x^r \times m(x)$相加，得到的多项式必为一个码多项式，因为它必然能被$g(x)$整除，且商的次数$\leqslant (k-1)$。因此，循环码的码多项式可表示为

$$A(x) = x^r \times m(x) + r(x)$$

式中，$x^r \times m(x)$代表信息位，$r(x)$是$x^r \times m(x)$与$g(x)$相除得到的余式，代表监督位。

根据上述原理，循环码编码主要步骤如下。
① 用x^r乘$m(x)$，这一运算实际上是在信息码后附加上r个"0"，给监督位留出地方。
② 用$g(x)$除$x^r \times m(x)$，得到商$Q(x)$和余式$r(x)$。
③ 编出的码组为$A(x) = x^r \times m(x) + r(x)$。

编码电路主要由生成多项式构成的除法电路及适当的控制电路组成。

(4) 循环码译码方法

因为任意码多项式$A(x)$都应能被生成多项式$g(x)$整除，所以在接收端可以将接收码组$B(x)$用生成多项式去除。传输时未发生错误，接收码组和发送码组相同，即$A(x)=B(x)$，故接收码组$B(x)$必定能被$g(x)$整除；如果传输时发生错误，则$B(x) \neq A(x)$，当$B(x)$除以$g(x)$时，除不尽有余项。据此，可以用余项是否为零来判别码组中有无误码。接收端为纠错而采用的译码方法比检错时复杂得多。同样，为了能够纠错，要求每个可纠正的错误图样必须与某特定余式有一一对应关系。

循环码译码纠错可按下述步骤进行。
① 用生成多项式$g(x)$去除接收码组$B(x)=A(x)+E(x)$，得出余式$r(x)$。
② 按余式$r(x)$用查表的方法或通过某种运算得到错误图样$E(x)$，即可确定错码位置。
③ 从$B(x)$中减去$B(x)$，以便得到已纠正错误的原发送码组$A(x)$。

与编码电路类似，循环码的译码电路主要由除法电路、缓冲移位寄存器及相应的控制电路组成。

11.7 传输介质

常用的网络传输介质可分为两类：一类是有线的，一类是无线的。有线传输介质主要有双绞线(包括屏蔽双绞线和非屏蔽双绞线)、同轴电缆及光纤；无线传输介质有无线电和微波等。

11.7.1 双绞线

1. 双绞线的物理特性

双绞线(Twisted Pair)是目前使用最普遍的传输介质，它是由相互绝缘的两根铜线按一定扭

距相互绞合在一起的,如图 11-35 所示。为了便于区分,每根铜线加绝缘层并有颜色标记。成对线的扭绞旨在使电磁辐射和外部电磁干扰减到最小。

图 11-35 双绞线

双绞线具有性能好、价格低的特点。双绞线可以用于传输模拟信号和数字信号,传输速率根据线的粗细和长短而变化。一般来讲,线的直径越大,传输距离就越短,传输速率也就越高。

局域网中使用的双绞线分为两类:屏蔽双绞线(Shielded Twisted Pair,STP)和非屏蔽双绞线(Unshielded Twisted Pair,UTP)。两者的差异在于屏蔽双绞线在双绞线和外皮之间增加了一个铅箔屏蔽层,如图 11-36(a)所示。这样就能够有效减少影响信号传输的电磁干扰。

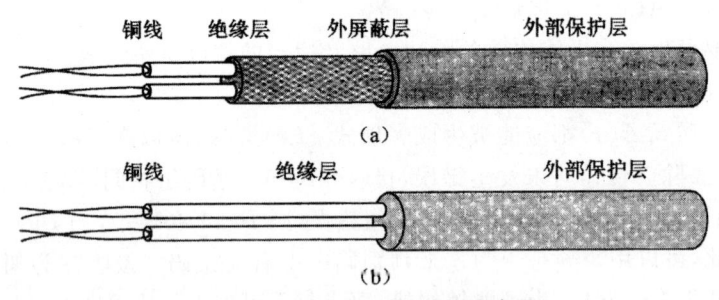

图 11-36 STP 与 UTP 结构示意图

屏蔽双绞线的抗干扰性能更强,但其成本也相应增加了。屏蔽双绞线主要是用于安全性要求较高的网络环境中,如军事网络、股票网络等,而且使用 STP 的网络为了达到屏蔽的效果,要求所有的插口和配套设施均使用屏蔽的设备,否则就达不到真正的屏蔽效果,所以整个网络的造价会比使用 UTP 的网络高出很多,因此至今一直未被广泛使用。

2. 非屏蔽双绞线的类型

按照 EIA/TIA(电气工业协会/电信工业协会)568A 标准,非屏蔽双绞线共分为 1~5 类。

1 类线:可用于电话传输,但不适合数据传输,这一级电缆没有固定的性能要求。通常在局域网中不使用。

2 类线:可用于电话传输和最高为 4Mb/s 的数据传输,包括 4 对双绞线。在局域网中很少使用。

3 类线:可用于最高为 10Mb/s 的数据传输,包括 4 对双绞线。主要用于 10 Base-T 以太网的语音和数据传输。

4 类线:可用于最高为 20Mb/s 的数据传输,包括 4 对双绞线。主要用于 16Mb/s 的令牌环网和大型 10 Base-T 以太网。

5 类线：可用于最高为 100Mb/s 的数据传输，包括 4 对双绞线。主要用于 100Mb/s 的快速以太网连接，又支持 150Mb/s 的 ATM 数据传输，是连接桌面设备的首选传输介质。

其中，3 类线(CAT3)和 5 类线(CAT5)在计算机网络中是最常用的。5 类线和 3 类线的最主要区别是：一方面大大增加了每单位长度的绞合次数，3 类线的绞合长度是 7.5～10cm，而 5 类线的绞合长度是 0.6～0.85cm；另一方面，5 类线在线对间的绞合度和线对内两根导线的绞合度都经过了精心的设计，严格的控制生产，使干扰在一定程度上抵消，从而提高线路的传输质量。

3. 双绞线组网

在制作网线时，要使用 RJ-45 接头，俗称"水晶头"的连接头，如图 11-37 所示。

图 11-37　RJ-水晶头

另外，还需要一个非常重要的设备——集线器(HUB)，如图 11-38 所示。

图 11-38　集线器

11.7.2　同轴电缆

1. 同轴电缆的物理特性

同轴电缆(Coaxial Cable)为圆柱形电缆，它是以硬铜线为芯，外包一层绝缘材料，绝缘层外用由细铜丝编织成的网状导体包裹，形成屏蔽层，屏蔽层外覆盖一层塑料保护膜，如图 11-39 所示。

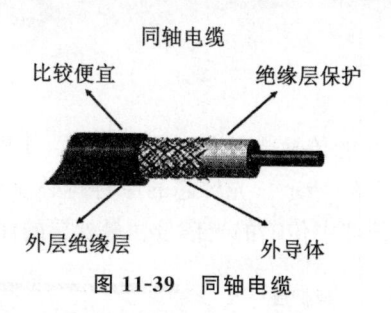

图 11-39　同轴电缆

同轴电缆的典型特点是传输距离长，抗干扰性强。它既支持点到点的连接，也支持多点连接。同轴电缆曾是局域网中使用最普遍的一种线缆，后逐渐被光纤和双绞线取代，但仍被广泛应用于有线电视网。

2. 同轴电缆的分类

(1)按传输特性分类

同轴电缆可分为基带同轴电缆和宽带同轴电缆。

基带同轴电缆的特性阻抗是 50Ω,用于数字信号的基带传输,主要用在室内或建筑物内的局域网中。

宽带同轴电缆的特性阻抗是 75Ω,用于模拟信号的宽带传输,支持多路复用,主要用于城域网中。

(2)按照线缆粗细的不同分类

基带同轴电缆可分为粗缆和细缆。

粗缆的内导体直径约为 10mm,接口为 AUI,传输距离可达到 500m,适用于大型局域网。粗缆的优点:传输距离远,可靠性高;粗缆的缺点:必须使用收发器,电缆粗硬,安装难度大,总体造价高。图 11-40 为粗缆安装示意图。

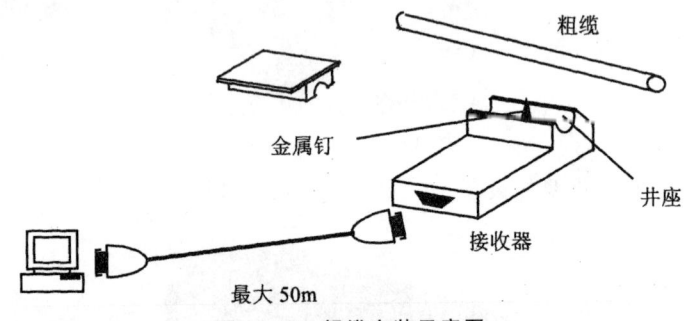

图 11-40 粗缆安装示意图

细缆的内导体直径约为 5mm,接口为 BNC,传输距离可达到 185m,一般用于与用户桌面连接。粗缆的优点·安装容易,造价低;粗缆的缺点:安装需要 T 型连接器,需要将细缆截断,接入点越多,断点就越多,就越容易产生接触不良或接触不良隐患。图 11-41 为细缆安装示意图。

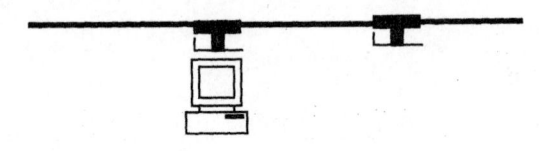

图 11-41 细缆与 T 型连接器的安装

11.7.3 光纤

1. 光纤的物理特性

光导纤维是一种细小、柔韧并能传输光信号的传输介质,简称光纤(Fiber Optics)。它是由纤芯、包层和保护层组成的,如图 11-42 所示。光纤芯的原材料必须是石英或者塑料。包层具有与纤芯不同的折射率,用于全反射光纤芯中传输的光信号。最外层的保护层可以起到很好的保护作用。

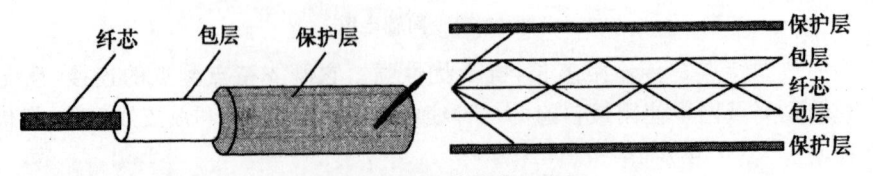

图 11-42 光纤的结构示意图

每根光纤只能单向传送信号,要实现双向通信,光缆中至少应包括两条独立的导芯,分别完成发送和接收的任务。光纤两端的端头都是通过电烧烤或化学环氯工艺与光学接口连接在一起的。一根光缆可以包括两根至数百根光纤,并用加强芯和填充物来提高机械强度。光束在玻璃纤维内传输,防磁防电,传输稳定,质量高。由于可见光的频率大约是 10^{14} Hz,因而光传输系统可使用的带宽范围极大,多适用于高速网络和骨干网。

发光二极管(LED)或注入式二极管(ILD)等可以作为光纤传输系统中的光源。当光通过这些器件时发出光脉冲,光脉冲通过光缆传输信息,光脉冲的出现表示为"1",不出现表示为"0"。在光缆的两端都要有一个装置来完成电/光信号和光/电信号的转换,接收端将光信号转换成电信号时,要使用光电二极管(PIN)检波器或 APD 检波器。如图 11-43 所示为一个典型的光纤传输系统的结构示意图。

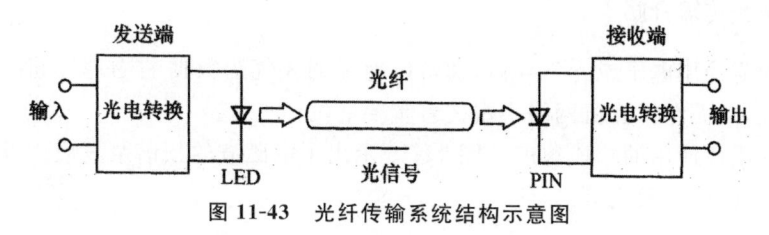

图 11-43 光纤传输系统结构示意图

2. 光纤的分类

根据使用的光源和传输模式的不同,光纤分为单模和多模两种。

(1)单模

如果光纤做得极细,纤芯的直径细到只有光的一个波长,那么光纤就成了一种波导管,这种情况下光线不必经多次反射式的传播,而是一直向前传播,如图 11-44 所示。这种光纤称为单模光纤。单模光纤具有性能很好,传输速率较高的优点,但其制作工艺比多模更难,成本较高。

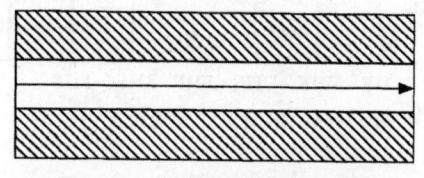

图 11-44 单模光纤传播示意图

(2)多模

多模光纤的纤芯比单模的粗,一旦光线到达光纤表面发生全反射后,光信号就由多条入射角度不同的光线同时在一条光纤中传播,如图 11-45 所示。这种光纤称为多模光纤。多模光纤的优点是成本较低,但性能上就不如单模光纤了。

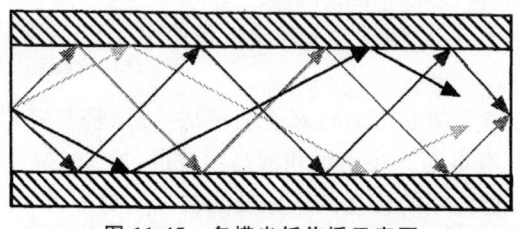

图 11-45 多模光纤传播示意图

3. 光纤的特点

光纤的很多优点使其在远距离通信中起着重要的作用。目前，光缆通常用于高速的主干网络，若要组建快速网络，光纤则是最好的选择。

光纤与同轴电缆相比其优点如下：

①光纤有较大的带宽，通信容量大。
②光纤有较高的传输速率，能超过千兆比特每秒。
③光纤有较低的传输衰减，连接的距离更远。
④光纤不受外界电磁波的干扰，适宜在电气干扰严重的环境中使用。
⑤光纤无串音干扰，不易被窃听和截取数据，有较好的安全保密性。

11.7.4 无线传输介质

无线媒体无需使用电子或光学导体，通常以地球的大气为数据的物理性通路。由于不需要架设或铺埋缆线，因而在计算机网络中占据着重要地位。

无线传输介质所使用的频段很广。图11-46示出了电磁波的频谱及其应用领域。无线媒体有无线电、微波、红外线、激光等。

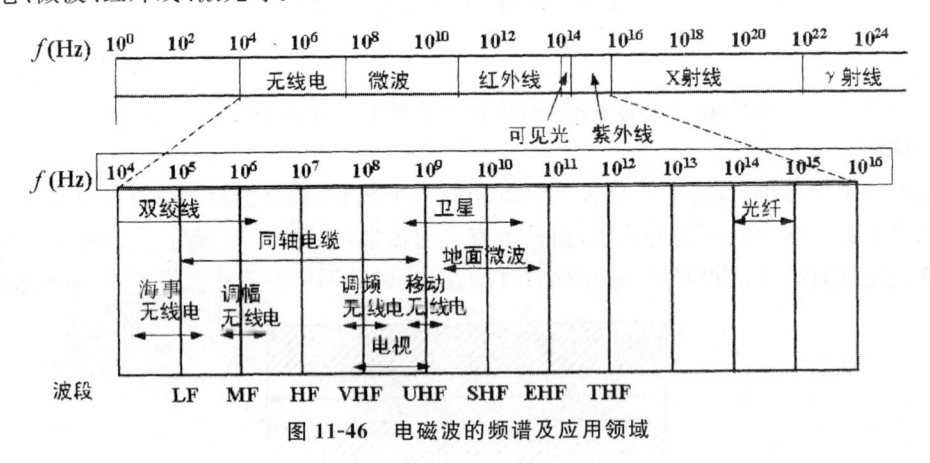

图 11-46 电磁波的频谱及应用领域

1. 无线电

无线电波的覆盖范围很广，应用范围极为广泛，是常用的无线传输媒体。它早就广泛应用于广播和电视。

国际电信联盟的 ITU-R 将无线电超频率（Radio Frequency）划分为不同频段，分别为低频（LF）、中频（MF）、高频（HF）、甚高频（VHF）、超高频（UHF）、特高频（SHF）、极高频（EHF）等。频率范围为 10kHz～1GHz。LF 的频率范围为 30～300kHz，MF 的频率范围为 300kHz～3MHz，超高频和特高频达到 1GHz 以上。其中，调频无线电通信使用 MF，调频无线电广播使用甚高频，电视广播使用甚高频到特高频。

在低频和中频端，电磁波主要是沿着地球表面传播，可以轻易穿透障碍物，但能量随着距离的增加而迅速衰减，传播距离不远。在高频和甚高频波段，如 100MHz 左右的短波，沿水平传播的电磁波能够被地表吸收，但向空间传播的电磁波会被大气层中的电离层反射回地面，传播距离更远。由于电离层的不稳定产生的衰落影响和电离层反射所产生的多径效应，使得短波信道的通信质量较差。因此，短波一般都是低速传输数据。

2. 微波

微波(Microwave)通信通常是指利用在 10GHz 范围内的电波来进行通信,它具有如下特点:可传输电话、电报、图像、数据等信息;波段频率高、范围宽,信道容量大;且因为工业干扰和天电干扰的主要频谱成分比微波频率低得多,因而微波传输受到的干扰小,质量高;微波信号没有绕射功能,中间无障碍物遮挡的情况下才能接收。

微波通信分为两种:地面微波通信与卫星通信。尽管两者使用同样的频率,但能力上有较大的差别。

(1) 地面微波通信

由于微波信号波长较短,因此一般采用定向抛物面天线,要求发送方与接收方之间的通路没有障碍物,视线能及。地面微波系统的频率范围为 300MHz~3 00GHz,主要使用 2~40GHz 的频率范围。由于微波在空间是直线传输,会穿透电离层而进入宇宙空间,而地球表面是个曲面,因此其传输距离受到限制,一般只有 50km 左右。为了实现远距离通信,必须在两个终端之间建立若干中继站。

(2) 卫星通信

卫星通信(Communication Satellites)是利用卫星上的微波天线接收地球发送站发送的信号,经过放大后再转发回地球接收站的一种微波接力通信。

通信卫星的覆盖范围广,跨度可达 18000km,三颗同步卫星就可以覆盖地球。卫星上可以有多个转发器,用来接收、放大、发送信息。目前,一个典型的通信卫星通常是 12 个转发器拥有一个 36MHz 宽带的信道,不同的转发器使用不同的频率,可用来传输 50Mb/s 速率的数据。卫星通信的主要缺点是由于传输距离远,所以传播延迟大,大约在 500ms 至数秒之间。

3. 红外线

红外线(Infrared)通信是利用红外线进行的通信,通常用于近距离、无障碍的数据传输。红外线传输信号可以直接或经过墙面、天花板反射后,被接收装置收到。但其只能在视线距离内进行通信,不能在室外太阳光下使用。遥控器是最常见的红外系统。

红外技术采用光发射二极管(LED)、激光二极管(ILD)进行站与站之间的数据交换。红外通信的发送和接收装置硬件相对便宜,并且制造简单,不需要天线。另外还有轻巧便携、保密性好、价格低廉等优势,在手机、掌上电脑、笔记本电脑中广泛使用。

4. 激光

激光(Laser)能直接在空中传输并且无需通过有形的光导体,并能在很长的距离内保持聚焦的特点。激光同样不能被遮挡,对雨雾都比较敏感,这限制了它的应用。激光通信的主要应用领域有地面间短距离通信和星际通信等。

光空间通信技术就是利用激光自身的优点开发的一种无线通信技术。它以自由空间作为传输介质,以半导体振荡器做光源,以激光束的形式在空间传输信息。光空间通信的优点:通信容量大、保密性强、设备结构轻便经济等;缺点:设备瞄准困难、容易受大气干扰、只能进行直线视距传输、人体可能被激光伤害等。

第 12 章　多媒体通信网络技术

12.1　多媒体通信对传输网络的要求

多媒体网络通信与计算机网络通信是类似的,主要都是解决数据通信问题。然而,多媒体网络通信与传统的计算机通信相比还是存在差异的。

12.1.1　性能指标

1. 吞吐量

吞吐量是指网络传送二进制信息的速率,也称比特率,或带宽。带宽从严格意义上讲是指一段频带,是对应于模拟信号而言的,在一段频带上所能传送的数据率的上限由香农信道容量所确定。不过通常在讨论数据传输时也常简单地说带宽,即指比特率。有的多媒体应用所产生的数据速率是恒定的,称为恒比特率 CBR(Constant Bit Rate)应用;而有的应用则是变比特率 VBR (Variable Bit Rate)的。衡量比特率变化的量称为突发度(Burstness):

$$突发度 = \frac{PBR}{MBR}$$

式中,MBR 为整个会话(Session)期间的平均数据率,而 PBR 是在预先定义的某个暂短时间间隔内的峰值数据率。支持不同应用的网络应该满足它们在吞吐量上的不同要求。

持续的、大数据量的传输是多媒体信息传输的一个特点。从单个媒体而言,实时传输的活动图像是对网络吞吐量要求最高的媒体。图 12-1 综合表示出不同媒体对网络吞吐量的要求,其中高分辨率文档是指分辨率在 4096×4096 以上的图像(例如某些医学图像)。图中 CD 音乐和各种电视信号都是指经过压缩之后的数据率。由图看出,文字浏览对传输速率的要求是很低的。

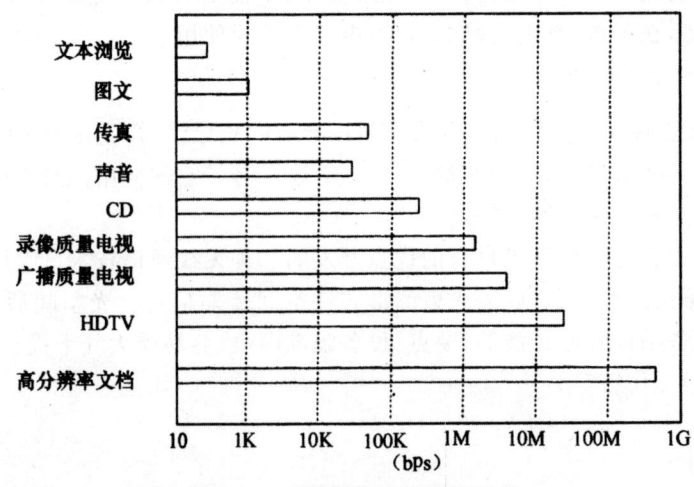

图 12-1　不同媒体对带宽的要求

2. 传输延时

网络的传输延时(Transmission Delay)定义为信源发送出第 1 个比特到信宿接收到第 1 个比特之间的时间差,它包括电(或光)信号在物理介质中的传播延时(Propogation Delay)和数据在网中的处理延时(如复用/解复用时间、在节点中的排队和切换时间等)。

另一个经常用到的参数是端到端的延时。它通常指一组数据在信源终端上准备好发送的时刻,到信宿终端接收到这组数据的时刻之间的时间差。端到端的延时,包括在发端数据准备好而等待网络接受这组数据的时间(Access Delay)、传送这组数据(从第 1 个比特到最后 1 个比特)的时间和网络的传输延时 3 个部分。在考虑到人的视觉、听觉主观效果时,端到端的延时还往往包括数据在收、发两个终端设备中的处理时间,例如,发、收终端的缓存器延时、音频和视频信号的压缩编码/解码时间、打包和拆包延时等。

对于实时的会话应用,ITU-T 规定,当网络的单程传输延时大于 24ms 时,应该采取措施(使用方向性强的麦克风和喇叭、或设置回声抑制电路)消除可听见的回声干扰。在有回声抑制设备的情况下,从人们进行对话时自然应答的时间考虑,网络的单程传输延时允许在 100ms 到 500ms 之间,一般应小于 250ms。在查询等交互式的多媒体应用中,系统对用户指令的响应时间也不应太长,一般应小于 1～2 秒。如果终端是存储设备或记录设备,对传输延时就没有严格要求了。

3. 延时抖动

网络传输延时的变化称为网络的延时抖动。度量延时抖动的方法有多种,其中一种是用在一段时间内(如一次会话过程中)最长和最短的传输延时之差来表示。

产生延时抖动的原因可能有如下一些:

① 传输系统引起的延时抖动,例如符号间的相互干扰、振荡器的相位噪声、金属导体中传播延时随温度的变化等。这些因素所引起的抖动称为物理抖动,其幅度一般只在微秒量级,甚至于更小。例如,在本地范围之内,ATM 工作在 155.52Mb/s 时,最大的物理延时抖动只有 6ns 左右(不超过传输 1 个比特的时间)。

② 对于电路交换的网络(如 N-ISDN),只存在物理抖动。在本地网之内,抖动在毫微秒量级;对于远距离跨越多个传输网络的链路,抖动在微秒的量级。

③ 对于共享传输介质的局域网(如以太网、令牌环或 FDDI)来说,延时抖动主要来源于介质访问时间(Medium Access Time)的变化。终端准备好欲发送的信息之后,还必须等到共享的传输介质空闲时,才能真正进行信息的发送,这段等待时间就称为介质访问时间。

④ 对于广域的分组网络(如 IP 网),延时抖动的主要来源是流量控制的等待时间(终端等待网络准备好接收数据的时间)的变化和存储转发机制中由于节点拥塞而产生的排队延时的变化。在有些情况中,后者可长达秒的数量级。

4. 错误率

在传输系统中产生的错误由以下几种方式度量:

① 误码率 BER(Bit Error Rate),指在从一点到另一点的传输过程(包括网络内部可能有的纠错处理)中所残留的错误比特的频数。BER 通常主要衡量的是传输介质的质量。对于光缆传输系统,BER 通常在 10^{-12} 到 10^{-9} 的范围。而在无线信道上,BER 可能达到 $10^{-4} \sim 10^{-3}$,甚至 10^{-2}。

②包错误率 PER(Packet Error Rate)或信元错误率 CER(Cell Error Rate),是指同一个包两次接收、包丢失、或包的次序颠倒而引起的包错误。包丢失的原因可能是由于包头信息的错误而未被接收,但更主要的原因往往是由于网络拥塞,造成包的传输延时过长、超过了应该到达的时限而被接收端舍弃,或网络节点来不及处理而被节点丢弃。

③包丢失率 PLR(Packet Loss Rate)或信元丢失率 CLR(Cell Loss Rate),它与 PER 类似,但只关心包的丢失情况。

在多媒体应用中,将未压缩的声像信号直接播放给人看时,由于显示的活动图像和播放的声音是在不断更新的,错误很快被覆盖,因而人可以在一定程度上容忍错误的发生。从另一方面看,已压缩的数据中存在误码对播放质量的破坏显然比未压缩的数据中的误码要大,特别是发生在关键地方(如运动矢量)的误码要影响到前、后一段时间和/或空间范围内的数据的正确性。此外,误码对人的主观接收质量的影响程度还与压缩算法和压缩倍数有关。下面我们给出在一般情况下(即使用第 4 章讨论的典型算法和码率时)获得"好"的质量所要求的误码率指标。对于电话质量的语音,BER 一般要求低于 10^{-2};对未压缩的 CD 质量的音乐,BER 应低于 10^{-3};对已压缩的 CD 音乐,应低于 10^{-4}。对于已压缩的会议电视,BER 应低于 10^{-8};对已压缩的广播质量的电视,应低于 10^{-9};对已压缩的 HDTV,则应低于 10^{-10}。如果对已压缩的视频码流采用前向纠错 FEC(Forward Error Correction)技术,可允许的误码率则大约为上述数据乘以 10^4。

与声音和活动图像的传输不同,数据对误码率的要求很高,例如银行转账、股市行情、科学数据和控制指令等的传输都不容许有任何差错。虽然物理的传输系统不可能绝对不出差错,但是可以通过检错、纠错机制,例如利用所谓自动重发请求 ARQ(Automatic Repeat Request)协议在检测到差错、包次序颠倒或超过规定时间限制仍未收到数据时,向发端请求进行数据重传,使错误率降为零。

12.1.2 网络功能

1. 单向网络和双向网络

单向网络指信息传输只能沿一个方向进行的网络。例如,传统的有线电视(CATV)网,信息只能从电视中心向用户传输,而不能反之。支持在两个终端之间、或终端与服务器之间互相传送信息的网络称为双向网络。当两个方向的通信信道的带宽相等时,称为双向对称信道;而带宽不同时,则称为双向不对称信道。由于多媒体应用的交互性,多媒体传输网络必须是双向的。

上述概念是从信道的角度来定义的。在有关通信的书籍中,还常常遇到单工、半双工和全双工的概念,这是从传输方法的角度来定义的。单工是信号向一个方向传输的方法;半双工是信号双向传输的方法,但在某一时刻只会朝一个方向传输;全双工是同时双向传输的方法。支持半双工传输的网络,例如传统的以太网,我们也认为它是双向网络。

2. 单播、多播和广播

单播(Unicast)是指点到点之间的通信;广播(Broadcast)是指网上一点向网上所有其他点传送信息;多播(Multicast)或多点通信,则是指网上一点对网上多个指定点(同一个工作组内的成员)传送信息。

发送终端通过分别与每一个组内成员建立点到点的通信联系,能够达到多点通信的目的。但是在这种情况下,发送端需要将同一信息分别送到多个信道上(见图 12-2(a))。同一信息的多个复制版本在网上传输，无疑要加重网络的负担。多播是指网络具备这样的能力：其中间节点能够按照发端的要求将欲传送的信息在适当的节点复制，并送给指定的组内成员，这也称为多点路由功能。图 12-2(b)给出了一个多播的例子，图中灰色圆点代表网络中进行信息复制的节点，粗箭头表示多播的数据流走向。

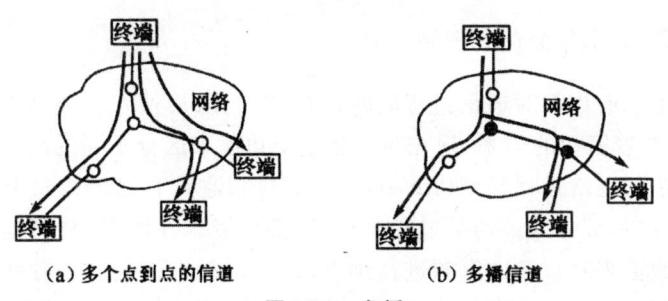

(a) 多个点到点的信道　　　(b) 多播信道

图 12-2　多播

不同的多媒体信息系统需要不同的网络结构来支持。简单的可视电话只需要点对点的连接，而且这一连接是双向对称的。在多媒体信息检索或 VOD 系统中，用户和中心服务器之间建立的可能是点对点的联系，也可能是点对多点的联系(服务器向多个用户传送共同感兴趣的同一信息或节目)，但使用的信道都是双向不对称的。通常从用户到中心(上行)的线路只传送查询命令，所需要的带宽较窄；而从中心到用户(下行)传送大量的多媒体数据，需要占用频带较宽的线路。分配型的多媒体业务，例如数字电视广播，则需要广播型的网络。多点与一点连接的结构在有些情况下也会遇到，例如在信息检索系统中，如果数据库是分布式的，往往需要从多个库中调取信息来回答一个用户的要求。多媒体合作工作是对通信机制要求最高的应用，它要求多点对多点之间的双向对称连接。此时，多播功能是必须的。因此，支持综合多媒体业务的传输网络应当支持单播、多播和广播。

12.2　网络类别

12.2.1　面向连接方式和无连接方式

电路交换和分组交换中讨论的是信息在网络内部如何传送的，现在要讨论的则是连接问题，即在什么条件下网络才接受数据。

在面向连接的网络中，两个终端之间必须首先建立起网络连接，即网络接纳了呼叫并给予连接，然后才能开始信息的传输。在信息传输结束后，终端还必须发出拆连请求，网络释放连接。电话是一个典型的例子，只有在网络响应了振铃并接通线路之后，通话才能开始。通话结束，用户挂机后，网络才释放这条电路。在无连接的网络中，一个终端向另一个终端传送数据包并不需要事先得到网络的许可，而网络也只是将每个数据包作为独立的个体进行传递，例如分组交换中的数据报模式。以邮件的投递作为一个理解无连接的例子：人们并不需要向邮局作任何声明就可以投信；而邮局对每一封信都独立(与其他信无关联)地进行处理，并不关注是否还有其他信件投向同一个目的地址。

电路交换网络是面向连接的。连接可以通过呼叫动态地建立，也可以是永久性或半永久性的专线连接。分组交换的网络则可分为面向连接的和无连接的两种。帧中继和 ATM 都属于面向连接的网络,而以太网、WLAN 和 IP 网则是无连接的。在面向连接的网络中,网络在建立连接时,有可能为该连接预留一定的资源;当资源不够的时候,还可以拒绝接纳用户的呼叫,从而使 QoS 得到一定程度的保障。在无连接的网络中,由于网络"觉察"不到连接的存在,资源的预留就显得困难。不过,"无连接"也省去了呼叫建立所产生的延时,这是它的优点。

12.2.2 资源预留、资源分配和资源独享

任何一个网络上总有许多对通信过程同时存在,它们以某种方式共享着网络的资源。资源的管理与 QoS 保障有着密切的关系,现在我们从这个角度来区分不同的网络。

网络为某个特定的通信过程预留(Reserve)资源是指它从自己的总资源(如吞吐量、节点缓存器容量等)中规划出一部分给该通信过程,但是这部分资源并没有"物理地"给予该通信过程,网络只是通过资源预留来对自己的资源进行预算,以决定是否接纳新的呼叫。由于预留的资源并不等于通信过程所实际消耗的资源,"超预算"的事情很可能发生,因而通信过程的 QoS 也只是从统计的意义上来说得到保证。这和我们用电话向航空公司预订机票类似:航空公司并未给顾客一个座位号,而只根据预约电话的多少、飞机可容纳的总人数、以及预定而不实际乘机的概率等因素给顾客一个大概的承诺。显然,顾客预订后得不到机票的可能性是存在的,但是,航空公司毕竟以某种机制在做座位预订的工作,能预订总比不预订要好。从统计的意义上来说,进行预约得到座位的可能性要比不预约大得多。

资源分配(Allocated)则比资源预留进了一步,它是把一部分资源实际分配给了某个特定的通信过程。但是,当网络发现该通信过程没有充分利用分配给它的资源,或者在网络发生严重拥塞时,可能动态地将部分已分配给它的资源重新分配给其他的通信过程。因此该通信过程的 QoS 保障可能是确定的,也可能是统计意义上的。这类似于我们在向航空公司预订机票时得到了一个确定的座位号,只要航空公司没有不小心把这个座位号给出去两次,登机时你可以放心一定会有你的座位。反之,如果你没有赶上飞机,航空公司也可能在飞机起飞前将你的座位分配给其他旅客。

网络在建立通信过程时就把一部分资源"物理地"划归该通信过程所有,并在该通信过程结束之前,不会将划归给它的资源让其他通信过程分享,也不会再重新分配给他人,这就是资源独享(Dedicated)的情况。此时,该通信过程的 QoS 是得到确定性保障的。在电路交换的网络中,分配给一对终端使用的带宽就是独享的。

如果网络既不给通信过程预留、也不给它们分配资源,只是利用自己的全部资源尽力而为地为所有的通信过程服务,那么,这些通信过程的 QoS 就与网络的负荷有关,也就是说,QoS 是没有保障的。这样的网络通常称为"尽力而为"(Best-Effort)网络,传统的共享介质的以太网和 IP 网都属于这种类型。

12.3 现有网络对多媒体通信的支持情况

12.3.1 电路交换广域网对多媒体信息传输的支持

1. 电路交换广域网

电路交换的广域网通常由电信部门运营。下面我们对几种电路交换广域网作一些具体

分析。

公用电话网的信道带宽较窄(3.1kHz),而且用户线是模拟的,多媒体信息需要通过调制/解调器(Modem)接入。调制/解调器的速率一般为56kb/s,可以支持低速率的多媒体业务,例如低质量的可视电话和多媒体会议等。近年来得到迅速发展的 xDSL 技术使用户可以通过普通电话线得到几百 kb/s 以上的传输速率,但此时它是作为 IP 网的一种宽带接入方式,并不在电路交换的模式下工作。

N-ISDN 既可以经过交换机,也可以用专线方式提供业务。它的用户速率有如下几种:

①基本速率接口 BRI(Basic Rate Interface)。2 个 64kb/s 的 B 信道和 1 个 16kb/s 的 D 信道,总共 144kb/s。

②一次群速率接口 PRI(Primary Rate Interface)。30 个 64kb/s 的 B 信道和 2 个 64 kb/s 的 D 信道,总共 2.048Mb/s(E1 接口)。

③ITU-T 还允许在一次链接中,将连续的 DS-0(64kb/s)信道合并在一起提供给用户。其模式有 H0:6 个 DS-0 信道,总共 384kb/s;H11:24 个 DS-0 信道,总共 1536kb/s;H12:30 个 DS-0 信道,总共 1920kb/s。

④近年来公布的 ISDN 多速率(ISDN Multirate)允许从 2 到 24 个 DS-0 信道合并的模式接入。

在 N-ISDN 上开放中等质量、或较高质量的会议电视已经是相当成熟的技术。

DDN 提供永久、或半永久连接的数字信道,传输速率较高,可为 $n \times 64\text{kb/s}(n=1 \sim 32)$。DDN 传输通道对用户数据完全"透明",即对用户数据不经过任何协议的处理、直接传送,因此适于多媒体信息的实时传输。但是,在 DDN 网上无论开放点对点、还是多点的通信,都需要由网管中心来建立和释放连接,这就限制了它的服务对象只能是大型用户。会议室型的电视会议系统常常使用 DDN 信道。

早期的蜂窝移动网是电路交换的网络,但是发展到可以支持多媒体应用的第 2.5 代之后,已转向了分组交换的网络。

2. 多点控制单元

在只支持点到点通信的电路交换网络中,要实现 n 个用户之间的会议型服务,必须在每两个参与者之间建立一条双向的链路,共需 C_n^2 条链路。如图 12-3(a)中的 4 用户系统,需要建立 6 对线路才可能将每个参与者的声音和图像传送给其他的参与者。当 n 增大时,网络资源的浪费将很大。

如果在电路交换的网络中加入多点控制单元(MCU)支持多播的功能,则如图 12-3(b)所示,一个 4 用户系统,只需建立 4 对线路。此时,各用户终端的多媒体数据传送到 MCU,经过 MCU 的处理再返回各个终端。

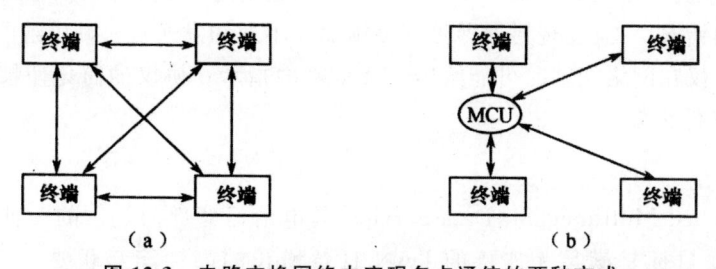

图 12-3 电路交换网络中实现多点通信的两种方式

MCU 的处理功能主要包括:

①音频信号桥接。将各终端送来的音频信号混合,这通常称为桥接(Bridge),然后再送回各个终端;或者从中选择出一路信号送给其他终端,这通常称为切换(Switch)。选择的方式可以是轮流传送每一路信号(轮询)、固定只传送主会场信号,或由主席控制信号的切换等。

②视频信号切换。采取轮询、主席控制等方式将某一路视频信号送给各个终端;也可以采用声音激励的方式进行切换,将发言者的图像送给各参与者。近年来的 MCU 还可以将多路图像组合成一个多窗口画面通过一个信道送给参与者。

③数据切换。将会议中涉及的数据按与音频或视频信号类似的方法处理。

④会议控制。对发言权、共享设备(如摄像机、白板)的控制,以及有关的通信控制等。

一个 MCU 设备的输入/输出端口的个数是有限的,当与会者的数目超过端口数时,需要用多个 MCU 构成网络;图 12-4 给出一个两层结构的例子。MCU 的规模可按树形结构进行扩展。

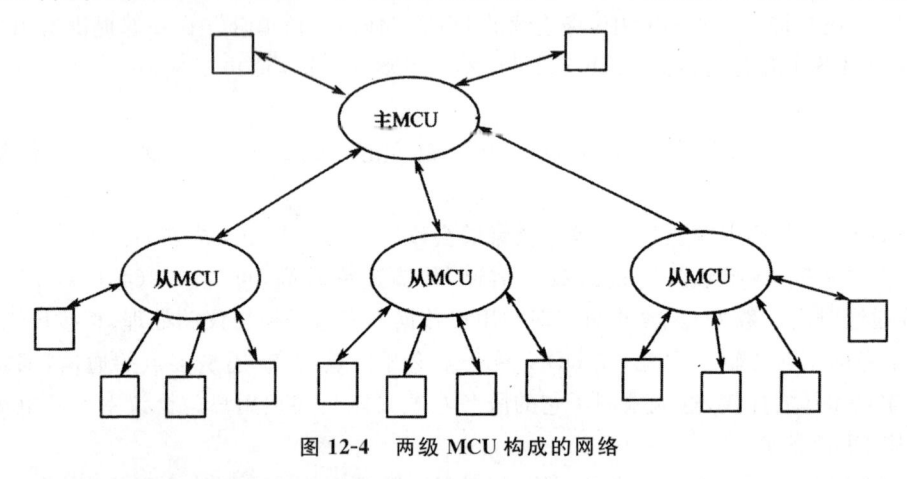

图 12-4 两级 MCU 构成的网络

12.3.2 分组交换广域网对多媒体信息传输的支持

1. 帧中继

帧中继是一个面向连接的分组交换网,它使用 X.25 链路层的一种帧结构,并将不同的数据流分别分割成数据块,然后复用在一起。在其他虚电路空闲时,某个虚电路实际占用的比特率可以超过它的额定值。

图 12-5 给出了帧中继的两种模式,一种是专网连接,另一种是通过公网的虚电路连接。

帧中继是一种支持变长帧结构的快速包交换协议,它与 X.25 的最大不同之处在于它的协议简洁。由于现今的传输线路质量比 20 世纪 70 年代已有很大的提高,帧中继在差错控制方面只采用 CRC 检测错误,一旦发现错误即丢弃该帧而并不通知发送端。帧中继网也不对每个虚电路进行流量控制,仅在网络拥塞时可能给出一个粗略的指示。协议的简化使帧中继的传输延时比 X.25 网的要降低很多。

2. SMDS

SMDS(Switched Multimegabit Data Service)是电信运营部门提供的一种高速广域数据通信业务,它的主要目标是满足无连接的 LAN 日益增长的高性能互联要求,其接入速率可达 34Mb/s 或 4.5Mb/s,甚至更高。

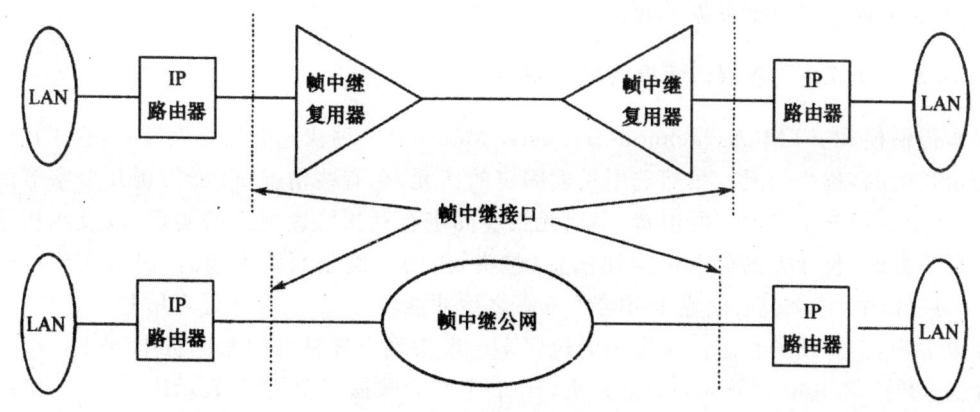

图 12-5 帧中继的两种模式

如图 12-6 所示，SMDS 有 3 种接入方式。第一种模式为 DEI(Data Exchange Interface)，通过串行线传送高级数据链路控制 HDLC(High-Level Data Link Control)格式的帧；第二种模式为 SIP(SMDS Interface Protocol)中继接口，它通过一个数据服务单元(DSU)将 SMDS 数据单元(HDLC 的帧)转换成 DQDB 信元。所谓 DQDB(Distrlbuted Queue Dual Bus)是针对城域网 MAN(Metro politan-Area Network)而产生的一种技术，它由 IEEE 802.6 标准所规定。值得指出，DQDB 虽然是一种共享传输介质的技术，但是它的信元和 ATM 信元长度相同，均为 53 Bytes，因此，很容易与 ATM 服务相互联通。例如，将 SMDS 构架在 ATM 网络之上；或者如图 12-6 所示，用户利用第 3 种接入模式直接通过 ATM 的用户-网络接口 UNI(User Network Interface)进入 SMDS 网络。

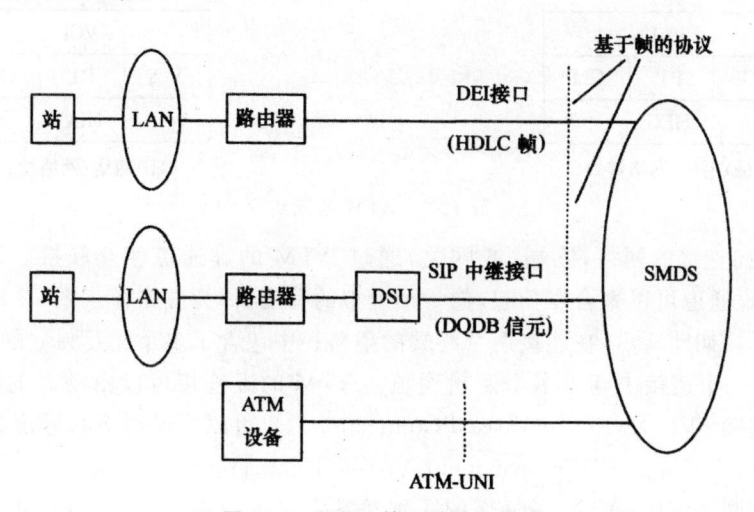

图 12-6 SMDS 的 3 种接入模式

SMDS 的传输延时很小，多数情况下不超过 10ms。它的延时抖动主要取决于具体实现 SMDS 的底层网络。SMDS 支持多播。

用户设备以某种接入速率(如 34Mb/s)与 SMDS 连接，并不意味着它可以以此速率进行数据的传输。用户需要预订一个吞吐量级别(例如，4、10、16 或 24Mb/s)，其传输数据的平均速率不能超过预订的吞吐量级别。若用户设备在某段时间内未发送数据，网络将在下一段时间内允许用户传送一组突发数据(短时间超过预订的吞吐量级别)。如果用户设备不遵守吞吐量级的约定,网络将丢弃超出部分的数据单元。

12.3.3 ATM 网对多媒体信息传输的支持

异步传输模式 ATM(Asynchronous Transfer Mode)是一种快速分组交换技术,它采用的数据包是固定长度的,称为信元。虽然选用长度固定的信元,在有些情况下(如传送几个字节的短消息时)会因信元填充不满而有所浪费,但信元长度固定有利于快速交换的实现,以及纠错编码的实施。另一方面,长度大的包由于附加信息(包头)占的比例小而效率较高,但是在节点逐级存储-转发的过程中,整个包必须完全被接收下来之后才能转发,从而导致延迟增长。此外,长度大的包如果丢失,信息损失肯定比长度小的包要多。考虑到上述种种因素的折中,ATM 确定了信元长度为 53 字节,其中 5 个字节为信元头,48 个字节为数据。图 12-7 表示出用户/网络接口和网络/网络接口两种 ATM 信元头的结构。在信元头中,VCI 和 VPI 分别是虚通道和虚路径的标识符,而虚通道(Virtual Channel)和虚路径(Virtual Path)则是 ATM 的两种虚连接方式;数据类型 PT 域(Payload Type)用来标识信元所携带数据的类型;信元丢失优先级域 CLP(Cell Loss Priority)标识在网络拥塞时,该信元被丢弃的优先程度;而通用流量控制 GFC(Generic Flow Control)是为了在用户网络接口 UNI 处的流量控制的需要而准备的;错误检测域 HEC(Header Error Correction)则用于对信元头误码的检测和校正。此外,信元头中还有一个预留域 RES(Reserved)。

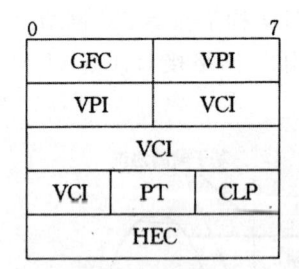

(a)用户/网络接口

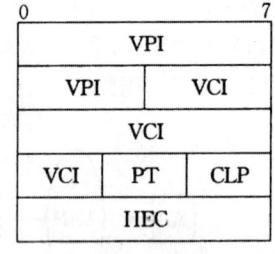

(b)网络/网络接口

图 12-7 ATM 信元头

ATM 是面向连接的网络,终端(或网关)通过 ATM 的虚通道相互联接。两个终端(或网关)之间的多个虚通道可以聚合在一起,像一个虚拟的管道,称为虚路径。图 12-8 给出了虚通道和虚路径的例子。如图所示,在连接两个终端的虚路径中包含了多个相互独立的虚通道,这就是说 ATM 允许在一个链接中建立多个逻辑通道。ATM 的虚连接可以由动态的呼叫建立,此时称为交换式虚连接 SVC(Switched Virtual Connection),也可以通过网络的运营者建立永久性或半永久性虚连接,此时称为 PVC(Permanent Virtual Connection)。

与传统分组网络相比,ATM 最显著的区别是它定义了明确的服务等级,也就是说,它支持对定性描述 QoS 的保障。ATM 的服务类别由图 12-9 所示。第 1 类称为 CBR 服务,它提供带宽固定、延时确定的服务。由于它与电路交换信道的性能相近,因此,常称为电路仿真模式。此类服务适合于电话以及恒定速率的实时媒体的传输。当信源要求 CBR 连接时,它必须将它的峰值速率通知网络,这个速率在整个通信过程中都为该信源使用。第 2 类称为实时 VBR(VBR-RT)服务,它提供延时确定、带宽不固定的服务,特别适合于经压缩编码后的声音或视频信号的传输。当信源要求 VBR 连接时,它需要通知网络它的平均速率、峰值速率和突发的最大长度(峰值速

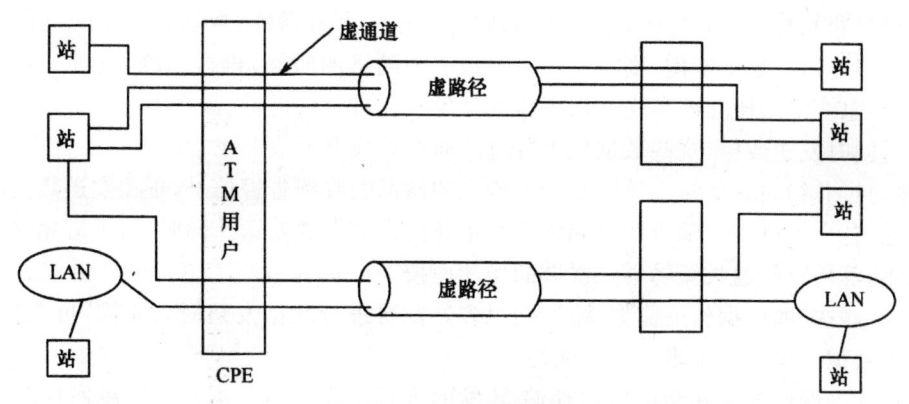

图 12-8 虚通道与虚路径

率的持续时间)等参数。第 3 类称为非实时 VBR 服务,它适合于没有延时要求、而突发性强的数据传输。与第 2 类服务一样,它需要通知网络它的平均速率、峰值速率和突发最大长度等参数。前 3 类服务均能提供限定信元丢失率的保障。第 4 类为 UBR(Unspecified Bit Rate)服务。它不提供带宽、延时和信元丢失率的保障,适合于对信元丢失有一定容忍程度的应用。在连接建立时可以提出、也可以不提出对峰值速率的要求。第 5 类为 ABR(Available Bit Rate)服务,它与第 4 类相似,只是网络能在拥塞时向信源反馈信息,从而使信源能够适当降低自己的输出速率。ABR 即使在拥塞时也能保障最小的带宽,但没有延时的保障。ABR 的主要目的在于将网络闲置的带宽利用起来,它仿真 LAN 的无连接方式,这使得利用 ABR 通过 ATM 的 LAN 互联变得和通过路由器互联的方式一致。

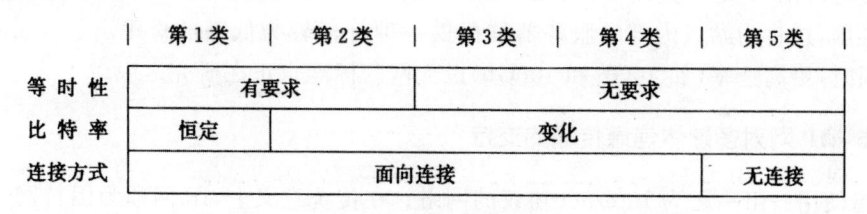

图 12-9 ATM 服务等级

AAL 规定了几种不同的协议以支持不同的服务。每一种协议定义一种 AAL 头,AAL 头占用信元用户数据(48B)的一部分位置。AAL 1 用于支持 CBR 业务;AAL 2 用于支持 VBR-RT 业务。AAL 3 和 AAL 4 在发展过程中逐渐趋于合并成一个,称之为 AAL 3/4。AAL 3/4 用于支持面向连接的或无连接的突发数据业务,它的最大特点是允许多用户发送的长数据包复用在同一个 ATM VC 上。但是 AAL 3/4 复用和它的复杂协议在许多应用中并不需要,从而产生了 AAL 5。AAL 5 是为面向连接的数据传输而设计的,它是开销较小、检错较好的 AAL。AAL 5 不需要再附加 AAL 头,只将上层传递下来的用户数据单元加上 8B 的"尾"和一定的填充字节凑成信元用户数据 48B 的整数倍,然后分割成信元传送。由于 AAL 5 的简单有效,它被越来越广泛地应用于 TCP/IP 数据和低造价的实时媒体的传输。

12.3.4 以太网对多媒体信息传输的支持

以太网的 MAC 协议称为 CSMA-CD(Carrier Sense Multiple Access with Collision Detection)协议,由 IEEE 802.3 和 ISO 8802.3 标准所规定。任何一个站在欲进行数据发送之前,先通过检测

总线上的信号获知总线是否空闲,如果空闲,则可发送一个数据帧(数据帧产生的电信号沿总线向两个方向传输);如果不空闲,则该站可以等待一个随机的时间,再行检测,或者一直连续不断地检测,直至总线空闲便立即发送。由于检测是各站各自分别进行的,有可能多个站同时检测到总线空闲而同时发送数据,这些数据发生"碰撞"而在总线上形成非正常的电平。首先检测到"碰撞"的站将通过总线向其他站告警。总线上所有的站都能收到告警信号,正在发送数据的站则立刻停止发送,各自等待一个随机的时间之后再重新尝试数据的发送。同时,为了避免网络负载的进一步加重,等待时间的长短随尝试次数的增加而按一个称为截断二进指数回退的算法呈指数增长。相互"碰撞"的数据作废需要重发,在很多站都要进行数据发送时,"碰撞"可能连续发生,因此存在着数据完全发送不出去的可能性。

连接以太网网段的桥和路由器以存储-转发的方式工作。当数据需要跨越网段时,桥(或路由器)必须首先将整个数据帧接收下来,并进行某些处理后,再发送到另一个网段上,这显然要引入一定的延时。

吉比特以太网是以太网在不断发展过程中所达到的一个新阶段,它的传输速率达 1Gb,甚至 10Gb 或更高。吉比特以太网继承了传统以太网的许多特性,如帧结构、最小和最大帧长,以及高层协议等,使得原来在 10Mb/100Mb 以太网上开发的应用可以无需改变地在吉比特以太网上运行。但是在另一方面,吉比特以太网不是像 100Mb 网那样在传输速率上的简单升级,它在数据链路层和物理层上的技术变革,改变了传统以太网共享传输介质所引起的传输效率低和传输距离短的局限性,使得吉比特以太网可以作为 LAN 的骨干网、城域网甚至广域网技术而应用在更大的地域范围上。

值得指出,利用 5 类、6 类或 7 类屏蔽双绞线支持 10Gb 以太网(10GBase-T)的 IEEE 802.3 an 标准即将推出,这将为站点内部的服务器群提供一种价格较为低廉的短距离(100m 以下)的互联方式。同时,更高速率(如 40Gb 和 100Gb)以太网的标准也正在研究之中。

12.3.5　IP 网对多媒体信息传输的支持

IP 网指使用一组称之为 Internet 协议的网络。在传统意义上,IP 网即为因特网(Internet),但其他形式的使用 IP 协议的网,如企业内部网(Intranet)等,也统称为 IP 网。因特网是由 1969 年开始的美国国防部的研究网络 ARPAnet 发展而来;20 世纪 80 年代出现的著名的 TCP/IP 协议促进了该网络的发展,使其连接范围扩展到大学、研究单位、政府机关、公司等机构;20 世纪 90 年代中期出现的 World Wide Web 技术进一步推动了因特网的迅速发展,使之演变成为一个世界范围内的、最具影响力的信息网络。近年来针对在 IP 网上提供多媒体服务所存在的问题,各国科学研究和工程技术人员进行了大量的工作,使其性能已经并继续得到改善,再加上它固有的简单性和开放性(独立于它的上层和下层协议),IP 已经成为电信网与计算机网融合中网络层的事实上的标准。

IP 多播是 IP 的扩展功能。

1. 多播组与多播地址

在 IP 多播中,组成员的状况是动态的,也不需要有主席(Central Authority),任何终端可以在任何时间加入或退出任何一个组。这也称之为开放式的组。组内的终端可以是只发送的、只接收的或者又发又收的[见图 12-10(a)]。同一个终端还可以同时处于几个不同的组之中,图 12-10(b)给出了一个这样的例子,图中 A/V 终端向 B 组发送视频信号,同时向 A 组发送音频信号。

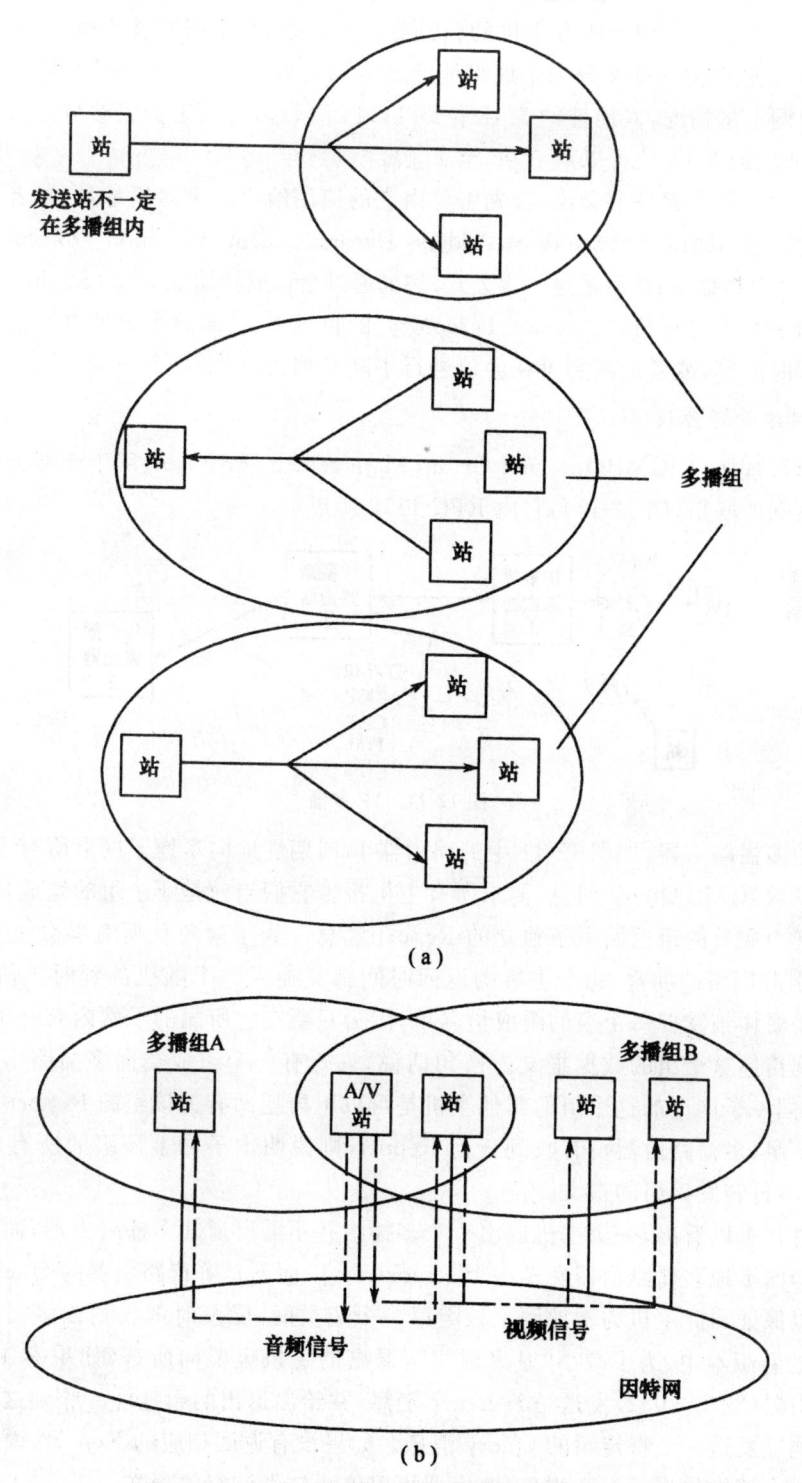

(a)

(b)

图 12-10　IP 多播组与同一终端在不同组中的例子

IP 网通过接收地址的格式来区分一般 IP 数据包和多播 IP 数据包,如果 32 位地址的前 4 位是"1101",说明它是一个多播数据包,这类地址即为 D 类地址。地址的后 28 位是某个特定组的标识。LANA预留了一些D类地址(224.0.0.0至224.0.0.255)为本地路由、管理等协议使用。例如224.0.0.1是同一子网上所有主机的组地址;224.0.0.2是所有连在同一子网上的路由器的组地址。其余的D类地址又分为本地组地址和全局组地址两种,前者用于参加会议的所有主机都在同一子网上的情况,其地址的5~8位以1111标识;后者用于会议参与者分布在更广的地域范围上,其地址的5~8位可以从0000至1110。

如果一个主机想发起一个会议,首先需要由它的应用给出一个多播地址,或者通过多播地址动态用户分配协议MADCAP(Multicast Address Dynamic Client Allocation Protocol)向MADCAP服务器申请一个多播地址;然后通过一定方式,例如通过会话通知协议SAP(Session Announcement Protocol),或在称之为会话目录(Session Directory)的目录下,公布这个地址以及会议的起始时间和大概的持续时间等,欲参加者则可在会议进行中随时加入。

2. 因特网组管理协议(IGMP)

因特网组管理协议IGMP(Internet Group Management Protocol)用于终端与距它最近的本地多播路由器间的联络(图12-11),它由RFC 1112所规定。

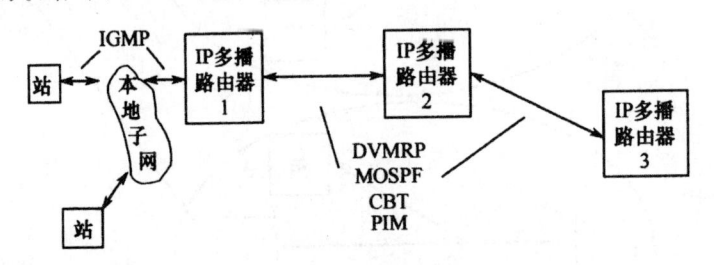

图 12-11 IP 多播

子网上的多播路由器,如图12-11中的路由器1,周期性地向本地子网上所有主机(使用地址224.0.0.1)发送IGMP Query消息,要求所有主机报告它们当前是哪个组的组成员;每个主机则必须为每个它为成员的组返回一条独立的Report消息。为了避免从所有参会主机同时返回的Report消息引起网络的拥塞,每个主机的返回时间都需加入一个随机的延时。值得注意,多播路由器并不需要详细掌握每个组的组成员名单,因为只要在它所属的子网内有一个组成员,它就需要向该子网传递这个组的数据报文。换句话说,只要有一个组成员向多播路由器返回了Report消息,在同一子网上的这个组的其他主机是可以不再返回有关该组的Report消息的。如果对于一个特定组,多播路由器没有收到任何Report,则说明本子网上该组的所有成员都已退出会议,路由器不再转发该组的报文。

从以上过程可以看出,一个主机退出一个多播组并不需要通知多播路由器;而参加一个多播组则需要立即向本地多播路由器发送一个Report消息,而不是等待路由器的Query消息之后再发。这样可以保证当此主机为本地网上该组第一个成员时,能及时地收到该多播组的信息。不过在IGMP的新版本中,为了减小"退出延时",退出的主机也要向所有(如果有1个以上的话)本地多播路由器(224.0.0.2)发送一条Leave消息,并给出退出的组地址。收到这条消息的路由器则针对该地址发送一个特定组的Query消息。如果没有返回相应的Report,说明刚才退出的主机是本子网中该组的最后一个成员,路由器可以停止转发该组的报文。

3. 多播路由协议

如图12-11所示,路由器向分布在一个广域网上的组成员进行多播时,路由的选择遵从

DVMRP(Distance Vector Multicast Routing Protocol)、MOSPF(Multicast Open Shortest Path First Routing)、CBT(Core-Based Tree)或 PIM(Protocol Independent Multicast)等协议。DVMRP 是较早也是最广泛使用的协议,它首先得到每个组成员的最短路径,然后将这些路径简单组合为路由树。由于 DVMRP 效率低,灵活性不高,后来出现了 MOSPF 协议。该协议使用 Dijkstra 算法,在不需要剪枝的情况下产生最短路径树。但是这两个协议的扩展性都不好,因而出现了 CBT 和 PIM 协议。CBT 为每个组创建单个树,并注意到资源的有效利用;PIM 也支持单一的共享树,并能在终端请求时建立最小延时路由树。这两种协议都考虑到了扩展问题,以及与不同的寻径方案和资源预留协议的互操作性。

4. MBone

由于一般的因特网路由器并不都支持多播功能,而且传统因特网的运营者也由于记费的困难对提供此项业务不甚积极,因此支持多播的局部网络形成了"孤岛"。所谓的 MBone(Virtual Internet Backbone for Multicast IP,简称 Multicast Backbone)是一个将多个多播子网("孤岛")连接成一个大网的虚拟多播网络,两个多播子网之间通过 IP 管道技术建立逻辑链路。图 12-12 给出了 MBone 的示意图。建立管道的具体的做法是,将链路一端的含有多播地址的 IP 报文装入另一个 IP 报文的用户数据字段中,这个外层 IP 报文的目的地址设为链路另一端目的多播路由器的众所周知的 IP 单播地址。通过这种方式,多播报文就可像单播报文一样,穿过不支持多播的网络到达逻辑链路的另一端。在目的多播路由器上,报文被恢复成多播报文进入另一个多播子网。

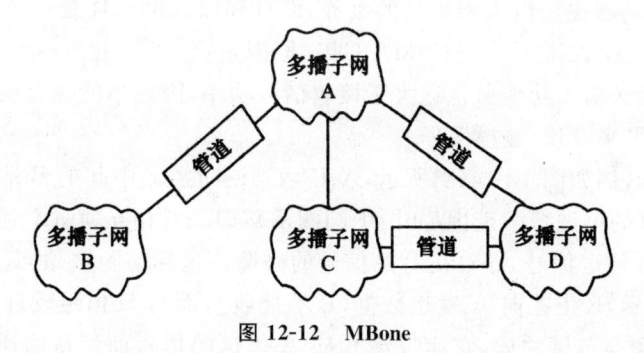

图 12-12 MBone

12.3.6 无线局域网对多媒体信息传输的支持

无线局域网简称 WLAN(Wireless LAN),是通过无线介质(无线电波或红外波)连接的室内或园区计算机网络。IEEE 802.11 系列的 WLAN 是无线局域网的典型代表。WLAN 工业界的 Wi-Fi 联盟(Wireless fidelity Alliance)制定的 Wi-Fi 标准与 IEEE 802.11 兼容。

802.11 系列是关于 MAC 层和物理层的标准。它定义了若干不同的物理层。在各物理层之上使用同样的 MAC 子层;在 MAC 子层之上,提供以太网类型的服务。

WLAN 的基本结构单元称为基本服务集 BSS(Basic Service Set)。一个 BSS 是一组站点,它们由给定的介质接入控制(MAC)协议来解决对共享介质(无线或红外电波)的接入。由一个 BSS 所覆盖的地域称为基本服务区域 BSA(Basic Service Area),其最大直径为 100m。IEEE 802.11 允许两个不关联的 BSS 并存。

WLAN 可以两种方式组网:自组织(Ad hoc)网络和基础设施(Infrastructure)网络。单个的

BSS即为一个自组织网络(见图12-13(a))。这样的网络可以随时随地组成和拆除。一组BSS各自通过一个接入点AP(Access Point)连接到分配系统DS(Distribution System)中则构成扩展服务集ESS(Extended Service Set)。在这里BSS类似于移动网中的蜂窝,AP则类似于基站。ESS可以通过称之为门户(Portal)的设备连接到网关上,实现与有线网络的互联。这组BSS、DS和门户就构成了基础设施网络[见图12-13(b)]。

(a) Ad hoc网络　　　　　　　　　　　　(b) 基础设施网络

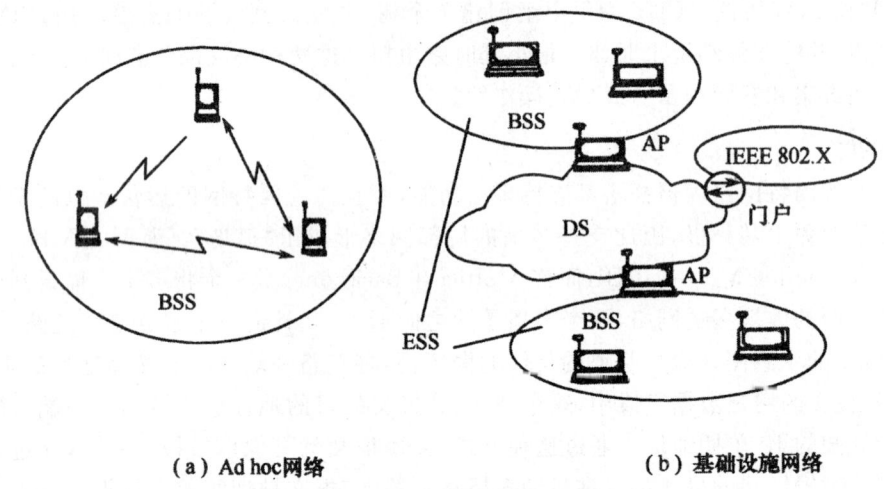

图 12-13　无线局域网的构成

虽然WLAN在高层提供以太网类型的服务,而且和以太网一样是一个广播型的网络,但它却不能采用以太网的MAC协议——CSMA-CD。原因是:

①同一站点的发送信号功率通常远大于接收信号功率,因此不能像有线网那样通过检测"总线"上的异常信号电平来发现"碰撞"。

②在有些情况下,例如图12-14(a)所示,A、C网站同时欲向中间的B站发送信号,而AC之间的距离又大于各自的电波覆盖范围(如图中圆圈示),即二者相互侦听不到对方的发送信号,因此二者可能同时向B传送信号,导致在B站信号的碰撞。这称为隐藏站问题。在另外一些情况下,如图12-14(b)所示,B正在向A发送数据(B不接收),而与B相距较近的C欲向D发送数据。由于C在B的覆盖范围之内,它侦听到B向A传送的信号而误认为通向D的无线信道已被占用,事实上D在B的履盖范围之外,C是可以向D传送信号的。这称为暴露站问题。暴露站问题不会引起"碰撞",但降低了频带资源的利用率。

由于不能通过侦听来发现碰撞,因此在WLAN中使用肯定确认(ACK)的方法来通知发端发送是否成功。如果收不到ACK,说明碰撞(或噪声)致使传送的数据丢失,需要重新发送。为了减少碰撞引起的带宽损失,WLAN的MAC协议注重碰撞的回避,因而称为CSMA-CA(Carrier Sensing Multiple Access with Collision Avoidance)。如果一个站侦听到在规定长度的时间段内,该时间段称为帧间距离IF(Inter-frame space),或者更长的时间内信道一直是空闲的,从原理上讲,它可以开始发送数据。但为了防止侦听到IFS信道空闲的多个站同时发送数据而形成碰撞,协议要求每个站还要继续侦听一段时间,这称为进入退避(Back off)状态。继续侦听的这段时间称为竞争窗,各站竞争窗的大小是随机选择的。如果在竞争窗内信道一直空闲,站点在窗结束时进行发送。由于各站竞争窗的大小不同,因此大大降低了信号发生碰撞的概率。如果此发送不成功(无ACK),则该站须重新进入一个新的退避状态,且竞争窗加大一倍。以上过程称

(a)隐藏站问题

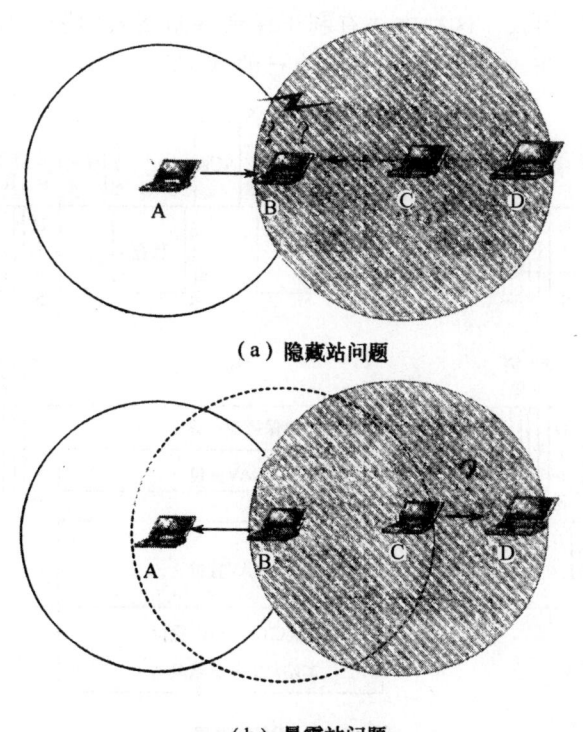

(b)暴露站问题

图 12-14 相邻站之间的侦听

为物理载波侦听。

除了物理侦听外,WLAN 的 MAC 层还需要进行虚拟载波侦听。这实际上是一套握手机制:在传送数据前,发送端[图 12-14(a)中 A]先向收端(图中 B)发送一个 RTS(Request-to-send)帧;如果接收端 B 允许接收,则返回一个 CTS(Clear-to-send)帧。侦听到 CTS 的其他站(在 B 的覆盖范围而未必在 A 的覆盖范围之内)必须等待一段时间以让 A 完成发送,这解决了隐藏站问题。而侦听到 RTS 帧而听不到 CTS 帧的其他站,则可以尝试进行另外的发送(发送另外的 RTS),因为它们的信号可能不会对 AB 之间的通信造成影响,这解决了暴露站问题。

发送站或接收站在自 RTS 或 CTS 帧的帧头中给出接下来的数据传输(包括 ACK)所需要的时间,即其他站需要等待的时间。收到 RTS 和/或 CTS 的其他站根据此值将自己的一个称为网络分配矢量(Network Allocation Vector,NAV)的时间计数器置位,等到这段时间结束后再对信道重新进行侦听。收到 RTS 的站也要将 NAV 置位,是为了防止在 ACK 期间发送区域内的碰撞,这种碰撞可能由在接收站覆盖范围之外的站引起。

CSMA 和 RTS/CTS 握手机制构成了 WLAN 的基本接入方式,称为分布式协调功能 DCF(Distributed Coordination Function)。它既可以用于自组织网络,也可以用于基础设施网络。站点发送每一个帧都需要通过物理和虚拟载波双重侦听,才能取得介质的使用权。图 12-15 给出一个站 2 欲向站 1 和站 4 欲向站 3 进行发送的示例。图中 DIFS 表示采用 DCF 时的帧间距离,SIFS 表示较短的 IFS(Short IFS),即 SIFS<DIFS。在发送 CTS、数据和 ACK 之前只等待 SIFS,这说明这些帧具有较高的优先级。图中站 2 和站 4 的竞争窗分别为 7 个和 9 个时隙,站 2 先结束退避状态,因而获得了介质使用权。值得注意的是,站 4 在竞争窗内侦听到介质被占用,它将自己的竞争窗计数暂停,并保留剩余的窗大小(两个时隙)。在 NAV 结束后,由于剩余窗较

小,站 4 获得了介质的使用权。这种方法有利于保证各站接入的公平性。站 6 收不到站 2 的 RTS,但能收到站 1 的 CTS,它根据 CTS 置位自己的 NAV。

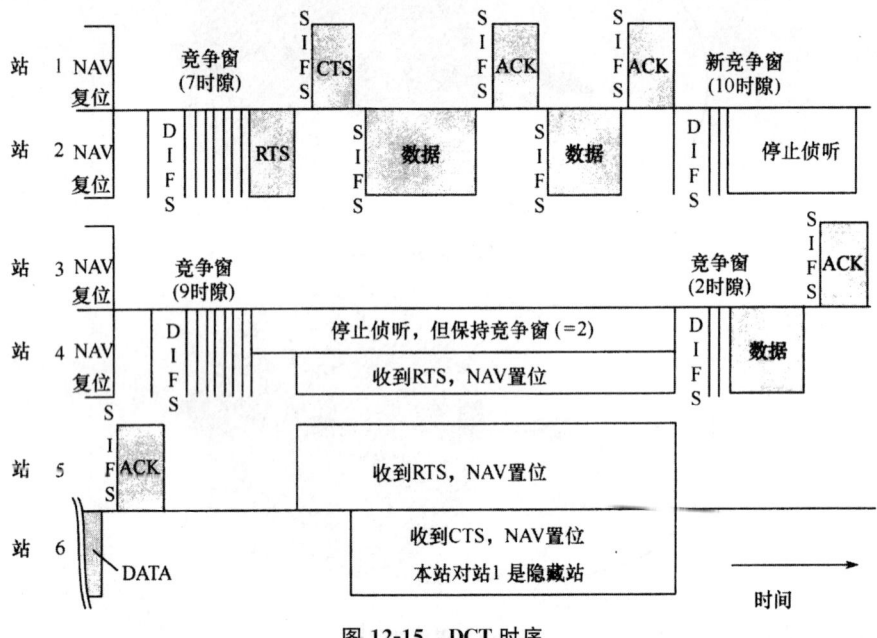

图 12-15 DCT 时序

在使用 WLAN 时,有两个参数值得注意,它们分别是 RTS-Threshold 和 Fragment ation-Threshold。RTS/CTS 机制防止了隐藏站引起的数据帧碰撞,但是两个欲发送的站同时产生的 RTS 帧还有可能发生碰撞。由于 RTS/CTS 帧比数据帧短,例如 RTS 和 CTS 分别为 20B 和 14B,数据帧可能为 2 300B,因此 RTS 碰撞比数据帧碰撞损失的带宽要小得多。但在网络负载轻(碰撞概率小)时,RTS/CTS 机制在数据传输中引入了不必要的延时。为了适应不同的应用环境,标准允许选择使用或不使用 RTS/CTS,或者选择一个适当的阈值(RTS-Threshold),当数据帧大于此阈值时使用 RTS/CTS。

12.3.7 蜂窝移动通信网对多媒体信息传输的支持

蜂窝移动通信系统起源于移动电话业务。早期的移动电话网由一个大功率的基站和移动终端组成。基站的覆盖范围可达 50km。移动终端与基站通过全双工无线连接进行通信,基站通过有线连接接入到骨干网中。终端在通信过程中不能离开基站的电波覆盖范围,即没有漫游和越区切换的功能。

蜂窝概念的提出可以说是移动通信的一次革命。它的基本思想是,试图用多个小功率发射机(小覆盖区)来代替一个大功率发射机(大覆盖范围)。如图 12-16 所示,每个小覆盖区分配一组信道,对应于使用一组无线资源(例如频率)。相邻小区使用不同的无线资源(如图中标号所示),使之相互不产生干扰,相距较远的小区可以重复使用相同的无线资源,这就形成了无线资源的空间复用,从而使系统容量大为提高。

使用不同无线资源的 N 个相邻小区构成一个簇,在图 12-16 中,$N=7$,我们称 N 为重用系数。N 越大,使用相同资源的小区距离越远,相互干扰越小,但分配给一个小区使用的资源(总资源的 $1/N$)越少。

在蜂窝小区中,移动终端之间不能直接互通,需要通过基站转接。终端向基站的发送称为上行线路,反之,称为下行线路。终端与基站之间的接口称为无线接口,也称为空中接口。基站除空中接口外,还有一个与骨干网连接的接口。

在蜂窝的概念提出来之后,由于系统的覆盖区内有多个小区而用户终端又可以任意移动,这就带来了两个问题:第一,系统如何能够确定用户当前的位置;第二,通信过程中,移动终端从一个小区进入另一个小区,提供服务的基站发生变化,如何保持通信不中断。这两个问题合起来统称为移动性管理的问题。

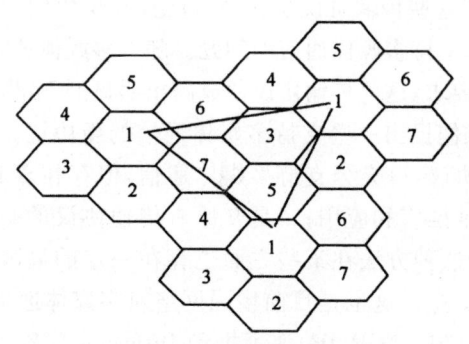

图 12-16 蜂窝的概念

此外,蜂窝系统中多个用户之间相互通信还涉及交换的问题;它们与蜂窝系统外的用户进行通信涉及与固定通信网的互通问题。因此,蜂窝系统除基站外,还有基站控制器、移动交换中心、与其他网络互通的节点(网关)、一些用于位置和身份管理的数据库,以及完成鉴权、认证功能的节点等。这些设备合起来构成了蜂窝移动系统的基础设施,或称为蜂窝系统的骨干网。

国际电联在 2005 年为下一代移动通信网提出了 IMT advanced 的需求建议书,并拟在 2008 年制定标准。目前各个国家和组织正在积极开展这方面的研究。3GPP 和 3GPP2 分别提出了 LTE(Long Term Evolution)和 AIE(Air Interface Evolution)的发展计划。可以预见,3G 之后的核心网将会继续以演进的方式发展,但空中接口则会有革命性的变化。

从支持多媒体业务的角度来看,下一代移动网的主要特点为:

① 高速移动环境下峰值传输速率为 20~100Mb/s,低速移动或静止环境下 1Gb/s。
② 无线资源管理调配方式灵活,支持用户速率动态变化(10kb/s 到 100Mb/s)。
③ 数据业务上升为主导地位,利用 IP 进行业务传输。
④ 支持业务分类的 QoS 机制。
⑤ 更高的频率利用率和功率效率等。

为了达到上述要求,许多新的技术将被引入。例如,在调制方面,将采用 OFDM(Orthogonal Frequency Division Multiplexing)技术;在多址接入方面,CDMA 退隐,而正交频分多址 OFDMA(Orthogonal Frequency Division Multiple Access)和空分多址 SDMA(Spetial Division Multiple Access)受到广泛的关注。此外,多输入多输出(MIMO)的多天线技术能够利用空间复用增加数据吞吐量,利用其空间分散性扩大覆盖范围,也是极具生命力的技术。

12.4 多媒体通信协议与标准

12.4.1 多媒体通信协议

网络传输协议是在网络基础结构上提供面向连接或无连接的数据传输服务，以支持各种网络应用。目前，在实际系统中经常使用的网络传输协议有 TCP/IP、SPX/IPX 和 AppleTalk 等。其中，TCP/IP 应用最为广泛。由于这些传输协议是在 20 世纪 70 年代到 80 年代间开发的，当时还没有多媒体的概念，也就没有考虑支持多媒体通信的问题。随着多媒体技术的发展，对网络支持多媒体通信的能力提出越来越高的要求，这些传输协议便显露出明显的不足，越来越难以满足多媒体通信对服务质量的需求。于是，人们提出一些支持多媒体通信的新协议。对于新协议的研究，有两种观点：一是采用全新的网络协议，以充分支持多媒体通信，但存在着和大量已有的网络应用程序相兼容的问题，在实际中很难推广和应用；二是在原有传输协议的基础上增加新的协议，以弥补原有网络协议的缺陷。尽管这种方法在某些方面也存在一定的局限性，但可以保护用户大量已有的投资，容易得到广泛的支持。这也是目前增强网络对多媒体通信支持能力的主要方法。

由于 Internet 的核心协议是 TCP/IP，为了推动 Internet 上多媒体的应用，近几年 IETF 提出了一些基于 TCP/IP 的多媒体通信协议，对多媒体通信技术的发展产生了重要的影响。

1. IPv6 协议

IPv6 是下一代 Internet 的核心协议，是 IETF 为解决现有 IPv4 协议在地址空间、信息安全和区分服务等方面所显露出的缺陷以及未来可预测的问题而提出的。IPv6 在 IP 地址空间、路由协议、安全性、移动性及 QoS 支持等方面做了较大的改进，增强了 IPv4 协议的功能。

（1）IPv6 的数据报格式

IPv6 数据报的逻辑结构如图 12-17 所示，它由基本报头（Header，首部）和扩展报头两部分构成。基本报头包括版本号、优先级、流标识、负荷长度、后续报头、步跳限制、源 IP 地址和目标 IP 地址等内容。

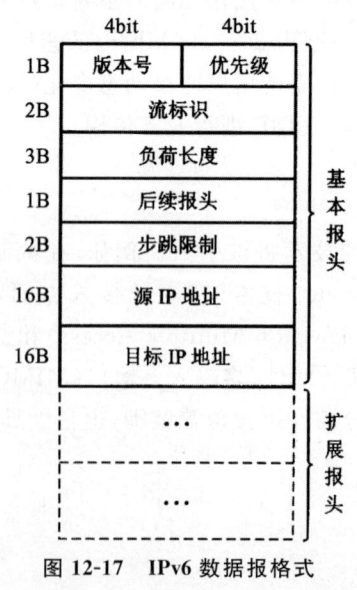

图 12-17 IPv6 数据报格式

①版本号(Version):4bit,Internet 协议版本号。

②优先级:4bit,指明其分组所希望的发送优先级,这里的优先级是相对于发自同一源节点的其他分组而言的。优先级的取值可分为两个范围:0~7 用于源节点对其提供拥塞控制的信息传输,像 TCP 这样在发生拥塞时做出退让的通信业务;而 8~15 用于在发生拥塞时不做退让的信息传输,如以固定传输率发送的"实时"分组。

③流标识(Flow Label):24bit,如果一台主机要求网络中的路由器对某些报文进行特殊处理,若非缺省服务质量通信业务或实时服务,则可用这一字段对相关的报文分组加标识。

④负荷长度(Payload Length):16bits,IPv6 首部之后,报文分组其余部分的长度以字节为单位。为了允许大于 64KB 的负荷,若本字段的值为 0,则实际的报文分组长度将存放在逐个路段(Hop-by-Hop)选项中。

⑤后续报头(Next Header):8bits,标识紧接在 IPv6 报头之后的下一个报头的类型。下一个报头字段使用与 IPv4 协议相同的值。

⑥步跳限制(Hop Limit):8bits,转发报文分组的每个节点将路径段限制字节值减一,如果该字段的值减小为零,则将此报文分组丢弃。

⑦源 IP 地址:128bits,报文分组起始发送者的地址。

⑧目标 IP 地址:128bits,报文分组预期接收者的地址。

扩展报头(可选)用来增强协议的功能,如果选择了扩展报头,则位于 IPv6 报头之后。IPv6 扩展报头可有多种定义,如路由、分段、封装、安全认证及目的端选项等。一个数据报中可以包含多个扩展报头,由扩展报头的后续报头字段指出下一个扩展报头的类型。

(2)IPv6 的地址格式

IPv6 中的 IP 地址用 128bits 来定义,用":"分成 8 段,标准地址格式为 X:X:X:X:X:X:X:X,每个 X 为 16bits,用 4 位十六进制数表示。RFC23 73 中详细定义了 IPv6 地址,按照定义,一个完整的 IPv6 地址应表示为:

XXXX:XXXX:XXXX:XXXX:XXXX:XXXX:XXXX:XXXX

例如:2031:0000:1F1F:0000:0000:0100:11A0:ADDF 就是一个符合格式要求的 IP 地址。为了简化其表示方法,RFC2373 还规定每段中前面的 0 可以省略,连续的 0 可省略为"::"但只能出现一次,具体示例如表 12-1 所示。

表 12-1 IPv6 的地址省略形式

标准格式的 IP 地址(V6 版)	省略格式的 IP 地址(V6 版)
1080:0:0:0:8:800:200C:417A	1080::8:800:200C:417A
FF01:0:0:0:0:0:0:101	FF01::101
0:0:0:0:0:0:0:1	::1
0:0:0:0:0:0:0:0	::

在 IPv6 的地址中,仍然包含网络地址和主机地址两部分,并通过所谓的地址前缀来表示网络地址部分,具体格式为 X/Y。其中 X 为一个合法的 IPv6 地址,Y 为地址前缀的二进制位数。例如,2001:250:6000::/48 表示前缀为 48 位的地址空间,其后的 80 位可分配给网络中的主机,共有 2^{80} 个主机地址。一些常见的 IPv6 地址或者前缀如表 12-2 所示。

表 12-2 常见的 IPv6 地址或前缀

IPv6 地址或前缀	使用说明
::/128	即 0:0:0:0:0:0:0:0,只能作为尚未获得正式地址的主机的源地址,不能作为目的地址,不能分配给真实的网络接口
::1/128	即 0:0:0:0:0:0:0:1,回环地址,相当于 IPv4 中的 localhost(127.0.0.1),ping localhost 可得到此地址
2001::/16	全球可聚合地址,由 IANA 按地域和 ISP 进行分配,是最常用的 IPv6 地址
2002::/16	6to4 地址,用于 6to4 自动构造隧道技术的地址
3ffe::/16	早期开始的 IPv6 6bone 试验网地址
fe80::/10	本地链路地址,用于单一链路,适于自动配置、邻机发现等,路由器不转发
ff00::/8	组播地址
::A.B.C.D	其中<A.B.C.D>代表 IPv4 地址,兼容 IPv4 的 IPv6 地址。自动将 IPv6 包以隧道方式在 IPv4 网络中传送的 IPv4/IPv6 节点将使用这些地址
::FFFF:A.B.C.D	其中<A.B.C.D>代表 IPv4 地址,例如,:ffff:202.120.2.30 是 IPv4 映射过来的 IPv6 地址,它是用于在不支持 IPv6 的网上表示 IPv4 节点

(3) IPv6 的新特点

IPv6 是对 IPv4 的改进,在 IPv4 中运行良好的功能在 IPv6 中都给予保留,而在 IPv4 中不能工作或很少使用的功能则被去掉或作为选项。为适应实际应用的要求,在 IPv6 中增加了一些必要的新功能,使得 IPv6 呈现出以下主要特点:

①扩展了地址和路由选择功能。IP 地址长度由 32 位增加到 128 位,可支持数量大得多的可寻址节点、更多级的地址层次和较为简单的地址自动配置,改进了多播(Multicast)路由选择的规模可调性。

②定义了任一成员(Anycast)地址,用来标识一组接口,在不会引起混淆的情况下将简称"任一地址",发往这种地址的分组将只发给由该地址所标识的一组接口中的一个成员。

③简化的数据报格。IPv4 数据报的某些字段被取消或改为选项,以减少报文分组处理过程中常用情况的处理费用,并使得 IPv6 数据报的带宽开销尽可能低。尽管地址长度增加了(IPv6 地址长度是 IPv4 地址的 4 倍),但 IPv6 数据报的长度只有 IPv4 的 2 倍。

④支持扩展报头和选项。IPv6 的选项放在单独的数据报中,位于报文分组中 IPv6 首都和传送层首部之间。因为大多数 IPv6 选项首部不会被报文分组投递路径上的任何路由器检查和处理,直至其到达最终目的地,这种组织方式有利于改进路由器在处理包含选项的报文分组时的性能。IPv6 的另一改进是其选项与 IPv4 不同,可具有任意长度,不限于 40B。

⑤支持验证和隐私权。IPv6 定义了一种扩展,可支持权限验证和数据完整性。这一扩展是 IPv6 的基本内容,要求所有的实现必须支持这一扩展。IPv6 还定义了一种扩展,借助于加密支持保密性要求。

⑥支持自动配置。从孤立网络节点地址的"即插即用"自动配置,到 DHCP 提供的全功能的

设施,IPv6 支持多种形式的自动配置。

⑦QoS 能力。IPv6 增加了一种新的能力,如果某些报文分组属于特定的工作流,发送者要求对其给予特殊处理,则可对这些报文分组加标号,如非缺省服务质量通信业务或"实时"服务。

(4) IPv6 的路由支持

路由器的基本功能是存储转发数据报。在转发数据报时,路由选择算法将根据数据报的地址信息查找路由选择表,选择一条可以到达目的站点的路径。路由选择表的维护和更新由路由协议完成,IPv6 的路由选择是基于地址前缀概念实现的。这样,服务提供者就可以很方便地建立层次化的路由选择关系,并根据网络规模汇聚 IP 地址,充分利用 IP 地址空间。IPv6 的路由协议尽量保持了与 IPv4 相一致,当前 Internet 的路由协议稍加修改后便可用于 IPv6 路由。此外,IETF 正在研究一些新的路由协议,如策略路由协议、多点路由协议等,研究的重点集中在支持 QoS 和优化路由等方面,这些研究成果将应用于 IPv6。

(5) IPv6 的 QoS 支持

IPv6 报头中的优先级和流标识字段提供了 QoS 支持机制。IPv6 报头的优先级字段允许发送端根据通信业务的需要设置数据报的优先级别。通常,通信业务被分为可流控业务和不可流控业务两类。前者大多数是对时间不敏感的业务,一般使用 TCP 协议作为传输协议;当网络发生拥挤时,可通过调节流量来疏导网络交通,其优先级值为 1~7。后者大多数是对时间敏感的业务,如多媒体实时通信;当网络发生拥挤时,则按照数据报优先级对数据报进行丢弃处理,疏导网络交通,其优先级值为 8~15。

数据流是指一组由源端发往目的端的数据报序列。源节点使用 IPv6 报头的流标识符,标识一个特定数据流。当数据流途经各个路由器时,如果路由器具备流标识处理能力,则为该数据流预留资源,提供 QoS 保证;如果路由器不具备这种能力,则忽略流标识,不提供任何 QoS 保证。可见,在数据流传输路径上,各个路由器都应当具备 QoS 支持能力,网络才能提供端到端的 QoS 保证。通常,IPv6 应当和 RSVP 之类的资源保留协议一起使用,才能充分发挥应有的作用。

2. RTP 协议

RTP(Real-time Transport Protocol)是 Internet 上针对多媒体数据流的一种传输协议,工作在一对一或一对多的传输模式下;RTCP(Real-time Transport Control Protocol)是与 RTP 对应的实时传输控制协议,提供媒体同步控制、流量控制和拥塞控制等功能。RTP 通常使用 UDP (User Datagram Protocol)来传送数据,但 RTP 也可以在 TCP 或 ATM 等其他协议之上工作。当应用程序开始一个 RTP 会话时将使用两个端口:一个给 RTP,一个给 RTCP。通常 RTP 算法并不作为一个独立的网络层来实现,而是作为应用程序代码的一部分。在 RTP 会话期间,各参与者周期性地传送 RTCP 包。RTCP 包中含有已发送的数据包的数量、丢失的数据包的数量等统计资料,因此服务器可以利用这些信息动态地改变传输速率,甚至改变有效载荷类型。RTP 和 RTCP 配合使用,能以有效的反馈和最小的开销使传输效率最佳化,因而特别适合传送网上的实时数据。

3. RTSP 协议

RTSP(Real Time Streaming Protocol,实时流协议)是由 Real Networks 和 Netscape 共同提出的,该协议定义了应用程序如何有效地通过 IP 网络在一对多模式下传送多媒体数据的方法。因此,RTSP 是一个应用级协议,在体系结构上位于 RTP 和 RTCP 之上,通过使用 TCP 或

RTP 完成数据传输。RTSP 提供了一个可扩展框架,可控制实时数据的发送,使实时数据(如音频、视频)的受控、点播成为可能。

RTSP 建立并控制一个或几个时间同步的连续流媒体,充当多媒体服务器的网络远程控制功能,所建立的 RTSP 连接并没有绑定到传输层连接(如 TCP),因此在 RTSP 连接期间,RTSP 用户可打开或关闭多个对服务器的可靠传输连接以发出 RTSP 请求。此外,还可使用像 UDP 这样的无连接传输协议进行传输。所以,RTSP 操作并不依赖用于携带连续媒体的传输机制。

与 HTTP 相比,RTSP 传送的是多媒体数据,而 HTTP 用于传送 HTML 信息;HTTP 请求由客户机发出,服务器作出响应;而使用 RTSP 时,客户机和服务器都可以发出请求,即 RTSP 可以是双向的。类似的,应用层传输协议还有微软的 MMS,这里不再赘述。

4. RSVP 协议

RSVP(Resource Reserve Protocol)是运行于 Internet 上的资源预订协议,通过建立连接,为特定的媒体保留资源,提供 QoS 服务,从而满足传输高质量的音频、视频信息对多媒体网络的要求。

RSVP 运行在 TCP/IP 层次中的运输层,与 ICMP 和 IGMP 相比,它是一个控制协议。RSVP 涉及发送者、接收者、主机或路由器。发送者负责让接收者知道数据将要发送及需要什么样的 QoS;接收者负责发送一个通知到主机或路由器,这样接收者就可以准备接收即将到来的数据;主机或路由器负责留出所有合适的资源。具体的资源预订过程如图 12-18 所示。

图 12-18 资源预订过程示意图

发送一个流前,发送者需要首先发送一个路径信息(Path)到目的接收方,这个信息包括源 IP 地址、目的 IP 地址和一个流规格。其中,流规格是由流的速率和延迟组成的,这是流的 QoS 需要的。接收者在收到路径信息后向发送者发送 RESV 预订消息,对发送者的保留请求给予确认。RESV 预订消息沿路径消息的反向路径回馈发送者,并在沿途路由器上预留资源。

流是 RSVP 协议的重要概念,反映从发送者到一个或多个接收者的连接特征,可通过 IP 包中的"流标识"来鉴别。

实现 RSVP 的关键技术是路由器对 RSVP 的支持能力,包括路由器的 QoS 编码方案、资源调度策略及可提供的 RSVP 连接数量等。

12.4.2 多媒体通信网络的服务质量

服务质量(Quality of Service,QoS)是一种抽象概念,用于说明网络服务的"好坏"程度。在开放系统互联 OSI 参考模型中,有一组 QoS 参数,描述传送速率和可靠性等特性。但这些参数大多作用于较低协议层,某些 QoS 参数是为传送时间无关的数据而设置的,因此,多媒体通信网络需要定义合适的 QoS。

1. QoS 参数

QoS 是分布式多媒体信息系统为了达到应用要求的能力所需要的一组定量的和定性的特性,它用一组参数表示,典型的有吞吐量、延迟、延迟抖动和可靠性等。QoS 参数由参数本身和参数值组成,参数作为类型变量,可以在一个给定范围内取值。例如,可以使用上述的网络性能参数来定义 QoS,即

$$QoS=\{吞吐量,差错率,端到端延迟,延迟抖动\}$$

由于不同的应用对网络性能的要求不同,因此,对网络所提供的服务质量期望值也不同。用户的这种期望值可以用一种统一的 QoS 概念来描述。在不同的多媒体应用系统中,QoS 参数集的定义方法可能是不同的,某些参数相互之间可能又有关系。表 12-3 给出了 5 种类型的 QoS 参数。

表 12-3　5 种类型的 QoS 参数

分类方法	列举参数
按性能分	端到端延迟、比特率等
按格式分	视频分辨率、帧率、存储格式、压缩方法等
按同步分	音频和视频序列起始点之间的时滞
从费用角度分	连接和数据传输的费用和版权费
从用户可接受性分	主观视觉和听觉质量

对连续媒体传输而言,端到端延迟和延迟抖动是两个关键的参数。多媒体应用,特别是交互式多媒体应用对延迟有严格限制,不能超过人所能容忍的限度;否则,将会严重地影响服务质量。同样,延迟抖动也必须维持在严格的界限内,否则将会严重地影响人对语音和图像信息的识别。表 12-4 给出了几种多媒体对象所需的 QoS。

表 12-4　QoS 参数举例

多媒体对象	最大延迟/ms	最大延迟抖动/ms	平均吞吐量/(Mb/s)	可接受的比特差错率
语音	0.25	10	0.064	$<10^{-1}$
视频(TV 质量)	0.25	10	100	$<10^{-2}$
压缩视频	0.25	1	2~10	$<10^{-6}$
数据(文件传送)	1	—	1~100	0
实时数据	0.001~1	—	<10	0
图像	1	—	2~10	$<10^{-9}$

从支持 QoS 的角度,多媒体网络系统必须提供 QoS 参数定义方法和相应的 QoS 管理机制。用户根据应用需要使用 QoS 参数定义其 QoS 需求,系统要根据可用资源容量来确定是否能满足应用的 QoS 需求。经过双方协商最终达成一致的 QoS 参数值应该在数据传输过程中得到基本保证,或者在不能履行所承诺 QoS 时应能提供必要的指示信息。因此,QoS 参数与其他系统参数的区别就在于它需要在分布系统各部件之间协商,以达成一致的 QoS 级别,而一般的系统

参数则不需要这样做。

2. QoS 参数体系结构

在一个分布式多媒体信息系统中,通常采用层次化的 QoS 参数体系结构来定义 QoS 参数,如图 12-19 所示。

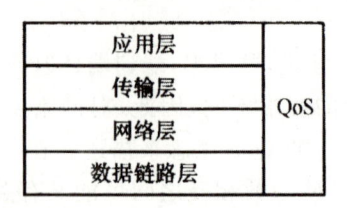

图 12-19　QoS 参数体系结构

(1)应用层

应用层 QoS 参数是面向端用户的,应当采用直观、形象的表达方式来描述不同的 QoS,供端用户选择。例如,通过播放不同演示质量的音频或视频片断作为可选择的 QoS 参数,或者将音频或视频的传输速率分成若干等级,每个等级代表不同的 QoS 参数,并通过可视化方式提供给用户选择。表 12-5 给出了一个应用层 QoS 分级的示例。

表 12-5　一个视频分级的示例

QoS 级	视频帧传输速率/帧·秒$^{-1}$	分辨率(%)	主观评价	损害程度
5	25～30	65～100	很好	细微
4	15～24	50～64	好	可察觉
3	6～14	35～49	一般	可忍受
2	3～5	20～34	较差	很难忍受
1	1～2	1～9	差	不可忍受

(2)传输层

传输层协议主要提供端到端的、面向连接的数据传输服务。通常,这种面向连接的服务能够保证数据传输的正确性和顺序性,但以较大的网络带宽和延迟开销为代价。

传输层 QoS 必须由支持 QoS 的传输层协议提供可选择和定义的 QoS 参数。传输层 QoS 参数主要包括:吞吐量、端到端延迟、端到端延迟抖动、分组差错率和传输优先级等。

(3)网络层

网络层协议主要提供路由选择和数据报转发服务。通常,这种服务是无连接的,通过中间点(路由器)的"存储—转发"机制来实现。在数据报转发过程中,路由器将会产生延迟、延迟抖动、分组丢失及差错等。

网络层 QoS 同样也要由支持 QoS 的网络层协议提供可选择和定义的 QoS 参数。网络层 QoS 参数主要包括:吞吐量、延迟、延迟抖动、分组丢失率和差错率等。

(4)数据链路层

数据链路层协议主要实现对物理介质的访问控制功能,与网络类型密切相关,并不是所有网络都支持 QoS,即使支持 QoS 的网络其支持程度也不尽相同。例如:

①各种以太网都不支持 QoS，Token-Ring、FDDI 和 100VG-AnyLAN 等是通过介质访问优先级定义 QoS 参数的。

②ATM 网络能够较充分地支持 QoS，它是一种面向连接的网络，在建立虚连接时可以使用一组 QoS 参数来定义 QoS。

主要的 QoS 参数有峰值信元速率、最小信元速率、信元丢失率、信元传输延迟和信元延迟变化范围等。

在 QoS 参数体系结构中，通信双方的对等层之间表现为一种对等协商关系，双方按所承诺的 QoS 参数提供相应的服务。同一端的不同层之间表现为一种映射关系，应用的 QoS 需求自顶向下地映射到各层相对应的 QoS 参数集，各层协议按其 QoS 参数提供相对应的服务，共同完成对应用的 QoS 承诺。

3. QoS 管理

QoS 管理分为静态和动态两大类。静态资源管理负责处理流建立和端到端 QoS 再协商过程，即 QoS 提供机制。动态资源管理处理媒体传递过程，即 QoS 控制和管理机制。

(1) QoS 提供机制

QoS 提供机制包括以下内容。

① QoS 映射。QoS 映射完成不同级（如操作系统、传输层和网络）的 QoS 表示之间的自动转换，即通过映射，各层都将获得适于本层使用的 QoS 参数，如将应用层的帧率映射成网络层的比特率等，供协商和再协尚之用，以便各层次进行相应的配置和管理。

② QoS 协商。用户在使用服务之前应该将其特定的 QoS 要求通知系统，进行必要的协商，以便就用户可接受、系统可支持的 QoS 参数值达成一致，使这些达成一致的 QoS 参数值成为用户和系统共同遵守的"合同"。

③ 接纳控制。接纳控制首先判断能否获得所需的资源，这些资源主要包括端系统以及沿途各节点上的处理机时间、缓冲时间和链路的带宽等。若判断成功，则为用户请求预约所需的资源。若系统不能按用户所申请的 QoS 接纳用户请求，则用户可以选择"再协商"较低的 QoS。

④ 资源预留与分配。按照用户 QoS 规范安排合适的端系统、预留和分配网络资源，然后根据 QoS 映射，在每一个经过的资源模块（如存储器和交换机等）进行控制，分配端到端的资源。

(2) QoS 控制机制

QoS 控制是指在业务流传送过程中的实时控制机制，主要包括以下内容。

① 流调度。调度机制是向用户提供并维持所需 QoS 水平的一种基本手段，流调度是在终端以及网络节点上传送数据的策略。

② 流成型。流成型基于用户提供的流成型规范来调整流，可以给予确定的吞吐量或与吞吐量有关的统计数值。流成型的好处是允许 QoS 框架提交足够的端到端资源，并配置流安排以及网络管理业务。

③ 流监管。流监管是指监视观察是否正在维护提供者同意的 QoS，同时观察是否坚持用户同意的 QoS。

④ 流控制。多媒体数据，特别是连续媒体数据的生成、传送与播放具有比较严格的连续性、实时性和等时性，因此，信源应以目的地播放媒体量的速率发送。即使收发双方的速率不能完全吻合，也应该相差甚微。

为了提供 QoS 保证，有效的克服抖动现象的发生，维持播放的连续性、实时性和等时性，通常采用流控制机制，这样做不仅可以建立连续媒体数据流与速率受控传送之间的自然对应关系，使发送方的通信量平稳地进入网络，以便与接收方的处理能力相匹配，而且可以将流控和差错控制机制解耦。

⑤流同步。在多媒体数据传输过程中，QoS 控制机制需要保证媒体流之间、媒体流内部的同步。

(3) QoS 管理机制

QoS 管理机制应当提供如下的 QoS 管理特性。

①可配置性。分布式多媒体应用是多样化的，不同应用的 QoS 要求是不同的，QoS 参数及其定义方法也不同。因此，应允许用户对系统的 QoS 管理功能进行适当剪裁，以便建立与应用相适应的 QoS 级。

②可协商性。一个应用在初始启动时，首先以适当的方式提出 QoS 请求。系统根据其可用资源容量计算和分配应用所需的资源。在该应用运行时，系统动态监测应用的资源需求和实际的 QoS。当网络负载发生变化而导致 QoS 改变时，用户与系统需要重新协商，使之在可用资源约束内自适应于该应用的 QoS 需求。

③动态性。一个分布式多媒体应用在运行过程中，应用的资源需求和系统的可用资源都是动态变化的，只是在初始时说明 QoS 参数并要求它们在整个会话期间都保持不变是不现实的。因此，系统应具有自适应管理能力，在可用资源约束内进行动态调节，以满足该应用的 QoS 需求，或者提供一种可视化界面，允许用户在会话期间根据应用实际情况动态地改变 QoS 参数值，提供动态 QoS 控制能力

④端到端性。分布式多媒体应用是一种端到端的活动，源端获取多媒体数据并经过压缩后通过网络传输系统传送到目的端，目的端进行解压并播放多媒体数据。在端到端的传输路径上，任何一个中间节点未履行其 QoS 承诺都会影响多媒体播放的一致性。因此，允许用户对各个环节所支持的 QoS 进行抽象，在会话的两端来配置和控制 QoS。

⑤层次化性。一个端系统的 Qos 管理任务应按 QoS 参数体系结构分解在系统的各个层次上，每个层次都承担各自的管理任务，并且应充分考虑网络链路层对 QoS 支持能力的影响。对于 QoS 主动链路层（如 ATM 或某些 LAN），高层负责与链路层协商，使链路层能够设置合适的 QoS，以充分发挥这种链路层对 QoS 的支持能力。

总之，一个良好的多媒体通信系统必须具有 QoS 支持能力，能够按照所承诺的 QoS 提供网络资源保证。最大限度地满足用户的 QoS 需求。

第 13 章　数据通信技术的应用

13.1　物联网

13.1.1　物联网概述

1. 物联网的定义

物联网(IOT)是指通过各种信息传感设备,实时采集任何需要监控、连接、互动的物体或过程,采集其声、光、热、电、力学、化学、生物、位置等信息,与因特网(Internet)结合形成一个巨大的网络,目的是实现"物-物"、"物-人"、"人-人"等与网络的连接,方便识别、管理和控制。目前,物联网概念的精确定义并未统一,较有代表性的有如下几种。

(1) ITU 给物联网的定义

物联网是在任何时间、环境,任何物品、人、企业、商业,采用任何通信方式(包括汇聚、连接、收集等),以满足所提供的任何服务要求。按照 ITU 的定义,物联网主要解决"物-物"、"物-人"、"人-人"间的互联。它与因特网的最大区别是:"人-物"指人利用通用装置与物品之间的连接;"人-人"指人与人之间不依赖于个人计算机进行互联。物联网主要解决因特网没有考虑的、对于任何物品连接的问题。

(2) 欧盟给物联网的定义

物联网是个动态的全球网络基础设施,具有基于标准和互操作通信协议的自组织能力,其中物理的和虚拟的"物"具有身份标识、物理属性、虚拟的特性和智能的接口,并与信息网络无缝整合。物联网将与媒体因特网、服务因特网和企业因特网共同构成未来的因特网。

(3) 中国给物联网的定义

物联网指将无处不在的末端设备和设施,包括具备"内在智能"的传感器、移动终端、工业系统、楼宇控制、家庭智能设施、视频监控系统等和"外在使能"(如贴上 RFID 标签)的各种资产、携带无线终端的个人与车辆等"智能化物件或动物",通过各种无线和/或有线的长距离和/或短距离通信网络实现互联互通、应用大集成和基于云计算的相关模式,在内网、专网、和/或因特网环境下,采用适当的信息安全保障机制,提供安全可控乃至个性化的实时在线监测、定位追溯、报警联动、调度指挥、预案管理、远程控制、安全防范、远程维保、在线升级、统计报表、决策支持等管理和服务功能,实现对"万物"的"高效、节能、安全、环保"的"管、控、营"一体化。

综合以上,物联网较为公认的定义:物联网是通过各种信息传感设备及系统(如传感网、射频识别系统、红外感应器、激光扫描器等)、条码与二维码、GPS,按约定的通信协议,将"物-物"、"物-人"、"人-人"连接起来,通过各种接入网、因特网进行信息交换,以实现智能化识别、定位、跟踪、监控和管理的一种信息网络。该定义主要包含以下 3 个含义。

① 物联网是指对具有全面感知能力的物体及人的互联集合。两个或两个以上物体如果能交换信息即可称为物联。使物体具有感知能力需要在物品上安装不同类型的识别装置,如电子标

签、条码与二维码等,或通过传感器、红外感应器等感知其存在。同时,这一概念也排除了网络系统中的主从关系,能够自组织。

②物联网必须遵循约定的通信协议,并通过相应的软、硬件实现。互联的物品要互相交换信息,就需要实现不同系统中实体的通信。为了成功地通信,它们必须遵守相关的通信协议,同时需要相应的软件、硬件实现这些规则,并能通过现有的各种接入网与因特网进行信息交换。

③物联网可以实现对各种物品(包括人)进行智能化识别、定位、跟踪、监控和管理等。这也是组建物联网的目的。

物联网的"物"需满足以下条件:要有相应的信息接收器,要有数据传输通路,要有一定的存储功能,要有微处理器,要有操作系统,要有专门的应用程序,要有数据发送器,遵循物联网的通信协议,在世界网络有可被识别的唯一编号。ITU定义的物联网示意图如图13-1所示。

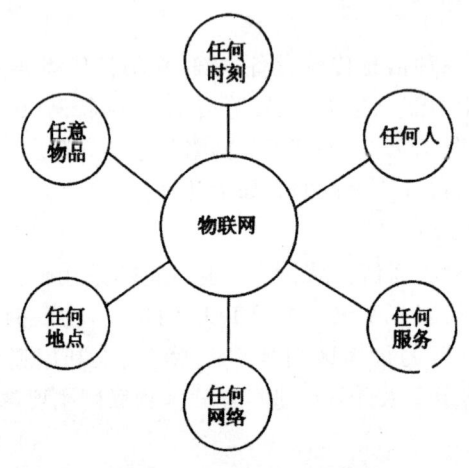

图 13-1 ITU 物联网示意图

2. 物联网的特征与属性

(1)物联网的特征

和因特网相比,物联网有如下3个特征。

①它是各种感知技术的广泛应用。物联网部署了海量的多种类型传感器,每个传感器都是信息源,不同类别传感器捕获的信息内容和信息格式各异。传感器获得的数据具有实时性,按一定的频率周期性采集环境信息,实时更新数据。

②它是一种建立在因特网上的泛在网络。物联网的重要基础和核心是因特网,通过有线、无线网络与因特网融合,将物体的信息实时、准确地传输出去。物联网传感器定时采集的信息需要通过网络传输,因为数量极其庞大,形成了海量信息,所以在传输过程中,为保障数据正确性、及时性,必须适应各种异构网络。

③物联网不仅提供了传感器的连接,其本身也具有智能处理能力,能对物体实施智能控制。它将传感器和智能处理相结合,利用云计算、模式识别等智能技术,扩充了应用领域。从传感器获得的海量信息中分析、加工和处理出有意义的数据,以适应不同用户的需求,发现新的应用领域和应用模式。

(2)物联网的属性

根据目前对物联网概念的表述,其核心要素可归纳为"感知、传输、智能、控制"。因此,物联网具有以下 4 个重要属性。

①全面感知。利用 RFID、传感器、二维码等智能感知设施,可随时随地感知、获取物体信息。

②可靠传输。通过各种信息网络与计算机网络的融合,将物体的信息实时、准确地传送到目的地。

③智能处理。利用数据融合及处理、云计算等计算技术,对海量的分布式数据信息分析、融合和处理,向用户提供信息服务。

④自动控制。利用模糊识别等智能控制技术对物体实施智能化控制和利用,最终形成物理的、数字的和虚拟的世界共生、互动的智能社会。

3. 物联网、传感器网、泛在网的关系

(1)物联网与传感器网的关系

传感网是由若干具有无线通信与计算能力的感知节点,以网络为信息传输载体,实现对物理世界的全面感知而构成的自组织分布式网络。其突出特征是采用智能计算技术对信息分析处理,提升对物质世界的感知能力,实现智能化的决策、控制。传感网作为传感器、通信和计算机密切结合的产物,是一种全新的数据获取和处理技术。传感网的这个定义包含以下 3 个含义。

①传感网的感知节点包含传感器节点、汇聚节点和管理节点,具备无线通信与计算能力。

②大量传感器节点随机部署在感知区域内部或附近,这些节点能通过自组织方式构成分布式网络。

③传感器节点感知的数据沿其他传感器节点逐跳进行传输,到达汇聚节点,再通过因特网或其他通信网络传输到管理节点。传感网拥有者通过管理节点对传感网进行配置和管理,收集监测数据并发布监测控制任务,实现智能化的决策、控制。协作地感知、采集、处理、发布感知信息是传感网的基本功能。

可以看出,传感器网相当于"感知模块+组网模块"构成的网络,仅感知到信号,并不强调对物体的标识;物联网概念比传感器网大,主要是人感知物、标识物的手段,除了传感器网,还可以有二维码/一维码/RFID 等。例如,用 RFID 标识身份证即可形成物联网,但 RFID 并不属于传感器网的范畴。

(2)物联网与泛在网的关系

泛在网概念来自日本、韩国提出的 U 战略。其定义为:无所不在的网络社会将是由智能网络、最先进的计算技术以及其他领先的数字技术基础设施武装而成的技术社会形态。根据这样的构想,泛在网以"无所不在"、"无所不包"、"无所不能"为基本特征,帮助人类在任何时间、任何地点,实现任何人、任何物品间的通信。泛在网也被称为"网络的网络",是面向泛在应用的各种异构网络的集合。它强调智能在周边的部署,以及自然人机交互和异构网络融合。

从泛在网的内涵来看,首先关注的是人与周边的和谐交互,各种感知设备与无线网络只是手段。最终的泛在网,在形态上既有因特网的部分,也有物联网的部分,同时还有一部分属于智能系统范畴。由于涵盖了物与人的关系,因此泛在网更大些。考虑到物联网与因特网的融合已是必然,研究物、感知物最终还是要为人类发展服务,因此,物联网与泛在网概念最为接近。

综上所述,物联网是关于"人-物"、"物-物"广泛互联,实现人与客观世界信息交互的网络;传感网是利用传感器作为节点,以专门的无线通信协议实现物品间连接的自组织网络;泛在网是面向泛在应用的各种异构网络的集合,强调跨网之间的互联互通和数据融合/聚类与应用;因特网是通过 TCP/IP 协议将异种计算机网络连接起来实现资源共享的网络,实现"人-人"之间的通信。物联网与传感网、因特网、泛在网络及其他网络间的关系如图 13-2 所示。可以看出,物联网与其他网络及通信技术之间是包容、交互作用的关系。物联网隶属于泛在网,但不等同于泛在网,它只是泛在网的一部分;物联网涵盖了物品间通过感知设施连接起来的传感网,不论是否接入因特网,都属于物联网的范畴;传感网可以不接入因特网,但需要时可利用各种方式接入因特网;因特网(包括 NGN)、移动通信网等可作为物联网的核心承载网。

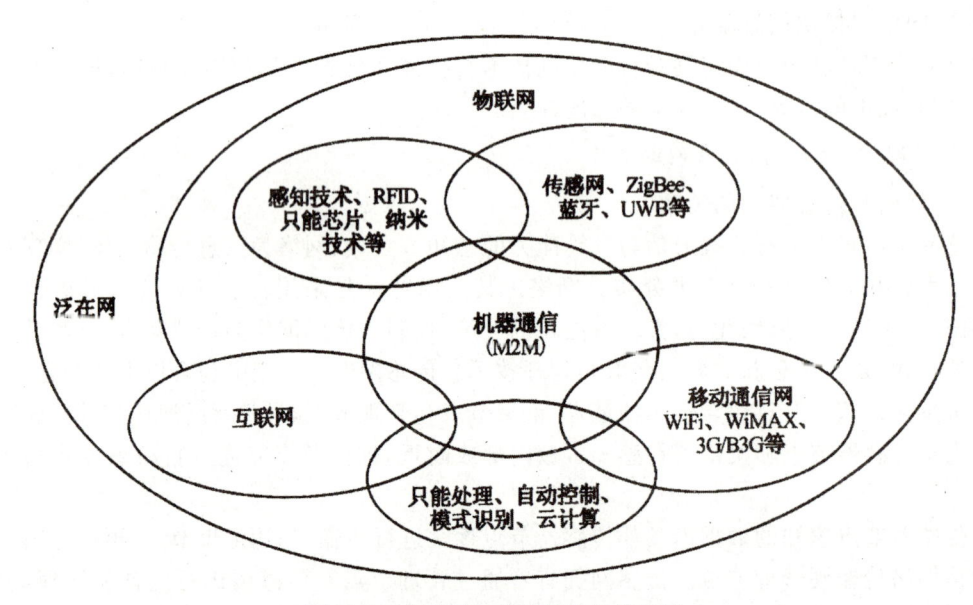

图 13-2 物联网与其他网络间的关系

13.1.2 物联网的体系结构

物联网作为新兴的信息网络技术,将会对 IT 产业发展起巨大的推动作用。但物联网尚处于起步阶段,还没有广泛认同的体系结构。目前,较具代表性的物联网架构有欧美支持的 EPC Global 物联网体系架构和日本的 UID 物联网系统等。我国也积极参与了物联网体系结构的研究,正在制定符合社会发展实际情况的物联网标准和架构。下面主要介绍 EPC Global 物联网体系结构和一般的物联网体系结构。

1. 物联网的 EPC 体系结构

随着全球经济一体化和信息网络化进程的加快,为满足对单个物品的标识和高效识别,Auto-ID 提出 EPC 的概念,即每个对象都赋予一个唯一的 EPC,并由采用 RFID 技术的信息系统管理,彼此联系,数据的传输、储存均由 EPC 网络处理。EPC Global 对于物联网的描述是,一个物联网主要由 EPC 编码体系、射频识别系统及 EPC 信息网络系统三部分组成。

(1) EPC 编码体系

物联网实现的是全球物品的信息实时共享。显然,首先要做的是实现全球物品的统一编码,即对在地球上任何地方生产出来的任何一件物品,都要给它打上电子标签。这种电子标签携带有一个电子产品代码,且全球唯一。目前,常见的电子产品编码体系是欧美支持的 EPC 编码和日本支持的 UID 编码。

(2) 射频识别系统

射频识别系统包括 EPC 标签和读写器。EPC 标签是每件商品唯一的号码（编号）的载体，当 EPC 标签贴在物品上或内嵌在物品中时，该物品与 EPC 标签中的产品电子代码就建立了一对一的映射关系。本质上，EPC 标签是个电子标签，通过 RFID 读写器可以读取 EPC 标签内存信息，这个内存信息通常就是 EPC。

(3) EPC 信息网络系统

EPC 信息网络系统包括 EPC 中间件、EPC 信息发现服务和 EPC 信息服务 3 部分。

① EPC 中间件。通常指一个通用平台和接口，是连接 RFID 读写器和信息系统的纽带。它主要用于实现 RFID 读写器和后端应用系统间信息交互、捕获实时信息和事件，或向上传送给后端应用数据库软件系统以及 ERP 系统等，或向下传送给 RFID 读写器。

② EPC 信息发现服务。包括 ONS 及配套服务，基于电子产品代码，获取 EPC 数据访问通道信息。目前，ONS 系统和配套的发现服务系统由 EPC Global 委托 Verisign 公司进行，其接口标准正在制定。

③ EPC 信息服务 (EPCIS)。即 EPC 系统的软件支持系统。用以实现最终用户在物联网环境下交互 EPC 信息。EPCIS 的接口和标准正在制定中。

综上，EPC 物联网主要由 EPC 编码、EPC 标签、RFID 读写器、EPC 中间件、ONS 服务器和 EPCIS 等构成，其体系结构如图 13-3 所示。

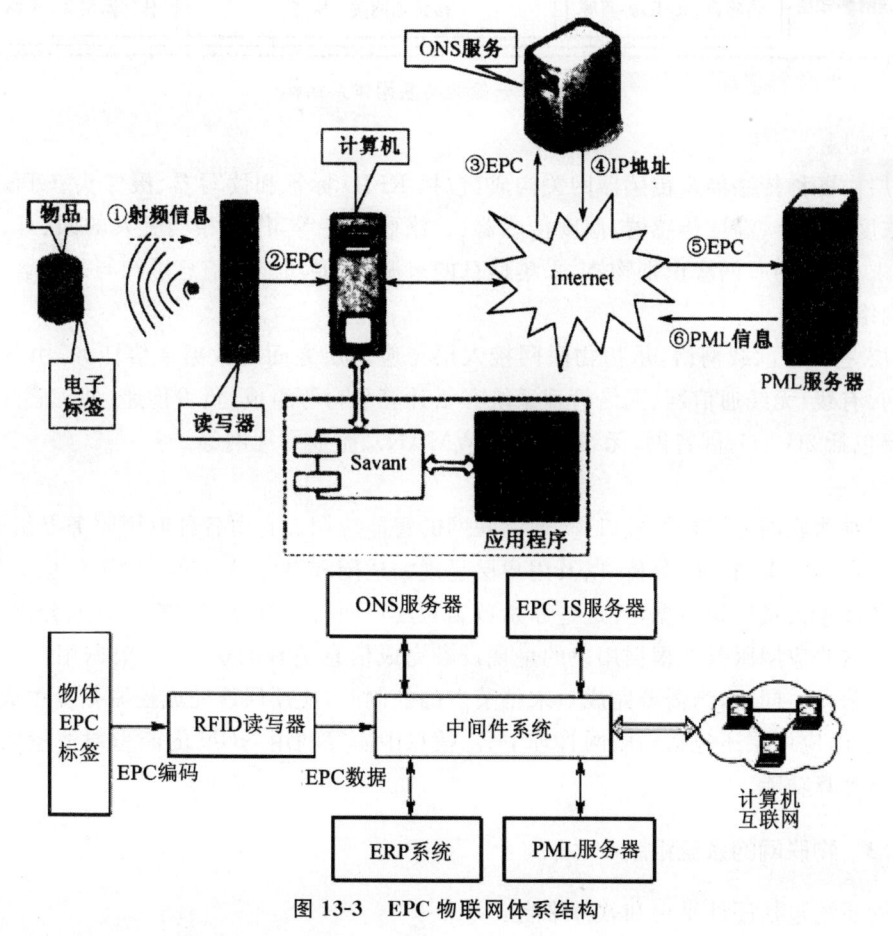

图 13-3 EPC 物联网体系结构

RFID 读写器从含有 EPC 标签的物品读取电子代码,将读取的代码信息送到中间件系统处理。如果读取的数据量较大而中间件系统处理不及时,可应用 ONS 来储存部分读取数据。中间件系统以该 EPC 数据为信息源,在本地 ONS 服务器获取包含该产品信息的 EPC 信息服务器的网络地址。当本地 ONS 不能查阅到 EPC 编码所对应的 EPC 信息服务器地址时,可向远程 ONS 发送解析请求,获取物品的对象名称,继而通过 EPC 信息服务的各种接口获得物品信息的各种相关服务。整个 EPC 网络系统借助因特网,利用因特网基础上产生的通信协议和描述语言运行。因此,也可以说物联网是架构于因特网基础上的关于各种物理产品信息服务的总和。

2. 一般的物联网体系结构

根据物联网的服务类型和节点等情况,通常由感知层、网络层和应用层组成一般的物联网体系结构,如图 13-4 所示。

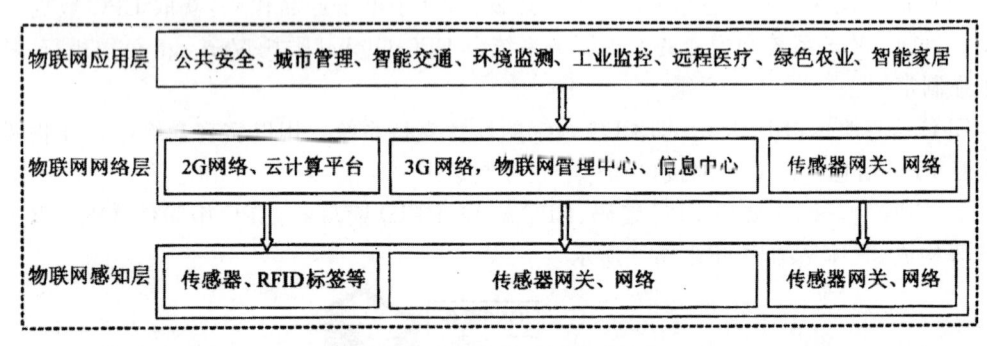

物联网应用层	公共安全、城市管理、智能交通、环境监测、工业监控、远程医疗、绿色农业、智能家居
物联网网络层	2G网络、云计算平台 / 3G网络,物联网管理中心、信息中心 / 传感器网关、网络
物联网感知层	传感器、RFID标签等 / 传感器网关、网络 / 传感器网关、网络

图 13-4 一般的物联网体系结构

(1) 感知层

感知层由各种传感器及传感器网关构成,包括 RFID 标签和读写器、摄像头、GPS 等感知终端,以及浓度传感器、温度传感器、湿度传感器、二维码标签等,作用相当于人的眼、耳、鼻、喉、皮肤等神经末梢,是物联网获识别物体,采集信息的来源,主要功能是信息感知与采集。

(2) 网络层

网络层是核心承载网络,承担物联网接入层与应用层之间的数据通信任务,由各种私有网络、因特网、有线/无线通信网、网络管理系统和云计算平台等组成,负责传递、处理感知层获取的信息,主要包括 2G、3G、因特网、无线城域网(WMAN)、企业专用网等。

(3) 应用层

应用层是物联网和用户的接口,实现物联网的智能应用。它由各种应用服务器组成,功能包括对采集数据的汇聚、转换、分析,以及用户层呈现的适配和事件触发等。对于信息采集,由于从末梢节点获取了大量原始数据,且这些原始数据对用户而言只有经过转换、筛选、分析、处理才有实际价值。这些应用服务器根据用户的呈现设备完成信息呈现的适配,并根据用户的设置触发相关的通告信息。同时,当需要完成对末梢节点的控制时,应用层能完成控制指令生成和指令下发控制。此外,应用层还包括物联网管理中心、信息中心等利用 NGN 的能力对海量数据进行智能处理的云计算功能。

13.1.3 物联网的系统组成

物联网系统包括硬件平台和软件平台。

1. 物联网的硬件平台组成

物联网是以数据为中心的面向应用的网络,完成信息感知、数据处理、数据回传及决策支持等功能,其硬件平台如图13-5所示,由传感网、核心承载网络和信息服务系统等组成。其中,传感网包括感知节点(数据采集、控制)和末梢网络(汇聚节点、接入网关等);核心承载网络为物联网业务的基础通信网络;信息服务系统硬件设施负责信息的处理和决策支持。

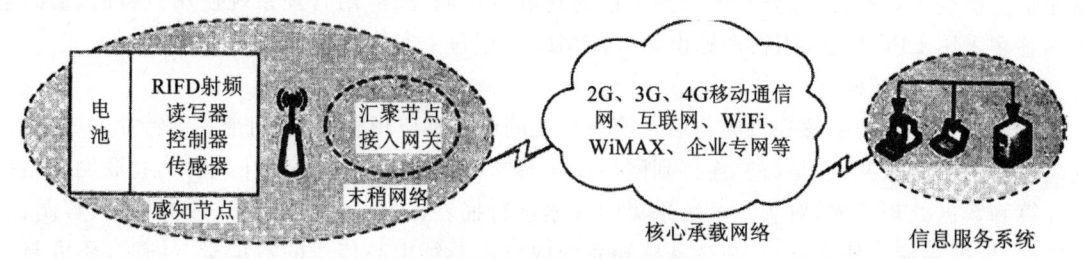

图 13-5 物联网的硬件平台

(1)感知节点

感知节点由各种类型的采集和控制模块组成,完成物联网应用的数据采集和设备控制等,包括4个单元:传感单元,由传感器和模数转换模块组成,如RFID射频、二维码识读设备、温感设备等;处理单元,由嵌入式系统构成,包括微处理器、存储器、嵌入式操作系统等;通信单元,由无线通信模块组成,实现末梢节点间以及它们与会聚节点间的通信;电源/供电部分。感知节点综合了传感器技术、嵌入式计算技术、智能组网技术及无线通信技术、分布式信息处理技术等,能通过各类集成化的微型传感器协作地实时监测、感知和采集各种环境或监测对象的信息,通过嵌入式系统处理信息,并通过随机自组织无线通信网络以多跳中继方式将所感知信息传送到接入层的基站节点和接入网关,最终到达信息应用服务系统。

(2)末梢网络

末梢网络即接入网络,包括汇聚节点、接入网关等,完成应用末梢感知节点的组网控制、数据汇聚,或向感知节点发送数据的转发等。也就是在感知节点组网之后,如果感知节点需要上传数据,则将数据发送给汇聚节点(基站),汇聚节点收到数据后,通过接入网关完成和承载网络的连接。当用户应用系统需要下发控制信息时,接入网关接收到承载网络的数据后,由汇聚节点将数据发送给感知节点,完成感知节点与承载网络间的数据转发和交互功能。

(3)核心承载网络

核心承载网络主要承担接入网与信息服务系统间数据通信任务。根据具体应用的不同,承载网可以是公共通信网,如2G、3G、因特网、企业专用网等,甚至是新建的专用于物联网的通信网。

(4)信息服务系统硬件设施

由各种应用服务器、用户设备、客户端组成等,用于对采集数据的融合/汇聚、转换、分析,以及对用户呈现的适配和事件的触发,针对不同应用需设置相应的服务器。

2. 物联网的软件平台组成

软件平台是物联网的神经系统。不同类型的物联网用途各异,软件平台也不同,但软件系统的实现技术与硬件平台密切相关。相对于硬件技术,软件平台开发及实现更具有特色。通常,物联网软件平台建立在分层的通信协议体系之上,包括数据感知系统软件、中间件系统软件、网络操作系统、物联网管理信息系统等。

(1)数据感知系统软件

完成物品识别和物品 EPC 码的采集、处理,主要由物品、电子标签、传感器、读写器、控制器、EPC 等组成。存储有 EPC 码的电子标签在经过读写器感应区域时,EPC 码会自动被读写器捕获,实现 EPC 信息自动化采集,采集的数据由上位机软件进一步处理,如数据校对、数据过滤、数据完整性检查等,这些经过整理的数据可以为物联网中间件、应用管理系统使用。目前,物品电子标签多采用 EPC 标签,用物理标识语言(PML)标记每个实体和物品。

(2)中间件系统软件

中间件是位于数据感知设施与后台应用软件间的一种应用软件,有两个关键特征:一是为系统应用提供平台服务;二是需要连接到网络操作系统,并保持运行状态。中间件为物联网应用提供计算和数据处理功能,对感知系统采集的数据进行捕获、过滤、汇聚、计算,数据校对、解调、数据传送、数据存储和任务管理,减少从感知系统向应用系统中心传送的数据量。同时,还可与其他 RFID 支撑软件系统进行互操作等。引入中间件使得原先后台应用软件系统与读写器间非标准的、非开放的通信接口,变成了后台应用软件系统与中间件间、读写器与中间件间的标准的、开放的通信接口。通常,物联网中间件系统包含读写器接口、事件管理器、应用程序接口、目标信息服务和 ONS 等功能模块。

(3)网络操作系统

物联网通过因特网实现物理世界中任何物品的互联,在任何地方、任何时间可识别任何物品,物品成为附有动态信息的"智能产品",并使物品信息流和物流完全同步,为物品信息共享提供高效、快捷的网络通信及云计算平台。

(4)物联网信息管理系统

目前,物联网多基于简单网络管理协议(SNMP)建设的管理系统,这与一般的网络管理类似,提供 ONS。ONS 类似于因特网的 DNS,能把每种物品的编码进行解析,再通过统一资源定位器(URL)服务获得相关物品的进一步信息。物联网管理机构包括:企业物联网信息管理中心,是最基本的物联网信息服务管理中心,负责为本地用户单位提供管理、规划及解析服务;国家物联网信息管理中心,负责制定、发布国家总体标准,与国际物联网互联,并对现场物联网管理中心进行管理;国际物联网信息管理中心,负责制定、发布国际框架性物联网标准,与各个国家的物联网互联,并对各国物联网信息管理中心进行协调、指导、管理等。

13.2 多协议标记交换

13.2.1 MPLS 概述

MPLS(Multi-Protocol Label Switching,多协议标记交换)是 IP 通信领域中的一种新兴的网络技术,这种技术将第三层路由和第二层交换结合起来,是对传统 IP Over ATM 技术的改进,从而把 IP 的灵活性、可扩展性与 ATM 技术的高性能性,QoS 性能,流量控制性能有机地结合起来。其基本思想表现在 MPLS 网络上即为边缘路由和核心交换。MPLS 不仅能够解决当前 Internet 网络中存在的大量问题,而且能够支持许多新的功能,是一种理想的 IP 骨干网络技术。

为了解决 Internet 中存在的问题,各个厂商(如 Cisco、IBM、Nortel、Ipsilon)分别推出了自己的标记交换技术,这充分说明了标记交换技术的应用前景十分广阔。1996年12月在MIT举办了一个关于标记交换的BOF(Bird of Feather)会议。以后,在各个厂家的积极参与下,1997年IETF成立一个从事综合路由和交换问题研究的工作组,称为MPLS工作组(MPLS WG),其工作任务是制定标记分配,封装,组播,高层资源预留,QoS机制以及主机行为定义等方面的协议。目前,MPLS方面的研究十分活跃,MPLS技术在近些年得到了迅速的发展。

需要说明的是:虽然把MPLS视为一种集成模型的IP Over ATM技术,但实际上MPLS是一种支持多协议技术。它既可以支持IP、IPX等网络层协议,又可运行在Ethernet、FDDI、ATM、帧中继、PPP等多种数据链路层上。它既源于传统的标记交换技术,又不同于传统的标记交换技术,因而它们之间存在着很多相似点,但也有着重要区别,如表13-1所示。

表13-1 MPLS与传统标记交换技术的比较

比较对象 \ 交换技术	IP Switching	ARIS	Tag Switching	MPLS
链路层	ATM	ATM FR 等	多种链路层	多种链路层
支持网络协议	IP	多协议	多协议	多协议
2、3层之间	无	无	Shim 标签	Shim 标签
QoS	一般	支持	支持	支持
广播,多播能力	支持	部分支持	支持	支持
网络弹性	差	较强	较强	强
驱动方式	流驱动	控制驱动	控制驱动	多种驱动
协议制定	Ipsilon	IBM	Cisco	IETF,ITU-T,MPLS Forum
应用领域	局域网	局、城域网	城域网	局,城,骨干网

正是由于标记交换技术不受限于某一具体的网络层协议,并且具有高性能转发特性,因此,被广大网络研究者认同。到目前为止关于MPLS的各种草案多达140个,速度之快,也是前所未有的。同时,在研究界也发表了大量有关MPLS论文,但至今还没有一个国际标准化组织颁布关于MPLS核心规范的标准。这说明MPLS的研究还处于"百家争鸣"阶段,有很多技术还不完善,在与传统的Internet技术集成时,还存在许多未解决的问题。

13.2.2 MPLS的体系结构

1. MPLS 的网络结构

MPLS的网络由标记交换路由器(LSR)、标记边缘路由器(LER)、标记分发协议(LDP)和标记交换路径(LSP)组成,其结构如图13-6所示。

(1)标记交换路由器(Label Switching Router,LSR)

LSR位于网络中心,是具有逐包转发IP分组和标记交换分组功能的路由器,既可以是专用的MPLS LSR,也可以是由ATM等交换机升级而成的ATM LSR,有时也被称为"核心路由器"。

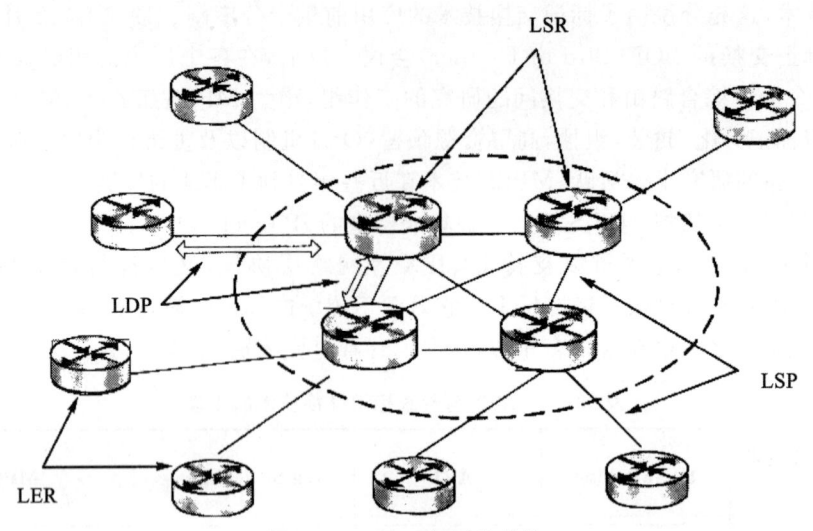

图 13-6 MPLS 的网络结构

LSR 的功能单元包括数据转发单元和控制功能单元。控制功能单元负责路由的选择、IDP 的执行、标记的分配和发布以及标记信息库的形成。转发单元则只负责依据标记信息库建立标记转发表,对标记分组进行简单的转发操作。

(2)标记边缘路由器(Label Edge Router,LER)

LER 位于 MPLS 域的边缘,运行传统 IP 路由协议,处理 LER 和 LSR 路由,执行 LDP,与相邻 LSR 交换 FEC/标记绑定信息。LER 对进入的 IP 分组进行 FEC 划分,确定其业务类型,并给分组加标记或删除标记,同时实施 QoS 管理和接入流量工程控制。

(3)标记分发协议(Label Distribution Protocol,LDP)

MPLS 的信令与控制协议,建立相邻 LSR 间的信息传输通道,LSR 用它来交换和协调 FEC/标记绑定信息,使得对等 LSR 就一个特定的数值达成一致。LSR 之间的 LDP 信息传输在 TCP 连接上进行。

(4)标记交换路径(Label Switching Path,LSP)

LSP 是指在某逻辑层次上由多个 LSR 组成的交换式分组传输通路,它来自于虚电路的思想,类似于 ATM PVC。LSP 的建立过程为:在路由协议的作用下,各节点中建立路由转发表,根据路由转发表,各节点在 LDP 控制下建立标记转发表 LIB,入口 LER、中间 LSR 和出口 LER 的输入输出标记相互映射连接后则形成一条 LSP。

2. MPLS 的工作过程

MPLS 的具体工作过程主要是下面四个步骤:

①LER 和 LSR 利用传统路由协议和 LDP 来确定网络的路径,在各个 LER 和 LSR 中为有业务需求的转发等价类建立路由表和标记映射表。

②入口 LER 接收分组,判定分组所属的转发等价类,并给分组加上标记形成 MPLS 标记分组。

③该标记分组所经过的每个 LSR 根据分组上的标记以及标记转发表通过交换单元对其进行转发,并用标记转发表中新的标记替换原有的旧的标记。

④出口 LER 将分组中的标记去掉,之后数据分组再通过传统的方式路由或直接发送到目的

节点。

13.2.3 MPLS 的特点

MPLS 有以下特点：

①MPLS 对 QoS/CoS 的支持：MPLS 首先在网络边界通过分组头中多个字段识别客户流，然后将这些流放置在一个具有一些 QoS/CoS 属性的 LSP 上。

②附加在每个分组上的标记可明确传输一个 CoS 指示符，除了在每个 LSR 交换标记外，出口链路上的分组可根据其 CoS 属性得到服务。

③一个 CoS 值可隐含地与一个特殊 LSP 相关联，这要求 LDP 或 RSVP 为 LSP 分配一个非缺省的 CoS 值，从而可正确处理该路径上的分组。

④MPLS 可解决 DiffServ 未能解决的问题：就是把业务从网络拥塞的部分转移到其他部分，由于 MPLS 提供了在源点到目的节点之间建立显示路由(ER)的机制。显示路由有可能和传统路由算法所决定的路由不同。

13.2.4 标记分发协议

LSP 实质上是一条 MPLS 隧道，而隧道建立过程则是通过 LDP 来实现的。LDP 是 LSR 将它所做的 FEC/标记绑定通知给另一个 LSR 的协议簇，使用 LDP 交换 FEC/标记绑定信息的两个 LSR 称为对应于相应绑定信息的标记分发对等实体。LDP 还包括标记分发对等实体为了获知彼此的 MPLS 能力而进行的任何协商。

目前主要研究三种标记分发协议：基本的标记分发协议(LDP)、基于约束的 LDP(CR-LDP)和扩展 RSVP(RSVP-TE)。

LDP 是基本的 MPLS 信令与控制协议，它规定了各种消息格式以及操作规程，LDP 与传统路由算法相结合，通过在 TCP 连接上传送各种消息，分配标记、发布<标记,FEC>映射，建立维护标记转发表和标记交换路径。但如果需要支持显式路由、流量工程和 QoS 等业务，就必须使用后两种标记分发协议。

CR-LDP 是 LDP 协议的扩展，它仍然采用标准的 LDP 消息，与 LDP 共享 TCP 连接，CR-LDP 的特征在于通过网络管理员制定或是在路由计算中引入约束参数的方法建立显式路由，从而实现流量工程等功能。

RSVP 本来就是为了解决 TCP/IP 网络服务质量问题而设计的协议，将该协议进行扩展得到的 RSVP-TE 也能够实现各种所需功能，在协议实现中将 RSVP 的作用对象从流转变为 FEC，从而提高了网络的扩展性。

利用 LDP 交换标记映射信息的两个 LSR 因其作为 LDP 对等实体而为人们所了解，并且它们之间有一个 LDP 会话。在单个会话中，每一个对等实体都能获得其他的标记映射，换句话说，这个协议是双向的。

1. MPLS 标记分发

MPLS 标记分发方式中涉及的概念主要有本地绑定（映射）和远程绑定、上游绑定和下游绑定、按需提供方式和主动提供方式、有序方式和独立方式等。另外，标记交换进程的发起方式有数据驱动方式和拓扑驱动的方式。

(1)本地绑定和远程绑定

本地绑定是由 LSR 自己决定的 FEC 与标记之间的绑定关系,而远程绑定是 LSR 根据其相邻节点(上游或下游)发来的标记绑定消息来决定的 FEC 与标记之间的绑定关系,本地绑定标记选择的决定权在本地 LSR,而远程绑定标记选择的决定权在相邻的 LSR,远程绑定的 LSR 只是遵从相邻 LSR 的绑定选择。

(2)上游绑定和下游绑定

上游绑定是指 LSR 的输入端口采用远程绑定,而输出端口采用本地绑定,而下游绑定是指 LSR 的输入端口采用本地绑定,输出端口采用远程绑定,即用其他 LSR 传来的标记来填写自己标记转发表的输出端口部分。上游绑定中标记绑定的消息与带有标记的分组传送方向相同,绑定产生的起始点在上游的首端,而下游绑定则完全相反,标记绑定的消息与带有标记的分组传送方向相反,绑定产生于下游的末端。

下游绑定数据流的方向与标记映射消息的方向相反,如果标记绑定的建立需要标记请求信息,则该方式为按需提供方式,否则为主动提供方式;如果标记绑定的建立需要标记映射消息,则为有序方式,否则为独立方式,如果标记请求消息和标记映射消息需要同时满足才能建立标记绑定,则为下游按需有序的标记分发方式。

(3)按需提供方式和主动提供方式

按需提供方式是指 LSR 在收到标记请求消息后才开始决定本地的标记绑定,而主动提供方式则不受此限制,例如,在路由协议收敛后,只要有了稳定的路由表,LSR 就可以直接根据路由表对 FEC 分发标记,而无需等到相邻 LSR 向自己发标记请求消息后才建立绑定关系。

(4)有序方式和独立方式

有序方式是指相邻的 LSR 向本地 LSR 发出标记映射消息后,本地 LSR 才建立 FEC 和标记的绑定,独立方式则是 LSR 无需收到标记映射消息,各个 LSR 独立建立标记绑定并向相邻的 LSR 发送标记映射消息。

(5)数据驱动与拓扑驱动

数据驱动是指 LSR 在有数据发送时,才建立 LSP,而拓扑驱动是指 LSR 根据路由表中的内容建立 LSP,而不管是否有实际的数据传送。

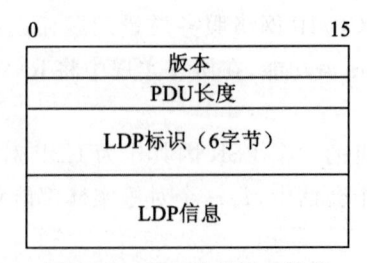

2. LDP 协议报文格式

LDP 协议报文格式如图 13-7 所示。

0	15
版本	
PDU长度	
LDP标识（6字节）	
LDP信息	

图 13-7 LDP 协议报文格式

(1)版本

协议版本号。

（2）PDU 长度

PDU 总长度（不包括版本和 PDU 长度字段）。

（3）LDP 标识

该字段唯一识别由 PDU 请求的发送 LSR 的标记空间。起始的 4 字节分配给 LSR 的 IP 地址进行编码，最后 2 字节表示 LSR 中的标记空间。

（4）LDP 信息

所有 LDP 信息都具有如图 13-8 所示的格式。

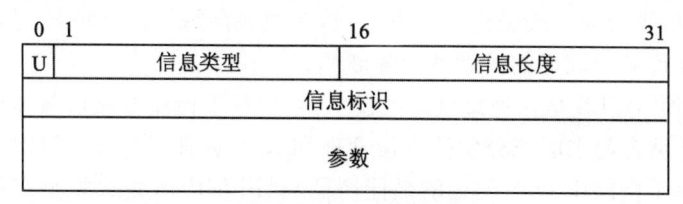

```
0  1                16                     31
┌─┬───────────────┬─────────────────────────┐
│U│   信息类型    │       信息长度          │
├─┴───────────────┴─────────────────────────┤
│              信息标识                     │
├───────────────────────────────────────────┤
│              参数                         │
└───────────────────────────────────────────┘
```

图 13-8　LDP 信息格式

①U。U 是一个未知信息位。在收到一条未知信息时，如果 U 为 0，将返回一条信息给信息的发出端；如果 U 为 1，这条未知信息将被忽略。

②信息类型。信息类型包括：Notification、Hello、Initialization、KeepAlive、Address、AddressWithdraw、LabelRequest、LabelWithdraw、LabelRelease 和 UnknownMessage。

③信息长度。16bit，表示信息标识和参数的长度。

④信息标识。32bit，用于信息识别。

⑤参数。此字段为变长字段，参数包括必需的参数和可选的参数。有些信息没有必需的参数，而有些信息没有可选参数。

13.2.5　MPLS 的 QoS 控制技术

当前的 Internet 是基于不能保障服务质量的最高数传送（Best Effort）模型，但随着 Internet 规模的不断增大，各种各样的网络服务不断涌现，先进的多媒体系统的层出不穷。一方面由于实时业务对网络的传输时延，时延抖动，丢包率等特性较为敏感，当网络上有突发性高的 FTP 或含有图像文件的 HTTP 等业务时，实时业务就会受到很大影响；另一方面多媒体业务占着大量带宽，为了满足特定业务的需要，于是各种服务质量技术（QoS）应运而生。

1. QoS 资源控制与管理技术

QoS 的资源控制与管理技术是 MPLS 网络的核心关键技术之一，它一直是网络研究与开发的热点。MPLS Forum 成立之初就将其定为研究开发的四大重点任务之一。国际上的一些标准化组织，如 ITU、IETF 等为 QoS 在各种网络中的实现制定了一些标准，例如：IP 网络中的实时传输协议 RTP/RTCP、资源预留协议 RSVP；ATM 网络中的漏桶算法和数据传输令牌机制、多媒体信息传输的 H.323 标准等。在 QoS 的研究上按其应用主要可分为如下几点：

①连接接纳控制和业务整形。

②QoS 选路和资源的预留。

③基于 QoS 的传输调度与拥塞控制。

2. MPLS 网络环境下的 QoS 控制技术

最初，QoS 是与 ATM 技术联系在一起的，近年来，随着 IP 网络服务的发展，网络研究者提出了综合服务体系结构 IntServ 及其相应的信令协议 RSVP,每个发送者在控制面利用 RSVP 信令进行 QoS 协商,在传输路径上的每个节点预留相应的资源。因此,Intserv 要求路径上的每个路由器都支持 RSVP,保存每个连接的状态,据此对该连接传输的数据进行处理以保证 QoS。

IntServ 虽然能提供不同的 QoS 保证,但复杂了网络核心路由器,在处理大量连接的核心路由器上实现 IntServ 是不理想的,其可扩展性和强健性不能令人满意。在此基础上,业界又提出了区分服务模型 DiffServ,它将每个连接的接入控制都交给边界路由器处理,边界设备根据用户和网络服务提供者预先协商的流规格对注入网络的单流进行分类、整形、标签、侦察等处理,而核心路由器根据不同的聚合业务类型进行转发处理,无须保存每个连接状态,这样大大简化了核心路由器的处理量,从而获得较好的扩展性和强健性。

多协议标签交换 MPLS 是一种集成路由技术,它相对于传流的路由技术而言具有更多的可控性,并且与 ATM 结合起来能充分发挥流量管理和 QoS 方面的作用。MPLS 技术正是目前业界看好的解决 IP 骨干网络中 QoS 问题的最佳途径,利用 MPLS 集成模型在第二层上实现对第三层的 QoS 的控制,其 MPLS 环境下 QoS 实现模型如图 13-9 所示。

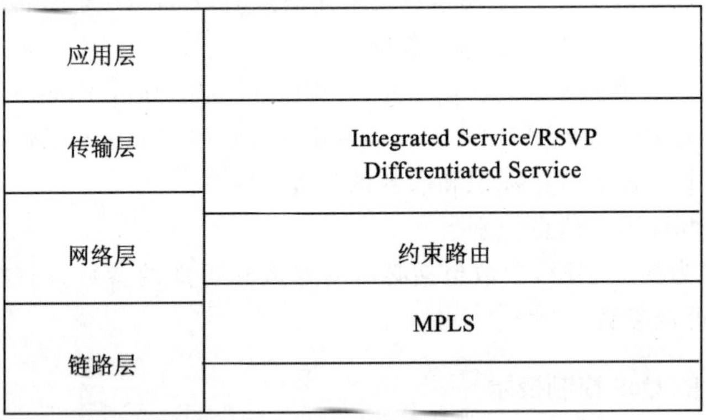

应用层	
传输层	Integrated Service/RSVP Differentiated Service
网络层	约束路由
	MPLS
链路层	

图 13-9 MPLS 环境下的 QoS 模型

13.3 三网融合

13.3.1 三网融合概述

1. 三网融合的定义

"三网"是指电信网、有线电视网、计算机网的网络资源;"融合"是指 3 种网络及其所承载的业务在某种程度上统一。三网融合的目的是通过优化现有网络配置、综合利用现有网络资源、采用全数字化连接、宽带数据交换与传输、高度集成业务、简化终端接口、智能化管理与控制等方式改造多媒体信息网络,向用户提供语音、视频、数据等多媒体信息服务。信息传输时,把广播传输的"点-面"、通信传输的"点-点"等融合在一起,通过三者的相互渗透、互相兼容,逐步整合为统一的信息通信网络,实现网络资源的共享,避免低水平的重复建设,形成适应性广、容易维护、高速带宽的多媒体基础平台。

三网融合是一种广义的、社会化的说法,现阶段并不意味着三大网络的物理合一,主要指高层业务应用的融合。从不同角度和层次分析,三网融合涉及技术融合、业务融合、行业融合、终端融合、网络融合,乃至行业管制和政策等的融合。表现为技术上趋向一致,网络层可以实现互联互通,业务层互相渗透和交叉,应用层趋向使用统一的 IP 协议,行业管制和政策方面也渐趋统一。目前,更主要的是应用层次上使用统一的 IP 协议,提供多样化、多媒体化、个性化的服务。三网融合示意图如图 13-10 所示。

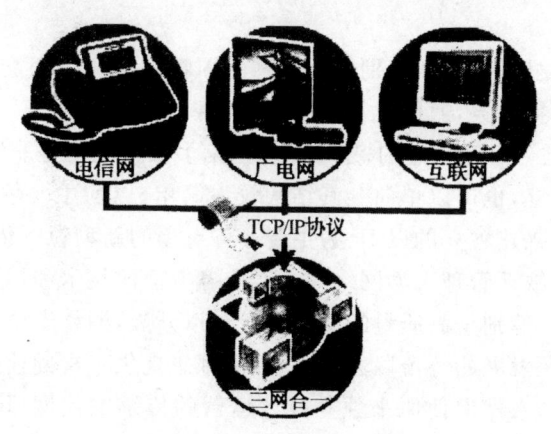

图 13-10 三网融合示意图

2. 三网融合的必然性

三网融合之所以引起广泛重视,除技术背景外,更主要的是三大网络优势互补。

(1) 电信网

电信网是世界上规模最大、历史最悠久、组织最严密、管理最科学、经验最丰富、性能最优良的网络,且电信运营商经过长期发展,积累了大型网络设计、管理、运营经验,特别是最接近用户,与用户有长期的服务关系,这些优势是数据公司不具备的。电信网主要特点:能在任意两个用户间实现"点-点"、双向、实时的连接;通常使用电路交换系统和面向连接的通信协议,通信期间每个用户都独占一条 64kb/s 的恒定带宽信道;采用电路交换形式,实时电话业务最佳,业务质量高且有保证;能传输多种业务,以电话业务为主。随着数据业务的增长,电信网可提供准宽带数据服务和传统语音服务,两种业务互不影响。电信网在提供全球性业务,实现全球无缝的"端-端"信息服务方面远胜过有线电视网,因为电信业已建成了覆盖全球的网络。

电信网局限性如下:呼叫成本基于距离和时间,资源利用率低;电信公司最大资产是铜缆接入网,利用 xDSL 技术能够提供一些多媒体业务,但铜缆接入网在提供宽带多媒体业务方面存在先天不足,成为制约由单一电信服务向综合宽带多媒体服务转变"瓶颈";电信网规模巨大,在向 IP 网络演化方面包袱较大;提供多样化、多层次电信服务的同时,我国目前仍处于普及基本电信服务阶段,相当长时期内电话收入仍是电信部门的主要方面;受传统的垄断经营机制制约,观念较保守、经营不够灵活、反应不够灵敏、思路不够开阔、改革动力不足,这些已成为制约电信发展的主要因素。

(2) 有线电视网

有线电视网通常由多个处于孤岛状态的城域规模的电视信号分配网组成。我国的有线电视起步较晚,但发展迅速,其接入网带宽最大、同时掌握着众多的视频资源,但网络大部分是以单向、树状网络方式连接到终端用户,用户只能被动地选择是否接收此种信息。如果将有线电视网从目前的广播式网络改造为双向交互式网络,将电视与电信业务集成一体,使有线电视网成为一种新的计算机接入网。三网融合过程中，有线电视网的策略是首先用 Cable Modem 抢占 IP 数据业务，再逐渐争夺语音业务和 VOD 业务。

有线电视网局限性如下：网络分散、制式太多、互联性差、质量一般、可靠性较低；缺乏通信与数据业务方面的运营管理经验；主要面向家庭用户，在企事业网方面尤显不足。

(3) 计算机网

计算机网是近年来发展最快的，特别是因特网。因特网采用分组交换方式和面向无连接的通信协议，适用于传送数据业务，通信成本基于带宽，而非距离和时间。因特网中，用户间的连接可以是"点-点"，也可以是一点对多点的；用户间的通信多数情况下是非实时的，采用存储转发方式；通信方式既可双向交互，也可以单向。其结构较为简单，以前主要依靠电信网或有线电视网传输数据，部分城市开始兴建独立的以 IP 为主要业务对象的新型骨干传送网。

因特网局限性如下：缺乏管理大型网络与话音业务方面的技术和运营经验，缺乏有效的全网控制能力，业务质量不高，特别是高质量的实时业务难以开展，网络安全性、可靠性有待改进。

从上面三网的现状及发展趋势可以看出，每种网都想提供丰富的业务、都需要高速的带宽和可以保证的服务质量。这必然促使原来独立设计运营的传统电信网、Internet 和广播电视网通过各种方式趋向于相互渗透和融合。

3. 三网融合的意义

近年来，各国先后开始推进三网融合，部分国家已实现多种形式、不同程度的融合。我国实现三网融合的主要意义如下。

①三网融合的实质是在现有市场格局下，实现某种程度的异质竞争，促进行业、监管、市场、技术、业务、网络、终端、支撑系统等方面的融合与创新。

②三网融合已成为电信业、广电业共同的发展方向。用户对通信信道带宽能力的需求日益增长，需要建立真正的高速宽带信息网络。融合有利于形成完整的信息通信业产业链，发展新的市场空间和实施信息通信产业结构的升级换代，进一步提升信息通信业在国民经济中的战略地位。

③三网融合有利于创新宣传方式，促进文化繁荣，将因特网内容纳入到国家统一监管的范畴，推进统一的监管框架的确立。

④统一的适应三网融合的监管政策和监管架构既有利于吸引投资，又减小新业务开发风险，激发行业技术创新和业务创新，特别是视频这样一个对网络及业务具有战略影响力和价值的新领域。

此外，三网融合的实施还将为国民经济的发展注入新的源动力，创造新的市场空间。综合考虑各种业务系统、基础网络设施、信息服务平台的建设和运营，预计未来几年可直接拉动的市场约 1000 亿圆人民币，考虑到连带的辐射作用，长期的市场发展空间更大。

4. 三网融合存在的问题

目前，三网融合存在的问题如下：

(1) 三网标准不统一

3 种网络结构各异，存在不兼容的问题，要完成三网融合必须找到共同认可的网络结构、技术标准和通信协议。IP 交换是可以被三网接纳的通信协议，三网融合最大困难是接入网，要求既价廉物美又便于建设。

(2) IP 协议问题

虽然 IP 技术的优点在三网融合过程中得以充分发挥,但基于 IP 技术的三网融合仍有许多问题需要解决,主要集中在传输网络层和中间网络层。首先,需要建立一系列传输协议和标准,赋予多种介质支持 IP 数据的能力;其次,IP 服务质量的控制难度随业务种类增加和业务统计特性的差异而增大,尤其是实时交互业务的服务质量;最后,网络管理与控制、对 IP 协议在安全性方面的改进等也是三网融合过程中需要解决的问题。

(3) 不同行业和网络的利益冲突

由于三大网分别由不同的行业部门经营管理,网络互联互通存在技术、网关、资费结算等问题。三网融合将带来各种业务和应用的重新整合,必然会带来工作方式、业务流程的转变和各方利益的调整。因此,三网融合只有解决好行业、部门间的利益冲突问题,才能有效实施。

(4) 三网业务定位不同

有线电视网主要提供广播式的视频业务,要发展交互式业务,必须进行大规模的双向化改造,工程巨大;电信网络面临最后 100m 宽带化问题;计算机网难以保证音频、视频信号的服务质量和实时性要求。

13.3.2 三网融合技术

1. 三网融合的技术基础

随着数字技术、光纤通信技术、软件技术的发展以及统一的 TCP/IP 协议的广泛应用,以三大业务来分割市场的技术基础已不存在。三网融合的技术背景主要有以下 4 个方面。

(1) 数字技术

数字技术取代传统的模拟技术已是信息社会发展的必然,基于数字技术可以对话音、数据和图像信号统一编码,"0/1" 比特流在信息的传输、交换、选路和处理过程中实现融合。

(2) 光纤通信技术

光纤通信技术的发展为综合传送各种业务信息提供了充分的带宽和传输质量,且传输成本显著下降。光纤传输网是传输各类业务的理想平台,为三网融合提供了传输上的保证,从传输平台而言具备了三网融合的技术条件。

(3) 软件技术

不必改动或过多改动硬件即可使网络的特性和功能不断变化、升级,使现在的三大网络最终都能支持各种功能和业务。软件技术正从以计算机为中心向以三网融合的多媒体信息服务为中心转变,为三网融合提供支持。

(4) TCP/IP 协议

作为三大网络都能接受的通信协议,TCP/IP 从技术上为三网融合奠定了最坚实的联网基础,使得各种业务都能以 IP 为基础实现互通,从接入网到骨干网,整个网络将实现协议的统一,各种终端最终都能实现透明的连接。

尽管目前三大网络仍有自己的特点,但技术特征已渐趋一致,IP 技术已成为三网发展的共同趋向。融合的目的已不是为了简单消除底层独立存在,而是为了在业务层和应用层繁衍出大量新的业务和应用,可以说三网融合在技术上已是必然。

2. 三网融合技术难点

IP over Everything 体现了 IP 的优势,通过统一的 IP 层协议屏蔽下层各种物理网络的差异,实现异构网互联,但基于 IP 技术的三网融合仍有许多问题需要解决,主要有以下几点。

①时延问题,每个数据包的逐个路由器寻址造成"端-端"时延和抖动很大,路由器逐个包的地址解析、寻址和过滤也引入了额外的时延。IP 服务质量控制难度也随着业务种类的增加和业务统计特性的差异而增大,尤其是实时交互业务的服务质量,如何降低时延和抖动是目前研究热点。

②网络管理与控制、对 IP 协议在安全性方面的改进是三网融合过程中需要解决的问题。

③缺乏流量控制机制。这些机制包括对因特网流量运用测量、建模、描述和控制等原理和技术以达到指定的性能目标。

④缺乏 QoS 保证,因特网主要问题是缺乏大型网络与电话业务方面的技术和运营经验,缺乏全网有效的控制管理能力,"端-端"性能无法保障,难以实现统一的网络管理,实时业务质量目前也无法保证,其网络体系结构缺乏内置的扩展性,网络可靠性和可用性很差(可用性仅 25%),要想成为真正意义上的电信级企业务提供者,这些问题都需要解决。

3. 三网融合技术关键技术——MPLS

MPLS 最初是为提高路由器转发速度而提出的协议,目前广泛应用于流量工程、VPN、QoS 等,成为大规模 IP 网络的重要标准。三网融合最终结果是各运营商从事多业务运营,为此,需要多通道传输。从技术上讲,最后传输部分应该是都被光网络替换,应用都会 IP 化,即同一介质不同通道下的 IP 协议化。但 IP 是为传输数据设计,不能保证传输的实时性。ATM 曾经是普遍看好的能提供多种业务的交换技术,由于网络中普遍采用 IP 技术,目前 ATM 的使用多用来承载 IP。因此,希望 IP 也能提供 ATM 一样的多种类型服务。为解决 IP 和 ATM 的结合,IETF 制定、推行的 MPLS 就是在这种背景下产生的一种技术。

作为一种利用数据标记引导数据包在通信网高速、高效传输的新技术,MPLS 基本思想是在三层协议分组前加上一个携带了标签的 MPLS 分组头,每台标签交换设备上,MPLS 分组按照标签交换的方式被转发,而不像传统的 IP 路由那样采用最长前缀匹配的方式转发分组。MPLS 最基本的功能就是代替 IP 分组转发,运送 IP 所要传输的报文达到目的地。它能在一个无连接的网络中引入连接模式的特性,即先把选路和转发分开,生成一个标记交换面,由标记来规定一个分组通过网络的路径。分组在转发至后面多跳之前被贴上标记,所有转发都按标记进行。MPLS 能提供更好的"端-端"服务,特别是可以根据网络流量特性规定转发路径,优点是能规划、预测数据流量和流向,有效提高网络利用率,保证用户 QoS。MPLS 流量工程和 MPLS VPN 是该技术在网络应用的主要方面。前者将流量合理地在链路、节点上进行分配,减少和抑制网络拥塞,如网络出现故障,能快速重组路由,提升网络服务质量;后者在公用网络上向用户提供 VPN 服务,不仅能满足用户对信息传输安全性、实时性、灵活性和带宽保证方面的需要,还能节约组网费用。

(1)MPLS 基本术语

①标签(Label)。标签是一个比较短的、定长的,通常只具有局部意义的标识,这些标签通常位于数据链路层的数据链路层封装头和三层数据包之间,它通过绑定过程同 FEC 相映射,用来识别一个 FEC。传统路由器需分析每个分组头以确定下一站转发地点。MPLS 只需入口端处理一个流束,属于同一 FEC 的分组流,流经同一节点,从相同的通道传输以相同方式转发到目的地,它们在 MPLS 里被称为"流束"。对属于同一流束的分组将被用一个固定长度的字段加以编号。这一字段在 MPLS 里称为标签。

②转发等价类(FEC)。MPLS 实际上是一种分类转发的技术,它将具有相同转发处理方式的分组归为一类,这种类别就称为转发等价类。这里的相同转发处理方式指目的地相同、使用的转发路径相同、具有相同的服务等级 QoS,也可以是相同的 VPN 等。MPLS 网络给每个 FEC 分配一个标签。各节点通过分组标记来识别分组所属的转发等价类,属于相同转发等价类的分组在 MPLS 网络中将获得完全相同的处理。

③标签交换路由器(LSR)。LSR 是 MPLS 的网络的核心交换机,具有第三层存储转发和第二层交换的功能,同时还能运行传统 IP 路由协议,执行一个特殊控制协议与相邻 LSR 协调 FEC/标签绑定信息。在 LSR 处不再检查 IP 包头,只需对标签栈的顶部标签进行处理,检索一个包含出口和新标签的标签表并用新标签替换旧标签完成标签交换。

④标签边缘路由器(LER)。它位于网络的边缘,作为 MPLS 的入口/出口路由器,进行数据包处理。进入 MPLS 网络的流量由 LER 分为不同的 FEC,并为这些 FEC 请求相应的标签;离开 MPLS 网络的流量由 LER 弹出标签还原为原始报文。因此,LER 提供了流量分类、标签的映射和标签的移除功能。LER 一定是 LSR,但是 LSR 不一定是 LER。

⑤标签交换路径(LSP)。LSP 是指具有一个特定的 FEC 的分组,在传输经过的标签交换路由器集合构成的传输通路。它由 MPLS 节点建立,目的是采用一个标签交换转发机制转发特定的 FEC 分组,即 MPLS 数据包通过 LSP 传送。

⑥标签分发协议(LDP)。该协议是 MPLS 的控制协议,主要作用:在 LER 与 LSR 间提供通信,在路由选择协议的配合下分发标签,在交换表和路由表间进行映射,建立路由交换表,建立标签交换通路 LSP。即负责 FEC 的分类,标记的分配,分配结果的传输及 LSP 的建立和维护等。

⑦标记信息库(LIB)。类似于路由表,包含各个标记所对应的转发信息。LIB 是保存在一个 LSR(LER)中的连接表,LSR 包含 FEC/标签绑定信息、关联端口及媒体封装信息。LIB 通常包括:入、出口端口,入、出口标签,FEC 标识符,下一跳 LSR,出口链路封装等。

⑧MPLS 的封装。通用 MPLS 封装包括标签、业务级别(Class of Service,CoS)、堆栈标志(S)和 TTL 等字段,由边缘 LSR 完成,如图 13-11 所示。它在 IP 数据包前加入固定长度的包头(标签),不对 IP 数据包内容进行任何处理。采用固定长度的标签,加快了 MPLS 交换机查找路由表的速度,减轻了交换机的负担。

| 用户数据 | IP头 | MPLS封装 | 第二层帧头 |

| 标签 | CoS | S | TTL |

标签:20 b
CoS:业务等级,3 b
S:堆栈标志,1 b
TTL:生存期,8 b

图 13-11 MPLS 标签格式

(2)MPLS 数据转发原理

基本的 MPLS 网络如图 13-12 所示。MPLS 域的数据以标签进行高速交换。从 LER 到 LER,为不同的 IPv4 域或 IPv6 域提供快速优质 LSP 转发通道。LER 负责将 IP 或 ATM 报文压入标签,封装成 MPLS 报文,然后将其投入 MPLS 隧道。同时 LER 还负责将 MPLS 报文的标签弹出,转发至 IP 或 ATM 域。

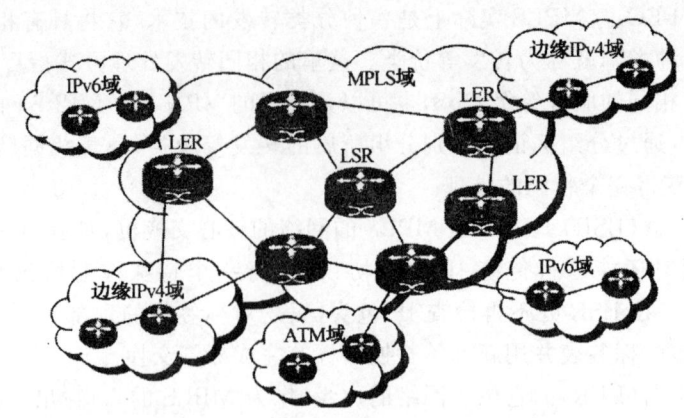

图 13-12　基本的 MPLS 网络

1）标签分配与分发

标签分配是根据输出端口和下一跳相同的 IP 路由的选路信息，划分为一个转发等价类；然后从 MPLS 标签资源池中取一个标签分配给这个转发等价类，同时节点主机应记录下此标签和这个 IP 转发等价类的对应关系；最后将这个对应关系封装成消息报文，通告身边的节点主机，该通告过程称为标签的分发。

2）MPLS 标签分组

MPLS 标签分组是将 IP 分组报文封装上定长而具有特定意义的标签，以标签标识该报文为 MPLS 分组报文。封装标签的方式按照协议栈结构的层次进行，封装的标签应置于分组报文协议栈的栈头。封装了标签的分组报文就如同贴了邮票的信件一样能邮到目的地。

3）MPLS 分组转发方式

MPLS 分组转发分为 3 个过程：进入 LSP，LSP 中传输，脱离 LSP。

①进入 LSP。进入 LSP 是根据 IP 分组报文的目的 IP 地址查 IP 选路表，此时查到的 IP 选路表已和下一跳标签转发表关联。接着从下一跳标签转发表中得到这个 IP 分组所分配的标签和下一跳地址等，一般输出端口信息在 IP 选路表中得到。然后将得到的标签封装 IP 分组报文为 MPLS 标签分组报文，再根据 QoS 策略处理 EXP、TTL 等，最后将封装好的报文送给下一跳。这样，IP 分组报文即进入 LSP 隧道。

②LSP 中传输。LSP 中传输是逐跳使用 MPLS 分组报文中的协议栈项的标签（入标签），直接以标签索引（Index）方式，查询入标签映射表，得到输出端口信息和下一跳标签转发表的索引，使用其索引查询下一跳标签转发表，从中得到标签操作的动作，欲交换的标签和下一跳地址等。如果 MPLS 分组报文未到达 LSP 终点，查表得到的标签操作动作一定为 SWAP。接着使用查表得到的新标签，替换 MPLS 分组报文中的旧标签，同时处理 TTL 和 EXP 等。最后将替换完标签的 MPLS 分组报文发送给下一跳。

③脱离 LSP。使用 MPLS 分组报文中的协议栈项的标签（入标签），以标签 Index 方式，直接查询入标签映射表，得到输出端口信息和下一条标签转发表的索引。接着用查到的索引继续查询下一跳标签转发表，得到标签操作动作物理层协议（PHP）或入网点（POP）和下一跳地址等。PHP 和 POP 的实现流程类似，都是删除 MPLS 分组报文中的标签，同时处理 TTL 和 EXP，接着封装下一跳链路协议，最后将封装好的 IP 分组报文发给下一跳。

(3) MPLS 的 QoS 实现

MPLS 的 QoS 实现是由 LER 和 LSR 共同完成的。在 LER 上进行 IP 包的分类，将 IP 包的业务类型映射到 LSP 的服务等级上，在 LER 和 LSR 上同时进行带宽管理和业务量控制，保证每种业务的服务质量得到满足。由于带宽管理的引入，MPLS 改变了传统 IP 网只是一个"尽力而为"的状况。IP 包在进入 MPLS 域之前，MPLR 将会根据 IP 包所携带的信息将其分成不同的类别，这个类别就代表网络为其提供的服务等级。

LSP 是针对每个 FEC 配置的，而 FEC 通常包含一个 IP 目的地址或前缀。不论什么样的数据类型，拥有相同目的地址的数据包通过同一条标记交换路径(LSP)传输。这种情况下，当入口处检测到的数据流和 MPLS 头部信息中的一部分(EXP/QoS 字节)有联系，并且沿着 LSP 存在基于 EXP 字段的队列和传输控制时，即可对 MPLS 网络的 QoS 进行控制。

(4) MPLS 流量工程

流量工程指控制网络中的通信流的能力，目的在于减少拥塞并充分利用可用的功能。流量工程问题的解决方案即通过各种不同的控制模块建立标记和标记交换路径。例如，流量控制模块可以建立一条从 A-C-D-E 的标记交换路径，另一条从 B-C-F-G-E 的路径。通过定义一些选择某些信息包来跟随这些路径的策略，对网络通信流进行管理。MPLS 利用基于限制的路由选择来确定流量工程策略，这种环境中只需指定网络的不同点间预计流动的负载量，路由选择系统将会计算出传送该负载的最佳路径。

传统 IP 网络一旦为某个 IP 包选择了一条路径，不管这条链路是否拥塞，IP 包都会沿着这条路径传送，造成整个网络在某处资源过度利用，而另外一些地方网络资源闲置不用。MPLS 可以控制 IP 包在网络中所走过的路径，避免业务流向已经拥塞的节点，实现网络资源的合理利用。MPLS 流量管理机制的功能有两个，从网络运营商角度看，是保证网络资源得到合理利用；从用户角度看，是保证用户申请的服务质量得到满足。MPLS 的流量管理机制包括路径选择、负载均衡、路径备份、故障恢复、路径优先级及碰撞等。

(5) 基于 MPLS 的 VPN

MPLS VPN 的基本工作方式是采用第三层技术，每个 VPN 具有独自的 VPN-ID，每个 VPN 的用户只能与自己 VPN 网络中的成员通信，也只有 VPN 的成员才能有权进入该 VPN。MPLS 实际上就是一种隧道技术，因此建立 VPN 隧道十分容易。同时，MPLS 又是一种完备的网络技术，可用来建立 VPN 成员间简单、高效的 VPN。MPLS VPN 适用于实现对于 QoS、服务等级划分以及对网络资源的利用率、网络的可靠性有较高要求的 VPN 业务。

服务者为每个 VPN 分配唯一的路由标识符(RD)，转发表中包括 RD 和用户 IP 地址连接形成的唯一地址(VPN-IP 地址)。因为数据是通过使用 LSPS 转发的，LSP 定义一条特定的路径，不可以被改变，这样对安全性也有保证。这种基于标签的模式可与帧中继和 ATM 一样提供保密性。服务提供商，而不是用户，应用 VPN 时将一个特定的 VPN 与接口联系起来，数据包的转发是由用于入口的标签决定的。VPN 转发表中包括与 VPN-IP 地址相对应的标签。通过这个标签将数据传送到相应地。由于标签代替了 IP 地址，用户可以保持用地址结构，无须进行网络地址翻译(NAT)来传送数据。根据数据入口，交换机选择一特定的转发表，该表中只包括在 VPN 中有效的目的地址。

(6) MPLS 分组转发优点

MPLS 技术是对现有因特网协议体系结构的扩充，它通过对 IP 体系结构增加新的功能来支持新的服务和应用。MPLS 把整个网络的节点设备分为两类,即边缘标签路由 LER 和标签交换路由器 LSR,由 LER 构成 MPLS 网的接入部分,LSR 构成 MPLS 网的核心部分。LER 发起或终止标签交换通道 LSP 连接,并完成传统 IP 数据包转发和标记转发功能。入口 LER 完成 IP 包的分类、寻路、转发表和 LSP 表的生成、FEC 至标签的映射;出口 LER 终止 LSP,并根据弹出的标签转发剩余的包。LSR 只根据交换表完成高速转发功能,所有复杂的功能都在 LER 内完成。

MPLS 技术将复杂的事务处理放到网络边缘完成,内部只负责转发功能,优点是有利于维护大规模网络中 IP 协议的可扩展性,MPLS 的实现将使路由器变得很小,改善了路由扩展能力,加快分组的转发速度,由于 MPLS 将路由与分组转发从 IP 网中分离开来,使得在 MPLS 网络中可以通过修正转发方法来推动路由技术的改进,新的路由技术可以在不间断网络运行的情况下直接应用到网络中,而不必改动现有路由器上的转发技术,这是目前的网络技术不易做到的。

13.4 下一代网络

13.4.1 下一代网络背景概述

自 20 世纪 60 年代步入数字程控交换时代。程控数字交换技术使电话网在全世界迅速普及,到 20 世纪 90 年代发展到技术顶峰,成为第一大电信网络。随着移动通信技术的发展,程控交换技术与无线接入技术的结合使这种主要提供话音业务的电路交换网络的应用进一步扩展。

但电路交换网络存在电路利用率低、无法提供多媒体业务以及新业务扩展困难等缺点。进入 20 世纪 80 年代后,这些缺点在用户对于多媒体业务需求日益增加的情况下变得越来越突出。随着电信垄断经营局面变为历史,市场竞争加剧,传统电路交换网络无法快速提供新的增值业务的缺点使运营商处于不利地位。

20 世纪 60 年,产生了分组交换技术,用来满足数据业务的传输,并且很快得到了大规模的应用。由于它具有电路利用率高、可靠性强、适应于突发性业务的优势,TCP/IP、X.25、帧中继和 ATM 等各种分组交换技术层出不穷。在各种分组交换技术中,IP 技术在很长一段时间内因为其无法保证业务质量而不为人们所重视;X.25、帧中继技术在相当长一段时间内承担起分组数据电信业务的服务,但是先天不足以及 ATM 技术的提出使它们很快退出了历史舞台或仅在某些局部范围应用。

但 ATM 技术由于被赋予过多的责任及业务质量保证要求,使得技术变得非常复杂,造成商用化的缓慢进程与建设使用成本问题等,再加上半导体技术和计算机技术的发展,IP 路由技术上的突破,路由器转发 IP 的速率得到了极大的提高,以往制约 IP 路由器处理能力的问题得到解决。最终使 ATM 逐步退出了历史的舞台。

以 IP 技术为核心的互联网在 20 世纪 90 年代末期得到了飞速发展,其增长趋势是爆炸性的。基于 H.323 的 IP 电话系统的大规模商用有力地证明了 IP 网络承载电信业务的可行性,也让人们看到了利用一个网络承载综合电信业务的希望,下一代网络的概念就是在这样的一种背景下提出来的。随着通信网络技术的飞速发展,人们对于宽带及业务的要求也在迅速增长,为了向用户提供更加灵活、多样的现有业务和新增业务,提供给用户更加个性化的服务,提出了下一

第 13 章　数据通信技术的应用

代网络的概念。

下一代网络的英文是 Next Generation Network 简写为 NGN。当前所谓的下一代网络是一个很松散的概念,不同的领域对下一代网络有不同的看法。一般来说,所谓下一代网络应当是基于"这一代"网络而言,在"这一代"网络基础上有突破性或者革命性进步才能称为下一代网络。

在计算机网络中,"这一代"网络是以 IPv4 为基础的互联网,下一代网络是以高带宽以及 IPv6 为基础的 NGI(下一代互联网)。在传输网络中,"这一代"网络是以 TDM 为基础以 SDH 以及 WDM 为代表的传输网络,下一代网络是以 ASON 为基础的网络。

在移动通信网络中,"这一代"网络是以 GSM 为代表的网络,下一代网络是以 3G 为代表的网络。在电话网中,"这一代"网络是以 TDM 时隙交换为基础的程控交换机组成的电话网络,下一代网络是指以分组交换和软交换为基础的电话网络。从业务开展角度来看,"这一代"网络主要开展基于话音、文字或图像的单一媒体业务,下一代网络应当开展基于视频、音频和文字图像的混合多媒体业务。

尽管目前被广泛使用的互联网,基于分组技术,较适应可变比特率的数据业务传送,为用户提供了越来越多的话音、数据、图像和文件传送等业务,但是其尽力而为的设计思想,在服务质量和安全性方面仍不能满足要求,特别是互联网没有合适的商业模式,使现阶段的运转不能获得良好的经济效益。

因此,从满足用户长远的业务需求来分析,现有的网络存在很大的局限性,不能完全满足业务快速发展的迫切需要,从而也就促使了现有网络向下一代网络的演进。

业务需求是网络发展演进的主要驱动力,从电话网向移动网、互联网、数据网的发展最主要的因素均来源于业务的驱动。现阶段用户对电信业务的需求主要表现在:对数据业务的需求呈几何级数增长,对内容和应用的需求增加,对移动性要求的增加和对多种接入方式的需求。

市场的动态也迫使运营商对语音业务收益的缓慢增长甚至下降作出反应,要求他们寻找新的机会对网络进行改造,以便发现新的收益来源。其次是电信市场的竞争加剧和监管制度方面的改革。一些老的运营商开始检查自己的经营模式,新的运营商则寻找更能赢利的商机。

而 NGN 创导了一种新型的管理模式,它支持各式各样的用户接入,支持多种计费模式,保证集中统一的高效管理。

首先,业务创建平台和业务逻辑分离的原则已经在智能网中得到了充分的证实,它们可以推广到 NGN 上。其次,能够使 NGN 成为现实的具有成本优势的技术现在已经可以在市场上获得,如基于高度集成、高性能半导体技术的功能强大的分组设备,使带宽成本大为降低的光技术,为商业和住宅用户提供更高带宽的新接入技术等。最后,VoIP 技术的提升、QoS 技术的发展、标准的成熟等都开始在为最终推广 NGN 铺平道路。NGN 能够用统一的设备组成其核心网,降低了建设和运营成本。NGN 的结构不仅有利于语音与数据的融合,而且有利于光传输与分组技术的融合以及固定与移动网的融合。

下一代网络是一个建立在 IP 技术基础上的新型公共电信网络,能够容纳各种形式的信息,在统一的管理平台下,实现音频、视频、数据信号的传输和管理,提供各种宽带应用和传统电信业务,是一个真正实现宽带窄带一体化、有线无线一体化、有源无源一体化、传输接入一体化的综合业务网络。

下一代网络除了能向用户提供语音、高速数据、视频信息业务外,还能向用户方便地提供视频会议、电话会议功能,而且能像广播网一样,向有此项要求的用户提供统一的消息、时事新闻等。

13.4.2 下一代网络的定义

ITU 关于 NGN 最新的定义是:它是一个分组网络,它提供包括电信业务在内的多种业务,能够利用多种带宽和具有 QoS 能力的传送技术,实现业务功能与底层传送技术的分离;它提供用户对不同业务提供商网络的自由接入,并支持通用移动性,实现用户对业务使用的一致性和统一性。

可以说下一代网络实际上是一把大伞,涉及的内容十分广泛,其含义不只限于软交换和 IP 多媒体子系统(IMS),而是涉及到网络的各个层面和部分。它是一种端到端的、演进的、融合的二整体的解决方案,而不是局部的改进、更新或单项技术的引入。从网络的角度来看,NGN 实际涉及了从干线网、城域网、接入网、用户驻地网到各种业务网的所有层面。NGN 包括采用软交换技术的分组化的话音网络;以智能网为核心的下一代光网络;以 MPLS、IPv6 为重点的下一代 IP 网络;采用 3G、4G 技术的下一代无线通信网络以及下一代业务网及各种宽带接入网等。

由以上定义可以看出,NGN 需要做到以下几点:一是 NGN 一定是以分组技术为核心的;二是 NGN 一定能融合现有各种网络;三是 NGN 一定能提供多种业务,包括各种多媒体业务;四是 NGN 一定是一个可运营、可管理的网络。

现在人们比较关注 NGN 的业务层面,尤其是其交换技术,但实际上,NGN 涉及的内容十分广泛,广义的 NGN 包含了以下几个部分:下一代传送网、下一接入网、下一代交换网、下一代互联网和下一代移动网。

(1)下一代传送网

下一代传送网是以 ASON 为基础的,即自动交换光网络。其中,波分复用系统发展迅猛,得到大量商用,但是普通点到点波分复用系统只提供原始传输带宽,需要有灵活的网络节点才能实现高效的灵活组网能力。随着网络业务量继续向动态的 IP 业务量的加速汇聚,一个灵活动态的光网络基础设施是必要的,而 ASON 技术将使得光联网从静态光连网走向自动交换光网络,这将满足下一代传送网的要求,因此 ASON 将成为以后传送网发展的重要方向。

(2)下一代接入网

下一代接入网是指多元化的无缝宽带接入网。当前,接入网已经成为全网宽带化的最后瓶颈,接入网的宽带化已成为接入网发展的主要趋势。接入网的宽带化主要有以下几种解决方案:一是不断改进的 ADSL 技术及其他 DSL 技术;二是 WLAN 技术和目前备受关注的 WiMAX 技术等无线宽带接入手段;三是长远来看比较理想的光纤接入手段,特别是采用无源光网络(PON)用于宽带接入。

(3)下一代交换网

下一代交换网指网络的控制层面采用软交换或 IMS 作为核心架构。传统电路交换网络的业务、控制和承载是紧密耦合的,这就导致了新业务开发困难,成本较高,无法适应快速变化的市场环境和多样化的用户需求。软交换首先打破了这种传统的封闭交换结构,将网络进行分层,使得业务、控制、接入和承载相互分离,从而使网络更加开放,建网灵活,网络升级容易,新业务开发简捷快速。在软交换之后 3GPP 提出的 IMS 标准引起了全球的关注,它是一个独立于接入技术的基于 IP 的标准体系,采用 SIP 协议作为呼叫控制协议,适合于提供各种 IP 多媒体业务。IMS

体系同样将网络分层,各层之间采用标准的接口来连接,相对于软交换网络,它的结构更加分布化,标准化程度更高,能够更好地支持移动终端的接入,可以提供实际运营所需要的各种能力,目前已经成为 NGN 中业务层面的核心架构。软交换和 IMS 是传统电路交换网络向 NGN 演进的两个阶段,两者将以互通的方式长期共存,从长远看,IMS 将取代软交换成为统一的融合平台。

(4) 下一代互联网

NGN 是一个基于分组的网络,现在已经对采用 IP 网络作为 NGN 的承载网达成了共识,IP 化是未来网络的一个发展方向。现有互联网是以 IPv4 为基础的,下一代的互联网将是以 IPv6 为基础的。IPv4 所面临的最严重问题就是地址资源的不足,此外在服务质量、管理灵活性和安全方面都存在着内在缺陷,因此互联网逐渐演变成以 IPv6 为基础的下一代互联网(NGI)将是大势所趋。

(5) 下一代移动网

下一代移动网是指以 3G 和 B3G 为代表的移动网络。总的来看,移动通信技术的发展思路是比较清晰的。下一代移动网将开拓新的频谱资源,最大限度实现全球统一频段、统一制式和无缝漫游,应付中高速数据和多媒体业务的市场需求以及进一步提高频谱效率,增加容量,降低成本,扭转 ARPU 下降的趋势。

总之,广义的 NGN 实际上包含了几乎所有新一代网络技术,是端到端的、演进的、融合的整体解决方案。

NGN 具有以下基本特征。

(1) 开放的、分层的网络构架体系

NGN 强调网络的开放性,包括网络架构、网络设备、网络信令和协议的开放。开放式网络架构能让众多的运营商、制造商和服务提供商方便地进入市场参与竞争,易于生成和运行各种服务,而网络信令和协议的标准化可以实现各种异构网的互通。

NGN 将网络分为用户层(包括接入层和传输层)、控制层和业务层,用户层负责将用户接入到网络之中并负责业务信息的透明传送,控制层负责对呼叫的控制,业务层负责提供各种业务逻辑,三个层面的功能相互独立,相互之间采用标准接口进行通信。NGN 的分层架构使复杂的网络结构简单化,组网更加灵活,网络升级容易;同时分层架构还使得,承载、控制和业务这三个功能相互分离,这就使得业务能够真正的独立于下层网络,为快速、灵活、有效地提供新业务创造了有利环境,便于第三方业务的快速部署实施。

(2) 提供各种业务

随着技术的进步和生活水平的提高,人们已经不满足于仅仅利用语音来交换信息,尤其随着 Internet 的迅猛发展,多媒体服务已经越来越多的融入人们的日常生活之中。

NGN 的最终目标就是为用户提供各种业务,这包括传统语音业务、多媒体业务、流媒体业务和其他业务。NGN 的生命力很大程度上取决于是否能够提供各种新颖的业务,因此在 NGN 的发展中如何开发有竞争力的业务将是今后的一个问题。

(3) 支持各种业务和用户无拘束的接入

NGN 是一个基于分组传送的网络,能够承载话音、多媒体、数据和视频等所有比特流的多业务网,并能通过各种各样的传送特性(实时与非实时、由低到高的数据速率、不同的 QoS、点到点/多播/广播/会话/会议等)满足多样化、个性化业务需求,使服务质量得到保证,令用户满意。

普通用户可通过智能分组话音终端、多媒体终端接入,通过接入媒体网关、综合接入设备(IAD)来满足用户的语音、数据和视频业务的共存需求。

(4)具有通用移动性

与现有移动网能力相比,NGN 对移动性有更高的要求:通用移动性是指当用户采用不同的终端或接入技术时,网络将其作为同一个客户来处理,并允许用户跨越现有网络边界使用和管理他们的业务。通用移动性包括终端移动性和个人移动性及其组合,即用户可以从任何地方的任何接点和接入终端获得在该环境下可能得到的业务,并且对这些业务用户有相同的感受和操作。通用移动性意味着通信实现个人化,用户只使用一个 IP 地址便可以实现在不同位置、不同终端上接入不同的业务。

(5)具有可运营性和可管理性

NGN 是一个商用的网络,必须具备可运营性和可管理性。可运营性主要包括 QoS 能力和安全性能,NGN 需要为业务提供端到端的 QoS 保证和安全保证,当提供传统电信业务时,应至少能保证提供与传统电信网相同的服务质量。可管理性是指 NGN 应该是可管理和可维护的,其网络资源的管理、分配和使用应该完全掌握在运营商的手中,运营商对网络有足够的控制力度,明确掌握全网的状况并能对其进行维护。NGN 应能够支持故障管理、性能管理、客户管理、计费与记账、流量和路由管理等能力,运营商能够采取智能化的、基于策略的动态管理机制对其进行管理。

NGN 的业务处理部分运行于通用的电信级硬件平台上,运营商可以通过选购性能优越的硬件平台来提高处理能力。

NGN 一个重要的关键特征就是不同功能之间的分离,它影响了相关的商业模型以及相应网络体系结构。目前,电信运营商都有针对于某些业务的多张专用网络,如针对固定电话业务的 PSTN 固定网络,针对移动电话业务的 GSM、CDMA 的 PLMN 移动网络,针对数据业务的 IP 网络和针对视频业务的视频网络。随着 NGN 的发展,电信运营商可以将这些专用网络融合到基于 IP 的多业务承载网络这一张大网上来,节省网络的投资和维护成本,同时各专用网络的呼叫和业务控制器将由以软交换为核心的控制器所替代。原有专用网络上的各种业务也将演变为宽带综合业务,各种业务的产生、管理和维护将基于统一的业务管理平台,方便运营商对业务的维护和新业务的推出,具体可见图 13-13 左边部分所示。

图 13-13 右边所示表明了 NGN 的接入能力与核心传输能力。这一特性可能影响改变商业环境。接入网络提供商域的商业环境将根据不同的接入技术而得到动态的扩展,用户将有更大的自由来选择基于自己要求的接入能力。此外,另一个重要的方面是促进了固定和移动的融合。

13.4.3 下一代网络的体系结构

如图 13-14 所示,从功能上来看,下一代网络从上到下是由网络业务层、控制层、媒体层、接入和传送层 4 层组成。

图 13-13 NGN

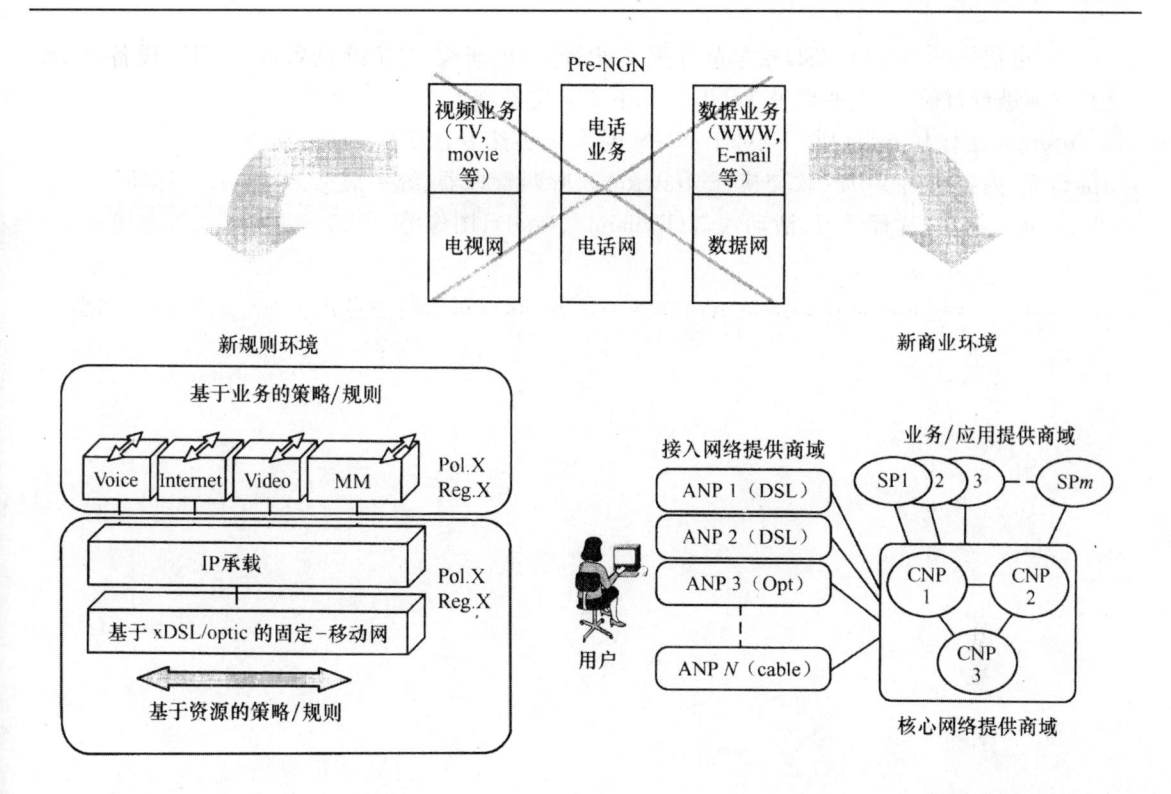

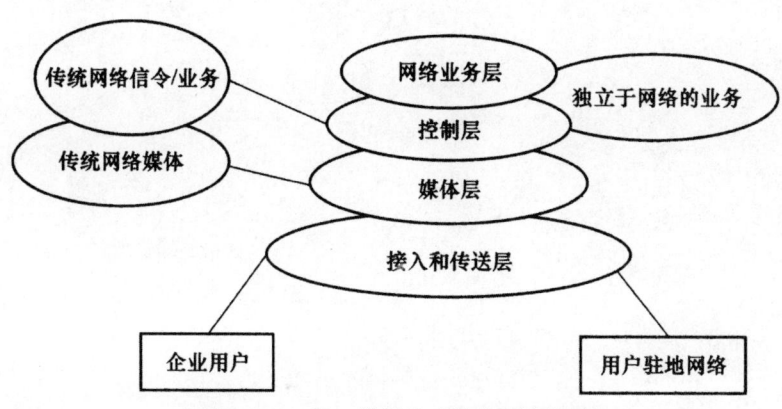

图 13-14 下一代网络功能分层结构图

网络体系结构(Network Architecture)有时也称为网络顶层设计,是一个网络系统(从物理连接到应用)的总体结构,包括描述协议和通信机制的设计原则。

ITU 第 13 研究组作为 ITU 内的领导组就已将 NGN 的研究列为重点内容,并已经组织了多次研讨会,但是到目前为止还没有对 NGN 的体系结构给出明确的定义。

欧洲电信标准协会(ETSI)较早就开展了对 NGN 的研究,它们之前曾经对 TIPHON、PARLAY 方面进行过研究,这些研究为 NGN 打下了一定基础。

Internet 工作任务组(IETF)对于 NGN 的领域仍然专注于中间层(网络层、传送层和应用层)的研究,内容包括 VoIP、软交换(Softswitch)、呼叫管理器、统一消息、光纤接入、移动性管理、VOD、分布式计算、远程学习、活动入口(Dynamic Potal)、图像等。

现有各种典型网络的体系结构是按照核心设备的功能纵向划分网络的层次。例如，在电路交换网络中，将网络的交换设备分为本地交换机和长途交换机；在分组交换网络中，分组交换设备也可以分为边缘设备与核心设备。这种纵向划分的网络结构实际上是一个分级的网络结构。这种划分方法的缺陷是网络体系结构不够灵活，网络的业务开放性受到限制。

下一代网络不再是以核心网络设备的功能纵向划分网络，而是按照信息在网络传输与交换的逻辑过程来横向划分网络。我们可以把网络为终端提供业务的逻辑过程分为承载信息的产生、接入、传输、交换及应用恢复等若干个过程，下一代网络是基于分组网络的，所有的业务应用数据最终都要变换为适合于在分组网络中传输的分组，然后在分组网络中传输。为了使分组网络能够适应各种业务的需要，下一代网络将业务和呼叫控制从承载网络中分离出来。因此，下一代网络的体系结构实际上是一个分层的网络。

下一代网络的体系结构可以分为 4 个层面，分别是接入层、传输层、控制层和业务层。典型的下一代网络的体系结构如图 13-15 所示。

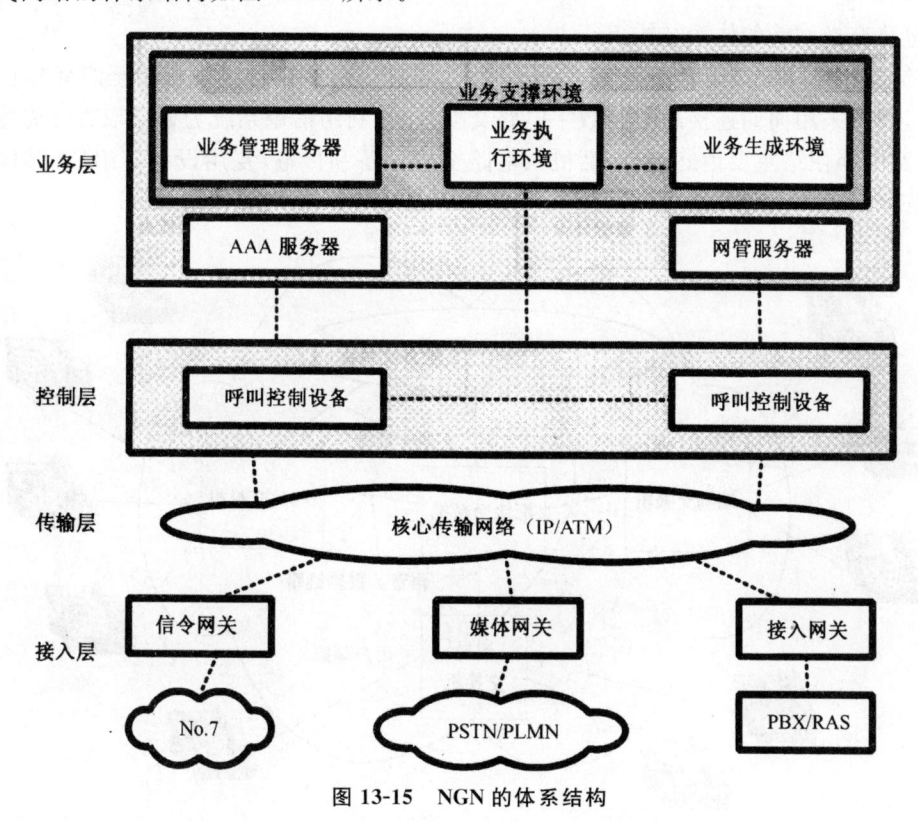

图 13-15　NGN 的体系结构

①接入层：接入层由与现有各种网络相连的接入网关/中继网关以及具有分组网络接口的智能终端组成，主要作用是进行媒体格式及信令信息格式的转换。

②传输层：传输层由路由器和 ATM 交换机等网络设备组成，主要是负责分组信息的传输，传输层在传递分组时与业务无关。

③控制层：控制层是由一些用于呼叫控制的服务器组成的，主要完成呼叫处理控制、接入协议适配及互联互通等综合控制处理功能，并提供应用支持平台。

④业务层：业务层提供业务逻辑生成环境及业务逻辑执行环境，提供面向客户的综合智能业

务,实现业务的客户化。

与传统的分级体系结构相比,下一代网络这种分层的体系结构具有如下优点:

①将一个复杂的网络分解为若干互相独立的层面,简化了网络规划与设计。

②各个独立的层面便于独立地引入新技术、新拓扑和新业务与应用。

③使网络规范与具体实施方法无关,使通道层和物理层等规范保持相对稳定,不随电路组织和技术的变化而轻易变化。

④可以采用统一的操作维护系统,也可以每层都有独立的 OAM&P。

⑤支持业务和网络分离的变革趋势。

现有各类网络中,从体系结构而言,有三种典型的体系结构。一是电路交换网络的体系结构,如 PSTN/ISDN 和第二代移动通信网络等;二是分组交换网络的体系结构,如基于 IP 的因特网、X.25、帧中继网络和 ATM 网络等;三是智能网,是在电路交换网络的基础上附加的一套网络体系结构。

(1) 电路交换网络的体系结构

电路交换网络主要提供传统电话业务。在通话期间,交换设备必须自始至终保持已建立的连接通路,通常采用面向连接的时分数字电路交换技术,利用信令系统为通信双方预先建立连接通路。电路交换网络主要由终端(电话机)、电路交换设备和传输/复用设备等组成,其体系结构如图 13-16 所示。

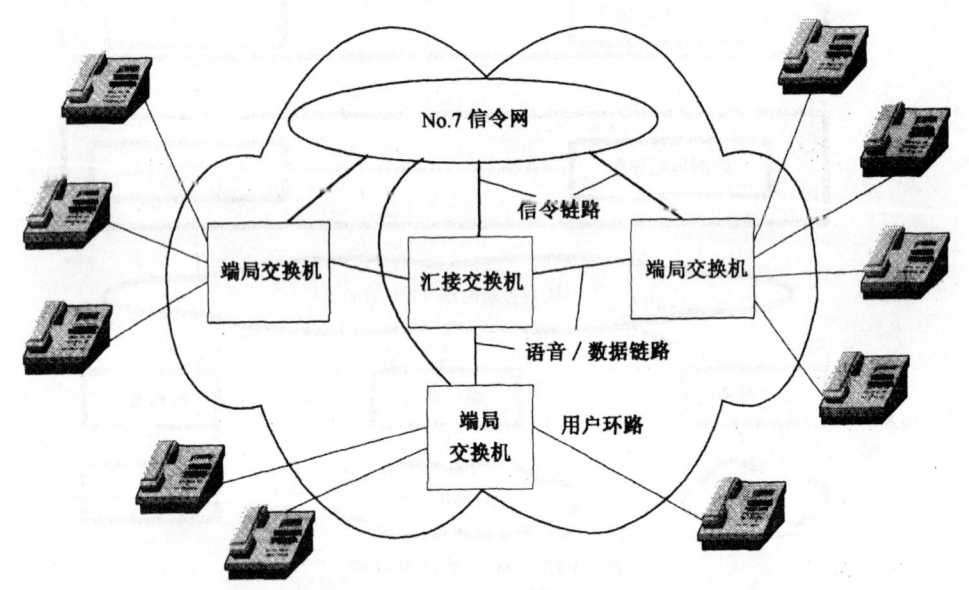

图 13-16 电路交换网络体系结构

电路交换网络中任意两个终端用户进行通信时,需要在两点之间有传输通道相连接,网络设备按照电路交换方式为通信双方提供传输信道。在双方通信开始之前,主叫方(发起通信一方)首先通过拨号的方式通知网络被叫方的电话号码,用户拨号通常称做用户信令,网络设备根据被叫号码在主叫电话机和被叫电话机之间寻找并预约一条电路。当被叫话机空闲时,由连接被叫话机的端局交换机向被叫发出振铃,提示有一个来电请求,同时向主叫方回送被叫状态消息。被叫摘机后由交换设备停送通知消息并建立通话通路,当双方通话结束时,交换设备负责拆线复原操作。

传统电路交换网络体系结构使连接建立的速度快,业务的服务质量有保证;但是,这种体系结构的带宽利用率很低,不易于扩展新的业务与应用。

(2)分组交换网络的体系结构

分组交换也称为包交换,它将用户的一整份报文分割成若干定长或不定长的数据块(分组),让这些数据块以"存储—转发"方式在网络内传输。每一个分组消息都装载有接收和发送地址标识、序号、优先等级和纠错校验序列等信头和包封,以分组为单位在线路上采用统计复用方式进行传输。

分组交换网络主要由智能终端、传输/复用设备和分组交换设备组成,具体的体系结构图可见图13-17。

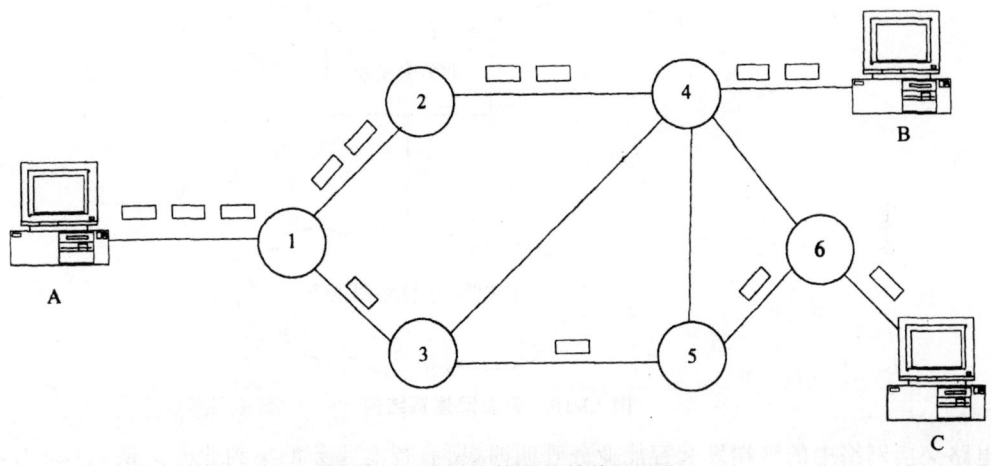

图13-17 分组交换网络的体系结构

根据交换机对分组的处理方式的不同可将分组交换设备工作模式分为两种,虚电路模式和数据报模式。虚电路交换模式是一种面向连接的数据交换技术。在这种方式中,在两个用户终端开始相互传送数据之前首先通过网络建立逻辑上的连接,随后用户发送的分组数据始终沿着已建立的虚通路按顺序进行传送。当用户通信结束时,必须发出拆链请求,由网络来清除连接。在虚电路交换方式中,在网络中转送的分组数据不包含源—目的地址,由交换机在用户呼叫请求时为该通信在经历的每段传输链路上分配一个虚电路标识号,利用该标识号代替地址,并进行分组复用和选择路由。数据报交换模式是一种面向无连接数据交换的技术。在数据报模式中,每个分组被看做一份报文,分组中包含源和目的端点的地址信息,分组交换机为抵达的每一个分组按照网络当前的状态独立地寻找路径。交换机既不管该分组的传输路径是否为最佳路由,也不管先前的分组是否沿该路径传送,只是尽力将该分组转发给下一交换机。在这种交换模制组成的数据网络中,一份由多个分组组成的报文可能沿着不同的路径到达终点,因此,在网络终点必须对收到的分组按照报文的原始数据分组的组织顺序进行重排。

分组交换网络的主要优势是电路利用率高,网络结构灵活,便于增加新的业务与应用,缺点是网络实现复杂,无法保证业务服务质量。

(3)智能网的体系结构

智能网是一种在电路交换网络基础上发展起来的应用网络,是电路交换网络上的一套附加设施,主要为了电路交换网络提供更多的增值业务。

智能网主要由业务控制点(SCP)、业务交换点(SSP)、智能外设(IP)、业务数据点及业务管理系统(SMS)等组成,具体可见图 13-18 所示的体系结构。

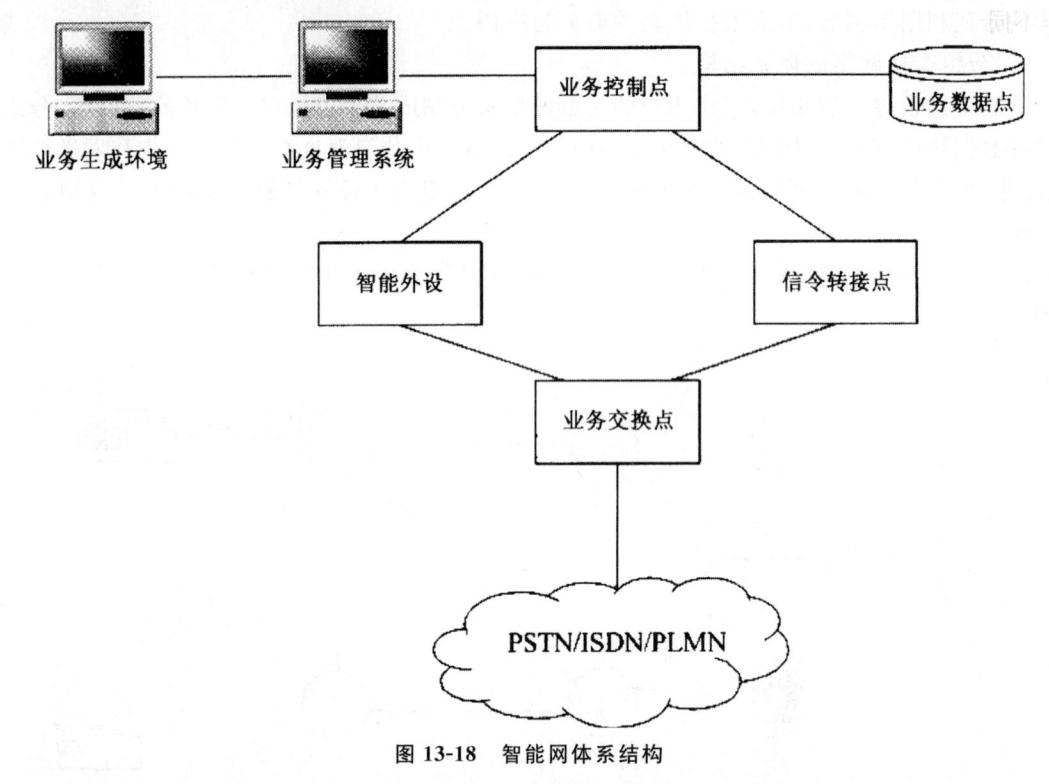

图 13-18 智能网体系结构

电路交换网络中的终端发起智能业务呼叫时,所有智能业务汇集到业务交换点(SSP),业务交换点探测到智能业务呼叫后,将业务逻辑的控制权交给业务控制点(SCP),这个过程是通过 No.7 信令来完成的,SCP 将根据呼叫的类别执行相应的智能业务逻辑,并给 SSP 返回相应的执行结果。

智能网中对电路交换网络呼叫控制过程的控制只是部分地参与,这是因为智能网只附加在电路交换网络上的一个业务提供系统,所以智能网提供的业务具有很多局限性,尤其是在多媒体增值业务的提供上,但智能网能够快速部署。

13.4.4 下一代网络与其他网络的关系

1. 下一代网络与传统电信网的关系

图 13-19 所示的从 PSTN 到 NGN 的演进,从图中可以看出 NGN 与传统电信网有以下的几点区别。

(1)下一代网络具有开放的分层体系结构

开放的体系结构主要体现在:一是传统程控交换机的各个功能被分离成独立的网络层次,分别构成了下一代网络的接入层、传输层、控制层和业务层,实现了业务提供与呼叫控制相分离,呼叫控制与承载相分离,各层次技术独立发展,设备分布式部署。特别是在承载方面,电路交换网中传统交换机内采用交换矩阵进行时隙交换,交换机之间采用 TDM 技术进行话音承载。而在软交换网络中,原来传统的交换矩阵以及交换机之间的传送网络演变为分组承载网,宽带 IP 网络通过将分组化的信息路由到正确的目的地来实现交换功能。由于功能的分离,各种接入媒体网关的设置可以更加灵活,软交换机的控制能力和管理范围可以很大。因此,其网络带宽是共享的,不同于传统电路交换网,语音和控制媒体流的承载可以是端到端的,无需像电路交换网那样受交换机容量的限制以及为提高单位带宽利用率而采用分级组网的方式。其二是各层之间的协议接口逐渐标准化,使网络的能力从目前的封闭和半封闭状态走向完全开放。传统的智能网通过标准的协议(如 INAP、CAP)实现了业务提供和呼叫控制的分离,但由于没有实现呼叫控制和承载网络的分离,导致传统智能网的业务提供不得不与某种承载网络绑定,从而产生固定智能网、移动智能网等不同类型的智能网。一方面,下一代网络通过支持标准化的呼叫控制协议(如 SIP、H.323)和承载控制协议(如 MGCP、H.248/Megaco)实现了呼叫控制和承载的分离,屏蔽了底层网络实现技术的差异,使上层的业务不再与底层网络绑定。另一方面,下一代网络采用开放的标准业务接口(如 Parlay API、JAIN 等)对业务屏蔽了下层网络的技术细节,支持独立的第三方业务的开发和提供。

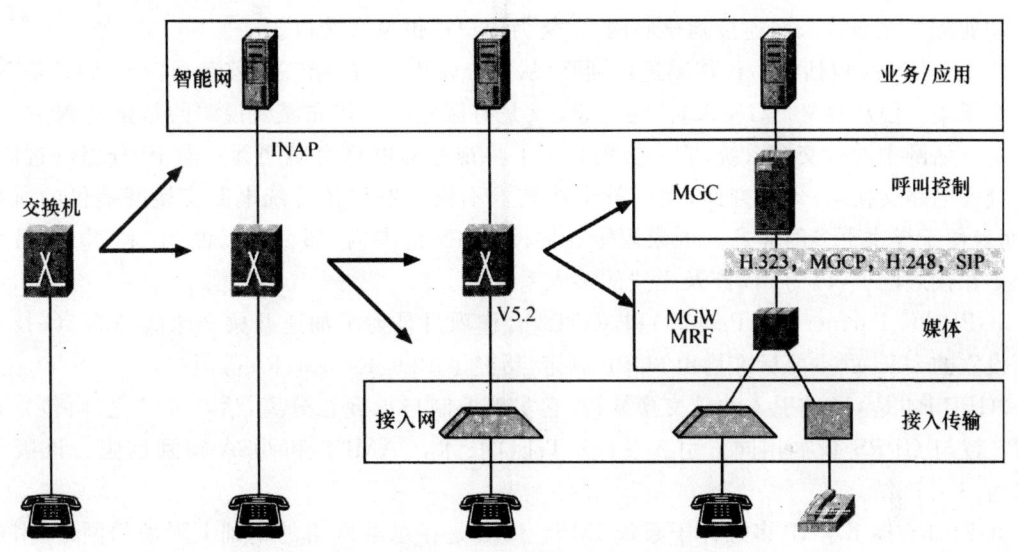

图 13-19 从 PSTN 到 NGN 的演进

(2)下一代网络有选择地采用 IP 分组技术网络

下一代网络将融合电信网、计算机网和有线电视网,这些网络在网络结构和承载技术有着显著的差异,下一代网络如果要融合这些网络,就必须提供统一的核心承载技术并首先实现业务层的融合。由于 Internet 的巨大成功,IP 技术被认为是这一核心承载技术的首要选择。同时,业界也看到 Internet 获得成功的主要原因是其客户机/服务器(Client/Server)机制与 E-mail、Web 等业务的良好配合,而电信业务并不都具有 Client/Server 特征,加上安全、可靠 QoS、计费等因素的考虑,下一代网络尚需要有一个独立于 IP 网络的控制层,通过标准的基于 IP 的控制协议实现业务会话控制与各种媒体承载控制和接入技术的分离。

可见,以 IP 技术为基础构建的下一代网络,并不是完全照搬 Internet 的网络架构和业务提供的原理,而是有选择地将 IP 网络定位于其媒体、控制和管理信息的承载网络。

(3)下一代网络为业务驱动的网络

业务驱动型网络的特征主要体现在网络的体系架构和技术围绕业务提供的方便性而演进。而下一代网络采用开放的多层次网络体系结构并提供标准的开放业务接口,因此便成为真正的业务驱动型网络。

下一代网络的体系结构使业务提供真正地独立于网络,用户能够自行配置和定义自己的业务特征,而不必关心承载网络的网络形式和终端类型,因此,业务提供比传统网络更加灵活有效,同时,允许更多的第三方业务提供商加入,扩展了业务创新空间。

但是下一代网络并不是现有电信网或 Internet 网络的简单延伸和叠加,也不单单是改进传输方式或添加网络节点,而是需要从整体上对网络框架进行调整,提供集成的业务解决方案。另一方面由于目前的电信网络和 Internet 网络基础设施庞大,用户数量和业务数量众多,因此向下一代网络演进必然是一种渐进的过程。下一代网络部署初期必须对现有的电信网络和电信业务提供良好的支持,以实现现有网络向下一代网络的平滑过渡。

2. 下一代网络与第三代移动通信网的关系

首先,第三代移动通信系统是提供移动综合电信业务的通信系统,简称为 3G。第三代移动通信网的结构主要包括核心网、无线接入网及移动用户终端三大部分。用户通过用户终端来接入移动业务。无线接入网连接到核心网,以便为用户提供宽带接口。

广义 NGN 应包括下一代移动通信网络,从这个角度来说,第三代移动通信网(3G)是 NGN 的一个子集。但从狭义 NGN 来看,它与 3G 又是有区别的。首先需要说明的是狭义 NGN 主要指固定电话网中的软交换系统,它一方面是为了将现有的电路交换网逐步向 IP 分组网过渡,替代传统的电路交换网;另一方面,使用软交换技术不仅能够移植传统电路交换网提供的所有业务,而且便于提供更多的业务。如果限定在固网 NGN 范围内,那么可以说 3G 和 NGN 最大的区别是在接入网上,因为 3G 涉及无线的接入系统。

3GPP(3G Partnership Project)和 3GPP2 合作项目是为了加速开放全球认可的 3G 技术规范而设立的。3G 的主要标准均由 3GPP 制定,历经了 R99、R4、R5、R6 等版本。

3GPP R4 是 CS 域引入的软交换架构,它实现控制与承载相分离,话音分组化,由包方式承载;PS 域与 GPRS 基本相同。引入 TFO、TrFO 技术,CAMEL 和 OSA 得到增强。该版本于 2001 年 3 月冻结。

3GPP R5 提出了 IP 多媒体子系统 IMS。IMS 是在承载网络的基础上附加的网络,用户通过无线接入网和 3G 核心网的 PS 域接入 IMS。IMS 主要采用 SIP,可以向用户提供综合的话音、数据和多媒体业务,IMS 子系统与电路域相对独立,于 2002 年 6 月冻结。

3GPP R6 是在 R5 的基础上进一步完善,它定义了 IMS 与 CS 网络互通、IMS 与 IP 网络互通、WLAN 接入、基于 IPv4 的 IMS、IMS 组管理、IMS 业务支持、基于流量计费、Gq 接口以及 QoS 增强等方面的内容。该版本于 2004 年 12 月冻结。

3GPP R7 加强了对固定、移动融合的标准化制定,增加 IMS 对 xDSL、Cable 等固定接入方式的支持,还定义了 FBI(Fixed Broadband Access to IMS)、CSI(Combining CS bearer with IMS)、VCC(Voice Call Continuity)、PCC(Policy and Charging Control)、端到端 QoS 及 IMS 紧急业务等内容。

其中 3GPP R5 版本在分组域引入了 IMS 的基本框架,并在 R6、R7 中对 IMS 进行了分阶段的完善。IMS 是基于 IP 的网络上提供多媒体业务的通用网络架构。IMS 是一个相对开放的体系架构,它的特点是对控制层功能做了进一步分解,实现了软交换技术中的会话控制实体 CSCF 和承载控制实体 MGCF 在功能上的分离,使网络架构更为开放、灵活。IMS 能以一系列新业务和业务实现方式来推动固定和移动的网络融合和业务融合,具体如图 13-20 所示。

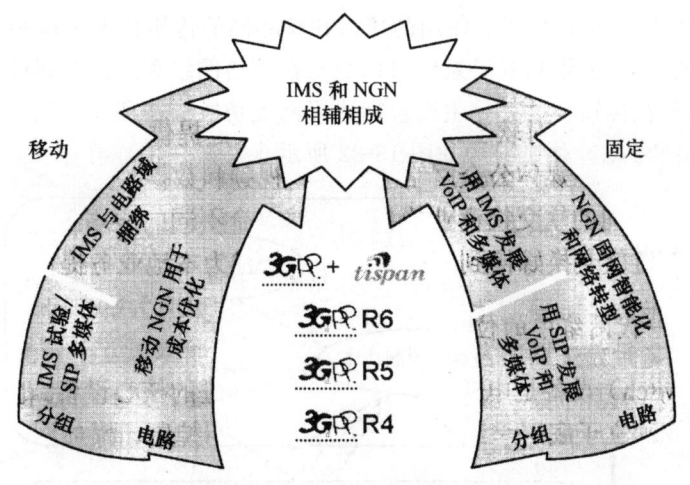

图 13-20 移动与固定的融合

ETSI TISPAN 将 3GPP 的 IMS 成果应用到固定网当中的研究工作,希望通过解决固定接入等相关的问题,使得 IMS 成为固定和移动网络融合的业务控制层面的体系架构。同时,TISPAN 将一部分的研究结果输入到 ITU-T,从而影响 ITU-T 的研究方向和内容。

ETSI TISPAN 是 ETSI 中专门从事固定网标准化的 SPAN 组织和从事 VoIP 研究的 TIPHON 组织进行合并而成立的一个新的委员会,它专门对 NGN 进行研究和标准化工作。TISPAN 基于 3GPP R6 版本进行研究,分成 8 个工作组:业务、体系、协议、号码和路由、服务质量、测试、安全和网络管理。TISPAN NGN 的功能结构包括业务层和基于 IP 的传输层,NGN 网络体系架构如图 13-21 所示。

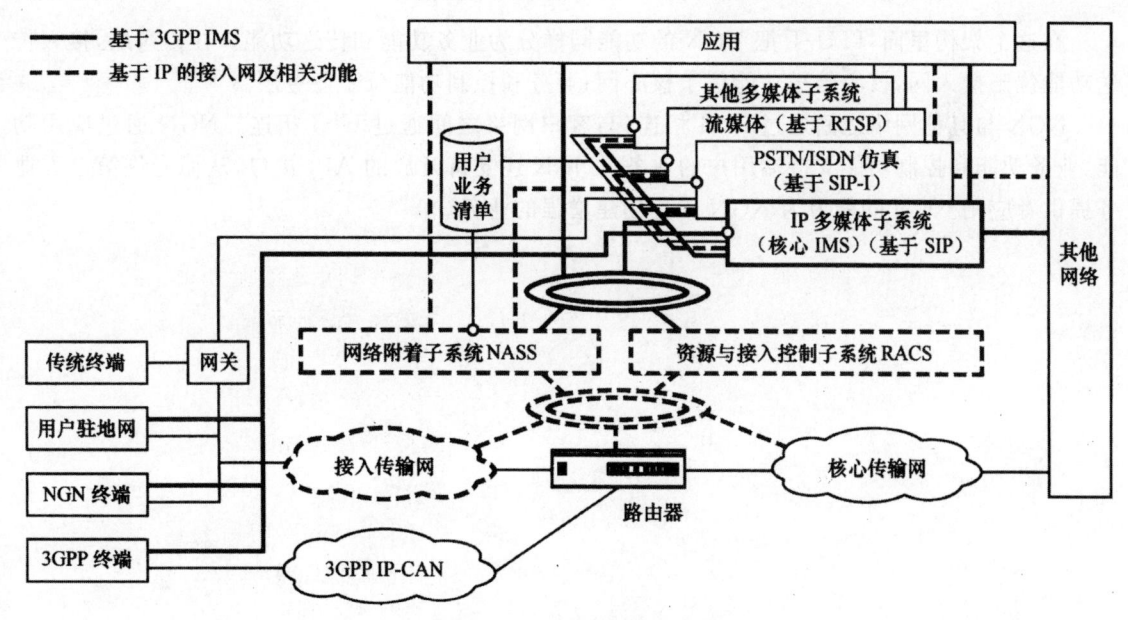

图 13-21 NGN 网络体系架构

业务层包括的部件有:资源与接入控制子系统 RACS、网络附着子系统 NASS、IP 多媒体子系统(核心 IMS)、PSTN/ISDN 仿真子、流媒体、其他多媒体子系统和应用以及公共部件。

传输层在网络附着子系统和资源与接入控制子系统的控制下,向 TISPAN NGN 终端提供

IP 连接性,这些子系统隐藏了 P 层下使用的接入和核心网的传输技术。这些子系统可以分布在网络/业务提供者域,例如网络附着子系统可以分布在拜访网络和用户归属网络之间。只有与业务层交互的功能实体在传输层可见。主要包括边界网关功能实体和媒体网关功能实体。

而 ITU-T 提出的 NGN 体系架构如图 13-22 所示。

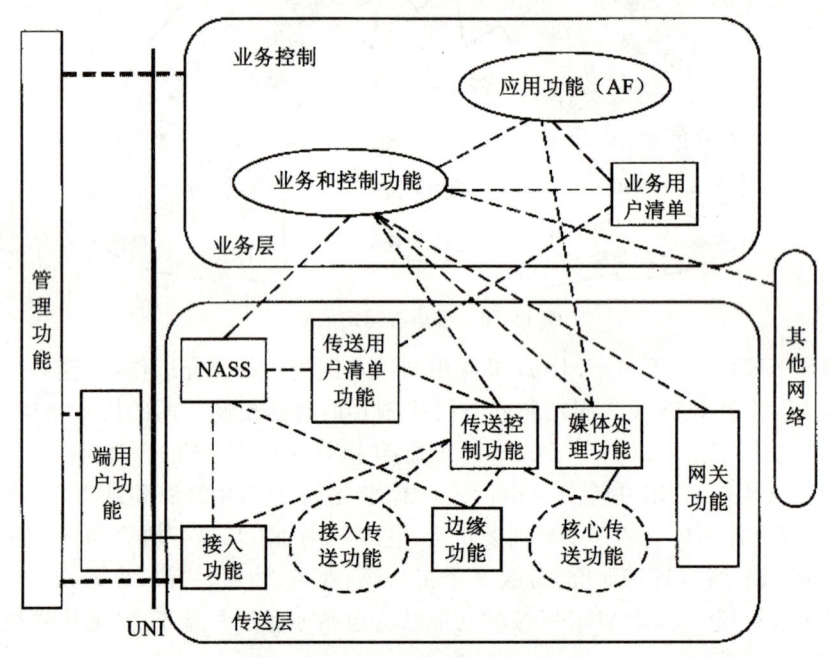

图 13-22　ITU-T 的 NGN 体系架构

在这个架构里面,ITU-T 把 NGN 的功能同样分为业务功能和传送功能。在传送层,接入传送功能位于接入网,核心传送功能位于核心网;业务和控制功能位于业务层。

NGN 与其他网络之间通过 NNI 相连,与客户网络之间通过 UNI 相连。NGN 通过应用功能、业务功能和控制功能支持端用户的业务。NGN 还支持开放的 API 接口,从而允许第三方业务提供者应用 NGN 的能力为 NGN 用户创建增强的业务。

参考文献

[1] 鲜继清等. 现代通信系统与信息网. 北京:高等教育出版社,2005.
[2] 舒云星. 计算机网络技术基础. 武汉:武汉理工大学出版社,2005.
[3] 刘文清等. 计算机网络技术基础. 北京:中国电力出版社,2005.
[4] 秦国等. 现代通信网概论(第2版). 北京:人民邮电出版社,2008.
[5] 蔡报勤等. 网络新技术及应用. 北京:中国商务出版社,2008.
[6] 宋一兵,魏宾,高静. 局域网技术. 北京:人民邮电出版社,2011.
[7] 张蒲生. 局域网技术. 北京:人民邮电出版社,2007.
[8] 薛永毅. 接入网技术. 北京:机械工业出版社,2005.
[9] 马海英. 计算机网络及应用. 北京:化学工业出版社,2007.
[10] 葛彦强,汪向征. 计算机网络安全实用技术. 北京:中国水利水电出版社,2010.
[11] 刘玉军. 现代网络系统原理与技术. 北京:清华大学出版社;北京交通大学出版社,2007.
[12] 陈代武. 计算机网络技术. 北京:北京大学出版社,2009.
[13] (美)拉克利著;吴怡,朱晓荣,宋铁成等译. 无线网络技术原理与应用. 北京:电子工业出版社,2008.
[14] 蔡开裕等. 计算机网络(第2版). 北京:机械工业出版社,2008.
[15] 郭渊博. 无线局域网安全:设计及实现. 北京:国防工业出版社,2010.
[16] (美)赫尔利等著;杨青译. 无线网络安全. 北京:科学出版社,2009.
[17] 李伟章. 现代通信网络概论. 北京:人民邮电出版社,2003.
[18] 黄云森. 计算机网络与多媒体网络应用基础. 北京:清华大学出版社,2008.
[19] 张辉. 现代通信原理与技术(第3版). 西安:西安电子科技大学出版社,2013.
[20] 唐朝京. 现代通信原理. 北京:电子工业出版社,2010.
[21] 毛京丽,李文海. 现代通信网(第2版). 北京:北京邮电大学出版社,2007.
[22] 储钟圻. 现代通信新技术. 北京:机械工业出版社,2013.
[23] 王承恕. 现代通信网. 北京:电子工业出版社,2005.
[24] 张中荃. 接入网技术. 北京:人民邮电出版社,2003.
[25] 刘少婷,卢建军等. 现代通信网概论. 北京:人民邮电出版社,2005.
[26] 叶敏. 程控数字交换与通信网. 北京:人民邮电出版社,1998.
[27] 王延尧. 用户接入网技术与工程. 北京:人民邮电出版社,2007.